"十二五"国家重点图书出版规划项目
世界兽医经典著作译丛

反刍动物解剖学彩色图谱 第2版

[英] Raymond R. Ashdown Stanley H. Done 编著
陈耀星 曹 静 等译

中国农业出版社

图书在版编目（CIP）数据

反刍动物解剖学彩色图谱 / （英）阿斯道恩（Ashdown，R. R.），（英）多恩（Done，S. H.）编著；陈耀星等译. — 北京：中国农业出版社，2012.9
（世界兽医经典著作译丛）
ISBN 978-7-109-15340-0

Ⅰ. ①反… Ⅱ. ①阿… ②多… ③陈… Ⅲ. ①反刍动物－动物解剖学－图谱 Ⅳ. ①Q954.5-64

中国版本图书馆CIP数据核字（2010）第260292号

中国农业出版社出版
（北京市朝阳区农展馆北路2号）
（邮政编码100125）
责任编辑　黄向阳　邱利伟

北京通州皇家印刷厂印刷　　新华书店北京发行所发行
2012年9月第2版　　2012年9月北京第1次印刷

开本：889mm × 1194mm　1/16　　印张：17.5
字数：450 千字
定价：210.00元
（凡本版图书出现印刷、装订错误，请向出版社发行部调换）

■ **本书作者**

Raymond R. Ashdown（博士，英国皇家兽医学会会员，伦敦大学兽医解剖学名誉讲师）

Stanley H. Done（博士，英国皇家兽医外科医师学会会员，英国皇家病理学家学会会员，格拉斯哥大学兽医学院兽医病理学客座教授，皇家兽医学院兽医解剖学前任讲师）

■ **摄　　影**

Stephen W. Barnett（伦敦皇家兽医学院前首席技师）

■ **提供X线照片**

Elizabeth A. Baines（兽医放射学博士，英国皇家兽医学会会员，皇家兽医学院临床系兽医放射学讲师）

■ **本书译者**

主　　译　陈耀星

副 主 译　曹　静

参译人员　（按姓名笔画排序）

王　瑶　王子旭　叶莉莉　刘冠慧　李　剑　李　萌　李骏蔚
杨夏云　宋　丹　宋志琦　张媛媛　陈福宁　陈耀星　周文艳
赵占召　胡　易　姜　楠　栗婷婷　钱婉盈　唐　旺　曹　静
董文龙　董玉兰　曾　想　靳二辉

《世界兽医经典著作译丛》译审委员会

支 持 单 位

《世界兽医经典著作译丛》总序

引进翻译一套经典兽医著作是很多兽医工作者的一个长期愿望。我们倡导、发起这项工作的目的很简单，也很明确，概括起来主要有三点：一是促进兽医基础教育；二是推动兽医科学研究；三是加快兽医人才培养。对这项工作的热情和动力，我想这套译丛的很多组织者和参与者与我一样，来源于“见贤思齐”。正因为了解我们在一些兽医学科、工作领域尚存在不足，所以希望多做些基础工作，促进国内兽医工作与国际兽医发展保持同步。

回顾近年来我国的兽医工作，我们取得了很多成绩。但是，对照国际相关规则标准，与很多国家相比，我国兽医事业发展水平仍然不高，需要我们博采众长、学习借鉴，积极引进、消化吸收世界兽医发展文明成果，加强基础教育、科学技术研究，进一步提高保障养殖业健康发展、保障动物卫生和兽医公共卫生安全的能力和水平。为此，农业部兽医局着眼长远、统筹规划，委托中国农业出版社组织相关专家，本着“权威、经典、系统、适用”的原则，从世界范围遴选出兽医领域优秀教科书、工具书和参考书50余部，集合形成《世界兽医经典著作译丛》，以期为我国兽医学科发展、技术进步和产业升级提供技术支撑和智力支持。

我们深知，优秀的兽医科技、学术专著需要智慧积淀和时间积累，需要实践检验和读者认可，也需要具有稳定性和连续性。为了在浩如烟海、林林总总的著作中选择出真正的经典，我们在设计《世界兽医经典著作译丛》过程中，广泛征求、听取行业专家和读者意见，从促进兽医学科发展、提高兽医服务水平的需要出发，对书目进行了严格挑选。总的来看，所选书目除了涵盖基础兽医学、预防兽医学、临床兽医学等领域以外，还包括动物福利等当前国际热点问题，基本囊括了国外兽医著作的精华。

目前，《世界兽医经典著作译丛》已被列入“十二五”国家重点图书出版规划项目，成为我国文化出版领域的重点工程。为高质量完成翻译和出版工作，我们专门组织成立了高规格的译审委员会，协调组织翻译出版工作。每部专著的翻译工作都由兽医各学科的权威专家、学者担纲，翻译稿件需经翻译质量委员会审查合格后才能定稿付梓。尽管如此，由于很多书籍涉及的知识点多、面广，难免存在理解不透彻、翻译不准确的问题。对此，译者和审校人员真诚希望广大读者予以批评指正。

我们真诚地希望这套丛书能够成为兽医科技文化建设的一个重要载体，成为兽医领域和相关行业广大学生及从业人员的有益工具，为推动兽医教育发展、技术进步和兽医人才培养发挥积极、长远的作用。

农业部兽医局局长

《世界兽医经典著作译丛》主任委员 

原著序

本书是为兽医专业学生和执业兽医师设计的。它通过拍摄细致解剖过程中的一系列原色图片，展示出局部解剖学的重要特征。它辅以线条图来标注其原色图相应解剖结构，并以“国际兽医解剖学名词（1992）”为命名基础；肌肉、动脉、静脉、淋巴和神经使用的是拉丁术语，而所有其他的结构则使用英文术语。如果有必要的话，在图版标题中也给出解释图片，所需要的说明。每一节以解剖前拍下的区域表面特征的照片开始，并补充牛的关节和骨骼的图片，以显示出这些区域中重要的可触及的骨性标志。所有的标本和图片都是为了本书而特别制作的。

本书解剖的两头母牛和四头犊牛均为泽西种乳牛，三只山羊均为英国沙嫩品种。标本处理采用皇家兽医学院解剖学系的常规方法进行防腐固定，大部分标本采用站立姿势。我们尽各种努力保证最终的位置与正常站立相符。在大多数情况下，是用红色氯丁橡胶注射到动脉中。我们的解剖标本是参照皇家兽医学院多年来一直使用的解剖教学标本的样式。成年公牛的照片摄于布莱奇利牛奶经销公司的奶牛繁殖中心。

制作这些解剖标本和图片的目的是展示动物的局部解剖结构，它也是兽医师在每次常规临床检查时所遇到的。因此，我们以侧面观为主，尽可能避免使用从躯体分离的游离部分的照片、特殊角度的视图或非常规的体位。我们迫切地希望本书可以使兽医专业学生和执业兽医师通过一步一步的解剖图示掌握每个器官系统以及肌肉、骨骼、血管、神经等详细的解剖位置。

本版和前版最大的不同在于增加了第十章放射解剖学知识；第二个主要区别在于每一个主要章节之前的临床摘记，这些摘记突出了解剖学那些有特殊临床意义的部位。我们认为这些补充内容更增加了本书的实用性，特别是对于渴望成为执业兽医师的读者。

致　谢

本书的解剖标本制作和图片拍摄是在伦敦大学皇家兽医学院完成的。我们十分感谢解剖学系提供的专业设施，没有他们的帮助就不可能完成这项工作。我们要特别感谢首席解剖技师 Susan Evans，感谢她为解剖标本和图片的制备提供的建议和帮助。在解剖之前和解剖过程中，实验标本的准备和护理是由 Douglas Hopkins 和 Andrew Crook 负责的，他们也同时协助解剖工作。我们也要感谢 Gareth Hateley 和 Tony Andrews 的临床注释和 Gayle Hallowell 为我们提供了 X 线照片（图 10.4、图 10.5、图 10.15、图 10.16 和图 10.17）。Lizza Baines 博士提供了其余的 X 线照片图像，感谢她为放射学新章节补充的图片。

本书使用的牛解剖程序建立在由解剖学科 Harry Merlen（MRCVS）多年发展的程序基础上；他也参与了山羊腹部解剖标本的制作。

基于我们多年的奶牛和犊牛解剖程序教学经验，并得益于在 Gower 医学出版社的讨论，使我们产生了制作一本反刍动物解剖图谱的想法。我们十分感谢项目编辑、设计者和插图者的辛苦工作以及他们的乐观和热情给予我们的支持。

我们在精选大量的动物解剖标本而工作时也在某种程度上忽略了我们的妻子。我们要对她们的宽容和理解表示感谢。

译者的话

为了提高动物医学专业学生的实践能力，近年来许多院校陆续开设动物局部解剖学及其相关课程，而且多使用牛（羊）和/或犬作为实验动物，但是相应的教学指导用书还相当匮乏。为此，我们组织编写了国家级“十一五”规划教材《动物局部解剖学》，但仍然缺乏配套的动物局部解剖学彩色图谱。同时，兽医临床医生也急需动物局部解剖学图谱的资料。基于此，得益于中国农业出版社的支持，我们产生了制作或引进一套动物局部解剖学图谱的想法。这是我们翻译本书的初衷。

本书是英国伦敦大学 Raymond R. Ashdown 博士和格拉斯哥（Glasgow）大学兽医学院兽医病理学客座教授 Stanley H. Done 博士主编《Color Atlas of Veterinary Anatomy — Volume 1 The Ruminants》（第 2 版，2010 年）的中文译本。该书共有 10 章，分头部、颈部、前肢、胸部、腹部、后肢、蹄、骨盆、外生殖器和放射解剖，按部位、分层次详细介绍了反刍动物（牛、羊）的局部解剖学结构。原著精选了 352 幅高清晰原色图片，全部为原创性的，并配有对应的线条图，非常方便学习。

参加本书翻译工作的有中国农业大学动物医学院陈耀星教授、曹静博士、王子旭高级实验师和董玉兰副教授，中国农业大学动物医学院的研究生和本科生：李剑、张媛媛、赵占召、刘冠慧、靳二辉、王瑶、叶莉莉、李萌、李骏蔚、宋丹、宋志琦、杨夏云、胡易、姜楠、唐旺、钱婉盈、董文龙、曾想、周文艳、陈福宁以及栗婷婷。最后由曹静博士和陈耀星教授校对和统稿。在付梓之际，感谢为本书翻译、审校努力工作的所有人们。感谢中国农业出版社的支持和精心编校，使书稿符合了印刷要求，感谢他们同我们之间的默契合作。

翻译工作是一项浩瀚的工程。尽管我们在中文译本中努力真实地反映原著内容，但鉴于译校者的水平有限，加之时间仓促，书中误译之处敬请读者批评指正。

译　者

2012 年 1 月于北京

引　言

动物医学的课程范围在不断地扩展，很多科目的深度也在逐渐提高，但是课程的总课时数保持不变。因此，迫于压力把越来越少的时间分配给一些学科，解剖学是其中一个明显的实例。不仅如此，在解剖学科内部，更加注重这门课程的功能性和应用方面，如放射解剖、畸形学，这使得给每个学生分配合理的、亲自动手解剖每一种动物的时间变得更加困难。对于这个问题的最显然的解决办法是更多地依赖于局部解剖学的教学解剖标本准备。它能节省学生的时间，但却存在很多缺陷。首先，学生失去了获得操作技能的机会，而且不能看到或者感觉到那些结构逐渐被手术刀和手术剪展现出来的过程。第二，这意味着学生必须快速地并不断地掌握复杂的结构，通过 30 年前更加从容的方法当然更容易理解它们。即使是熟练的解剖员加上使用智能图标来记录过程，也不能弥补独自解剖的损失。尽管如此，我们在皇家兽医学院 15 年来的教学经验使我们坚信：熟练的解剖员的示教、仔细地学习、记录并注释，与一组不熟练的学生仓促地解剖大型动物相比，要更加有效。通过标本进行局部解剖学教学存在的一个问题是很难为学生提供特定区域、足够的、涵盖解剖全过程的标本。我们衷心地希望这本解剖图谱可以弥补标本的不足。对于那些可以自己进行细致解剖的学生，这本图谱可以为他们在解剖的每个阶段（通常是转瞬即逝的）看到的或者应该看到的提供永久的提醒。

本书努力按照解剖的顺序来介绍解剖过程，尽可能把每一阶段都拍摄下来，以展示比实际操作演示课程中每一重要解剖步骤更多的细节。我们希望这可以弥补解剖图像缺少的 3D 效果。在标本“不正常”，或者我们没有完全成功地按计划展示所有结构的地方，我们没有替换成另一个不同的标本，因为这会破坏叙述的主线。有时，为了清晰，我们调换了一侧解剖图片的顺序，以便它们能够更好地适合于整体顺序，但会在图例说明中明确指出。在每一个解剖部位，有时也增加“额外”的说明。对于某些区域，我们也采用一些不同的解剖步骤或不同的标本来显示。学生应注意将这些“额外的”当作有选择的或不必要的重复，但它们通常有相当的重要性。

对这些图片所展示的解剖技术做注释是有必要的。在很多情况下，我们没有将所展示的结构的所有结缔组织清理掉。在进行“完整”的解剖时，经常很难将血管和神经的原始局部关系进行保留。而且，这样的解剖会变相鼓励学生思考课本上图片是“真实”的，而脂肪、筋膜和网状结构不应该存在。我们努力使图片保持与实际解剖中一样的结构。

希望本书能对您学习反刍动物解剖知识有指导价值！

Raymond R. Ashdown

Stanley H. Done

目　录

《世界兽医经典著作译丛》总序

原著序

译者的话

引言

第1章　头部（The Head）……1

第2章　颈部（The Neck）……27

第3章　前肢（The Forelimb）……41

第4章　胸腔（The Thorax）……61

第5章　腹部（The Abdomen）……89

第6章　后肢（The Hindlimb）……135

第7章　蹄（The Foot）……161

第8章　骨盆（The Pelvis）……183

第9章　乳房、阴囊和阴茎（The Udder, Scrotum and Penis）……219

第10章　头、前脚和后脚的放射解剖学（Radiographic Anatomy of the Head, Manus and Pes）……239

附录　解剖学词汇中英文对照……252

参考文献……269

第 1 章

头　部

（The Head）

头部在兽医临床中的重要性

头部对于反刍动物的许多病症和疾病的诊断尤为重要。因为我们很容易对家畜头部进行细致的检查，如动物抬头看我们时，我们就可以通过望诊对个别或成群家畜的头部实施快速诊查。但家畜不会主动伸出蹄来让我们很容易地诊查。

牛、绵羊以及体形较小的山羊的解剖学意义也非常重要，因为其尸体和内脏剖检是食品安全机构为了预防人类感染动物性传染病和阻止病原体进入食物链必须进行的食品检验，而且对于兽医工作者更重要的是能在屠宰场监测自然发生的地方性动物疾病和外来动物引起的流行性疾病在动物种群中的发生。

的确，动物头部的特征包括耳的体征和眼睛的明亮程度，这些都有助于我们判断动物是否健康。

许多与头部有关的重要皮肤病症包括皮肤癣菌病（尤其是在背部）、虱子和螨虫病、疣（在头部经常出现）、荨麻疹、光过敏和“眼癌”（鳞状上皮细胞癌），以及非典型性分支杆菌病、嗜皮菌病和“多瘤皮”病均有明显的皮肤病变。一些普通代谢性疾病，如钴（贫血、体况下降、肌肉消瘦）、铜、碘、维生素A和硒的缺乏也常引起皮肤的变化。钙、镁缺乏会影响中枢神经系统，出现头-眼反射和神经症状等。患大脑皮质坏死的牛和绵羊常表现出类似于铅中毒的失明、角弓反张、眼球震颤的症状。这些都与头部临床有关。

黏膜检查（尤其是结膜和口腔黏膜）在临床检查中具有重要的作用。当牛患有杆菌性血红蛋白尿（D型梭状芽孢杆菌）和铜中毒时，牛最易出现黄疸。

对于执业兽医师来说，首要任务是鉴别外来的法定传染病，这些疾病通常在头部最先表现出来。最好的例子就是口蹄疫，它最初症状是鼻、口、舌、唇等处的黏膜囊泡化，进而出现分泌过量唾液的症状。由于所有反刍动物对食物都存在新奇感（尤其是山羊），它们会食用各种植物（这些植物可能是刺激性的或是有毒的），舔舐含铅的油漆、电池、肥料袋等，所以分泌过量的唾液也有可能是食物中毒导致的。由于反刍动物的唾液腺和颊腺发达，每100kg体重每小时能产生5～10ml的唾液。同样，牛、羊这种充满好奇的行为也会导致头部的损伤，如眼、眼睑、面部、鼻、口腔和牙齿的创伤。与黏膜有关的疾病还包括犊牛白喉、黏膜病（牛病毒性腹泻）、霉菌性口内炎、恶性卡他热、放线杆菌病（木样舌）和放线菌病（粗颌病）。后两种疾病是由黏膜渗透引起的，并且有明显的肿胀。反刍动物的咀嚼习惯以及从外来动物身上感染某些能导致黏膜性损伤的细菌，都可以导致颌骨骨折和脓肿。使用张口器可以检查口腔内的异常变化。

牙齿检查可帮助兽医师了解家畜的年龄（在家畜展览会上经常需要鉴定家畜年龄，特别是乳齿和恒齿的检查）。氟中毒可以通过检查牙齿来诊断，因为齿的磨损程度与氟中毒对动物机体的影响有关。

中枢神经系统功能紊乱，例如犊牛有一些遗传性疾病包括小脑营养性衰竭、共济失调、发育不全等，也常表现出头部的异常。其他中枢神经系统疾病也可能是由于侵害口腔黏膜，然后沿三叉神经通路（李斯特菌病）或经败血症（如大肠杆菌、嗜组织睡眠菌）引起的。同样，牛海绵体脑病（BSE）是由朊病毒通过消化道黏膜感染，然后经神经系统或淋巴系统传播。牛偶尔也会感染原虫疾病，例如弓形虫病和肉状瘤病。

根据感染的区域，传染病可能会出现1～4种不同的综合征（大脑综合征、小脑综合征、前庭综合征或脑桥延髓综合征）。传染病中重要的还有伪狂犬病（表现为兴奋、瘙痒或攻击性行为）或狂犬病。与冬季青贮饲料有关的李斯特菌病由于损伤延髓可引起多个脑神经功能障碍，特别是三叉神经核引起的疾病，如颊肌麻痹、面部皮肤感觉低下、面神经麻痹、舌瘫。相似的症状也见于第Ⅴ脑神经的面神经支（颊支）受到直接的外伤。

下颌水肿是头部另一个重要的临床症状，但牛少见。炭疽的一种罕见症状便是下颌水肿，这种病征也可能是由慢性肝片吸虫病（肝吸虫）或重度肝炎和心脏病所导致的低蛋白血症而引起的。

腮淋巴结和下颌淋巴结是头部所谓的皮下淋巴结（理论上可触及），但正常动物并不易触及。当动物患有传染病时，如局部感染或淋巴肉瘤，腮淋巴结和下颌淋巴结即可触及。在屠宰场，它们与咽内侧淋巴结和咽外侧淋巴结对诊断牛肺结核病具有重要的意义。同时，放线菌病和淋巴肉瘤也有相似的症状。

牛或羊的耳通常因外伤而损伤。偶尔也会引起中耳炎（牛的中耳炎很难被诊断）或外耳炎。

牛脑部解剖知识对于尸体剖检时脑部疾病的鉴别以及随后的组织学检查是必要的。这些脑部疾病还包括脑积水、小脑发育不全、家族性小脑共济失调、渐进性共济失调、瑞士褐牛的进行性脑脊髓退化症、海福特牛的摇头病、溶酶体贮积病、痉挛性轻瘫（运动问题）和甘露糖苷贮积症等。

易出现眼部临床病症有恶性卡他热（MCF）、眼葡萄膜炎、视网膜病以及眼外伤，特别是眼睑外伤。维生素A缺乏（无眼和小眼畸形等）不应成为现代营养学问题。但与莫拉氏杆菌有关的牛传染性角膜结膜炎是个例外。对于牛来说，眼球震颤和斜视的确会发生，但先天性眼睑缺陷少见。然而，“眼癌”却经常发生，它是眼睑的一种鳞状上皮细胞癌，多发生在白色品种的牛群（如海福特），该病是由于紫外线照射到的皮肤，而该区域缺乏色素而引起的。晶状体疾病和先天性白内障也很常见。眼组织残缺是眼睛的某一部分缺失，该病先前多发生在夏洛来牛，但现在已经消失。在牛可做的眼外科手术之一就是在全身麻醉下摘除眼球。

头骨发育异常较为少见，但可能会导致上、下颌骨的长度异常（下颌突出或上颌突出），而常见的是导致腭裂、唇裂或上皮增殖不全。小型骨骼的骨硬化症（干骺端发育不全）、下颌骨短小、舌突出、臼齿畸形、下颌骨畸形和开放的囟门也常有发生。前面牙齿参差不齐相当常见，特别是在海福特牛。

反刍动物的鼻腔不易受到感染，但可能会被肿瘤侵袭。恶性卡他热会影响牛的鼻腔。牛传染性鼻气管炎最初对气管有影响，随着病情的加重，也会波及到眼和鼻，从而引起较为严重的结膜炎和鼻炎。

在乳牛，断角术是一种十分常规的疗法。该方法需要封闭角神经（三叉神经上颌神经的颧颞支）。然而，山羊的这种手术更加困难，因为羊的角还有其他神经支配（见图1.43），且因角窦小而比较接近于大脑。在这种情况下，应对动物实施全麻，但由于角动脉与角神经并行，手术过程中可能会出血。

成年牛的去角术现已相当少见。通常情况下，这种手术需要使用大量的局部麻醉剂进行角的封闭，以使术者有足够的时间来完成该手术。因为第1、2颈神经浅支支配角的后部，所以牛角较大时需要环状封闭。一把锯或一根碎胎手术用的金属丝是削角的最好工具，然后通过扭转角血管来止血。大血管位于角的腹前部。如果术后消炎，则可避免二次出血和鼻窦炎的发生。去角术应在冬季进行，因为此时的蚊虫较少，否则易感染造成难于治愈的牛鼻窦炎。

当动物可能患有中枢神经系统疾病，特别是脑膜炎时，通常在动物死后收集脑脊液来检查该病。如果直接收集活体动物的脑脊液，这将会对病畜和试图收集病料的人产生威胁。因此，此时腰椎穿刺是首选方法。

本章和其他章节提供了牛病学方面的内容，读者可详细查阅牛病学（Andrews, Blowey, Boyd和Eddy, 2006）、绵羊病（Aitken, 2007）、山羊病（Harwood, 2006）和其他动物疾病学（如Radostitis等兽医学著作）。

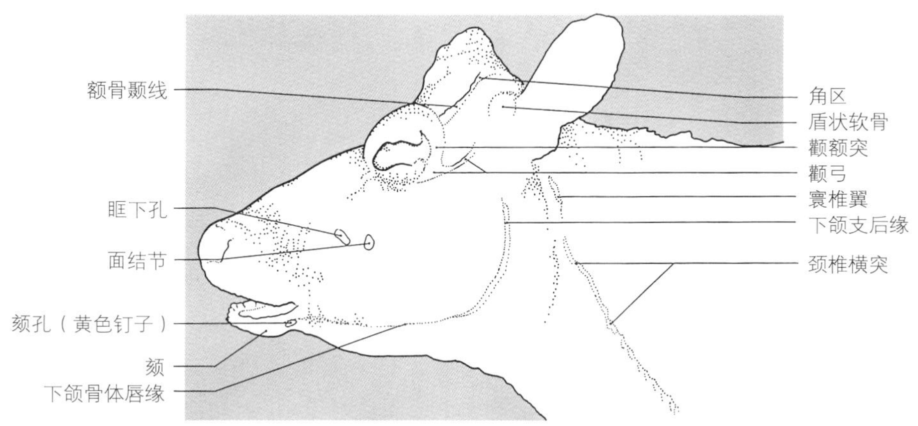
额骨颞线
眶下孔
面结节
颏孔（黄色钉子）
颏
下颌骨体唇缘
角区
盾状软骨
颧额突
颧弓
寰椎翼
下颌支后缘
颈椎横突

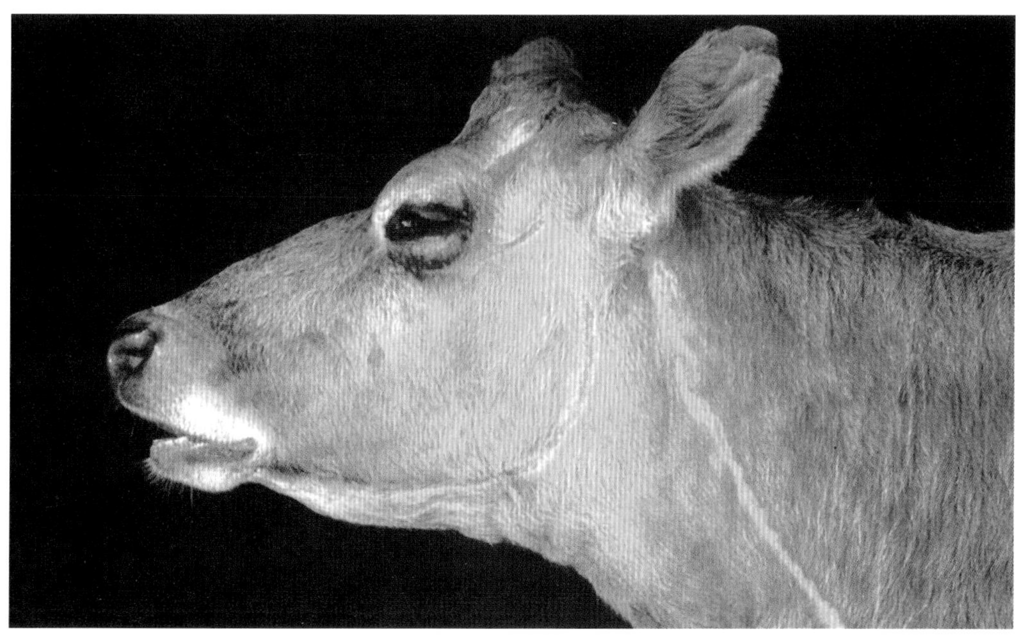

图1.1　牛头部骨性标志（左侧观）。在动物尸体防腐固定之前，覆盖于头部骨性标志表面的被毛已剃除。

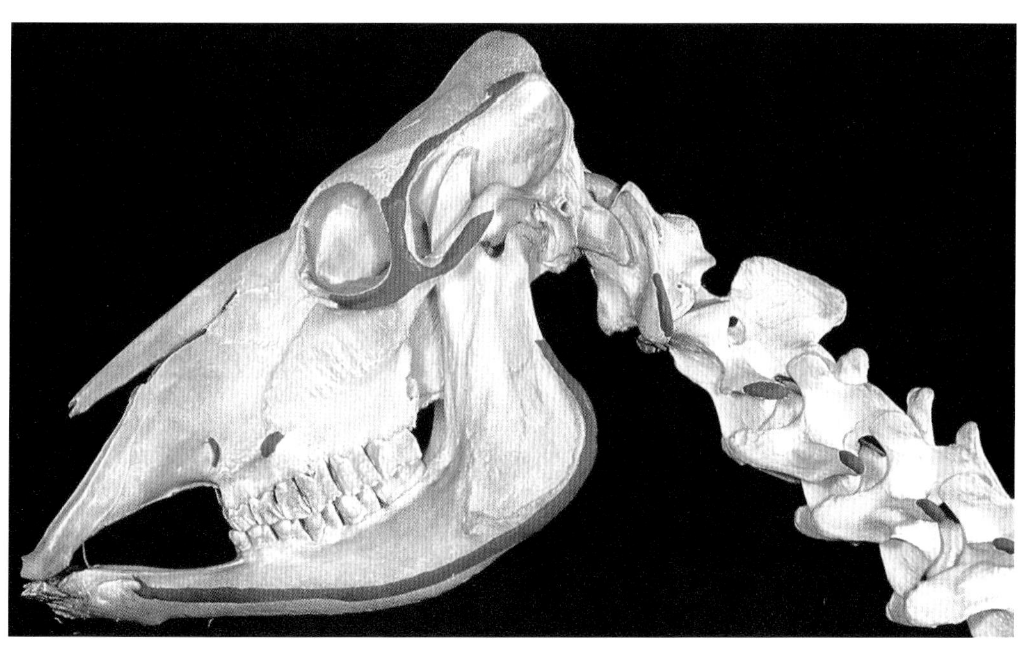

图1.2　头骨和前5个颈椎。红色表示图1.1中可触及的骨性标志。

图1.3 鼻孔的表面特征。比较图1.41的山羊鼻孔特征。

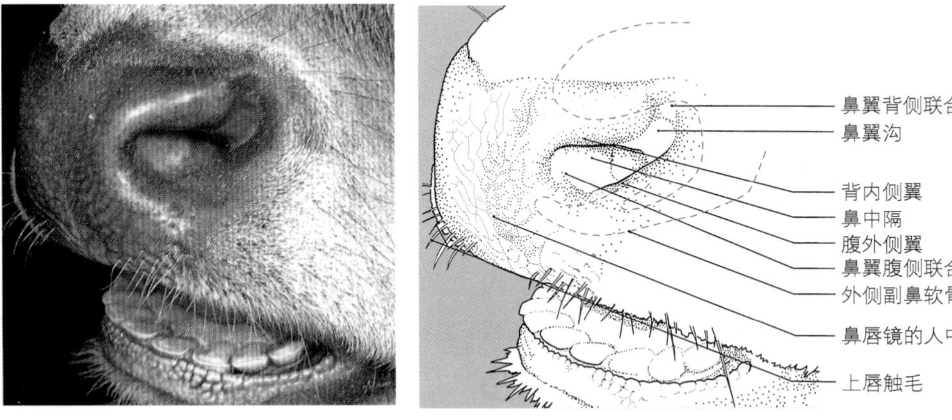
鼻翼背侧联合
鼻翼沟
背内侧翼
鼻中隔
腹外侧翼
鼻翼腹侧联合
外侧副鼻软骨轮廓
鼻唇镜的人中
上唇触毛

图1.4 口腔的表面特征。

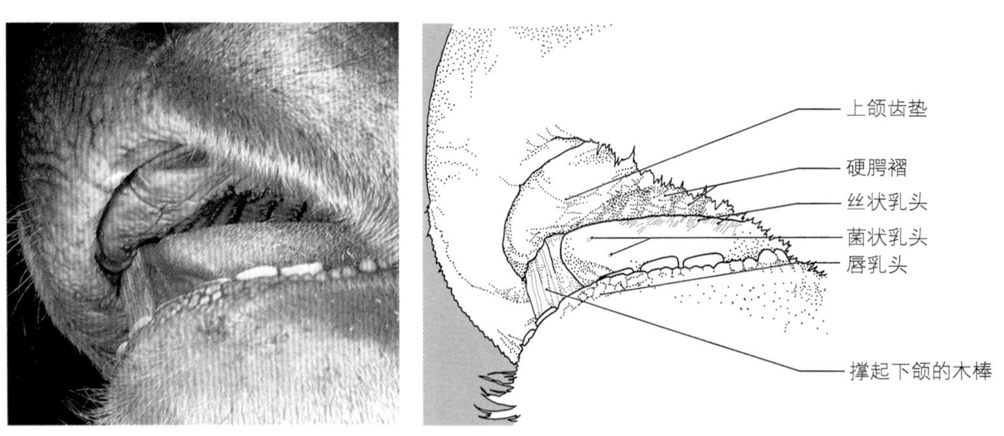
上颌齿垫
硬腭褶
丝状乳头
菌状乳头
唇乳头
撑起下颌的木棒

图1.5 切齿的表面特征。死亡的6岁奶牛的切齿磨面清晰可见。比较图1.42的青年山羊的结构。

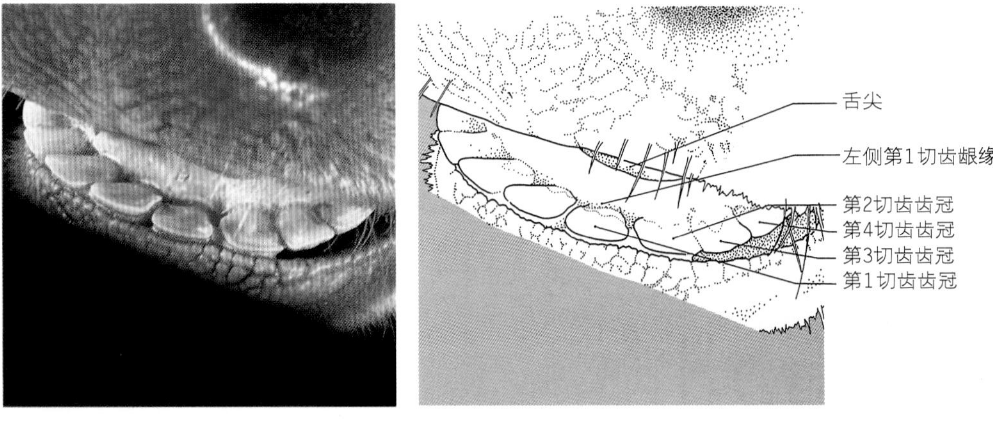
舌尖
左侧第1切齿龈缘
第2切齿齿冠
第4切齿齿冠
第3切齿齿冠
第1切齿齿冠

图1.6 眼的表面特征。山羊眼的结构见图1.40。

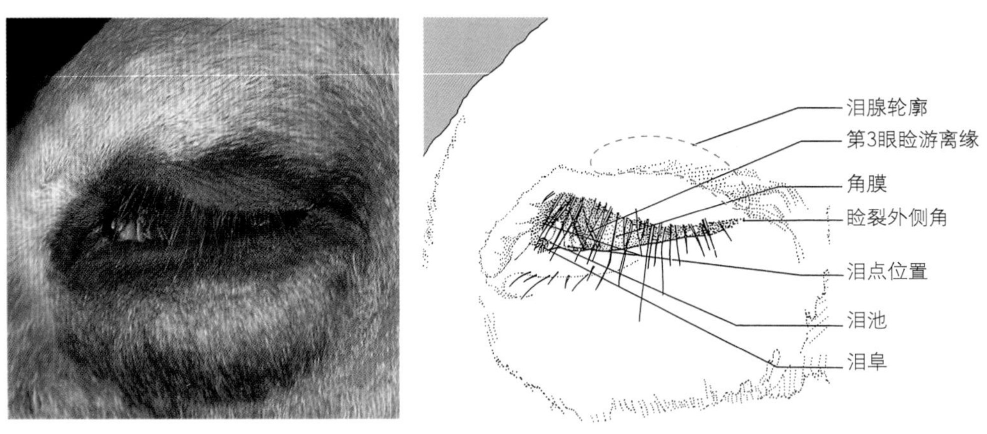
泪腺轮廓
第3眼睑游离缘
角膜
睑裂外侧角
泪点位置
泪池
泪阜

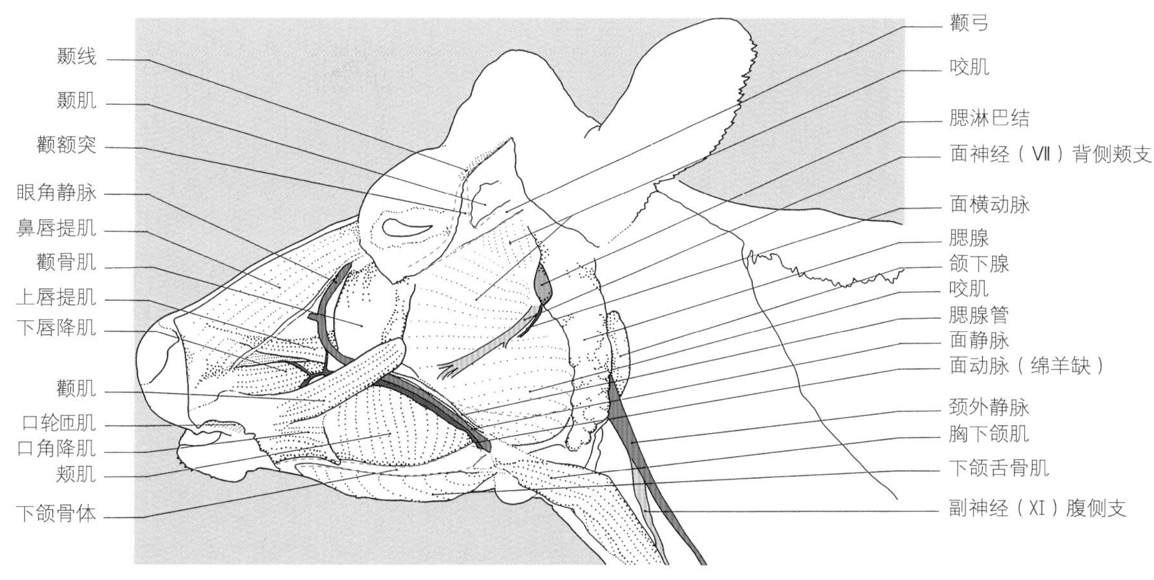
颞线
颞肌
颧额突
眼角静脉
鼻唇提肌
颧骨肌
上唇提肌
下唇降肌
颧肌
口轮匝肌
口角降肌
颊肌
下颌骨体
颧弓
咬肌
腮淋巴结
面神经（Ⅶ）背侧颊支
面横动脉
腮腺
颌下腺
咬肌
腮腺管
面静脉
面动脉（绵羊缺）
颈外静脉
胸下颌肌
下颌舌骨肌
副神经（Ⅺ）腹侧支

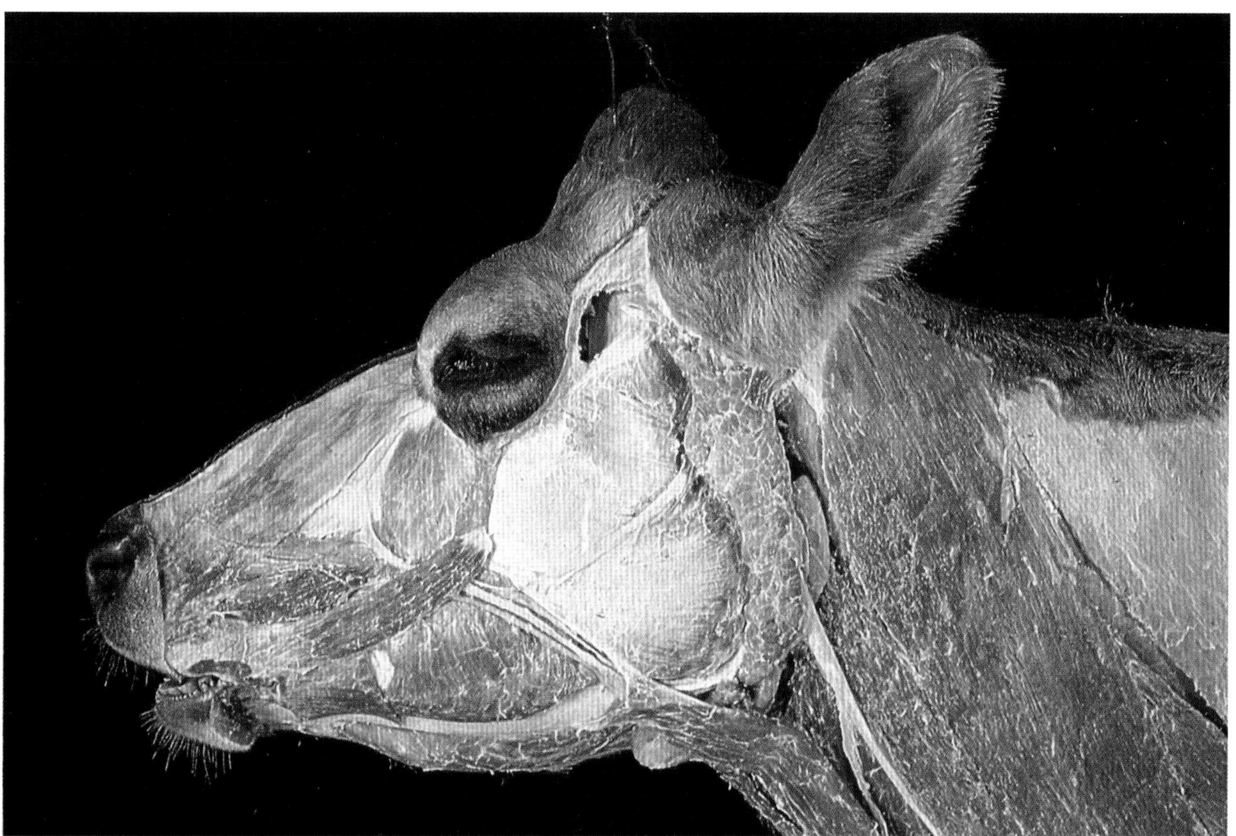

图1.7　牛头部浅层结构（左侧观）。更详细的结构见图1.8和图1.10。绵羊和山羊下颌骨体腹侧缘的血管切迹只含有面静脉。如图蓝色虚线所示这些动物的面横动脉较大，腮腺管穿过咬肌表面，虚线突出显示了骨性突起。

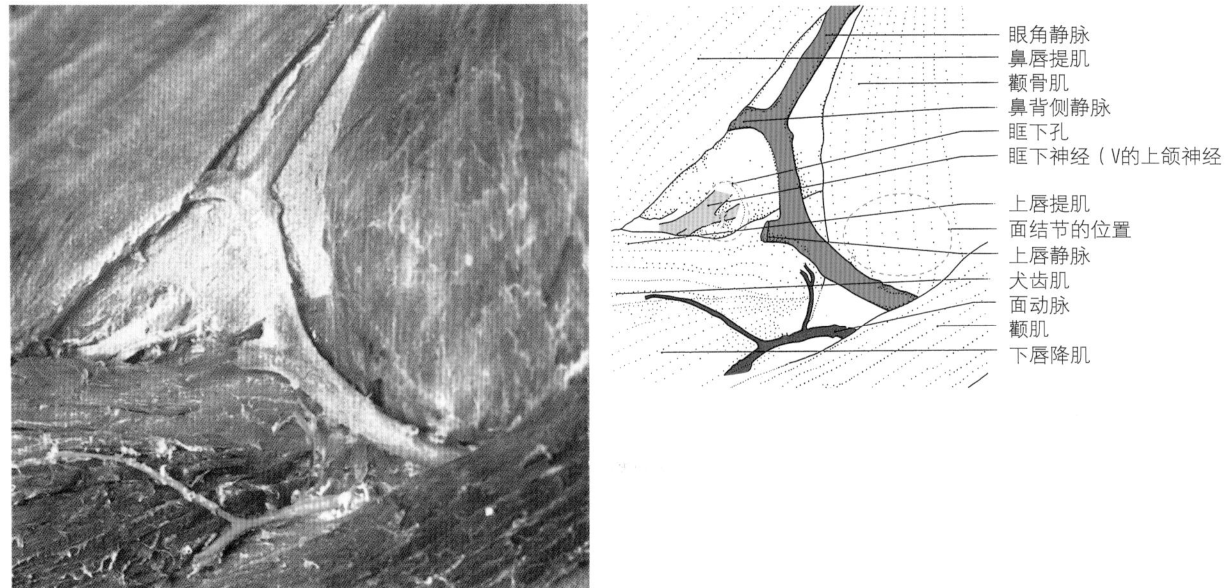
眼角静脉
鼻唇提肌
颧骨肌
鼻背侧静脉
眶下孔
眶下神经（V的上颌神经）
上唇提肌
面结节的位置
上唇静脉
犬齿肌
面动脉
颧肌
下唇降肌

图1.8 头部浅层结构：眶下孔区。上唇提肌已被部分切除以显示眶下孔。

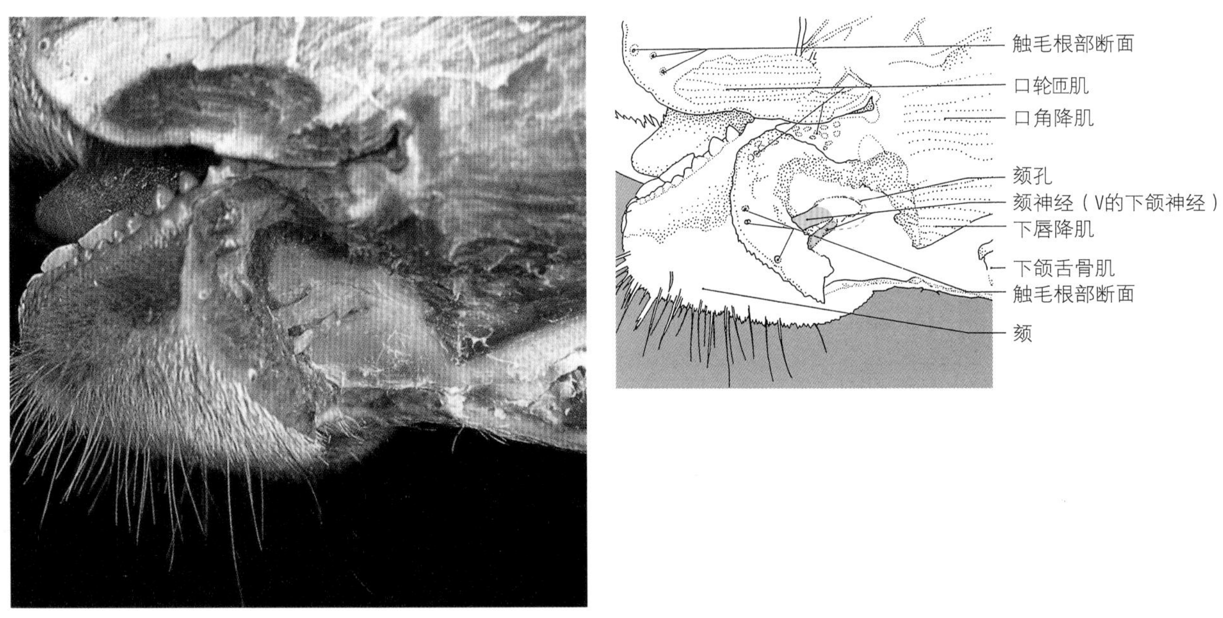
触毛根部断面
口轮匝肌
口角降肌
颏孔
颏神经（V的下颌神经）
下唇降肌
下颌舌骨肌
触毛根部断面
颏

图1.9 头部浅层结构：颏孔区。下唇降肌已被切除，以显示卵圆形的颏孔。

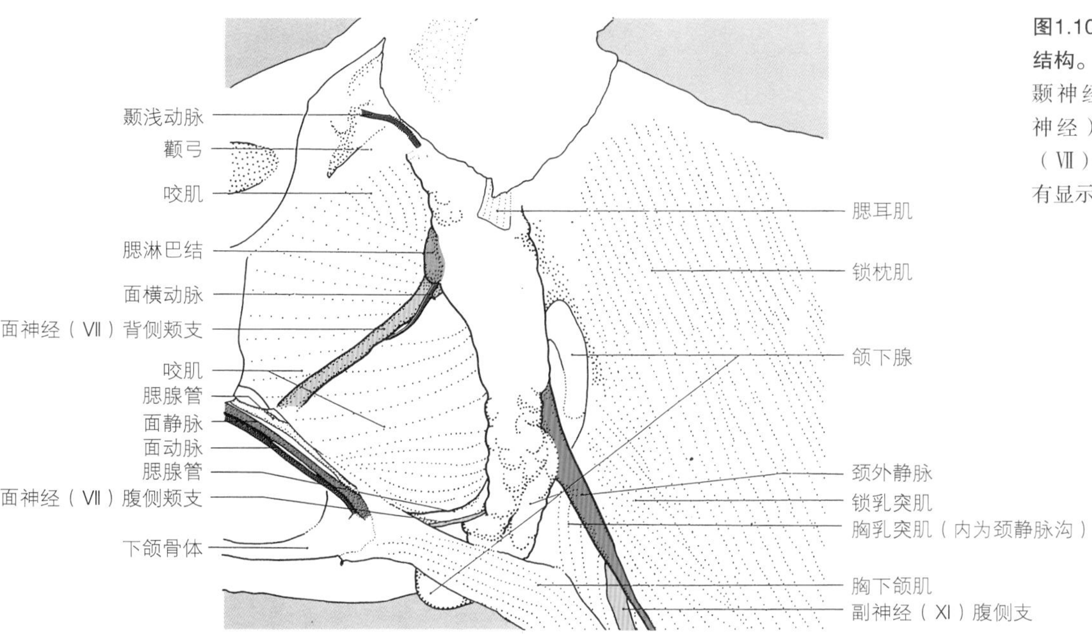
颞浅动脉
颧弓
咬肌
腮淋巴结
面横动脉
面神经（Ⅶ）背侧颊支
咬肌
腮腺管
面静脉
面动脉
腮腺管
面神经（Ⅶ）腹侧颊支
下颌骨体
腮耳肌
锁枕肌
颌下腺
颈外静脉
锁乳突肌
胸乳突肌（内为颈静脉沟）
胸下颌肌
副神经（Ⅺ）腹侧支

图1.10　腮腺区浅层结构。此图未显示耳颞神经（Ⅴ的下颌神经）和耳睑神经（Ⅶ），但图1.32中有显示。

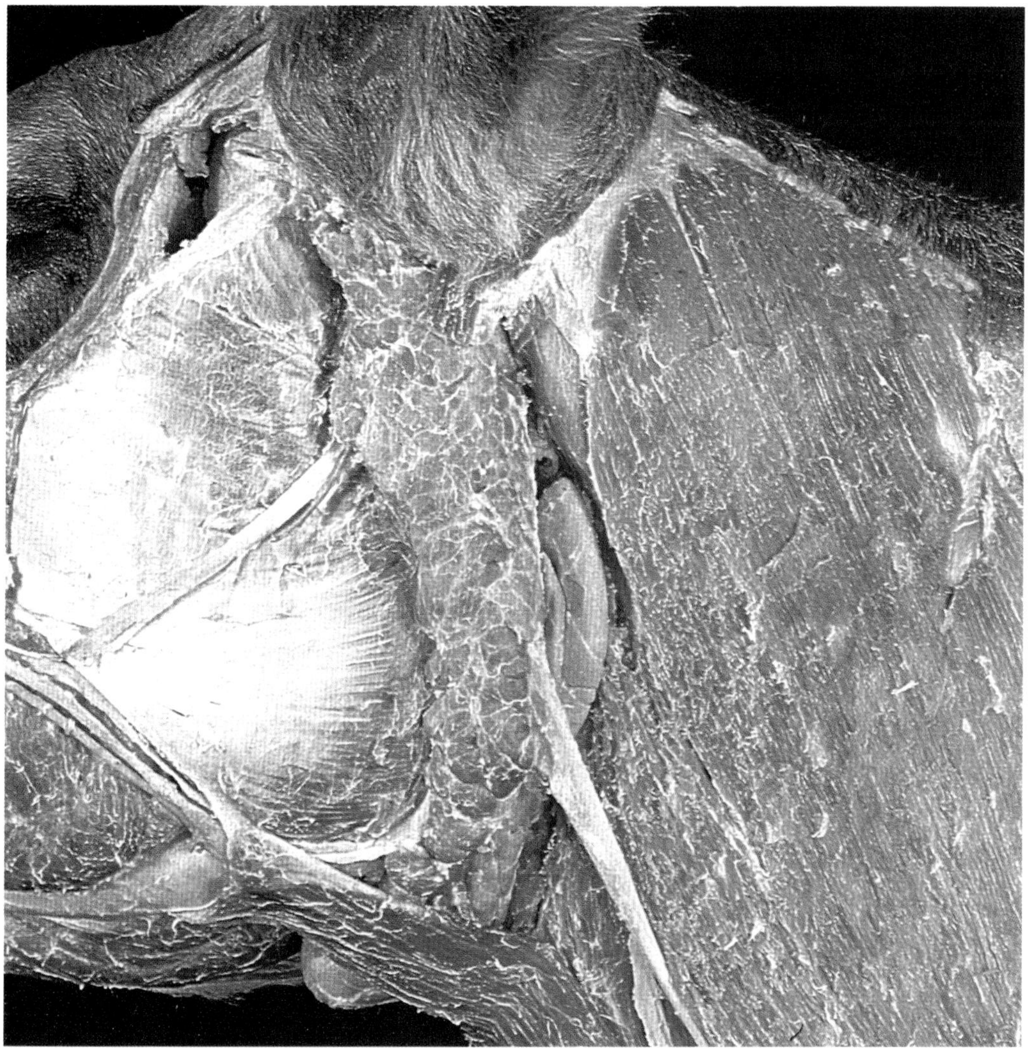

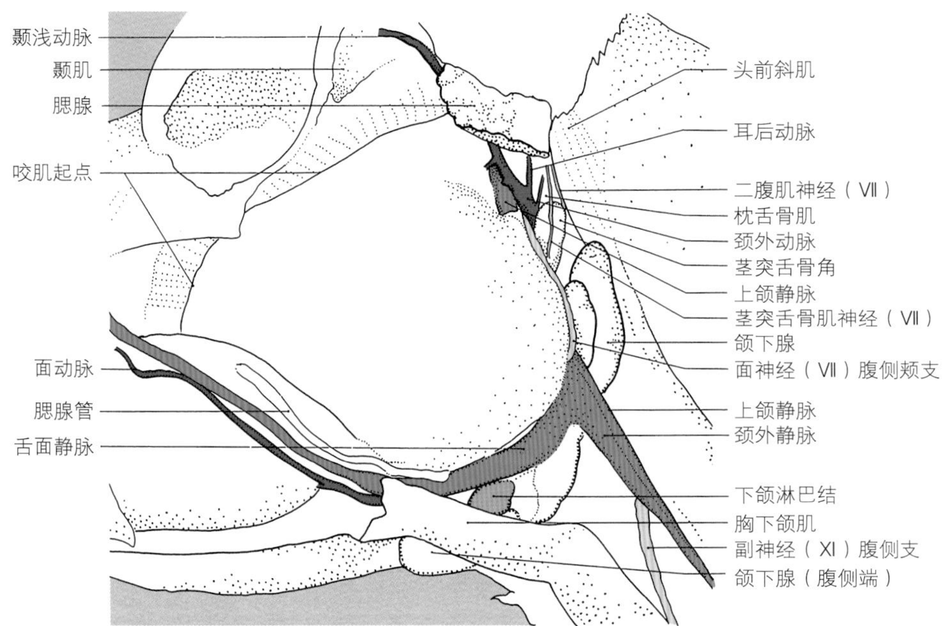
颞浅动脉
颞肌
腮腺
咬肌起点
面动脉
腮腺管
舌面静脉
头前斜肌
耳后动脉
二腹肌神经（Ⅶ）
枕舌骨肌
颈外动脉
茎突舌骨角
上颌静脉
茎突舌骨肌神经（Ⅶ）
颌下腺
面神经（Ⅶ）腹侧颊支
上颌静脉
颈外静脉
下颌淋巴结
胸下颌肌
副神经（Ⅺ）腹侧支
颌下腺（腹侧端）

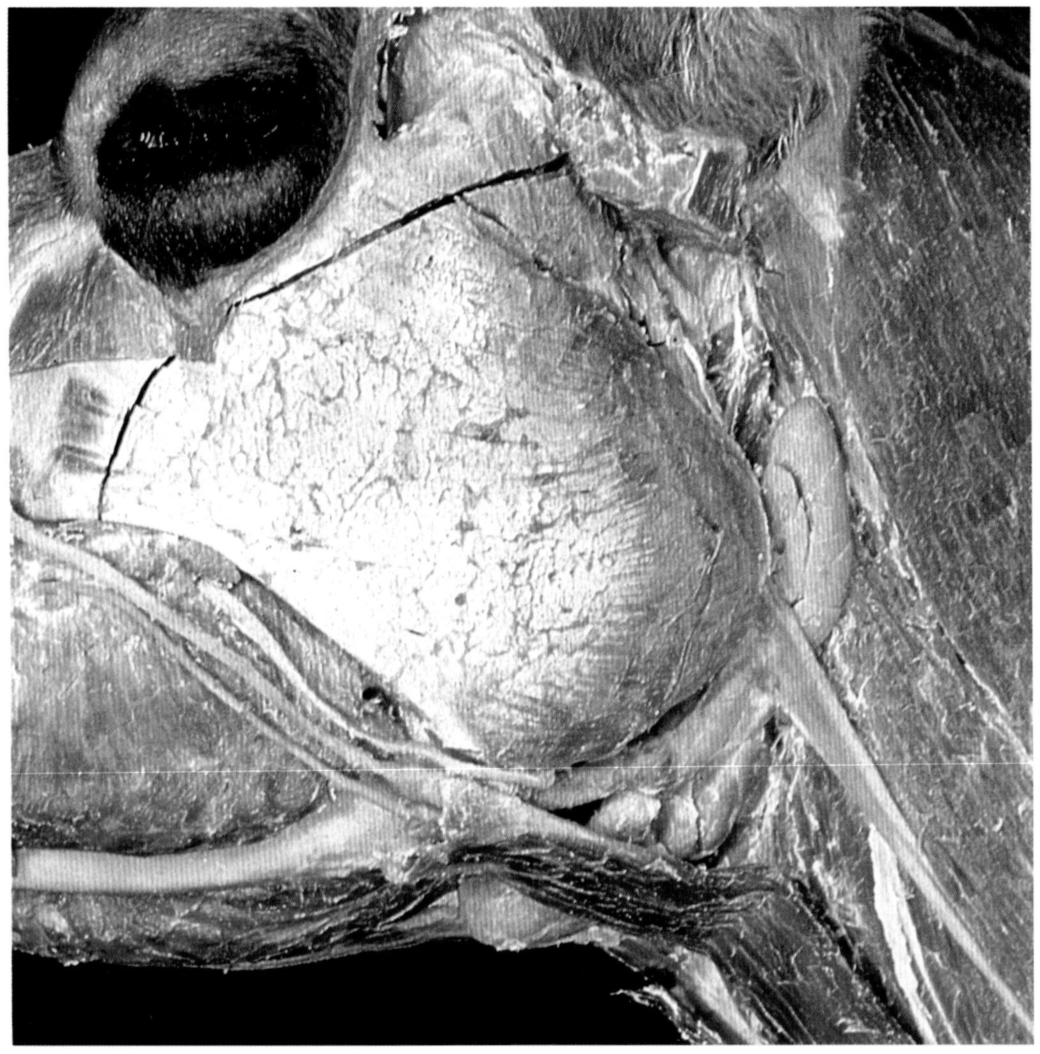

图1.11 腮腺区深层结构。此标本的咽后外侧淋巴结位置太靠前，但它通常位于颌下腺后缘（见图1.15和图1.32）。

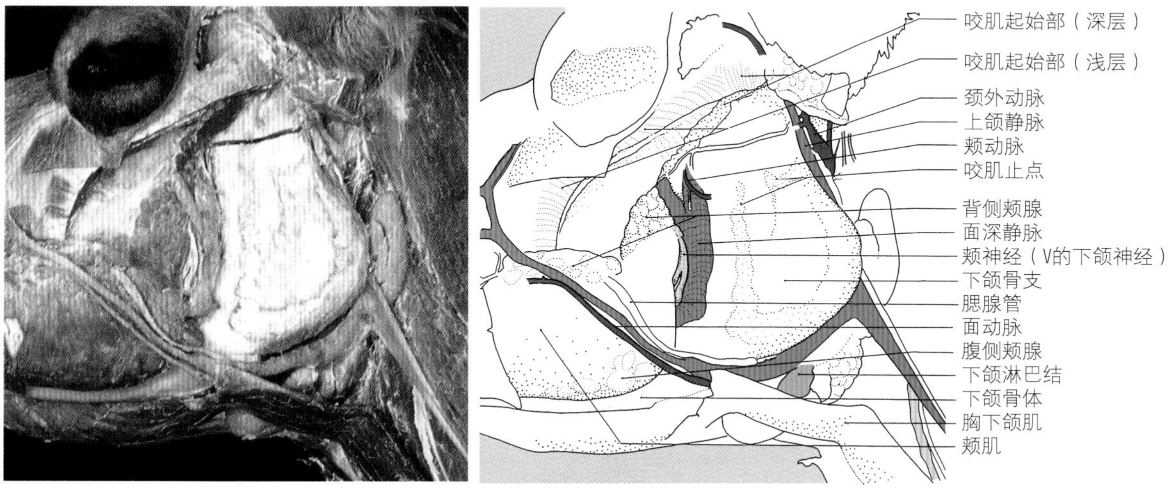
咬肌起始部（深层）
咬肌起始部（浅层）
颈外动脉
上颌静脉
颊动脉
咬肌止点
背侧颊腺
面深静脉
颊神经（V的下颌神经）
下颌骨支
腮腺管
面动脉
腹侧颊腺
下颌淋巴结
下颌骨体
胸下颌肌
颊肌

图1.12　下颌骨和颊后侧壁。面动、静脉和腮腺管在下颌骨腹侧缘的切迹内。切除下颌骨后的结构参见图1.13。

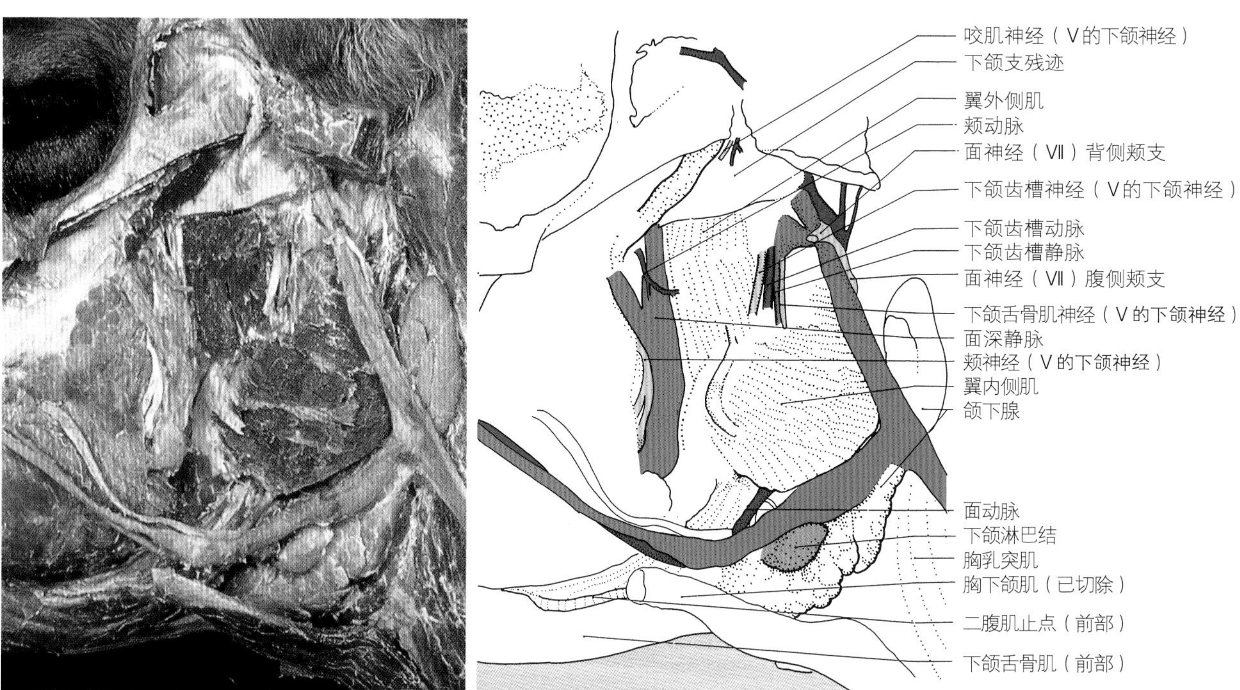
咬肌神经（V的下颌神经）
下颌支残迹
翼外侧肌
颊动脉
面神经（Ⅶ）背侧颊支
下颌齿槽神经（V的下颌神经）
下颌齿槽动脉
下颌齿槽静脉
面神经（Ⅶ）腹侧颊支
下颌舌骨肌神经（V的下颌神经）
面深静脉
颊神经（V的下颌神经）
翼内侧肌
颌下腺
面动脉
下颌淋巴结
胸乳突肌
胸下颌肌（已切除）
二腹肌止点（前部）
下颌舌骨肌（前部）

图1.13　位于下颌区的中层结构。翼外侧肌覆盖在舌神经（三叉神经的下颌神经分支）上，因此未见到舌神经（见图1.14）。

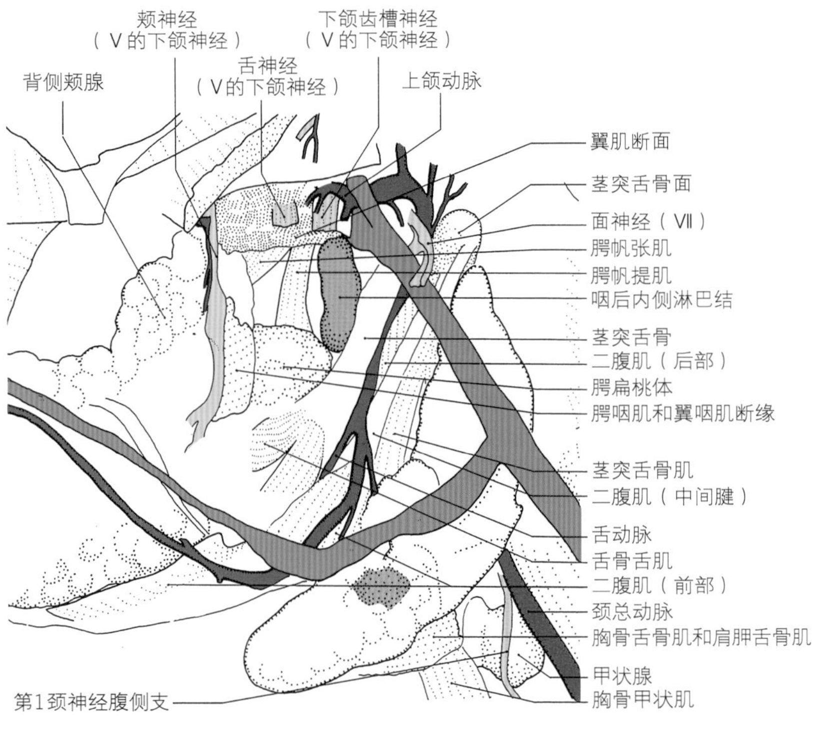
颊神经
（V的下颌神经）
下颌齿槽神经
（V的下颌神经）
背侧颊腺
舌神经
（V的下颌神经）
上颌动脉
翼肌断面
茎突舌骨面
面神经（Ⅶ）
腭帆张肌
腭帆提肌
咽后内侧淋巴结
茎突舌骨
二腹肌（后部）
腭扁桃体
腭咽肌和翼咽肌断缘
茎突舌骨肌
二腹肌（中间腱）
舌动脉
舌骨舌肌
二腹肌（前部）
颈总动脉
胸骨舌骨肌和肩胛舌骨肌
甲状腺
胸骨甲状肌
第1颈神经腹侧支

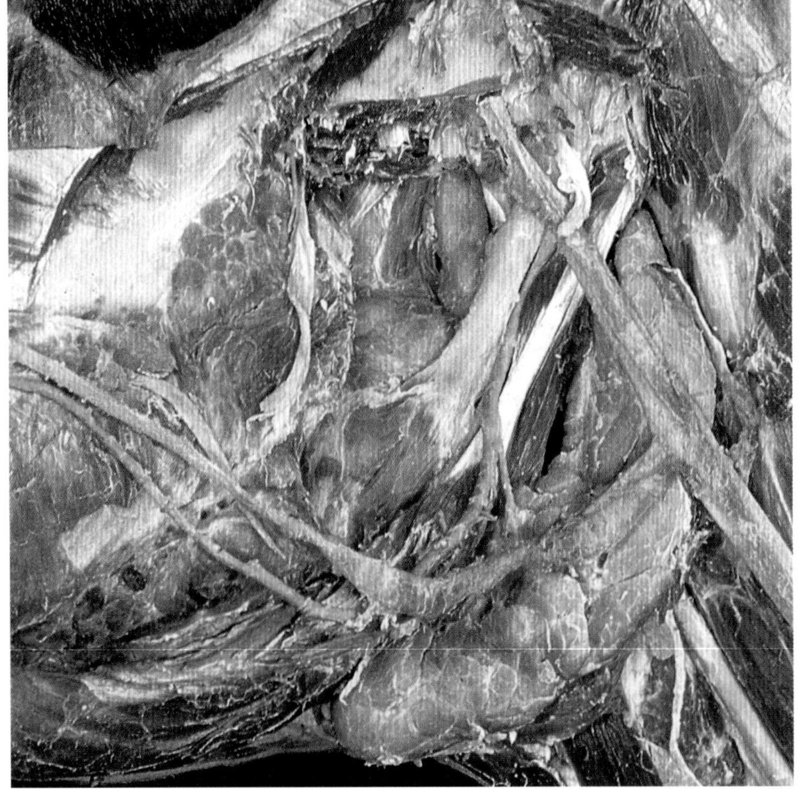

图1.14 翼肌的深层结构。剥离胸头肌和臂头肌以显示颈部深层结构。剥离咽前部至茎突舌骨的部分肌肉以显示腭扁桃体。

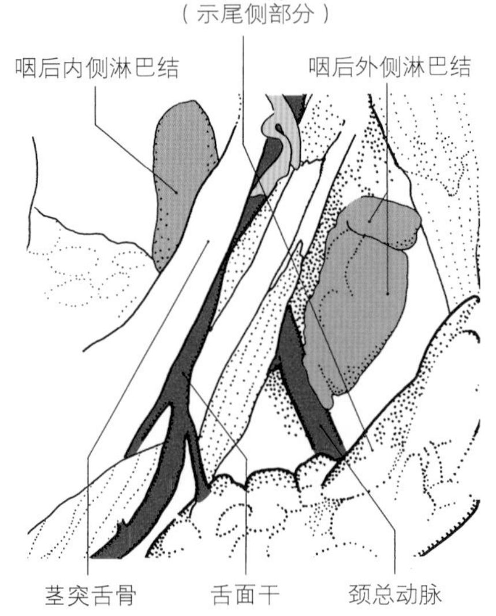
颌下腺
（示尾侧部分）
咽后内侧淋巴结
咽后外侧淋巴结
茎突舌骨
舌面干
颈总动脉

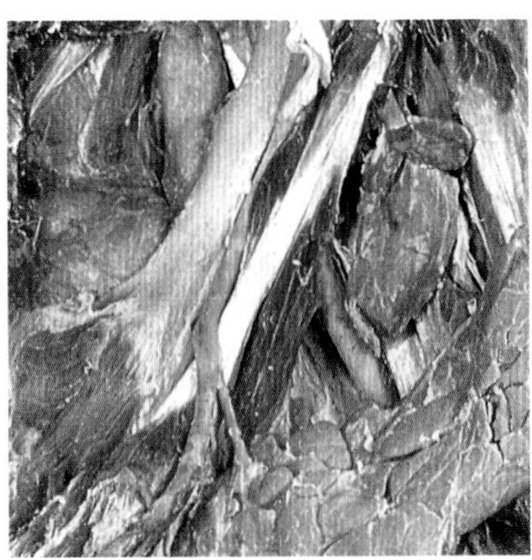

图1.15 咽后外侧和咽后内侧淋巴结。移除颌下腺后即可暴露咽后外侧淋巴结，它与茎突舌骨的位置可以与咽后内侧淋巴结的位置相比较。

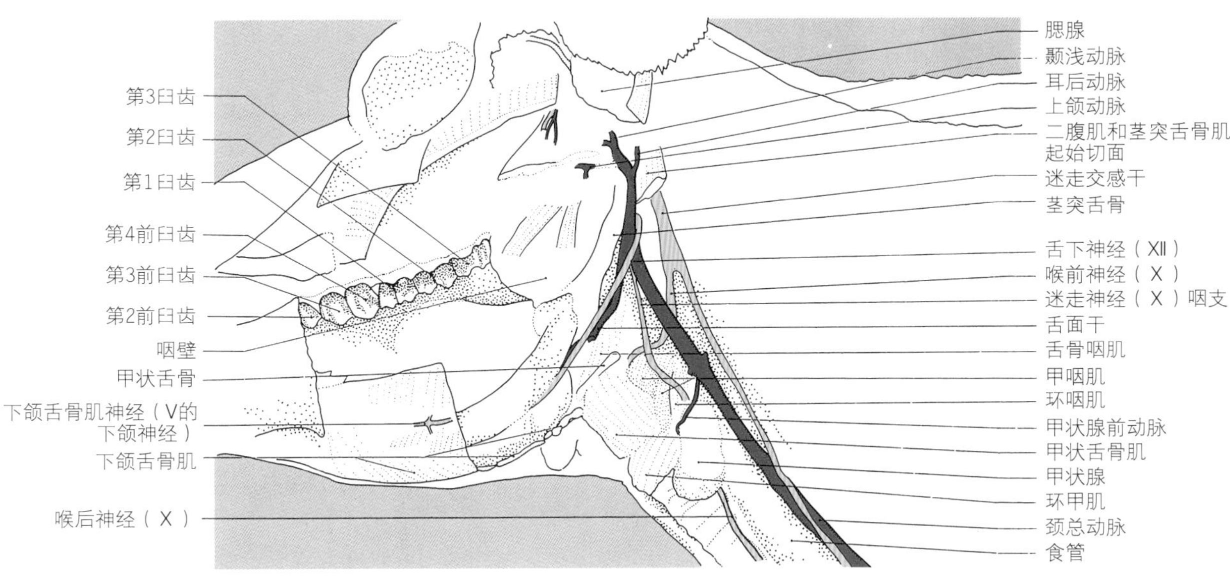
第3臼齿
第2臼齿
第1臼齿
第4前臼齿
第3前臼齿
第2前臼齿
咽壁
甲状舌骨
下颌舌骨肌神经（V的下颌神经）
下颌舌骨肌
喉后神经（X）
腮腺
颞浅动脉
耳后动脉
上颌动脉
二腹肌和茎突舌骨肌起始切面
迷走交感干
茎突舌骨
舌下神经（XII）
喉前神经（X）
迷走神经（X）咽支
舌面干
舌骨咽肌
甲咽肌
环咽肌
甲状腺前动脉
甲状舌骨肌
甲状腺
环甲肌
颈总动脉
食管

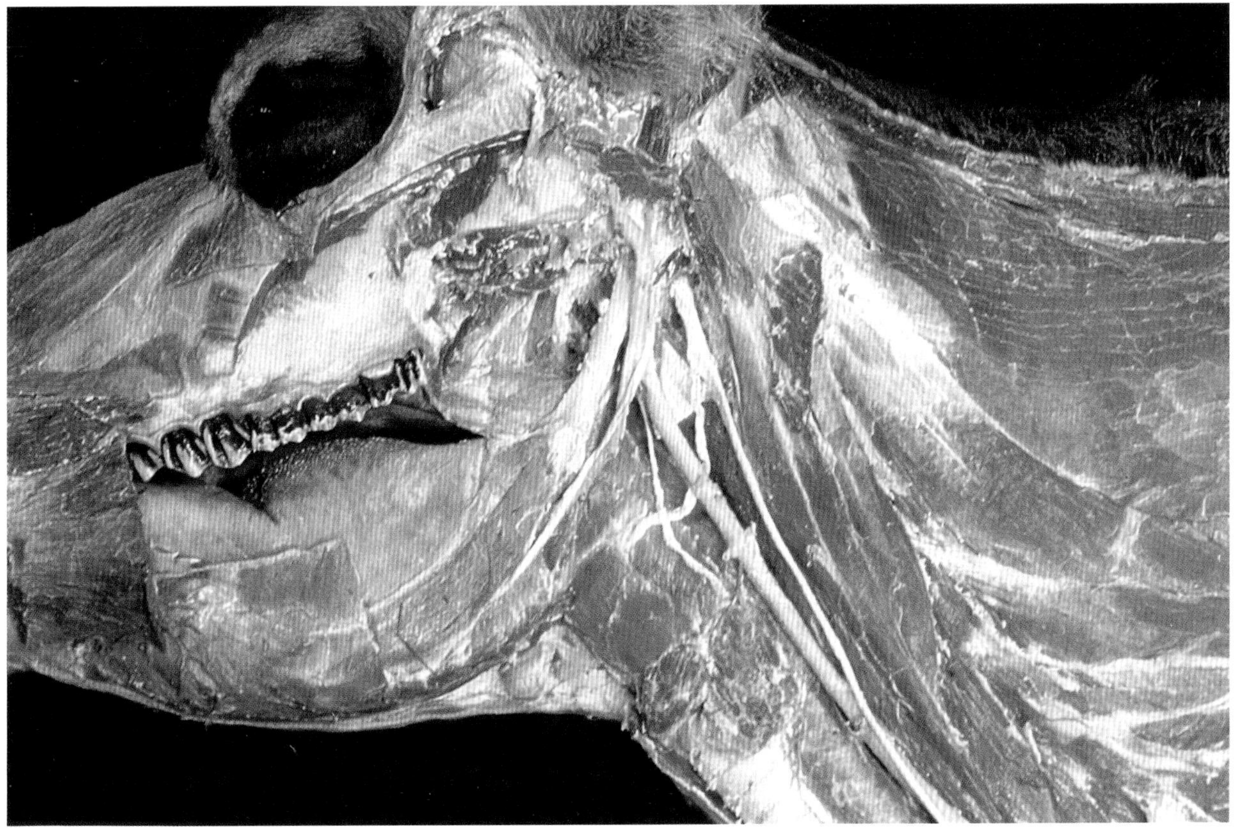

图1.16　上颌颊齿和咽部肌肉。颌下腺、颈腹侧肌和颊侧壁已被剥离。为了更清楚地显示其他结构，静脉也被切除。

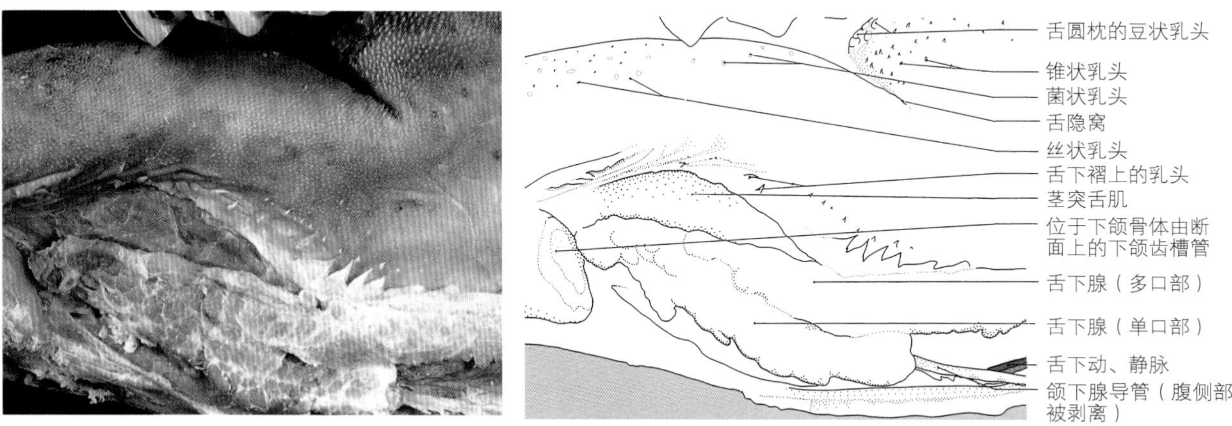

舌圆枕的豆状乳头
锥状乳头
菌状乳头
舌隐窝
丝状乳头
舌下褶上的乳头
茎突舌肌
位于下颌骨体由断面上的下颌齿槽管
舌下腺（多口部）
舌下腺（单口部）
舌下动、静脉
颌下腺导管（腹侧部被剥离）

图1.17　舌下腺和舌下褶。舌下褶及其乳头在舌下腺多口部的导管开口用线作标记，与颌下腺一样，舌下腺单口部开口于舌下褶前部远端。

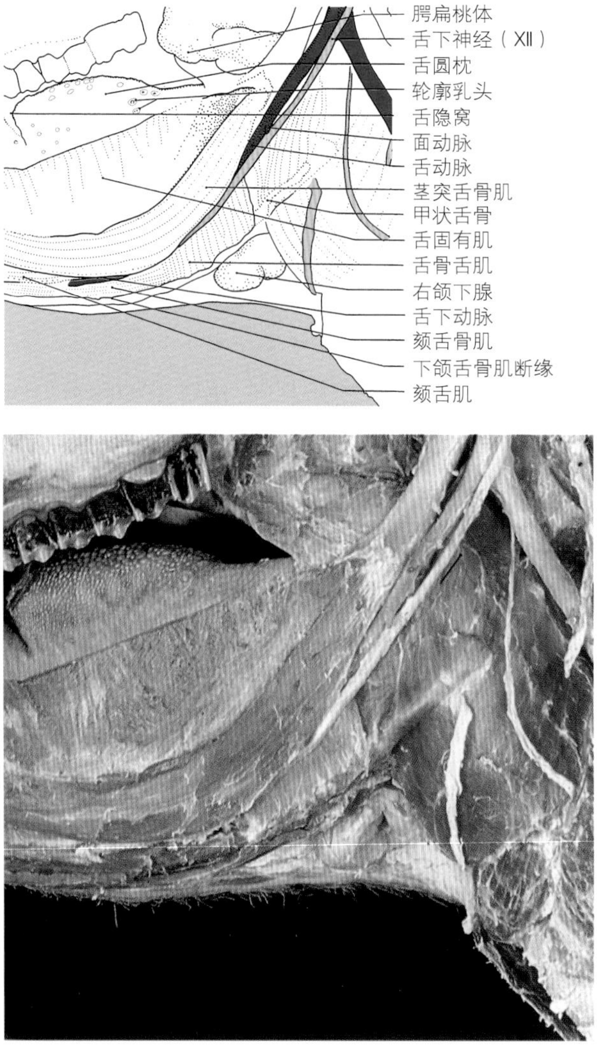

腭扁桃体
舌下神经（Ⅻ）
舌圆枕
轮廓乳头
舌隐窝
面动脉
舌动脉
茎突舌骨肌
甲状舌骨
舌固有肌
舌骨舌肌
右颌下腺
舌下动脉
颏舌骨肌
下颌舌骨肌断缘
颏舌肌

图1.18　舌部表面特征和肌肉。

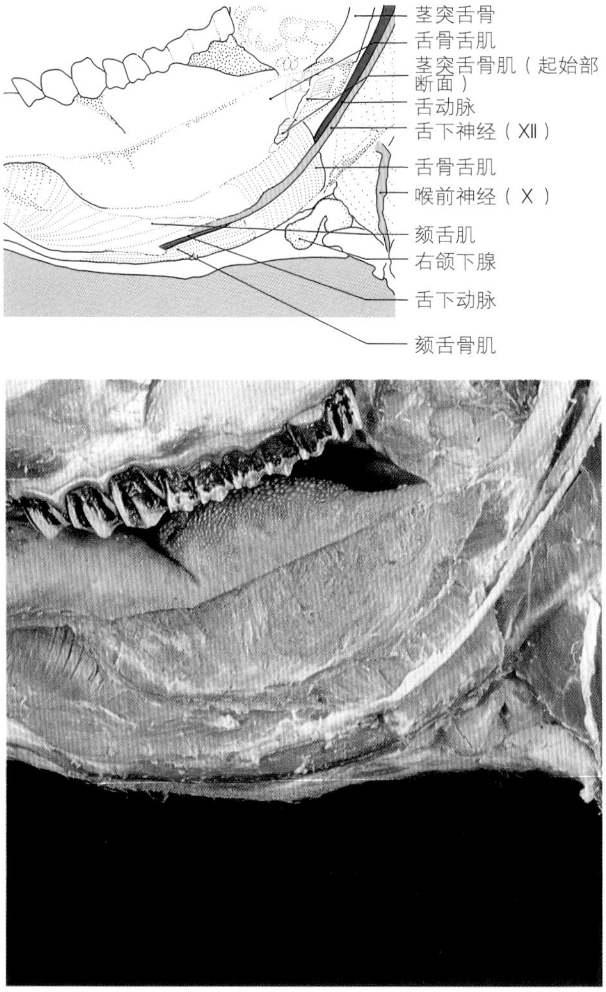

茎突舌骨
舌骨舌肌
茎突舌骨肌（起始部断面）
舌动脉
舌下神经（Ⅻ）
舌骨舌肌
喉前神经（Ⅹ）
颏舌肌
右颌下腺
舌下动脉
颏舌骨肌

图1.19　舌肌。

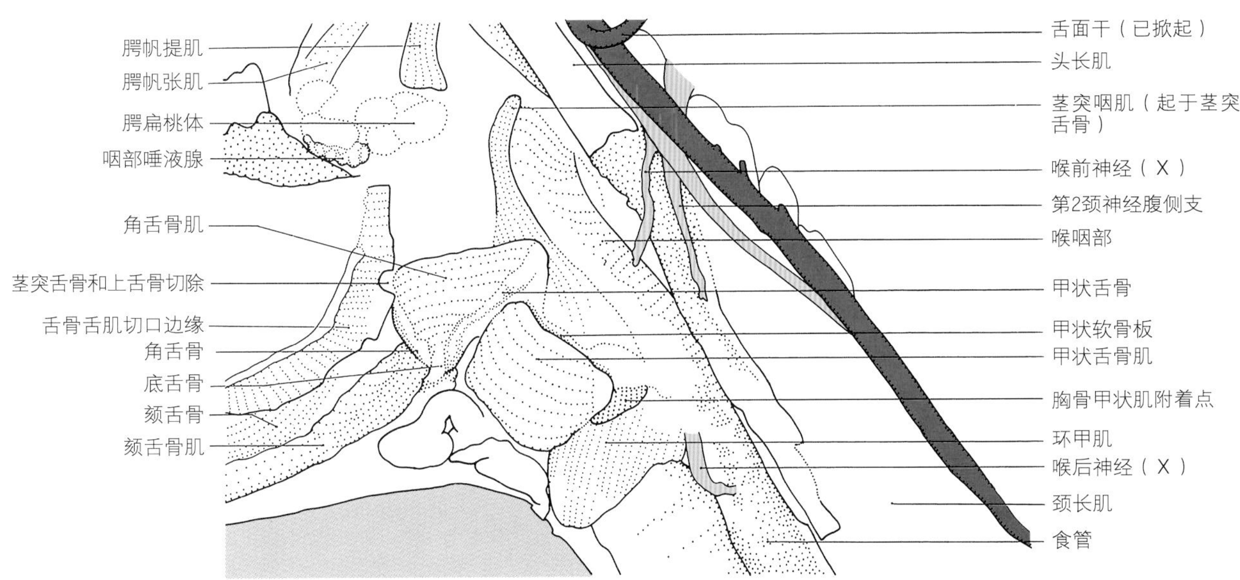
腭帆提肌
腭帆张肌
腭扁桃体
咽部唾液腺
角舌骨肌
茎突舌骨和上舌骨切除
舌骨舌肌切口边缘
角舌骨
底舌骨
颏舌骨
颏舌骨肌
舌面干（已掀起）
头长肌
茎突咽肌（起于茎突舌骨）
喉前神经（X）
第2颈神经腹侧支
喉咽部
甲状舌骨
甲状软骨板
甲状舌骨肌
胸骨甲状肌附着点
环甲肌
喉后神经（X）
颈长肌
食管

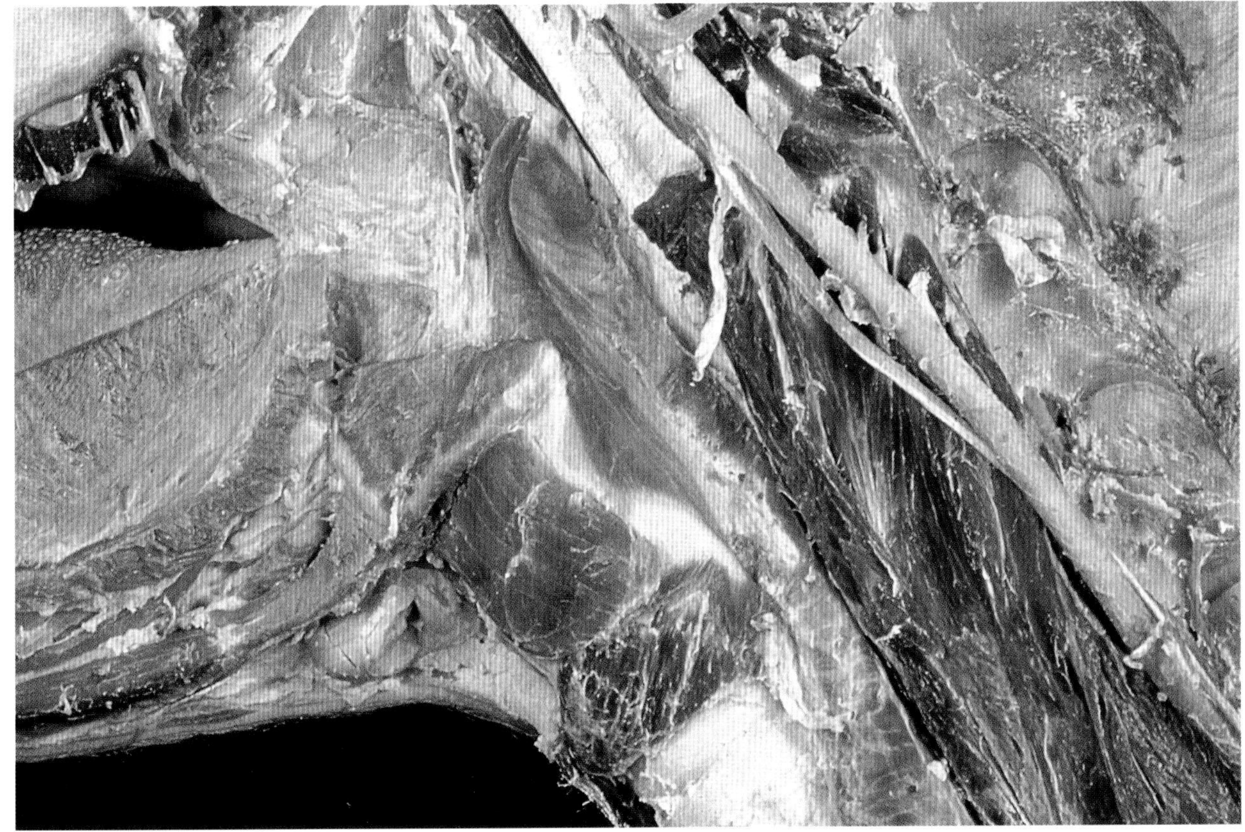

图1.20 舌器、咽和喉。茎突舌骨和上舌骨已被切除，翻转舌面动脉后，剥离咽中后部缩肌和部分舌器，即可暴露茎突咽肌后部和甲状软骨的背侧缘。

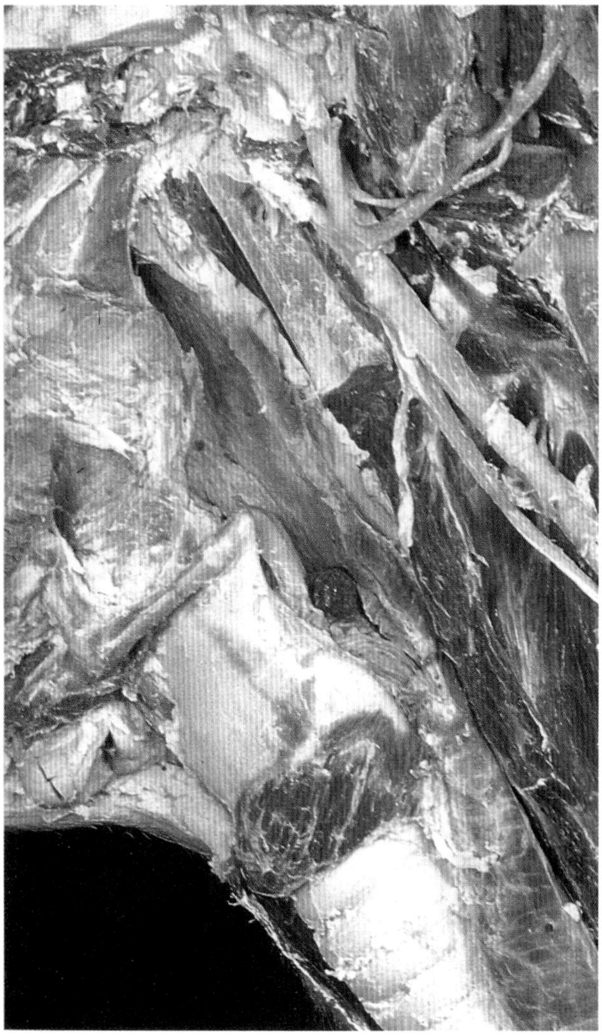

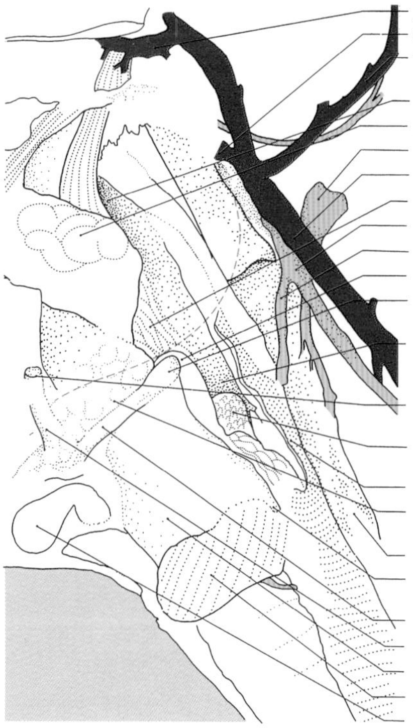

上颌动脉
枕动脉
舌面干（向背侧掀起）
鼻咽腔
腭扁桃体
第2颈神经腹侧支
颈总动脉
软腭
迷走交感干
喉前神经（X）
会厌
甲状软骨前角
喉咽腔
上舌骨关节
杓状软骨小角突
环咽肌
口咽壁上的淋巴组织和腺组织
头长肌
甲状软骨后角
甲状舌骨
角舌骨
甲状软骨
环甲肌
右颌下腺

图1.21 咽和喉。鼻咽部和喉咽部外侧壁已被剥离，杓状软骨小角突呈灰色，蓝色虚线表示下颌骨缘，但应记住当寰枕关节伸屈时，下颌骨的位置会发生改变。

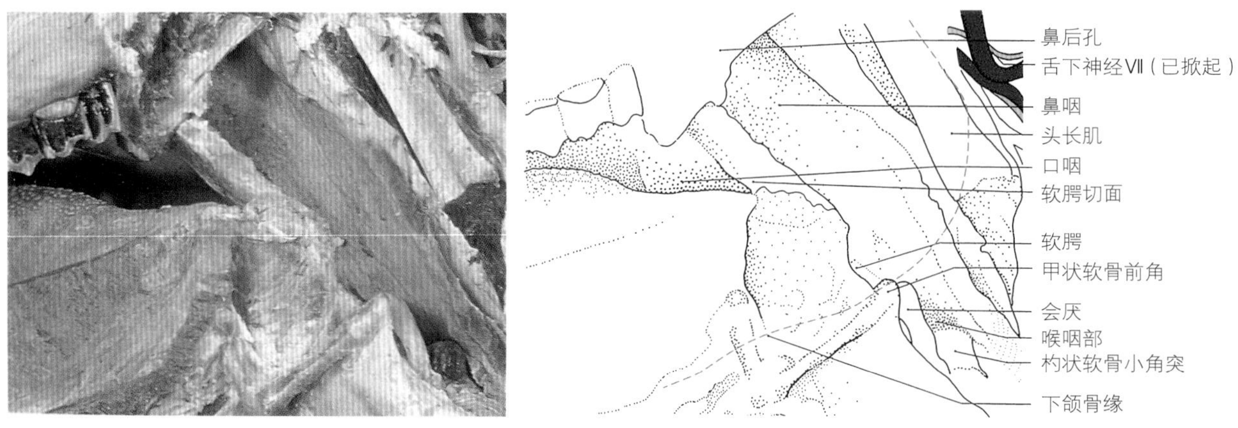
鼻后孔
舌下神经Ⅶ（已掀起）
鼻咽
头长肌
口咽
软腭切面
软腭
甲状软骨前角
会厌
喉咽部
杓状软骨小角突
下颌骨缘

图1.22 口腔、鼻和咽喉部。

图1.23～图1.26　去角牛角区的表面特征和骨骼

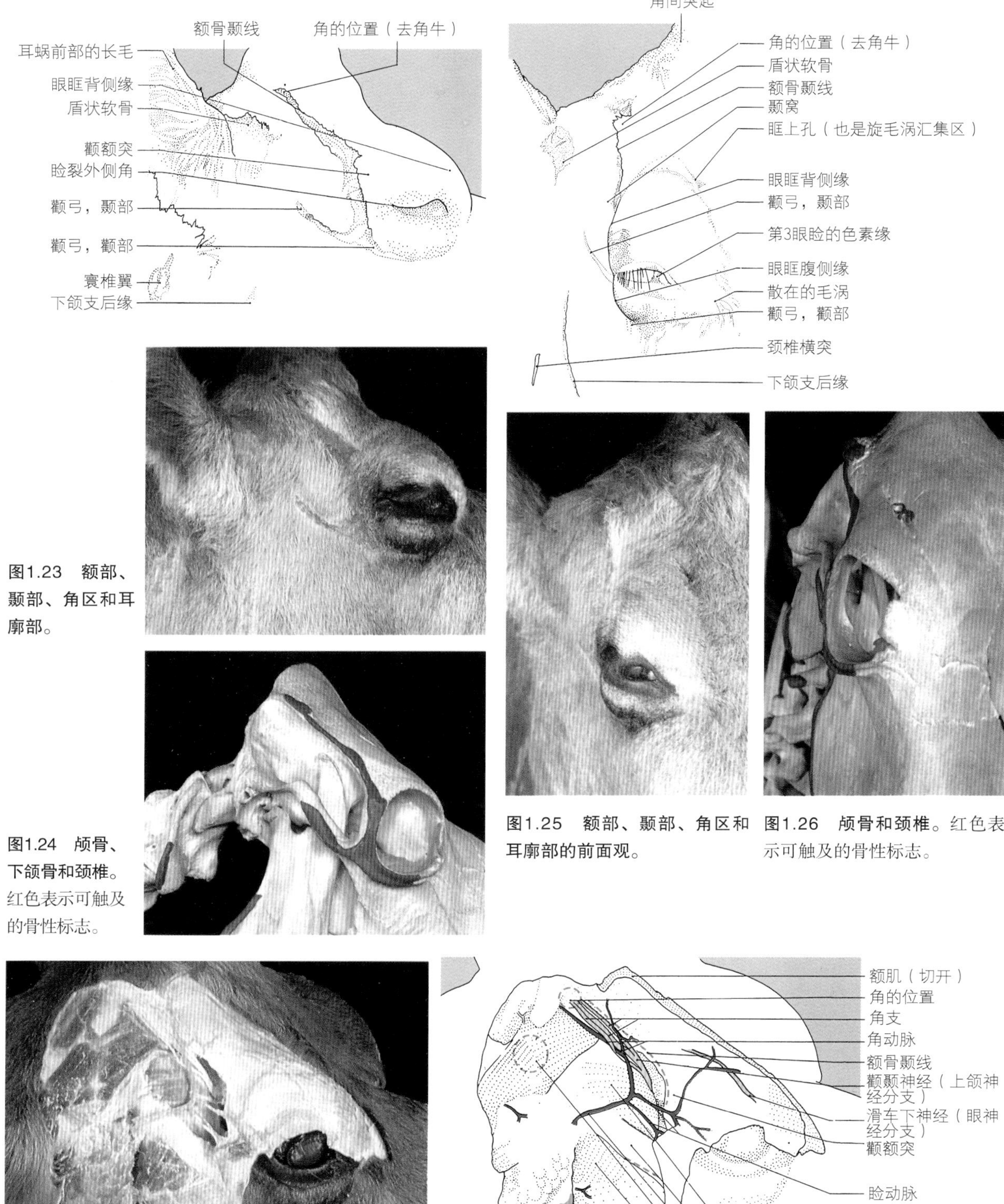
额骨颞线
角的位置（去角牛）
耳蜗前部的长毛
眼眶背侧缘
盾状软骨
颧额突
睑裂外侧角
颧弓，颞部
颧弓，颧部
寰椎翼
下颌支后缘
角间突起
角的位置（去角牛）
盾状软骨
额骨颞线
颞窝
眶上孔（也是旋毛涡汇集区）
眼眶背侧缘
颧弓，颞部
第3眼睑的色素缘
眼眶腹侧缘
散在的毛涡
颧弓，颧部
颈椎横突
下颌支后缘
额肌（切开）
角的位置
角支
角动脉
额骨颞线
颧颞神经（上颌神经分支）
滑车下神经（眼神经分支）
颧额突
睑动脉
颞肌
颧弓
颞浅动脉
盾状软骨
咬肌

图1.23　额部、颞部、角区和耳廓部。

图1.24　颅骨、下颌骨和颈椎。红色表示可触及的骨性标志。

图1.25　额部、颞部、角区和耳廓部的前面观。

图1.26　颅骨和颈椎。红色表示可触及的骨性标志。

图1.27　右侧角区的神经和血管。未成年的有角反刍动物的该部位解剖见图1.33和图1.43。有角的动物角动脉相对较粗，与滑车下神经并行，并伸向滑车下神经后方的额神经（三叉神经的眼神经分支）和耳睑神经（面神经分支），但额神经和耳睑神经在此图中未显示。

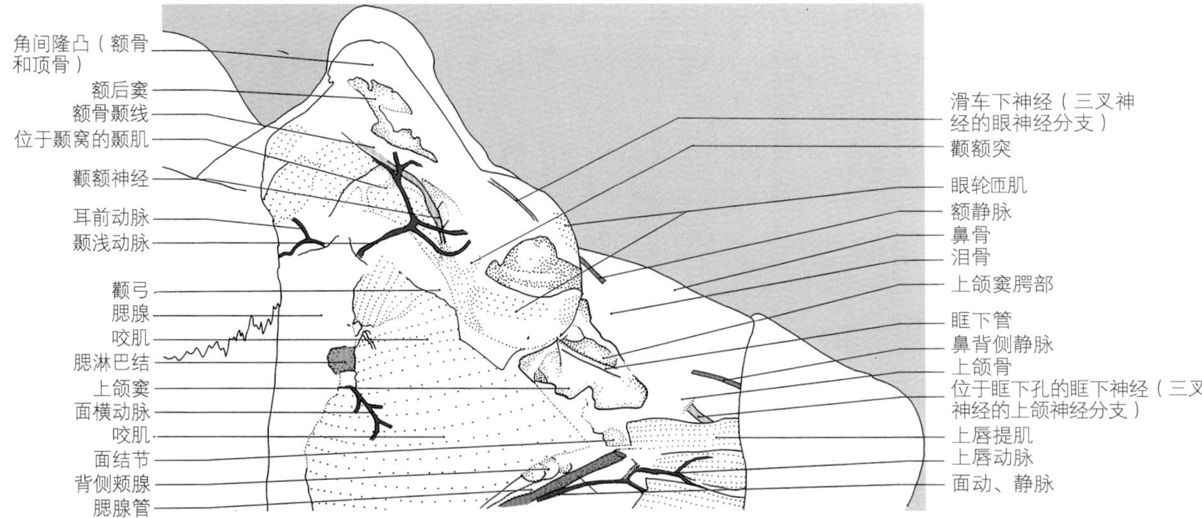
角间隆凸（额骨和顶骨）
额后窦
额骨颞线
位于颞窝的颞肌
颧额神经
耳前动脉
颞浅动脉
颧弓
腮腺
咬肌
腮淋巴结
上颌窦
面横动脉
咬肌
面结节
背侧颊腺
腮腺管
滑车下神经（三叉神经的眼神经分支）
颧额突
眼轮匝肌
额静脉
鼻骨
泪骨
上颌窦腭部
眶下管
鼻背侧静脉
上颌骨
位于眶下孔的眶下神经（三叉神经的上颌神经分支）
上唇提肌
上唇动脉
面动、静脉

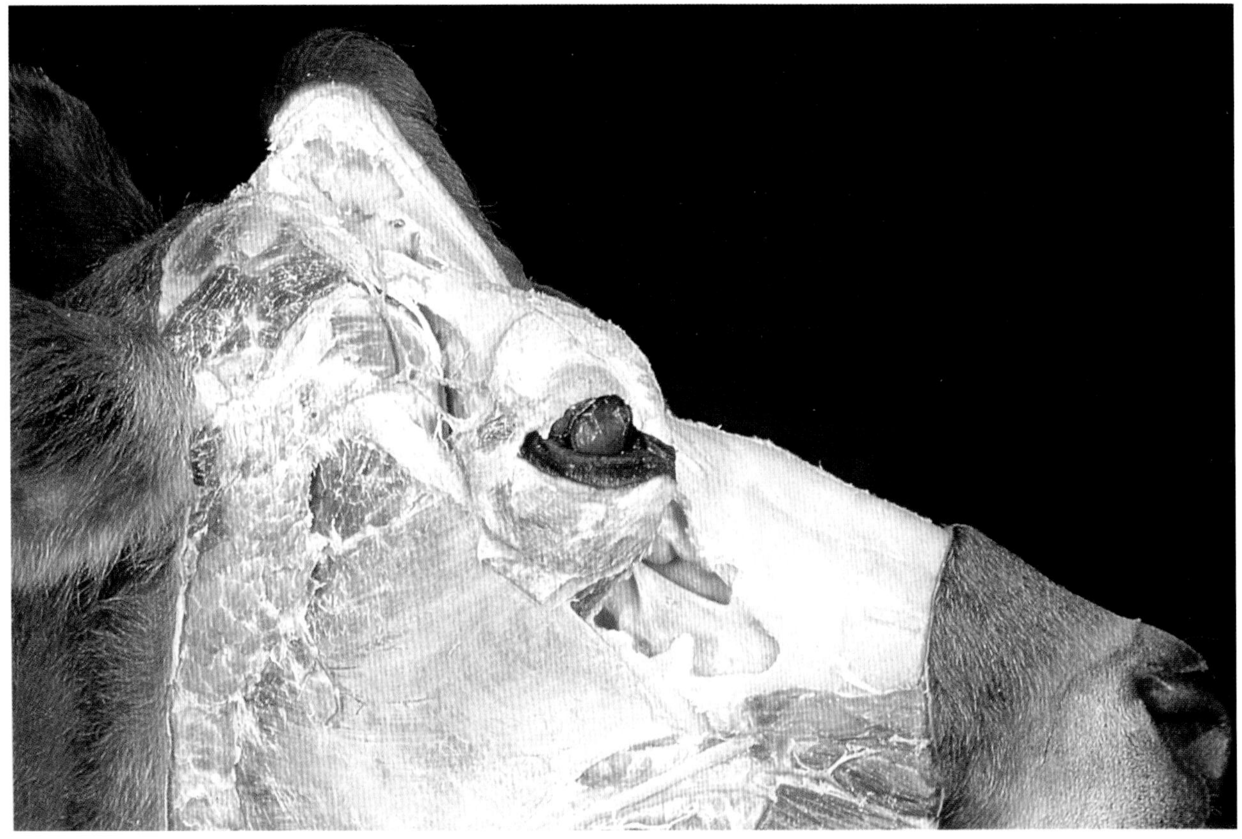

图1.28 额骨和上颌骨的鼻旁窦，右侧观。这些窦的详细结构见图1.29、图1.30和图1.31。

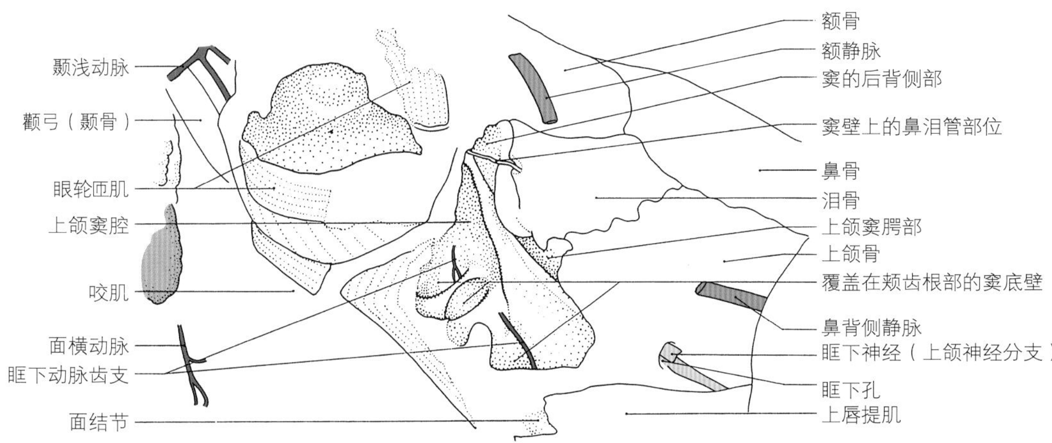
颞浅动脉
颧弓（颞骨）
眼轮匝肌
上颌窦腔
咬肌
面横动脉
眶下动脉齿支
面结节
额骨
额静脉
窦的后背侧部
窦壁上的鼻泪管部位
鼻骨
泪骨
上颌窦腭部
上颌骨
覆盖在颊齿根部的窦底壁
鼻背侧静脉
眶下神经（上颌神经分支）
眶下孔
上唇提肌

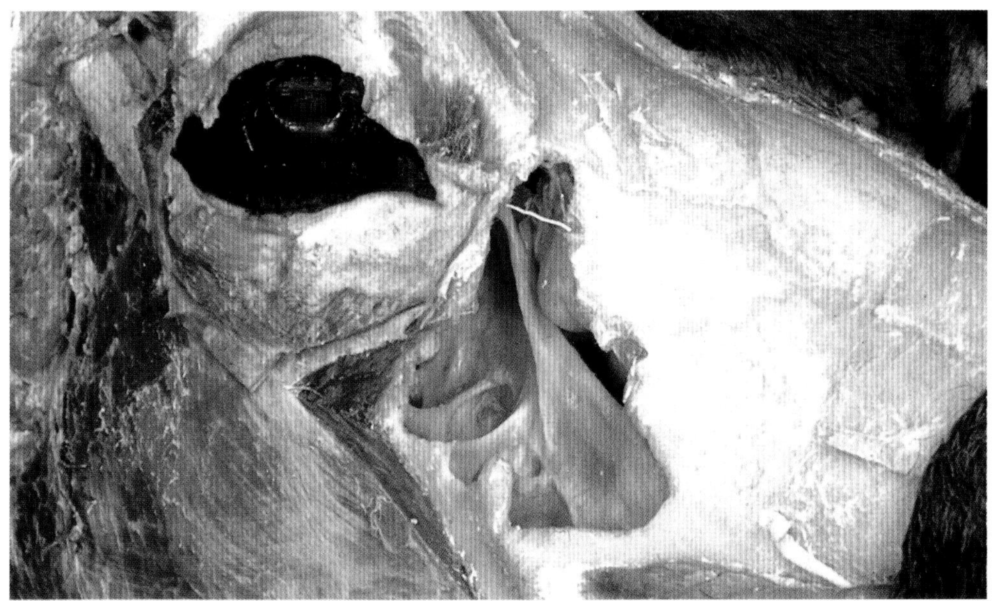

图1.29 右侧上颌骨鼻旁窦前外侧观。鼻泪管周围的部分泪骨已切除，且鼻泪管用一根白线表示其所在位置，窦的腭部通常认为是一个单独存在的窦。

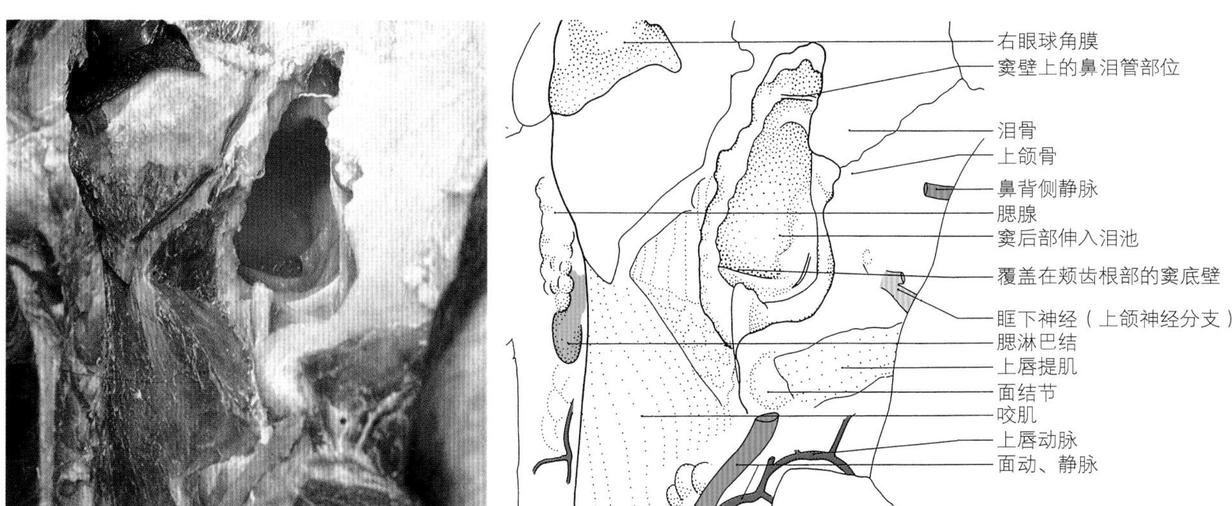
右眼球角膜
窦壁上的鼻泪管部位
泪骨
上颌骨
鼻背侧静脉
腮腺
窦后部伸入泪池
覆盖在颊齿根部的窦底壁
眶下神经（上颌神经分支）
腮淋巴结
上唇提肌
面结节
咬肌
上唇动脉
面动、静脉

图1.30 上颌骨鼻旁窦正面观。窦向后延伸至泪池，到达颧额突水平（见图1.39）。

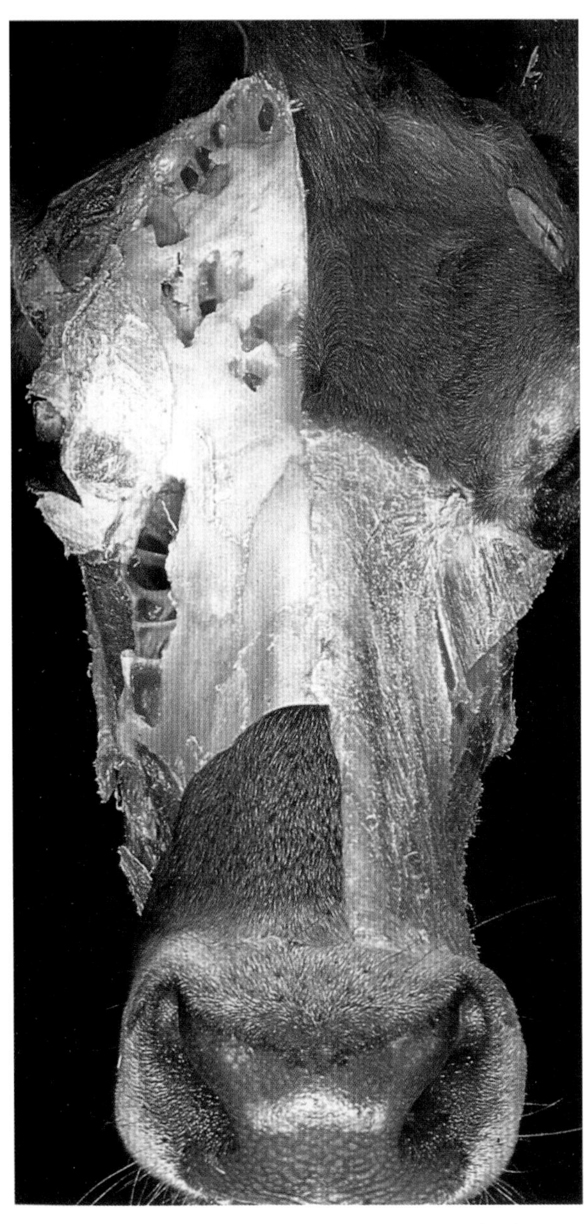

后额窦伸向角间突起
角区的后额窦
左侧眶上孔位置
标记眶上孔
后额窦前界
前额窦
额静脉
额骨
鼻骨
鼻泪管的位置
来自颧动脉的鼻背侧动脉
颧骨肌
眼角静脉
泪骨
面静脉
上颌骨
上唇提肌
鼻唇提肌
鼻背侧静脉
眶下神经（上颌神经分支）
面结节
上唇提肌
上唇动脉

图1.31 上颌骨和额骨鼻旁窦正面观。此标本为冻干标本。

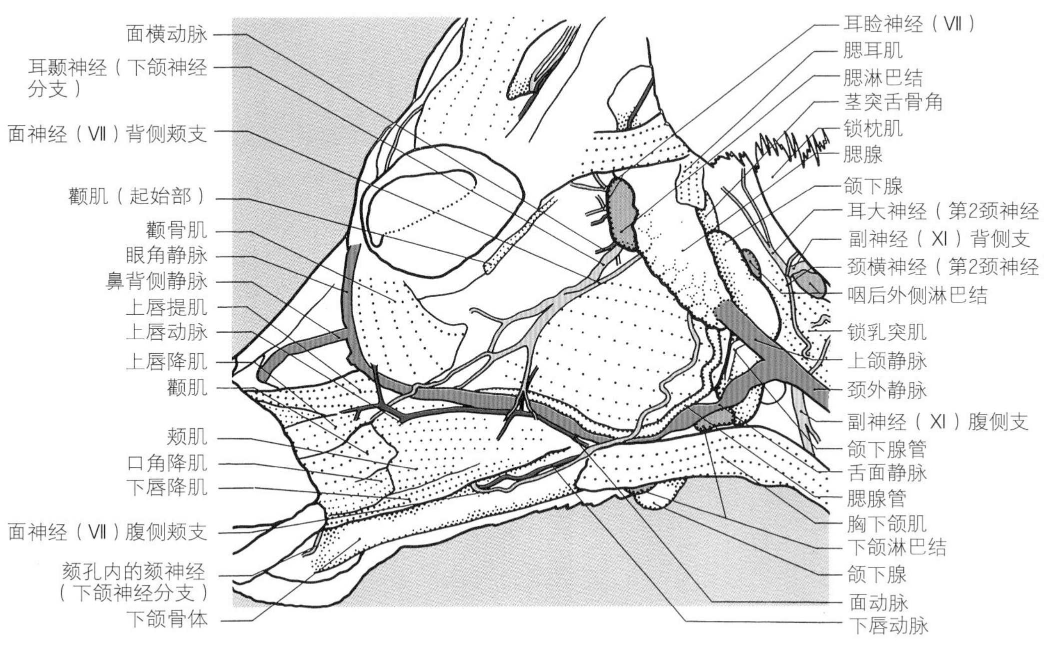
面横动脉
耳颞神经（下颌神经分支）
面神经（Ⅶ）背侧颊支
颧肌（起始部）
颧骨肌
眼角静脉
鼻背侧静脉
上唇提肌
上唇动脉
上唇降肌
颧肌
颊肌
口角降肌
下唇降肌
面神经（Ⅶ）腹侧颊支
颏孔内的颏神经（下颌神经分支）
下颌骨体
耳睑神经（Ⅶ）
腮耳肌
腮淋巴结
茎突舌骨角
锁枕肌
腮腺
颌下腺
耳大神经（第2颈神经）
副神经（Ⅺ）背侧支
颈横神经（第2颈神经）
咽后外侧淋巴结
锁乳突肌
上颌静脉
颈外静脉
副神经（Ⅺ）腹侧支
颌下腺管
舌面静脉
腮腺管
胸下颌肌
下颌淋巴结
颌下腺
面动脉
下唇动脉

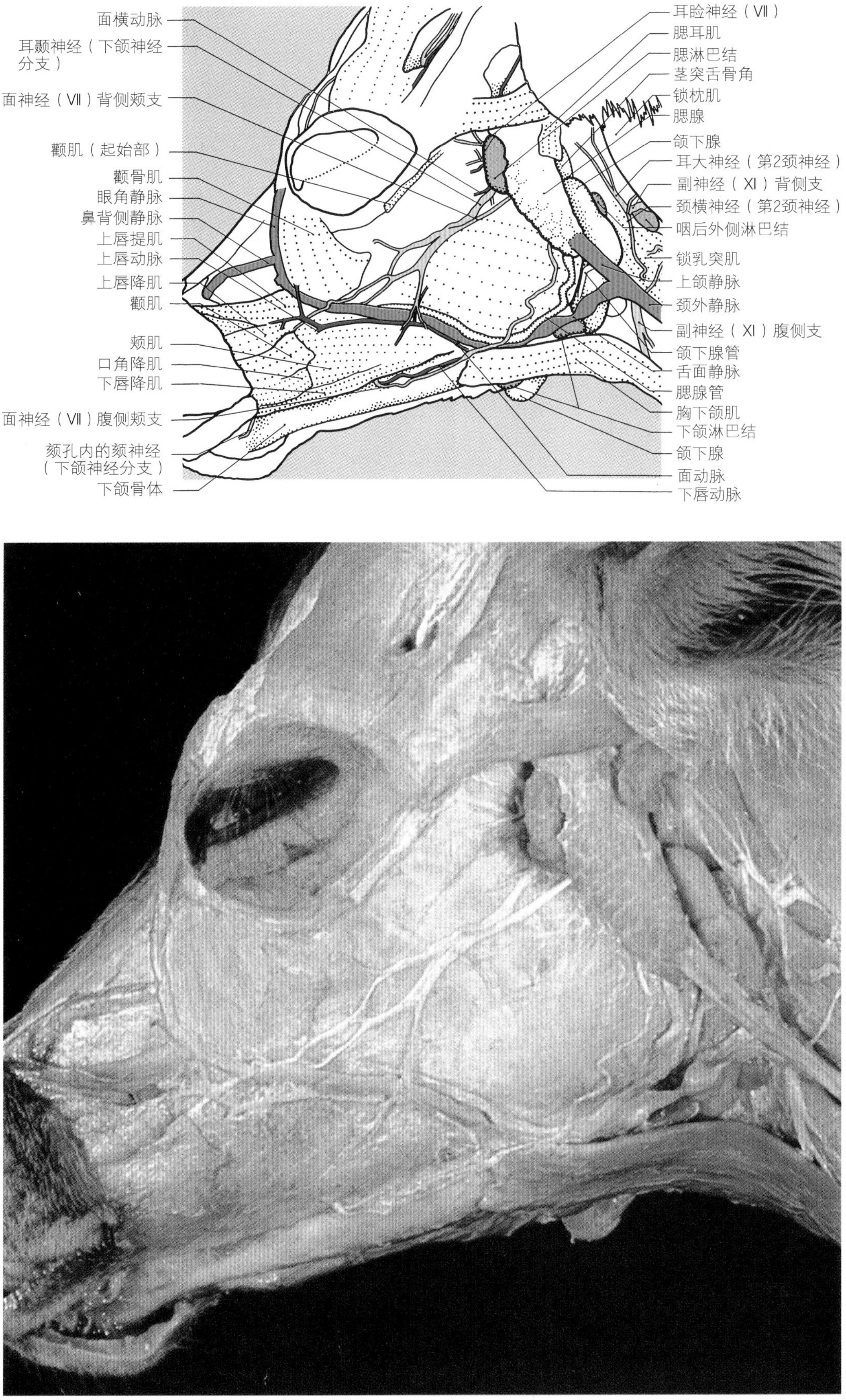

图1.32　1周龄雄性犊牛头部浅层结构—腮腺区、咬肌区和面部区。

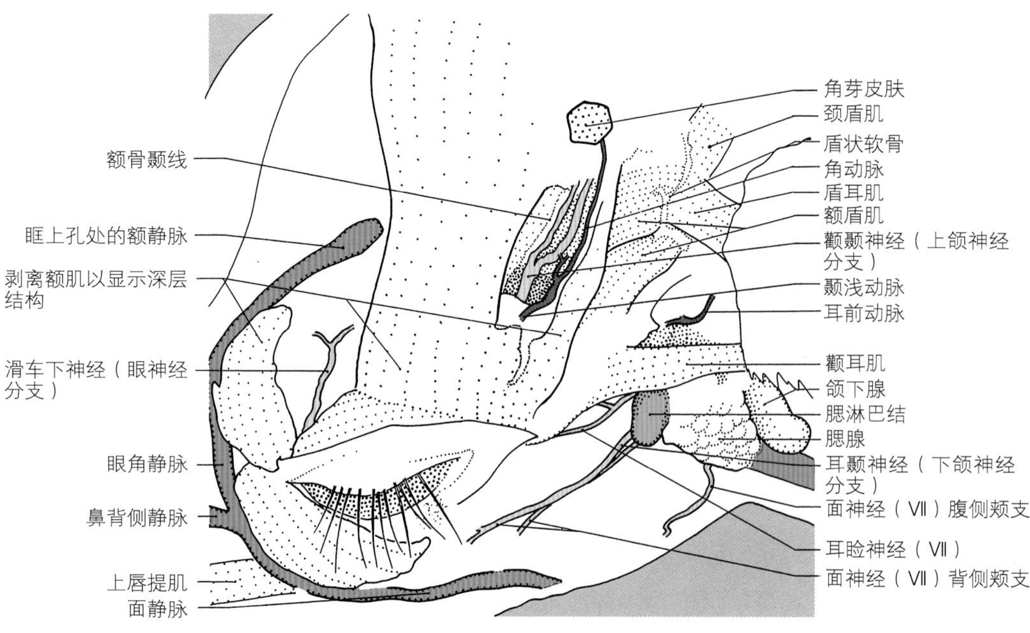

额骨颞线
眶上孔处的额静脉
剥离额肌以显示深层结构
滑车下神经（眼神经分支）
眼角静脉
鼻背侧静脉
上唇提肌
面静脉
角芽皮肤
颈盾肌
盾状软骨
角动脉
盾耳肌
额盾肌
颧颞神经（上颌神经分支）
颞浅动脉
耳前动脉
颧耳肌
颌下腺
腮淋巴结
腮腺
耳颞神经（下颌神经分支）
面神经（Ⅶ）腹侧颊支
耳睑神经（Ⅶ）
面神经（Ⅶ）背侧颊支

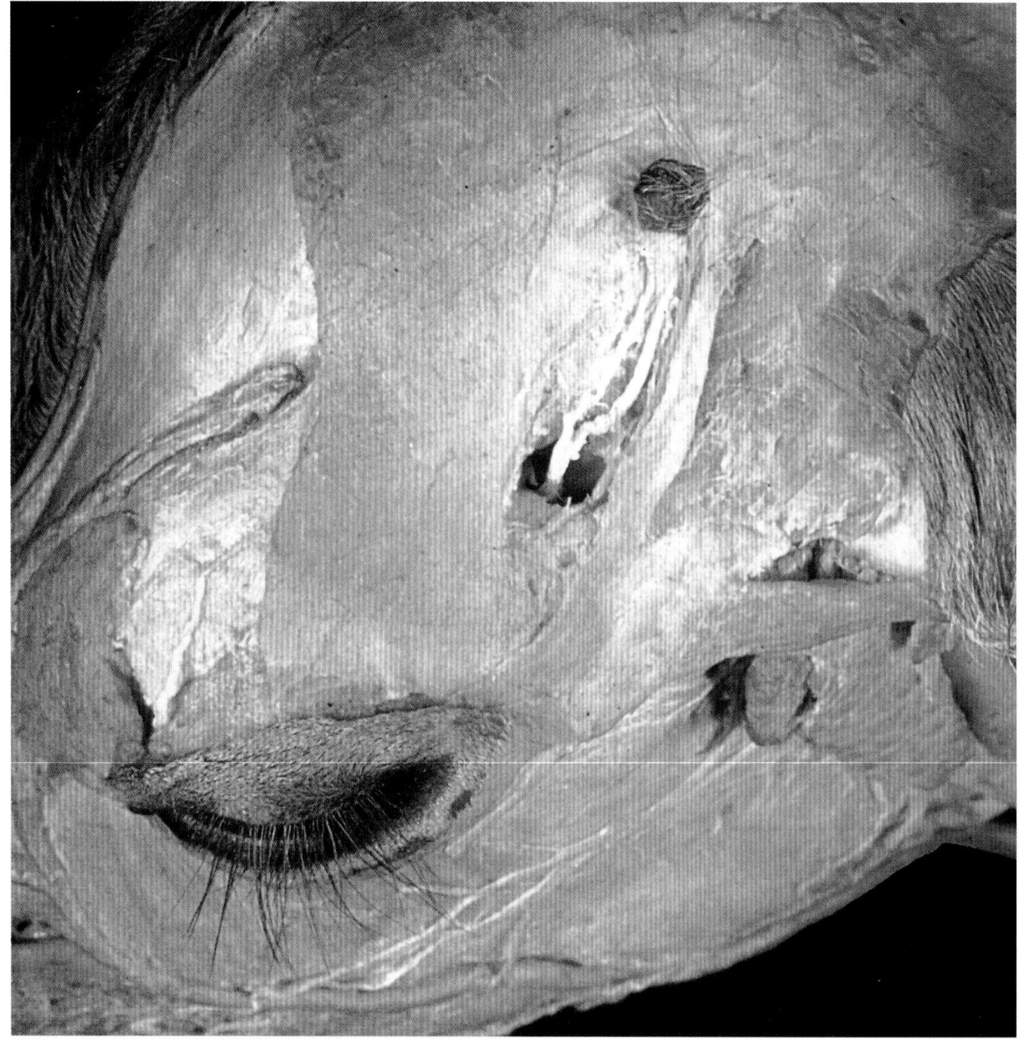

图1.33 雄性犊牛头部浅层结构——颞部、额部和角区。如图1.27，不能分辨额神经（三叉神经的眼神经分支）分支。

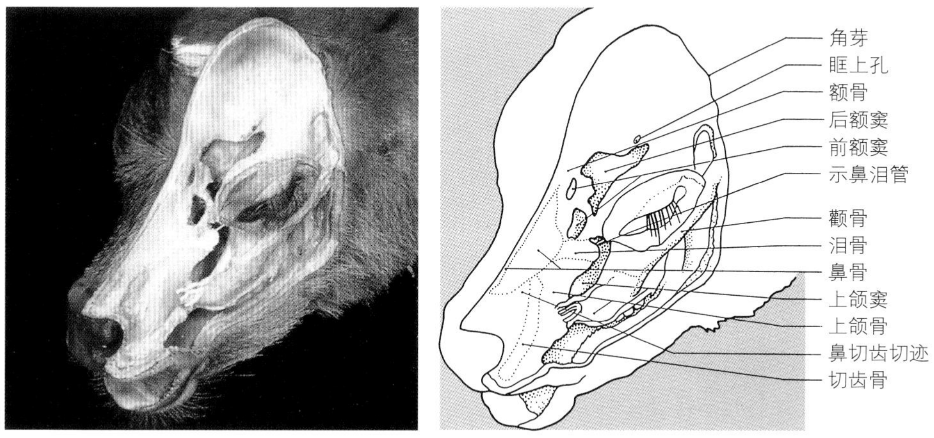
角芽
眶上孔
额骨
后额窦
前额窦
示鼻泪管
颧骨
泪骨
鼻骨
上颌窦
上颌骨
鼻切齿切迹
切齿骨

图1.34　1周龄犊牛额骨和上颌骨鼻旁窦，左前外侧观。纵向背侧皮肤切口恰好显示了正中矢状面的右侧结构。

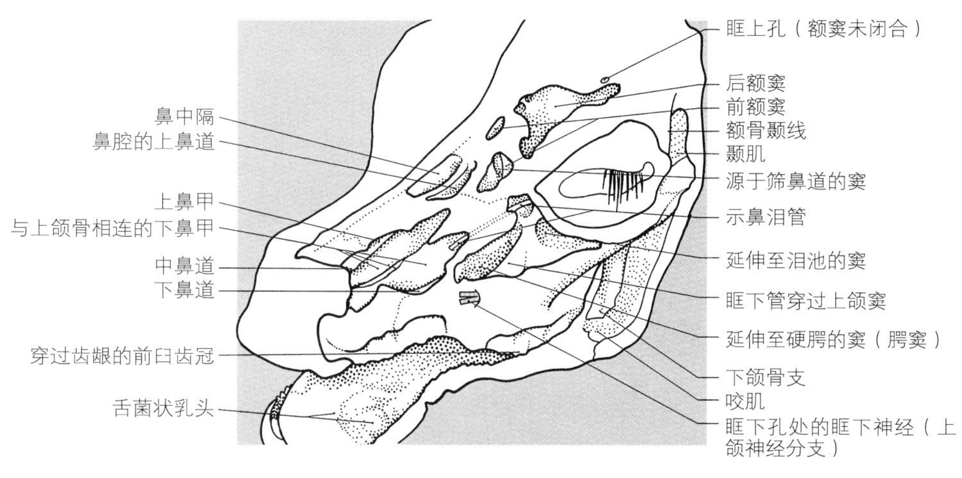
眶上孔（额窦未闭合）
后额窦
前额窦
额骨颞线
颞肌
源于筛鼻道的窦
示鼻泪管
延伸至泪池的窦
眶下管穿过上颌窦
延伸至硬腭的窦（腭窦）
下颌骨支
咬肌
眶下孔处的眶下神经（上颌神经分支）
鼻中隔
鼻腔的上鼻道
上鼻甲
与上颌骨相连的下鼻甲
中鼻道
下鼻道
穿过齿龈的前臼齿冠
舌菌状乳头

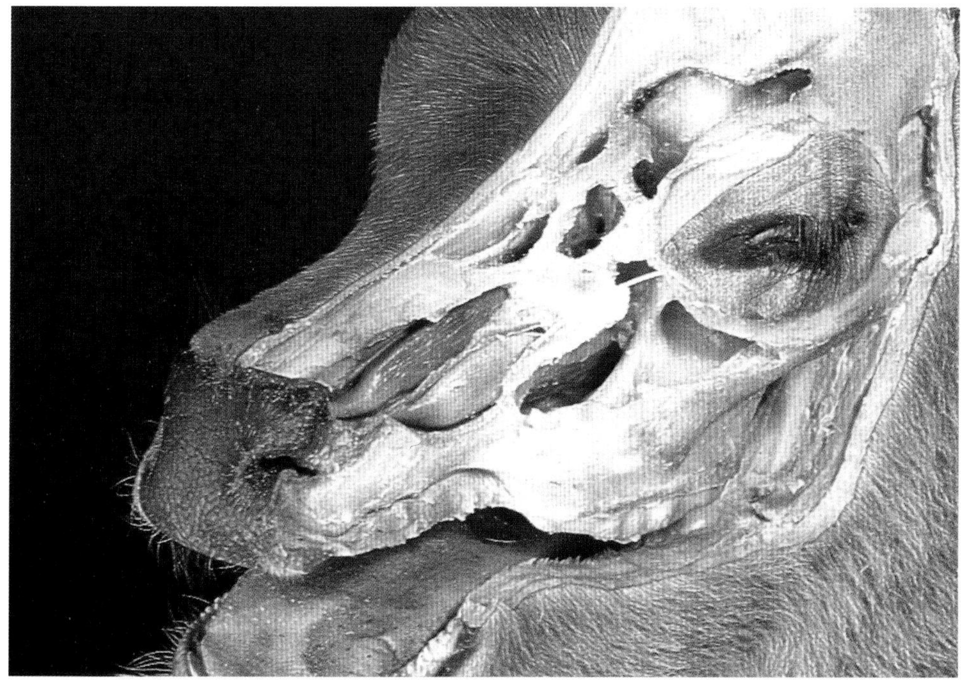

图1.35　犊牛鼻旁窦和鼻腔，左前外侧观。由鼻中隔隔开的、带有鼻中隔软骨的鼻腔已被凿开，外侧的上鼻道已暴露，上鼻甲的空腔位于鼻道的背侧，但没被打开。

图1.36 犊牛鼻中隔左侧黏膜面。从旁正中矢状面切开左侧鼻腔以显示与鼻甲密切接触的富含血管的鼻中隔黏膜。鼻中隔黏膜血管扩大被沟分隔开。图中所标注的为“隔壁沟”。

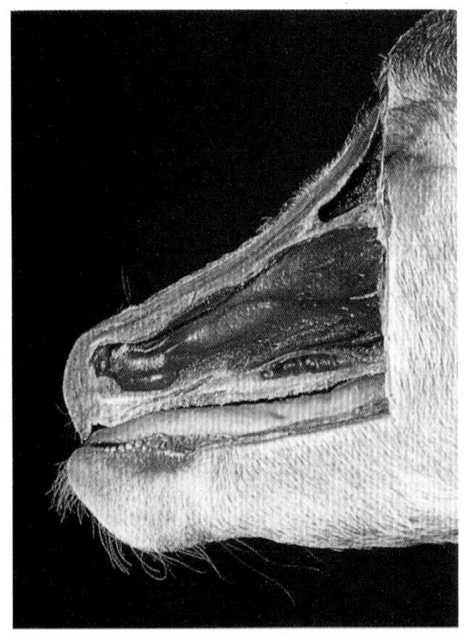

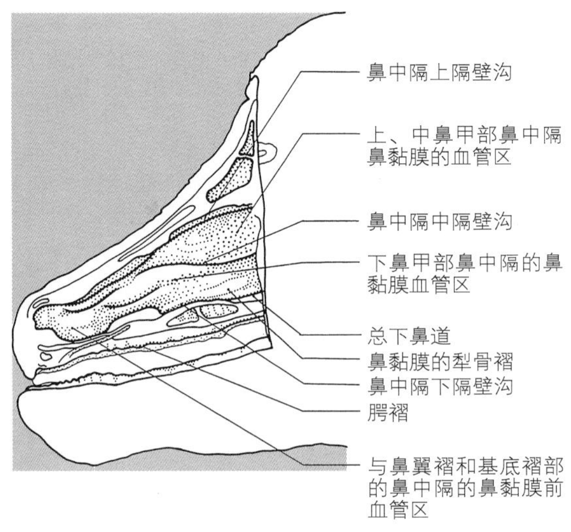
鼻中隔上隔壁沟
上、中鼻甲部鼻中隔鼻黏膜的血管区
鼻中隔中隔壁沟
下鼻甲部鼻中隔的鼻黏膜血管区
总下鼻道
鼻黏膜的犁骨褶
鼻中隔下隔壁沟
腭褶
与鼻翼褶和基底褶部的鼻中隔的鼻黏膜前血管区

图1.37 犊牛鼻中隔软骨，左外侧观。图1.36青年牛鼻中隔黏膜被剥离后暴露出垂直于筛骨的完全为软骨性结构的鼻中隔板。

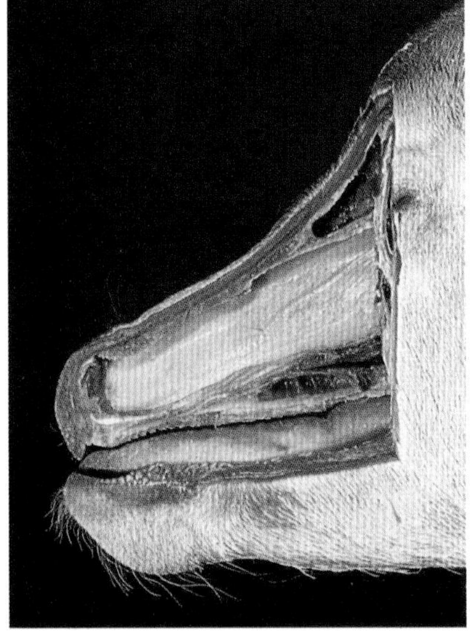

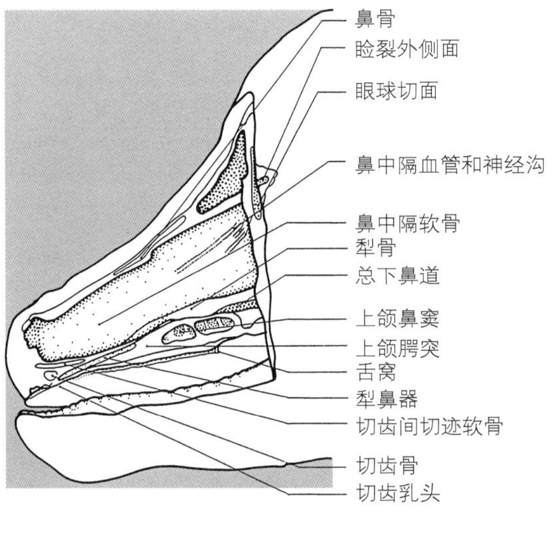
鼻骨
睑裂外侧面
眼球切面
鼻中隔血管和神经沟
鼻中隔软骨
犁骨
总下鼻道
上颌鼻窦
上颌腭突
舌窝
犁鼻器
切齿间切迹软骨
切齿骨
切齿乳头

图1.38 移除鼻中隔后犊牛右侧鼻甲，左外侧观。与图1.36相比较，该图显示了鼻中隔黏膜和与鼻中隔黏膜有关的鼻甲黏膜。

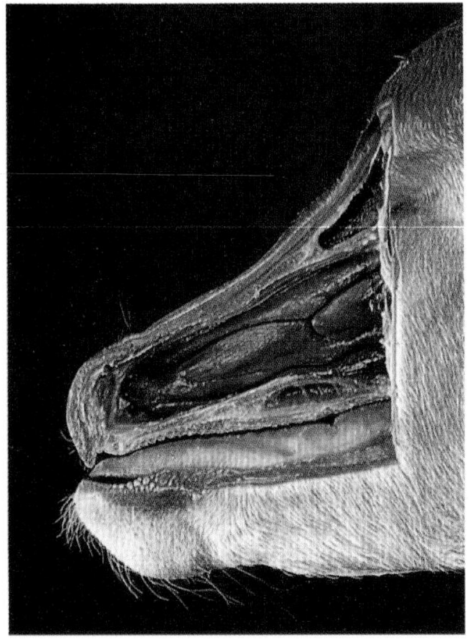

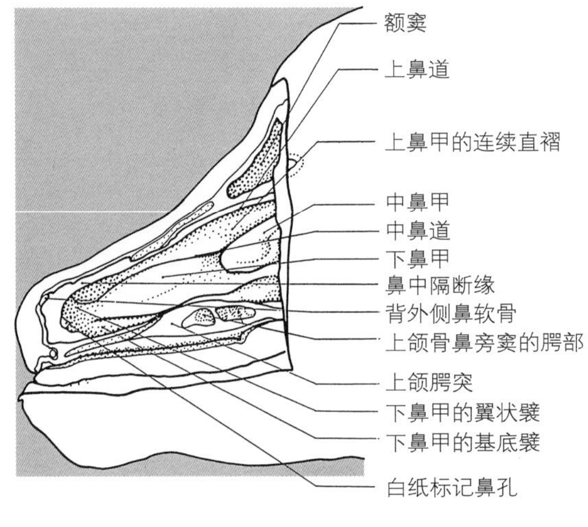
额窦
上鼻道
上鼻甲的连续直褶
中鼻甲
中鼻道
下鼻甲
鼻中隔断缘
背外侧鼻软骨
上颌骨鼻旁窦的腭部
上颌腭突
下鼻甲的翼状襞
下鼻甲的基底襞
白纸标记鼻孔

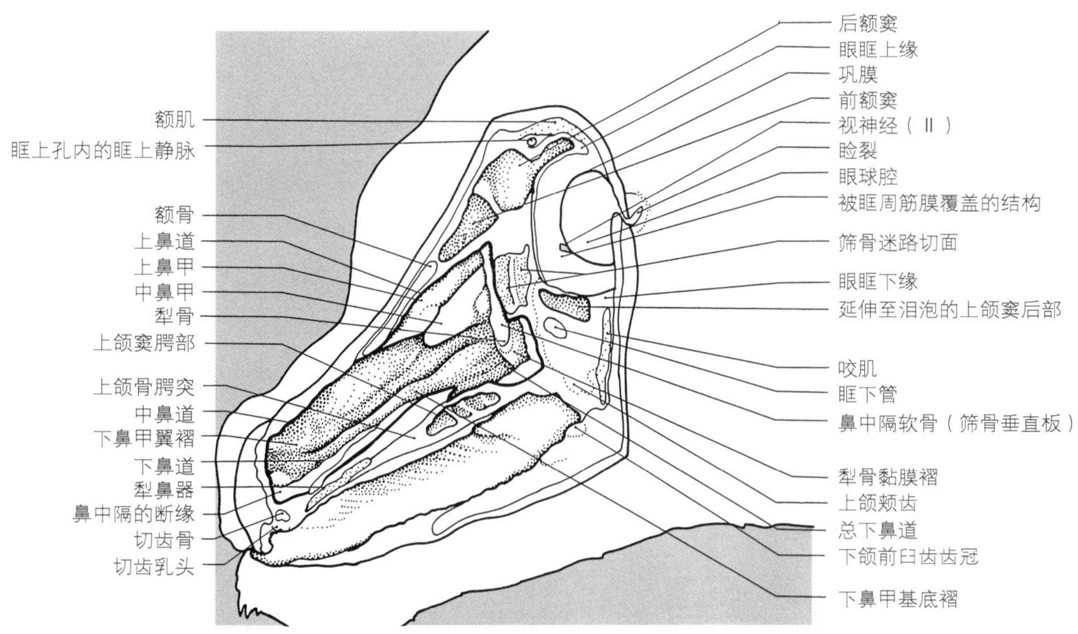
额肌
眶上孔内的眶上静脉
额骨
上鼻道
上鼻甲
中鼻甲
犁骨
上颌窦腭部
上颌骨腭突
中鼻道
下鼻甲翼褶
下鼻道
犁鼻器
鼻中隔的断缘
切齿骨
切齿乳头
后额窦
眼眶上缘
巩膜
前额窦
视神经（Ⅱ）
睑裂
眼球腔
被眶周筋膜覆盖的结构
筛骨迷路切面
眼眶下缘
延伸至泪泡的上颌窦后部
咬肌
眶下管
鼻中隔软骨（筛骨垂直板）
犁骨黏膜褶
上颌颊齿
总下鼻道
下颌前臼齿齿冠
下鼻甲基底褶

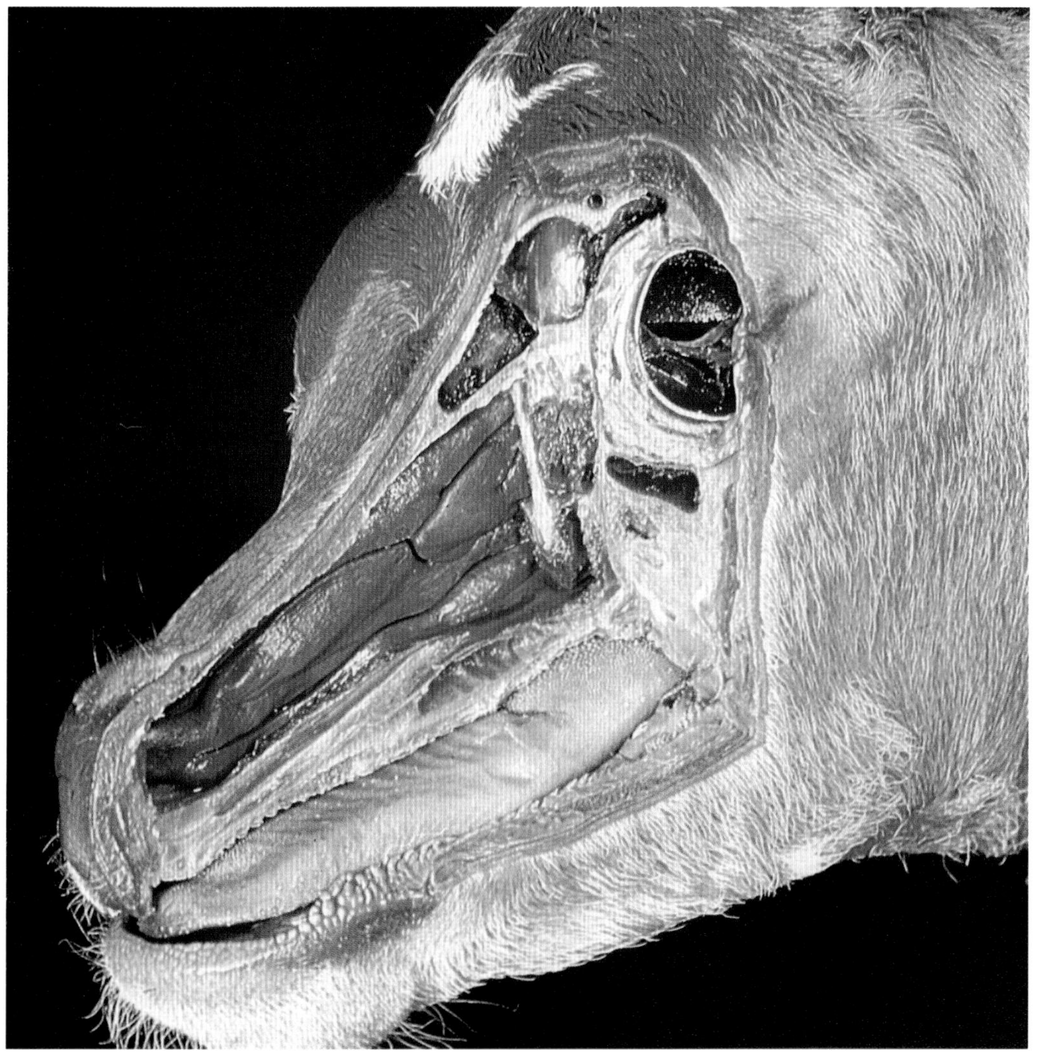

图1.39　犊牛鼻腔及其相关结构，左前外侧观。标本的解剖结构同图1.38，但此图的观测方向是前背侧方向。

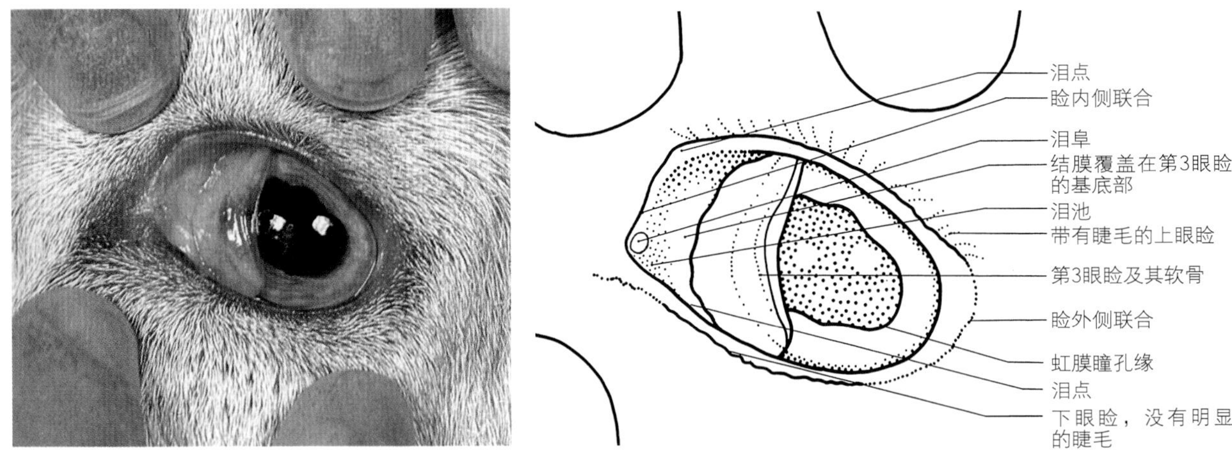
泪点
睑内侧联合
泪阜
结膜覆盖在第3眼睑的基底部
泪池
带有睫毛的上眼睑
第3眼睑及其软骨
睑外侧联合
虹膜瞳孔缘
泪点
下眼睑，没有明显的睫毛

图1.40 山羊左眼表面特征。此图为动物死后几分钟内拍摄的照片。

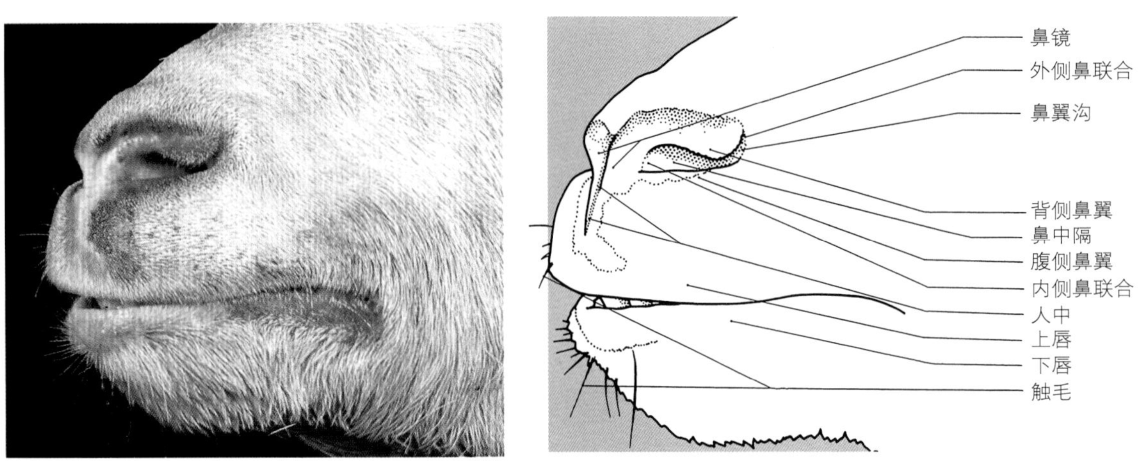
鼻镜
外侧鼻联合
鼻翼沟
背侧鼻翼
鼻中隔
腹侧鼻翼
内侧鼻联合
人中
上唇
下唇
触毛

图1.41 山羊鼻孔和口腔的表面特征。此图为动物死后几分钟内拍摄的照片。将此图与图1.3相比较。

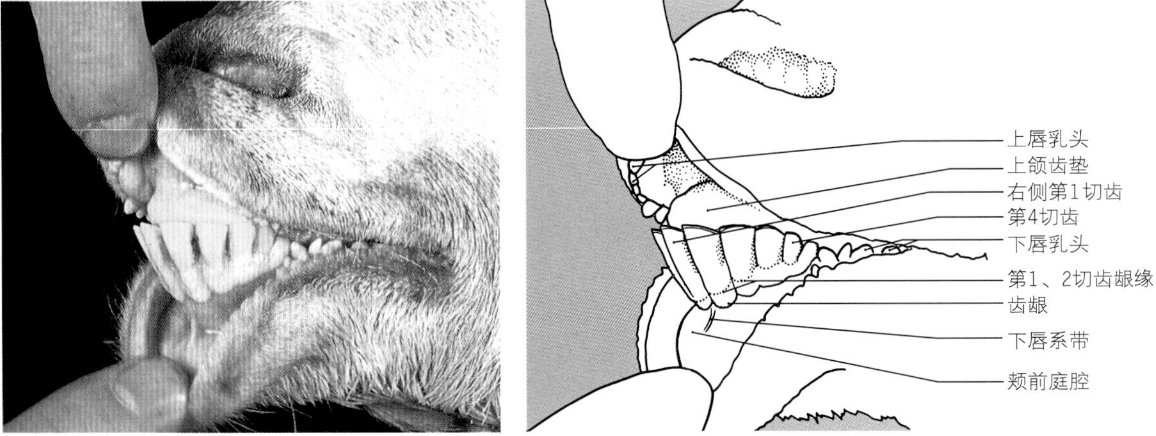
上唇乳头
上颌齿垫
右侧第1切齿
第4切齿
下唇乳头
第1、2切齿龈缘
齿龈
下唇系带
颏前庭腔

图1.42 青年山羊切齿齿列。此图为动物死后几分钟内所拍摄的照片。将此图与图1.5的牛恒齿齿列相比较。

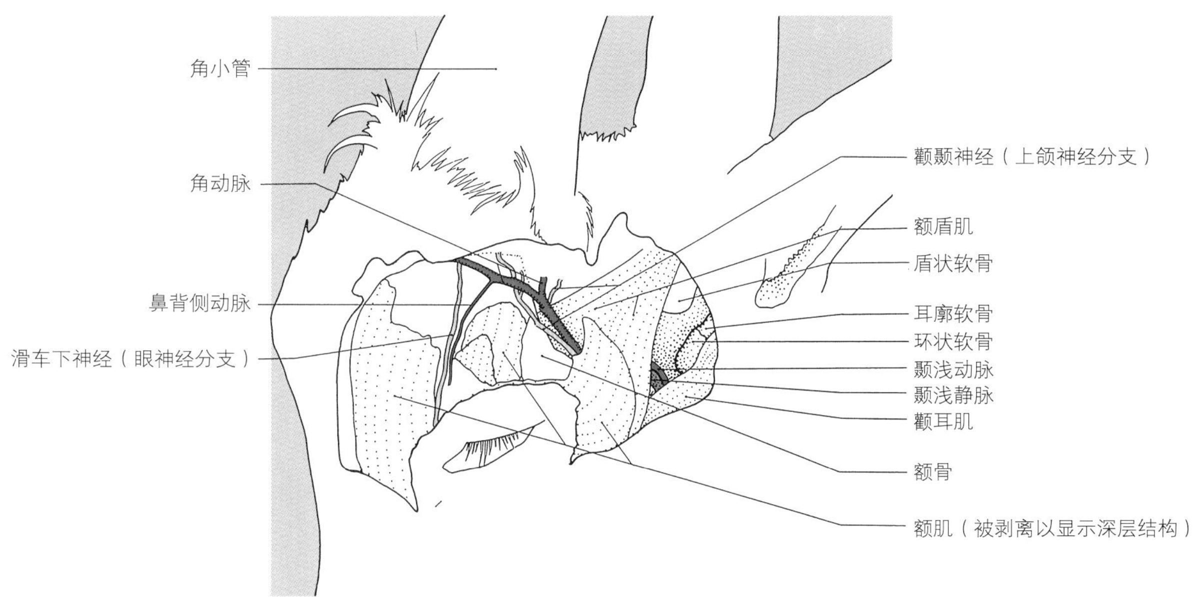
角小管
角动脉
鼻背侧动脉
滑车下神经（眼神经分支）
颧颞神经（上颌神经分支）
额盾肌
盾状软骨
耳廓软骨
环状软骨
颞浅动脉
颞浅静脉
颧耳肌
额骨
额肌（被剥离以显示深层结构）

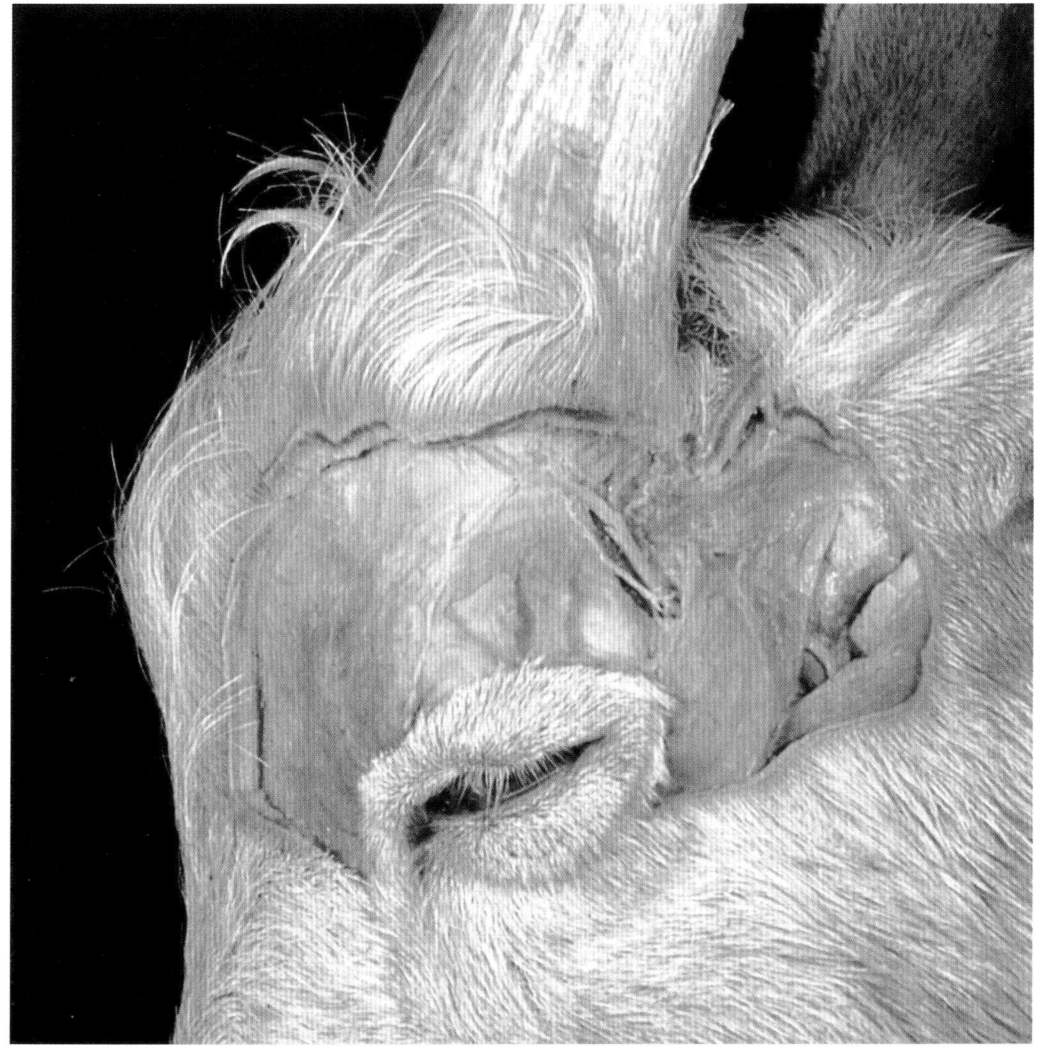

图1.43　雄性山羊左侧角区的神经和血管。将此图与图1.27（去角牛）和图1.33（雄性犊牛）相比较。不能辨别额神经（三叉神经的眼神经分支）分支。

第2章

颈　部

（The Neck）

牛、绵羊和山羊颈部结构的临床意义不如马、犬或猫的显著。

喉部不是牛、羊外科手术的研究重点，只是偶尔与反刍动物传染病有关，如喉部的坏死杆菌病（牛白喉）。

从表面上看，颈部可能与表面创伤有关，也可能与第1章提到的皮肤损伤有关。颈部最重要的临床用途之一是用来做结核菌素试验，尽管其他部位也可以做。该试验的部位位于颈中部，即从下颌骨到肩胛骨前缘垂直于颈部1/3处。该区域也适合用于肌内注射，如感染引起并发症的治疗，此时注射选在一个经济价值相对较低的肌肉处。

如前所述，下颌区是多发水肿的部位。同样，水肿也会在颈部至胸部浅层积聚。

颈部淋巴结一般不易触及（如咽后外侧和内侧淋巴结、颈前淋巴结、颈中淋巴结和颈后淋巴结）。但当动物患有肺结核、淋巴肉瘤（流行性牛白血病）和局部感染时，颈部淋巴结便会肿大。尽管如此，它们仍不明显，但在尸体剖检或肉品检验中却可看到。不管怎样，这些淋巴结特别是咽部淋巴结在肺结核肉品检验中都将被检查。颈部主要的淋巴结是颈浅淋巴结（以前也被称为肩前淋巴结），它在引流整个前肢的淋巴液中发挥着重要的作用，其中包括指部、颈后部、鬐甲以及肩部区域。它沿冈上肌前缘单独出现或成串出现。

颈静脉对于皮下静脉采血、药物注射、麻醉以及静脉内扶持性疗法具有重要作用。若只取少量血液，尾静脉则更为实用。大多数牛均有静脉脉搏现象。然而，脉搏增强可帮助我们诊断心血管疾病，尤其是心包炎。当动物的纵隔前部出现占位性病变时，如纵隔脓肿、肺结核或淋巴肉瘤，颈静脉可能会发生血流停滞。

食管是颈部最容易发生问题的器官。偶尔可能会发生溃疡（黏膜病和恶性卡他热）和牛白喉扩散。母牛很少发生呕吐现象，呕吐可能与食物中毒或误食有毒植物（如月桂和杜鹃花）有关。当动物患有急性瘤胃鼓气和酸中毒、瘤胃放线杆菌病或创伤性网胃炎时会发生假呕。当食管肌肉收缩无力、大量的食物聚积在胃憩室时，颈下部的食管会发生膨胀和憩室瘤。如果咽喉探针或胃管使用不当、或在这之后喂食丸药，可能会出现食管创伤性损伤。食管狭窄是由于淋巴结肿大压迫食管所致，如肺结核。在蕨菜生长较旺盛的地方，消化道上部的食管鳞状上皮细胞癌更易发生。

颈部最主要的临床问题是食管梗阻，即食物堵塞食管。逆蠕动在“咀嚼反刍食物”正常的过程中对食物的逆流很重要，它有助于食管中食物的流动。要始终牢记，若当地正流行狂犬病，如你用手戳奶牛的咽喉部，则该地区的牛也会表现出与食管梗阻和狂犬病相似的临床症状。

食管梗阻最常发生的三个部位是——喉部、胸腔入口处（第1肋骨水平）和胸部食管。

梗阻造成唾液无法排出，会进一步导致家畜头部和颈部前伸，以致过多的唾液从口角流出。

饲喂块根类农作物常会引起食管梗阻，也会导致流涎和胃鼓气。在大多数情况下，如给予一定的抗痉挛药，则可使食管肌肉充分松弛，以便于堵塞物通过食管。如果颈部食管梗阻，则可用手先触摸颈部，然后按摩该部位并将食物反推回鼻咽部。如果是胸部食管梗阻，则需要借助咽喉探针将食物推入瘤胃，但如果是胸部食管完全梗阻，则需要做瘤胃切开术将堵塞物取出。如果堵塞的食物被浸软，则可放置瘤胃插管。

高强度和高弹性的项韧带在将头从地面抬起的过程中发挥极其重要的作用，而低头则是通过颈腹侧带状肌来完成的。

图2.1 颈部左外侧表面特征。作为颈部后界的第1肋处可见明显的肱骨大结节，而肩胛骨前缘因有肌肉覆盖未见明显的骨性标志。

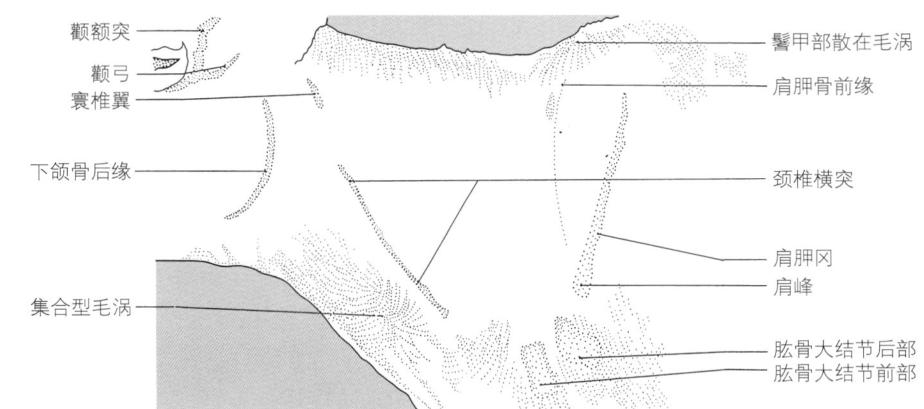
颧额突
颧弓
寰椎翼
下颌骨后缘
集合型毛涡
鬐甲部散在毛涡
肩胛骨前缘
颈椎横突
肩胛冈
肩峰
肱骨大结节后部
肱骨大结节前部

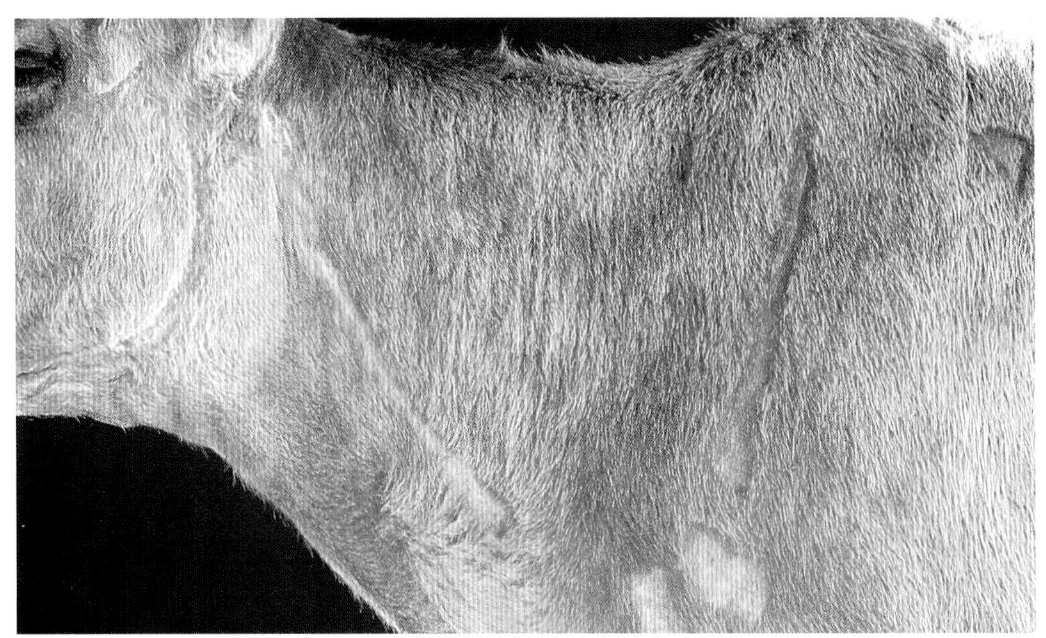

图2.2 颈椎和肩胛骨。红色表示图2.1中的骨性标志。

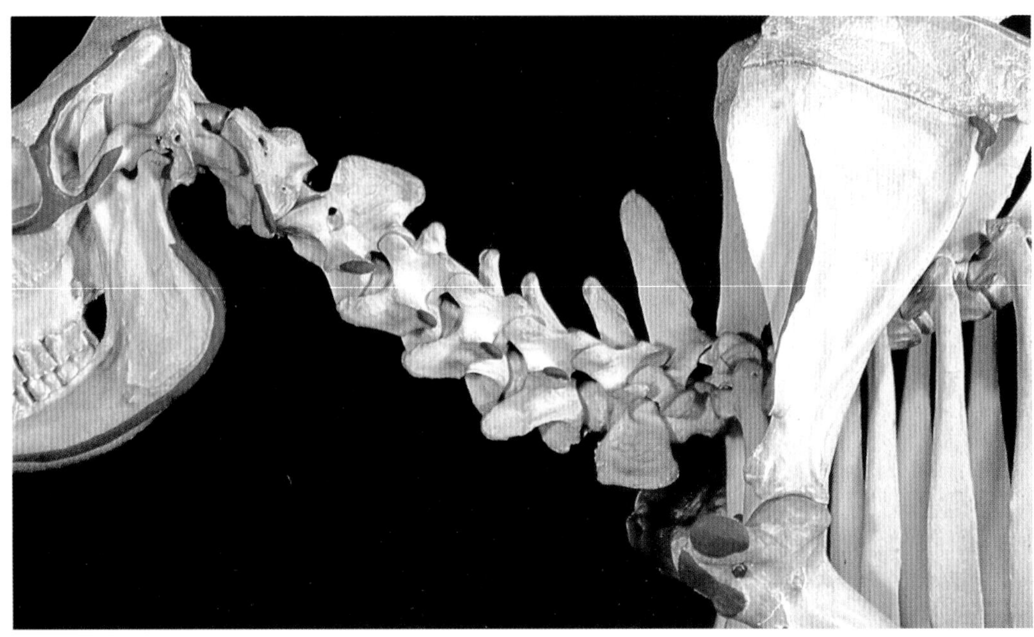

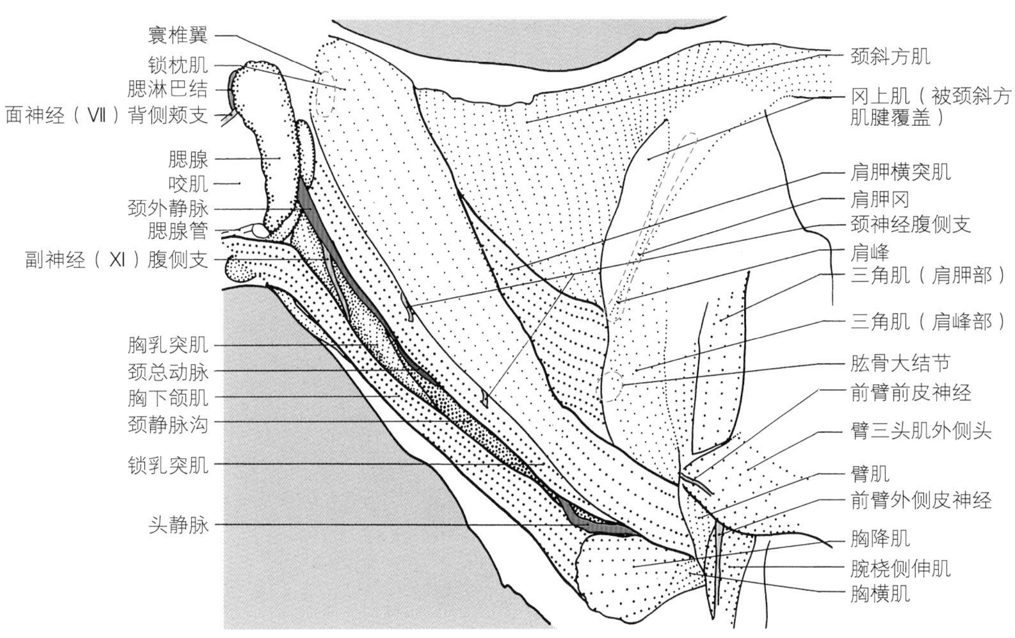

寰椎翼
锁枕肌
腮淋巴结
面神经（Ⅶ）背侧颊支
腮腺
咬肌
颈外静脉
腮腺管
副神经（XI）腹侧支
胸乳突肌
颈总动脉
胸下颌肌
颈静脉沟
锁乳突肌
头静脉
颈斜方肌
冈上肌（被颈斜方肌腱覆盖）
肩胛横突肌
肩胛冈
颈神经腹侧支
肩峰
三角肌（肩胛部）
三角肌（肩峰部）
肱骨大结节
前臂前皮神经
臂三头肌外侧头
臂肌
前臂外侧皮神经
胸降肌
腕桡侧伸肌
胸横肌

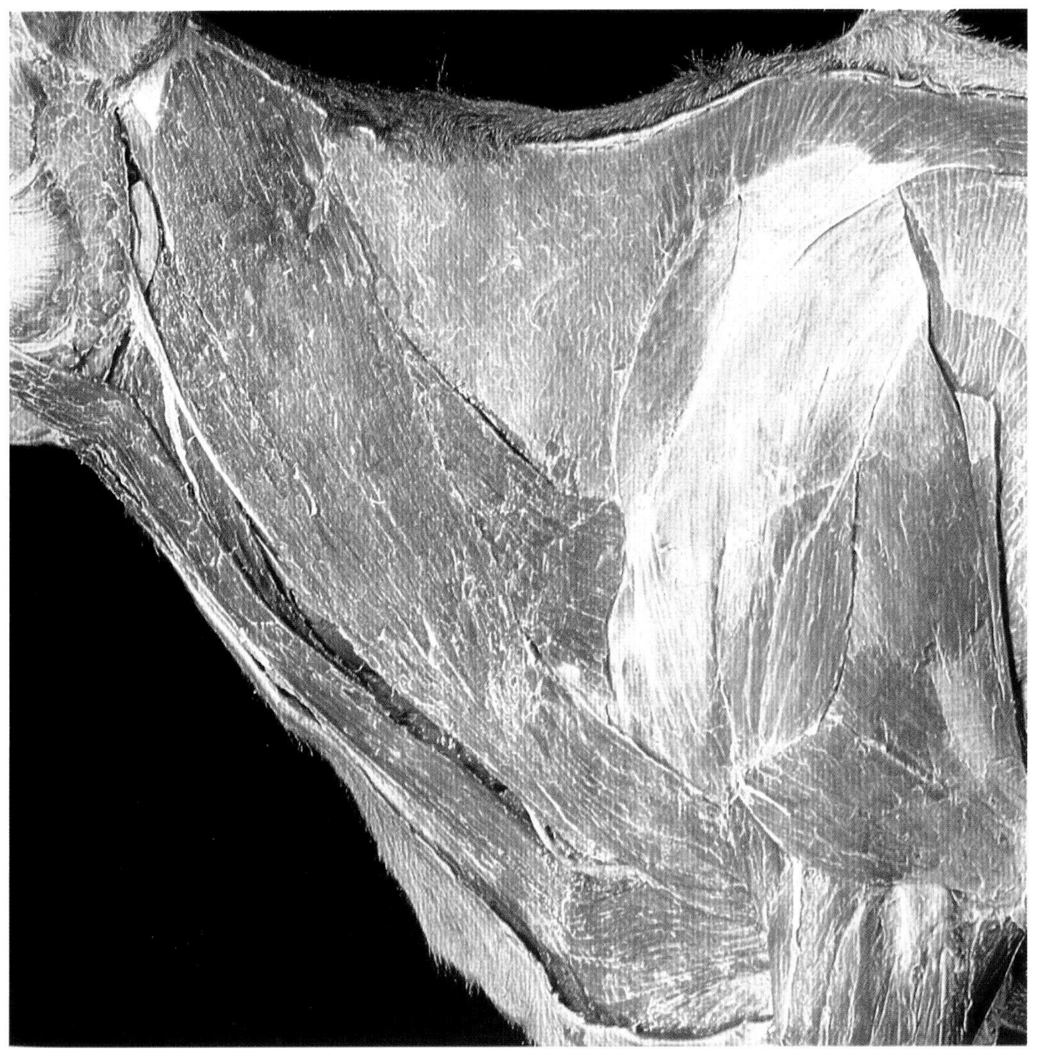

图2.3 颈部浅层结构。此图显示颈静脉沟周围的详细结构。颈外静脉已塌陷，不再填充此沟。

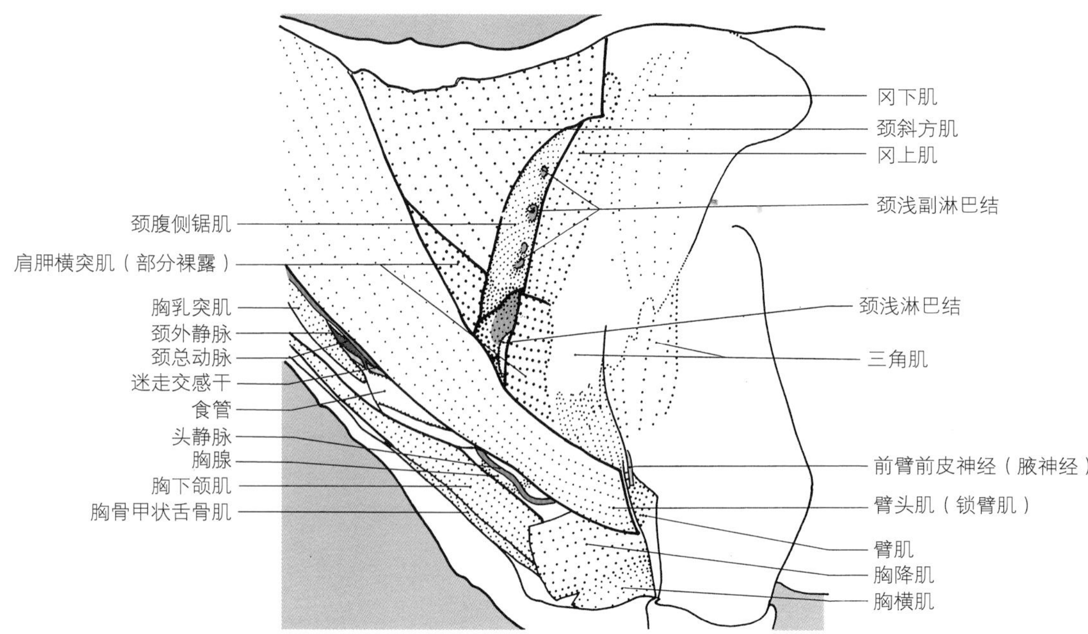
冈下肌
颈斜方肌
冈上肌
颈浅副淋巴结
颈腹侧锯肌
肩胛横突肌（部分裸露）
颈浅淋巴结
胸乳突肌
颈外静脉
颈总动脉
三角肌
迷走交感干
食管
头静脉
胸腺
前臂前皮神经（腋神经）
胸下颌肌
臂头肌（锁臂肌）
胸骨甲状舌骨肌
臂肌
胸降肌
胸横肌

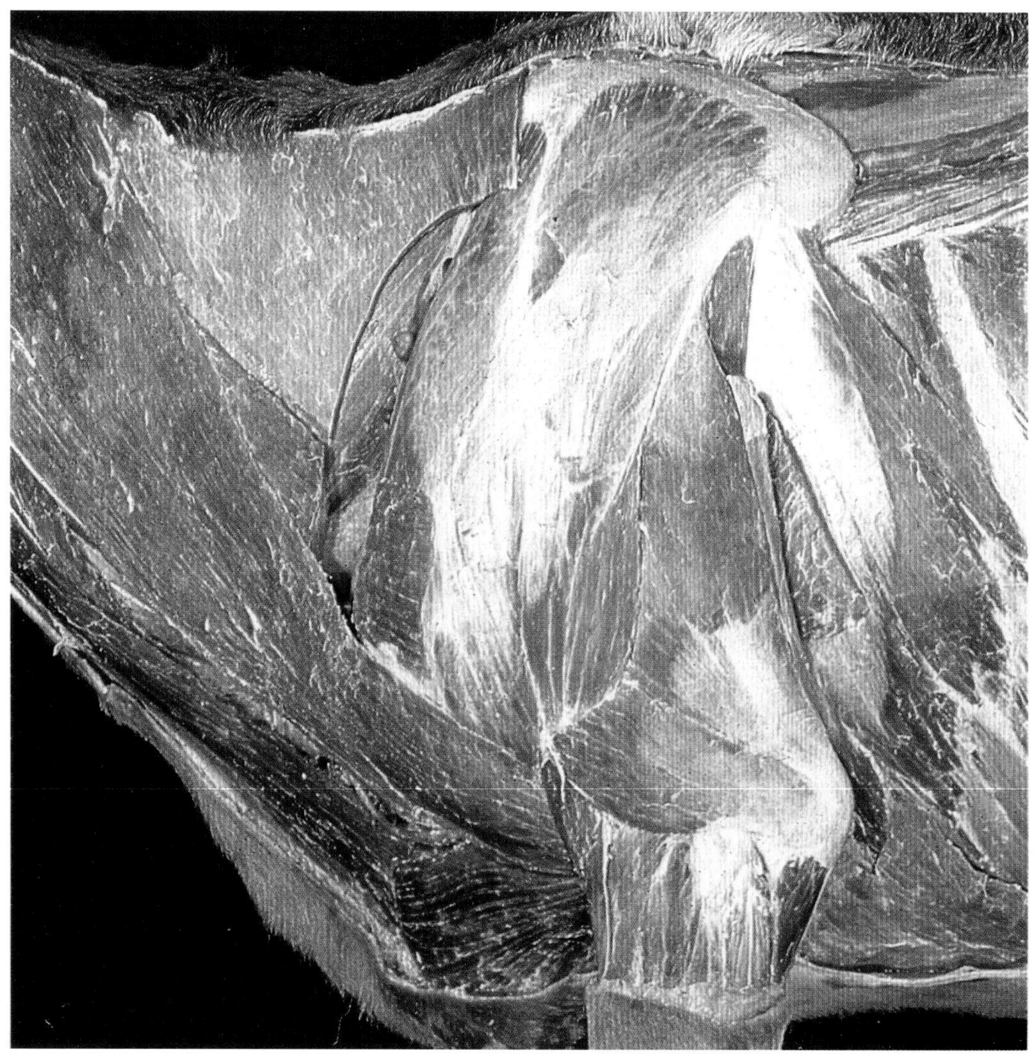

图2.4　颈浅淋巴结。肩胛横突肌已被切断以显示颈浅淋巴结的位置。颈浅淋巴结位于肩胛横突肌的深层，冈上肌的前缘。

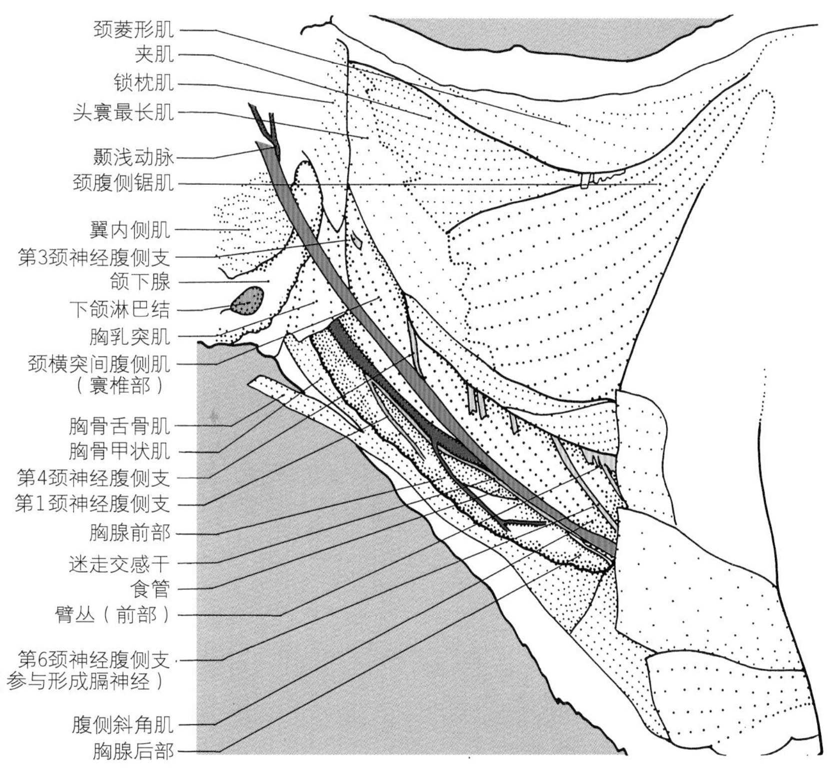
颈菱形肌
夹肌
锁枕肌
头寰最长肌
颞浅动脉
颈腹侧锯肌
翼内侧肌
第3颈神经腹侧支
颌下腺
下颌淋巴结
胸乳突肌
颈横突间腹侧肌
（寰椎部）
胸骨舌骨肌
胸骨甲状肌
第4颈神经腹侧支
第1颈神经腹侧支
胸腺前部
迷走交感干
食管
臂丛（前部）
第6颈神经腹侧支
（参与形成膈神经）
腹侧斜角肌
胸腺后部

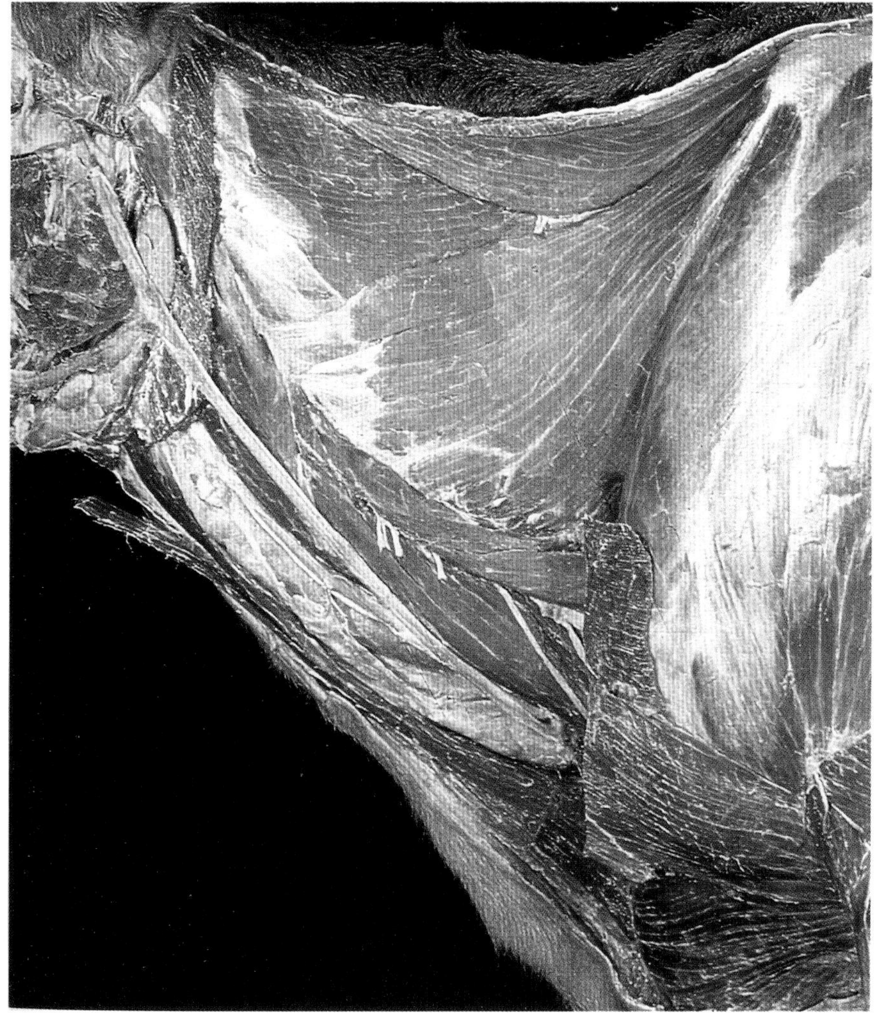

图2.5 颈动脉鞘内结构和颈部肌肉。臂头肌、胸头肌和颈斜方肌已被剥离。颈动脉和迷走交感干游离于颈动脉鞘。

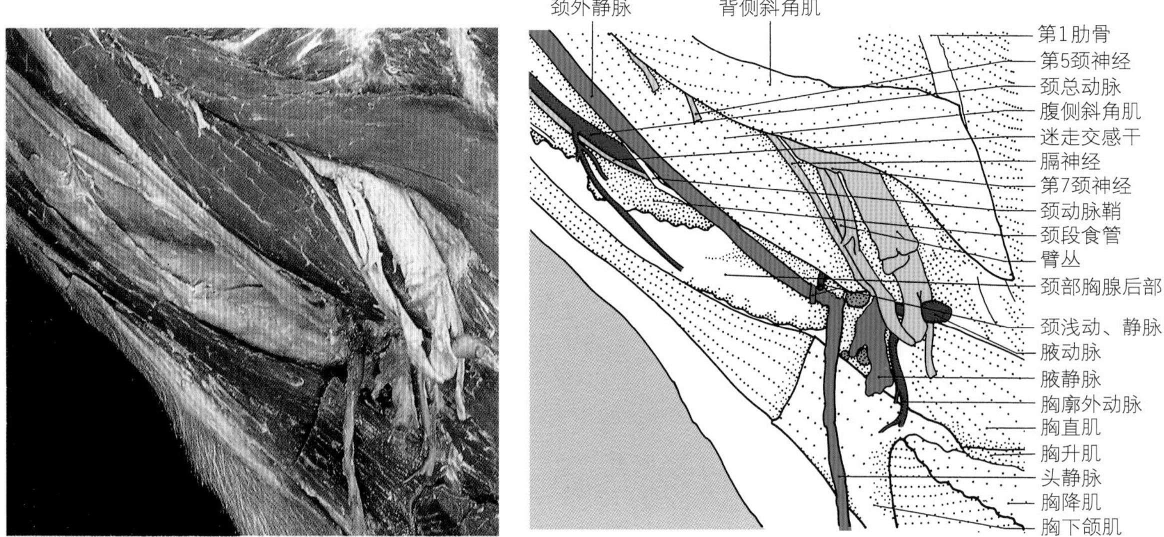
颈外静脉
背侧斜角肌
第1肋骨
第5颈神经
颈总动脉
腹侧斜角肌
迷走交感干
膈神经
第7颈神经
颈动脉鞘
颈段食管
臂丛
颈部胸腺后部
颈浅动、静脉
腋动脉
腋静脉
胸廓外动脉
胸直肌
胸升肌
头静脉
胸降肌
胸下颌肌

图2.6　颈后部和臂神经丛。前肢已被移除，胸部解剖见图4.10。

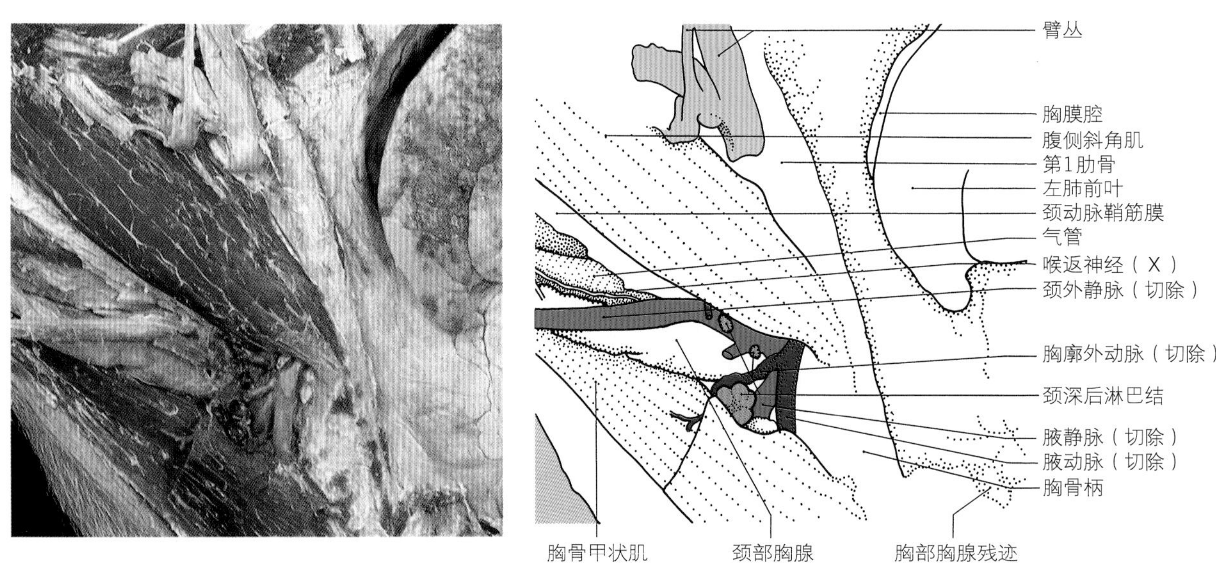
臂丛
胸膜腔
腹侧斜角肌
第1肋骨
左肺前叶
颈动脉鞘筋膜
气管
喉返神经（X）
颈外静脉（切除）
胸廓外动脉（切除）
颈深后淋巴结
腋静脉（切除）
腋动脉（切除）
胸骨柄
胸骨甲状肌
颈部胸腺
胸部胸腺残迹

图2.7　第1肋骨外侧的相关结构。臂神经丛已向背侧掀起，腋动脉和腋静脉塞入胸下颌肌深层以显示颈淋巴结和第1肋骨与肌肉、神经与动脉的关系。

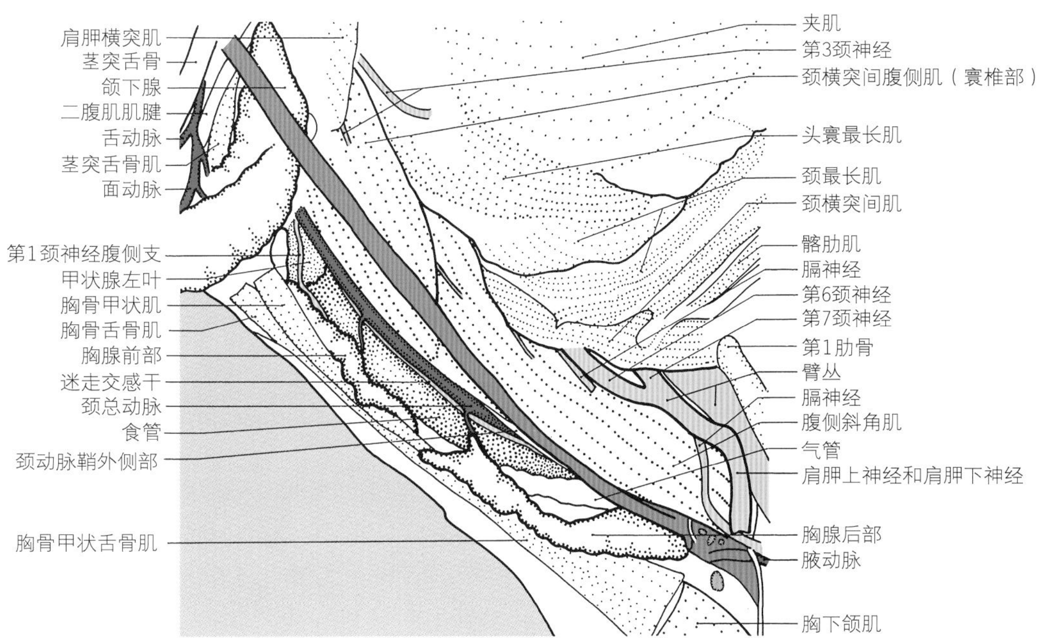
肩胛横突肌
茎突舌骨
颌下腺
二腹肌肌腱
舌动脉
茎突舌骨肌
面动脉
第1颈神经腹侧支
甲状腺左叶
胸骨甲状肌
胸骨舌骨肌
胸腺前部
迷走交感干
颈总动脉
食管
颈动脉鞘外侧部
胸骨甲状舌骨肌
夹肌
第3颈神经
颈横突间腹侧肌（寰椎部）
头寰最长肌
颈最长肌
颈横突间肌
髂肋肌
膈神经
第6颈神经
第7颈神经
第1肋骨
臂丛
膈神经
腹侧斜角肌
气管
肩胛上神经和肩胛下神经
胸腺后部
腋动脉
胸下颌肌

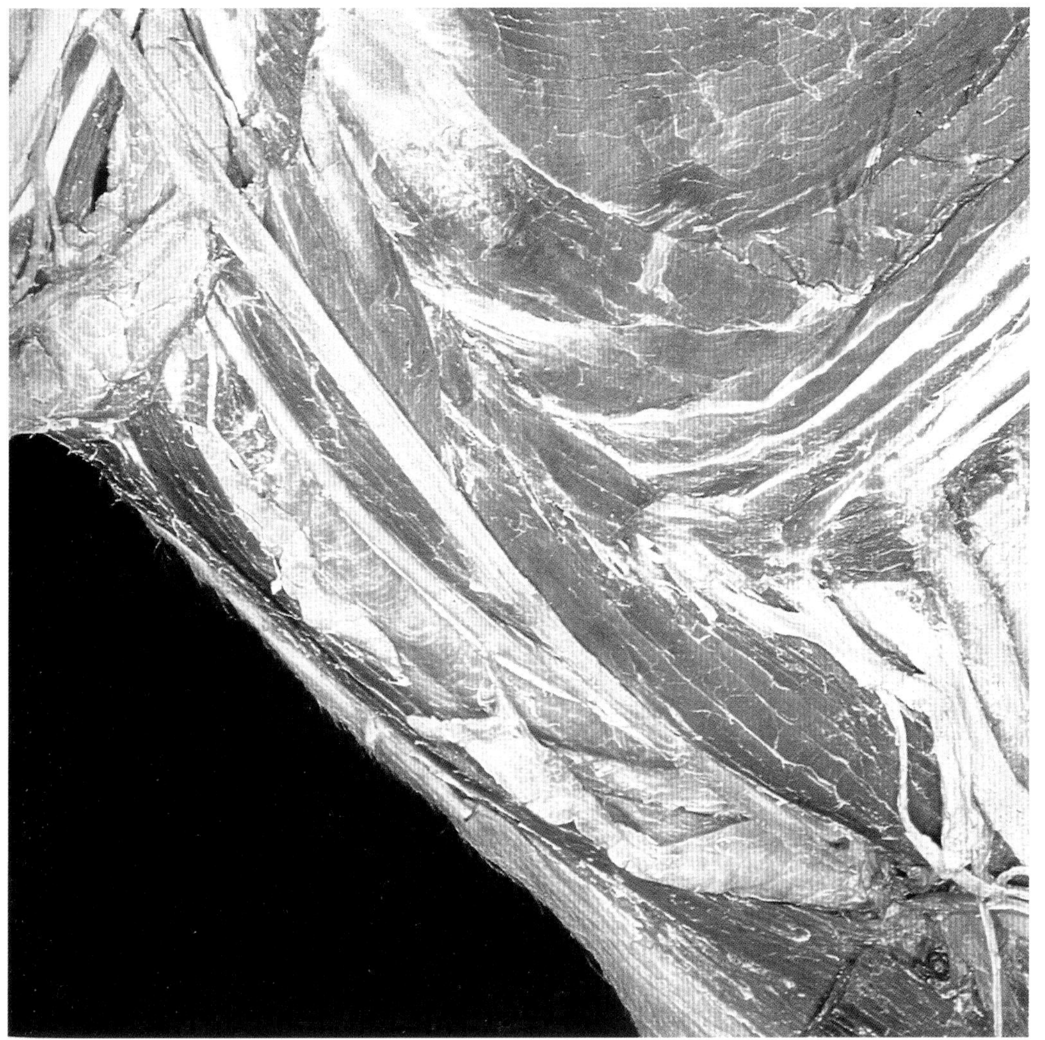

图2.8　颈部胸腺。背侧斜角肌已被剥离，胸腺筋膜被分离以显示颈部胸腺的前部和后部。这头牛约6岁。

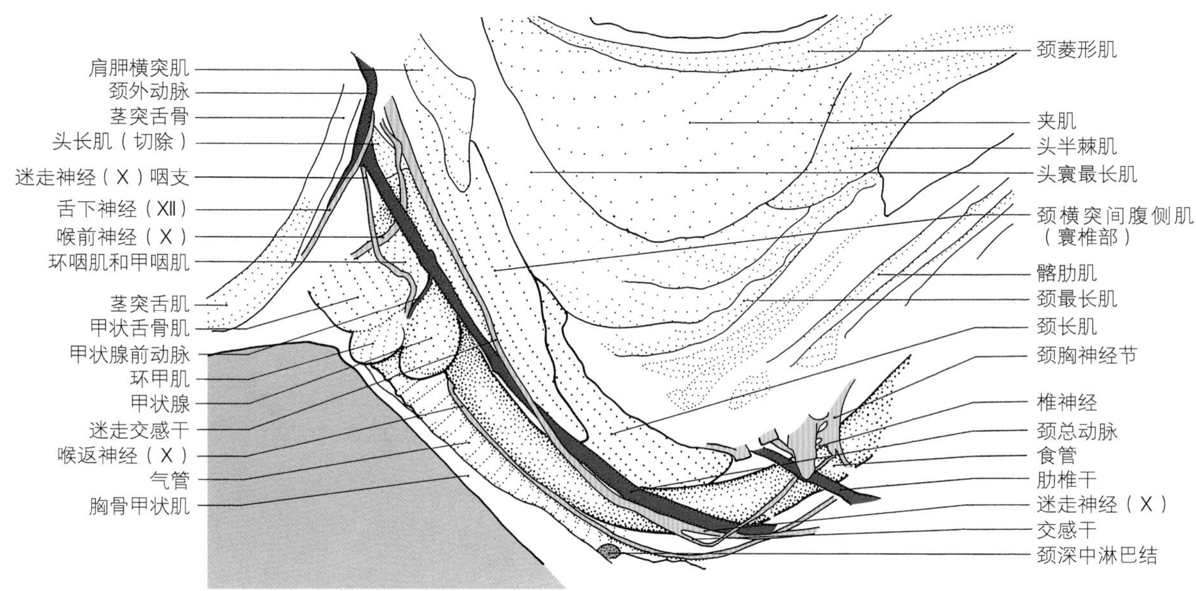
肩胛横突肌
颈外动脉
茎突舌骨
头长肌（切除）
迷走神经（Ⅹ）咽支
舌下神经（Ⅻ）
喉前神经（Ⅹ）
环咽肌和甲咽肌
茎突舌肌
甲状舌骨肌
甲状腺前动脉
环甲肌
甲状腺
迷走交感干
喉返神经（Ⅹ）
气管
胸骨甲状肌
颈菱形肌
夹肌
头半棘肌
头寰最长肌
颈横突间腹侧肌（寰椎部）
髂肋肌
颈最长肌
颈长肌
颈胸神经节
椎神经
颈总动脉
食管
肋椎干
迷走神经（Ⅹ）
交感干
颈深中淋巴结

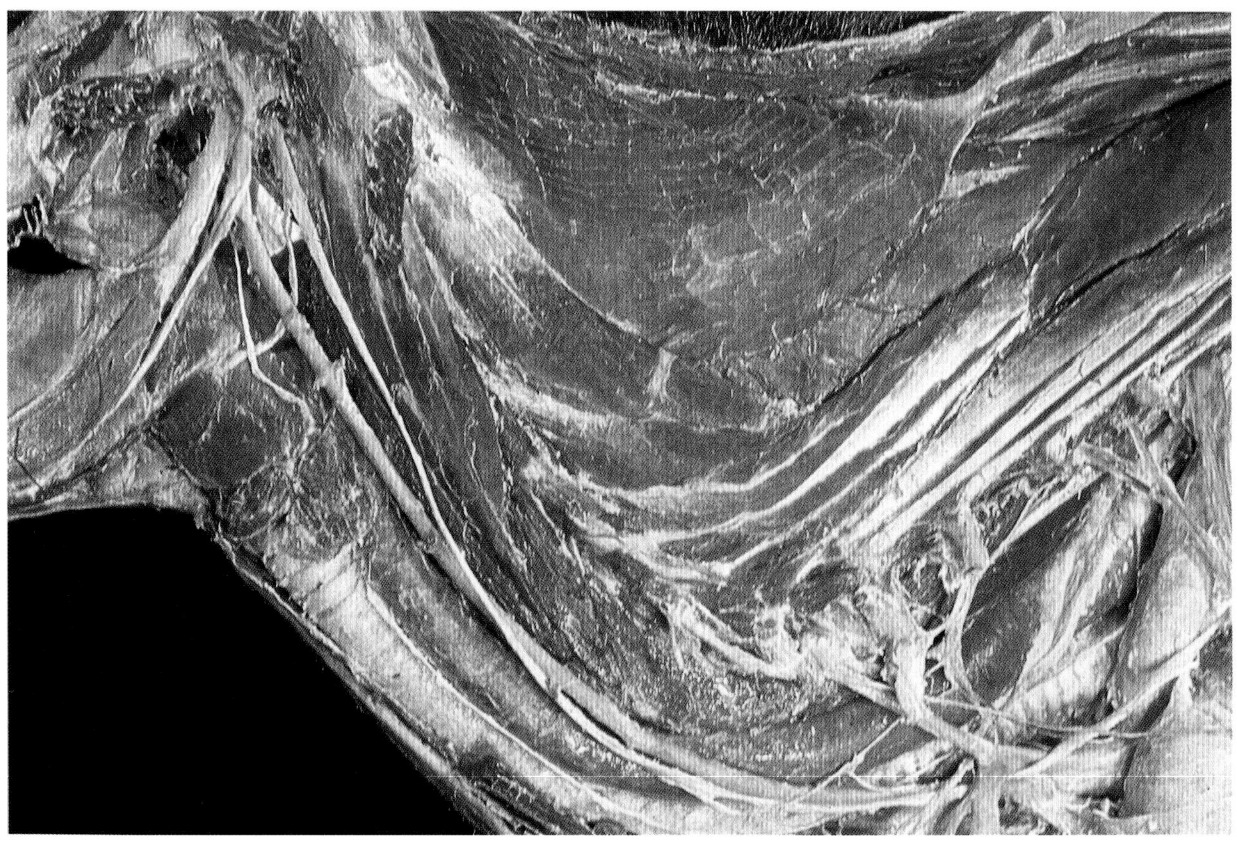

图2.9　颈部的神经、动脉、静脉和脏器。颈外静脉和颈部“带状肌”已被剥离。

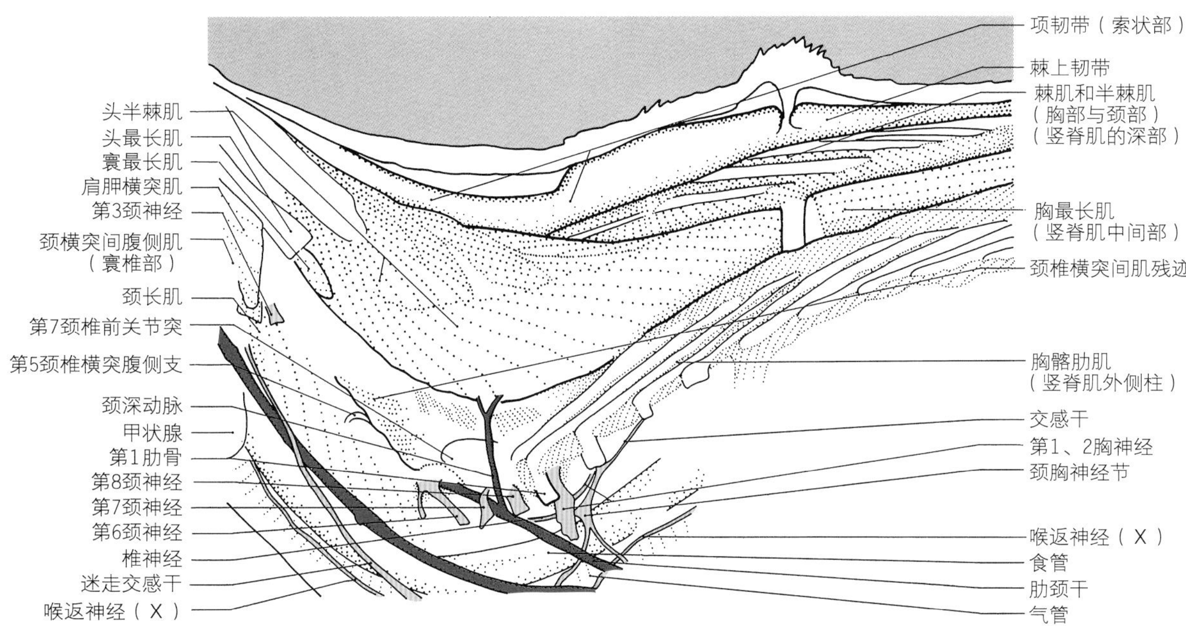
项韧带（索状部）
棘上韧带
棘肌和半棘肌
（胸部与颈部）
（竖脊肌的深部）
胸最长肌
（竖脊肌中间部）
颈椎横突间肌残迹
胸髂肋肌
（竖脊肌外侧柱）
交感干
第1、2胸神经
颈胸神经节
喉返神经（X）
食管
肋颈干
气管
头半棘肌
头最长肌
寰最长肌
肩胛横突肌
第3颈神经
颈横突间腹侧肌
（寰椎部）
颈长肌
第7颈椎前关节突
第5颈椎横突腹侧支
颈深动脉
甲状腺
第1肋骨
第8颈神经
第7颈神经
第6颈神经
椎神经
迷走交感干
喉返神经（X）

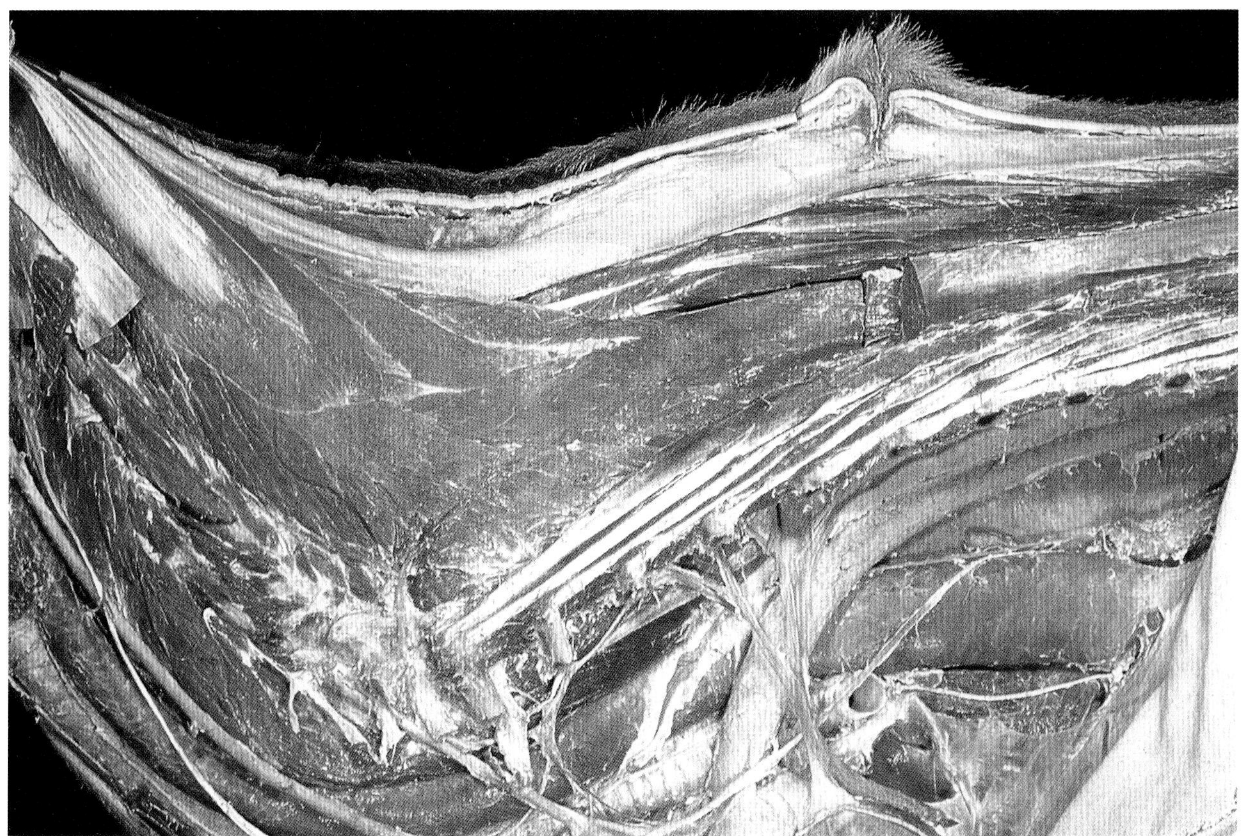

图2.10　项韧带和颈部轴上肌。移除夹肌和菱形肌显露出项韧带，更详细结构见图2.11和图2.12。

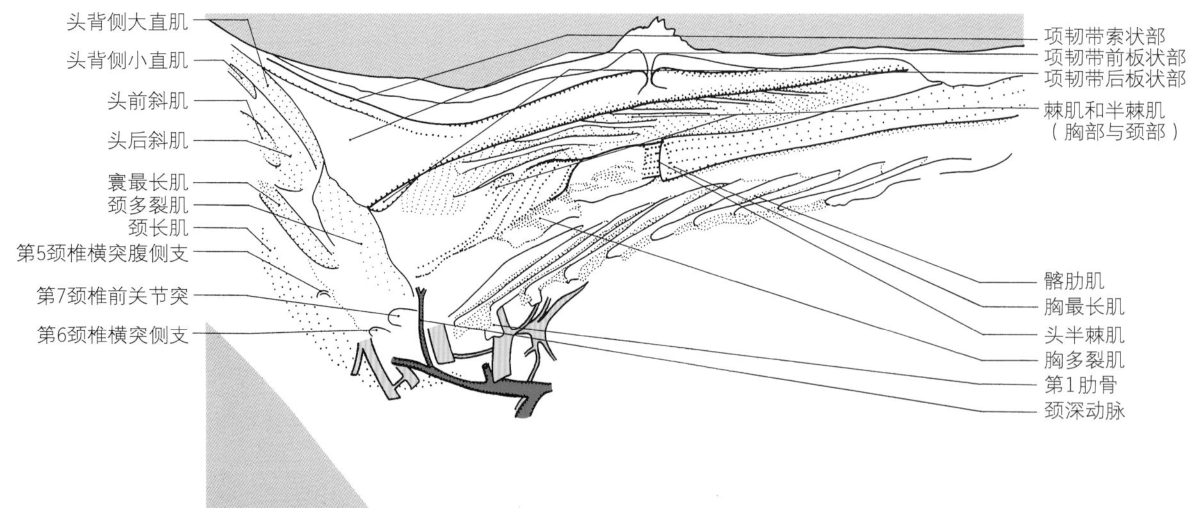
头背侧大直肌
头背侧小直肌
头前斜肌
头后斜肌
寰最长肌
颈多裂肌
颈长肌
第5颈椎横突腹侧支
第7颈椎前关节突
第6颈椎横突侧支
项韧带索状部
项韧带前板状部
项韧带后板状部
棘肌和半棘肌
（胸部与颈部）
髂肋肌
胸最长肌
头半棘肌
胸多裂肌
第1肋骨
颈深动脉

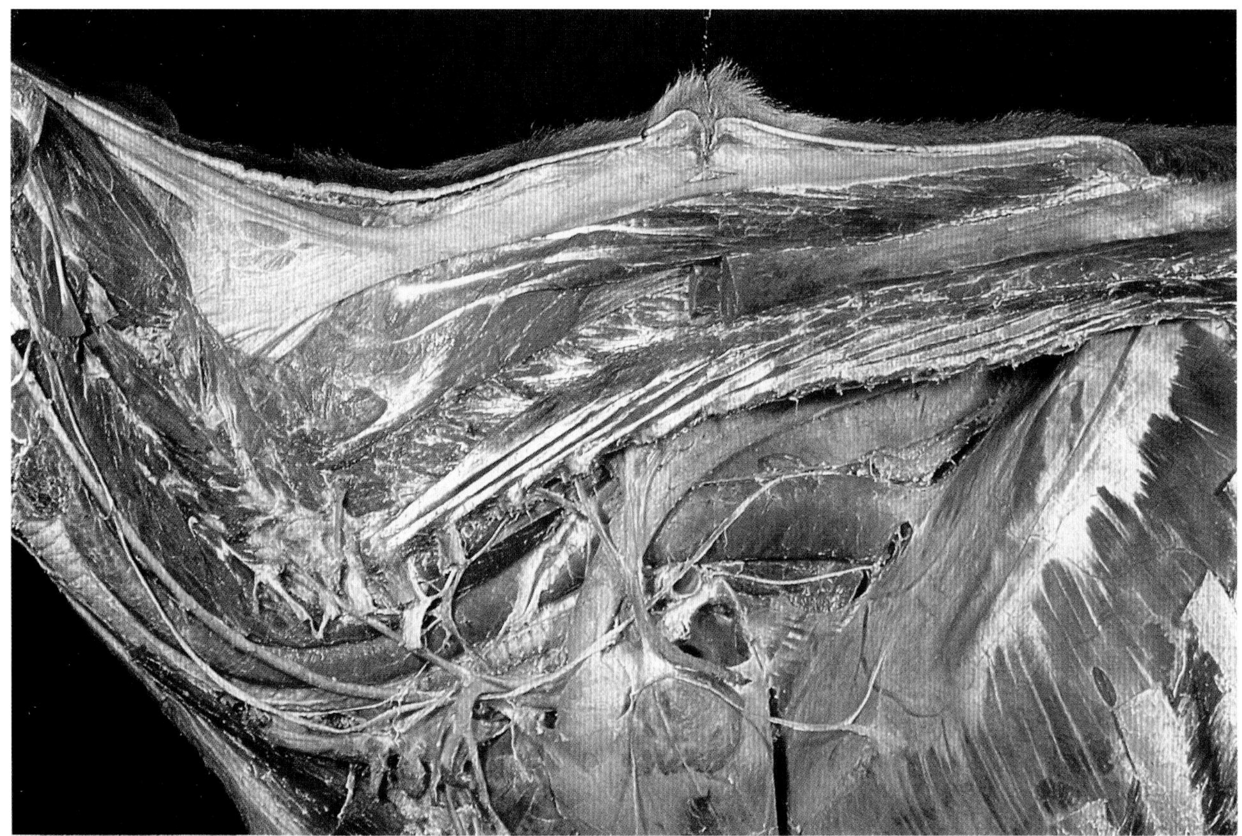

图2.11 项韧带和颈部深层轴上肌。移除头半棘肌显露出项韧带和颈部短节段肌，包括附着在寰椎和枢椎上的肌肉。

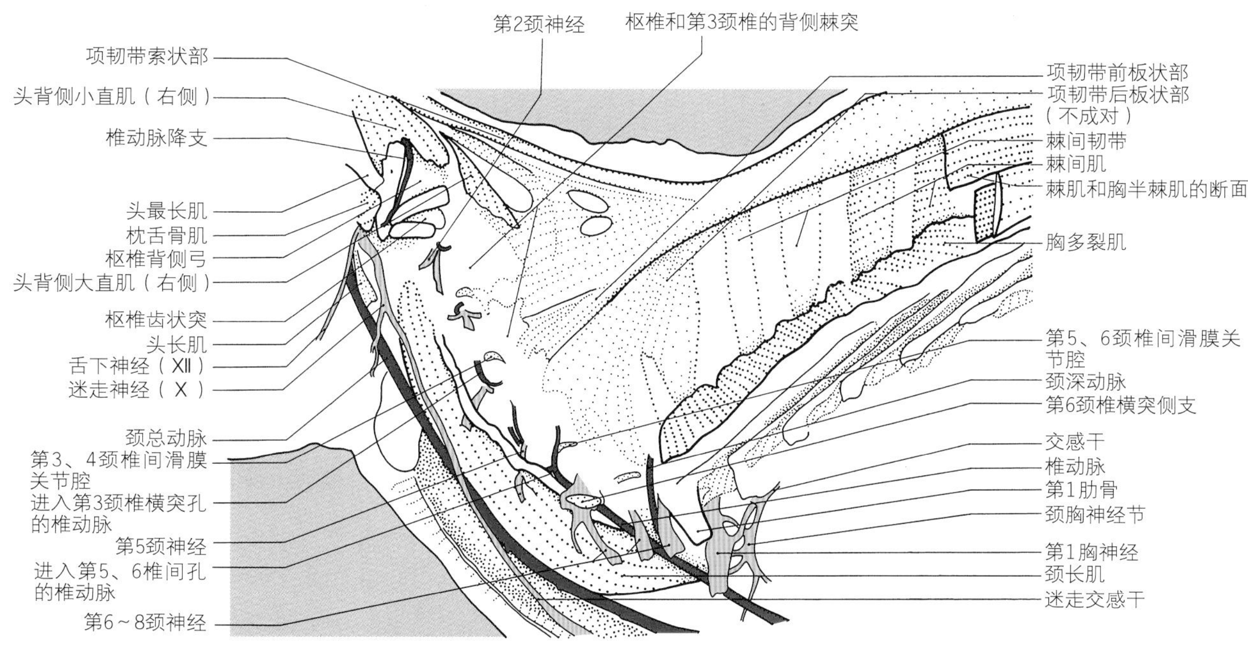
第2颈神经
枢椎和第3颈椎的背侧棘突
项韧带索状部
头背侧小直肌（右侧）
椎动脉降支
头最长肌
枕舌骨肌
枢椎背侧弓
头背侧大直肌（右侧）
枢椎齿状突
头长肌
舌下神经（Ⅻ）
迷走神经（Ⅹ）
颈总动脉
第3、4颈椎间滑膜关节腔
进入第3颈椎横突孔的椎动脉
第5颈神经
进入第5、6椎间孔的椎动脉
第6～8颈神经
项韧带前板状部
项韧带后板状部（不成对）
棘间韧带
棘间肌
棘肌和胸半棘肌的断面
胸多裂肌
第5、6颈椎间滑膜关节腔
颈深动脉
第6颈椎横突侧支
交感干
椎动脉
第1肋骨
颈胸神经节
第1胸神经
颈长肌
迷走交感干

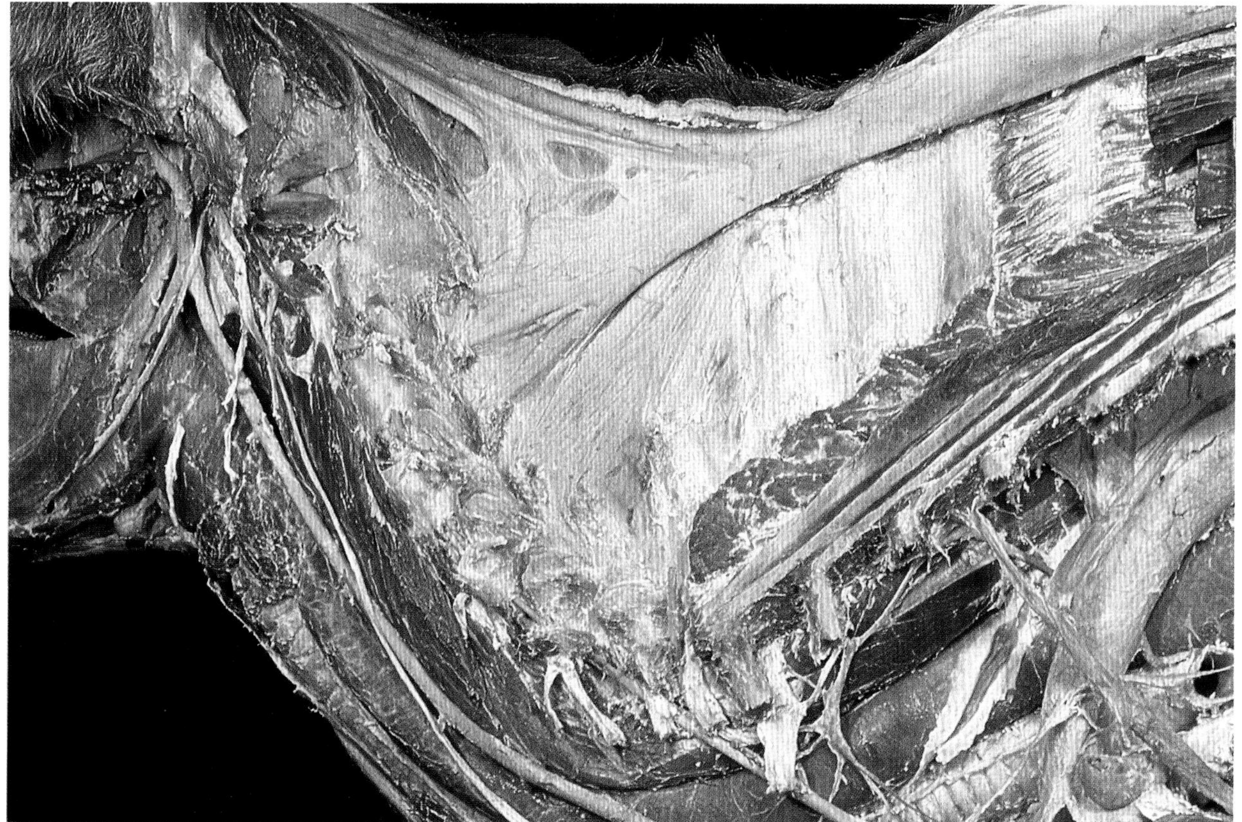

图2.12 项韧带、椎动脉和颈神经。移除左侧颈部轴上肌，完整地显露出弹性的项韧带。项韧带与棘上韧带的联系见图2.10。

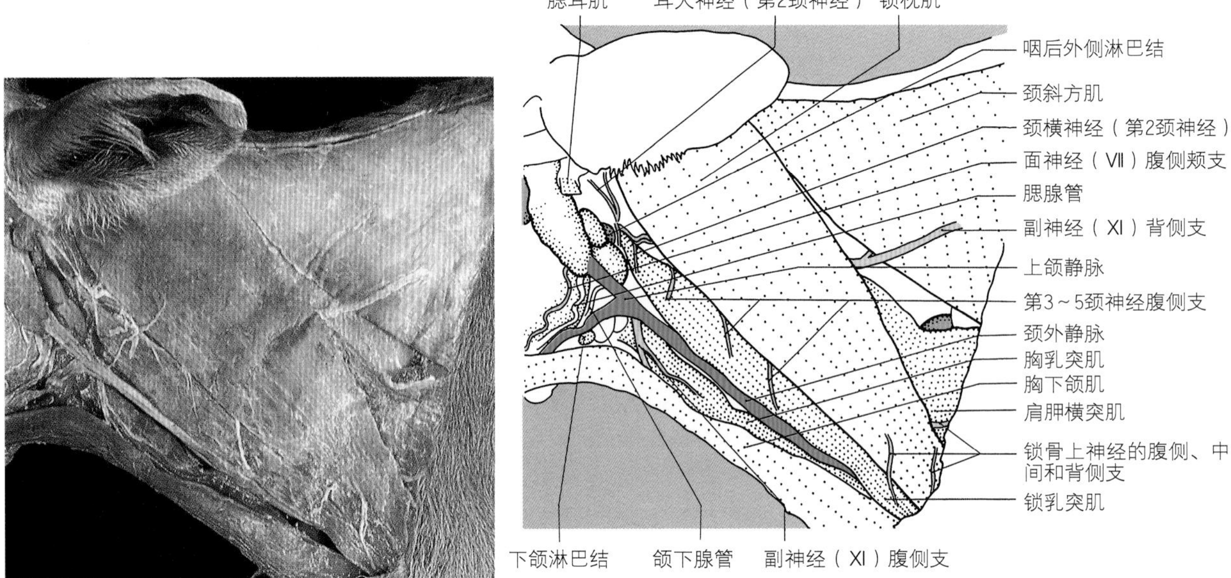
腮耳肌
耳大神经（第2颈神经）
锁枕肌
咽后外侧淋巴结
颈斜方肌
颈横神经（第2颈神经）
面神经（Ⅶ）腹侧颊支
腮腺管
副神经（Ⅺ）背侧支
上颌静脉
第3～5颈神经腹侧支
颈外静脉
胸乳突肌
胸下颌肌
肩胛横突肌
锁骨上神经的腹侧、中间和背侧支
锁乳突肌
下颌淋巴结
颌下腺管
副神经（Ⅺ）腹侧支

图2.13 犊牛颈部浅层结构。脊副神经的背侧支不同于其他神经，该神经通常位于颈斜方肌深层。

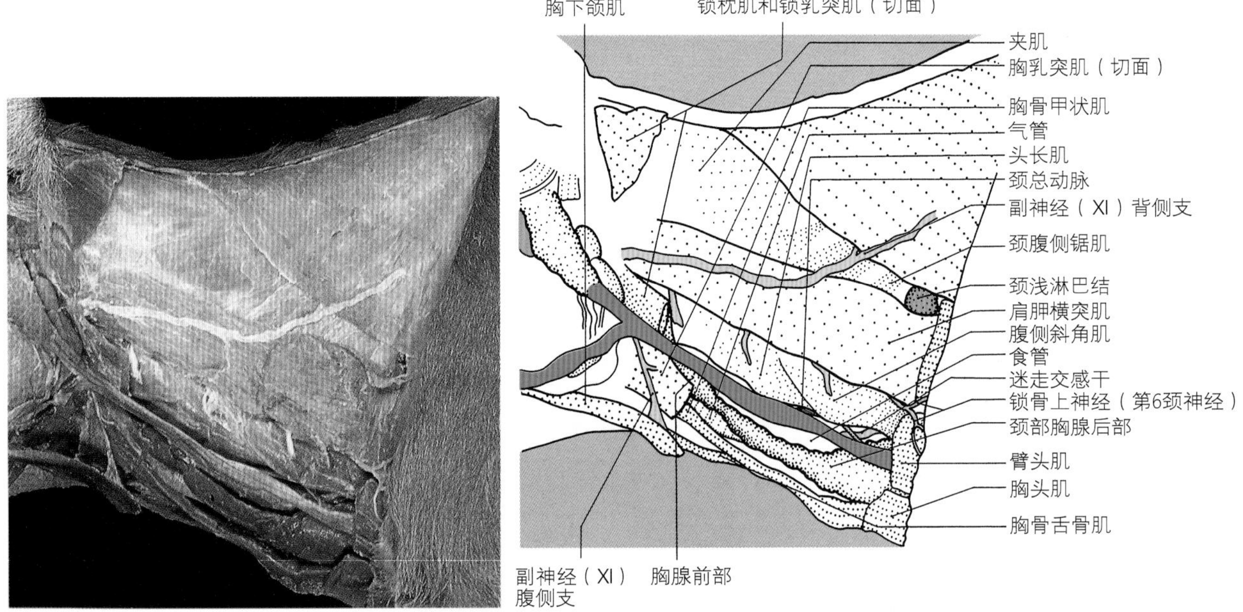
胸下颌肌
锁枕肌和锁乳突肌（切面）
夹肌
胸乳突肌（切面）
胸骨甲状肌
气管
头长肌
颈总动脉
副神经（Ⅺ）背侧支
颈腹侧锯肌
颈浅淋巴结
肩胛横突肌
腹侧斜角肌
食管
迷走交感干
锁骨上神经（第6颈神经）
颈部胸腺后部
臂头肌
胸头肌
胸骨舌骨肌
副神经（Ⅺ）腹侧支
胸腺前部

图2.14 犊牛颈部的脊副神经和胸腺。移除臂头肌和胸头肌暴露颈部胸腺，1周龄犊牛颈部胸腺较大，可与图2.8相比较。

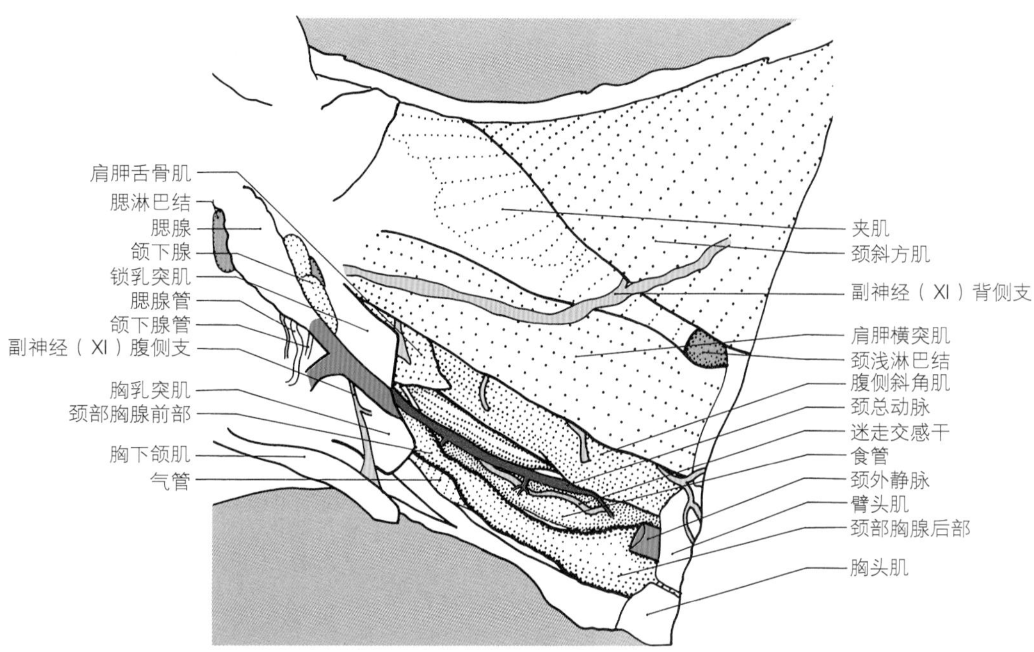
肩胛舌骨肌
腮淋巴结
腮腺
颌下腺
锁乳突肌
腮腺管
颌下腺管
副神经（XI）腹侧支
胸乳突肌
颈部胸腺前部
胸下颌肌
气管
夹肌
颈斜方肌
副神经（XI）背侧支
肩胛横突肌
颈浅淋巴结
腹侧斜角肌
颈总动脉
迷走交感干
食管
颈外静脉
臂头肌
颈部胸腺后部
胸头肌

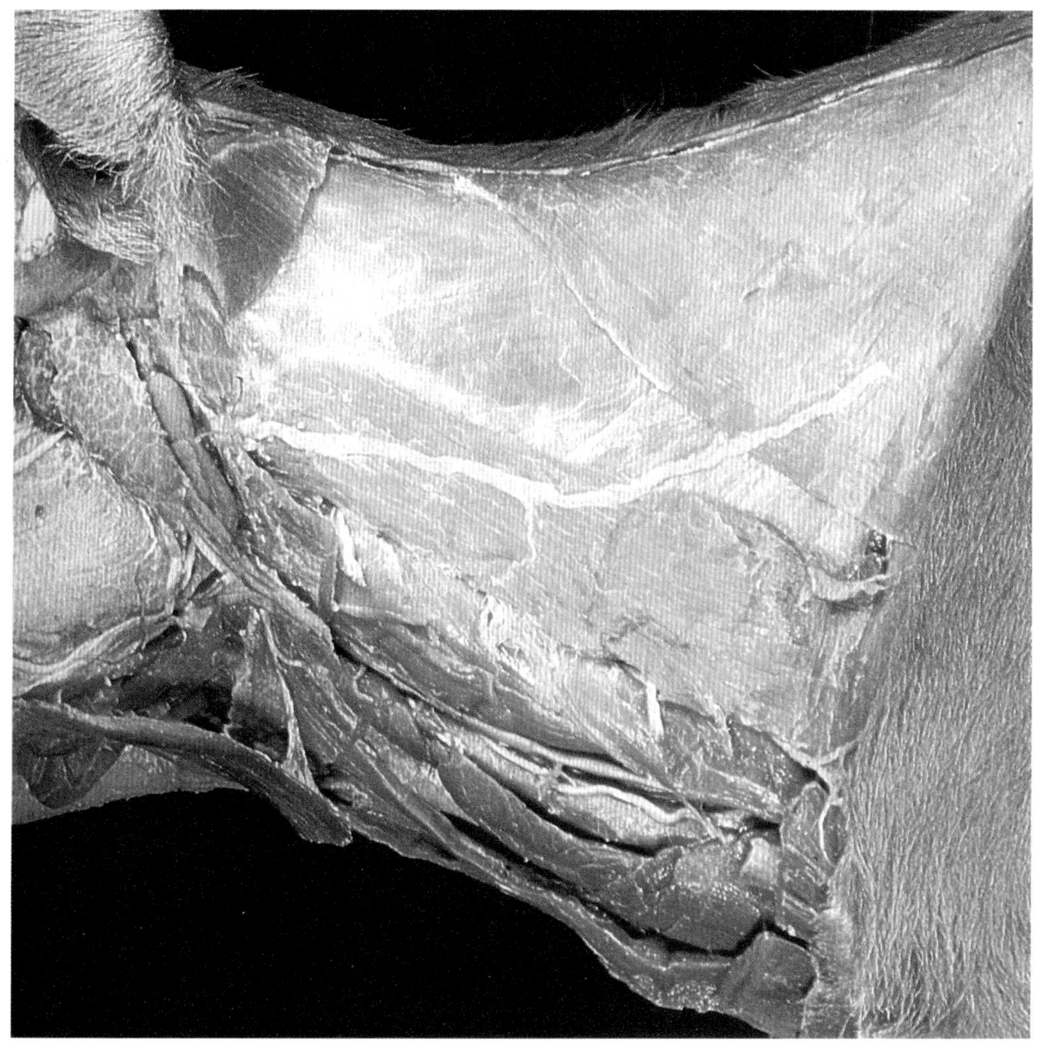

图2.15 犊牛颈部器官及其相关结构。移除颈外静脉显示出颈动脉鞘内部结构。

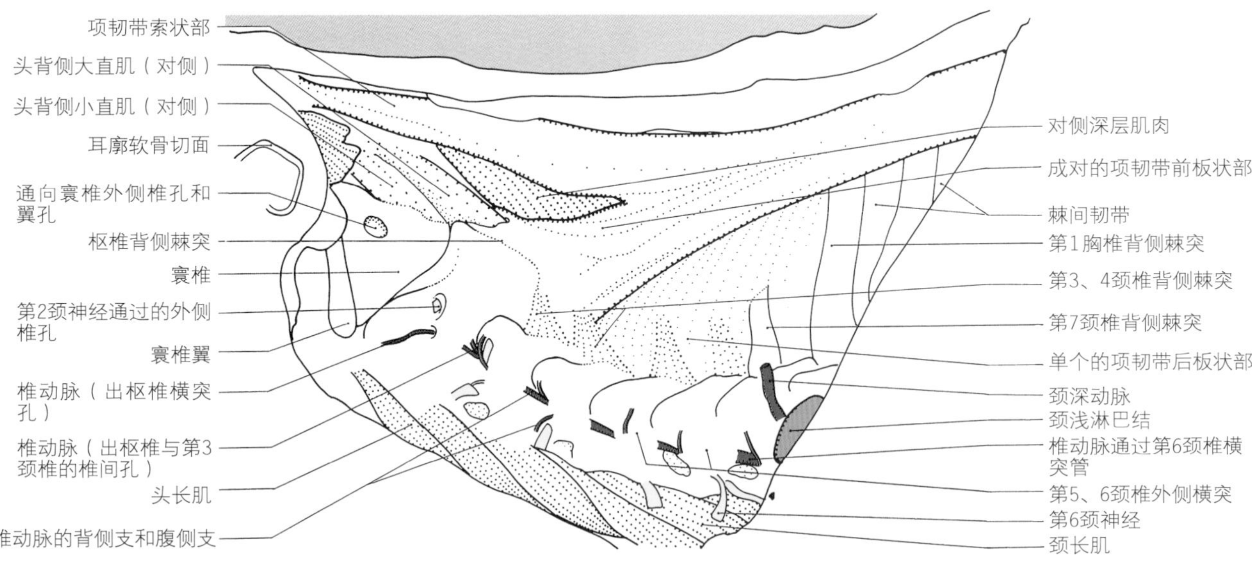
项韧带索状部
头背侧大直肌（对侧）
头背侧小直肌（对侧）
耳廓软骨切面
通向寰椎外侧椎孔和翼孔
枢椎背侧棘突
寰椎
第2颈神经通过的外侧椎孔
寰椎翼
椎动脉（出枢椎横突孔）
椎动脉（出枢椎与第3颈椎的椎间孔）
头长肌
椎动脉的背侧支和腹侧支
对侧深层肌肉
成对的项韧带前板状部
棘间韧带
第1胸椎背侧棘突
第3、4颈椎背侧棘突
第7颈椎背侧棘突
单个的项韧带后板状部
颈深动脉
颈浅淋巴结
椎动脉通过第6颈椎横突管
第5、6颈椎外侧横突
第6颈神经
颈长肌

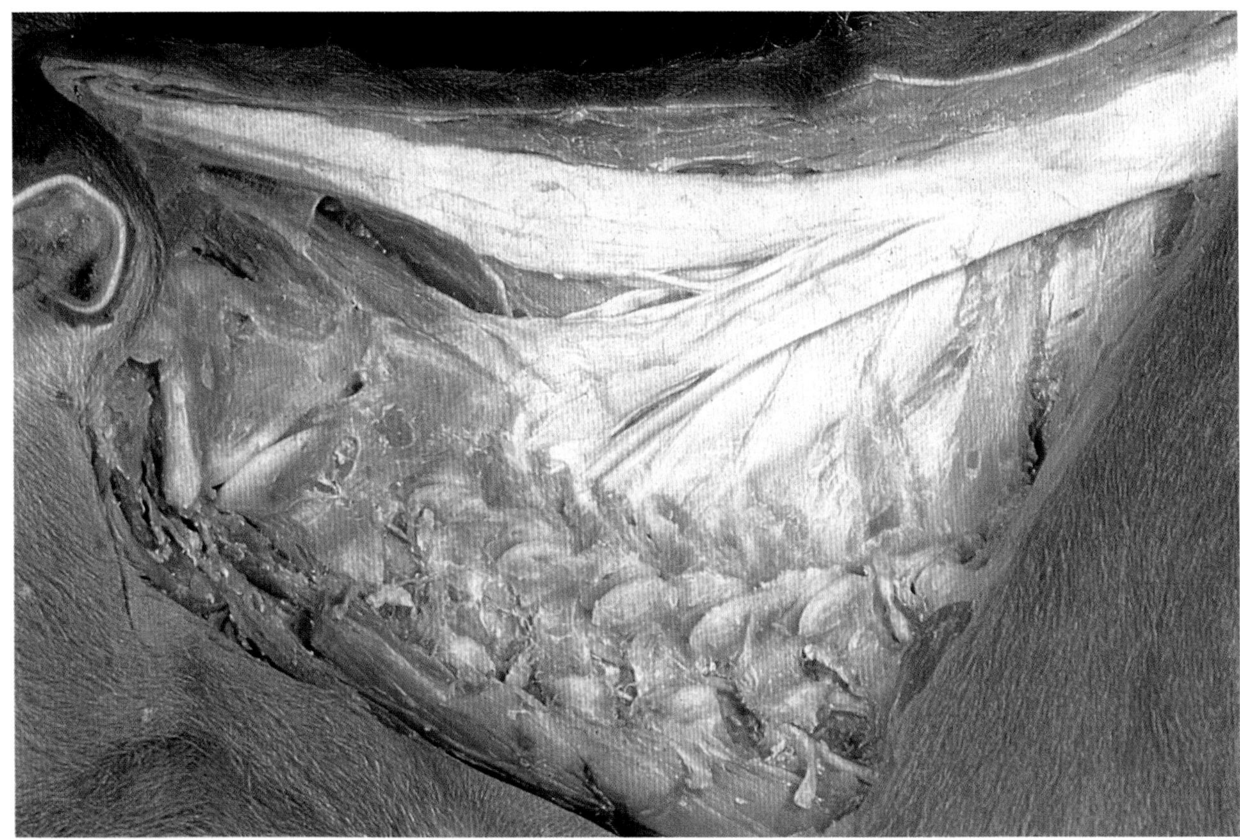

图2.16 犊牛颈椎、椎动脉和项韧带。此图示犊牛颈背侧部右侧解剖结构。将此图翻转并与图2.13、图2.14和图2.15相比较。这一侧整个颈部轴上肌已被剥离，以显示项韧带。

第3章

前　肢

（The Forelimb）

正如大多数家畜一样，影响反刍动物肢体健康的主要因素在于蹄部。该部位与地面接触，其损伤部位以及如何处理将在第7章中加以叙述。前肢可能会因植被、门等的刮蹭而引起皮肤损伤。一般地，能使脂肪和肌肉萎缩的情况也会影响前肢和皮肤的状况，正如第1章头部所提到的内容。

前肢中通常可以发现一些常见的骨骼问题。如德科斯特牛就会因为发生软骨发育不全呈现骨骼问题（四肢短小、短脸、头骨扁平）。

许多中枢神经系统疾病，特别是急性和惊厥性疾病，都会影响前、后肢。其症状包括感觉性过敏、原地转圈、肌无力、具攻击性、虚脱以及震颤。这些疾病包括铅中毒和破伤风，还有牛海绵样脑病、急性低镁血症、酮病、肝性脑病以及脑膜炎（包括李斯特菌病和睡眠嗜组织菌感染）。

有时，外伤会引起外周神经损伤。前肢过度外展会伤及臂神经丛，而肩带部的损伤则有可能会影响到肩胛上神经。前肢的任何一个浅层神经都会因为浅表的外伤而受到损害，如桡神经和尺神经。这些神经也会应用在神经阻断麻醉中，但公牛少见。关节在尸体剖检和肉品检验过程中有十分重要的作用，因为关节很容易受到由败血病引起的新生牛脐病的影响。任何一个关节（肩关节、肘关节、桡腕关节、腕掌关节、掌指关节以及指关节）都会因为败血病、局部外伤或穿透性异物的伤害而引发感染。如同其他家畜一样，反刍动物的前肢与脊椎没有关节联系。但是，这一点对于公牛却十分的重要，因为公牛胸腔的全部重量都由前肢通过斜方肌、菱形肌、胸肌和腹侧锯肌来支撑。在某些情形下，这些肌肉会出现神经源性萎缩。

发生骨折的动物通常需要进行安乐死。但有些动物的肌肉运动很正常，以至于直到动物被屠宰或尸检时才发现动物已骨折。前肢仅有两个淋巴结，一个为颈浅淋巴结（可能单个存在或成串存在）接受绝大部分胸壁和前肢的引流淋巴液，另一个较小的腋淋巴结则接受来自胸壁和前肢内侧面的引流淋巴液。在肉检中，这两个淋巴结都被作为判断肺结核或脓疮的重要依据之一。

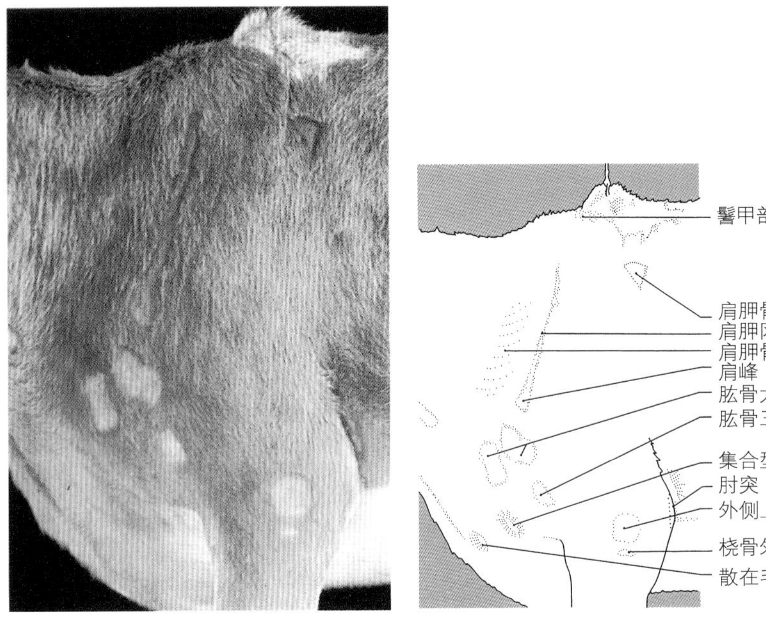

鬐甲部的散在毛涡
肩胛骨后角
肩胛冈
肩胛骨前缘
肩峰
肱骨大结节
肱骨三角肌粗隆
集合型毛涡
肘突
外侧上髁
桡骨外侧粗隆
散在毛涡

图3.1 肩部和前肢的表面特征，左外侧观。可触及的骨性突起的被毛已被修剪。

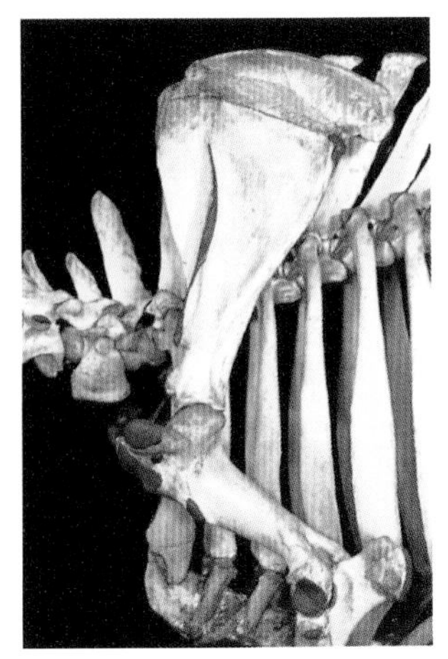

图3.2 肩部和前肢骨骼。红色表示图3.1中可触及的骨性标志。

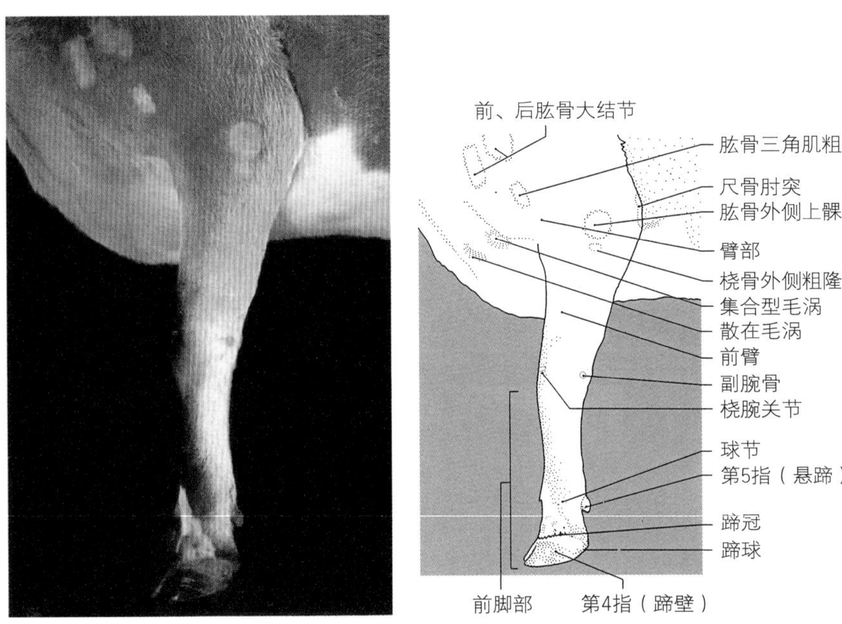

前、后肱骨大结节
肱骨三角肌粗隆
尺骨肘突
肱骨外侧上髁
臂部
桡骨外侧粗隆
集合型毛涡
散在毛涡
前臂
副腕骨
桡腕关节
球节
第5指（悬蹄）
蹄冠
蹄球
前脚部
第4指（蹄壁）

图3.3 前肢的表面特征，左外侧观。正常站立水平，肘突位于第5肋骨的肋软骨交界处浅层。在肘突后方的白色被毛呈现散在毛涡，但因为该区域毛色，所以在该图中较难辨识。

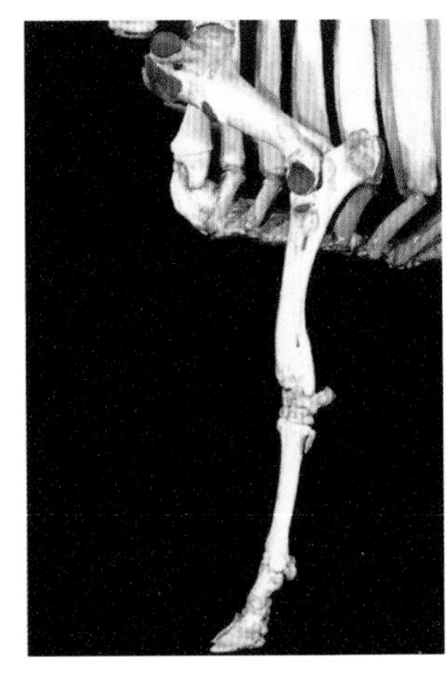

图3.4 前肢骨骼。红色表示图3.3中可触及的骨性标志。

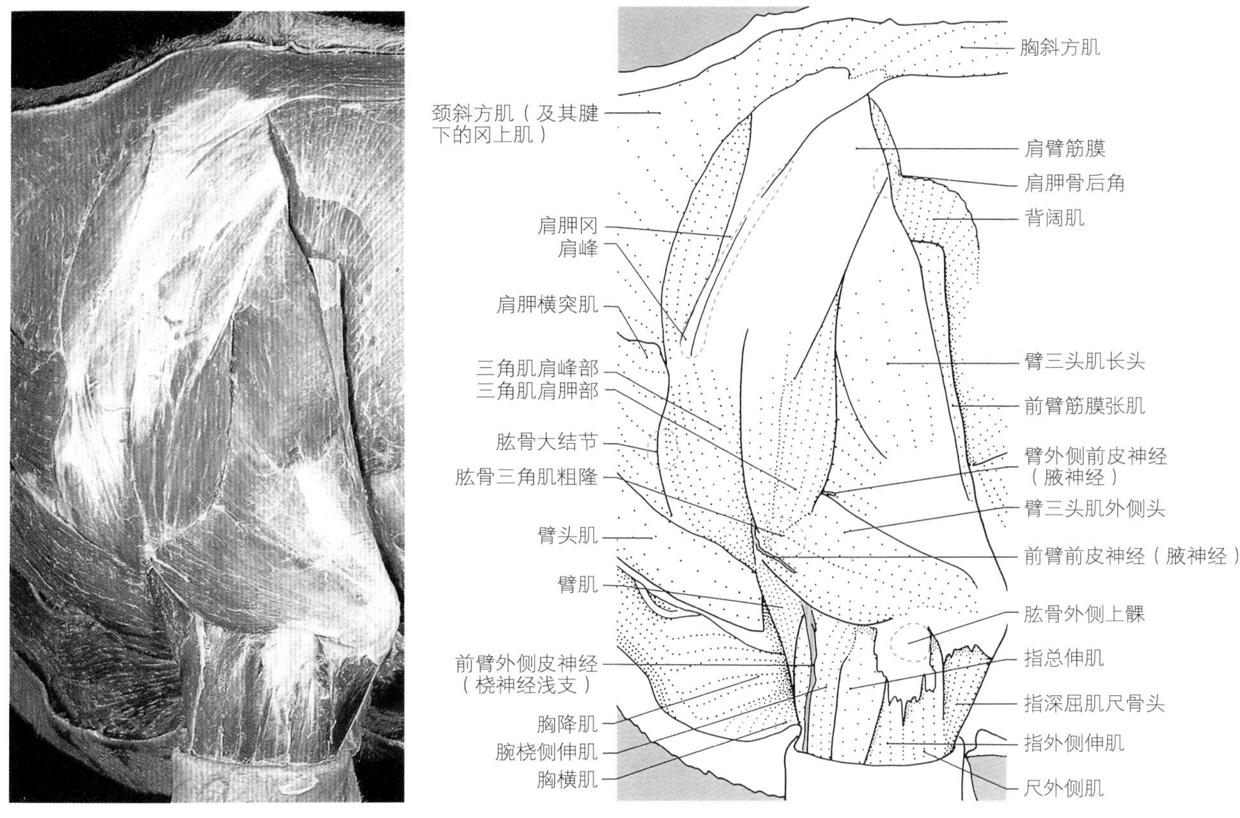
胸斜方肌
颈斜方肌（及其腱下的冈上肌）
肩臂筋膜
肩胛骨后角
背阔肌
肩胛冈
肩峰
肩胛横突肌
三角肌肩峰部
三角肌肩胛部
臂三头肌长头
前臂筋膜张肌
肱骨大结节
肱骨三角肌粗隆
臂外侧前皮神经
（腋神经）
臂三头肌外侧头
臂头肌
前臂前皮神经（腋神经）
臂肌
肱骨外侧上髁
前臂外侧皮神经
（桡神经浅支）
指总伸肌
指深屈肌尺骨头
胸降肌
腕桡侧伸肌
指外侧伸肌
胸横肌
尺外侧肌

图3.5 左侧肩部、臂部和前臂部浅层肌肉（1）。覆盖在该区域肌肉表面的发达的肩臂部和臂部筋膜几乎完全被剥离。

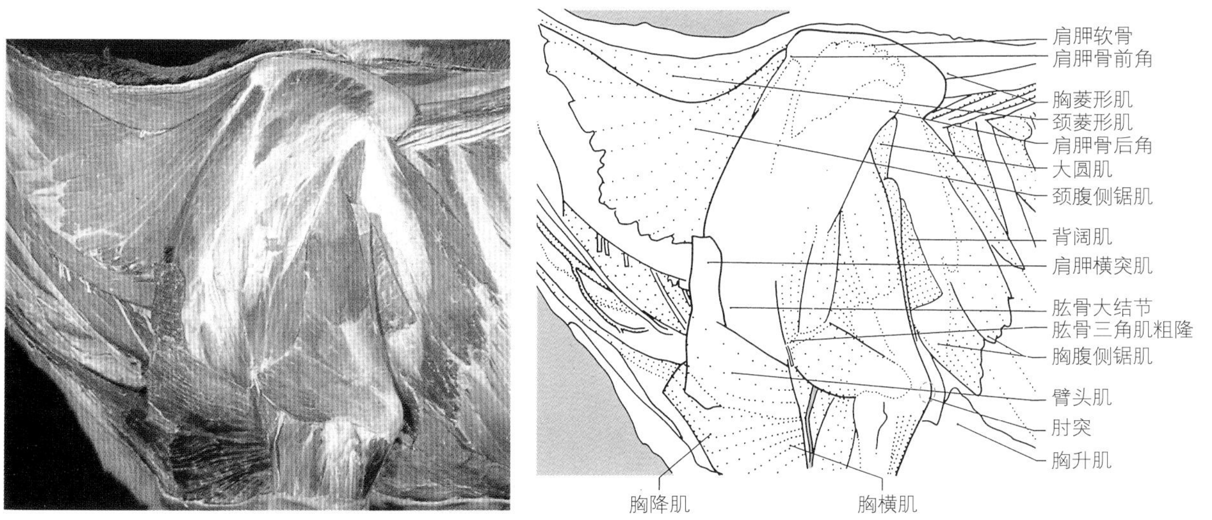
肩胛软骨
肩胛骨前角
胸菱形肌
颈菱形肌
肩胛骨后角
大圆肌
颈腹侧锯肌
背阔肌
肩胛横突肌
肱骨大结节
肱骨三角肌粗隆
胸腹侧锯肌
臂头肌
肘突
胸升肌
胸降肌
胸横肌

图3.6 左侧肩部、臂部和前臂部浅层肌肉（2）。该区域的浅层解剖见图2.5。

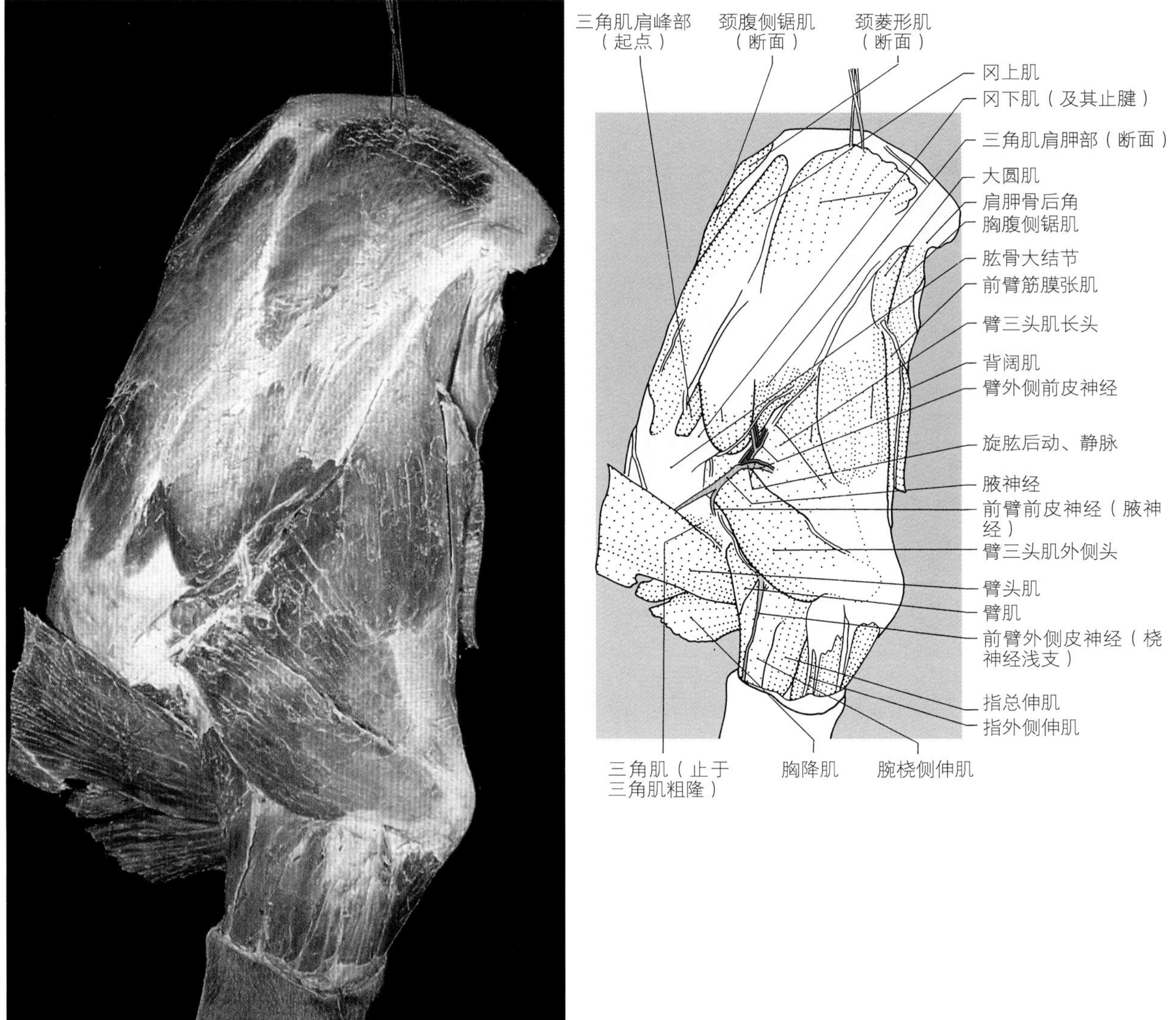
三角肌肩峰部（起点）
颈腹侧锯肌（断面）
颈菱形肌（断面）
冈上肌
冈下肌（及其止腱）
三角肌肩胛部（断面）
大圆肌
肩胛骨后角
胸腹侧锯肌
肱骨大结节
前臂筋膜张肌
臂三头肌长头
背阔肌
臂外侧前皮神经
旋肱后动、静脉
腋神经
前臂前皮神经（腋神经）
臂三头肌外侧头
臂头肌
臂肌
前臂外侧皮神经（桡神经浅支）
指总伸肌
指外侧伸肌
三角肌（止于三角肌粗隆）
胸降肌
腕桡侧伸肌

图3.7 游离前肢的肩部、臂部和前臂部肌肉，外侧观。图4.12显示前肢与胸部结构的关系。为了显示冈下肌的附着肌腱，三角肌肩峰部已被剥离，三角肌肩胛部也已被切断。

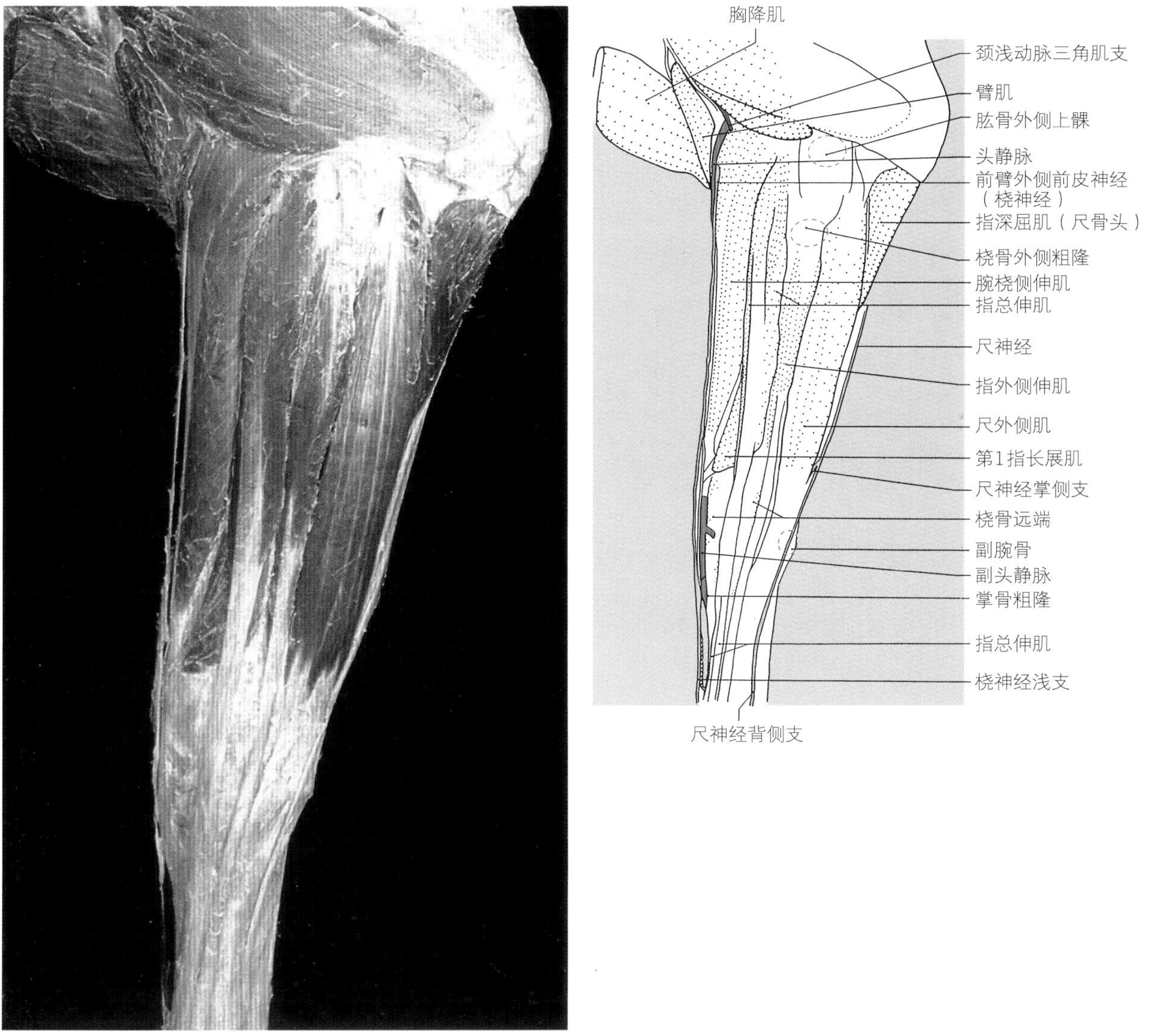
胸降肌
颈浅动脉三角肌支
臂肌
肱骨外侧上髁
头静脉
前臂外侧前皮神经
（桡神经）
指深屈肌（尺骨头）
桡骨外侧粗隆
腕桡侧伸肌
指总伸肌
尺神经
指外侧伸肌
尺外侧肌
第1指长展肌
尺神经掌侧支
桡骨远端
副腕骨
副头静脉
掌骨粗隆
指总伸肌
桡神经浅支
尺神经背侧支

图3.8　前臂部和腕部浅层肌肉和神经，外侧观。前臂深筋膜已被剥离。指总伸肌有2个腱，其中内侧的肌腱有时被称为第3指固有伸肌。尺神经在尺外侧肌与腕尺侧屈肌表面穿行，图中为了显示该结构已将其轻微移动。

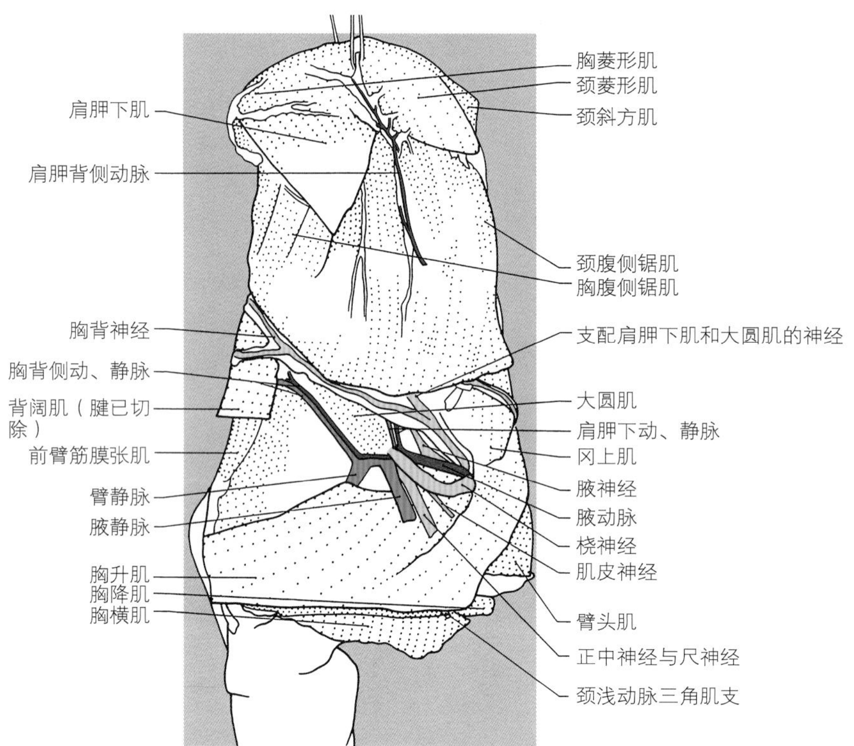
胸菱形肌
颈菱形肌
颈斜方肌
肩胛下肌
肩胛背侧动脉
颈腹侧锯肌
胸腹侧锯肌
胸背神经
支配肩胛下肌和大圆肌的神经
胸背侧动、静脉
背阔肌（腱已切除）
大圆肌
肩胛下动、静脉
前臂筋膜张肌
冈上肌
臂静脉
腋神经
腋静脉
腋动脉
桡神经
胸升肌
肌皮神经
胸降肌
胸横肌
臂头肌
正中神经与尺神经
颈浅动脉三角肌支

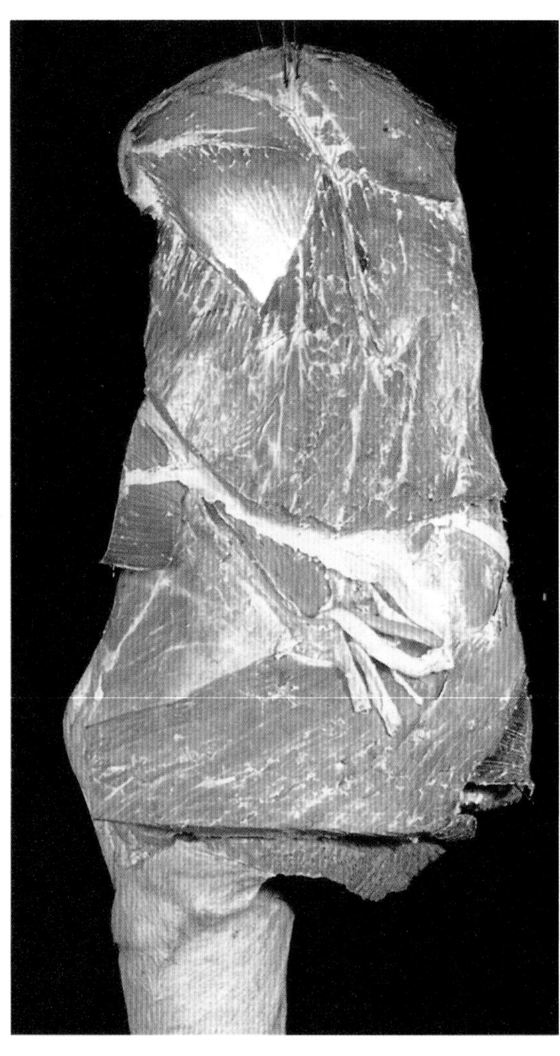

图3.9　肩部和臂部的肌肉、血管和神经，内侧观。连接前肢和躯干部的肌肉已被切除，但附着在肩胛骨和肱骨的肌肉被保留下来。此图与图3.10没有显示腋动、静脉和神经，这些结构将在随后的解剖标本中展现出来（图3.25～图3.28）。

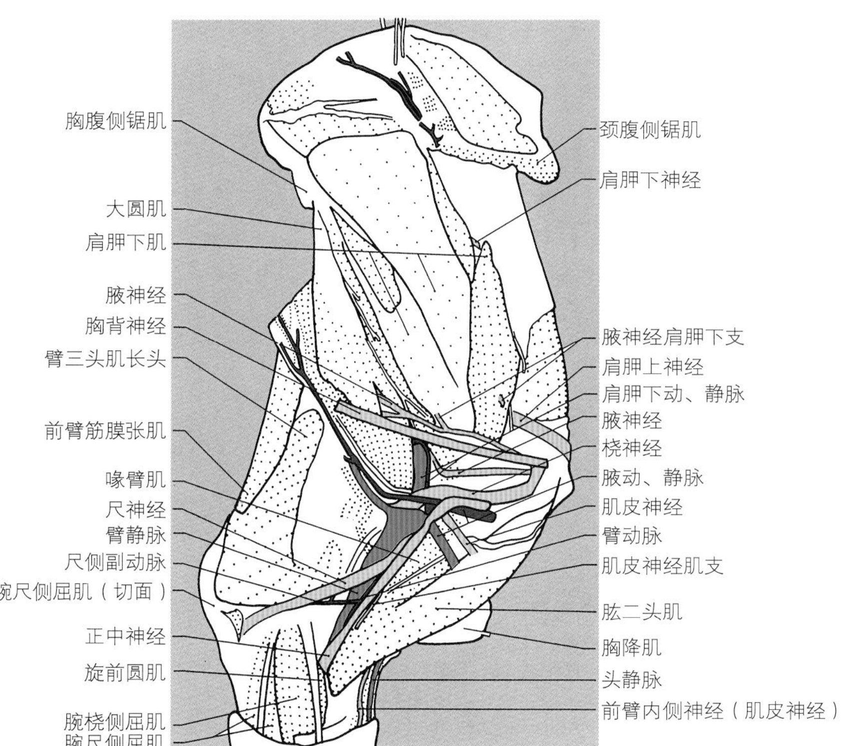

胸腹侧锯肌
大圆肌
肩胛下肌
腋神经
胸背神经
臂三头肌长头
前臂筋膜张肌
喙臂肌
尺神经
臂静脉
尺侧副动脉
腕尺侧屈肌（切面）
正中神经
旋前圆肌
腕桡侧屈肌
腕尺侧屈肌
颈腹侧锯肌
肩胛下神经
腋神经肩胛下支
肩胛上神经
肩胛下动、静脉
腋神经
桡神经
腋动、静脉
肌皮神经
臂动脉
肌皮神经肌支
肱二头肌
胸降肌
头静脉
前臂内侧神经（肌皮神经）

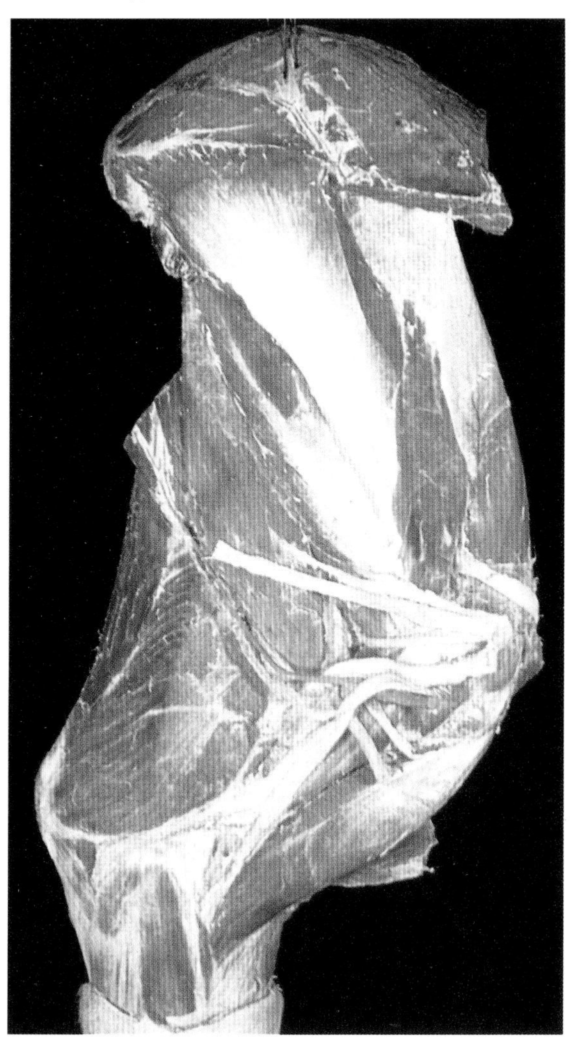

图3.10 肩部、臂部和前臂部的肌肉、血管和神经，内侧观。在切除连接前肢和躯干的肌肉后，臂神经丛的详细结构被暴露出来。卸除前肢后不可能保留腋窝神经和血管的真正位置关系，但这些结构特征将在随后的解剖标本中展现出来（图3.25 ~ 图3.28）。

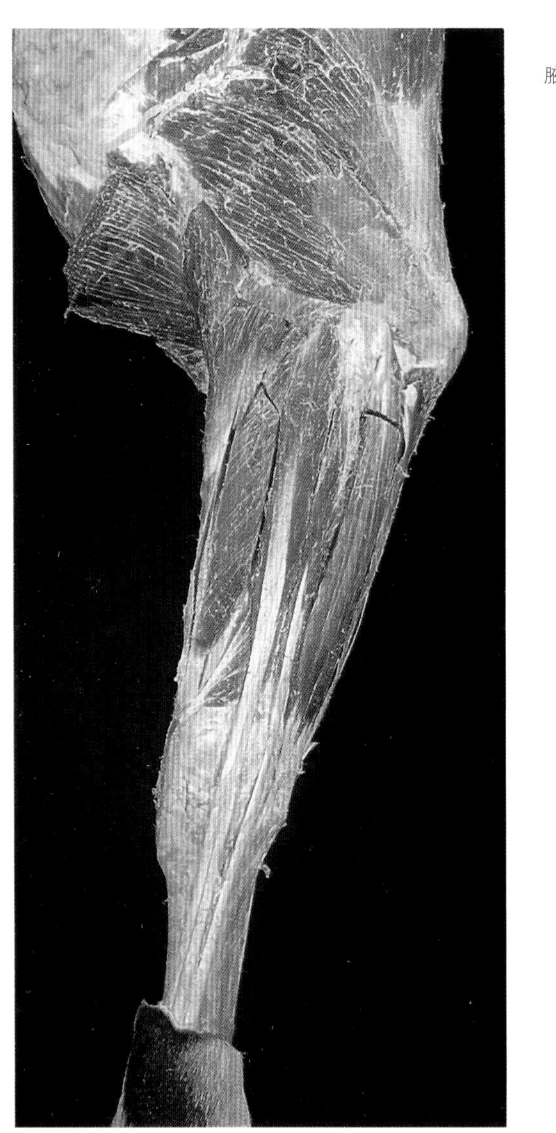

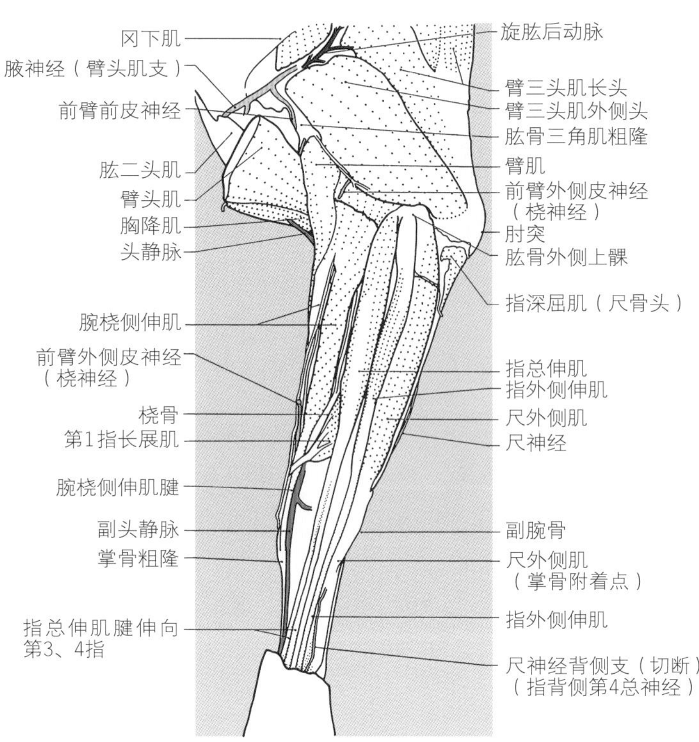

冈下肌
腋神经（臂头肌支）
前臂前皮神经
肱二头肌
臂头肌
胸降肌
头静脉
腕桡侧伸肌
前臂外侧皮神经（桡神经）
桡骨
第1指长展肌
腕桡侧伸肌腱
副头静脉
掌骨粗隆
指总伸肌腱伸向第3、4指
旋肱后动脉
臂三头肌长头
臂三头肌外侧头
肱骨三角肌粗隆
臂肌
前臂外侧皮神经（桡神经）
肘突
肱骨外侧上髁
指深屈肌（尺骨头）
指总伸肌
指外侧伸肌
尺外侧肌
尺神经
副腕骨
尺外侧肌（掌骨附着点）
指外侧伸肌
尺神经背侧支（切断）（指背侧第4总神经）

图3.11 前臂部和腕部的肌肉，外侧观：（1）。为了显示随后的第2、3和4层解剖结构，腕桡侧伸肌和腕尺侧伸肌已被切开（图3.13～图3.15），腕尺侧伸肌通常被称为尺外侧肌。

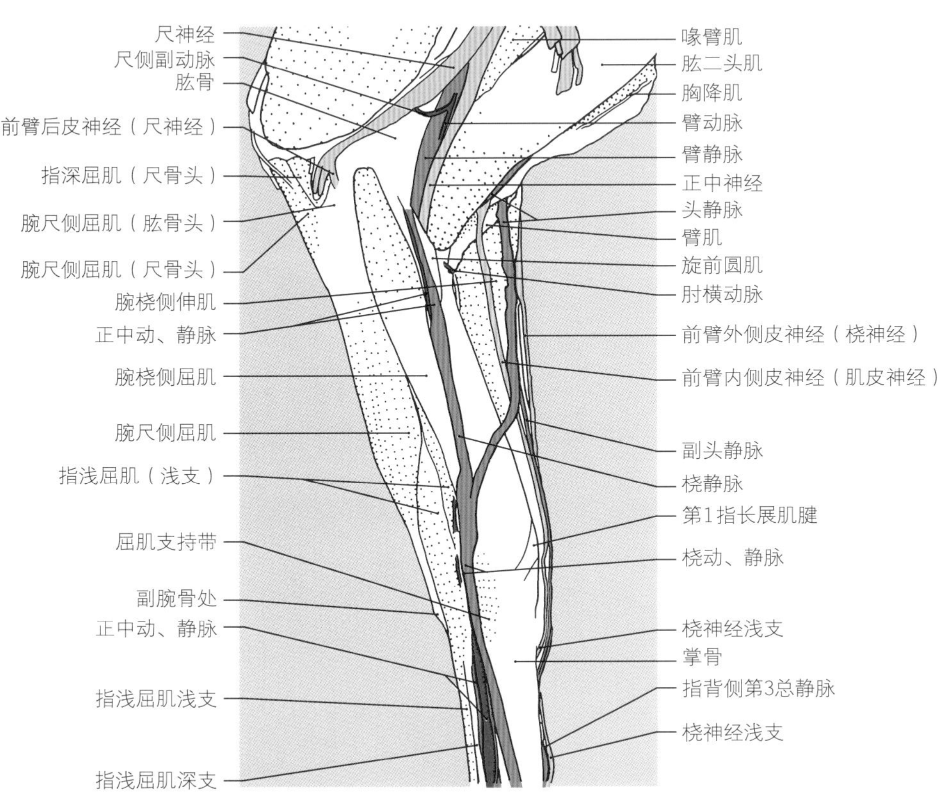
尺神经
尺侧副动脉
肱骨
前臂后皮神经（尺神经）
指深屈肌（尺骨头）
腕尺侧屈肌（肱骨头）
腕尺侧屈肌（尺骨头）
腕桡侧伸肌
正中动、静脉
腕桡侧屈肌
腕尺侧屈肌
指浅屈肌（浅支）
屈肌支持带
副腕骨处
正中动、静脉
指浅屈肌浅支
指浅屈肌深支
喙臂肌
肱二头肌
胸降肌
臂动脉
臂静脉
正中神经
头静脉
臂肌
旋前圆肌
肘横动脉
前臂外侧皮神经（桡神经）
前臂内侧皮神经（肌皮神经）
副头静脉
桡静脉
第1指长展肌腱
桡动、静脉
桡神经浅支
掌骨
指背侧第3总静脉
桡神经浅支

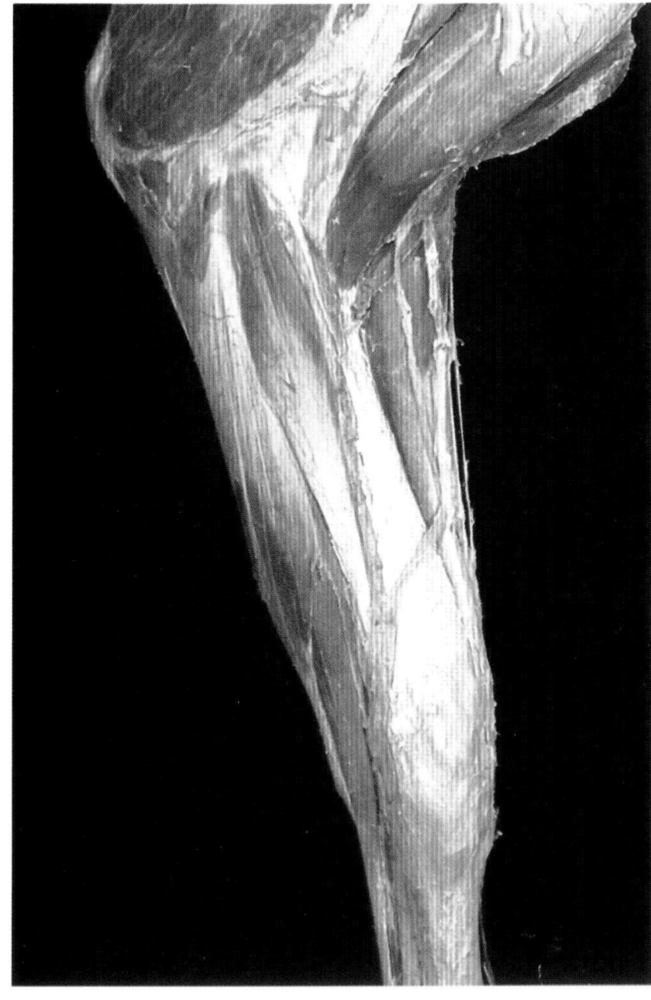

图3.12 前臂部和腕部的肌肉、血管和神经，内侧观。 此图中尺神经和桡神经靠近躯体侧的神经末端已被切断，在图右上角可见。图3.16和图3.17将更进一步显示前臂部和腕部内侧面的解剖结构。

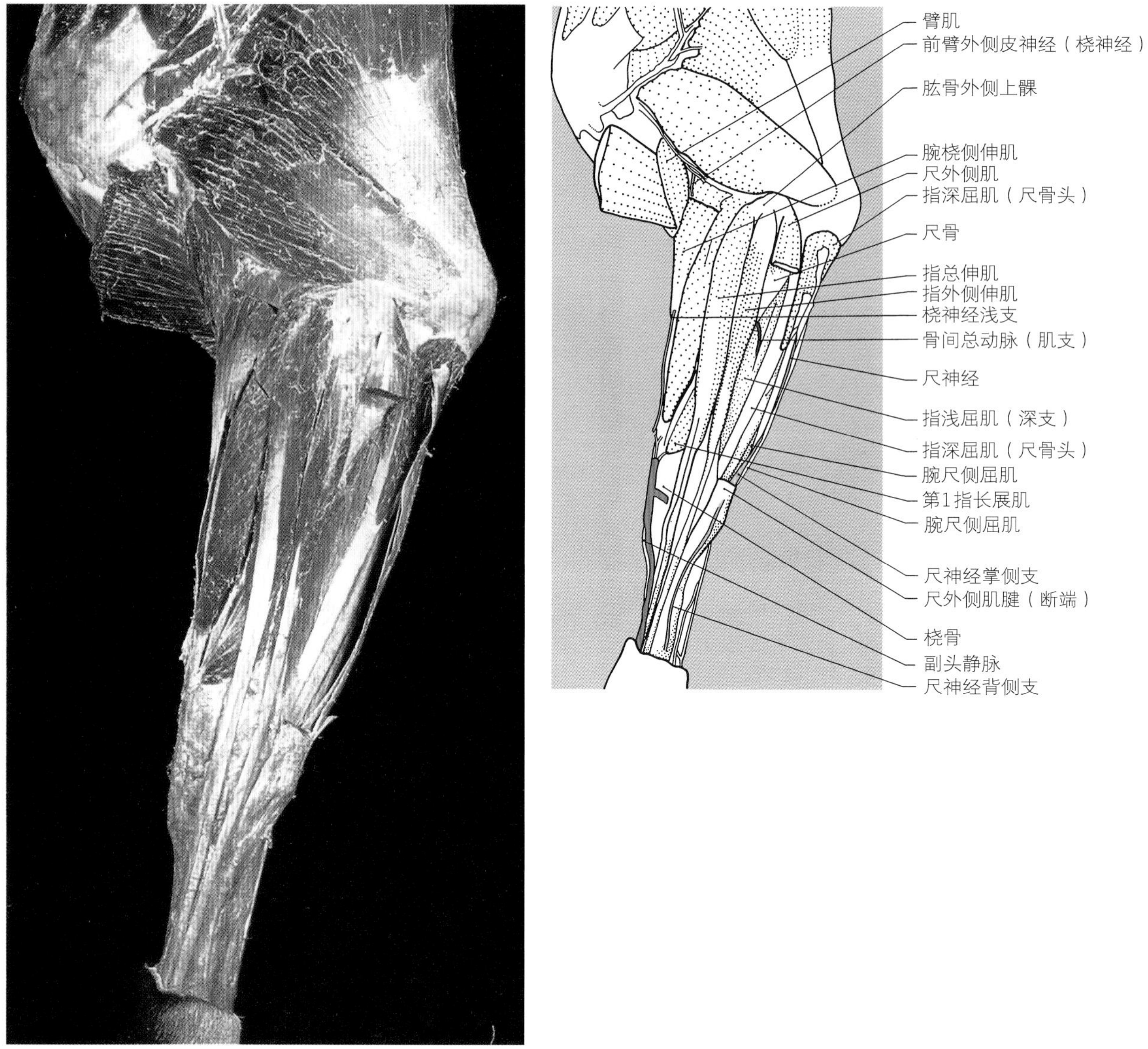
臂肌
前臂外侧皮神经（桡神经）
肱骨外侧上髁
腕桡侧伸肌
尺外侧肌
指深屈肌（尺骨头）
尺骨
指总伸肌
指外侧伸肌
桡神经浅支
骨间总动脉（肌支）
尺神经
指浅屈肌（深支）
指深屈肌（尺骨头）
腕尺侧屈肌
第1指长展肌
腕尺侧屈肌
尺神经掌侧支
尺外侧肌腱（断端）
桡骨
副头静脉
尺神经背侧支

图3.13 前臂部和腕部的肌肉，外侧观：（2）。腕尺侧伸肌已被剥离以暴露指部屈肌。

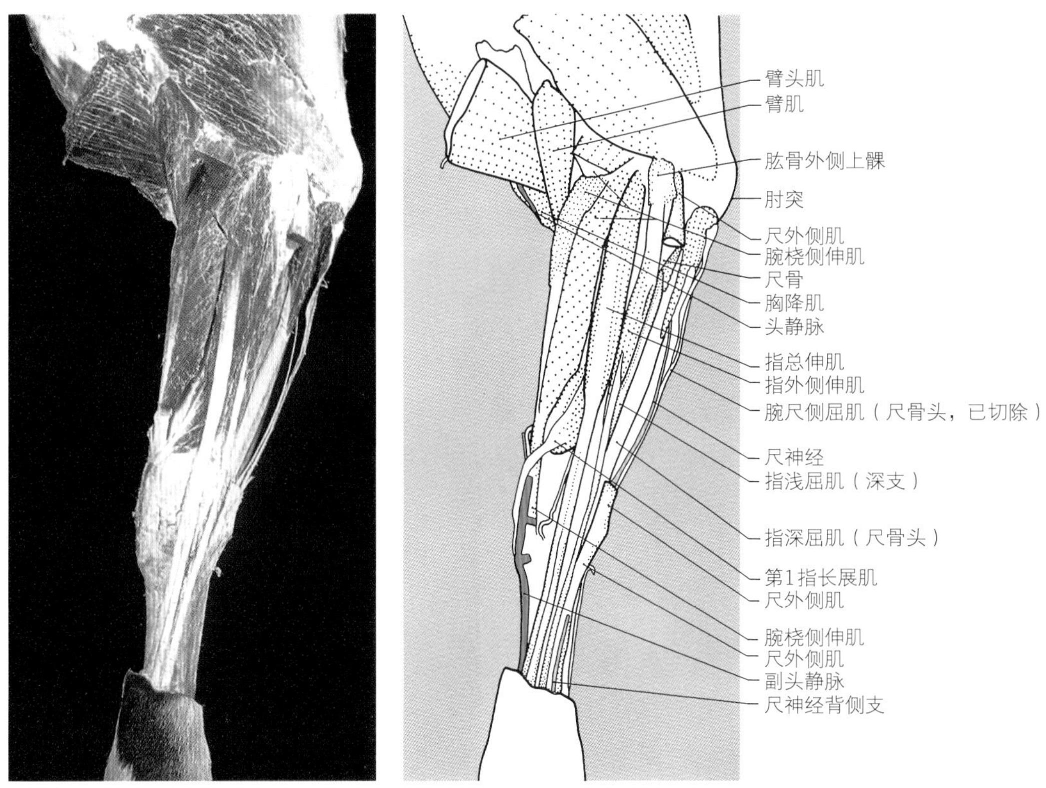
臂头肌
臂肌
肱骨外侧上髁
肘突
尺外侧肌
腕桡侧伸肌
尺骨
胸降肌
头静脉
指总伸肌
指外侧伸肌
腕尺侧屈肌（尺骨头，已切除）
尺神经
指浅屈肌（深支）
指深屈肌（尺骨头）
第1指长展肌
尺外侧肌
腕桡侧伸肌
尺外侧肌
副头静脉
尺神经背侧支

图3.14　前臂部和腕部的肌肉，外侧观：（3）。起自肱骨外侧上髁嵴的腕桡侧伸肌已被部分地剥离，以更清楚地显示臂部肌肉。

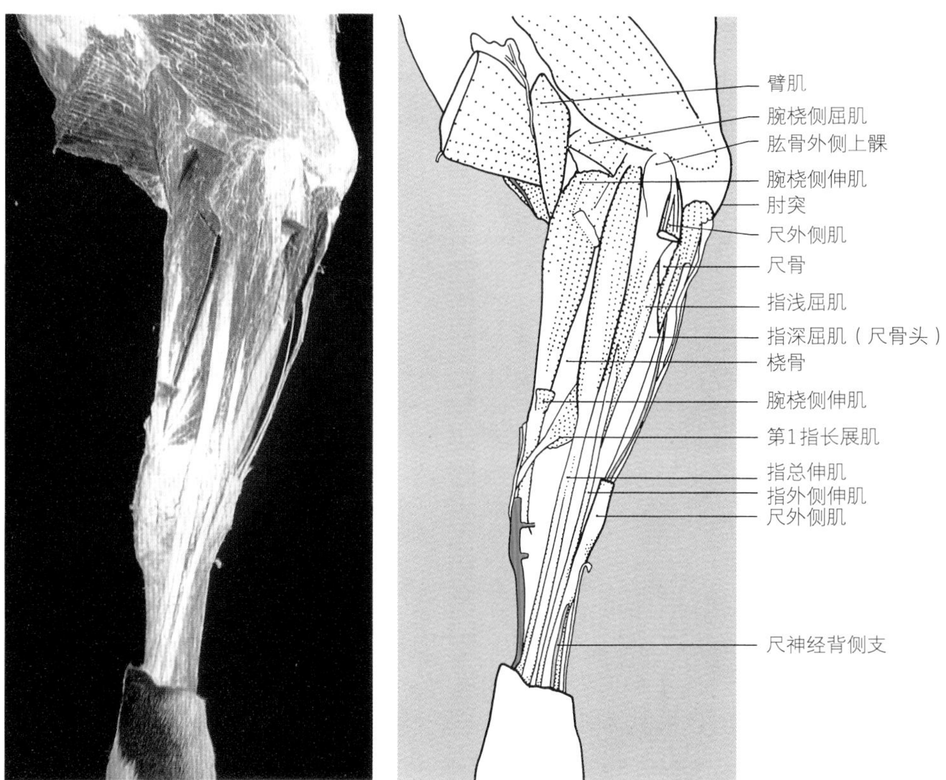
臂肌
腕桡侧屈肌
肱骨外侧上髁
腕桡侧伸肌
肘突
尺外侧肌
尺骨
指浅屈肌
指深屈肌（尺骨头）
桡骨
腕桡侧伸肌
第1指长展肌
指总伸肌
指外侧伸肌
尺外侧肌
尺神经背侧支

图3.15　前臂部和腕部的肌肉，外侧观：（4）。起自腕桡侧伸肌和指总伸肌的肌间隔间的腕桡侧伸肌肱骨头已被部分地剥离，以更清楚地显示起自肱骨桡骨窝的肌肉。

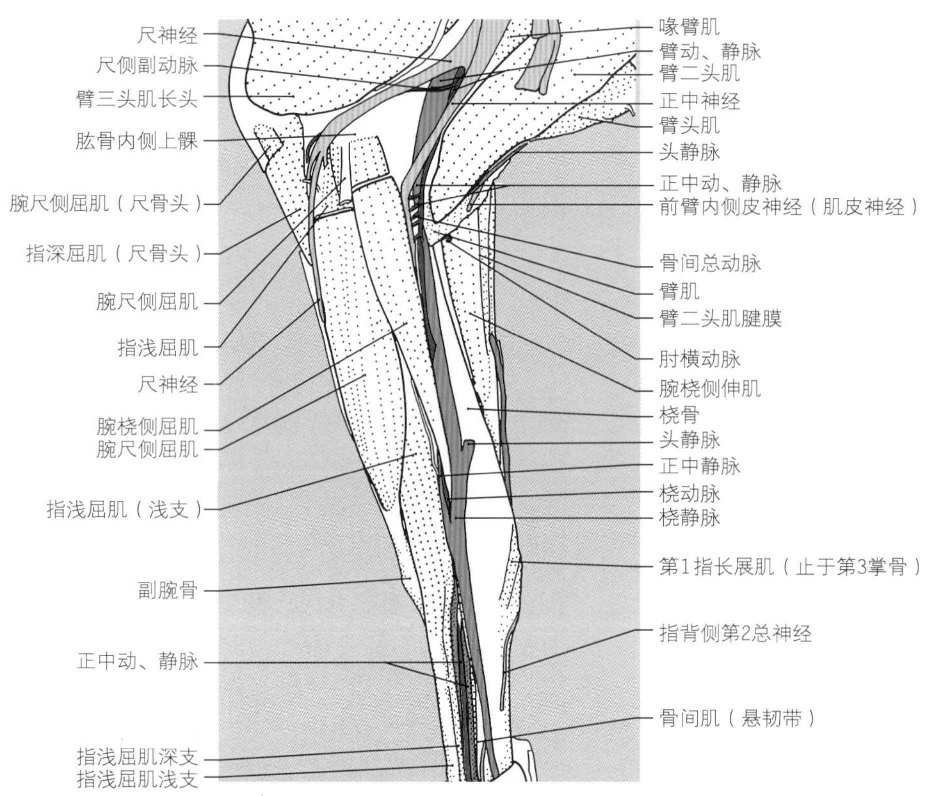
尺神经
尺侧副动脉
臂三头肌长头
肱骨内侧上髁
腕尺侧屈肌（尺骨头）
指深屈肌（尺骨头）
腕尺侧屈肌
指浅屈肌
尺神经
腕桡侧屈肌
腕尺侧屈肌
指浅屈肌（浅支）
副腕骨
正中动、静脉
指浅屈肌深支
指浅屈肌浅支
喙臂肌
臂动、静脉
臂二头肌
正中神经
臂头肌
头静脉
正中动、静脉
前臂内侧皮神经（肌皮神经）
骨间总动脉
臂肌
臂二头肌腱膜
肘横动脉
腕桡侧伸肌
桡骨
头静脉
正中静脉
桡动脉
桡静脉
第1指长展肌（止于第3掌骨）
指背侧第2总神经
骨间肌（悬韧带）

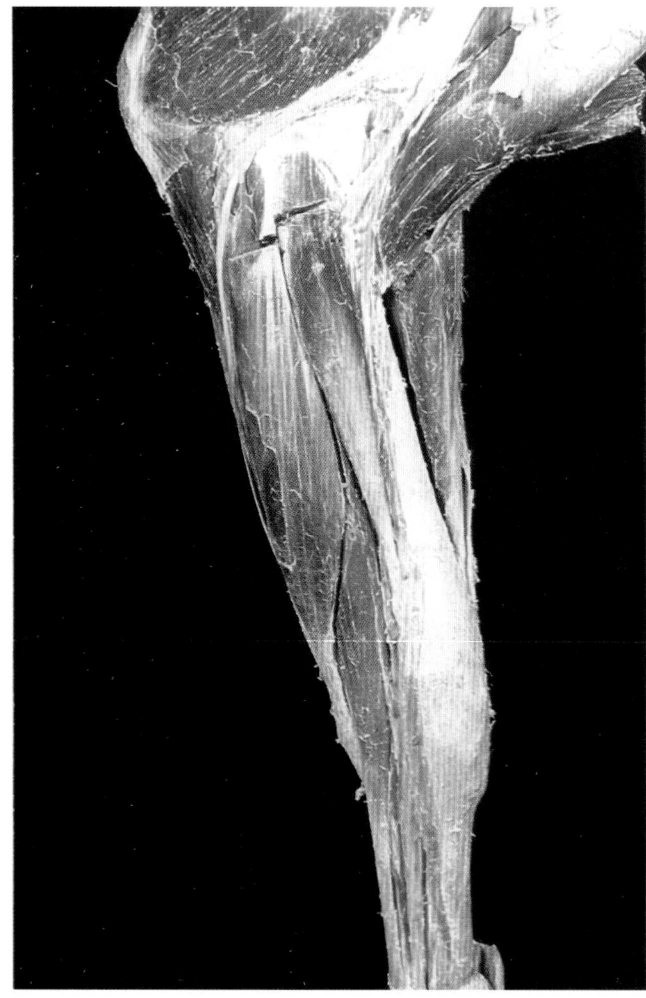

图3.16 前臂部和腕部的肌肉、血管和神经，内侧观：（1）。旋前圆肌已被剥离，以显示肘部完整的动、静脉和神经。起自肱骨的腕侧屈肌已被切断，为图3.17中将其移除作准备。此结构的前一解剖结构见图3.12。

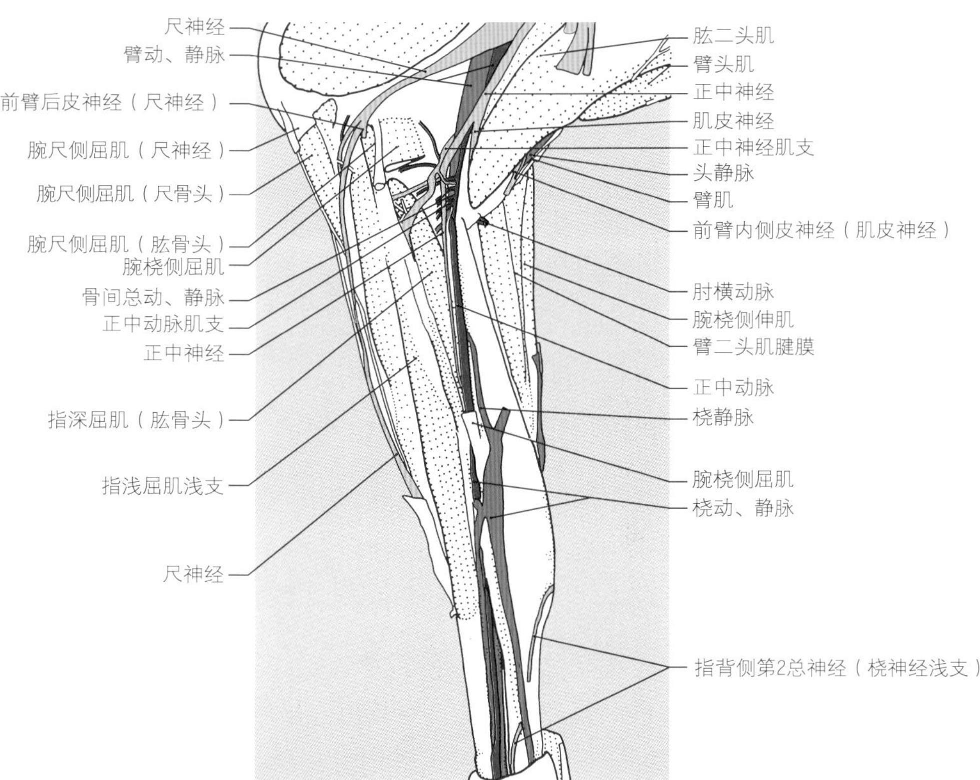
尺神经
臂动、静脉
前臂后皮神经（尺神经）
腕尺侧屈肌（尺神经）
腕尺侧屈肌（尺骨头）
腕尺侧屈肌（肱骨头）
腕桡侧屈肌
骨间总动、静脉
正中动脉肌支
正中神经
指深屈肌（肱骨头）
指浅屈肌浅支
尺神经
肱二头肌
臂头肌
正中神经
肌皮神经
正中神经肌支
头静脉
臂肌
前臂内侧皮神经（肌皮神经）
肘横动脉
腕桡侧伸肌
臂二头肌腱膜
正中动脉
桡静脉
腕桡侧屈肌
桡动、静脉
指背侧第2总神经（桡神经浅支）

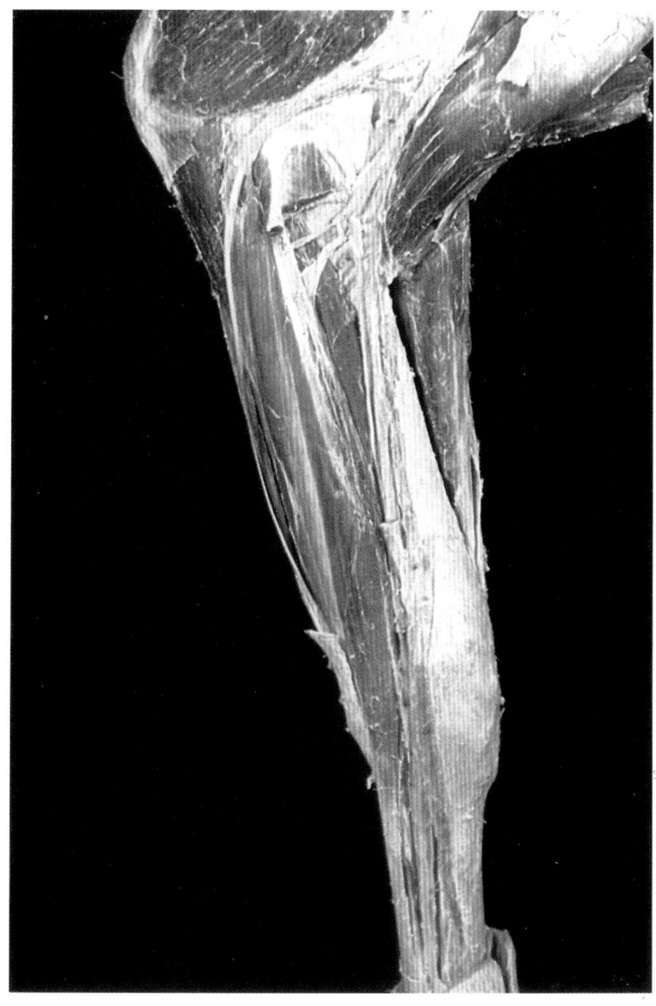

图3.17 前臂部和腕部的肌肉、血管和神经，内侧观：（2）。 移除起自肱骨的腕侧屈肌，进一步暴露了肘部和指深屈肌的两个头。这一部分肌肉的详细结构将在这一系列第3层解剖标本中显示（图3.22）。

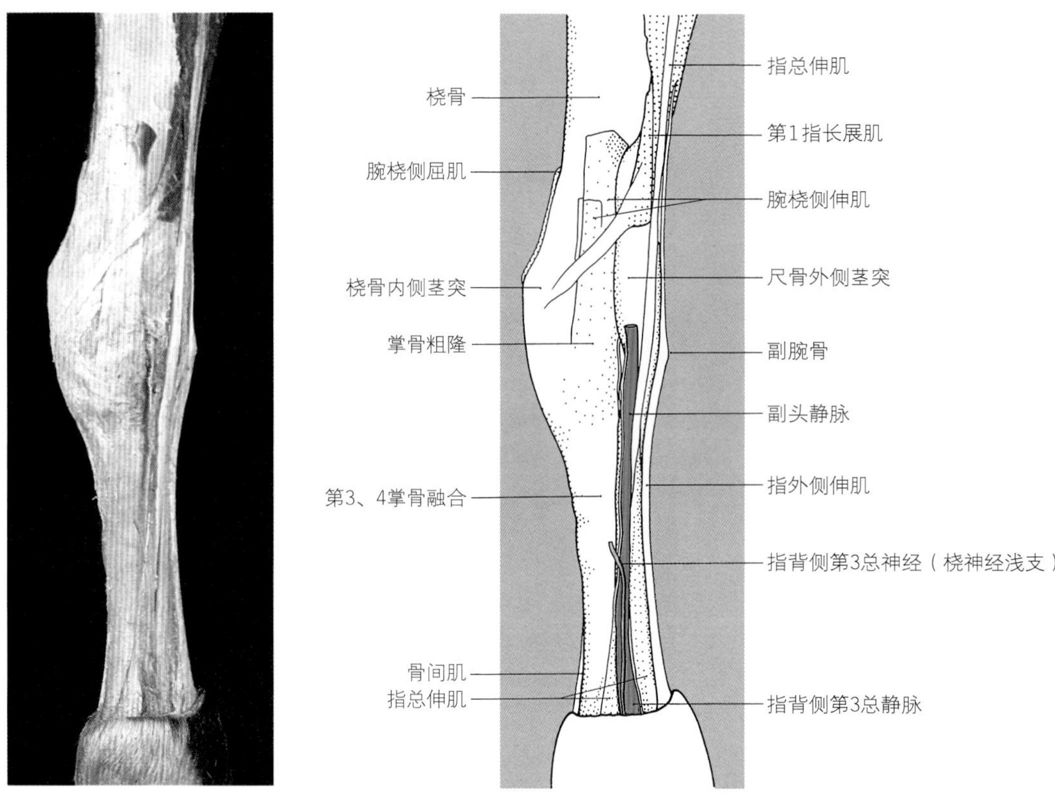
指总伸肌
桡骨
第1指长展肌
腕桡侧屈肌
腕桡侧伸肌
尺骨外侧茎突
桡骨内侧茎突
掌骨粗隆
副腕骨
副头静脉
指外侧伸肌
第3、4掌骨融合
指背侧第3总神经（桡神经浅支）
骨间肌
指总伸肌
指背侧第3总静脉

图3.18 腕部和掌部的肌肉、血管和神经（1），背侧观。图3.8中在前臂水平可见桡神经浅支，图3.16、图3.17和图3.21可见其内侧支，而它的背侧支为指背侧第3总神经。

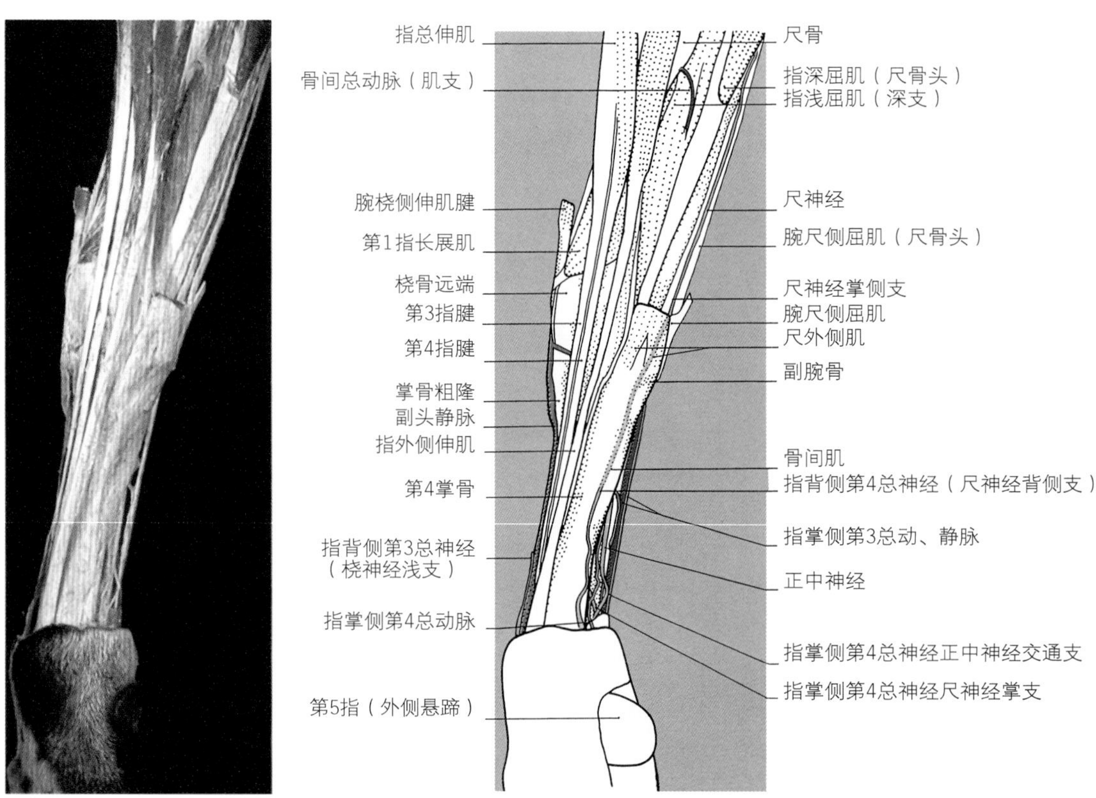
指总伸肌
尺骨
骨间总动脉（肌支）
指深屈肌（尺骨头）
指浅屈肌（深支）
腕桡侧伸肌腱
尺神经
第1指长展肌
腕尺侧屈肌（尺骨头）
桡骨远端
尺神经掌侧支
第3指腱
腕尺侧屈肌
尺外侧肌
第4指腱
副腕骨
掌骨粗隆
副头静脉
指外侧伸肌
骨间肌
指背侧第4总神经（尺神经背侧支）
第4掌骨
指掌侧第3总动、静脉
指背侧第3总神经
（桡神经浅支）
正中神经
指掌侧第4总动脉
指掌侧第4总神经正中神经交通支
指掌侧第4总神经尺神经掌支
第5指（外侧悬蹄）

图3.19 腕部和掌部的肌肉、血管和神经（2），外侧观。起自尺神经背侧支的指背侧第4总神经在图中已用虚线表示。图3.8清晰地显示了指背侧第4总神经的来源，但在随后的所有解剖结构中均已被剥离。

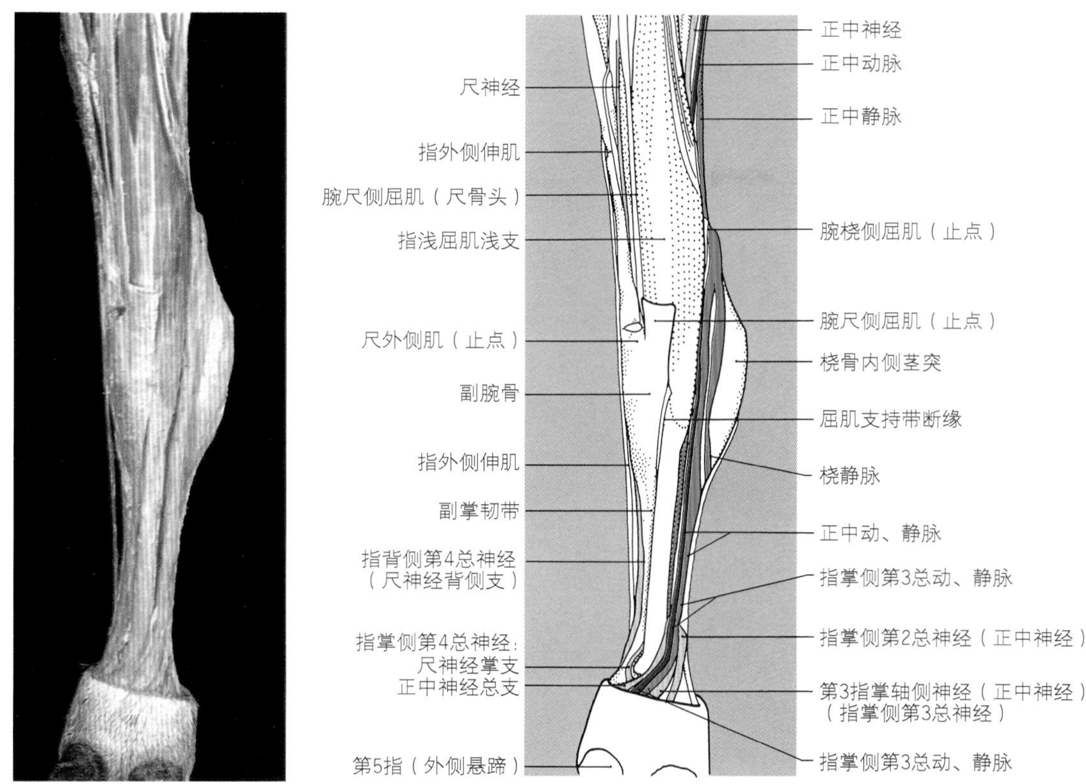
正中神经
正中动脉
正中静脉
尺神经
指外侧伸肌
腕尺侧屈肌（尺骨头）
指浅屈肌浅支
腕桡侧屈肌（止点）
腕尺侧屈肌（止点）
尺外侧肌（止点）
桡骨内侧茎突
副腕骨
屈肌支持带断缘
指外侧伸肌
桡静脉
副掌韧带
正中动、静脉
指背侧第4总神经
（尺神经背侧支）
指掌侧第3总动、静脉
指掌侧第4总神经:
尺神经掌支
正中神经总支
指掌侧第2总神经（正中神经）
第3指掌轴侧神经（正中神经）
（指掌侧第3总神经）
第5指（外侧悬蹄）
指掌侧第3总动、静脉

图3.20 腕部和掌部的肌肉、血管和神经（3），掌面观。此图应与图3.18、图3.19和图3.21不同观察方向的解剖结构相比较。

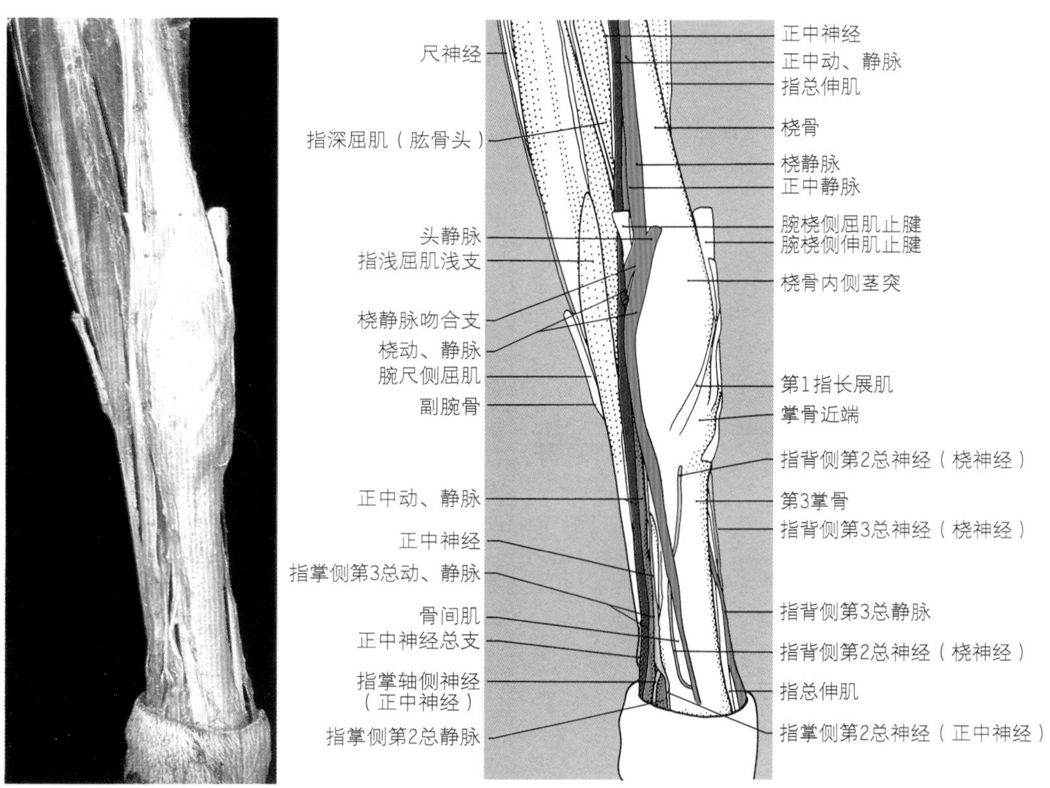
尺神经
正中神经
正中动、静脉
指总伸肌
指深屈肌（肱骨头）
桡骨
桡静脉
正中静脉
腕桡侧屈肌止腱
头静脉
腕桡侧伸肌止腱
指浅屈肌浅支
桡骨内侧茎突
桡静脉吻合支
桡动、静脉
腕尺侧屈肌
第1指长展肌
副腕骨
掌骨近端
指背侧第2总神经（桡神经）
正中动、静脉
第3掌骨
正中神经
指背侧第3总神经（桡神经）
指掌侧第3总动、静脉
骨间肌
指背侧第3总静脉
正中神经总支
指背侧第2总神经（桡神经）
指掌轴侧神经
（正中神经）
指总伸肌
指掌侧第2总静脉
指掌侧第2总神经（正中神经）

图3.21 腕部和掌部的肌肉、血管和神经（4），内侧观。在这一解剖结构腕部水平以下可见桡神经浅支的内侧分支（前臂外侧皮神经），也包括来源于肌皮神经前臂内侧皮神经的纤维（见图3.12）。桡神经和肌皮神经一起支配腕部、掌部和指部的背侧皮肤。

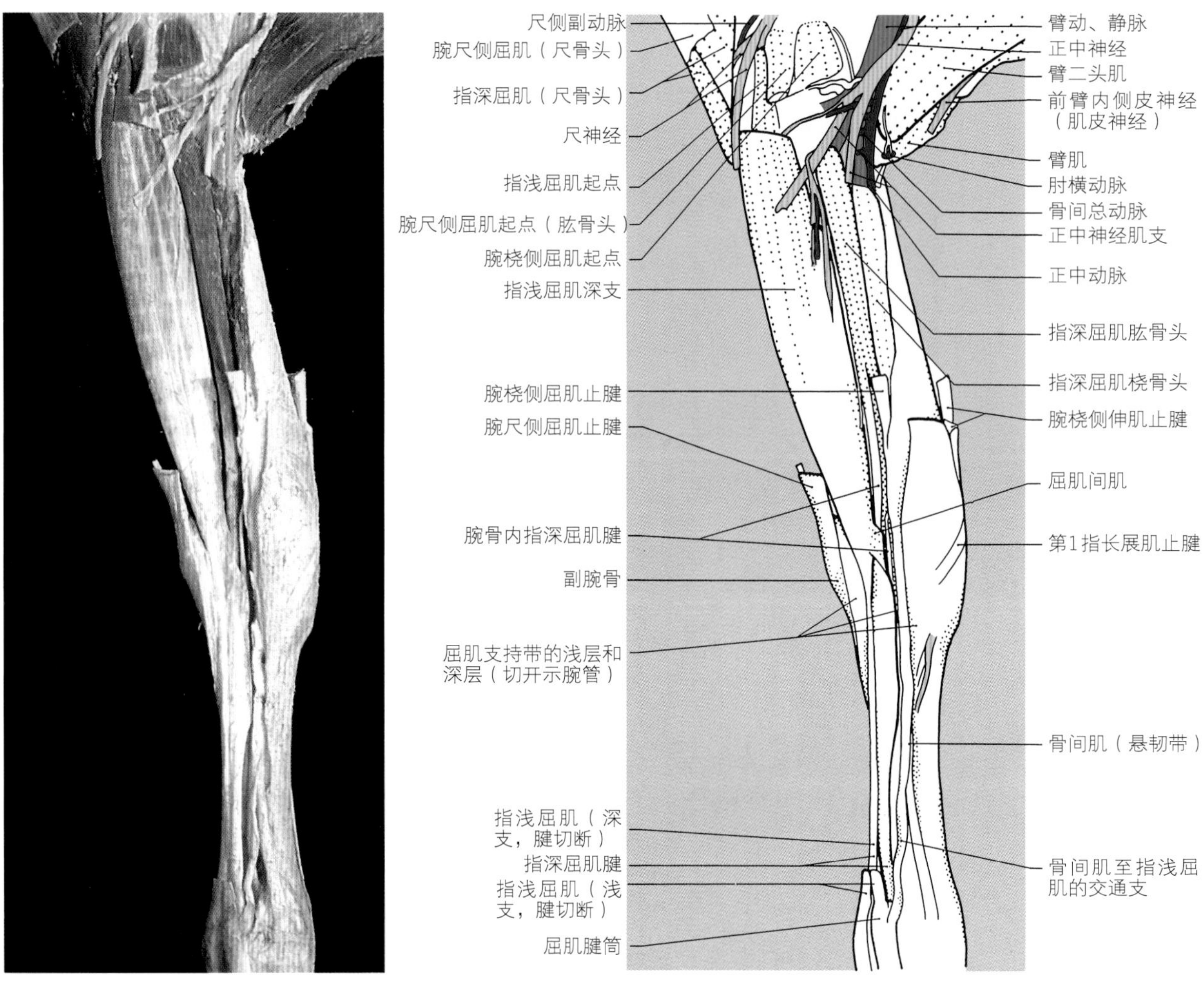

尺侧副动脉
腕尺侧屈肌（尺骨头）
指深屈肌（尺骨头）
尺神经
指浅屈肌起点
腕尺侧屈肌起点（肱骨头）
腕桡侧屈肌起点
指浅屈肌深支
腕桡侧屈肌止腱
腕尺侧屈肌止腱
腕骨内指深屈肌腱
副腕骨
屈肌支持带的浅层和
深层（切开示腕管）
指浅屈肌（深
支，腱切断）
指深屈肌腱
指浅屈肌（浅
支，腱切断）
屈肌腱筒
臂动、静脉
正中神经
臂二头肌
前臂内侧皮神经
（肌皮神经）
臂肌
肘横动脉
骨间总动脉
正中神经肌支
正中动脉
指深屈肌肱骨头
指深屈肌桡骨头
腕桡侧伸肌止腱
屈肌间肌
第1指长展肌止腱
骨间肌（悬韧带）
骨间肌至指浅屈
肌的交通支

图3.22 前臂部和腕部的肌肉，内侧观。移除指浅屈肌浅层部分暴露该肌肉的深层结构，且指浅屈肌三个头均可见。浅层屈肌的浅层和深层部分的腱已被切除，它正好位于球节附近。

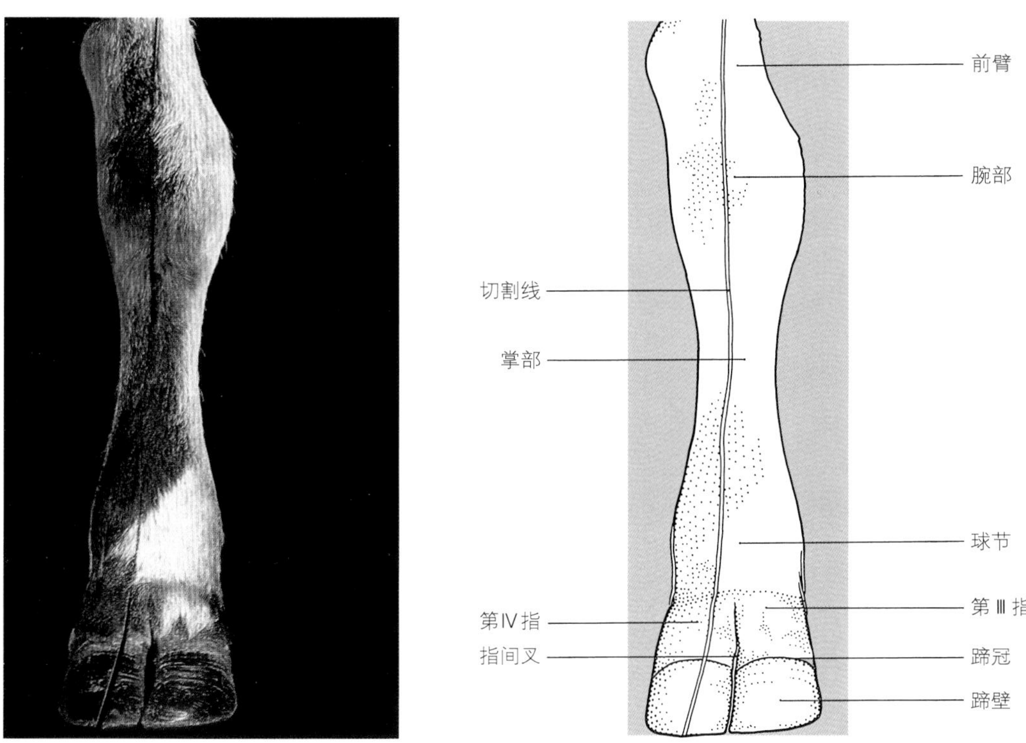
前臂
腕部
切割线
掌部
球节
第Ⅳ指
第Ⅲ指
指间叉
蹄冠
蹄壁

图3.23 左侧掌部表面特征，背面观。图3.24的矢状面为穿过第4指中轴和前肢掌部、腕部和前臂部的轴侧结构。

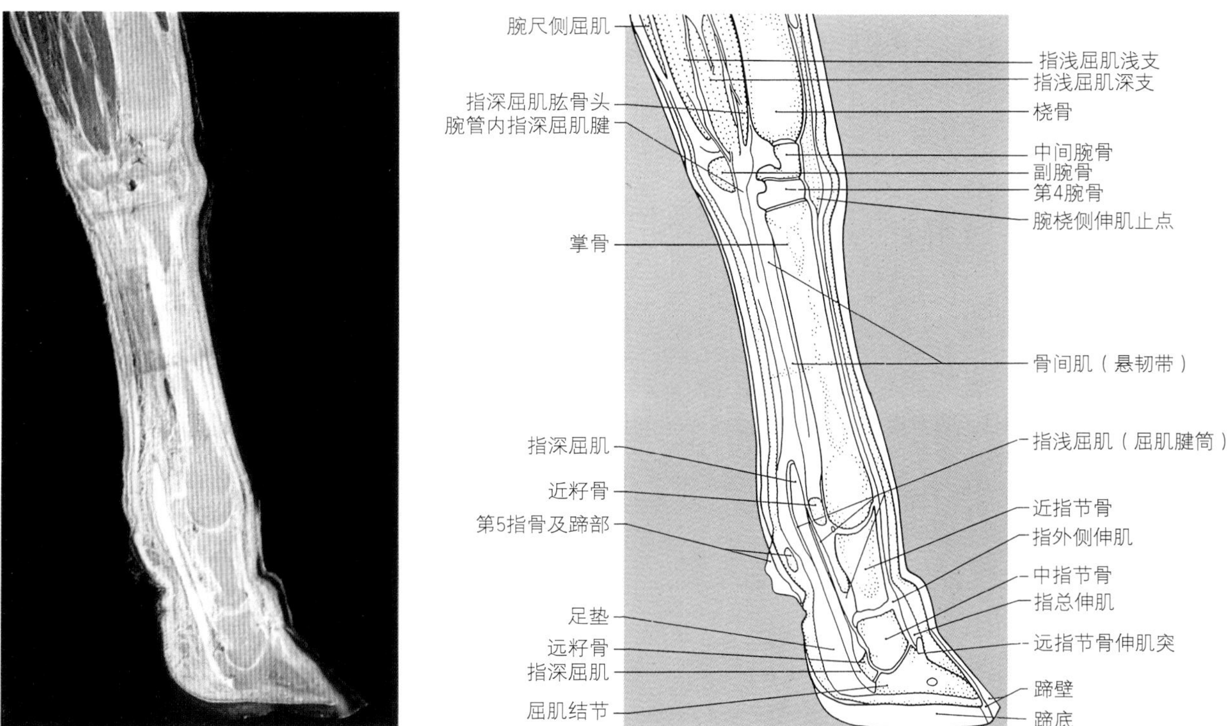
腕尺侧屈肌
指浅屈肌浅支
指浅屈肌深支
指深屈肌肱骨头
腕管内指深屈肌腱
桡骨
中间腕骨
副腕骨
第4腕骨
腕桡侧伸肌止点
掌骨
骨间肌（悬韧带）
指深屈肌
指浅屈肌（屈肌腱筒）
近籽骨
近指节骨
第5指骨及蹄部
指外侧伸肌
中指节骨
指总伸肌
足垫
远指节骨伸肌突
远籽骨
指深屈肌
蹄壁
屈肌结节
蹄底

图3.24 左侧掌部矢状面的骨骼和肌肉。掌部和足部详细的解剖结构将分别在不同的章节中叙述，该图在这里出现是为了显示前肢肌肉附着点以及位于腕管的指部屈肌腱。

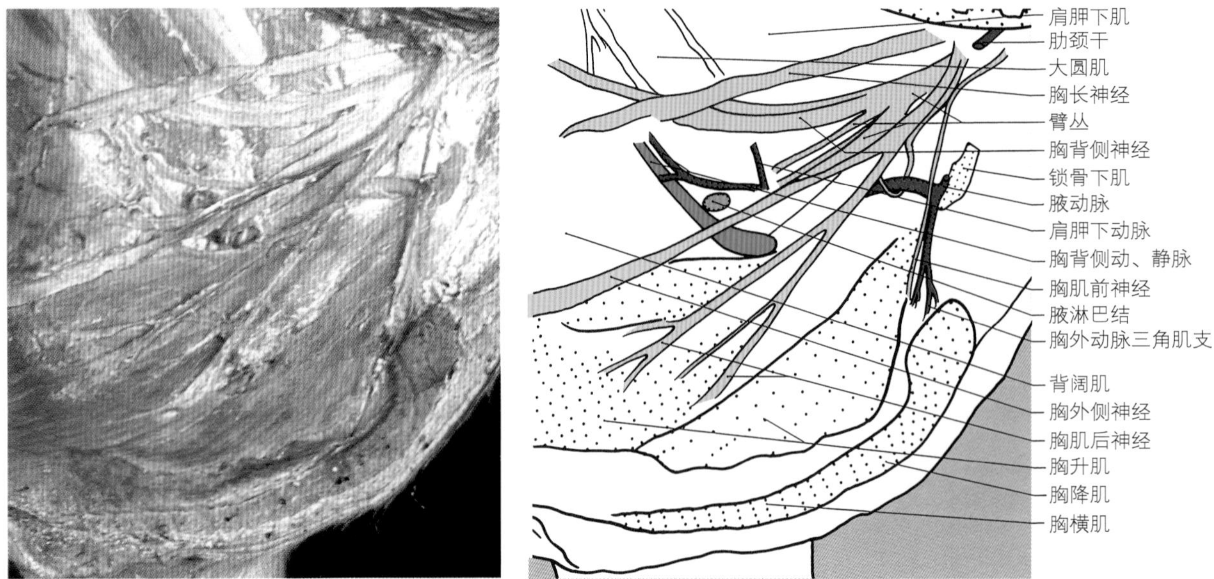
肩胛下肌
肋颈干
大圆肌
胸长神经
臂丛
胸背侧神经
锁骨下肌
腋动脉
肩胛下动脉
胸背侧动、静脉
胸肌前神经
腋淋巴结
胸外动脉三角肌支
背阔肌
胸外侧神经
胸肌后神经
胸升肌
胸降肌
胸横肌

图3.25 4月龄雄性犊牛左侧腋部和臂神经丛，内侧观。这一部位早期阶段的解剖结构见图4.29～图4.34。为了显示动物站立时左侧腋部结构的正常位置关系，左侧肋骨和腹侧锯肌已被移除。

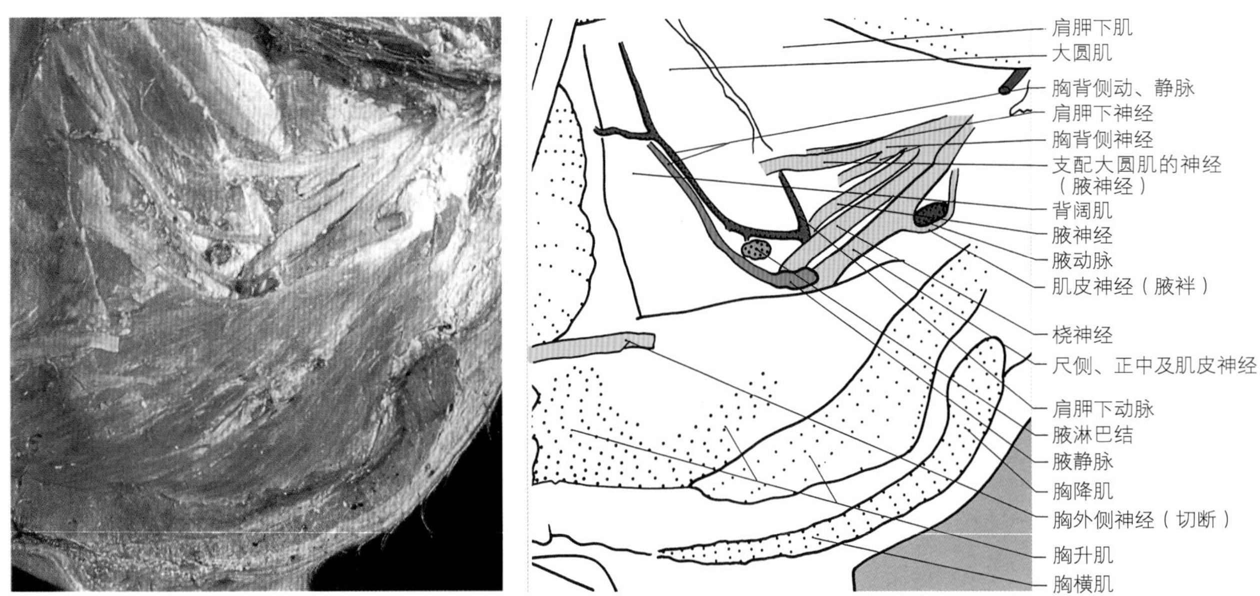
肩胛下肌
大圆肌
胸背侧动、静脉
肩胛下神经
胸背侧神经
支配大圆肌的神经
（腋神经）
背阔肌
腋神经
腋动脉
肌皮神经（腋袢）
桡神经
尺侧、正中及肌皮神经
肩胛下动脉
腋淋巴结
腋静脉
胸降肌
胸外侧神经（切断）
胸升肌
胸横肌

图3.26 犊牛腋部的前肢神经，内侧观。联合支配胸部肌肉的神经（胸长神经、胸背侧神经和胸肌神经）与胸外侧神经都已被剥离。注意胸背侧神经主干发出分支支配大圆肌（腋神经）和肩胛下肌（肩胛下神经）。

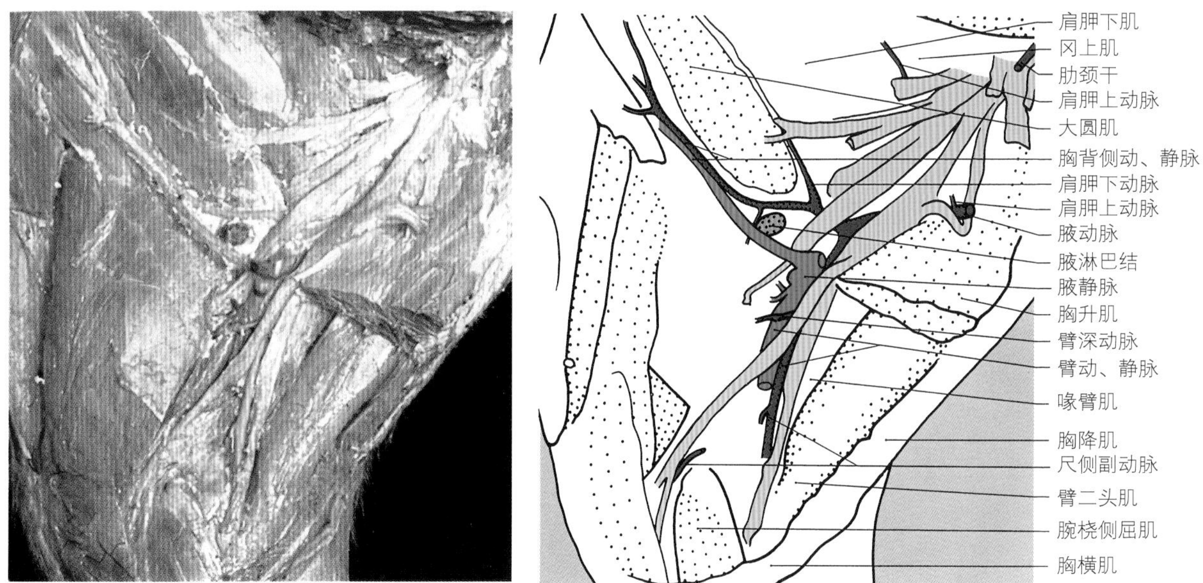
肩胛下肌
冈上肌
肋颈干
肩胛上动脉
大圆肌
胸背侧动、静脉
肩胛下动脉
肩胛上动脉
腋动脉
腋淋巴结
腋静脉
胸升肌
臂深动脉
臂动、静脉
喙臂肌
胸降肌
尺侧副动脉
臂二头肌
腕桡侧屈肌
胸横肌

图3.27 犊牛腋部和臂部血管结构，内侧观。移除大部分胸部肌群暴露内侧结构。这一部位的肌肉和神经见图3.28，将此图与切断前肢正确的位置关系并未完整保留的图3.10相比较。

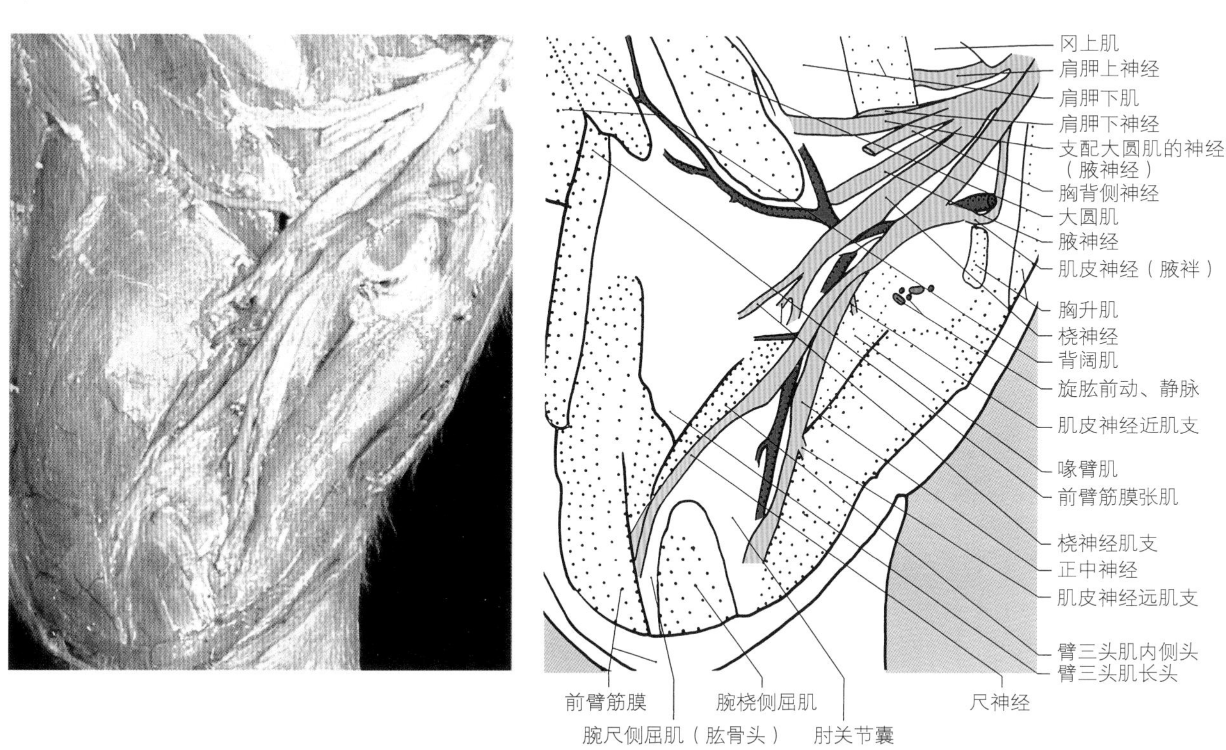
冈上肌
肩胛上神经
肩胛下肌
肩胛下神经
支配大圆肌的神经
（腋神经）
胸背侧神经
大圆肌
腋神经
肌皮神经（腋袢）
胸升肌
桡神经
背阔肌
旋肱前动、静脉
肌皮神经近肌支
喙臂肌
前臂筋膜张肌
桡神经肌支
正中神经
肌皮神经远肌支
臂三头肌内侧头
臂三头肌长头
前臂筋膜
腕桡侧屈肌
尺神经
腕尺侧屈肌（肱骨头）
肘关节囊

图3.28 犊牛腋部和臂部的肌肉和神经，内侧观。移除胸升肌的剩余部分后便完成了该部位的解剖。此时，前肢仍与躯干相连。

第4章

胸 腔

（The Thorax）

体格丰满的成年奶牛的胸腔在临床诊断时不易被触及，因为胸腔前部被前肢所覆盖。另外，即使不考虑被覆肌肉（背阔肌、腹侧锯肌等）厚度的影响，大而扁平的肋骨也使听诊十分困难。相反，犊牛的临床检查过程就变得简单些。

由于高达80%的临床病例是与呼吸、消化和生殖有关的疾病，因此，许多疾病和病症将影响胸部就不足为奇了。这也包括前几章提到的一般机体状况和皮肤状况。胸椎一般不可触及，但肋弓分布广泛，且可触及。即使偶尔的肋骨骨折也可在无任何并发症的情况下自行愈合。在一些人工助产的难产案例中，产下的犊牛可能在生产过程中受伤，并发现有肋骨骨折的迹象。

呼吸系统疾病的临床症状理解起来相对简单。打喷嚏是影响鼻腔状况的因素，咳嗽是由气管或主支气管的阻塞或刺激所引起，呼吸困难则是由细支气管或肺泡的病理变化而产生的。位于前肢前方的肺容积小，而位于第9或第10肋骨处的肺后叶非常薄。注意右肺与左侧胸壁是紧密贴附的。损伤的肺组织会产生细胞因子。这些细胞因子集中作用使动物的食欲降低，并引起发育畸形和出现全身性疾病的临床症状（发热、不适、虚脱）。然而，并非所有呼吸困难的病例都与疾病有关，有些是生理性的，如天气过热、过度潮湿，或者动物受到惊吓或紧张不安。呼吸困难在很大程度上是与病理变化有关的，如发热、疼痛、毒血症或代谢病，如低镁血症或代谢性酸中毒。当腹部满胀（如发生胀气、瘤胃阻塞）或胸腔充满液体（胸腔积液）或上呼吸道阻塞时容易引起浅呼吸，如恶性卡他性炎症、牛传染性鼻气管炎或咽炎。在破伤风和巴贝虫病或出血引起的重度贫血可出现极浅呼吸。

引起呼吸困难，尤其是胸腔积水的最重要的原因是牛传染性胸膜肺炎和炭疽。呼吸困难也常见于牛瘟和肉毒杆菌毒素与破伤风菌引起的呼吸肌麻痹。细菌性肺炎，特别是与曼海姆（Mannheimia）氏杆菌和巴氏杆菌有关的细菌性肺炎通常伴有病毒感染[副流感病毒（PI3）、呼吸道合胞体病毒（RSV）、牛传染性鼻气管炎（IBR）、牛病毒性腹泻（BVD）]，当伴有胸膜炎的时候，在渗出物产生之前的较早期阶段，动物胸部极度疼痛。非典型间质性肺炎（雾热）也可能引起严重的呼吸问题。

当发生创伤性网胃炎时，带有细菌的穿透性异物刺伤肝脏，常并发引起血栓性心包炎。不同于创伤性心包炎，慢性增生性心内膜炎的发生是一个渐进性的过程。这种损伤常导致右侧的运动耐受性降低。呼吸性疾病很多，包括急性渗出性肺炎、慢性化脓性肺炎、吸入性肺炎、胸膜肺炎、牛场主的肺炎、弥散性纤维化性肺泡炎、肺结核、牛传染性鼻气管炎、寄生虫性支气管炎和热性卡他热。寄生虫性支气管炎可在气管和支气管中找到寄生虫。

牛胸部心血管并发症也很常见，如败血症引起的心内膜炎和心包炎，或创伤性心包炎引起的其他并发症。鉴别诊断细菌性心内膜炎与创伤性网胃炎（见第5章腹部）的一种重要方法是前者出现疼痛、姿态僵直、浅呼吸运动和跛行的症状。乳腺炎和子宫炎可引起胸腔积脓，它是一种微脓肿（脓汁生成）。

不同程度的心血管缺陷常见于新生犊牛。这些病症从最严重的如心异位、室间隔缺损到心房缺陷。心异位是心脏位于颈部下方、胸腔之外，而室间隔缺损是室中隔高位。在严重程度上也包括多发性心脏缺损。这些都包括法洛四联症（先天性室间隔缺损、肺动脉狭窄、右位主动脉和右心室肥大）和类似于但没有肺动脉狭窄的艾森门格氏复合征（Eisenmenger Complex）。其他缺陷还包括双主动脉弓、双右心室口、卵圆孔闭锁不全、动脉导管闭锁不全、主动脉瓣狭窄和可能引起或不能引起食管压力阻塞的永久性右主动脉弓。

正常情况下，7～10日龄时卵圆孔闭合；而动脉导管闭合在1日龄末，但不排除延至5日龄才闭合的情况，除非动物的心血管系统有缺陷。

胸部淋巴结在常规临床实践中并不重要，但在动物死后剖检和屠宰肉品检验时却需要仔细检查。它在败血症和肺结核病时病变明显，但这并不会在每只动物中体现出来。通常情况下，胸部淋巴结很小，嵌入脂肪中很难找到，但当动物感染病原菌后，淋巴结肿大，该现象是重要的病理学依据。胸腔中有5个淋巴结中心，分别是胸骨淋巴中心（胸骨前淋巴结和胸骨后淋巴结）、纵隔淋巴中心（纵隔前淋巴结、纵隔中淋巴结、纵隔后淋巴结，较大）、气管支气管淋巴中心（气管支气管前淋巴结、气管支气管右淋巴结、气管支气管左淋巴结和气管支气管中淋巴结）、肋间淋巴结和胸主动脉淋巴结，其中后两个淋巴中心的淋巴结都很小。纵膈后淋巴结具有重要的临床意义，当该淋巴结肿大时，它会压迫迷走神经，引起迷走神经性消化不良。

如前面所提到的颈部结构，异物会陷入食管并导致哽噎。值得注意的是，这种情况可能发生在胸腔主动脉弓与食管交叉的地方，因为食管在此处更易膨大。

在胸部需要注意的最后一个重要的临床特征是心脏、心包、肺、膈与肝脏、腹部的网胃和瘤胃的关系，因为异物穿过网胃壁可能会刺入肝脏或膈和心包，随后在胸腔内继发心包化脓过程。

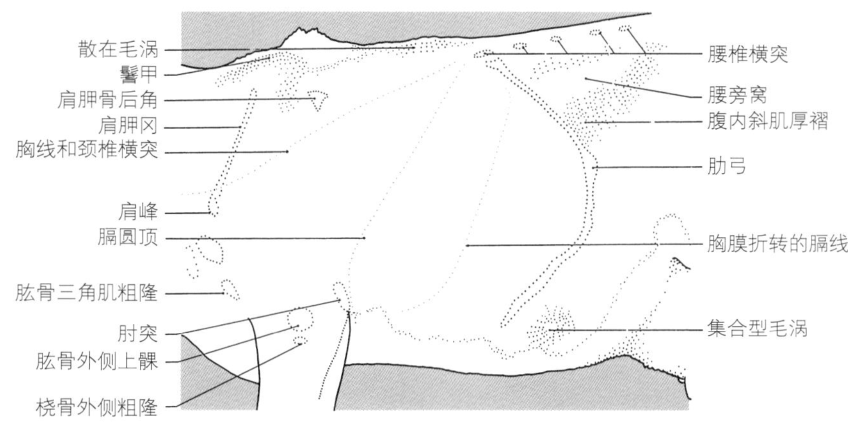
散在毛涡
鬐甲
肩胛骨后角
肩胛冈
胸线和颈椎横突
肩峰
膈圆顶
肱骨三角肌粗隆
肘突
肱骨外侧上髁
桡骨外侧粗隆
腰椎横突
腰旁窝
腹内斜肌厚褶
肋弓
胸膜折转的膈线
集合型毛涡

图4.1 颈部、肩部和胸部表面特征，左侧观。可触及表面标志的被毛已在动物尸体防腐前剃除。颈椎、胸椎、膈圆顶和胸膜折转的膈肌线的体表投影在图4.15的解剖标本中显示。

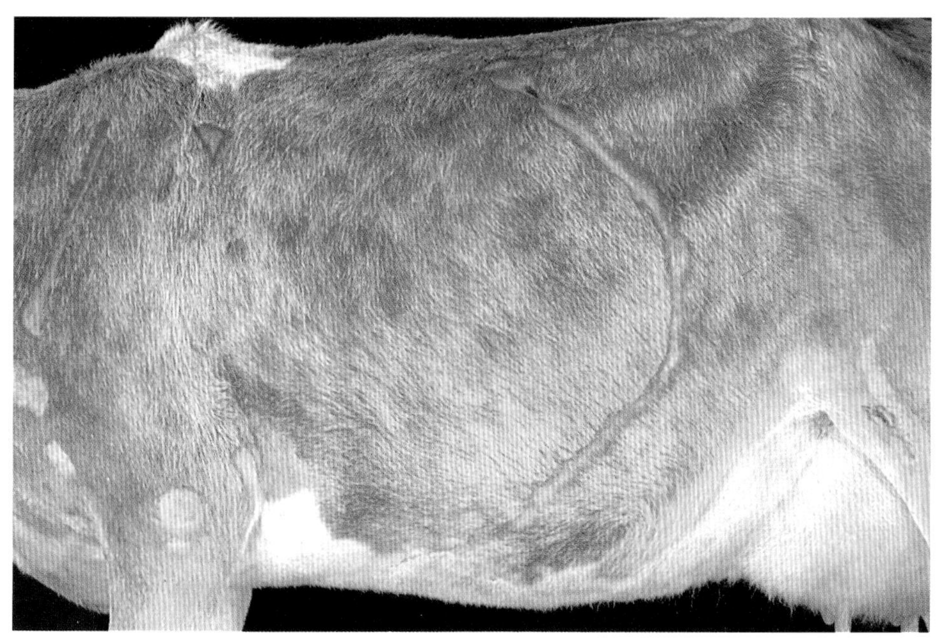

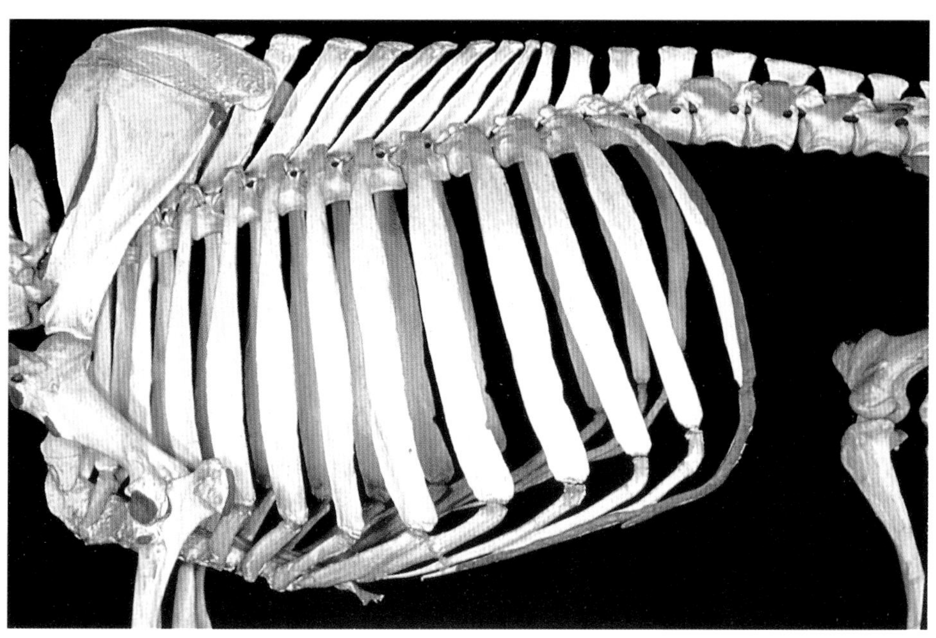

图4.2 肩胛骨、肱骨、胸椎和肋弓。红色表示图4.1中可触及的骨性标志。

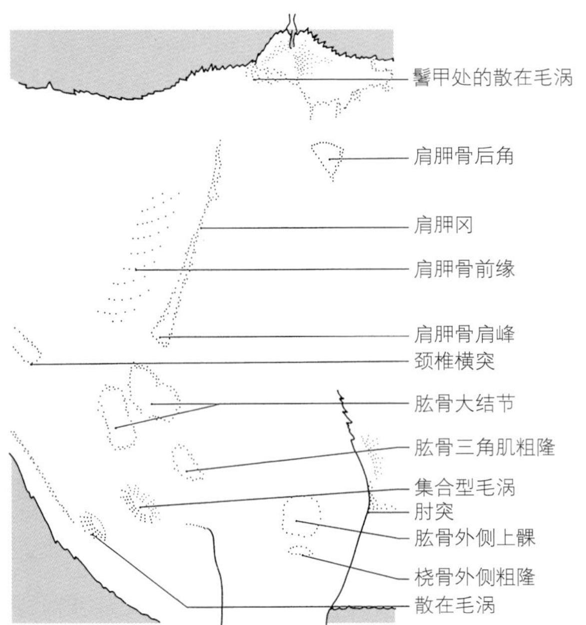
鬐甲处的散在毛涡
肩胛骨后角
肩胛冈
肩胛骨前缘
肩胛骨肩峰
颈椎横突
肱骨大结节
肱骨三角肌粗隆
集合型毛涡
肘突
肱骨外侧上髁
桡骨外侧粗隆
散在毛涡

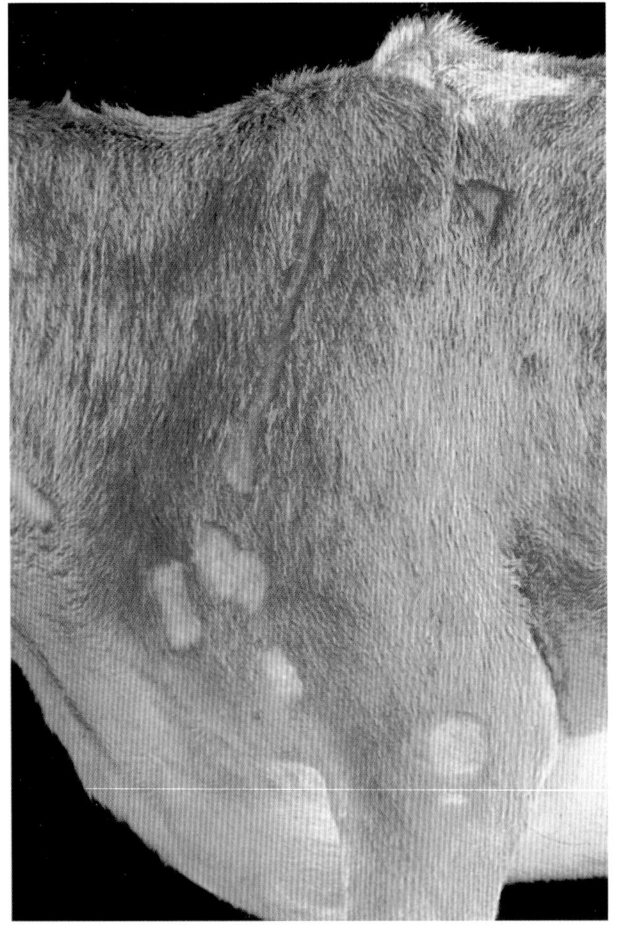

图4.3 颈后部和肩部表面特征，左外侧观。

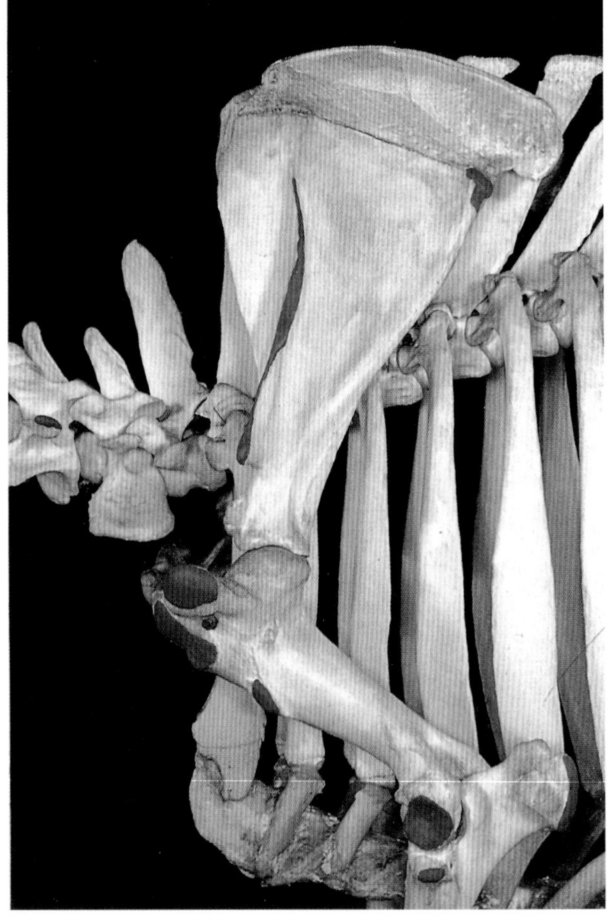

图4.4 肩胛骨、肱骨和颈椎后段。红色表示图4.3中可触及的骨性标志。

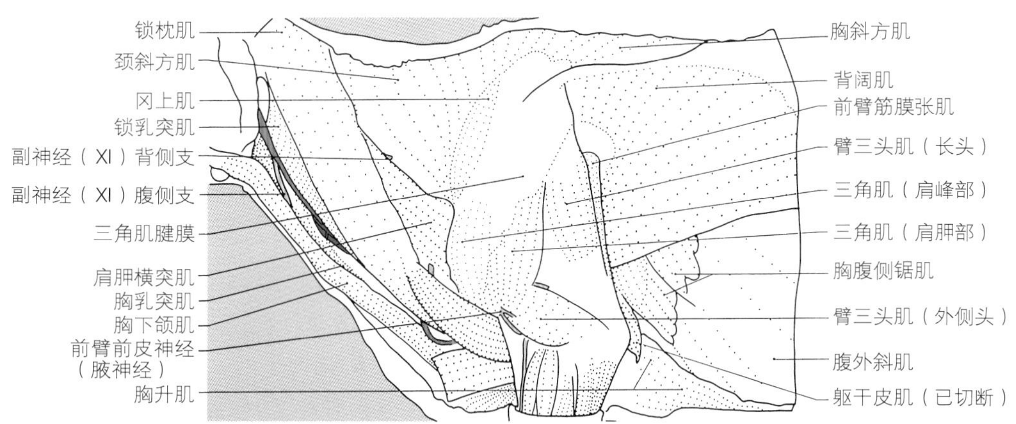
锁枕肌
颈斜方肌
冈上肌
锁乳突肌
副神经（XI）背侧支
副神经（XI）腹侧支
三角肌腱膜
肩胛横突肌
胸乳突肌
胸下颌肌
前臂前皮神经
（腋神经）
胸升肌
胸斜方肌
背阔肌
前臂筋膜张肌
臂三头肌（长头）
三角肌（肩峰部）
三角肌（肩胛部）
胸腹侧锯肌
臂三头肌（外侧头）
腹外斜肌
躯干皮肌（已切断）

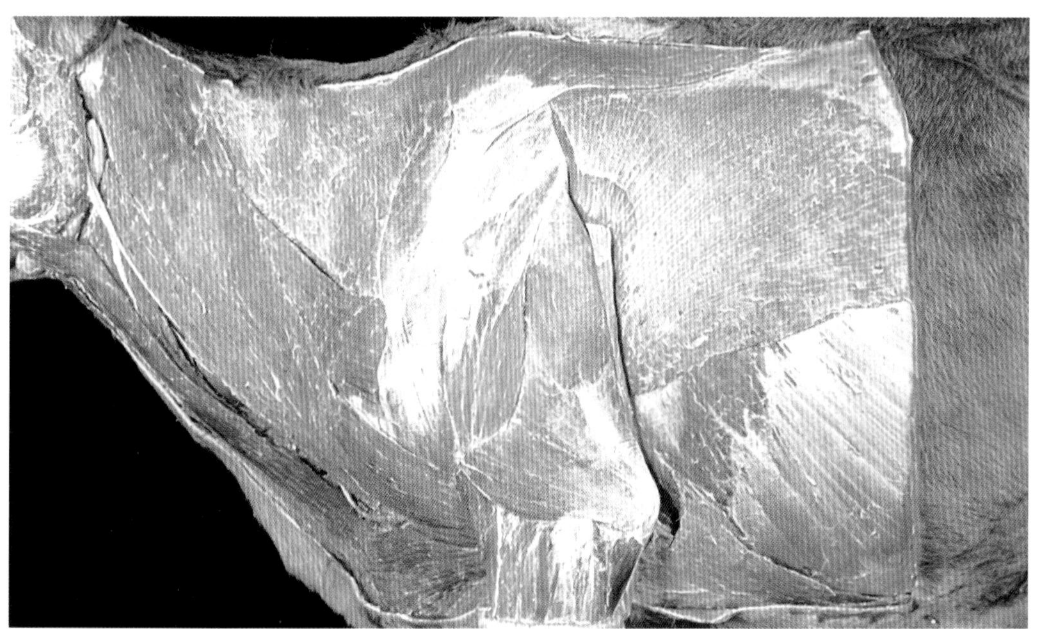

图4.5 颈部、肩部和胸部浅层结构，左侧观。前臂部肌肉见图4.7。

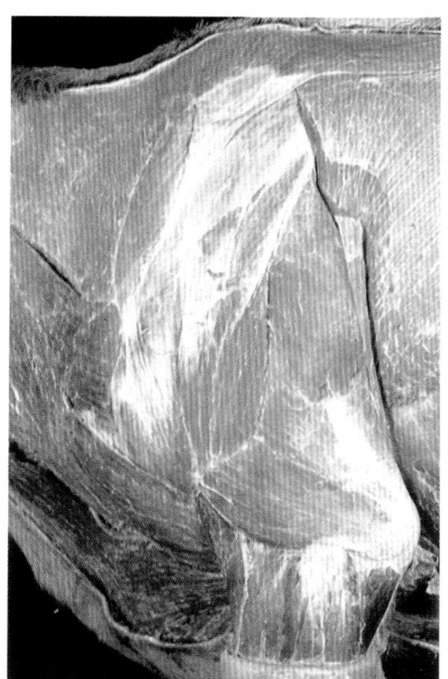

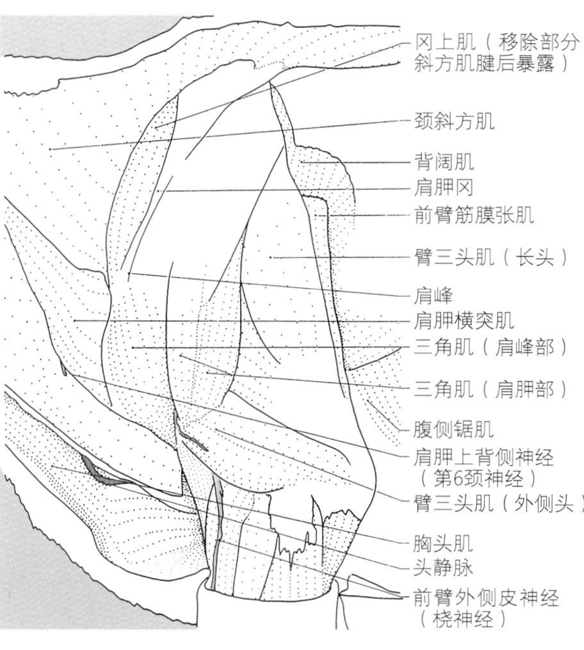
冈上肌（移除部分
斜方肌腱后暴露）
颈斜方肌
背阔肌
肩胛冈
前臂筋膜张肌
臂三头肌（长头）
肩峰
肩胛横突肌
三角肌（肩峰部）
三角肌（肩胛部）
腹侧锯肌
肩胛上背侧神经
（第6颈神经）
臂三头肌（外侧头）
胸头肌
头静脉
前臂外侧皮神经
（桡神经）

图4.6 肩部、肘部肌肉，左侧观。前肢解剖的详细结构参见第3章。

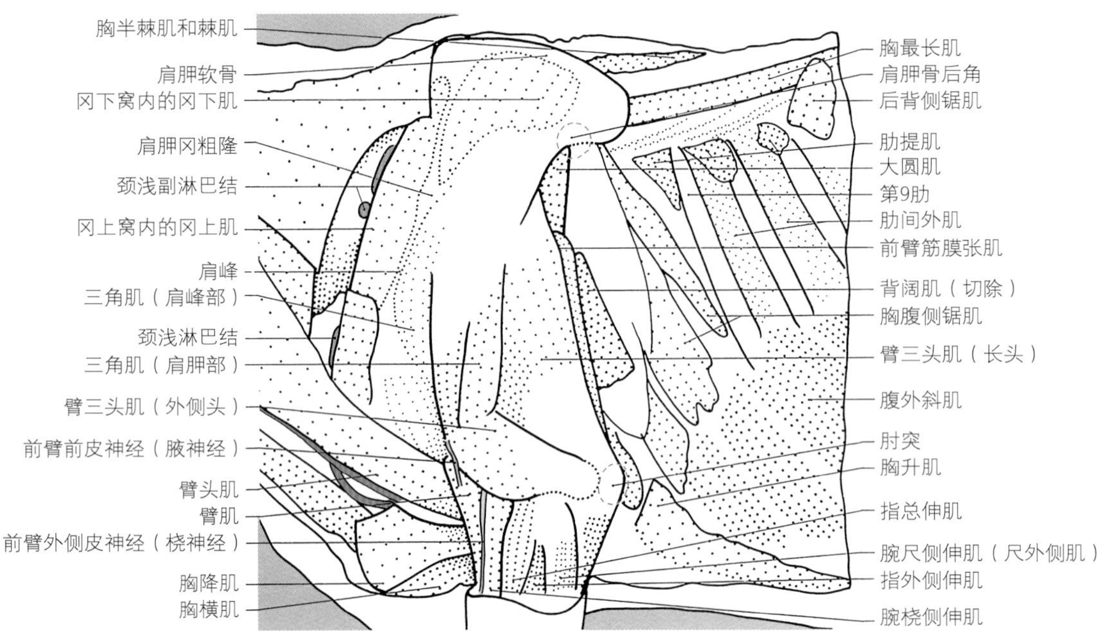
胸半棘肌和棘肌
肩胛软骨
冈下窝内的冈下肌
肩胛冈粗隆
颈浅副淋巴结
冈上窝内的冈上肌
肩峰
三角肌（肩峰部）
颈浅淋巴结
三角肌（肩胛部）
臂三头肌（外侧头）
前臂前皮神经（腋神经）
臂头肌
臂肌
前臂外侧皮神经（桡神经）
胸降肌
胸横肌
胸最长肌
肩胛骨后角
后背侧锯肌
肋提肌
大圆肌
第9肋
肋间外肌
前臂筋膜张肌
背阔肌（切除）
胸腹侧锯肌
臂三头肌（长头）
腹外斜肌
肘突
胸升肌
指总伸肌
腕尺侧伸肌（尺外侧肌）
指外侧伸肌
腕桡侧伸肌

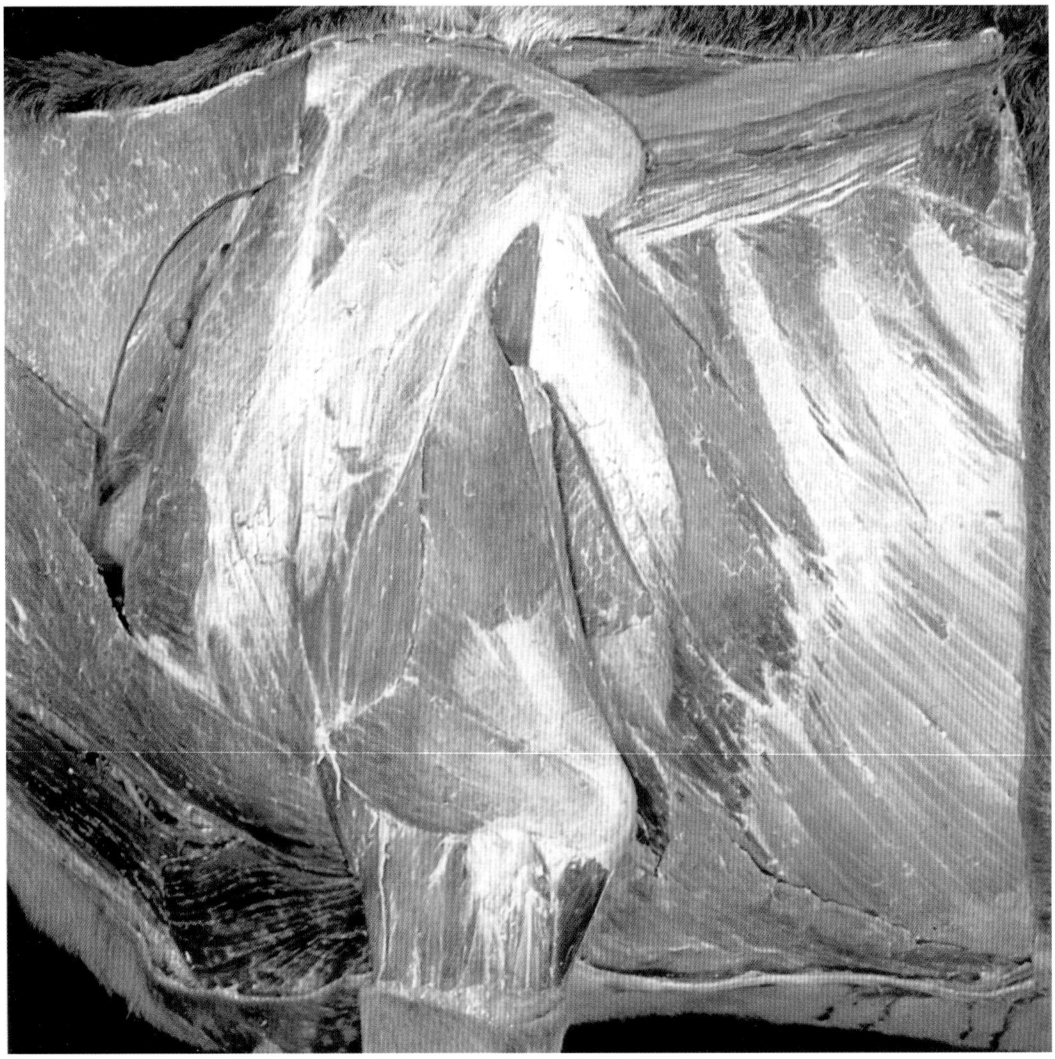

图4.7 移除背阔肌后的左侧胸壁。臂三头肌后缘为听诊区和叩诊区的前界。

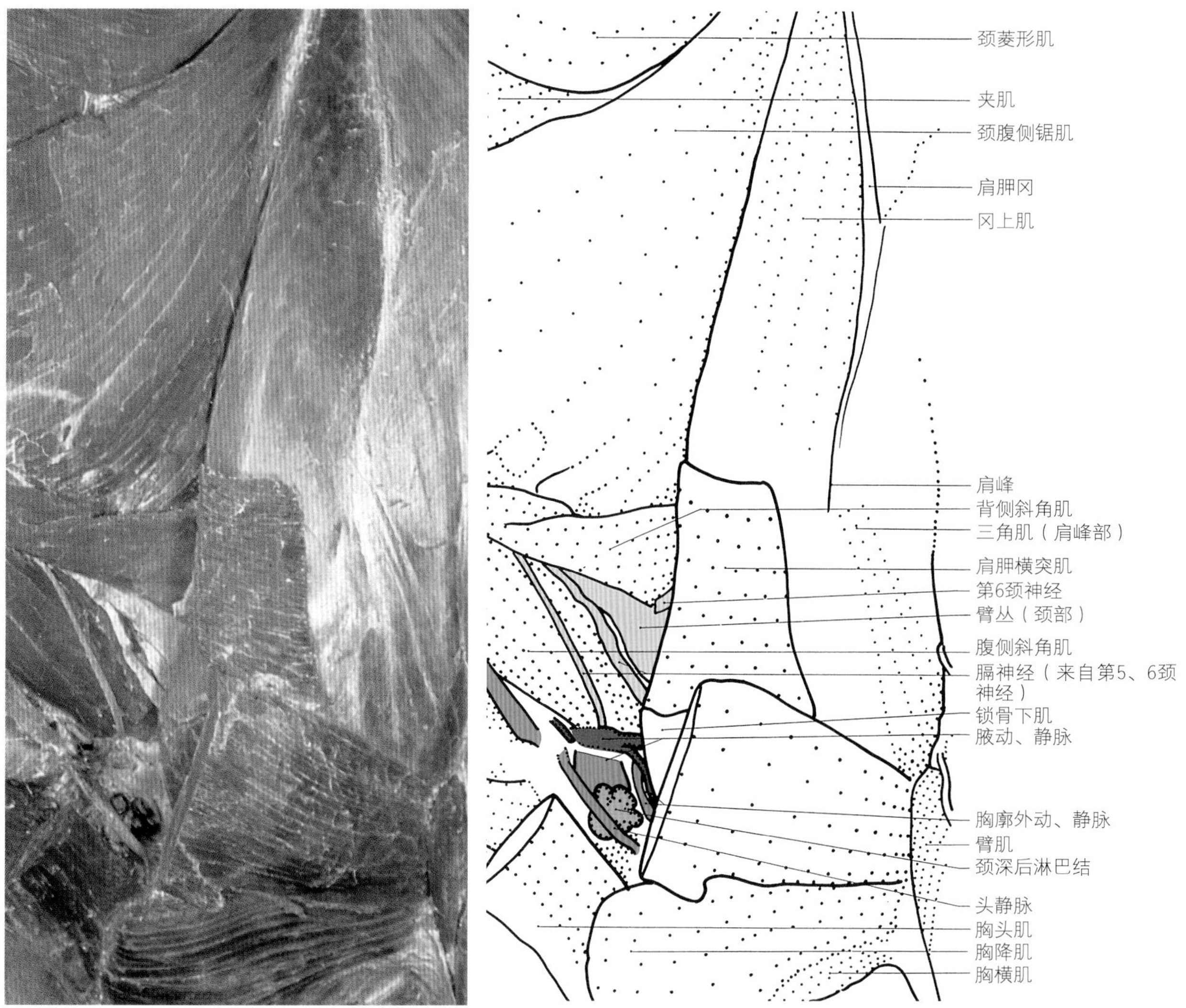
颈菱形肌
夹肌
颈腹侧锯肌
肩胛冈
冈上肌
肩峰
背侧斜角肌
三角肌（肩峰部）
肩胛横突肌
第6颈神经
臂丛（颈部）
腹侧斜角肌
膈神经（来自第5、6颈神经）
锁骨下肌
腋动、静脉
胸廓外动、静脉
臂肌
颈深后淋巴结
头静脉
胸头肌
胸降肌
胸横肌

图4.8 颈后部和肩部前外侧观。移除腋动、静脉以使淋巴结显示更清晰。颈前部解剖见图2.5。

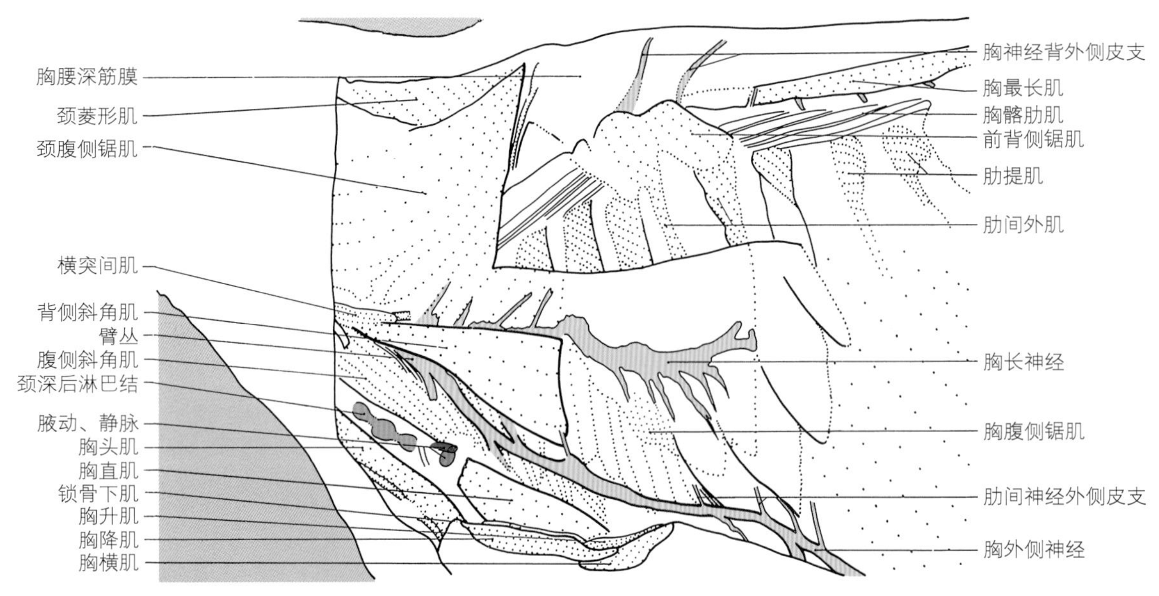
胸腰深筋膜
颈菱形肌
颈腹侧锯肌
横突间肌
背侧斜角肌
臂丛
腹侧斜角肌
颈深后淋巴结
腋动、静脉
胸头肌
胸直肌
锁骨下肌
胸升肌
胸降肌
胸横肌
胸神经背外侧皮支
胸最长肌
胸髂肋肌
前背侧锯肌
肋提肌
肋间外肌
胸长神经
胸腹侧锯肌
肋间神经外侧皮支
胸外侧神经

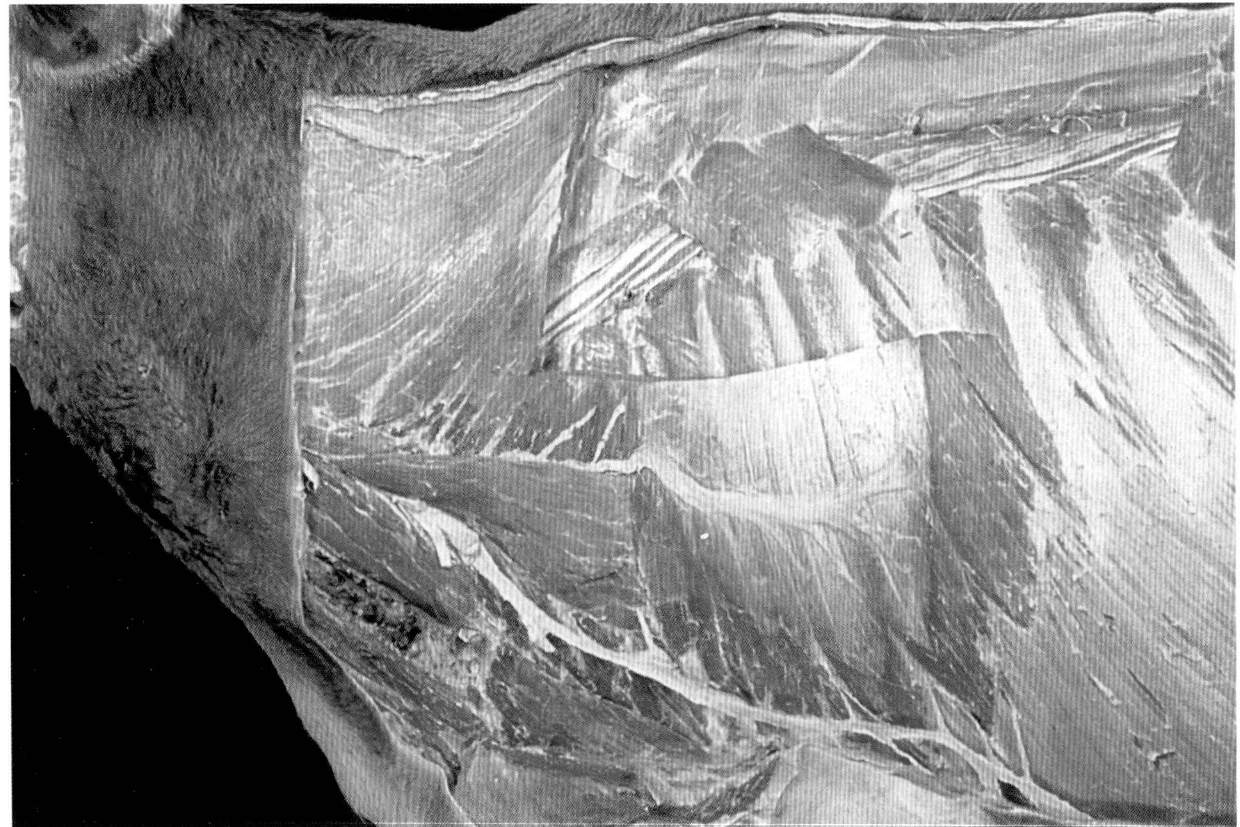

图4.9 胸长神经和胸外侧神经。右前肢和部分腹侧锯肌已被切除。将该图逆向翻转以便与图4.8作比较。

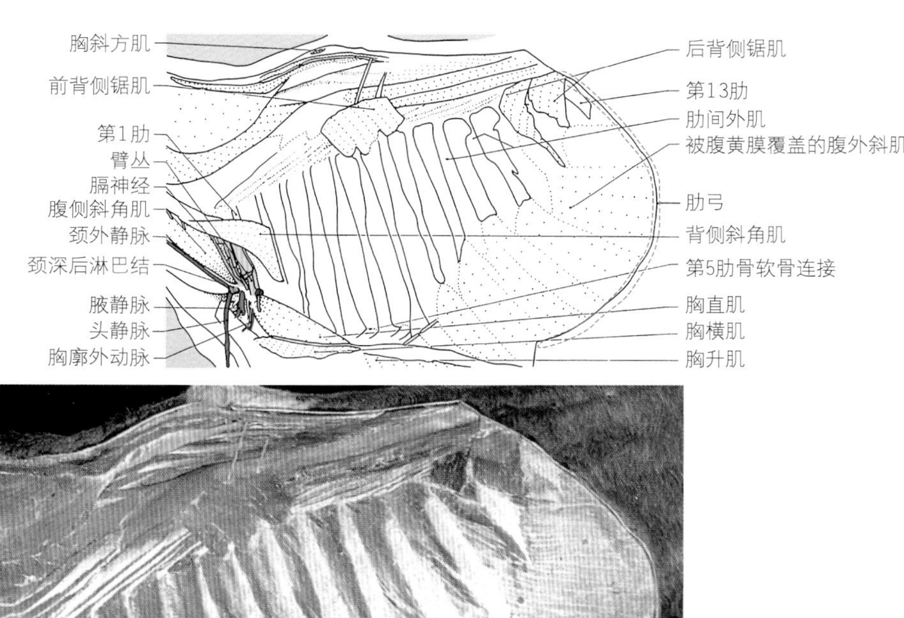
胸斜方肌
前背侧锯肌
第1肋
臂丛
膈神经
腹侧斜角肌
颈外静脉
颈深后淋巴结
腋静脉
头静脉
胸廓外动脉
后背侧锯肌
第13肋
肋间外肌
被腹黄膜覆盖的腹外斜肌
肋弓
背侧斜角肌
第5肋骨软骨连接
胸直肌
胸横肌
胸升肌

图4.10　左侧胸壁的肋骨和肌肉。左前肢已切除。

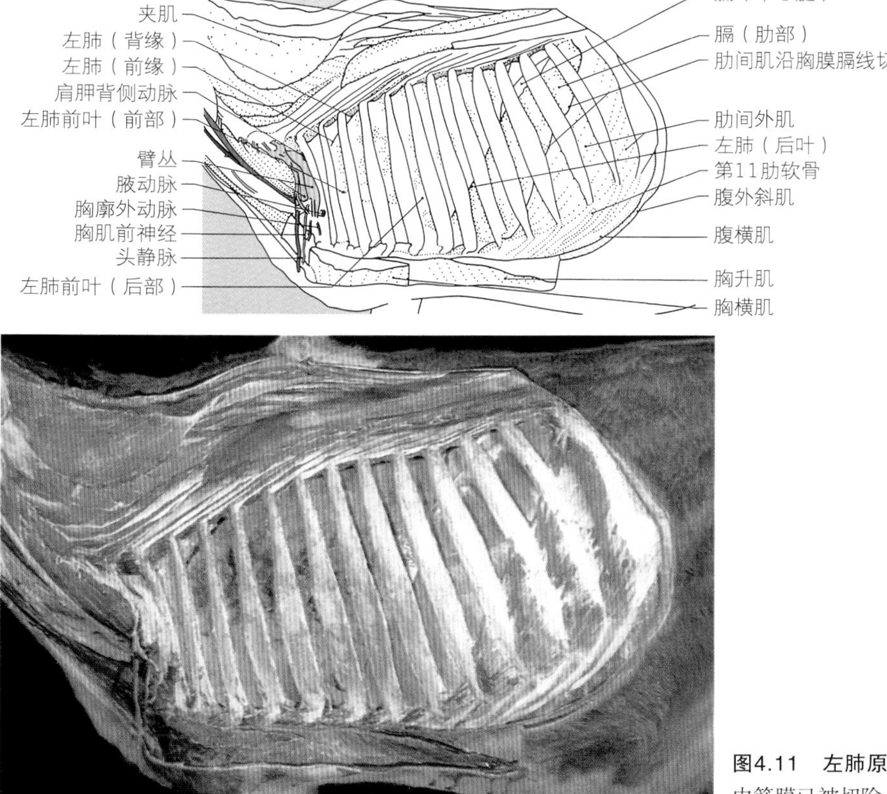
项韧带
夹肌
左肺（背缘）
左肺（前缘）
肩胛背侧动脉
左肺前叶（前部）
臂丛
腋动脉
胸廓外动脉
胸肌前神经
头静脉
左肺前叶（后部）
膈（中心腱）
膈（肋部）
肋间肌沿胸膜膈线切除
肋间外肌
左肺（后叶）
第11肋软骨
腹外斜肌
腹横肌
胸升肌
胸横肌

图4.11　左肺原位图。肋间肌、胸膜和肋间隙内胸内筋膜已被切除。

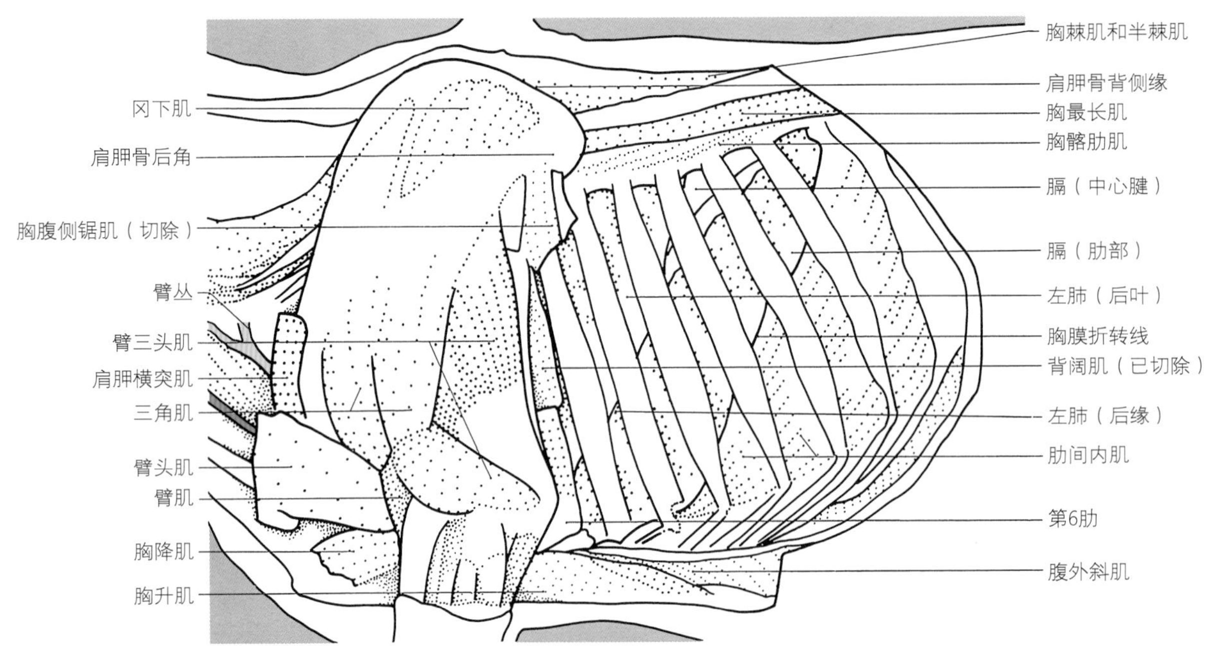
冈下肌
肩胛骨后角
胸腹侧锯肌（切除）
臂丛
臂三头肌
肩胛横突肌
三角肌
臂头肌
臂肌
胸降肌
胸升肌
胸棘肌和半棘肌
肩胛骨背侧缘
胸最长肌
胸髂肋肌
膈（中心腱）
膈（肋部）
左肺（后叶）
胸膜折转线
背阔肌（已切除）
左肺（后缘）
肋间内肌
第6肋
腹外斜肌

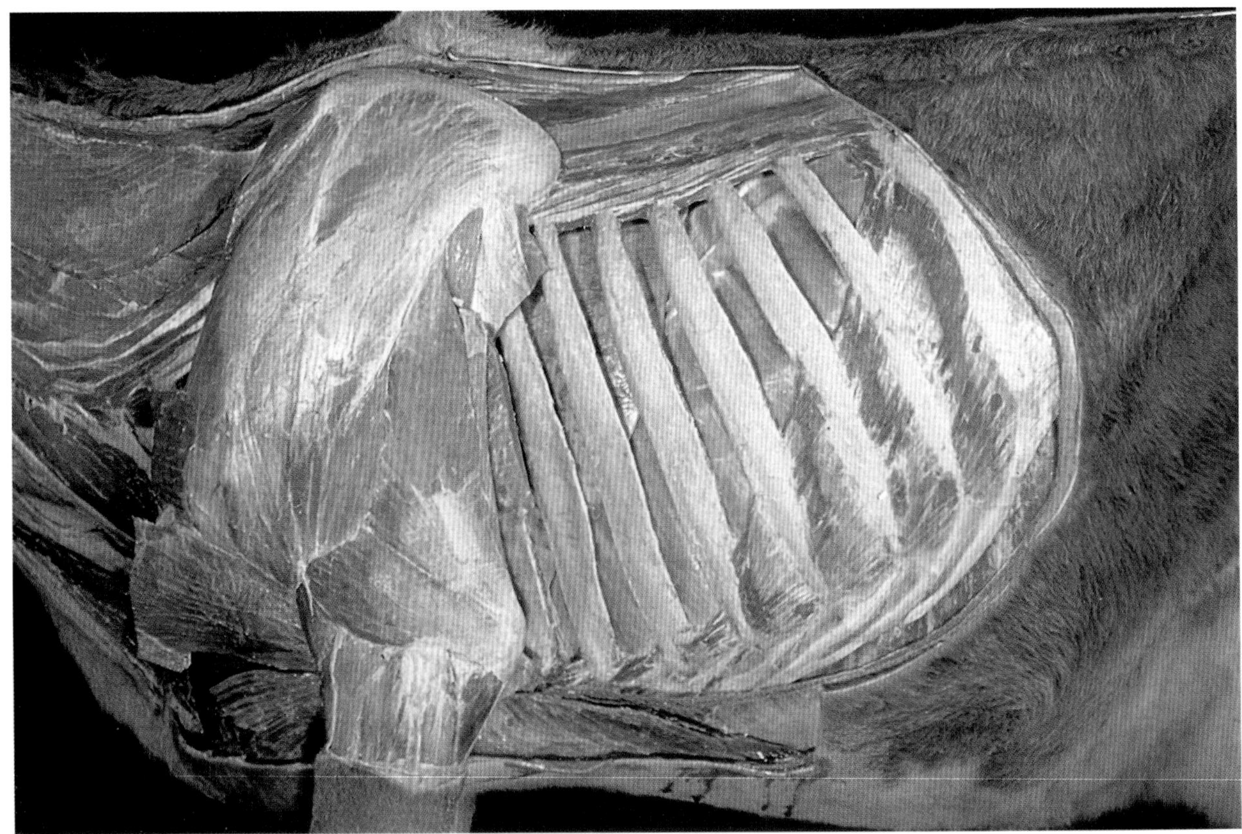

图4.12 左肺和前肢的局部解剖图。在图4.10中卸去左前肢在此重新复位以显示胸部与前肢的毗邻关系（也见于图4.11）。这张图显示了动物站立状态下，肺部听诊和叩诊区域。

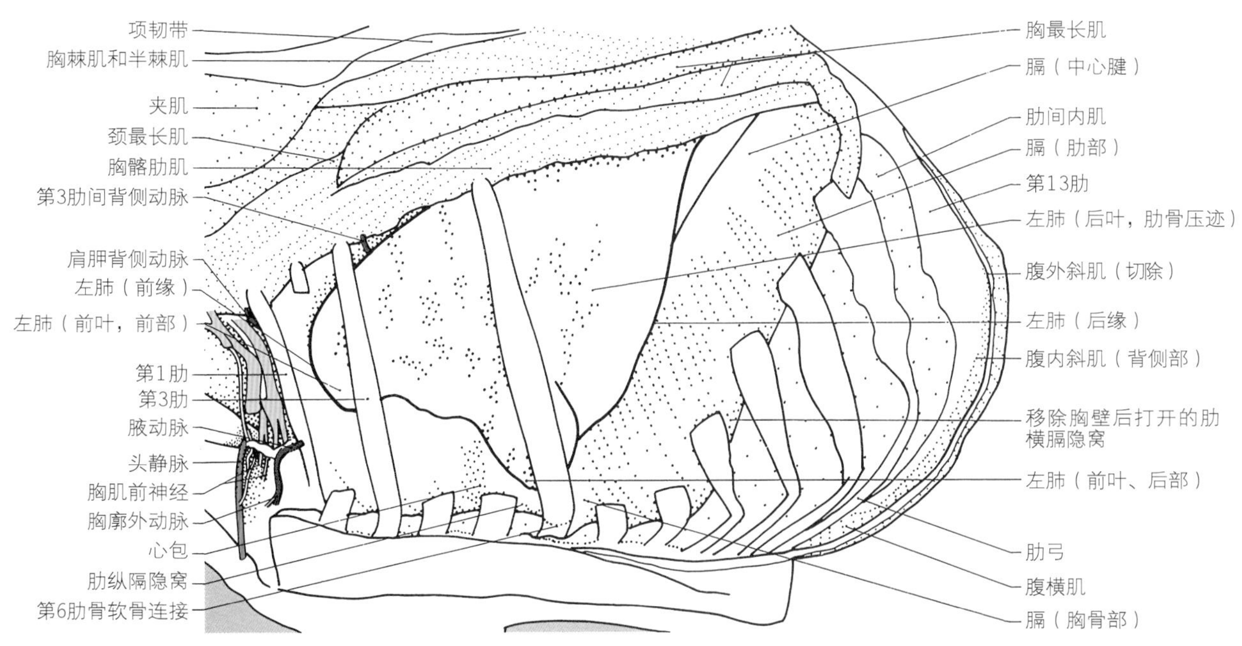
项韧带
胸棘肌和半棘肌
夹肌
颈最长肌
胸髂肋肌
第3肋间背侧动脉
肩胛背侧动脉
左肺（前缘）
左肺（前叶，前部）
第1肋
第3肋
腋动脉
头静脉
胸肌前神经
胸廓外动脉
心包
肋纵隔隐窝
第6肋骨软骨连接
胸最长肌
膈（中心腱）
肋间内肌
膈（肋部）
第13肋
左肺（后叶，肋骨压迹）
腹外斜肌（切除）
左肺（后缘）
腹内斜肌（背侧部）
移除胸壁后打开的肋横膈隐窝
左肺（前叶、后部）
肋弓
腹横肌
膈（胸骨部）

图4.13　胸部脏器原位图，左侧观。除留3根重要的“标志”肋骨（第1、3和6肋）外，其余肋骨均被从贴近肋骨软骨交界外切除，以暴露左侧胸膜腔。

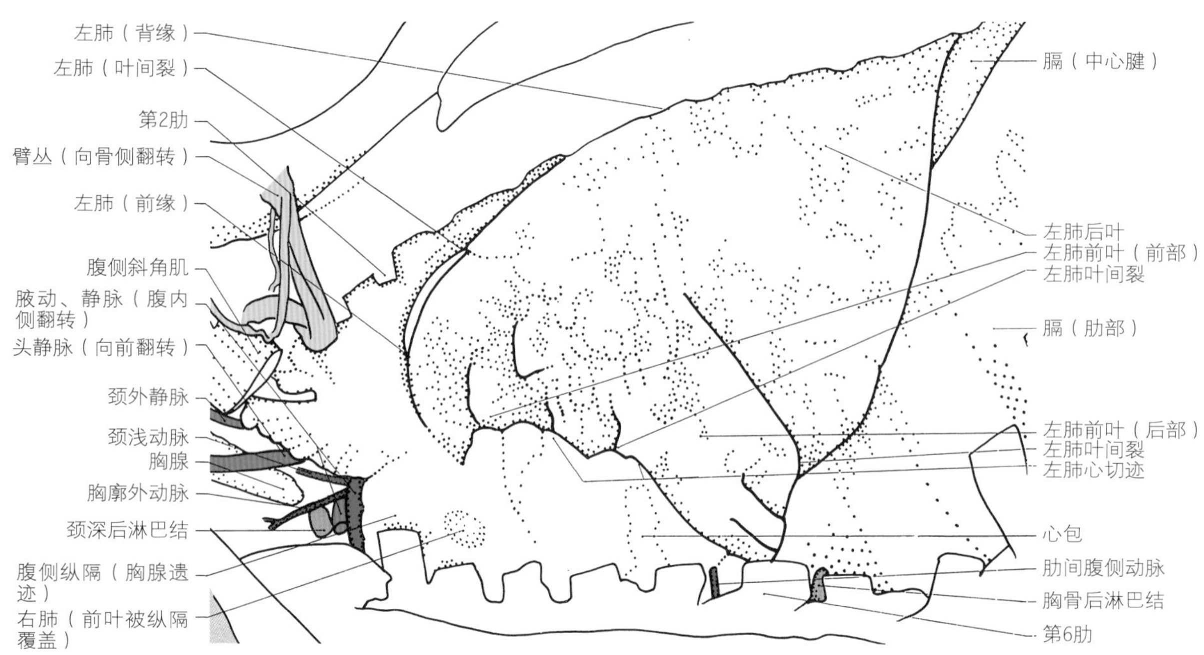

左肺（背缘）
左肺（叶间裂）
第2肋
臂丛（向骨侧翻转）
左肺（前缘）
腹侧斜角肌
腋动、静脉（腹内侧翻转）
头静脉（向前翻转）
颈外静脉
颈浅动脉
胸腺
胸廓外动脉
颈深后淋巴结
腹侧纵隔（胸腺遗迹）
右肺（前叶被纵隔覆盖）
膈（中心腱）
左肺后叶
左肺前叶（前部）
左肺叶间裂
膈（肋部）
左肺前叶（后部）
左肺叶间裂
左肺心切迹
心包
肋间腹侧动脉
胸骨后淋巴结
第6肋

图4.14　左肺，示肺叶及其结构。切除第1、3和6肋使肺与前纵隔显示更清晰。

支气管食管动脉食管后支
迷走神经（X）背侧干
交感干
左奇静脉
颈长肌
胸导管
颈胸神经节（星状神经节）
第1肋
气管
肋颈干
迷走交感干
臂头干
颈外静脉
颈深后淋巴结
颈浅动脉
腋动脉
胸廓外动脉
胸主动脉
膈（中心腱）
位于背侧纵隔的纵隔后淋巴结
第13肋
食管
左主支气管
迷走神经（X）腹侧干
右肺（副叶被纵隔覆盖）
气管支气管左淋巴结
左心房腔
肺（动脉）干
膈神经（移位）
左心房
迷走神经（X）
切开心包壁层示肺干和动脉圆锥
右肺（前叶）
胸廓内动脉

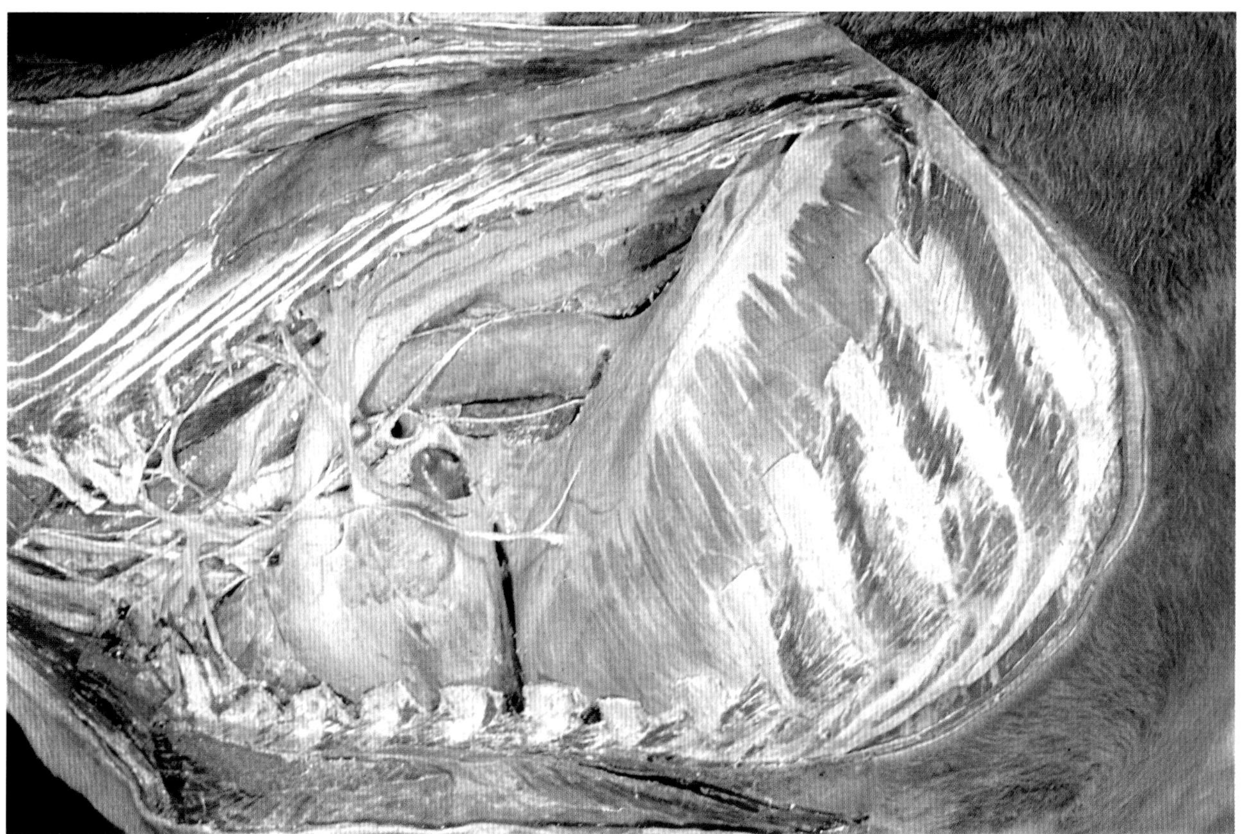

图4.15 切除左肺后的胸腔结构。纵隔左侧的详细结构参见图4.16、图4.19和图4.20。在图4.15 ~ 图4.17和图4.19中膈神经已被移位，实际位置在图4.29和图4.30的标本上已用虚线表示。

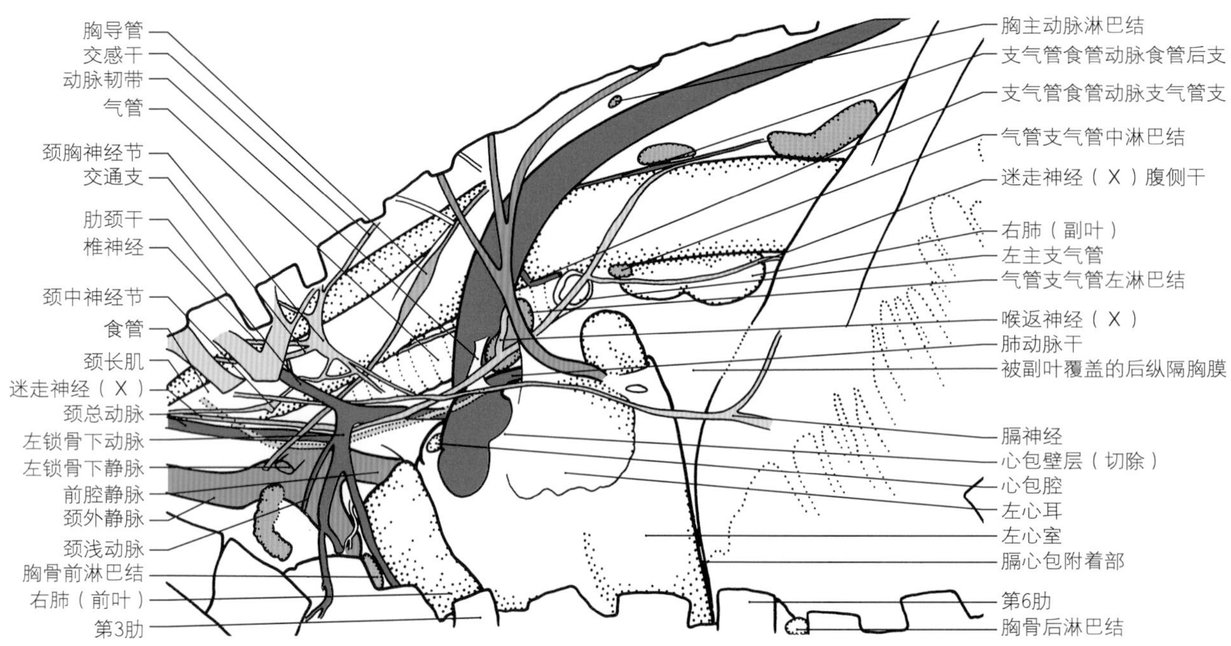
胸导管
交感干
动脉韧带
气管
颈胸神经节
交通支
肋颈干
椎神经
颈中神经节
食管
颈长肌
迷走神经（X）
颈总动脉
左锁骨下动脉
左锁骨下静脉
前腔静脉
颈外静脉
颈浅动脉
胸骨前淋巴结
右肺（前叶）
第3肋
胸主动脉淋巴结
支气管食管动脉食管后支
支气管食管动脉支气管支
气管支气管中淋巴结
迷走神经（X）腹侧干
右肺（副叶）
左主支气管
气管支气管左淋巴结
喉返神经（X）
肺动脉干
被副叶覆盖的后纵隔胸膜
膈神经
心包壁层（切除）
心包腔
左心耳
左心室
膈心包附着部
第6肋
胸骨后淋巴结

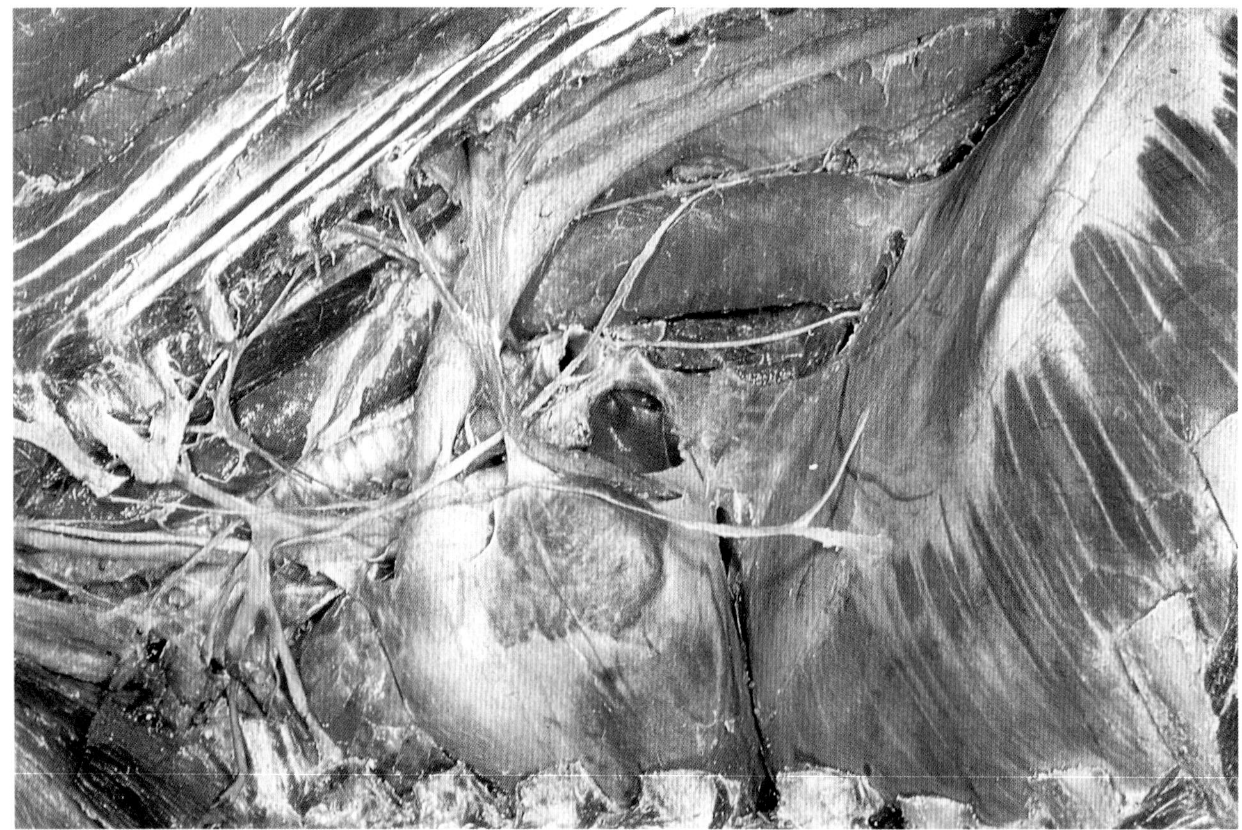

图4.16 胸部血管、神经和淋巴结，左侧观。膈神经已被移位，但其实际位置已用虚线表示。

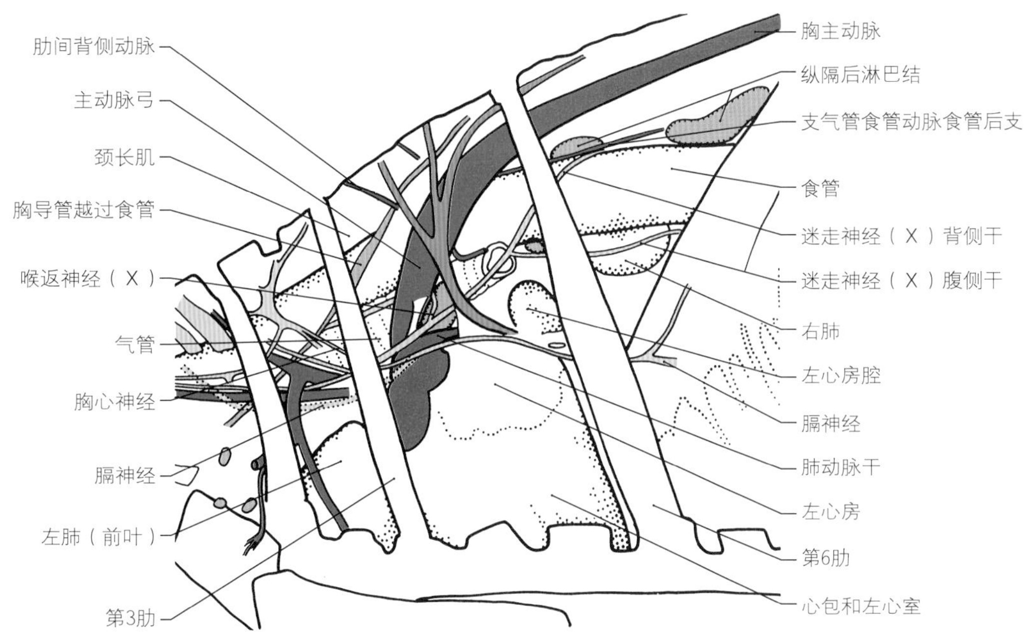
肋间背侧动脉
主动脉弓
颈长肌
胸导管越过食管
喉返神经（X）
气管
胸心神经
膈神经
左肺（前叶）
第3肋
胸主动脉
纵隔后淋巴结
支气管食管动脉食管后支
食管
迷走神经（X）背侧干
迷走神经（X）腹侧干
右肺
左心房腔
膈神经
肺动脉干
左心房
第6肋
心包和左心室

图4.17 心脏：左外侧的局部解剖结构。在图4.14中被移除的第1、3和6肋在此图复位以显示与胸腔被切除部分的联系。膈神经的实际起源已用虚线表示。

支气管食管动脉支气管支
喉返神经（X）
动脉韧带
胸导管
气管
迷走神经心前支
臂头干
前腔静脉
气管支气管左淋巴结
肺动脉干
第3肋
肺动脉干口
右肺（前叶）
胸廓内动、静脉
右心室动脉圆锥
冠状沟内脂肪组织
迷走神经（X）背侧干
左主支气管
右肺（副叶）
来自右肺的肺静脉
左心房切缘
左奇静脉
膈
肝
左心耳（切缘）
从纤维环切除左房室瓣壁尖瓣
左房室瓣的心室壁乳头
左冠状动脉
第6肋
左心室
膈
心后静脉
锥旁室间沟内血管
胸骨后淋巴结

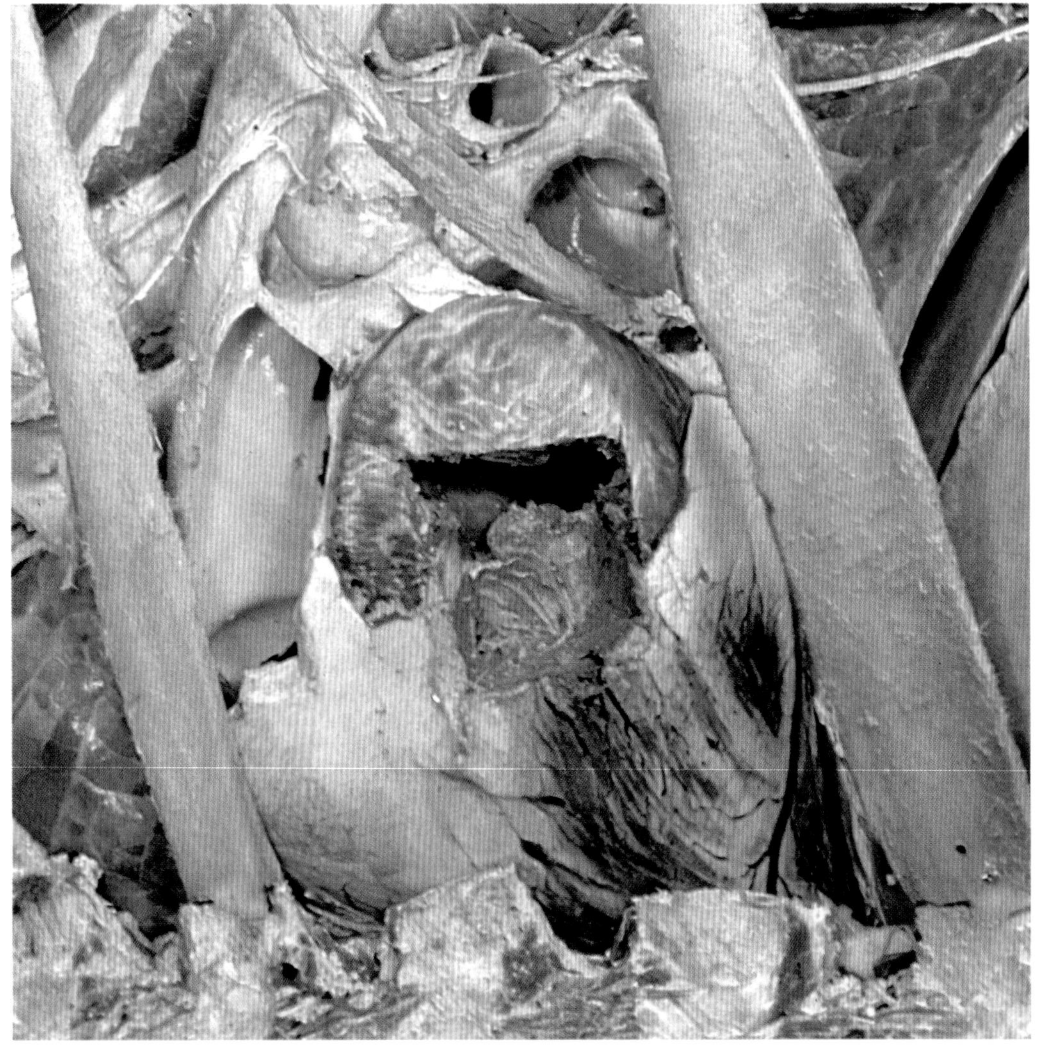

图4.18 左房室瓣和肺动脉瓣的位置。从颈总动脉注入红色橡胶，红色橡胶即充满左心室，但左心房未填充。肺动脉瓣恰位于肺动脉干口。

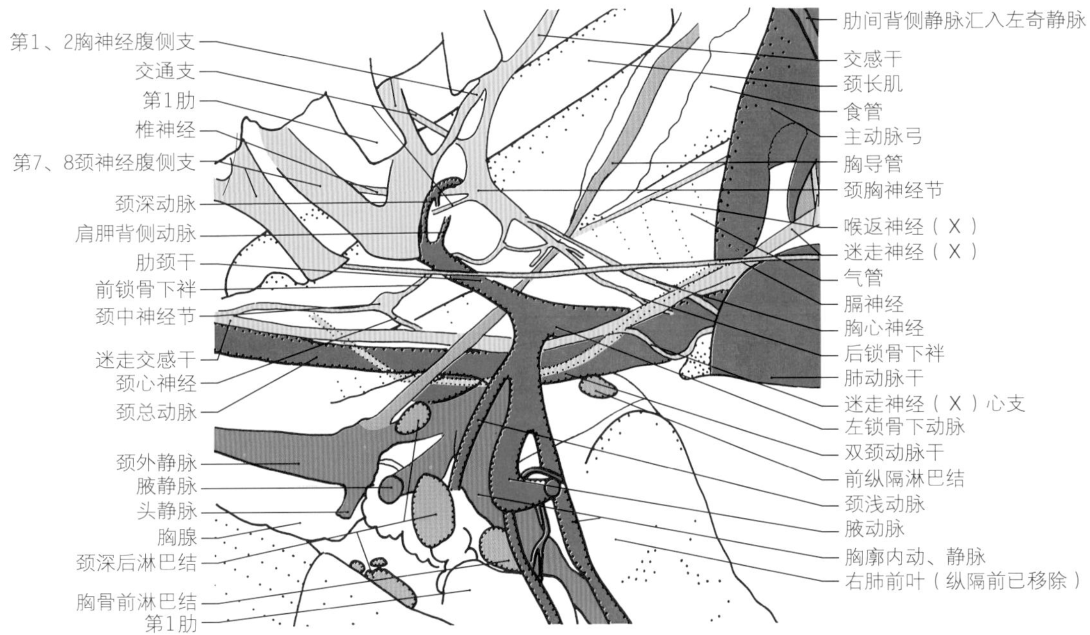
第1、2胸神经腹侧支
交通支
第1肋
椎神经
第7、8颈神经腹侧支
颈深动脉
肩胛背侧动脉
肋颈干
前锁骨下袢
颈中神经节
迷走交感干
颈心神经
颈总动脉
颈外静脉
腋静脉
头静脉
胸腺
颈深后淋巴结
胸骨前淋巴结
第1肋
肋间背侧静脉汇入左奇静脉
交感干
颈长肌
食管
主动脉弓
胸导管
颈胸神经节
喉返神经（X）
迷走神经（X）
气管
膈神经
胸心神经
后锁骨下袢
肺动脉干
迷走神经（X）心支
左锁骨下动脉
双颈动脉干
前纵隔淋巴结
颈浅动脉
腋动脉
胸廓内动、静脉
右肺前叶（纵隔前已移除）

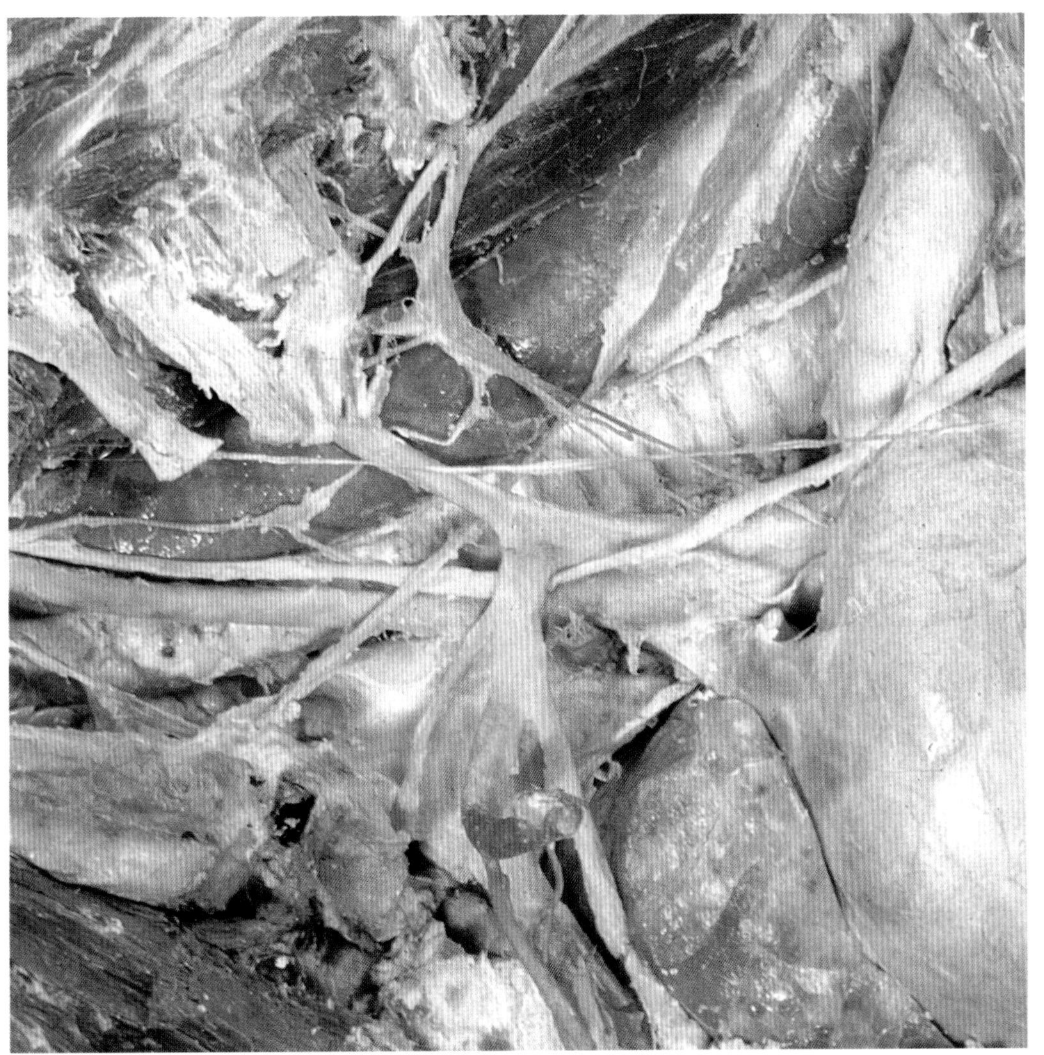

图4.19 前纵隔的血管和神经。此图为图4.16的局部放大。膈神经的实际位置已用虚线表示。

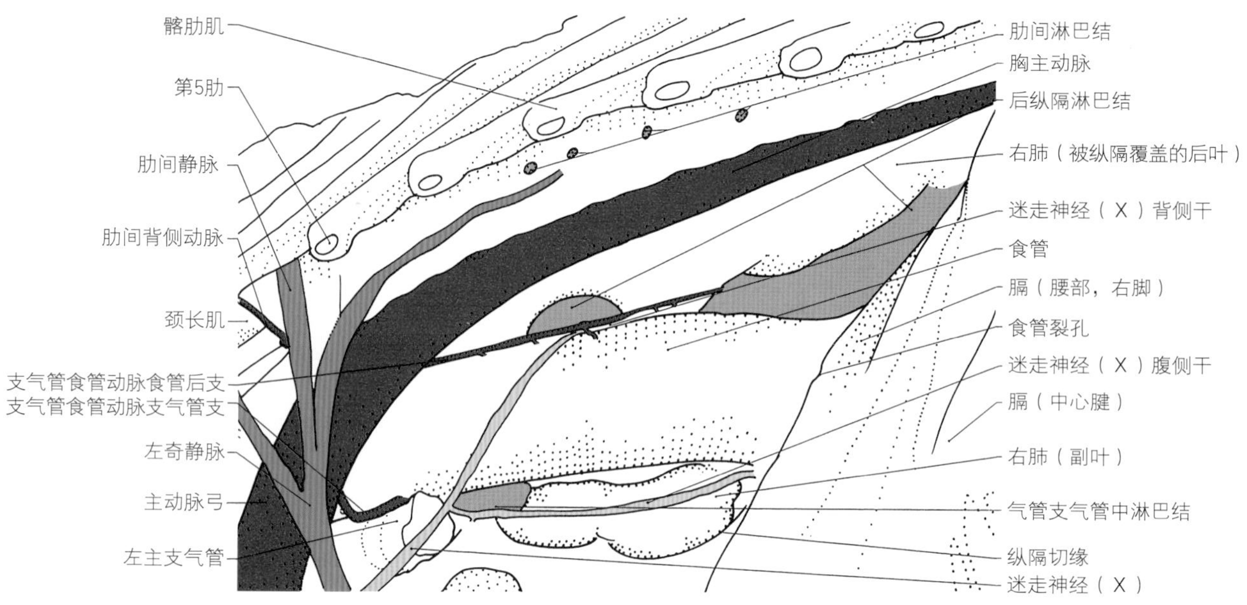
髂肋肌
第5肋
肋间静脉
肋间背侧动脉
颈长肌
支气管食管动脉食管后支
支气管食管动脉支气管支
左奇静脉
主动脉弓
左主支气管
肋间淋巴结
胸主动脉
后纵隔淋巴结
右肺（被纵隔覆盖的后叶）
迷走神经（X）背侧干
食管
膈（腰部，右脚）
食管裂孔
迷走神经（X）腹侧干
膈（中心腱）
右肺（副叶）
气管支气管中淋巴结
纵隔切缘
迷走神经（X）

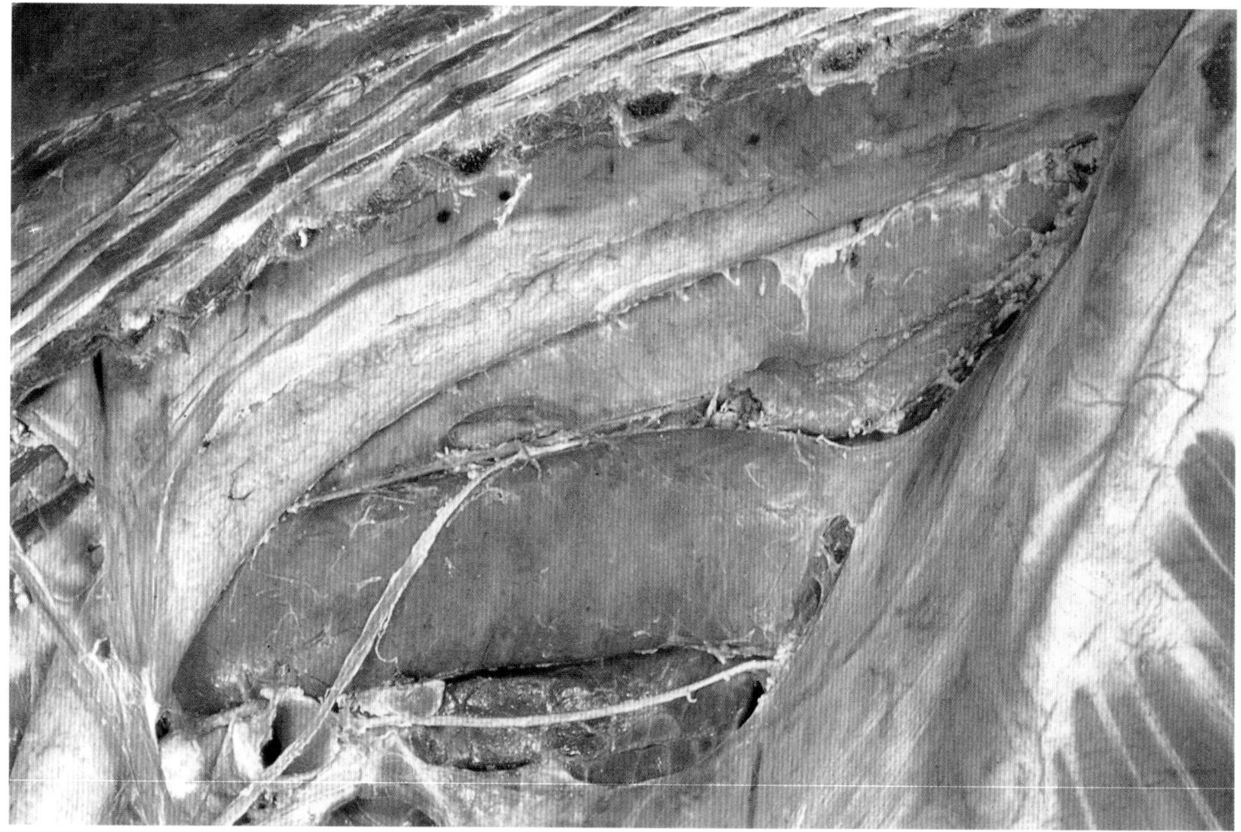

图4.20 后纵膈背侧部。此图为图4.16的局部放大。

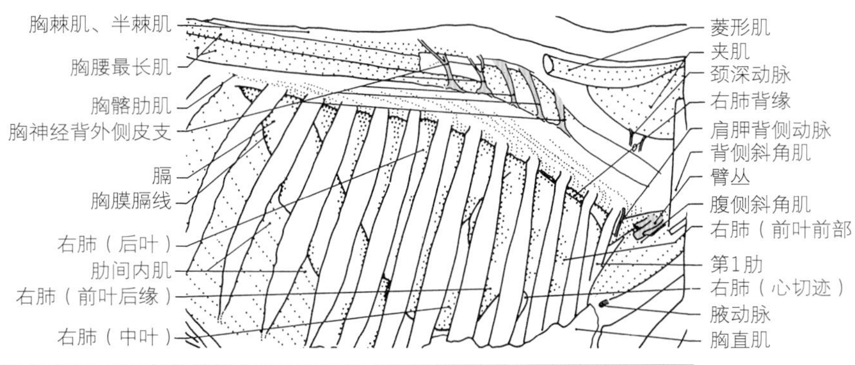
胸棘肌、半棘肌
胸腰最长肌
胸髂肋肌
胸神经背外侧皮支
膈
胸膜膈线
右肺（后叶）
肋间内肌
右肺（前叶后缘）
右肺（中叶）
菱形肌
夹肌
颈深动脉
右肺背缘
肩胛背侧动脉
背侧斜角肌
臂丛
腹侧斜角肌
右肺（前叶前部）
第1肋
右肺（心切迹）
腋动脉
胸直肌

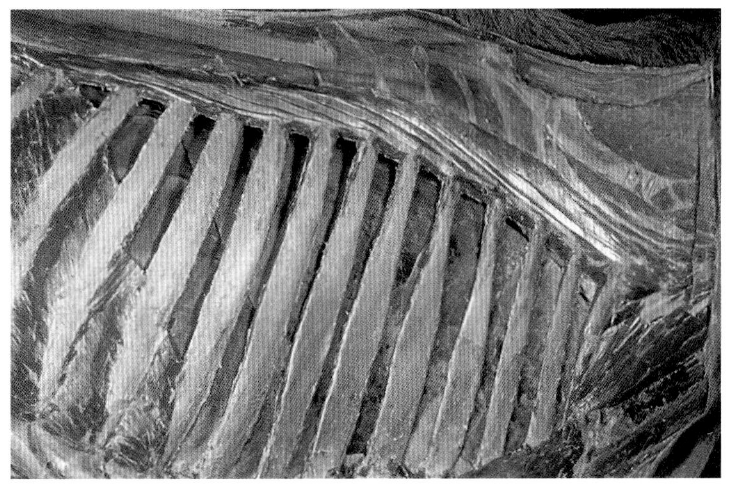

图4.21　带有原位右肺的胸廓，右外侧观。该标本的右侧面与图4.11的左侧面相对应。

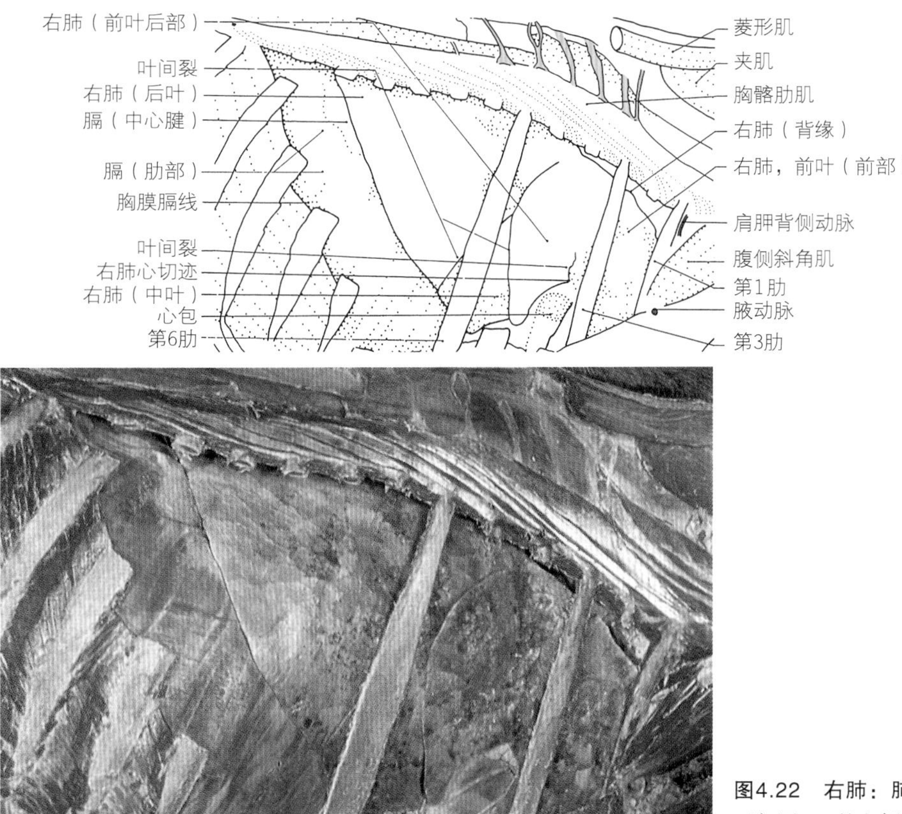
右肺（前叶后部）
叶间裂
右肺（后叶）
膈（中心腱）
膈（肋部）
胸膜膈线
叶间裂
右肺心切迹
右肺（中叶）
心包
第6肋
菱形肌
夹肌
胸髂肋肌
右肺（背缘）
右肺，前叶（前部）
肩胛背侧动脉
腹侧斜角肌
第1肋
腋动脉
第3肋

图4.22　右肺：肺叶及其局部结构。该标本的右侧面与图4.13的左侧面相对应。

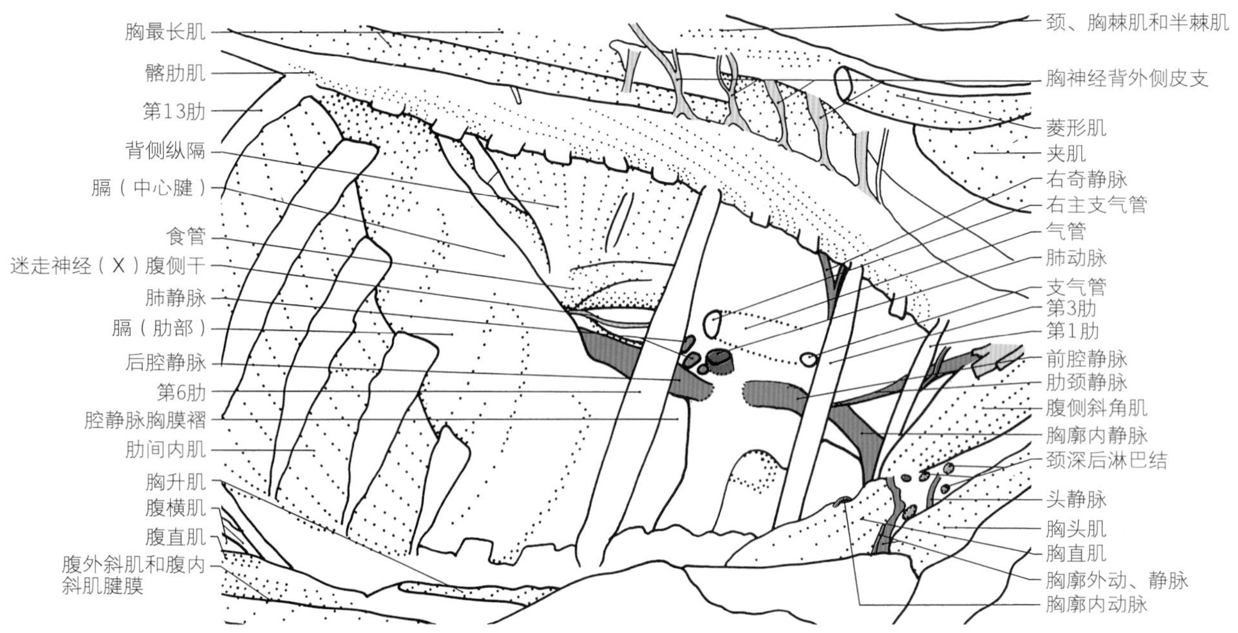
胸最长肌
髂肋肌
第13肋
背侧纵隔
膈（中心腱）
食管
迷走神经（X）腹侧干
肺静脉
膈（肋部）
后腔静脉
第6肋
腔静脉胸膜褶
肋间内肌
胸升肌
腹横肌
腹直肌
腹外斜肌和腹内斜肌腱膜
颈、胸棘肌和半棘肌
胸神经背外侧皮支
菱形肌
夹肌
右奇静脉
右主支气管
气管
肺动脉
支气管
第3肋
第1肋
前腔静脉
肋颈静脉
腹侧斜角肌
胸廓内静脉
颈深后淋巴结
头静脉
胸头肌
胸直肌
胸廓外动、静脉
胸廓内动脉

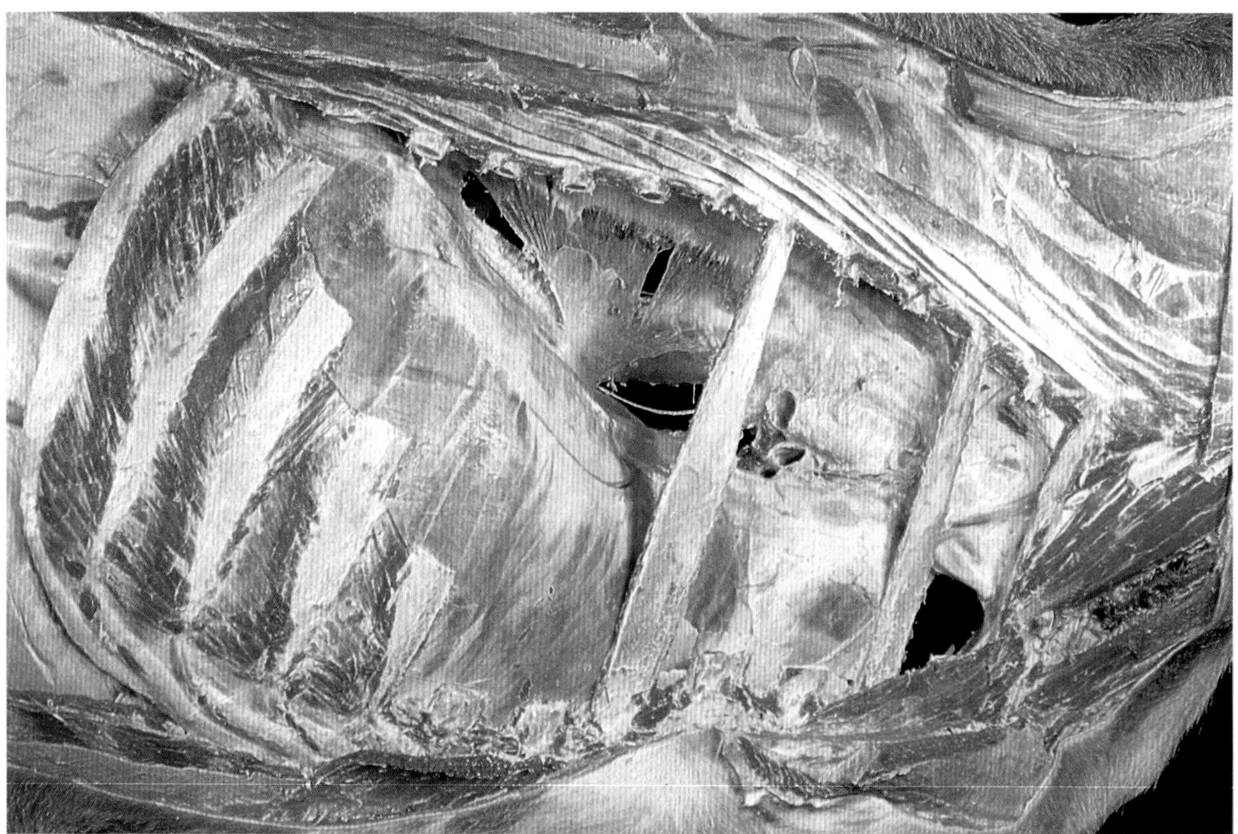

图4.23 切除右肺后的右侧纵隔。反刍动物的右奇静脉不一定都存在，在解剖本例标本左侧胸腔的过程中，纵隔未被切除，但因后背侧部的纵隔非常薄，已有一定程度的破损。

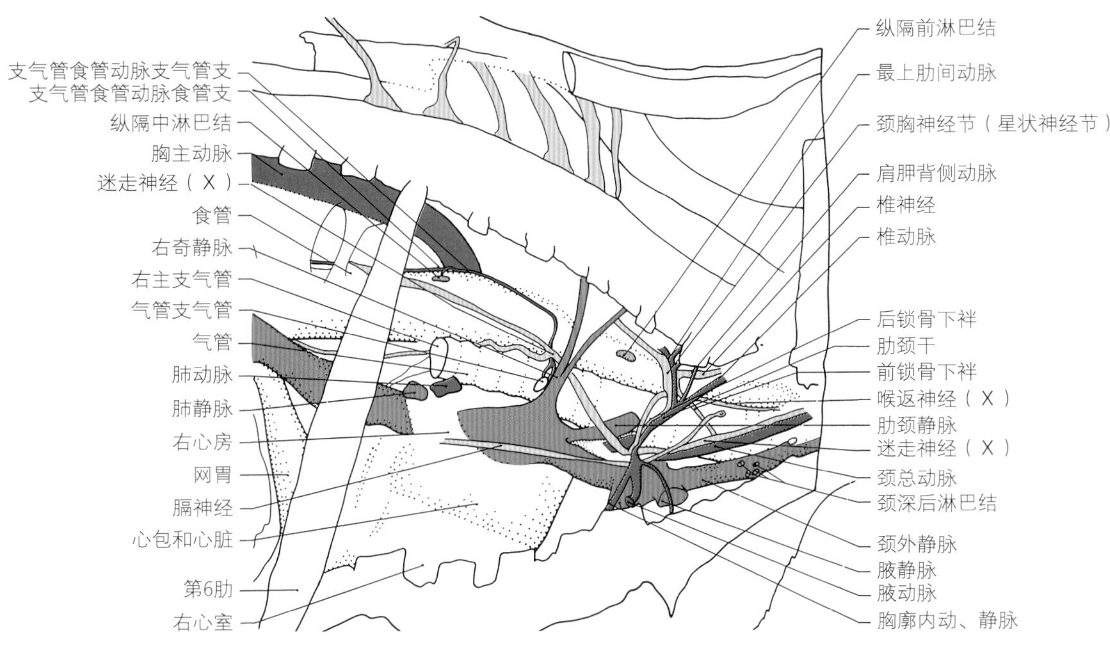
支气管食管动脉支气管支
支气管食管动脉食管支
纵隔中淋巴结
胸主动脉
迷走神经（X）
食管
右奇静脉
右主支气管
气管支气管
气管
肺动脉
肺静脉
右心房
网胃
膈神经
心包和心脏
第6肋
右心室
纵隔前淋巴结
最上肋间动脉
颈胸神经节（星状神经节）
肩胛背侧动脉
椎神经
椎动脉
后锁骨下袢
肋颈干
前锁骨下袢
喉返神经（X）
肋颈静脉
迷走神经（X）
颈总动脉
颈深后淋巴结
颈外静脉
腋静脉
腋动脉
胸廓内动、静脉

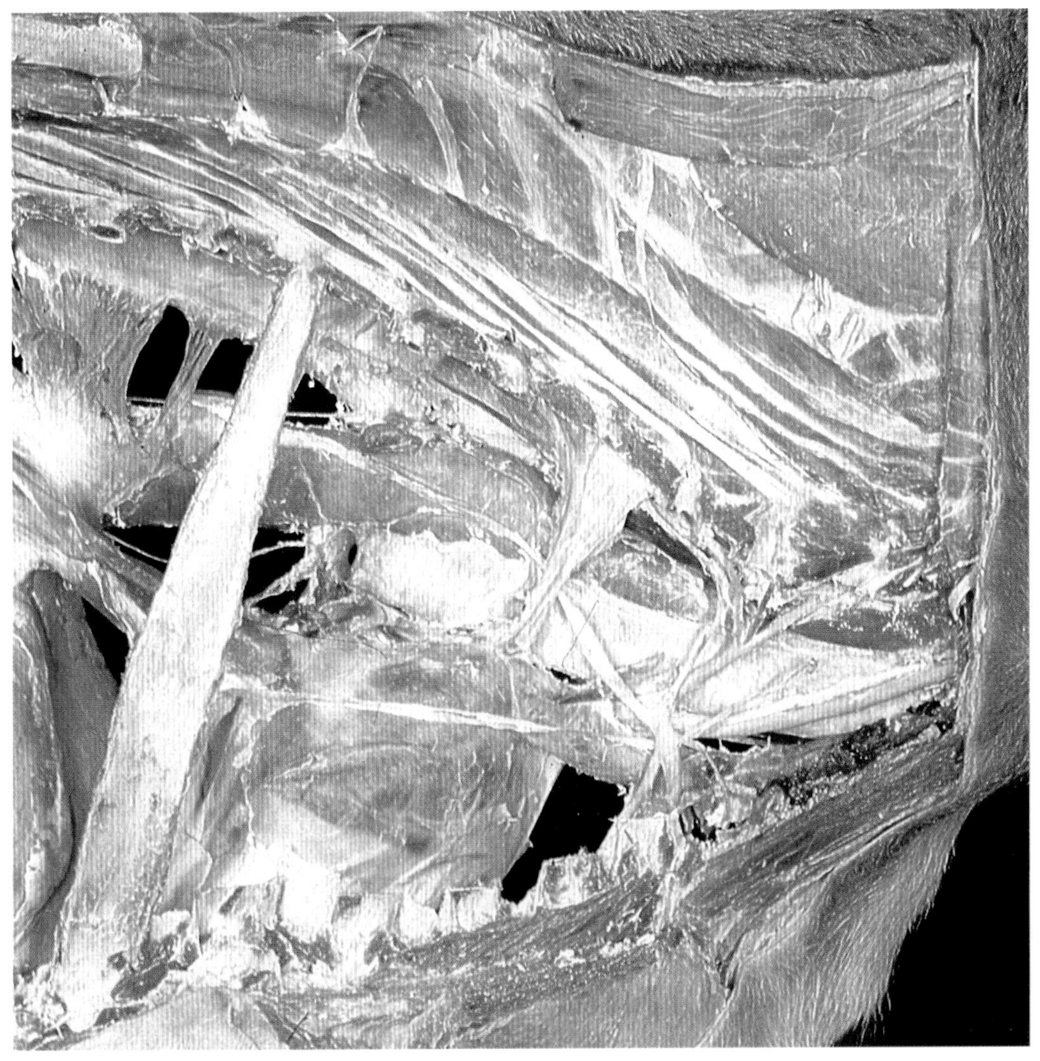

图4.24 切除右肺后的胸腔结构，右外侧观。与右侧胸腔解剖结构相对应的左侧结构见图4.17。

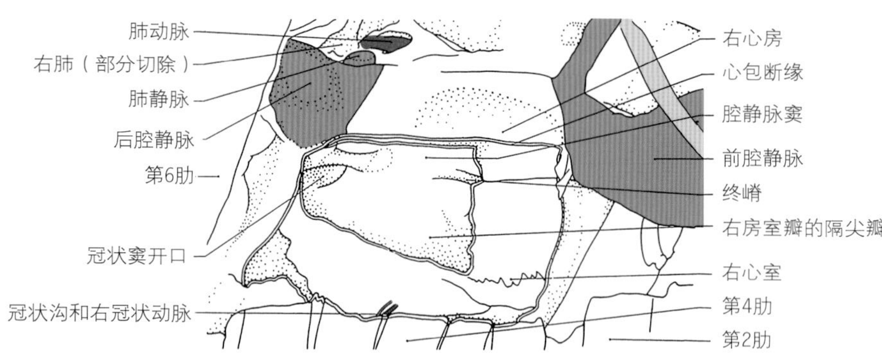
肺动脉
右肺（部分切除）
肺静脉
后腔静脉
第6肋
冠状窦开口
冠状沟和右冠状动脉
右心房
心包断缘
腔静脉窦
前腔静脉
终嵴
右房室瓣的隔尖瓣
右心室
第4肋
第2肋

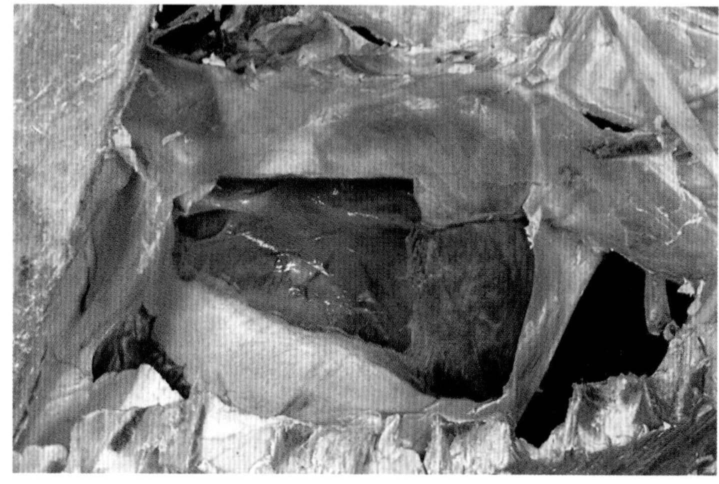

图4.25　右心房腔。心房外侧壁已被切除，但该部分在胸腔的局部解剖结构见图4.24。

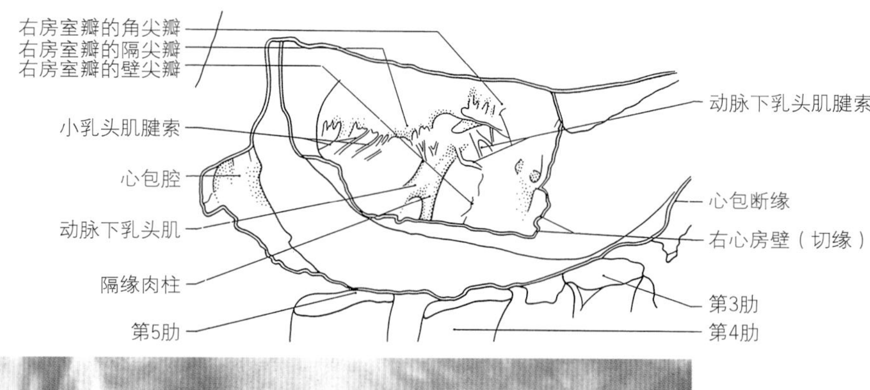
右房室瓣的角尖瓣
右房室瓣的隔尖瓣
右房室瓣的壁尖瓣
小乳头肌腱索
心包腔
动脉下乳头肌
隔缘肉柱
第5肋
动脉下乳头肌腱索
心包断缘
右心房壁（切缘）
第3肋
第4肋

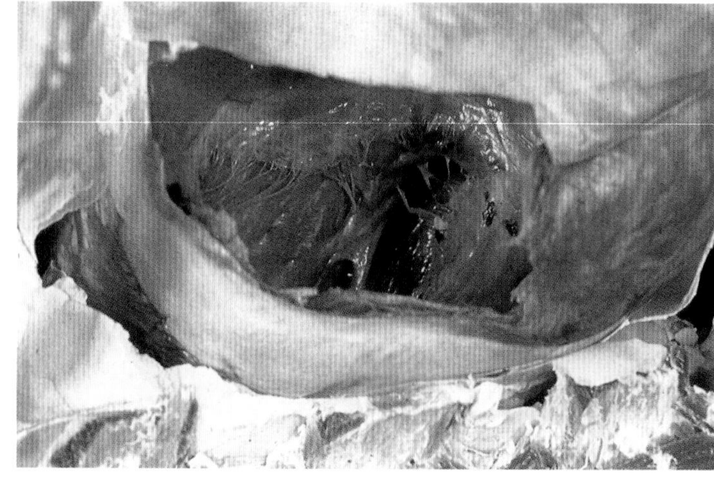

图4.26　右房室瓣。图4.25为背外侧观解剖图。腔壁尖端和起自心室外壁与之相关的大乳头肌在此图中难以观察到。

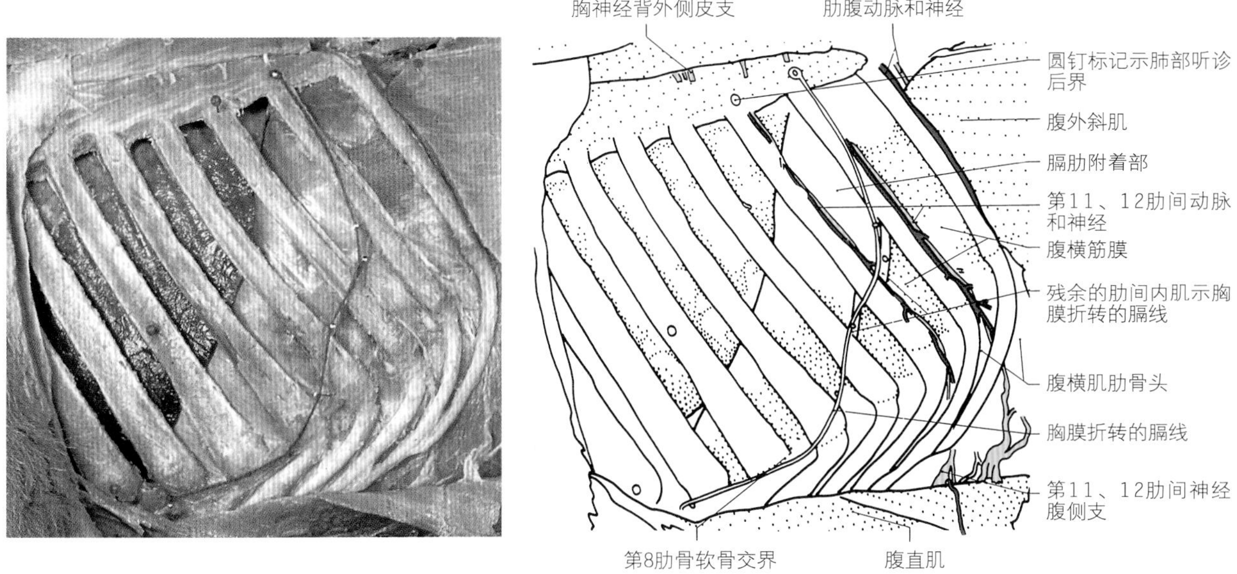
胸神经背外侧皮支
肋腹动脉和神经
圆钉标记示肺部听诊后界
腹外斜肌
膈肋附着部
第11、12肋间动脉和神经
腹横筋膜
残余的肋间内肌示胸膜折转的膈线
腹横肌肋骨头
胸膜折转的膈线
第11、12肋间神经腹侧支
第8肋骨软骨交界
腹直肌

图4.27　犊牛胸膜折转的膈肌线，左外侧观。与图4.28相比较。

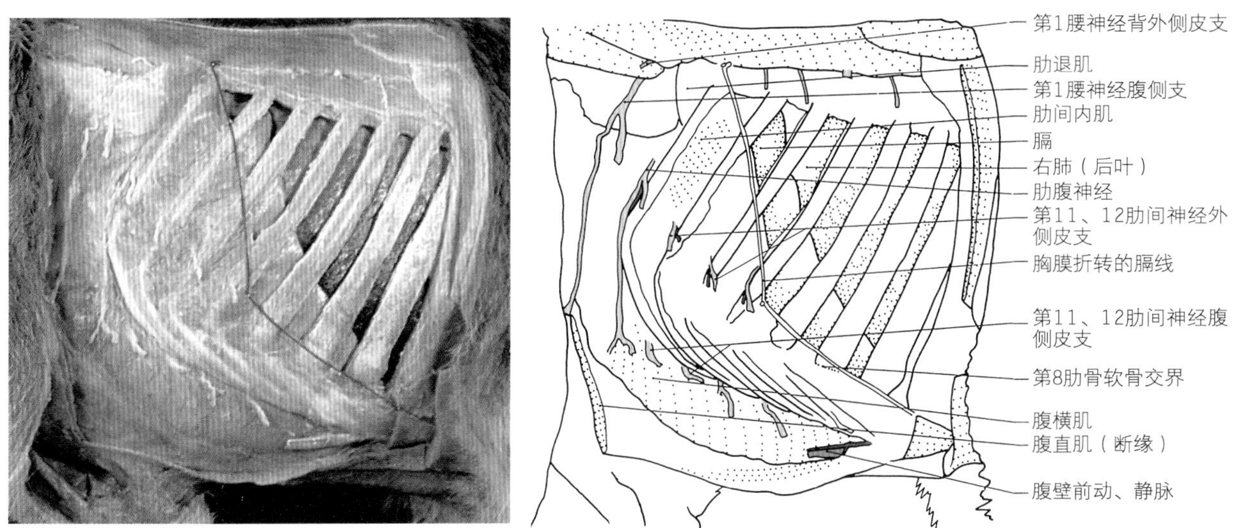
第1腰神经背外侧皮支
肋退肌
第1腰神经腹侧支
肋间内肌
膈
右肺（后叶）
肋腹神经
第11、12肋间神经外侧皮支
胸膜折转的膈线
第11、12肋间神经腹侧皮支
第8肋骨软骨交界
腹横肌
腹直肌（断缘）
腹壁前动、静脉

图4.28　犊牛胸膜折转膈肌线，右外侧观。此图与上一张图详细确定了胸膜膈肌线的位置，注意该个体左侧和右侧的差异。

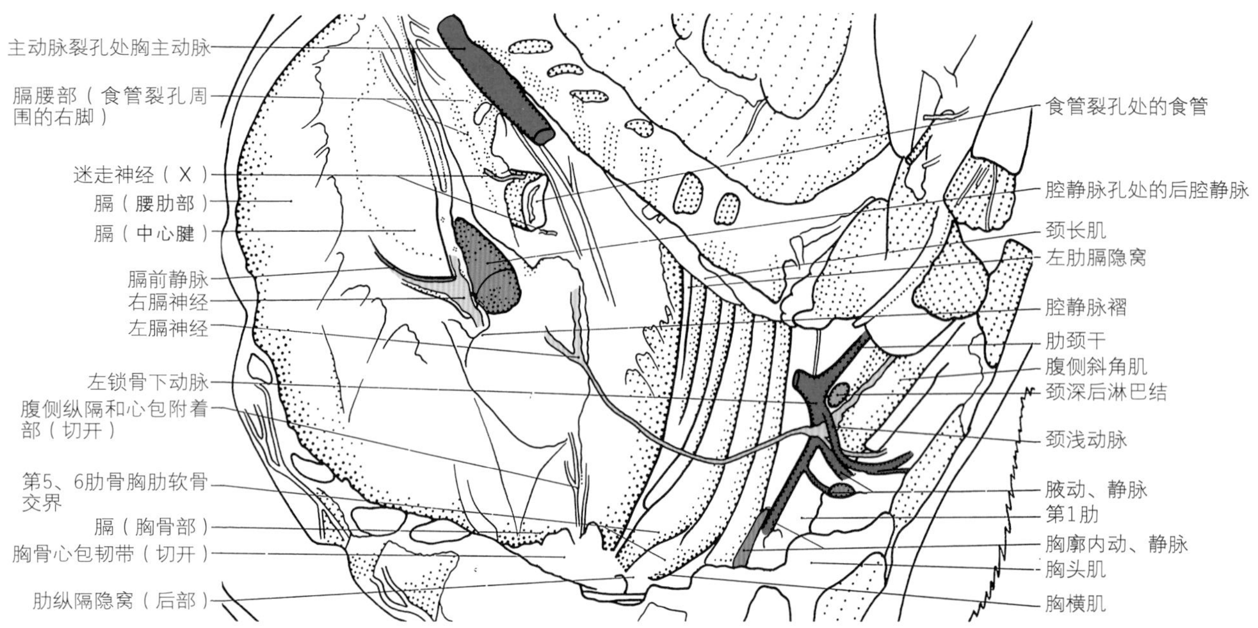
主动脉裂孔处胸主动脉
膈腰部（食管裂孔周围的右脚）
迷走神经（X）
膈（腰肋部）
膈（中心腱）
膈前静脉
右膈神经
左膈神经
左锁骨下动脉
腹侧纵隔和心包附着部（切开）
第5、6肋骨胸肋软骨交界
膈（胸骨部）
胸骨心包韧带（切开）
肋纵隔隐窝（后部）
食管裂孔处的食管
腔静脉孔处的后腔静脉
颈长肌
左肋膈隐窝
腔静脉褶
肋颈干
腹侧斜角肌
颈深后淋巴结
颈浅动脉
腋动、静脉
第1肋
胸廓内动、静脉
胸头肌
胸横肌

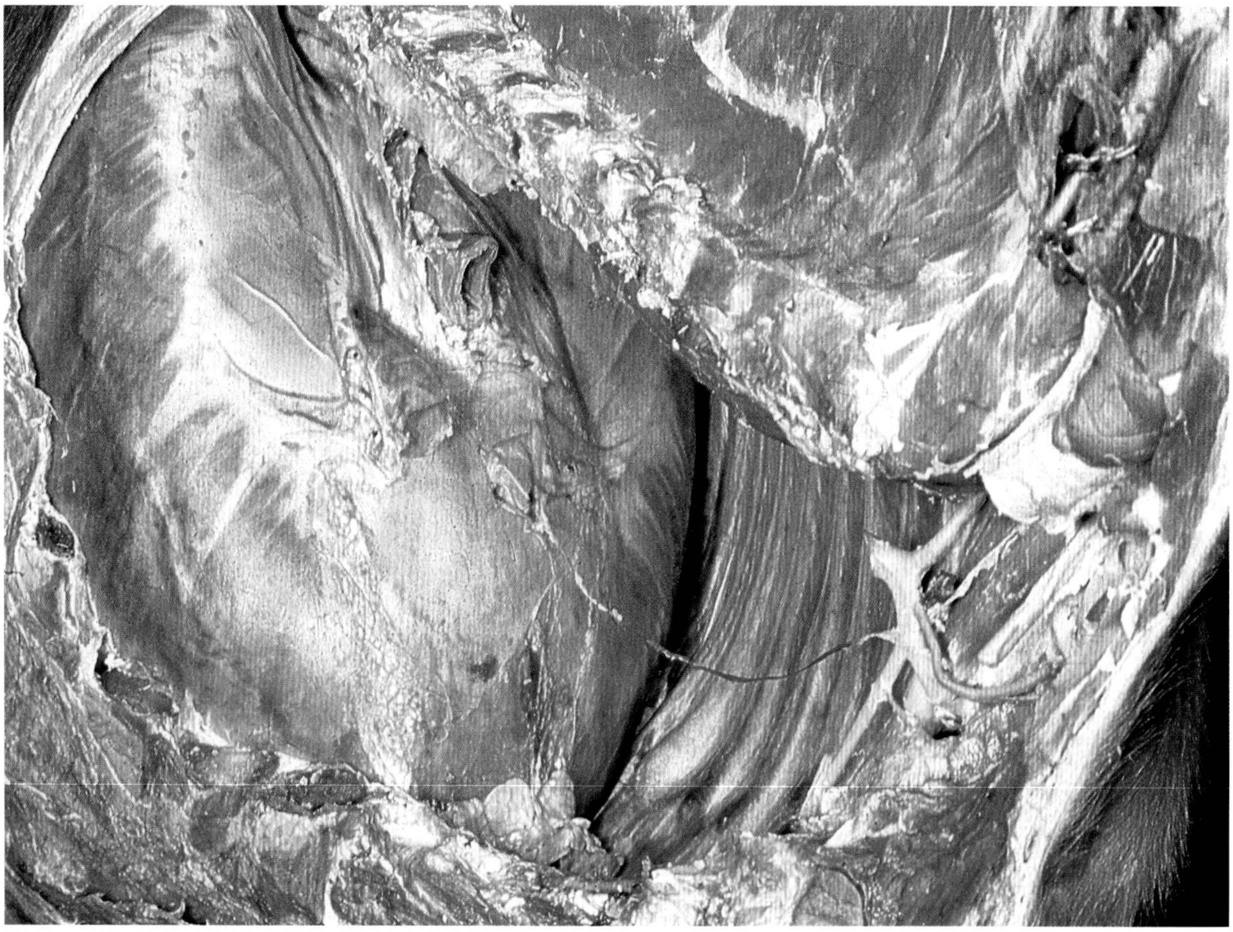

图4.29 犊牛膈的胸腔表面，前外侧斜向观。图4.29～图4.34为切除左侧胸壁后显示腋部的一系列解剖结构。前肢解剖在图3.26～图3.29中显示。

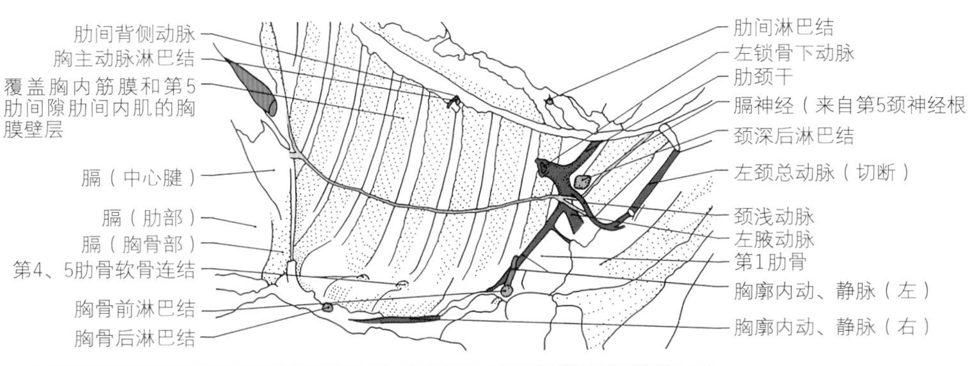
肋间背侧动脉
胸主动脉淋巴结
覆盖胸内筋膜和第5肋间隙肋间内肌的胸膜壁层
膈（中心腱）
膈（肋部）
膈（胸骨部）
第4、5肋骨软骨连结
胸骨前淋巴结
胸骨后淋巴结
肋间淋巴结
左锁骨下动脉
肋颈干
膈神经（来自第5颈神经根）
颈深后淋巴结
左颈总动脉（切断）
颈浅动脉
左腋动脉
第1肋骨
胸廓内动、静脉（左）
胸廓内动、静脉（右）

图4.30　犊牛胸壁，内侧观（1）。该图显示了内衬于胸壁上的胸膜和胸内筋膜。膈神经的走向与图4.15之后的图片相比较。

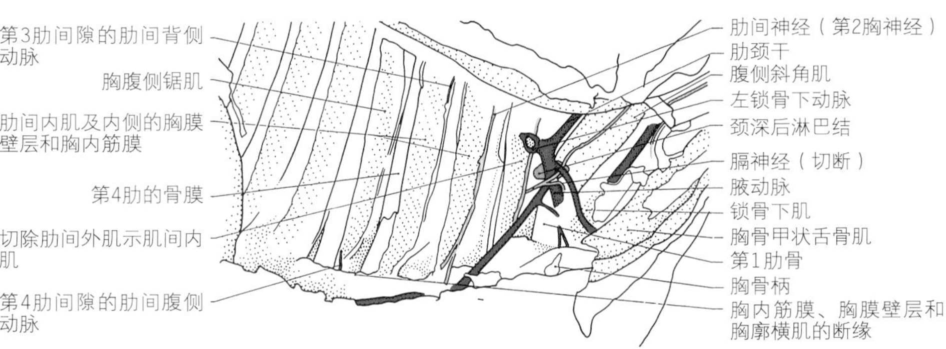
第3肋间隙的肋间背侧动脉
胸腹侧锯肌
肋间内肌及内侧的胸膜壁层和胸内筋膜
第4肋的骨膜
切除肋间外肌示肌间内肌
第4肋间隙的肋间腹侧动脉
肋间神经（第2胸神经）
肋颈干
腹侧斜角肌
左锁骨下动脉
颈深后淋巴结
膈神经（切断）
腋动脉
锁骨下肌
胸骨甲状舌骨肌
第1肋骨
胸骨柄
胸内筋膜、胸膜壁层和胸廓横肌的断缘

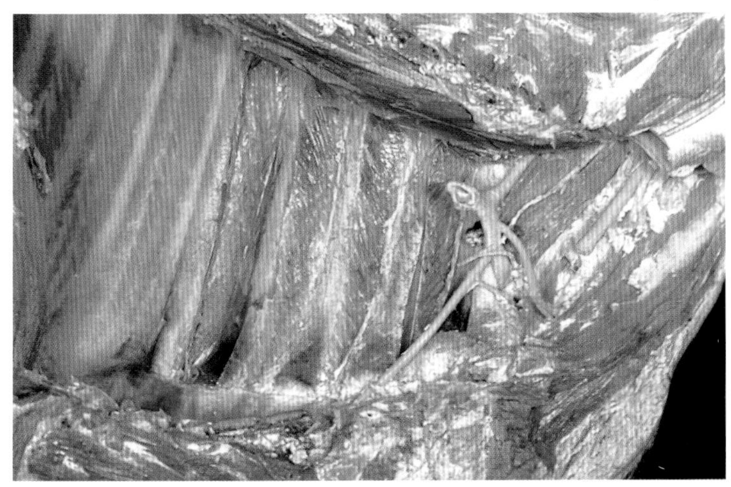

图4.31　犊牛胸壁，内侧观（2）。切除肋间隙的筋膜和肌肉层显露胸壁结构。第1肋间隙显示的为肋间外肌。第2肋间隙显示的为肋间内肌。第4肋间隙的肋间外肌和肋间内肌均被切除。

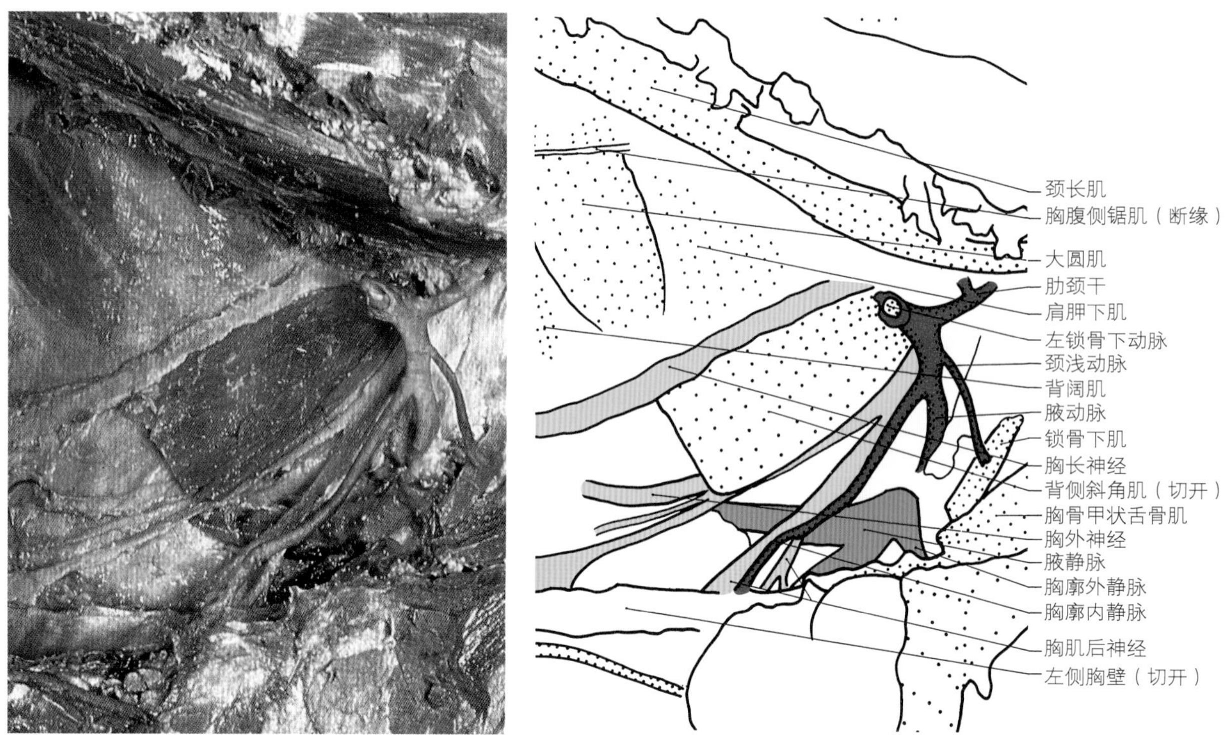
颈长肌
胸腹侧锯肌（断缘）
大圆肌
肋颈干
肩胛下肌
左锁骨下动脉
颈浅动脉
背阔肌
腋动脉
锁骨下肌
胸长神经
背侧斜角肌（切开）
胸骨甲状舌骨肌
胸外神经
腋静脉
胸廓外静脉
胸廓内静脉
胸肌后神经
左侧胸壁（切开）

图4.32　犊牛腋部结构，内侧观。左侧胸壁和腹侧锯肌已被剥离，以显示腋部结构。

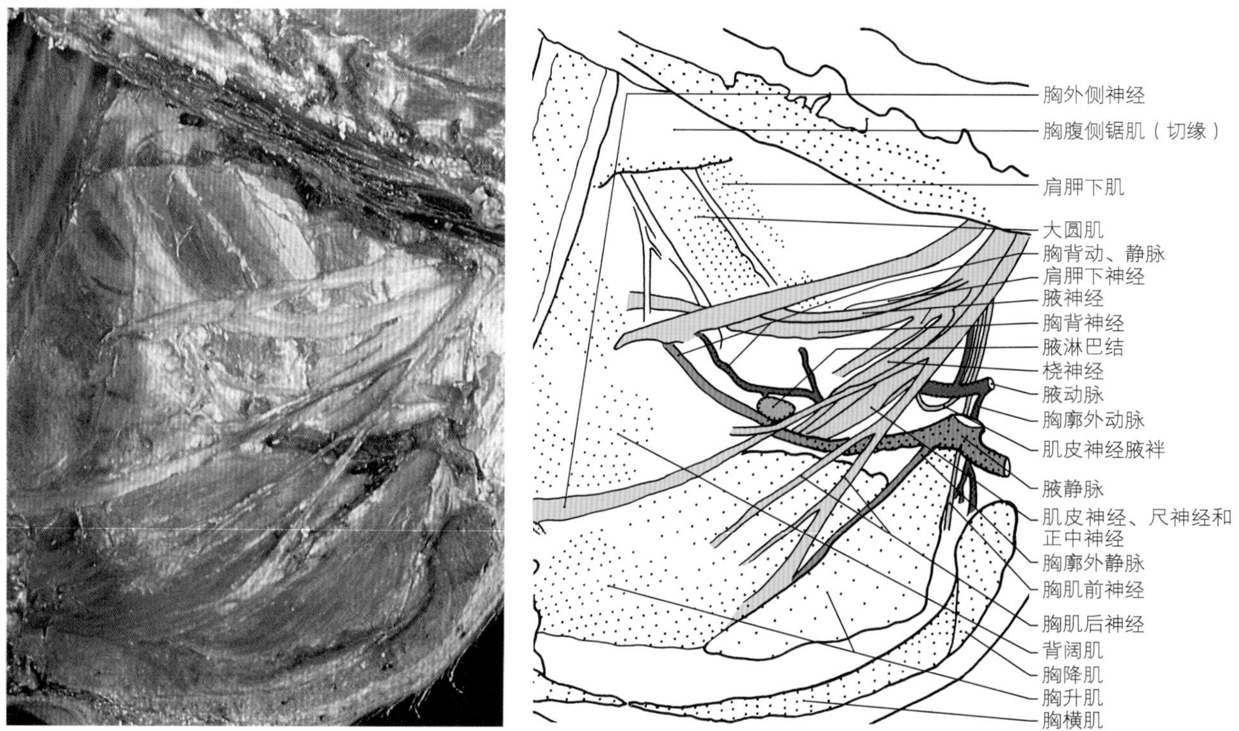
胸外侧神经
胸腹侧锯肌（切缘）
肩胛下肌
大圆肌
胸背动、静脉
肩胛下神经
腋神经
胸背神经
腋淋巴结
桡神经
腋动脉
胸廓外动脉
肌皮神经腋袢
腋静脉
肌皮神经、尺神经和
正中神经
胸廓外静脉
胸肌前神经
胸肌后神经
背阔肌
胸降肌
胸升肌
胸横肌

图4.33　犊牛胸壁神经和臂神经丛，内侧观。剥离背侧斜角肌暴露臂神经丛。前肢的详细解剖见第3章（图3.26 ~ 图3.29）。

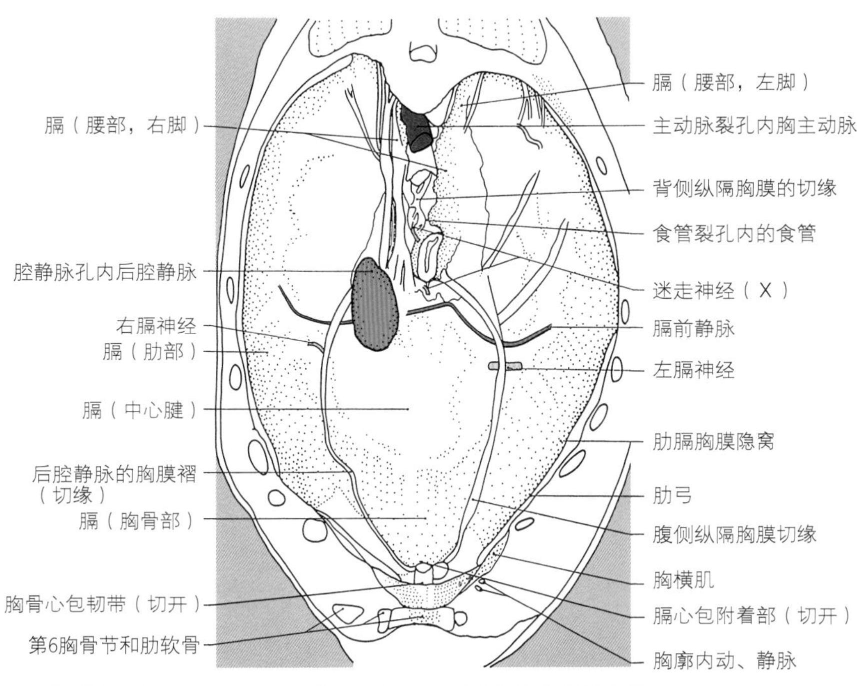
膈（腰部，左脚）
膈（腰部，右脚）
主动脉裂孔内胸主动脉
背侧纵隔胸膜的切缘
食管裂孔内的食管
腔静脉孔内后腔静脉
迷走神经（X）
膈前静脉
右膈神经
膈（肋部）
左膈神经
膈（中心腱）
肋膈胸膜隐窝
后腔静脉的胸膜褶（切缘）
肋弓
膈（胸骨部）
腹侧纵隔胸膜切缘
胸横肌
胸骨心包韧带（切开）
膈心包附着部（切开）
第6胸骨节和肋软骨
胸廓内动、静脉

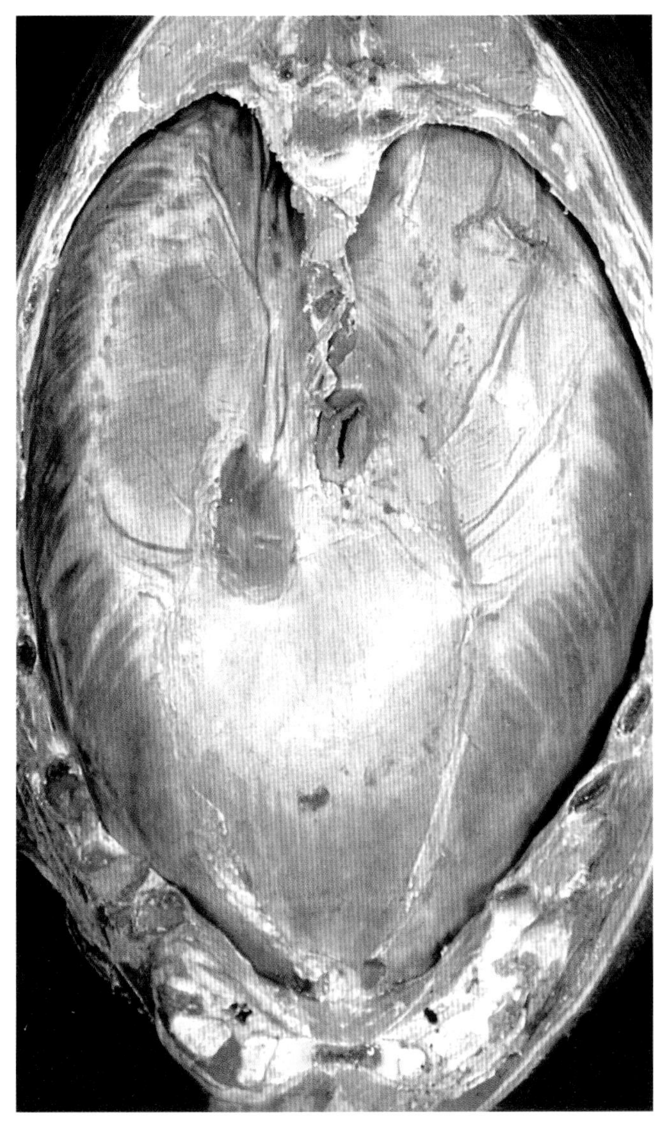

图4.34 犊牛膈的胸腔表面，前面观。切除左、右两侧胸廓显示膈的肋骨和胸骨附着部，以更完整地显示膈的前面观。

第5章

腹 部

（The Abdomen）

牛的腹部是兽医临床诊治的主要区域之一。因为牛在放牧时总是毫无选择地采食其能接触到的各种物质。

牛场的牛犊很容易发生消化系统功能紊乱，特别是当把以乳为主的日粮过急地转换成成年反刍动物的基础日粮时更易发生。在自然状态下，母牛与其哺乳期犊牛能够顺利地进行日粮转换过程。然而，牛场主为了获得更多的牛奶，常给犊牛强制性提前断奶，破坏了这种自然的转换过程。

许多原因都可能引起腹泻，如牛病毒性腹泻和一切能够引起机体紊乱的细菌毒素和生物毒素，包括球虫、轮状病毒、冠状病毒、星状病毒、嵌杯样病毒、布雷达病毒、大肠杆菌、隐性芽孢虫和多种血清型的沙门氏菌。这些病因引起的腹泻通常是很难诊断的。放牧腹泻多见于冬痢、沙门氏菌病、牛副结核病和营养性腹泻，比如酸中毒。

体内寄生虫是一种很严重的致病因素，特别是首季放牧的动物更易感染。当易感染的牛在污染区放牧时，容易食入大量感染性幼虫引起寄生虫性胃肠炎。此时，在皱胃和小肠中常发现有大量寄生虫存在，尤其是古柏线虫属和细颈线虫属。草地放牧牛易患I型奥斯特塔格线虫病，而经首季放牧后约1岁的牛在晚冬和春季易感染Ⅱ型奥斯特塔格线虫病。营养不良常与春牧或日粮快速变更有关。

牛腹部疾患还有皱胃凝乳功能失常、食管沟机能障碍、食管沟感染放线菌、食管沟闭合不全引发的瘤胃胀气和饲喂高价精饲料引发的酸中毒。皱胃易发生突发性溃疡，且皱胃胃壁易受损伤。

牛的腹部疾患也可能是脐疝和脐脓肿。脐感染可能成为肝脓肿的源头。

肝脓肿是“大麦牛肉”的典型特征，可见大范围的病理特征。高产奶牛过多采食高能量日粮会导致脂肪肝。影响牛和羊肝病最严重的致病因子是肝吸虫，该病易在暖冬和潮湿的环境中传播。严重的肝脏疾病还会引起肝性脑病。

腰部肌肉常常易感染梭菌，引起梭菌肌炎，如黑腿病（肖维氏梭状芽孢杆菌）。跛行、四肢僵硬和肌肉萎缩是这类疾病的典型特征。

牛的上行泌尿道易发生感染，该类疾病最常见的病症是尿毒症。传染性牛肾盂肾炎的典型症状为一过性血尿、急性腹痛、精神不振以及尿中含有血细胞、结石和脓汁等病症。触诊肾脏或用力按压腰部均会引起疼痛反应。

牛的泌尿系统疾病还有其他较少见到的病症。膀胱炎常常由上行泌尿道感染引起，地方性血尿症常发生于盛产蕨菜的地区。

膈容易出现疝或破损。膈是重要的呼气器官，但很容易因创伤性网胃炎（可能引发坏死性肌炎）而被刺破，使得腹腔内容物（常见网胃或肝，偶见瓣胃）挤入胸腔。当维生素E和硒缺乏时引起呼吸肌营养不良，使犊牛呼吸变快变浅。

以下是消化道几种重要的病症：

胃气胀：由牛的食管沟损伤造成，如脓胀或放线杆菌病，可引起食管沟或食管的物理性梗阻。酸中毒也可能出现胃胀气。淋巴结肿大挤压食管、破伤风或产奶热（地方性牛乳热——译者注）以及长时间侧卧也会引起胃气胀。

泡沫性膨气：更常见，通常是几只动物同时发生，常见于在盛产富含皂甙和三叶草或者紫花苜蓿的牧场上放牧的牛。

大范围的腹部功能紊乱与成年牛的前胃有关，这些内容将在下文中一一罗列。据报道引起急性腹胀可能有7种因素，分别是肥胖、胚胎、腹水、胃肠胀气、粪便、食物或异物。母牛疝气较为罕见，但消化不良较常见。所有的瘤胃机能紊乱都会引起食欲不振、产奶下降和发育停滞。消化不良也可能是因为采食新的日粮、湿草、霜打饲料、变质饲料等引起。瘤胃pH的微小变化都会引起瘤胃弛缓。

较合理的做法是在更换日粮时尽可能有10～14d的缓慢过渡期。

瘤胃酸中毒：谷物储存不当、变质或突然无限制地暴食可能会出现瘤胃酸中毒。更严重的是大量碳水化合物缓慢发酵也会引起酸中毒、急性脱水和精神萎靡不振。亚急性瘤胃酸中毒在高产牛群中较为常见。

鼓气：引起消化道各部的急性胀气性肿胀是一种临床上很常见的现象。

网胃：创伤性网胃腹膜炎也被称为“钢丝病”。通常是由5～10 cm长的金属丝刺伤所引起。这种金属丝常用于固定包裹青贮饲料的塑料布。多达50%的牛的网胃或瘤胃内有金属异物。临床症状因其危害程度与危害性而不同。有的牛尽管胃内有大量的金属异物，但并没有出现临床症状或者仅有轻微食欲下降、反刍减少、产奶量下降和不同程度的疼痛等轻微症状。这些症状影响了许多其他器官的结构（膈、肝、脾、肺、心包和心脏）和腹膜化脓的范围。这可能造成大范围的粘连和复杂的呼噜声。“钢丝病”可能引起膈疝气。它可能在数周后发展起来的。由于心包紧贴着膈，常常被刺穿，即出现了既有胸部症状又有腹部症状的临床表现。心杂音和液体流动噪音可证实为心包炎。

瘤胃：饮食性瘤胃阻塞常见于采食麦秆或干草而饮水不足的肉牛，也可能由于过多摄入谷物所引起。严重的瘤胃阻塞需要和“钢丝病”区别开来。其中，饮水不足是瘤胃阻塞的关键性因素。饲喂苜蓿或羽衣甘蓝可能引起急性瘤胃膨气，但急性瘤胃膨气也可见于泡沫性膨气和异物性阻塞。

瓣胃：瓣胃阻塞较少见。

皱胃：真胃扭转会引起急性气梗阻。皱胃向左或向右移位可能会引起皱胃左侧或者右侧膨胀。在大多数情况下梗阻发生可能与迷走神经有关。

左侧皱胃移位多见于奶牛，与日粮有关。多发于高产牛泌乳早期。皱胃弛缓的动物如果腹部突然出现巨大的占据物，如妊娠子宫含有大量气体，就会引起皱胃移位。皱胃扩张和移位也见于右肋腹部。皱胃移位也可引起溃疡和梗阻。

盲肠：母牛泌乳早期和公牛会出现盲肠扭转。盲肠内大量的挥发性脂肪酸可能是诱因，或者大量的淀粉发酵引起盲肠弛缓和气体堆积。它也可能与结肠、回肠或肠系膜扭转有关，常被缠绕在总肠系膜上。盲肠扭转通常是很严重的，甚至是致命的，常并发发酵，引起严重的右侧膨胀。这种疾病的鉴别诊断主要取决于动物的行为、直肠检查、脉搏率和病情的发展。

绞窄性肠系膜疝通过肠系膜引起肠下垂，也可能发生肠套叠；此时直肠检查时触及腹腔右上部有硬香肠感。肠套叠通常多见于小肠，或小肠通过回盲口套入盲肠。牛的这种情况通常会引起严重的腹泻，但是成年牛不一定出现症状。脂肪瘤也可导致回肠梗阻，引起肠内容物发酵而产生绞痛，但预后通常会好转。

迷走神经性消化不良常见于金属异物性粘连导致的并发症。金属异物常损伤网胃和瘤胃囊内侧壁，干扰胃壁上的迷走神经受体，也可能继发食管放线杆菌病、脓肿、结核病或膈膜破裂。

腹膜炎常继发于创伤性网胃炎、子宫炎，乳房炎、难产或胎衣不下。急性弥散性腹膜炎由“金属丝”引起。它可能有很多诱因，如临床上使用导管不当造成子宫或阴道穹窿被穿透，或者造成阴道前部损伤。皱胃溃疡和腹部的外科手术也可能引起继发性腹膜炎。

子宫是腹腔内的结构，当羊膜或尿膜积水可引起严重的腹胀，利用直肠检查可进行诊断。子宫扭转也可能造成腹胀。

肠套叠引起的肠梗阻会随着套叠部分解除而得到缓解。有时肠套叠无需手术，可自行解开。

脐疝的大小不一，形态各异。小的疝无需治疗。大的疝通常包含网膜，而不是内脏。除非较大的疝，一般也无需外科手术治疗。通常疝孔可能有脓肿形成。

当分娩不顺时，胎牛不能正常通过产道娩出，此时需要在硬膜外腔或脊髓麻醉下进行剖宫产或胎儿截割术（碎胎术——译者注）把胎牛完整或切成碎块取出。

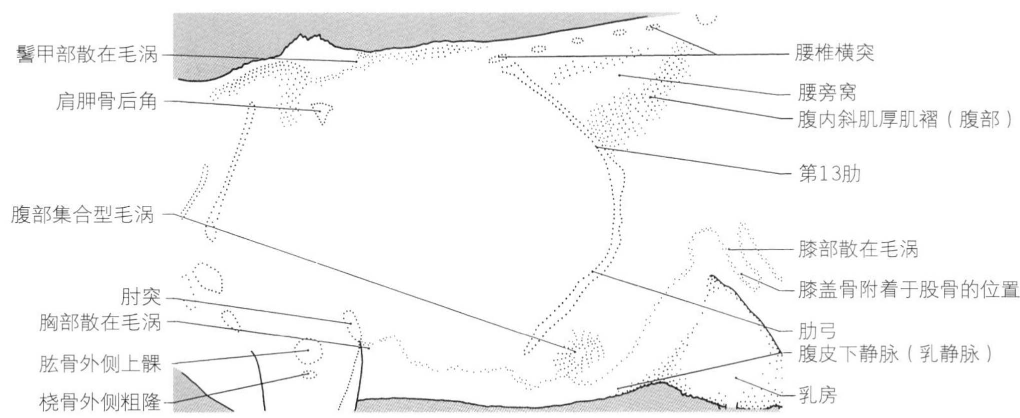
鬐甲部散在毛涡
肩胛骨后角
腹部集合型毛涡
肘突
胸部散在毛涡
肱骨外侧上髁
桡骨外侧粗隆
腰椎横突
腰旁窝
腹内斜肌厚肌褶（腹部）
第13肋
膝部散在毛涡
膝盖骨附着于股骨的位置
肋弓
腹皮下静脉（乳静脉）
乳房

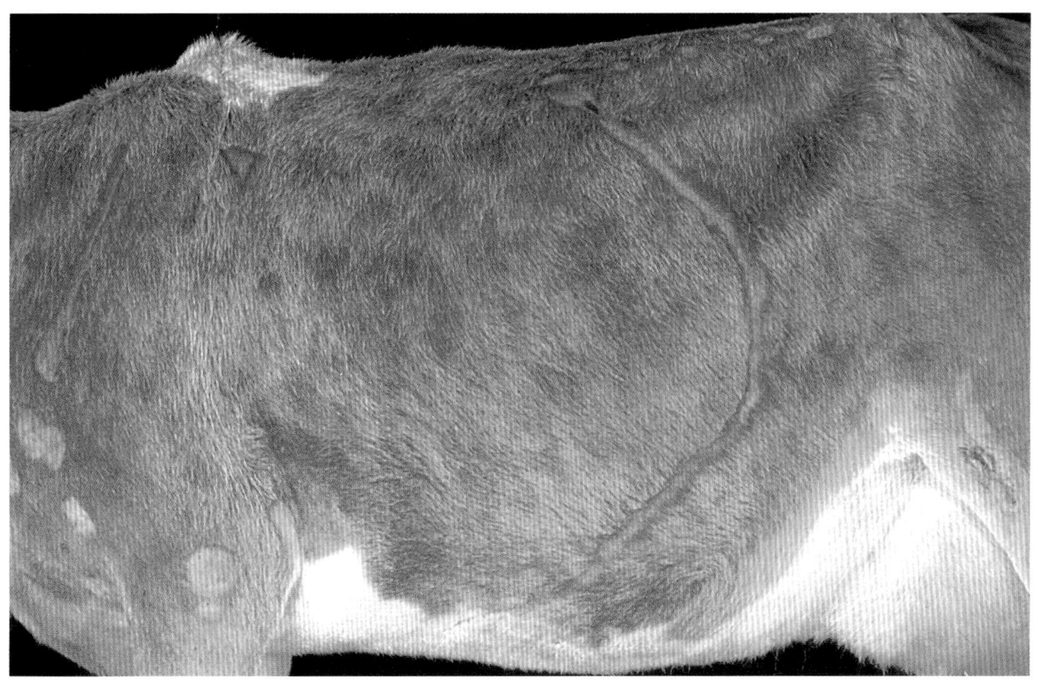

图5.1 腹部表面特征，左侧观。骨性标记的被毛已剃除。

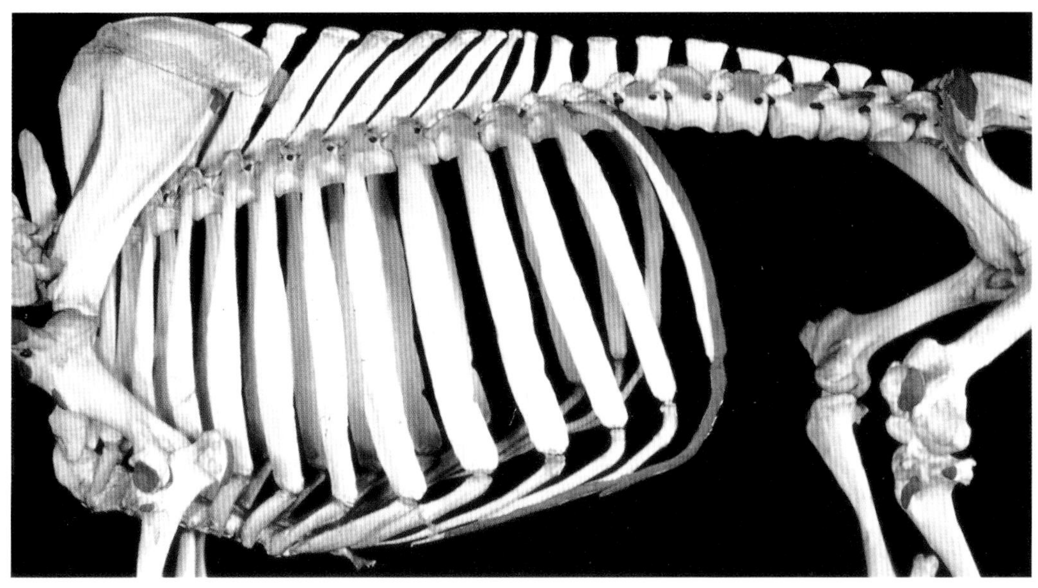

图5.2 腹部骨骼，左侧观。红色表示图5.1中的骨性标志。

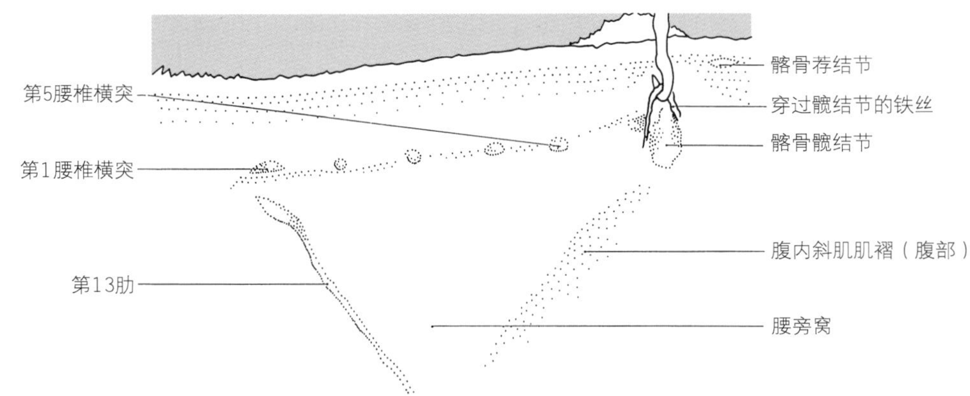
髂骨荐结节
第5腰椎横突
穿过髋结节的铁丝
髂骨髋结节
第1腰椎横突
腹内斜肌肌褶（腹部）
第13肋
腰旁窝

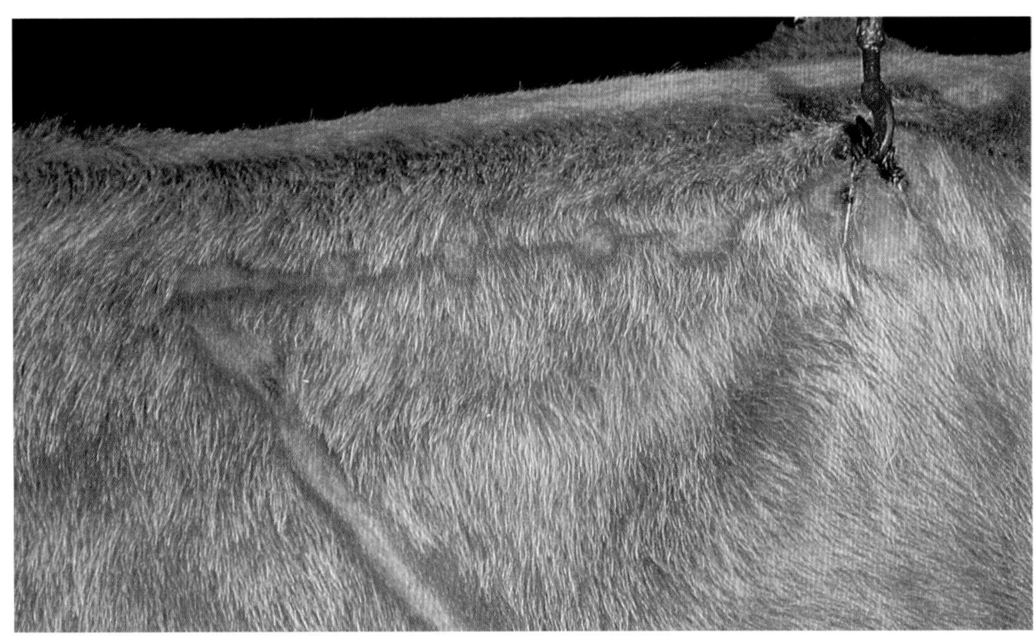

图5.3 左侧腰旁窝的分界线。骨性标志的被毛已剃除。在较瘦的动物第1腰椎横突可被触及；而第6腰椎横突被髋结节遮盖。

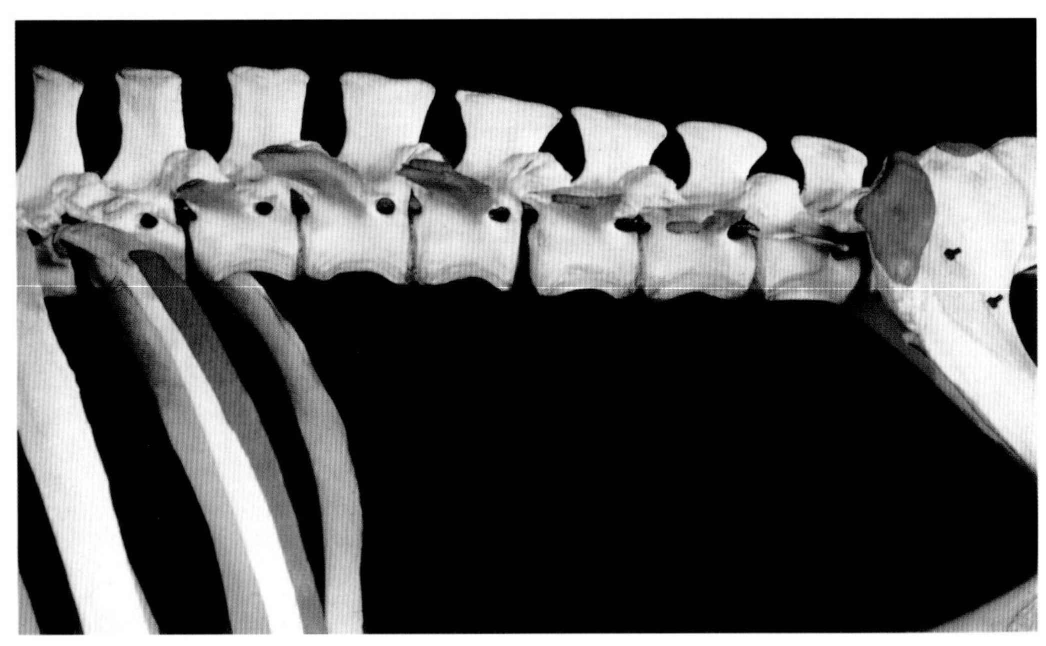

图5.4 左侧腰旁窝的骨骼。红色表示图5.3中的骨性标志。

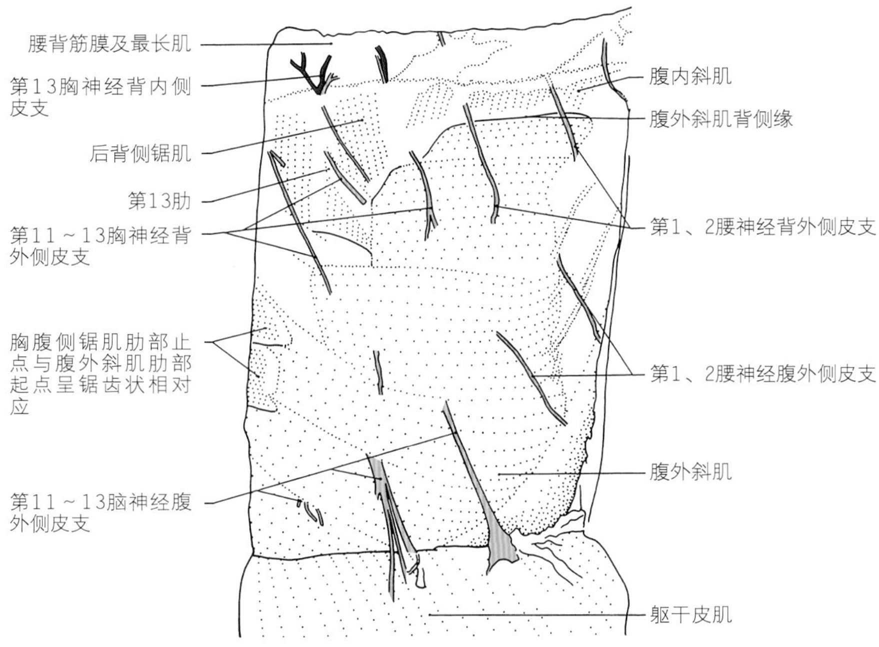
腰背筋膜及最长肌
第13胸神经背内侧皮支
后背侧锯肌
第13肋
第11～13胸神经背外侧皮支
胸腹侧锯肌肋部止点与腹外斜肌肋部起点呈锯齿状相对应
第11～13脑神经腹外侧皮支
腹内斜肌
腹外斜肌背侧缘
第1、2腰神经背外侧皮支
第1、2腰神经腹外侧皮支
腹外斜肌
躯干皮肌

图5.5 腹侧壁皮神经。部分皮肤和皮肌已被翻向腹侧以显示浅筋膜的皮神经。该图和图5.6～图5.8均显示右侧腹壁结构，但有的图片被侧向翻转。

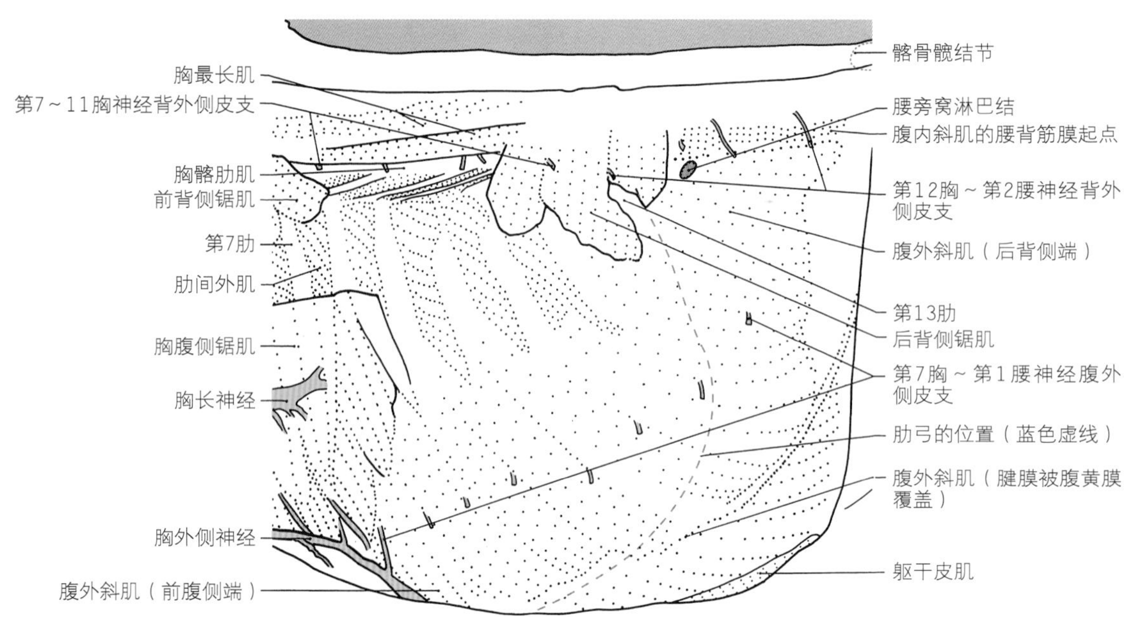
胸最长肌
第7～11胸神经背外侧皮支
胸髂肋肌
前背侧锯肌
第7肋
肋间外肌
胸腹侧锯肌
胸长神经
胸外侧神经
腹外斜肌（前腹侧端）
髂骨髋结节
腰旁窝淋巴结
腹内斜肌的腰背筋膜起点
第12胸～第2腰神经背外侧皮支
腹外斜肌（后背侧端）
第13肋
后背侧锯肌
第7胸～第1腰神经腹外侧皮支
肋弓的位置（蓝色虚线）
腹外斜肌（腱膜被腹黄膜覆盖）
躯干皮肌

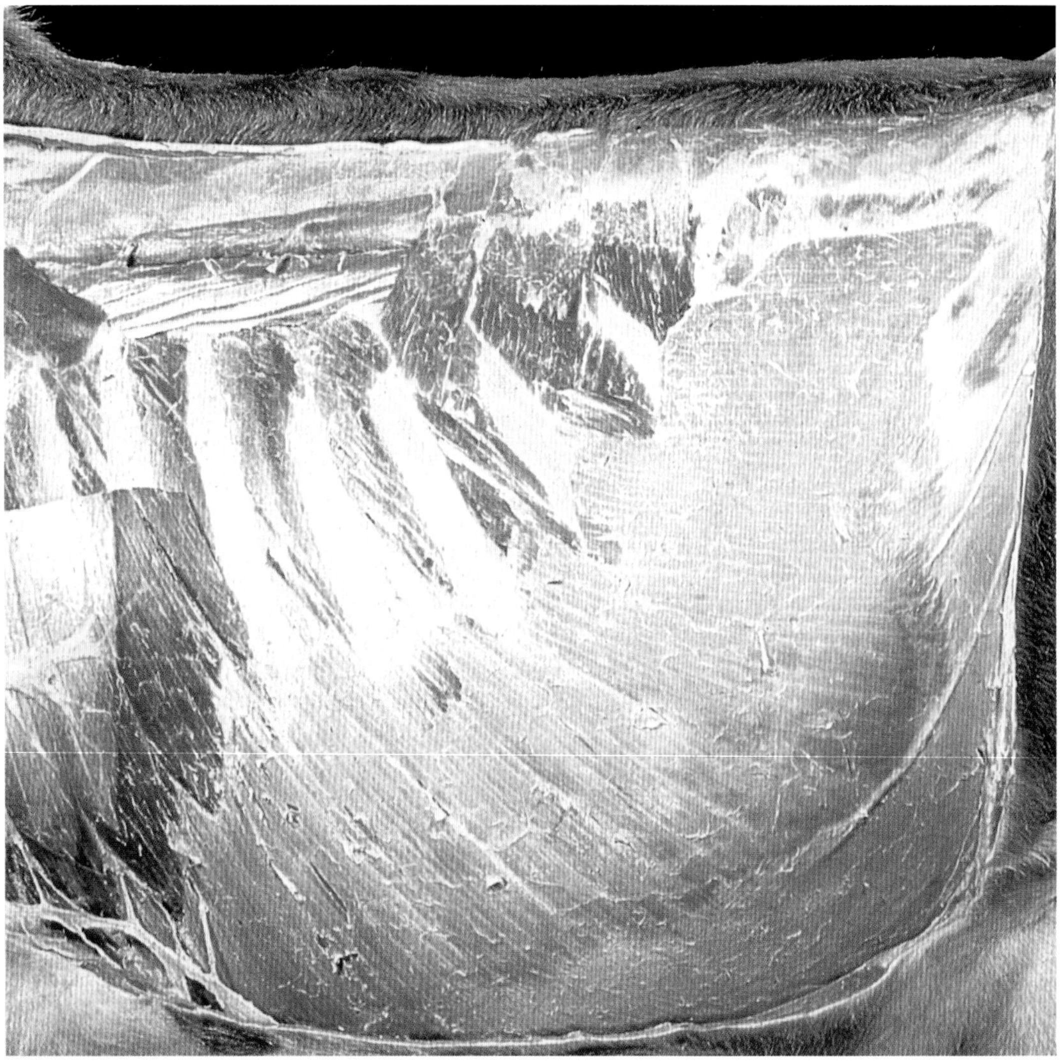

图5.6　腹外斜肌。躯干皮肌已切除（见图5.9）以显示深筋膜的皮神经。

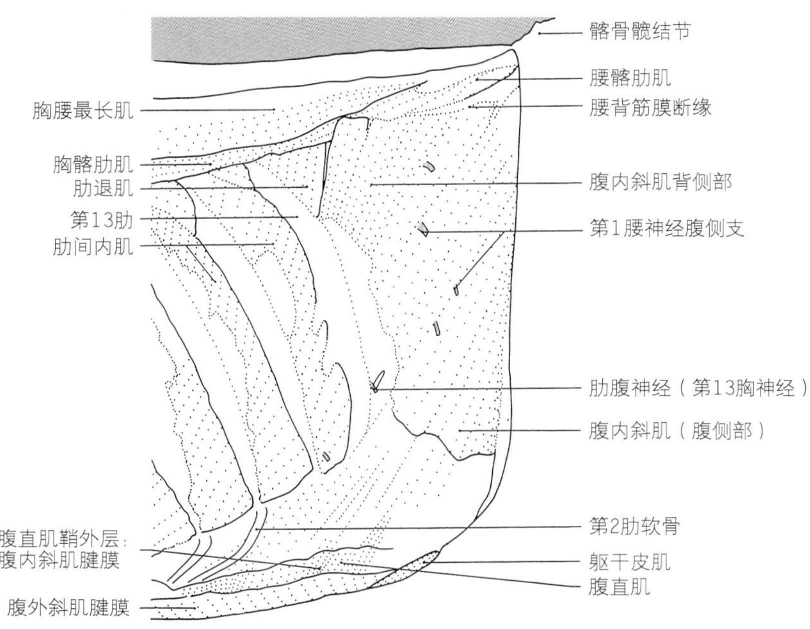
髂骨髋结节
腰髂肋肌
腰背筋膜断缘
胸腰最长肌
胸髂肋肌
肋退肌
第13肋
肋间内肌
腹内斜肌背侧部
第1腰神经腹侧支
肋腹神经（第13胸神经）
腹内斜肌（腹侧部）
第2肋软骨
腹直肌鞘外层：
腹内斜肌腱膜
躯干皮肌
腹直肌
腹外斜肌腱膜

图5.7　左侧腹内斜肌。该图和后面的图片均未展示腹直肌的全貌（见图5.11和图5.12）。

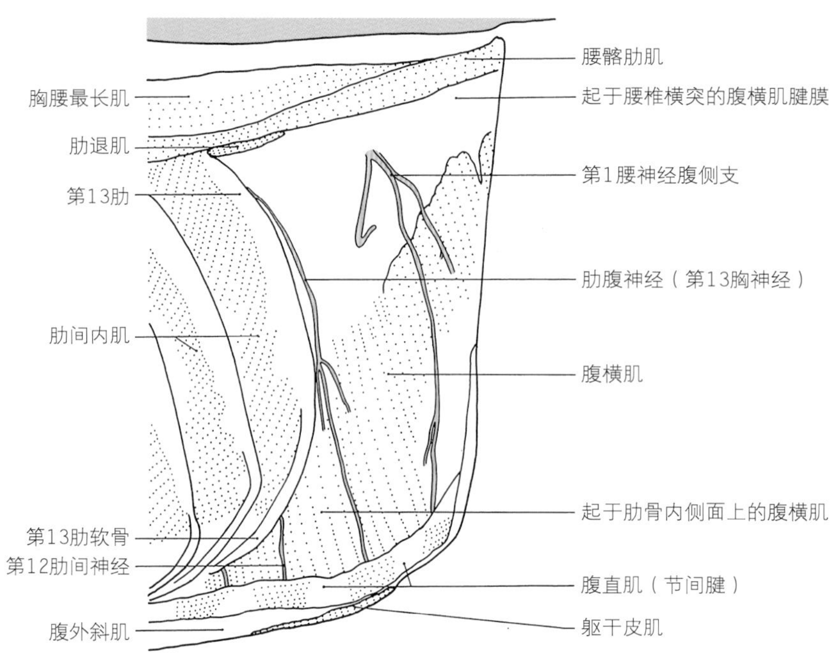
腰髂肋肌
胸腰最长肌
起于腰椎横突的腹横肌腱膜
肋退肌
第1腰神经腹侧支
第13肋
肋腹神经（第13胸神经）
肋间内肌
腹横肌
起于肋骨内侧面上的腹横肌
第13肋软骨
第12肋间神经
腹直肌（节间腱）
腹外斜肌
躯干皮肌

图5.8　左侧腹横肌。腹腔脏器位于腹横肌的深层、最后肋骨的后方，如图5.16所示。

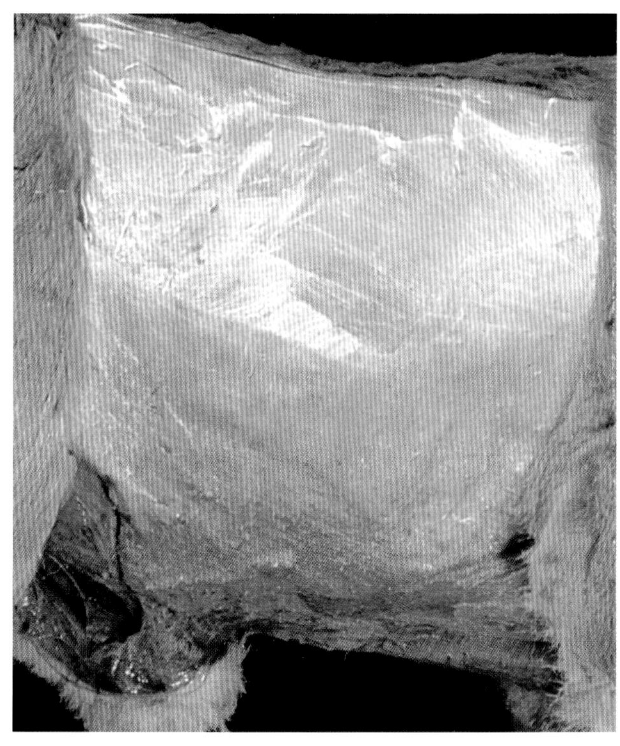

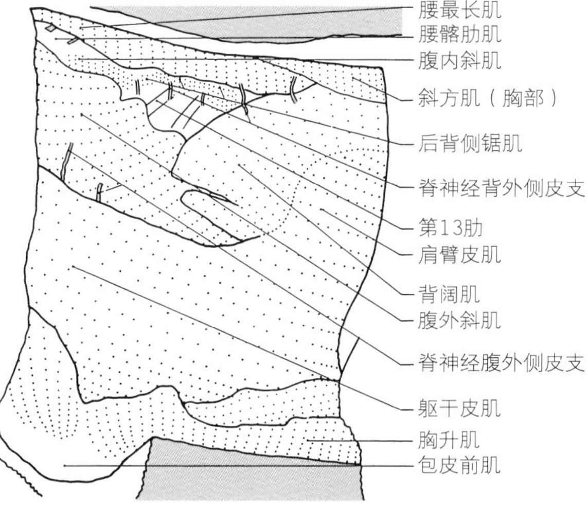
腰最长肌
腰髂肋肌
腹内斜肌
斜方肌（胸部）
后背侧锯肌
脊神经背外侧皮支
第13肋
肩臂皮肌
背阔肌
腹外斜肌
脊神经腹外侧皮支
躯干皮肌
胸升肌
包皮前肌

图5.9　1周龄小公牛躯干皮肌，右外侧观。包皮前肌在图5.10中看得更清楚。皮肌表面被剩余的真皮掩盖。图5.10～图5.15更进一步地显示了这头小牛的腹壁结构。

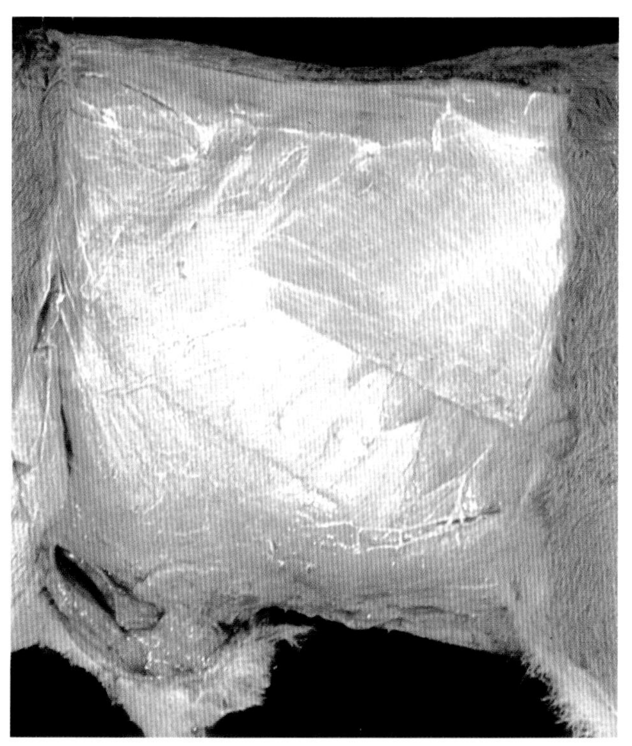

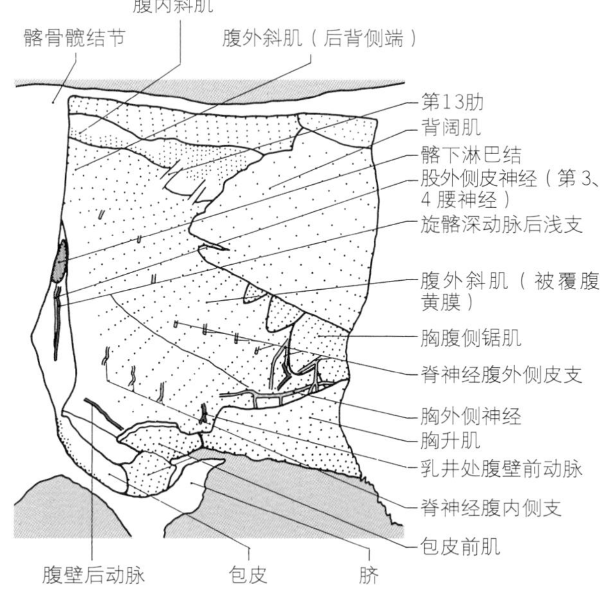
腹内斜肌
髂骨髋结节
腹外斜肌（后背侧端）
第13肋
背阔肌
髂下淋巴结
股外侧皮神经（第3、4腰神经）
旋髂深动脉后浅支
腹外斜肌（被覆腹黄膜）
胸腹侧锯肌
脊神经腹外侧皮支
胸外侧神经
胸升肌
乳井处腹壁前动脉
脊神经腹内侧支
包皮前肌
腹壁后动脉
包皮
脐

图5.10　小公牛右侧腹外斜肌。起于第10和第11肋的腹外斜肌起点被背阔肌覆盖，但是可见在第7～9肋处的与腹侧锯肌呈齿状交错的起点。

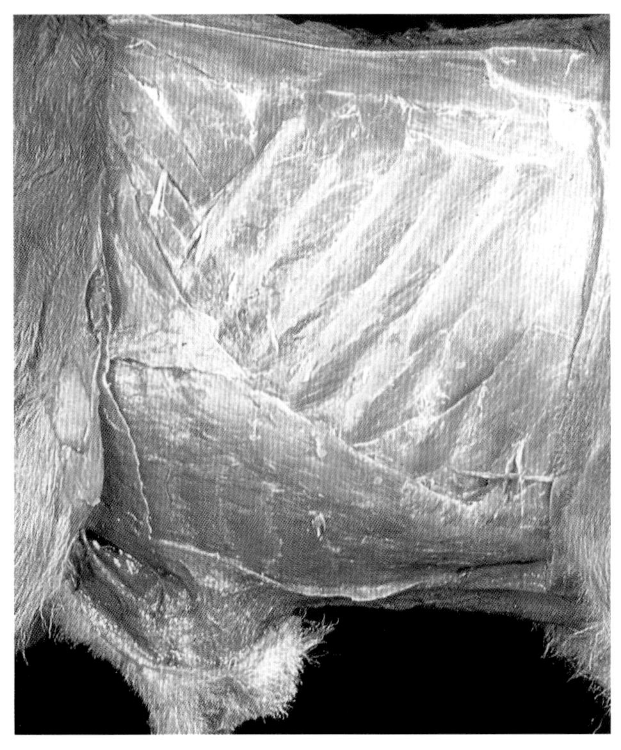

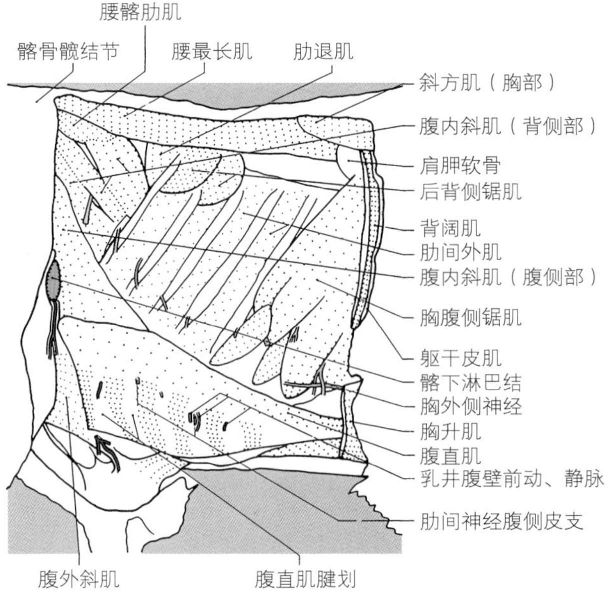
腰髂肋肌
髂骨髋结节
腰最长肌
肋退肌
斜方肌（胸部）
腹内斜肌（背侧部）
肩胛软骨
后背侧锯肌
背阔肌
肋间外肌
腹内斜肌（腹侧部）
胸腹侧锯肌
躯干皮肌
髂下淋巴结
胸外侧神经
胸升肌
腹直肌
乳井腹壁前动、静脉
肋间神经腹侧皮支
腹外斜肌
腹直肌腱划

图5.11 小公牛右侧腹内斜肌和腹直肌。该图示腹直肌的全貌，不同于图5.7仅显示腹直肌的外侧部。

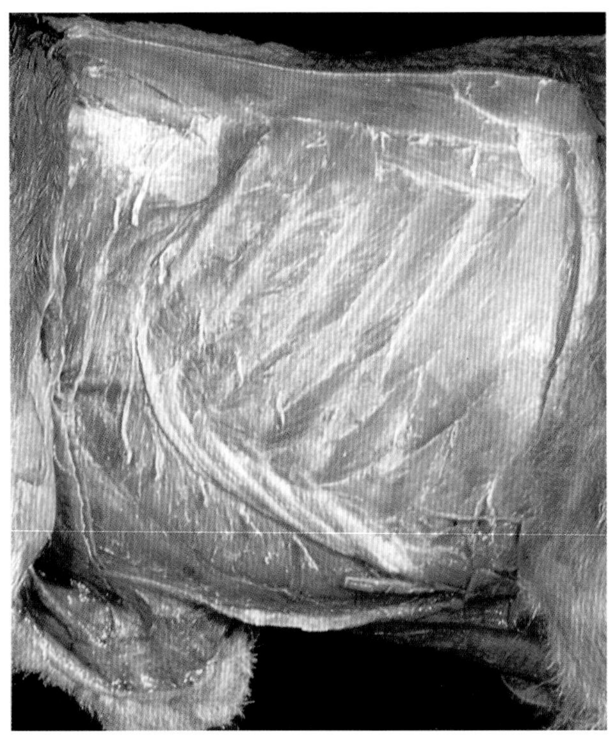

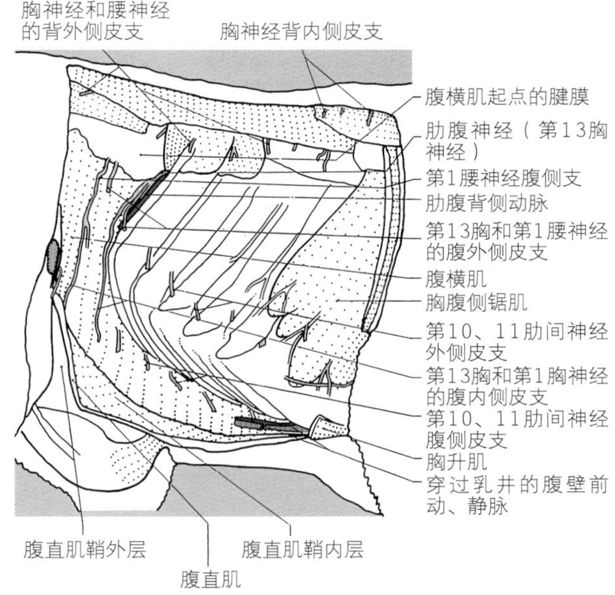
胸神经和腰神经
的背外侧皮支
胸神经背内侧皮支
腹横肌起点的腱膜
肋腹神经（第13胸
神经）
第1腰神经腹侧支
肋腹背侧动脉
第13胸和第1腰神经
的腹外侧皮支
腹横肌
胸腹侧锯肌
第10、11肋间神经
外侧皮支
第13胸和第1胸神经
的腹内侧皮支
第10、11肋间神经
腹侧皮支
胸升肌
穿过乳井的腹壁前
动、静脉
腹直肌鞘外层
腹直肌鞘内层
腹直肌

图5.12 小公牛右侧腹横肌、直肌鞘和腹壁神经。腹直肌的中部已被切除，显示形成直肌鞘中层的腹横肌薄的腱膜。在图5.54中可见腹腔脏器位于右侧腹横肌的深层。

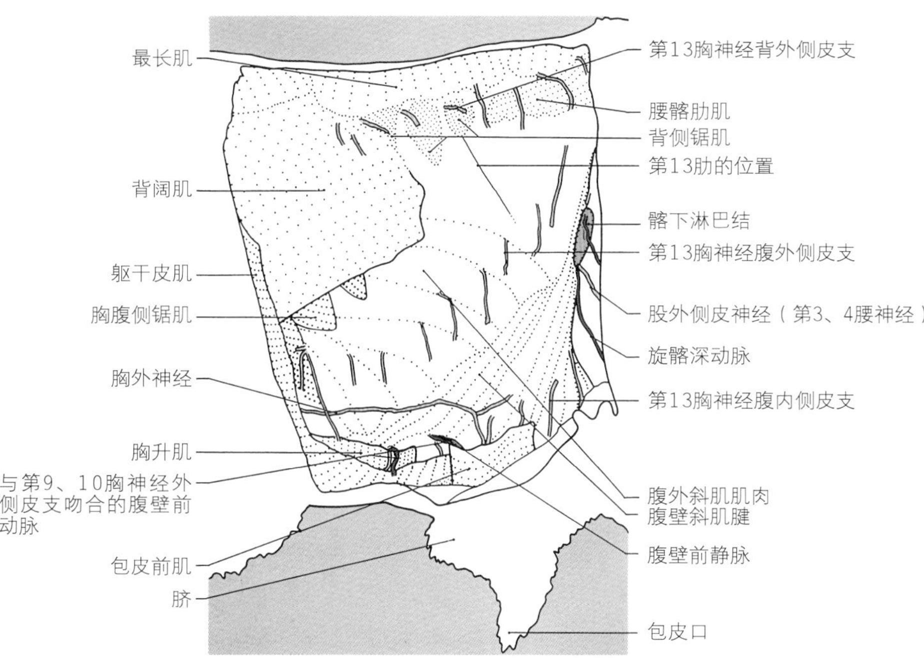
最长肌
背阔肌
躯干皮肌
胸腹侧锯肌
胸外神经
胸升肌
与第9、10胸神经外侧皮支吻合的腹壁前动脉
包皮前肌
脐
第13胸神经背外侧皮支
腰髂肋肌
背侧锯肌
第13肋的位置
髂下淋巴结
第13胸神经腹外侧皮支
股外侧皮神经（第3、4腰神经）
旋髂深动脉
第13胸神经腹内侧皮支
腹外斜肌肌肉
腹壁斜肌腱
腹壁前静脉
包皮口

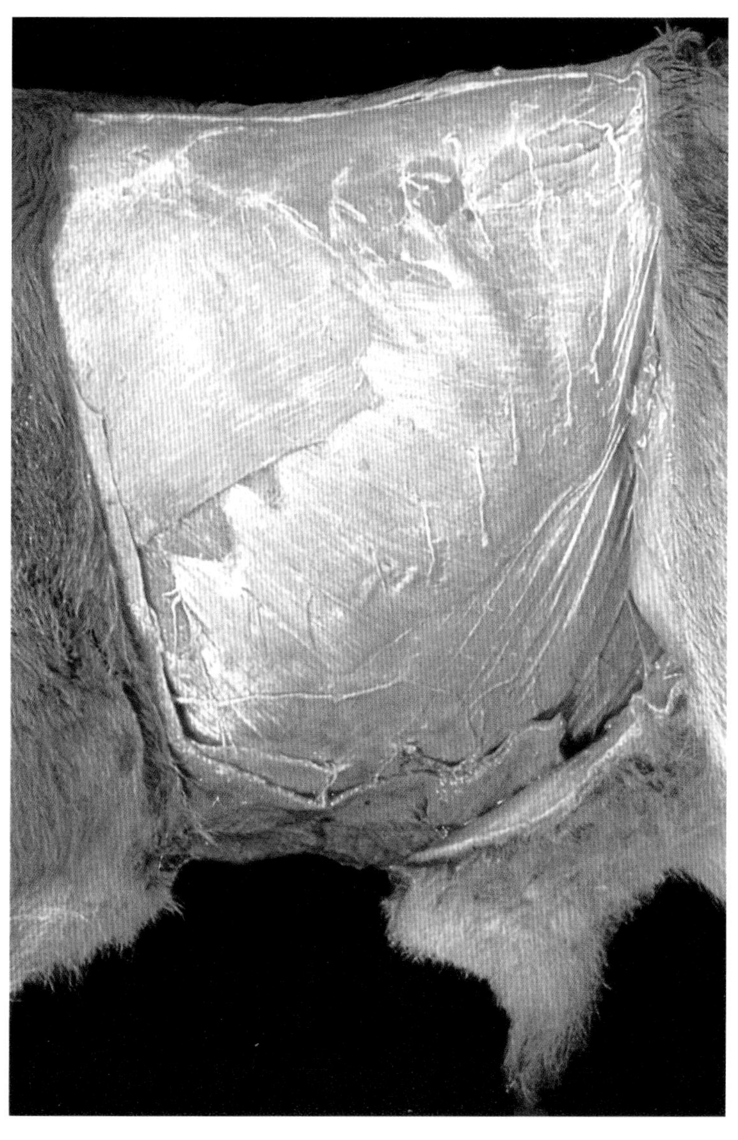

图5.13　小公牛左侧腹壁和胸壁的皮神经。胸腰神经的皮支呈三排斜行穿出深筋膜；只有最后胸神经的皮支在每一排均被标出。

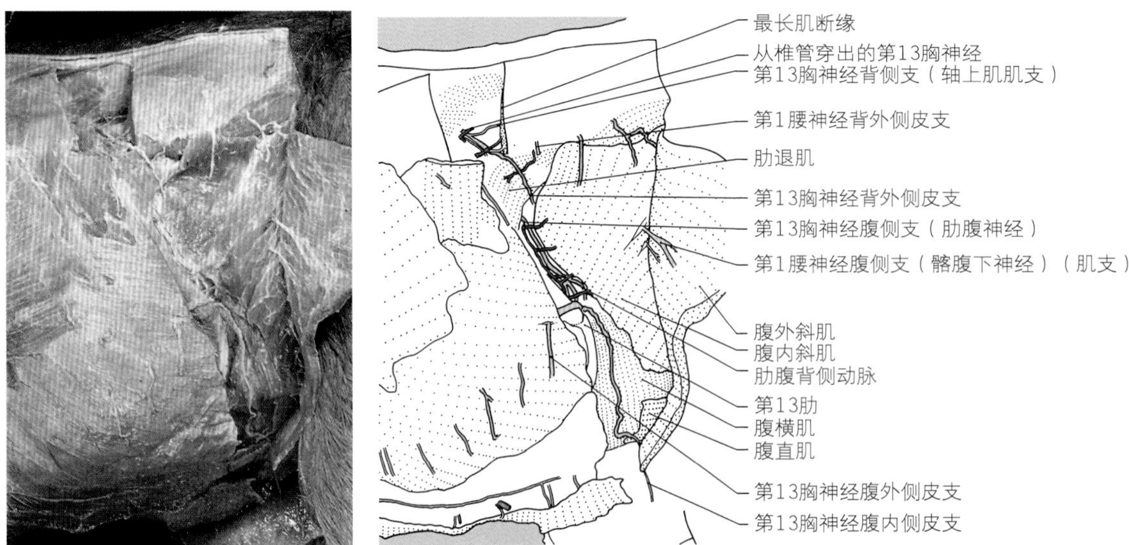
最长肌断缘
从椎管穿出的第13胸神经
第13胸神经背侧支（轴上肌肌支）
第1腰神经背外侧皮支
肋退肌
第13胸神经背外侧皮支
第13胸神经腹侧支（肋腹神经）
第1腰神经腹侧支（髂腹下神经）（肌支）
腹外斜肌
腹内斜肌
肋腹背侧动脉
第13肋
腹横肌
腹直肌
第13胸神经腹外侧皮支
第13胸神经腹内侧皮支

图5.14　小公牛最后胸神经及其皮支的走向，左外侧观。沿肋弓后缘切开腹壁肌肉并掀开以显示躯干典型的节段性神经支配的走向。右腹壁上的所有神经的走向见图5.10和图5.12。

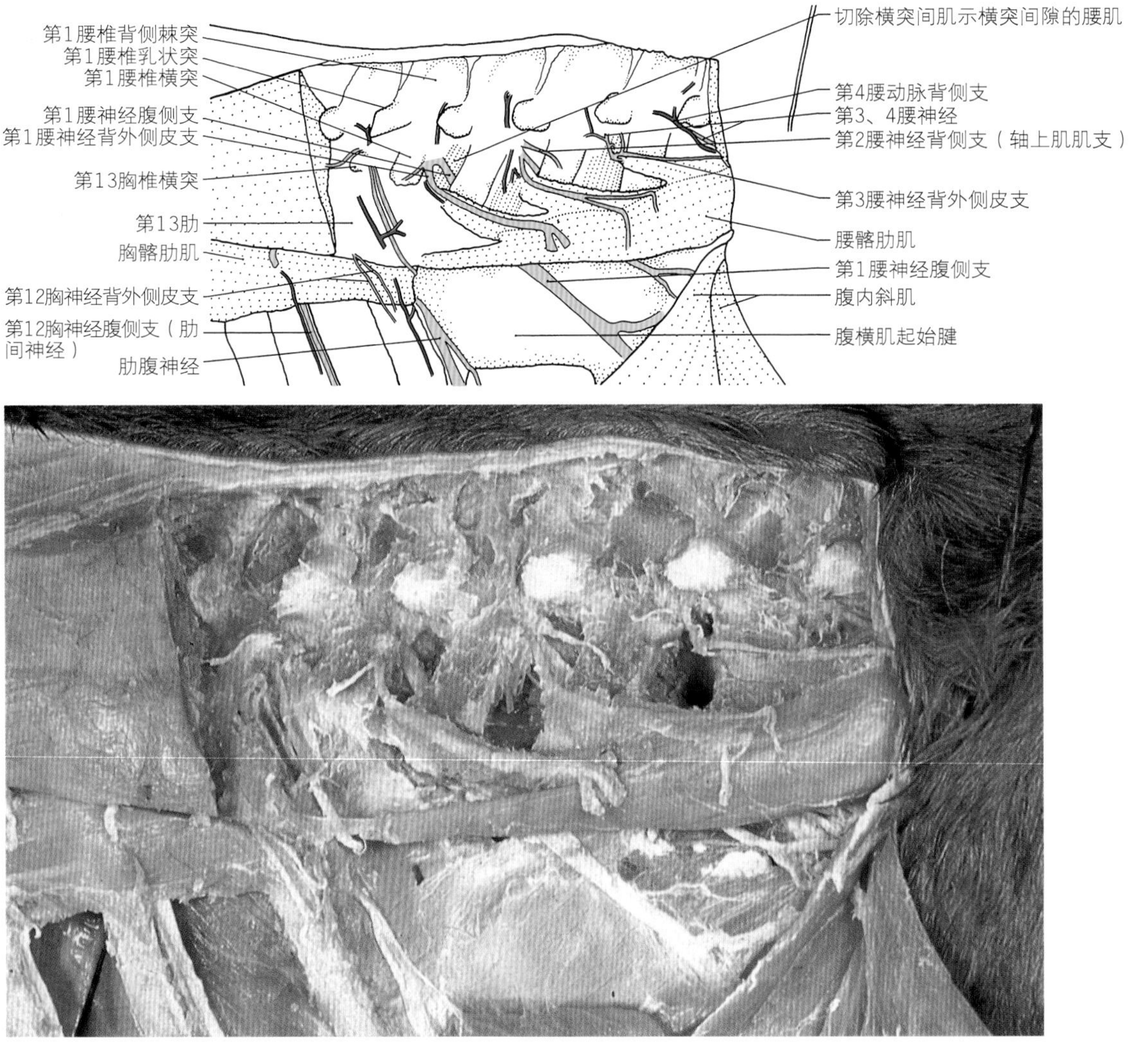

第1腰椎背侧棘突
第1腰椎乳状突
第1腰椎横突
第1腰神经腹侧支
第1腰神经背外侧皮支
第13胸椎横突
第13肋
胸髂肋肌
第12胸神经背外侧皮支
第12胸神经腹侧支（肋间神经）
肋腹神经
切除横突间肌示横突间隙的腰肌
第4腰动脉背侧支
第3、4腰神经
第2腰神经背侧支（轴上肌肌支）
第3腰神经背外侧皮支
腰髂肋肌
第1腰神经腹侧支
腹内斜肌
腹横肌起始腱

图5.15　小公牛左侧椎旁区的胸部和腰部神经。第3和第4腰神经腹侧支未显示，因为他们纵向地穿过横突间隙的最深处。在图5.46中可见腹腔内脏位于左侧腹横肌的深层。

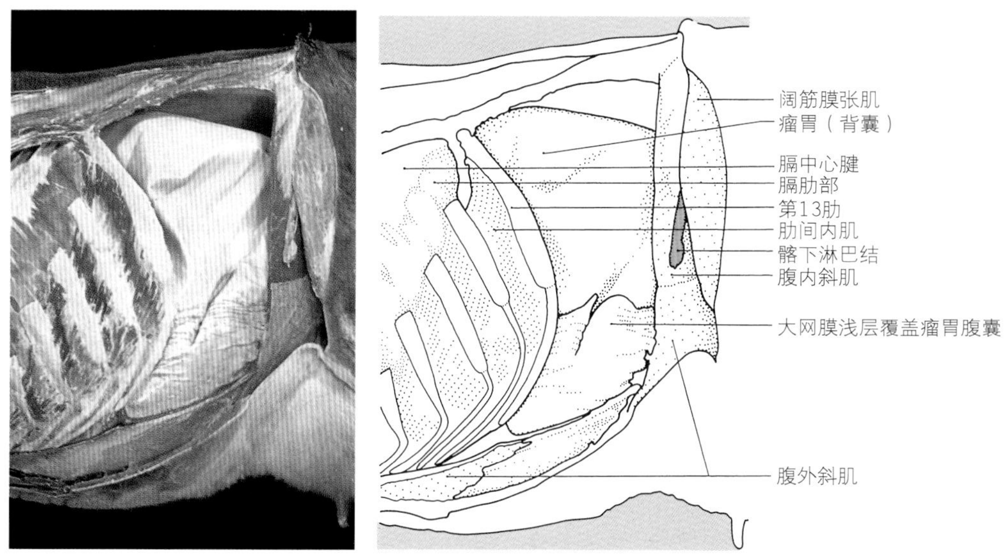
阔筋膜张肌
瘤胃（背囊）
膈中心腱
膈肋部
第13肋
肋间内肌
髂下淋巴结
腹内斜肌
大网膜浅层覆盖瘤胃腹囊
腹外斜肌

图5.16 肋弓后方的腹腔脏器，左外侧观。腹外斜肌背侧部分已被切除以显示腹内斜肌的肌腹。位于浅筋膜的髂下淋巴结紧邻腹内斜肌。该淋巴结被阔筋膜张肌覆盖，向前移位以显露出该淋巴结。

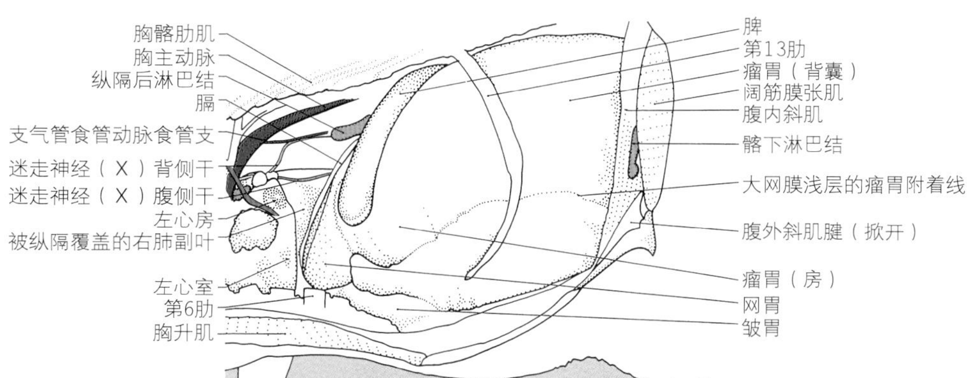
胸髂肋肌
胸主动脉
纵隔后淋巴结
膈
支气管食管动脉食管支
迷走神经（X）背侧干
迷走神经（X）腹侧干
左心房
被纵隔覆盖的右肺副叶
左心室
第6肋
胸升肌
脾
第13肋
瘤胃（背囊）
阔筋膜张肌
腹内斜肌
髂下淋巴结
大网膜浅层的瘤胃附着线
腹外斜肌腱（掀开）
瘤胃（房）
网胃
皱胃

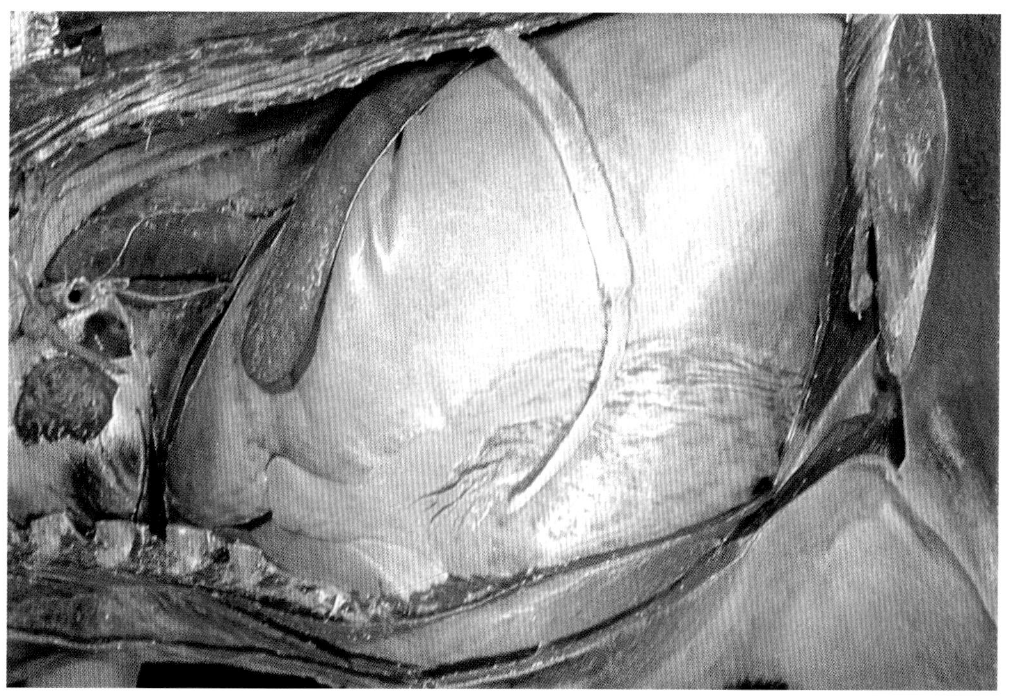

图5.17 切除肋骨架和膈后示腹腔脏器，左外侧观。胃已被适度地扩张模拟动物活体时的形状和位置。

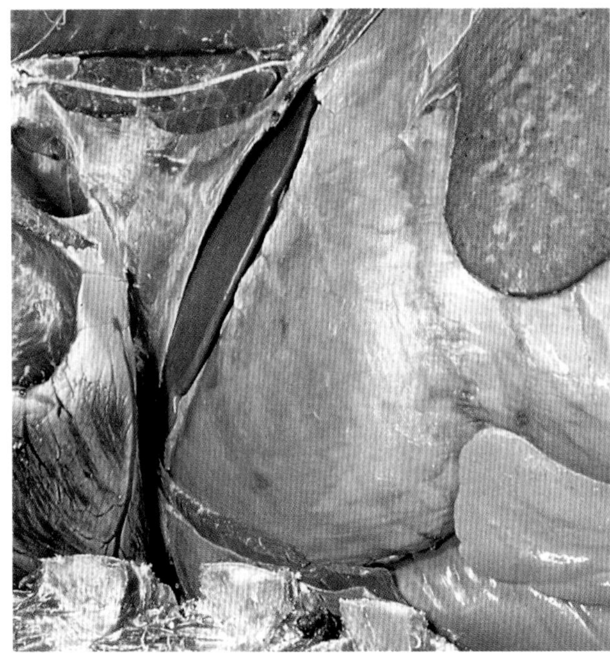

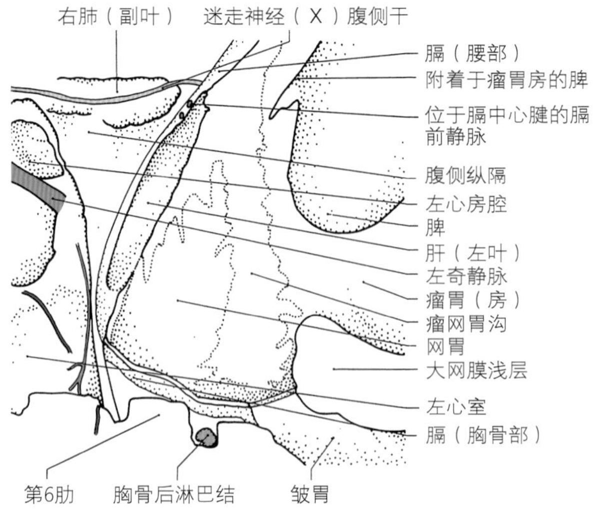
右肺（副叶）
迷走神经（X）腹侧干
膈（腰部）
附着于瘤胃房的脾
位于膈中心腱的膈前静脉
腹侧纵隔
左心房腔
脾
肝（左叶）
左奇静脉
瘤胃（房）
瘤网胃沟
网胃
大网膜浅层
左心室
膈（胸骨部）
第6肋
胸骨后淋巴结
皱胃

图5.18 网胃的相邻结构，左外侧观。为了更清楚地显示肝脏，该图的视角比图5.17稍微靠前一些。

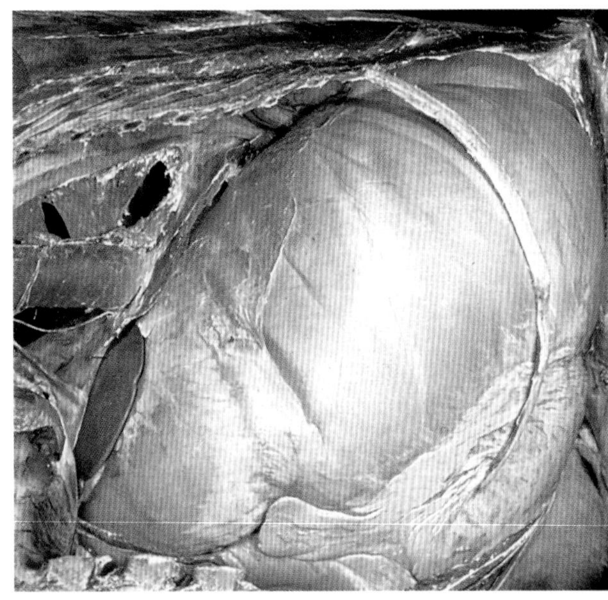

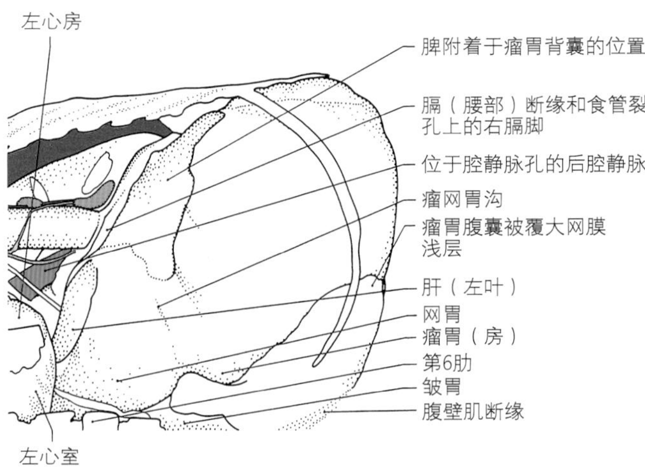
左心房
脾附着于瘤胃背囊的位置
膈（腰部）断缘和食管裂孔上的右膈脚
位于腔静脉孔的后腔静脉
瘤网胃沟
瘤胃腹囊被覆大网膜浅层
肝（左叶）
网胃
瘤胃（房）
第6肋
皱胃
腹壁肌断缘
左心室

图5.19 摘除脾后的腹腔脏器，左外侧观。该图的视角稍微靠前，以显示肝的一小部分伸向瘤胃的左半边。右肺已切除。

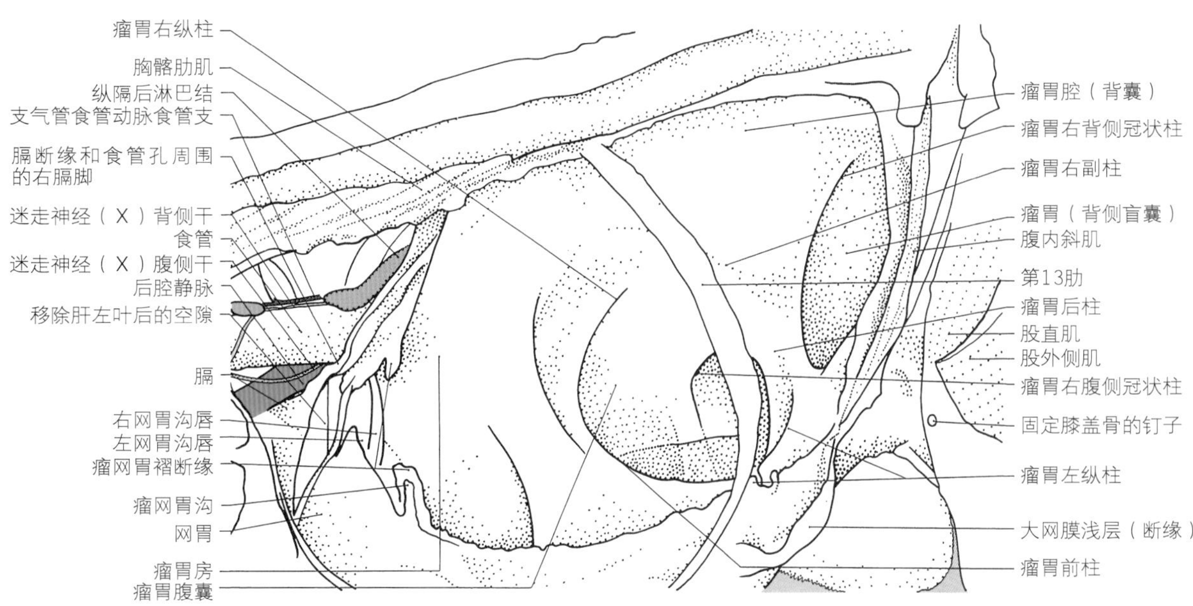

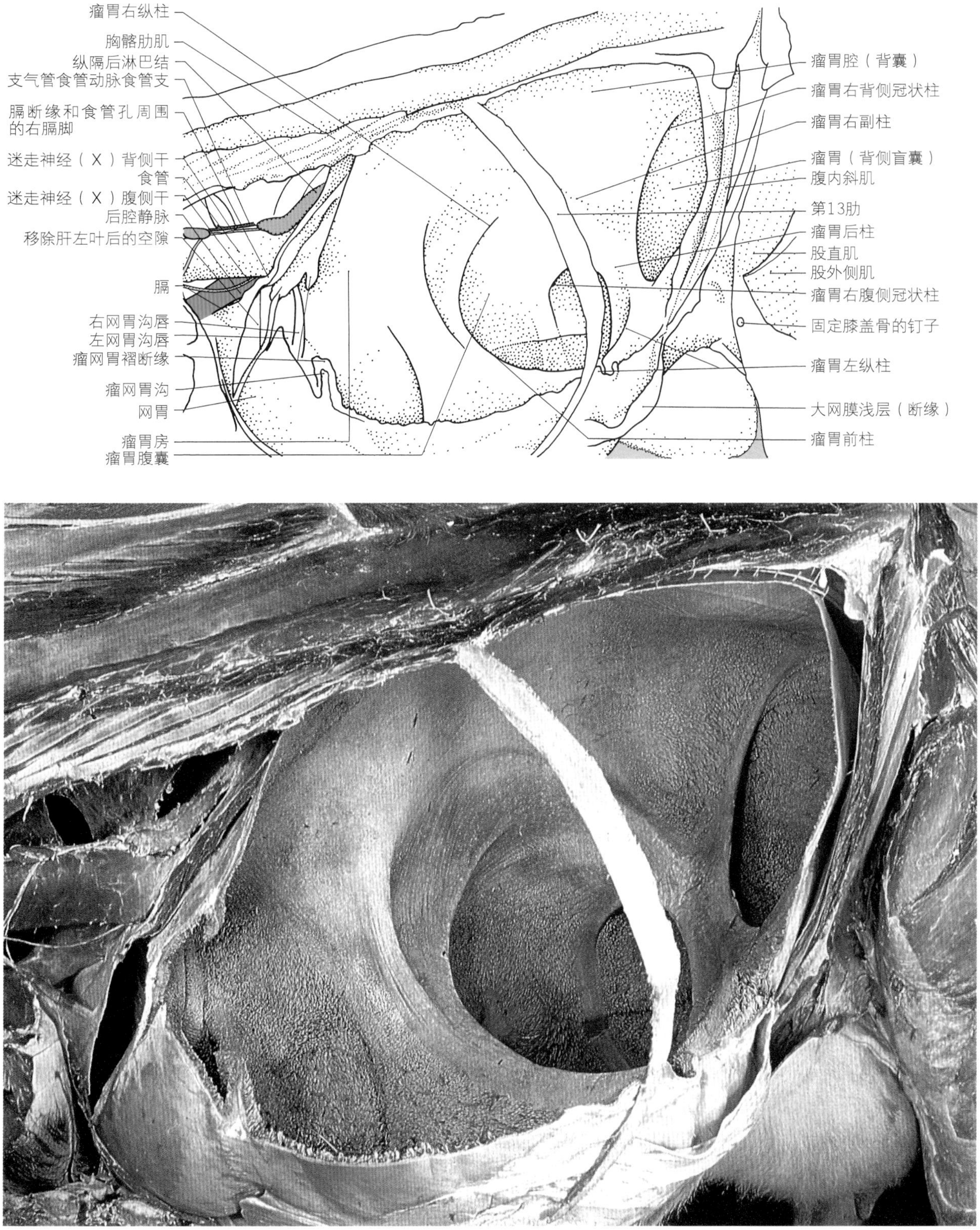

瘤胃右纵柱
胸髂肋肌
纵隔后淋巴结
支气管食管动脉食管支
膈断缘和食管孔周围的右膈脚
迷走神经（X）背侧干
食管
迷走神经（X）腹侧干
后腔静脉
移除肝左叶后的空隙
膈
右网胃沟唇
左网胃沟唇
瘤网胃褶断缘
瘤网胃沟
网胃
瘤胃房
瘤胃腹囊
瘤胃腔（背囊）
瘤胃右背侧冠状柱
瘤胃右副柱
瘤胃（背侧盲囊）
腹内斜肌
第13肋
瘤胃后柱
股直肌
股外侧肌
瘤胃右腹侧冠状柱
固定膝盖骨的钉子
瘤胃左纵柱
大网膜浅层（断缘）
瘤胃前柱

图5.20 瘤胃内部结构，左外侧观。瘤胃背侧部分已被缝在腹腔顶部，从而维持局部解剖关系。一小部分网胃腔也可看到。胃内容物已经全部被除去，但还有部分液体仍留在瘤胃腹囊。

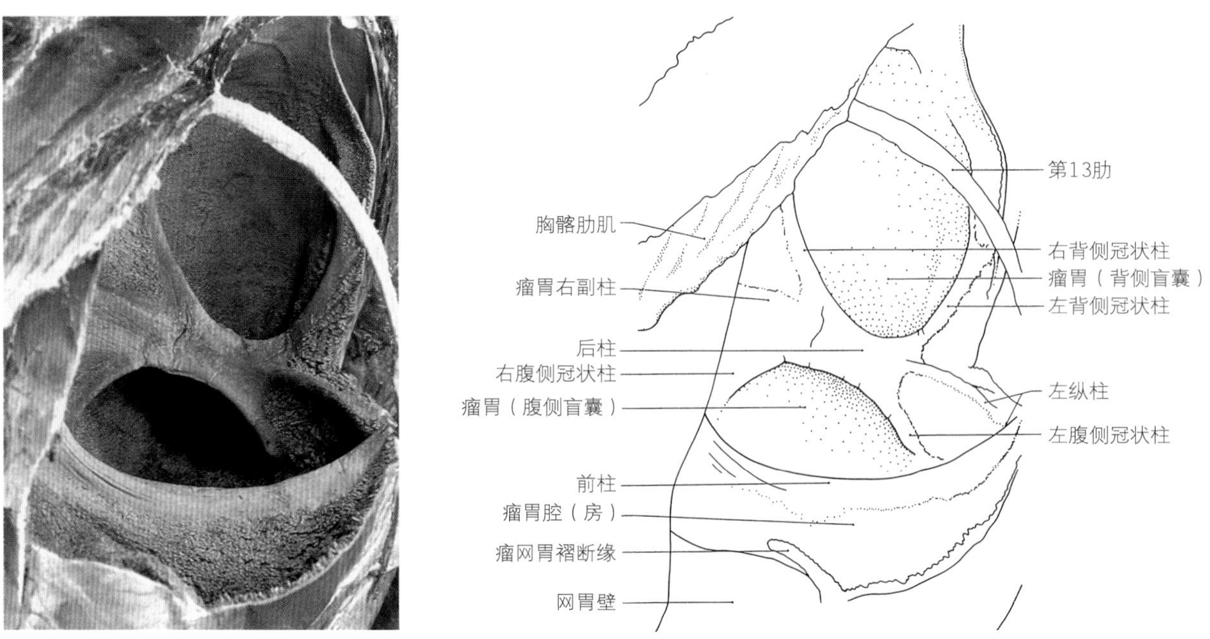
第13肋
胸髂肋肌
右背侧冠状柱
瘤胃（背侧盲囊）
瘤胃右副柱
左背侧冠状柱
后柱
右腹侧冠状柱
左纵柱
瘤胃（腹侧盲囊）
左腹侧冠状柱
前柱
瘤胃腔（房）
瘤网胃褶断缘
网胃壁

图5.21 瘤胃肉柱和各室的前背侧观。该样本的解剖结构在图5.20中显示。

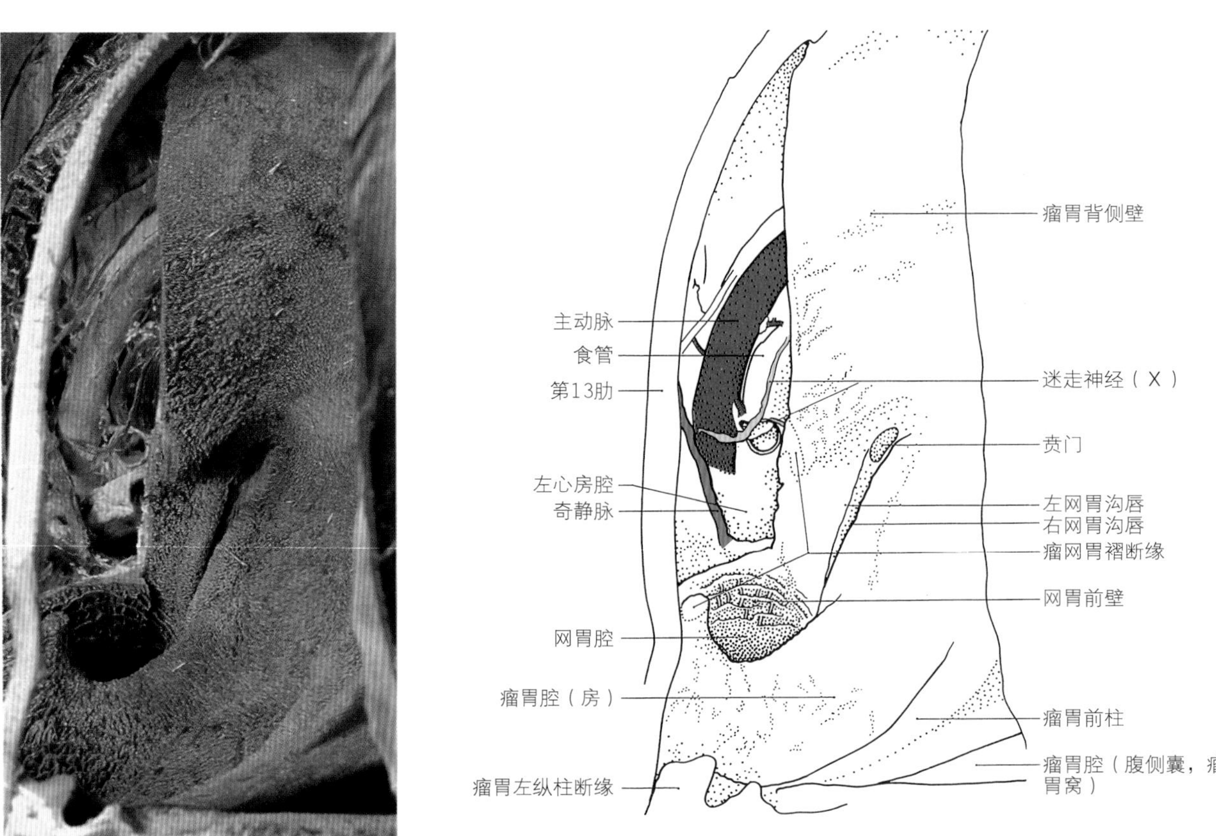
瘤胃背侧壁
主动脉
食管
迷走神经（X）
第13肋
贲门
左心房腔
左网胃沟唇
奇静脉
右网胃沟唇
瘤网胃褶断缘
网胃前壁
网胃腔
瘤胃腔（房）
瘤胃前柱
瘤胃腔（腹侧囊，瘤胃窝）
瘤胃左纵柱断缘

图5.22 瘤胃和网胃内侧面，显示贲门和网状沟，后侧观。相似的解剖结构见图5.20和图5.21，但更多的瘤胃前壁已被切除。

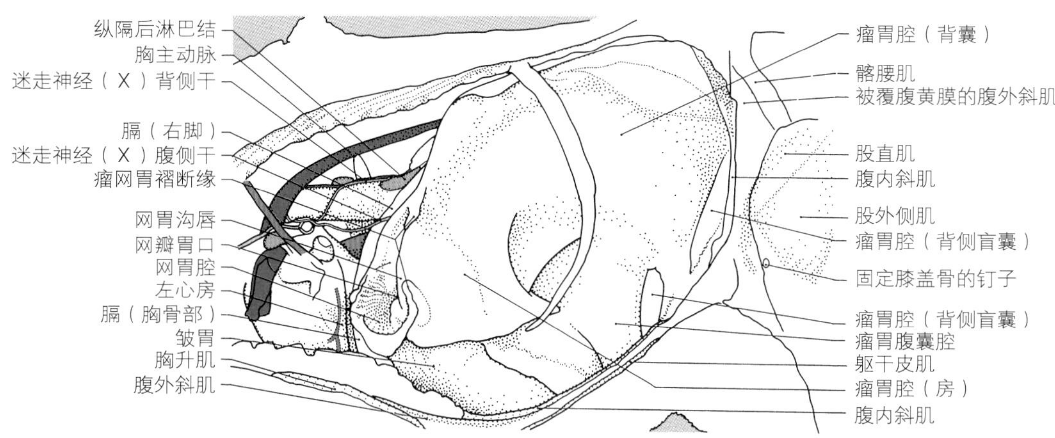
纵隔后淋巴结
胸主动脉
迷走神经（X）背侧干
膈（右脚）
迷走神经（X）腹侧干
瘤网胃褶断缘
网胃沟唇
网瓣胃口
网胃腔
左心房
膈（胸骨部）
皱胃
胸升肌
腹外斜肌
瘤胃腔（背囊）
髂腰肌
被覆腹黄膜的腹外斜肌
股直肌
腹内斜肌
股外侧肌
瘤胃腔（背侧盲囊）
固定膝盖骨的钉子
瘤胃腔（背侧盲囊）
瘤胃腹囊腔
躯干皮肌
瘤胃腔（房）
腹内斜肌

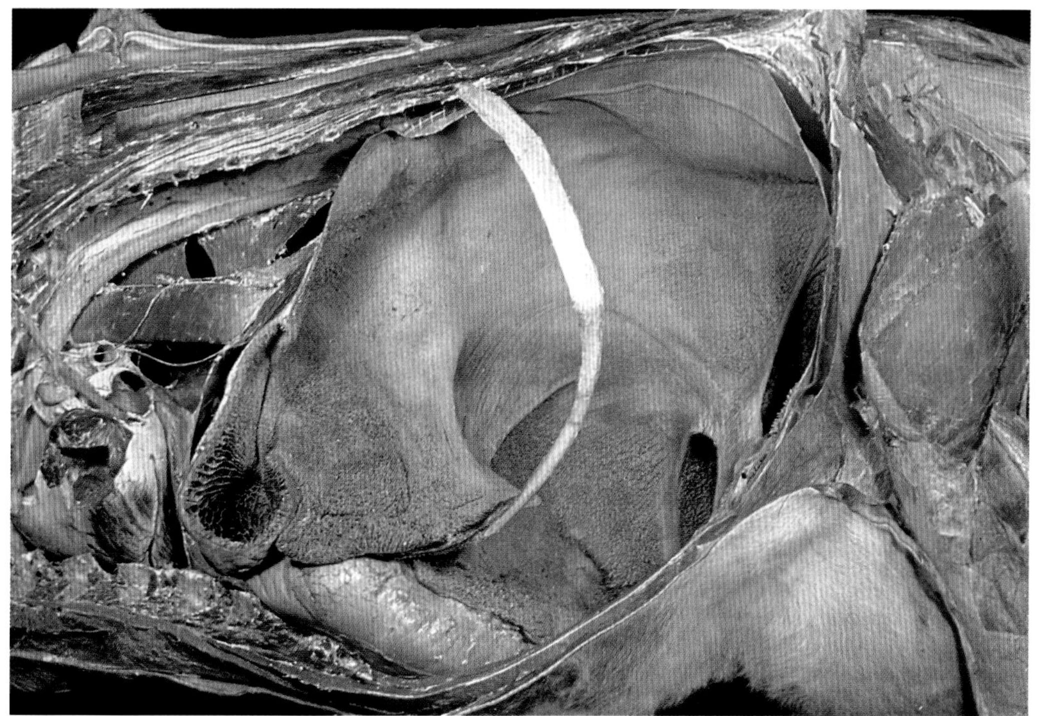

图5.23 瘤胃和网胃内侧面，左外侧观。移除部分瘤胃房腹侧壁和腹侧盲囊，以显示皱胃和左腹侧壁、网胃以及瘤胃的关系。

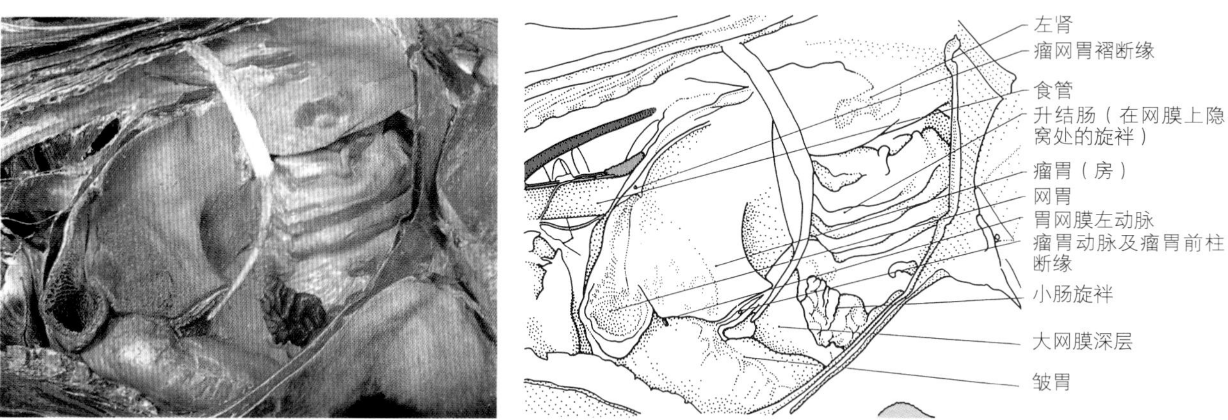
左肾
瘤网胃褶断缘
食管
升结肠（在网膜上隐窝处的旋袢）
瘤胃（房）
网胃
胃网膜左动脉
瘤胃动脉及瘤胃前柱断缘
小肠旋袢
大网膜深层
皱胃

图5.24 切除瘤胃背侧和腹侧盲囊后的腹腔脏器，左外侧观。保留部分瘤胃右纵沟，可见有大网膜深层的附着。

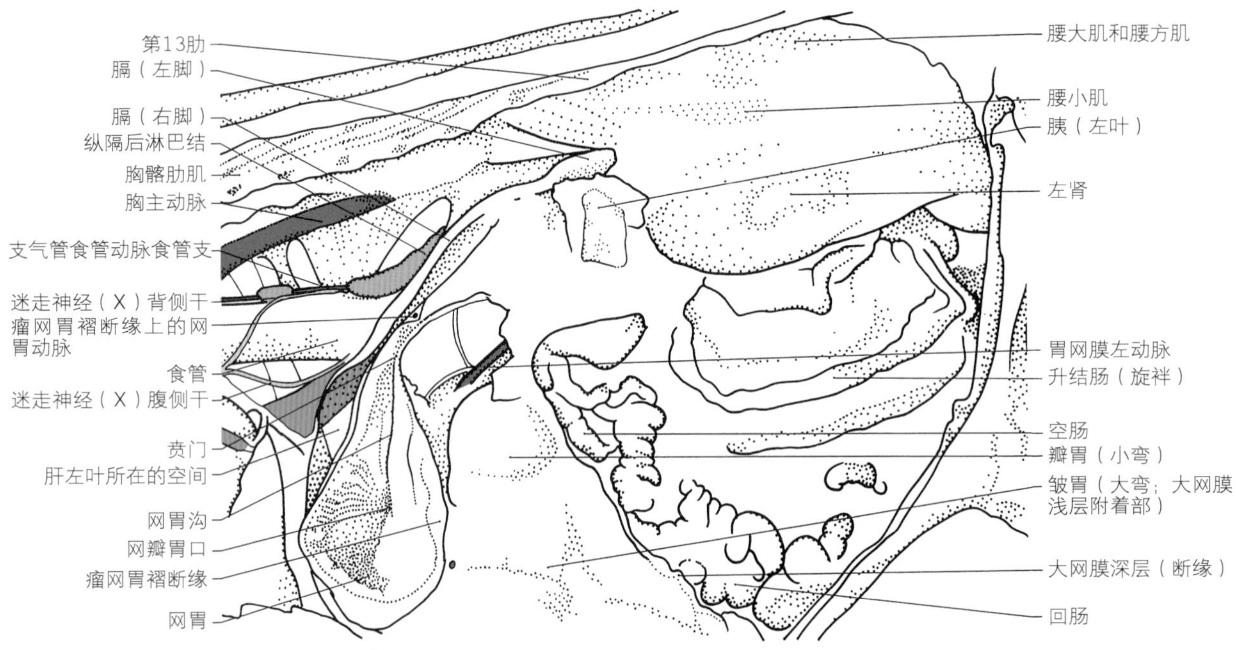
第13肋
膈（左脚）
膈（右脚）
纵隔后淋巴结
胸髂肋肌
胸主动脉
支气管食管动脉食管支
迷走神经（X）背侧干
瘤网胃褶断缘上的网胃动脉
食管
迷走神经（X）腹侧干
贲门
肝左叶所在的空间
网胃沟
网瓣胃口
瘤网胃褶断缘
网胃
腰大肌和腰方肌
腰小肌
胰（左叶）
左肾
胃网膜左动脉
升结肠（旋袢）
空肠
瓣胃（小弯）
皱胃（大弯；大网膜浅层附着部）
大网膜深层（断缘）
回肠

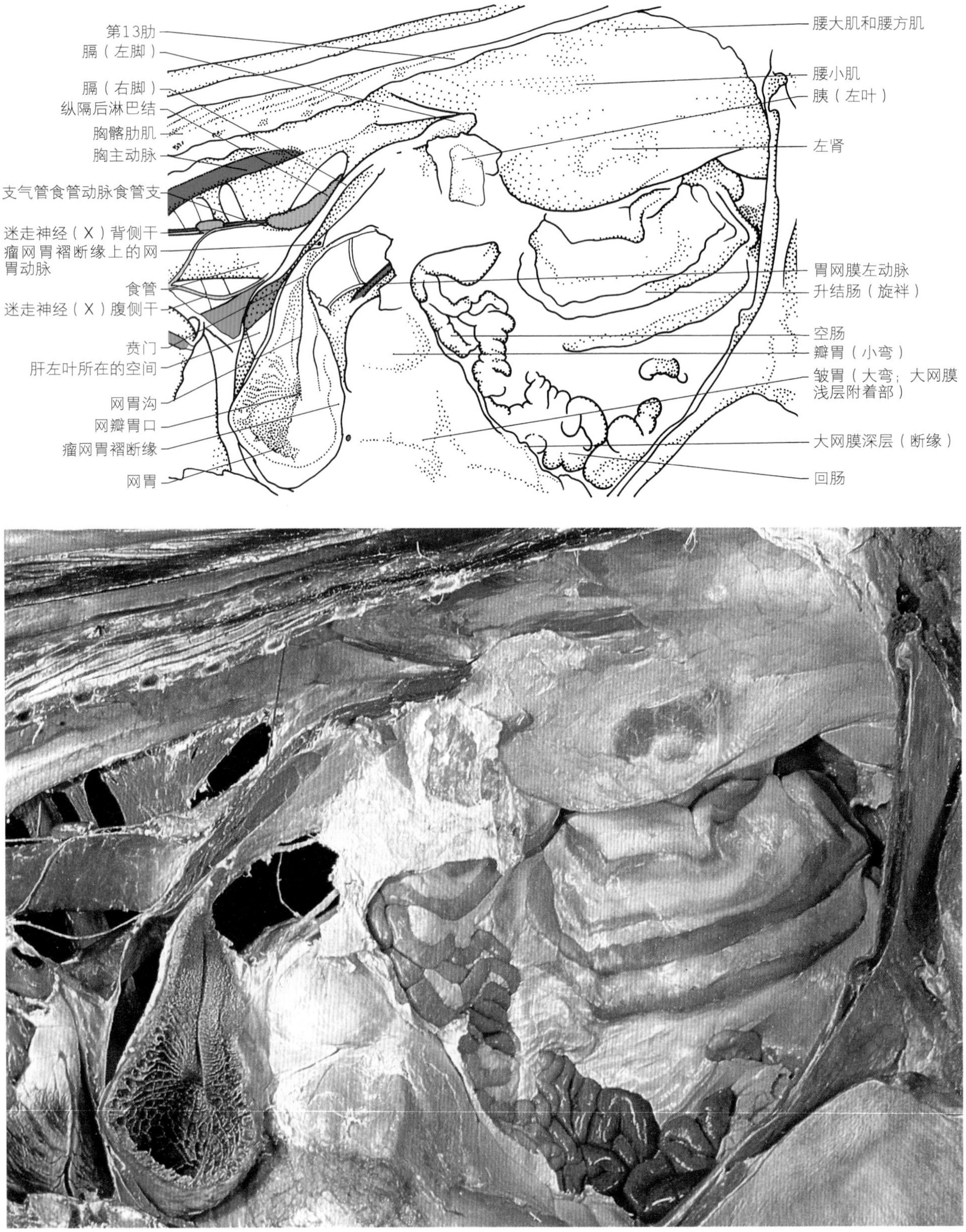

图5.25　切除全部瘤胃之后的腹腔脏器，左外侧观。肝紧邻瓣胃和网胃的右侧表面，但在右侧腹部解剖标本中肝已被切除。

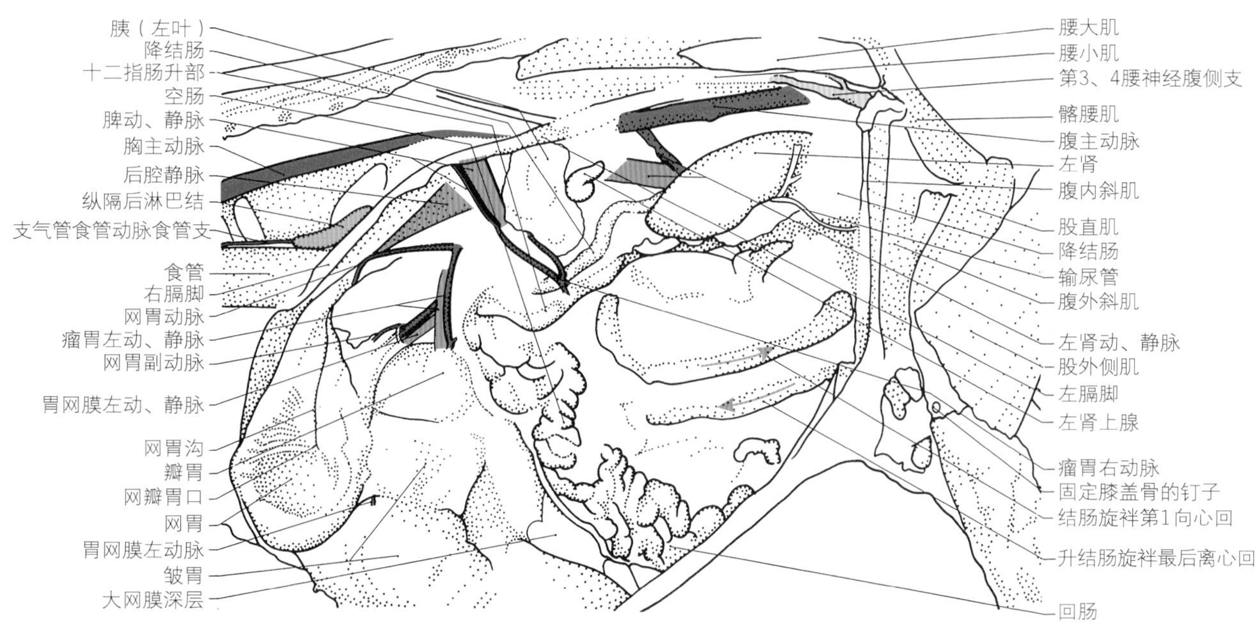

胰（左叶）
降结肠
十二指肠升部
空肠
脾动、静脉
胸主动脉
后腔静脉
纵隔后淋巴结
支气管食管动脉食管支
食管
右膈脚
网胃动脉
瘤胃左动、静脉
网胃副动脉
胃网膜左动、静脉
网胃沟
瓣胃
网瓣胃口
网胃
胃网膜左动脉
皱胃
大网膜深层
腰大肌
腰小肌
第3、4腰神经腹侧支
髂腰肌
腹主动脉
左肾
腹内斜肌
股直肌
降结肠
输尿管
腹外斜肌
左肾动、静脉
股外侧肌
左膈脚
左肾上腺
瘤胃右动脉
固定膝盖骨的钉子
结肠旋袢第1向心回
升结肠旋袢最后离心回
回肠

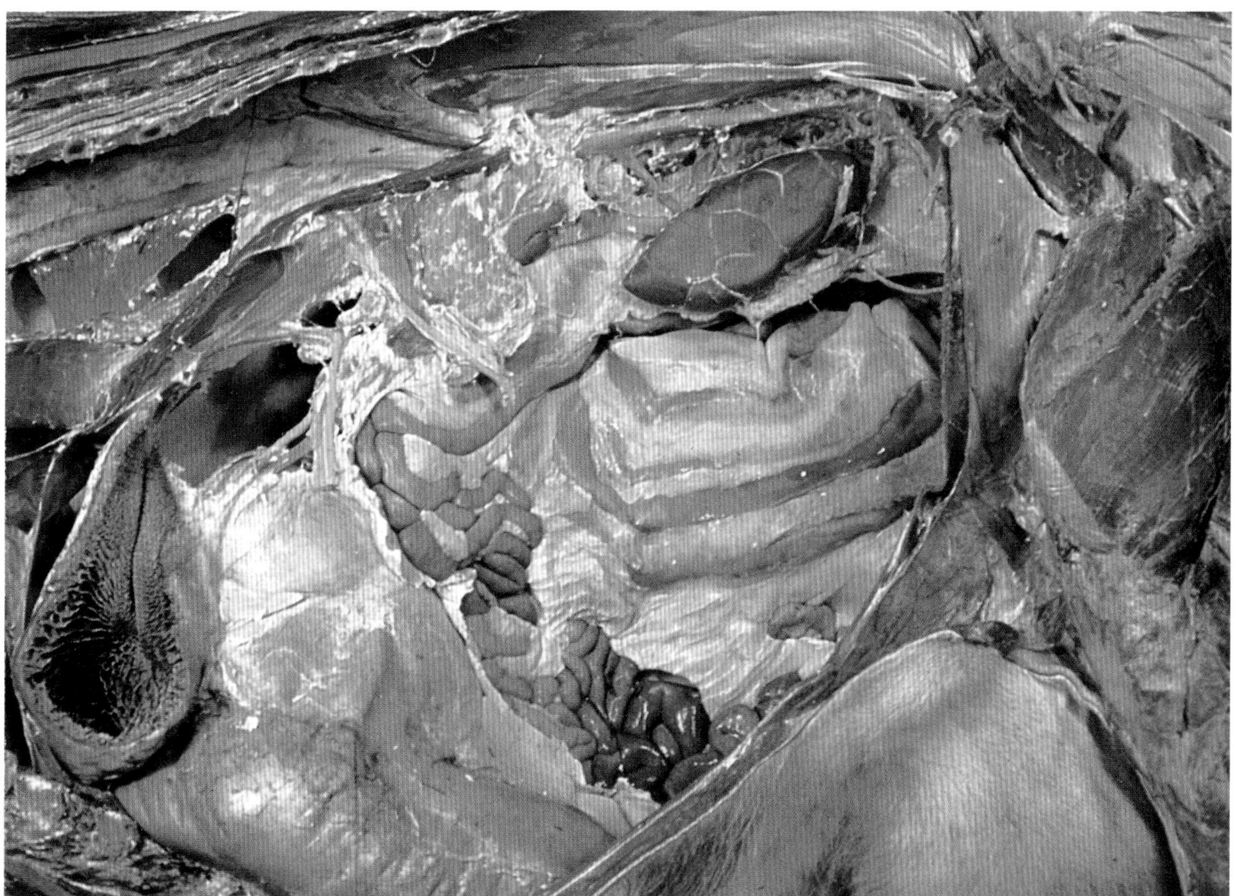

图5.26 切除全部瘤胃后的腹腔脏器的动脉和静脉，左外侧观。右膈脚被一根纤细的金属丝固定。箭头表示食糜在结肠内的流动方向。这些血管也见于稍后的解剖标本，如图5.34。

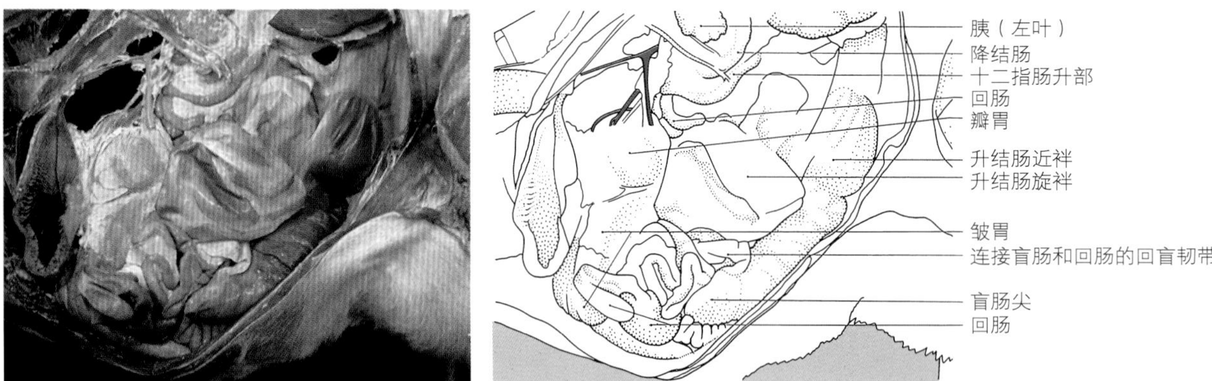
胰（左叶）
降结肠
十二指肠升部
回肠
瓣胃
升结肠近袢
升结肠旋袢
皱胃
连接盲肠和回肠的回盲韧带
盲肠尖
回肠

图5.27 盲肠，左外侧观。小肠已被移除以显示盲肠的位置。在成年妊娠母牛，盲肠通常位于腹腔右侧背部，盲肠尖朝后伸向骨盆，如图5.39所示。然而本例标本的盲肠尖位于腹腔腹侧，向前伸向左侧。在右侧，盲肠尖位于腹腔腹侧（见图5.34）。这种局部关系通常仅在犊牛才有。

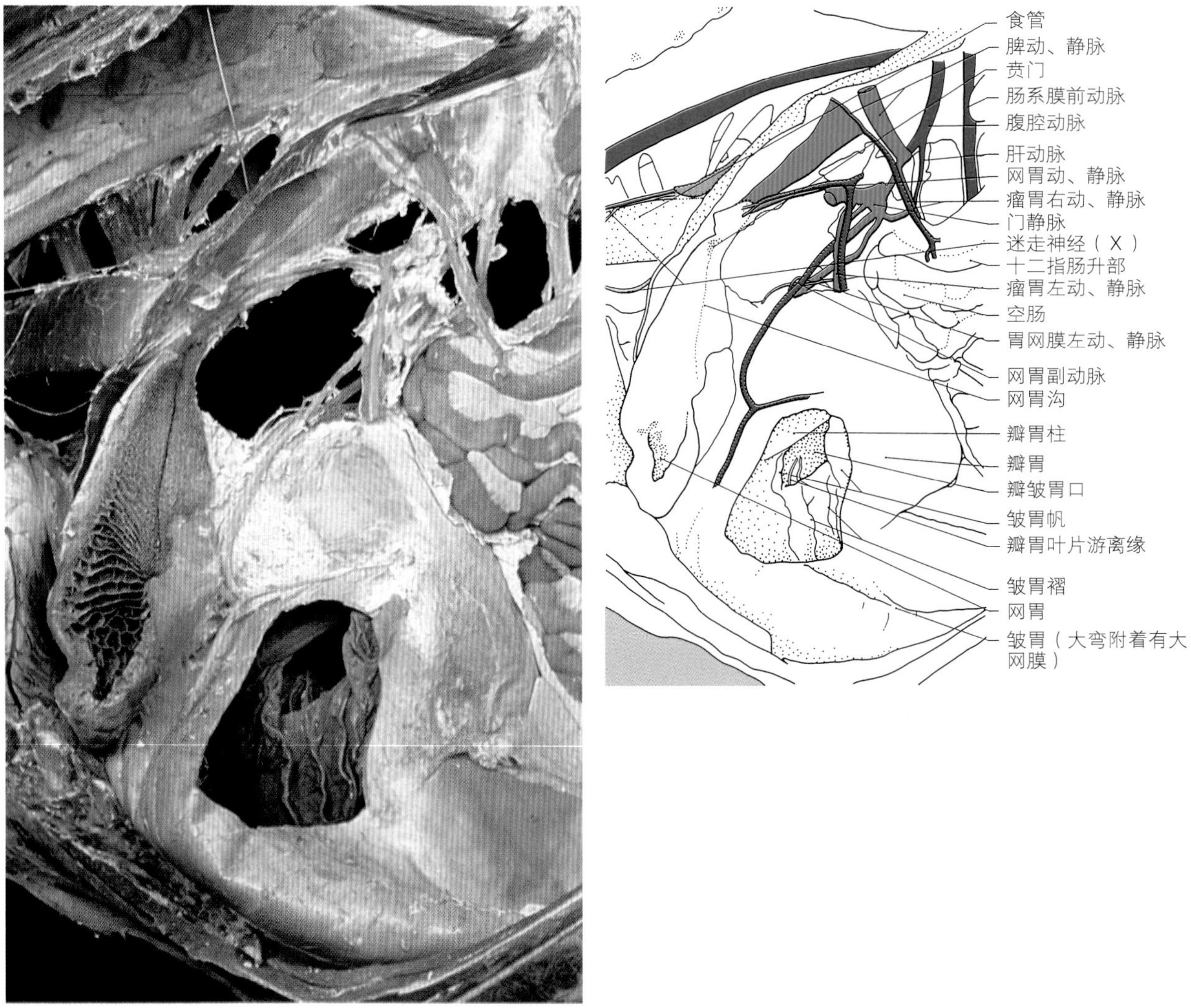

食管
脾动、静脉
贲门
肠系膜前动脉
腹腔动脉
肝动脉
网胃动、静脉
瘤胃右动、静脉
门静脉
迷走神经（X）
十二指肠升部
瘤胃左动、静脉
空肠
胃网膜左动、静脉
网胃副动脉
网胃沟
瓣胃柱
瓣胃
瓣皱胃口
皱胃帆
瓣胃叶片游离缘
皱胃褶
网胃
皱胃（大弯附着有大网膜）

图5.28 切除全部瘤胃后的瓣皱胃口和消化管的动、静脉，左外侧观。本图清楚地显示瓣胃柱游离缘的角度，是瓣胃呈一定倾斜位置后的结果（图5.34的解剖标本为右外侧观）。

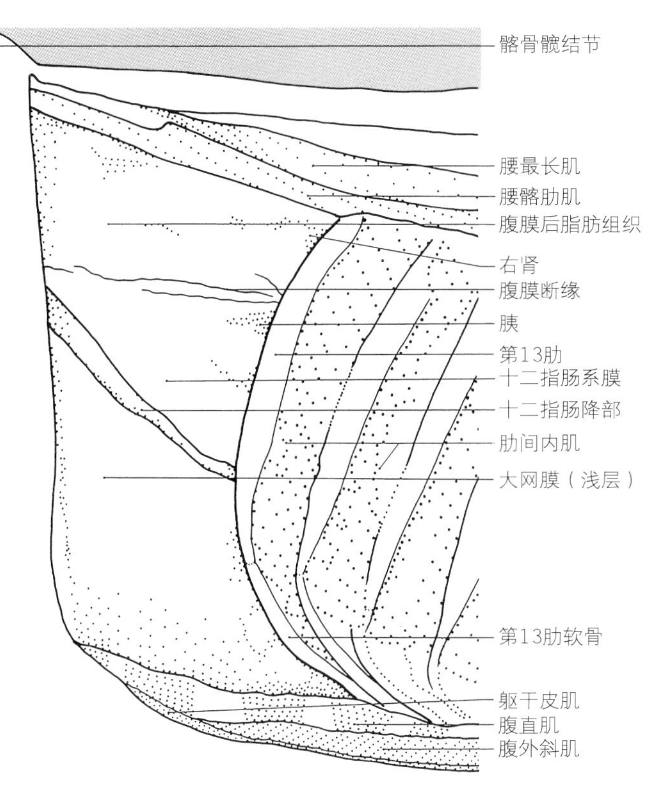
髂骨髋结节
腰最长肌
腰髂肋肌
腹膜后脂肪组织
右肾
腹膜断缘
胰
第13肋
十二指肠系膜
十二指肠降部
肋间内肌
大网膜（浅层）
第13肋软骨
躯干皮肌
腹直肌
腹外斜肌

图5.29　肋弓后的腹腔脏器，右外侧观。

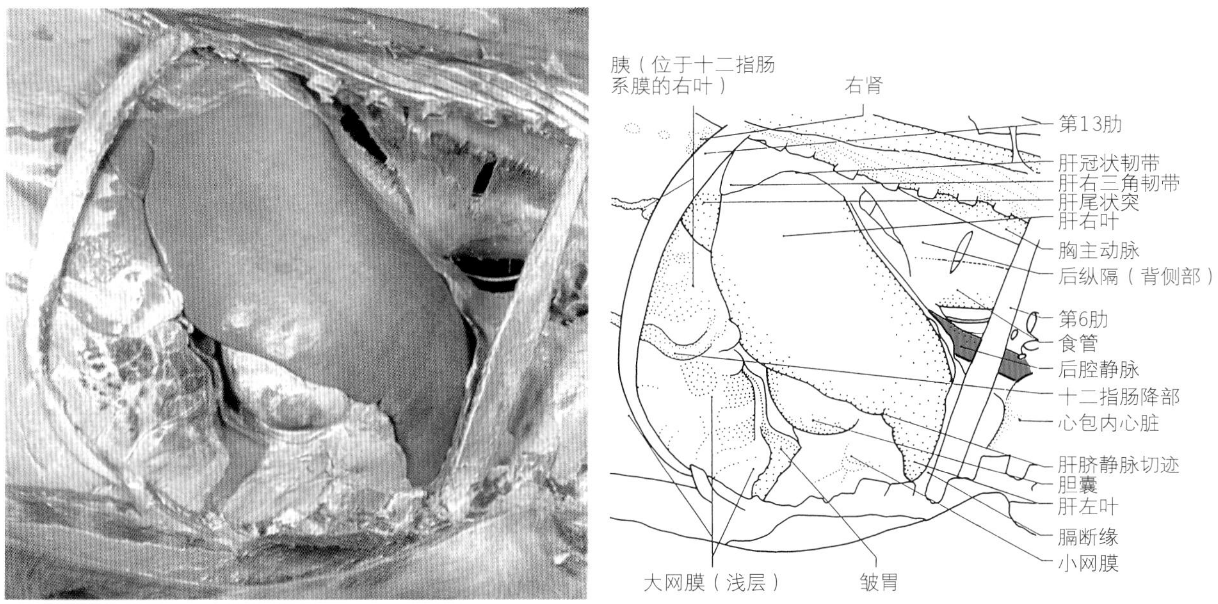
胰（位于十二指肠系膜的右叶）
右肾
第13肋
肝冠状韧带
肝右三角韧带
肝尾状突
肝右叶
胸主动脉
后纵隔（背侧部）
第6肋
食管
后腔静脉
十二指肠降部
心包内心脏
肝脐静脉切迹
胆囊
肝左叶
膈断缘
小网膜
大网膜（浅层）
皱胃

图5.30　切除肋骨和膈后的腹腔脏器，右外侧观。未见有肝的镰状韧带和圆韧带（脐静脉）遗迹，而这些韧带可见于图5.54的犊牛标本。该图可见圆韧带的脐静脉切迹。

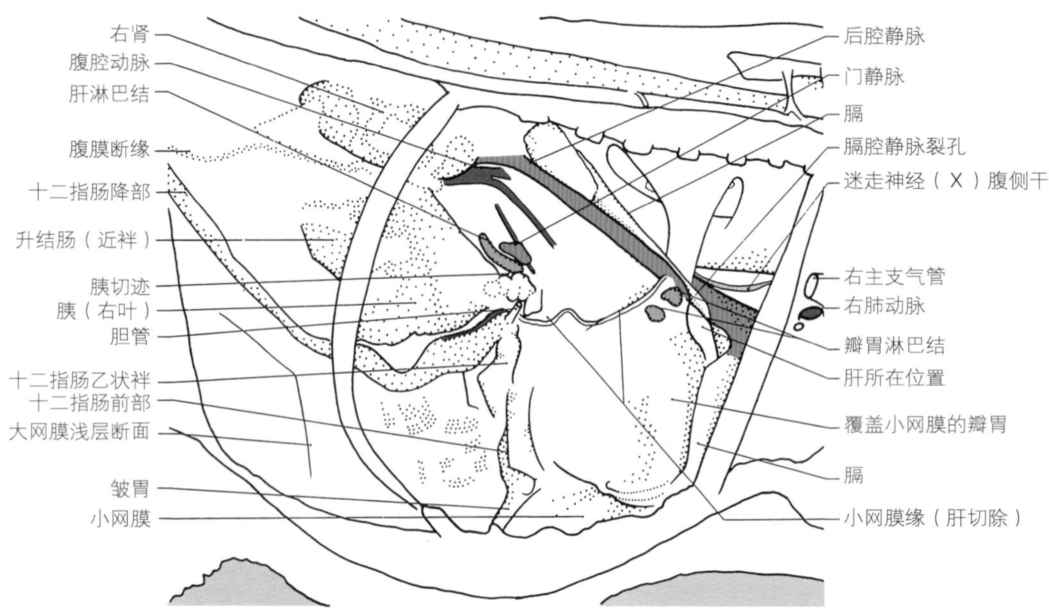
右肾
腹腔动脉
肝淋巴结
腹膜断缘
十二指肠降部
升结肠（近袢）
胰切迹
胰（右叶）
胆管
十二指肠乙状袢
十二指肠前部
大网膜浅层断面
皱胃
小网膜
后腔静脉
门静脉
膈
膈腔静脉裂孔
迷走神经（X）腹侧干
右主支气管
右肺动脉
瓣胃淋巴结
肝所在位置
覆盖小网膜的瓣胃
膈
小网膜缘（肝切除）

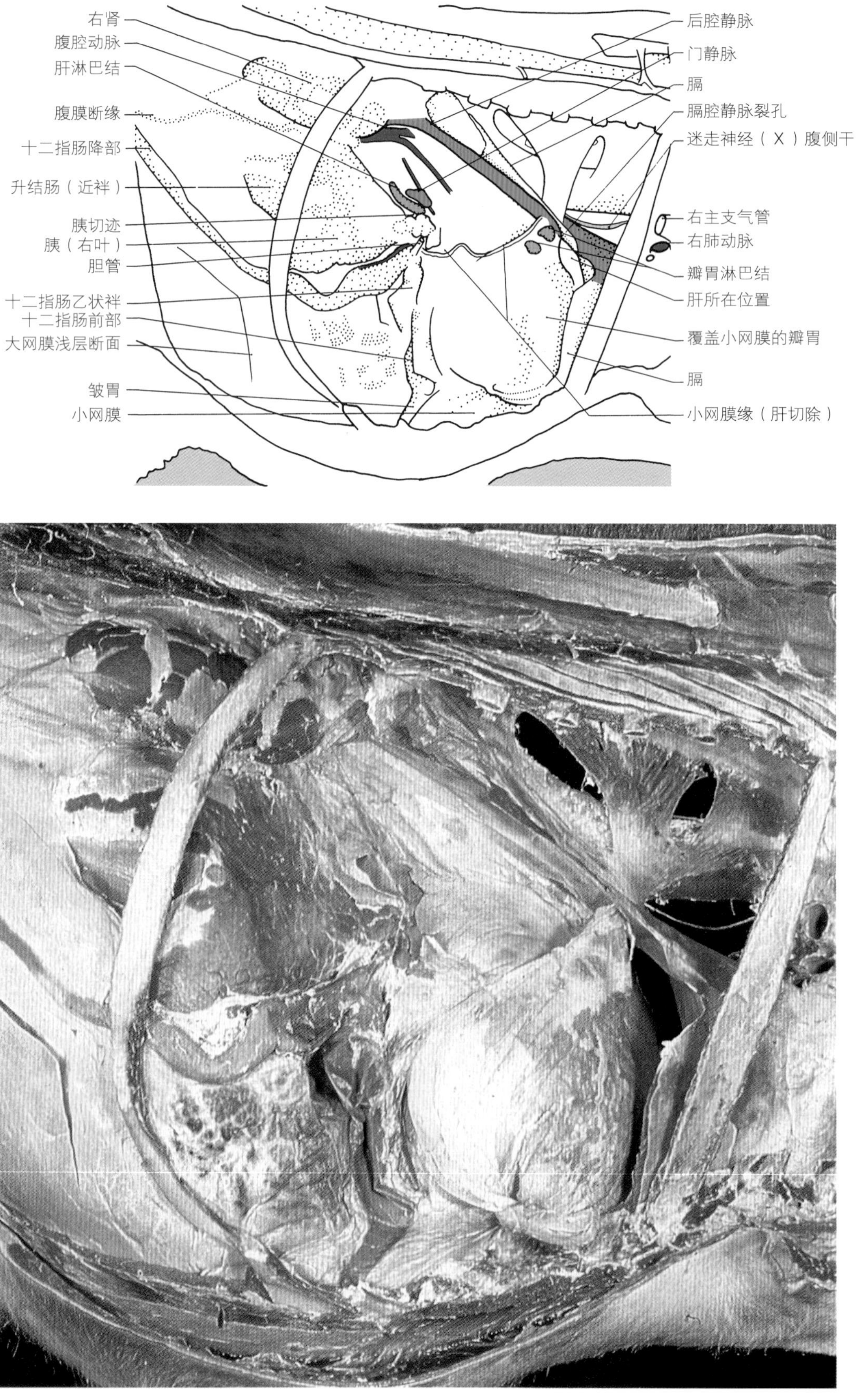

图5.31 摘除肝后的腹腔脏器，右外侧观。把肝从后腔静脉处分离，未见与膈相连的冠状韧带。小网膜附着部被保留。图5.33显示肝门处切断的血管。

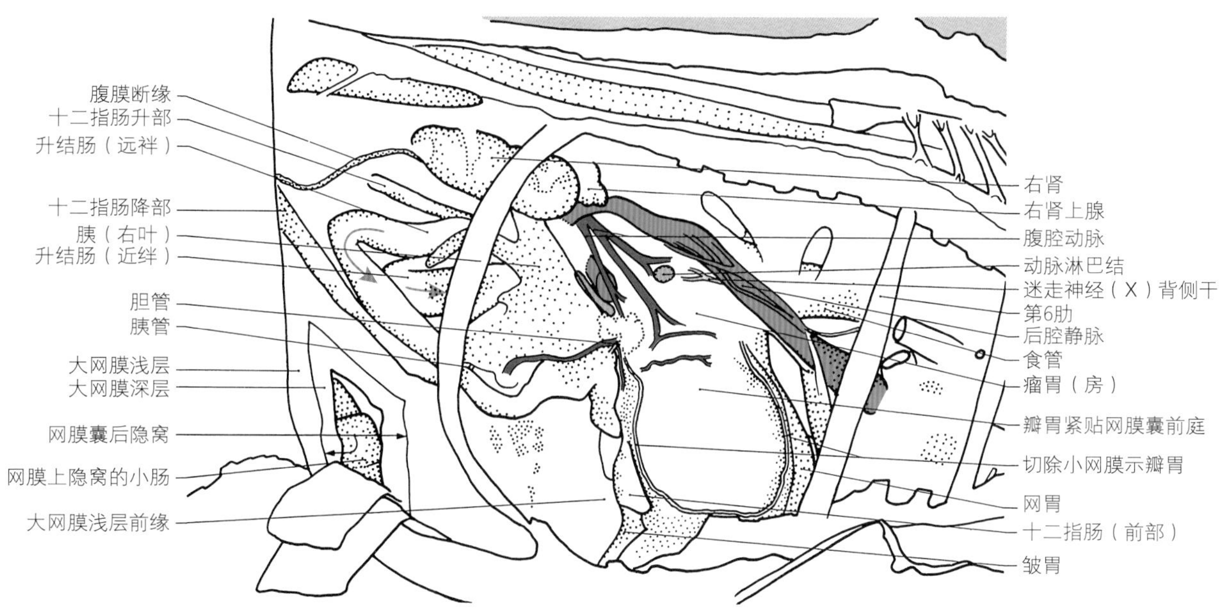
腹膜断缘
十二指肠升部
升结肠（远袢）
十二指肠降部
胰（右叶）
升结肠（近袢）
胆管
胰管
大网膜浅层
大网膜深层
网膜囊后隐窝
网膜上隐窝的小肠
大网膜浅层前缘
右肾
右肾上腺
腹腔动脉
动脉淋巴结
迷走神经（X）背侧干
第6肋
后腔静脉
食管
瘤胃（房）
瓣胃紧贴网膜囊前庭
切除小网膜示瓣胃
网胃
十二指肠（前部）
皱胃

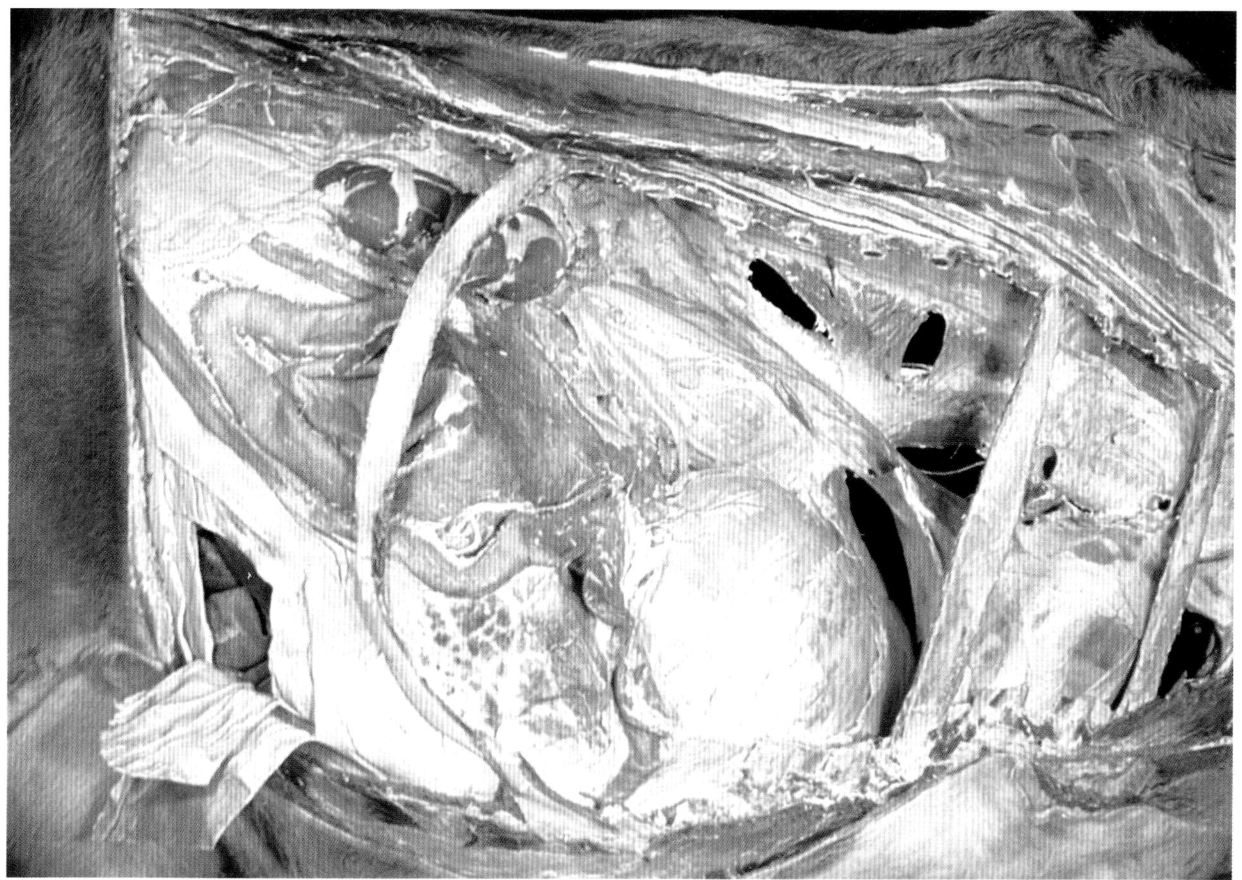

图5.32　摘除肝、小网膜和部分大网膜后的腹腔脏器，左外侧观。血管见图5.33所示，图5.34示完整的大肠。箭头标明食糜在肠内的流动方向。胎牛肝的脏面见图5.60。

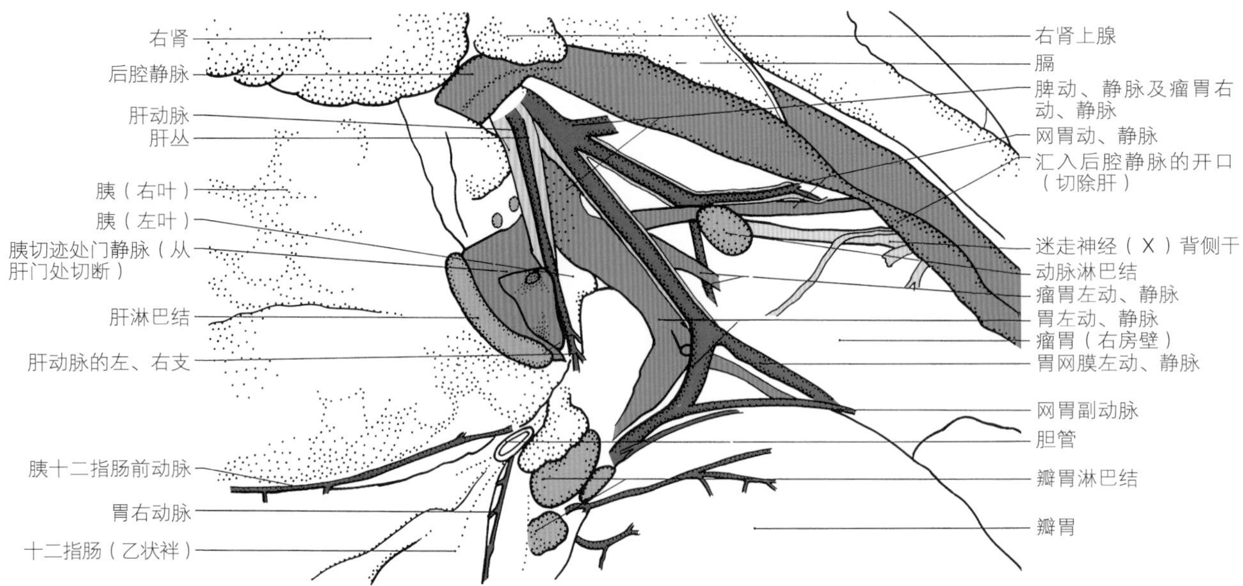
右肾
后腔静脉
肝动脉
肝丛
胰（右叶）
胰（左叶）
胰切迹处门静脉（从肝门处切断）
肝淋巴结
肝动脉的左、右支
胰十二指肠前动脉
胃右动脉
十二指肠（乙状袢）
右肾上腺
膈
脾动、静脉及瘤胃右动、静脉
网胃动、静脉
汇入后腔静脉的开口（切除肝）
迷走神经（X）背侧干
动脉淋巴结
瘤胃左动、静脉
胃左动、静脉
瘤胃（右房壁）
胃网膜左动、静脉
网胃副动脉
胆管
瓣胃淋巴结
瓣胃

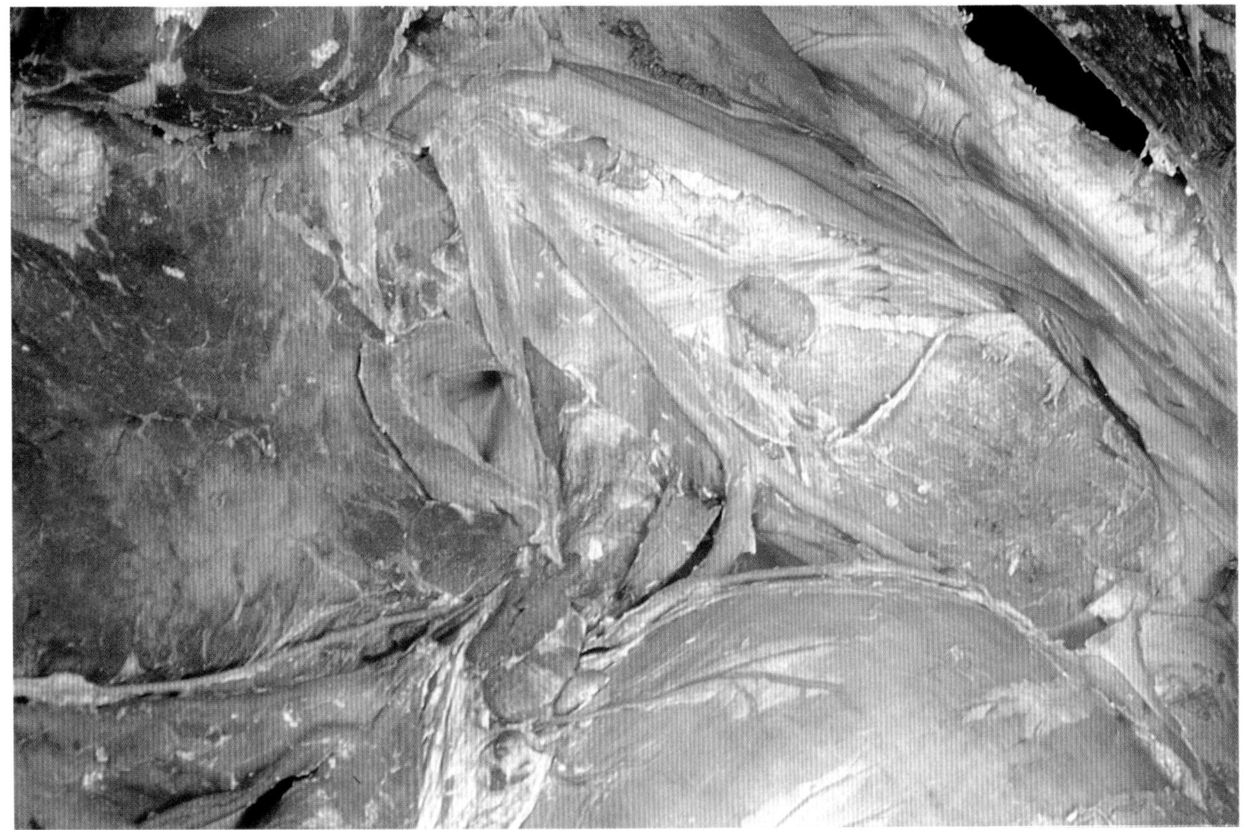

图5.33 腹腔动脉分支和肝门静脉的属支，右外侧观。该图是图5.32标本的局部放大。部分植物性神经丛位于腹腔动脉分支附近，但是只标示肝神经丛。更完整的植物性神经见图5.57。

升结肠
十二指肠升部
肠系膜前静脉
横结肠
升结肠（远袢）
十二指肠降部
胆管
升结肠（近袢）
十二指肠（乙状袢）
十二指肠（前部）
大网膜浅层和深层（断缘）
第13肋软骨
网膜上隐窝的小肠
第13肋
右肾上腺
后腔静脉
腹腔动脉
第6肋
肠系膜前动脉
食管
瓣胃淋巴结
网胃
瓣胃沟远端至网瓣胃口
瓣皱胃口处的瓣胃柱
瓣胃壁断缘
小网膜
皱胃
大网膜（浅层）

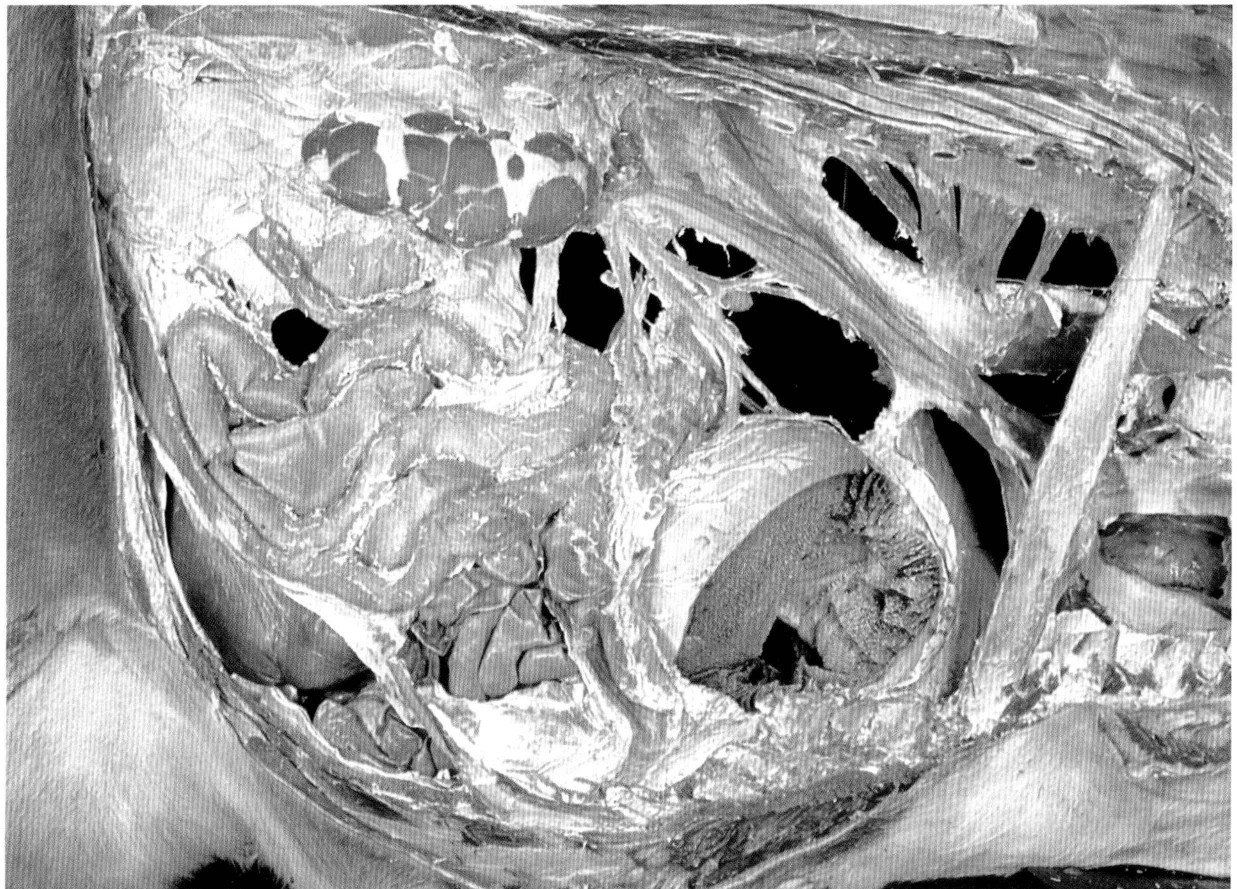

图5.34 腹腔脏器中暴露的部分结肠和切开的瓣胃，右外侧观。全部瘤胃已被摘除，该解剖标本同图5.26。本图示盲肠的常规位置，而图5.27则显示了位于左侧腹腔腹侧的盲肠位置。成年牛盲肠的正常局部位置如图5.39所示。瓣胃沟在活体动物通常是竖直的，但在本标本却为斜向的，可能是因为在站立位进行防腐固定和解剖时，内脏器官向腹侧下垂而造成的。箭头标明食糜在大肠内的流动方向。

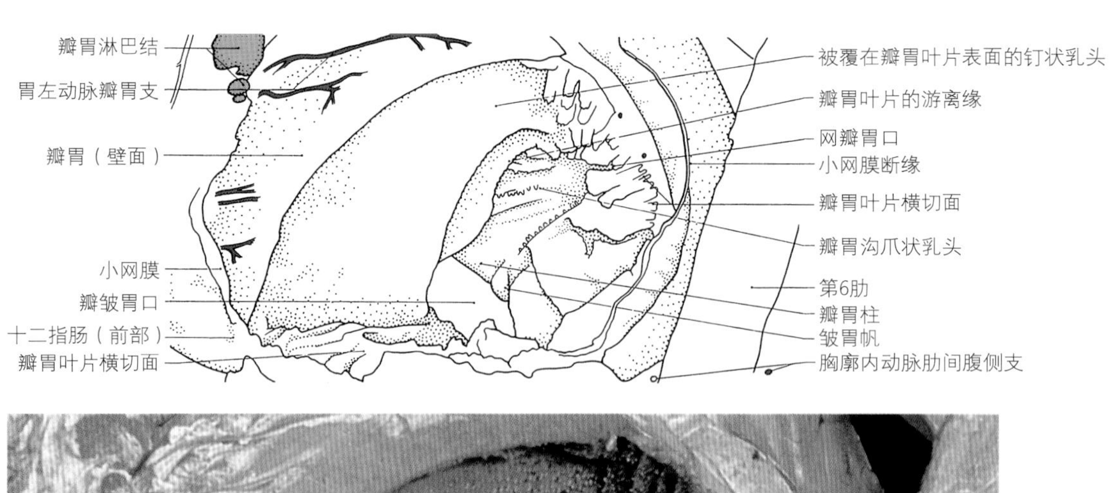
瓣胃淋巴结
胃左动脉瓣胃支
瓣胃（壁面）
小网膜
瓣皱胃口
十二指肠（前部）
瓣胃叶片横切面
被覆在瓣胃叶片表面的钉状乳头
瓣胃叶片的游离缘
网瓣胃口
小网膜断缘
瓣胃叶片横切面
瓣胃沟爪状乳头
第6肋
瓣胃柱
皱胃帆
胸廓内动脉肋间腹侧支

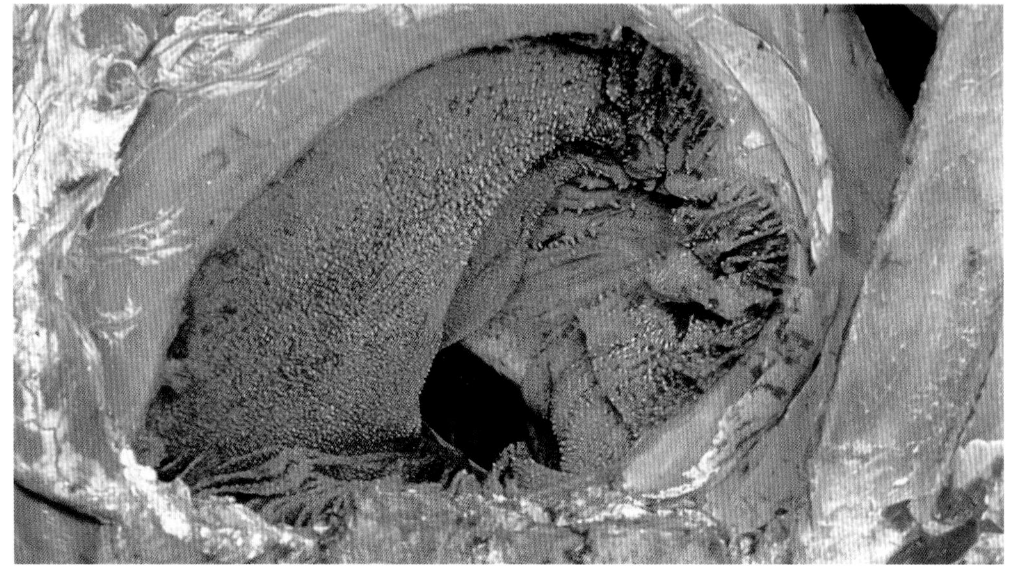

图5.35 瓣胃内侧面，右外侧观。该图是图5.34的局部放大。

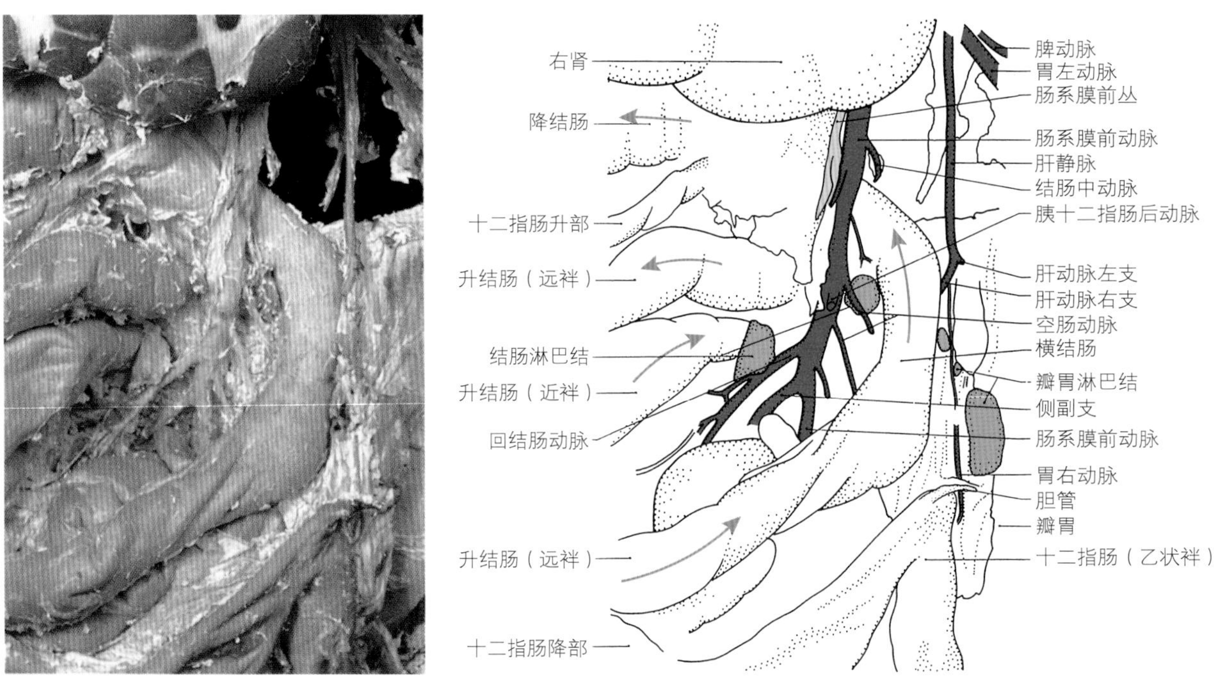
右肾
降结肠
十二指肠升部
升结肠（远袢）
结肠淋巴结
升结肠（近袢）
回结肠动脉
升结肠（远袢）
十二指肠降部
脾动脉
胃左动脉
肠系膜前丛
肠系膜前动脉
肝静脉
结肠中动脉
胰十二指肠后动脉
肝动脉左支
肝动脉右支
空肠动脉
横结肠
瓣胃淋巴结
侧副支
肠系膜前动脉
胃右动脉
胆管
瓣胃
十二指肠（乙状袢）

图5.36 肠系膜前动脉及其相关结构，右外侧观。该图是图5.34所示部分区域的进一步解剖结构。箭头标明食糜在大肠内的流动方向。

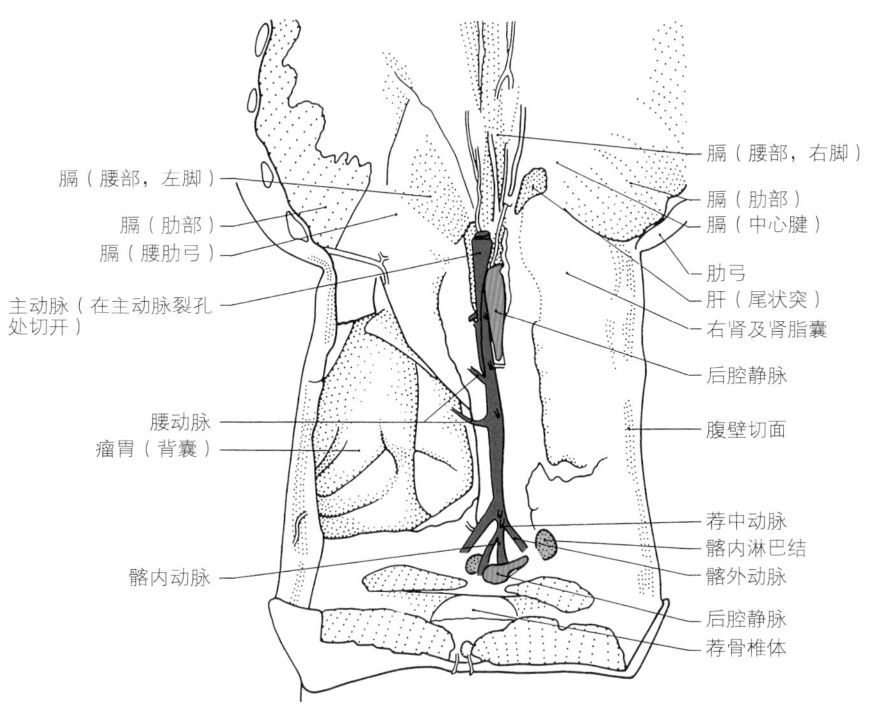
膈（腰部，左脚）
膈（肋部）
膈（腰肋弓）
主动脉（在主动脉裂孔处切开）
腰动脉
瘤胃（背囊）
髂内动脉
膈（腰部，右脚）
膈（肋部）
膈（中心腱）
肋弓
肝（尾状突）
右肾及肾脂囊
后腔静脉
腹壁切面
荐中动脉
髂内淋巴结
髂外动脉
后腔静脉
荐骨椎体

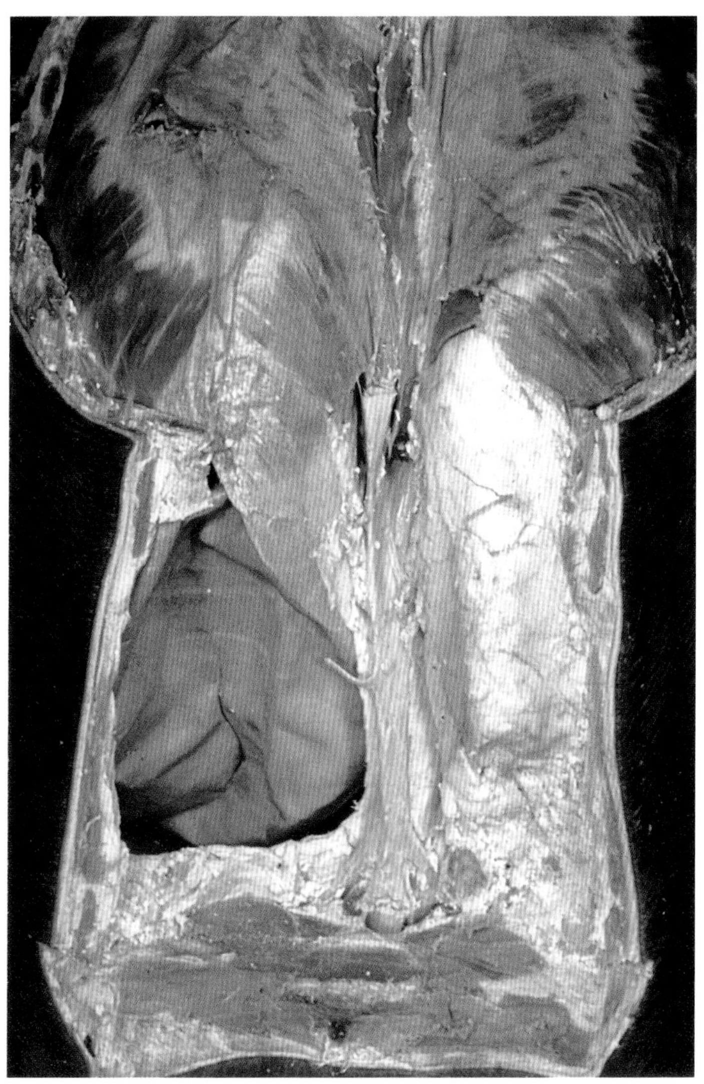

图5.37　雄性犊牛（4月龄）腹腔背侧观。椎骨、肋骨、胸腔脏器和后腔静脉已被切除。左侧的部分腹膜已被切除。膈仍保留，但膈的腰附着部已被切除。

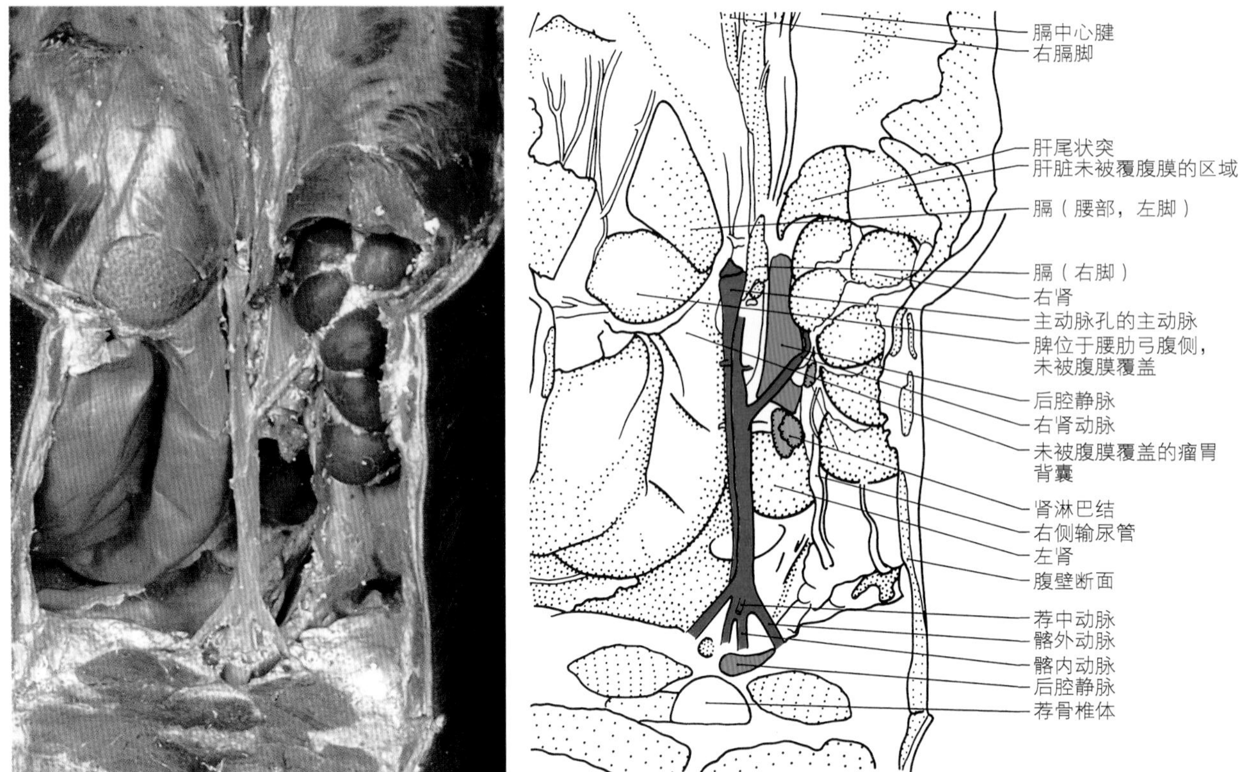
膈中心腱
右膈脚
肝尾状突
肝脏未被覆腹膜的区域
膈（腰部，左脚）
膈（右脚）
右肾
主动脉孔的主动脉
脾位于腰肋弓腹侧，
未被腹膜覆盖
后腔静脉
右肾动脉
未被腹膜覆盖的瘤胃
背囊
肾淋巴结
右侧输尿管
左肾
腹壁断面
荐中动脉
髂外动脉
髂内动脉
后腔静脉
荐骨椎体

图5.38　4月龄犊牛腹腔脏器，背侧观。该图是图5.37的深层解剖。

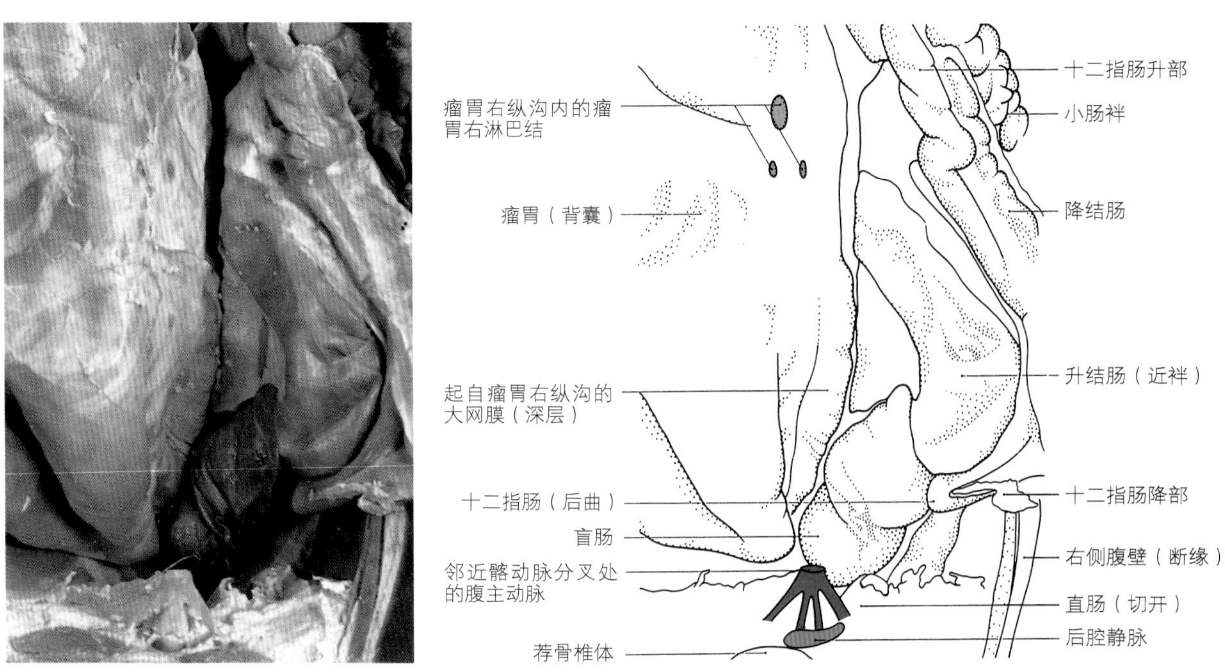
瘤胃右纵沟内的瘤
胃右淋巴结
瘤胃（背囊）
起自瘤胃右纵沟的
大网膜（深层）
十二指肠（后曲）
盲肠
邻近髂动脉分叉处
的腹主动脉
荐骨椎体
十二指肠升部
小肠袢
降结肠
升结肠（近袢）
十二指肠降部
右侧腹壁（断缘）
直肠（切开）
后腔静脉

图5.39　4月龄犊牛骨盆入口前方的腹腔脏器，背侧观。为了显示肠管，主动脉和肾脏已被切除。为了显示盲肠，结肠和十二指肠已侧移。该位置不同于图5.27和图5.34中的位置。图5.45示结肠和十二指肠的原位解剖的前面观。从图5.40开始顺序显示4月龄犊牛腹腔脏器的前面观。

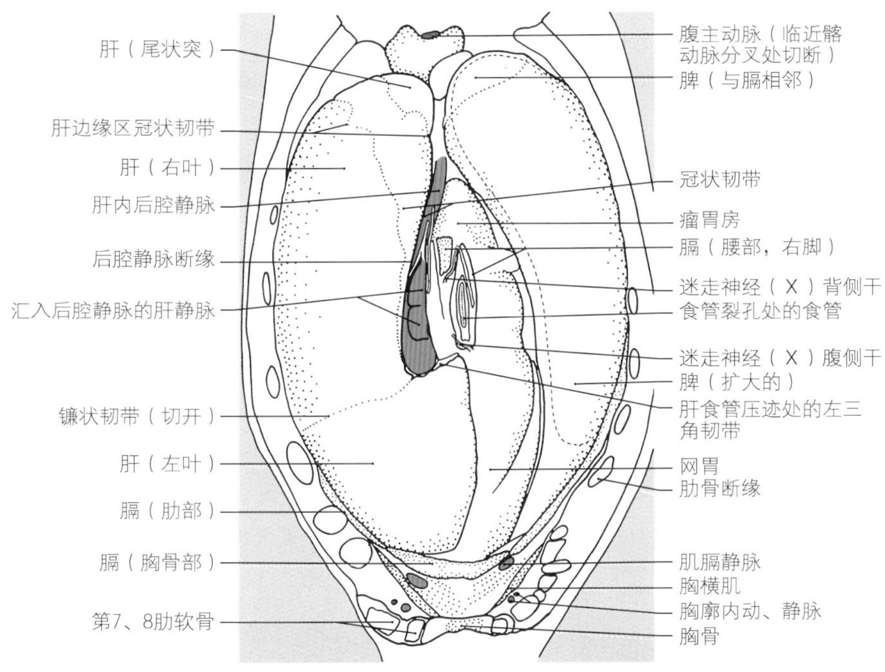
肝（尾状突）
肝边缘区冠状韧带
肝（右叶）
肝内后腔静脉
后腔静脉断缘
汇入后腔静脉的肝静脉
镰状韧带（切开）
肝（左叶）
膈（肋部）
膈（胸骨部）
第7、8肋软骨
腹主动脉（临近髂动脉分叉处切断）
脾（与膈相邻）
冠状韧带
瘤胃房
膈（腰部，右脚）
迷走神经（X）背侧干
食管裂孔处的食管
迷走神经（X）腹侧干
脾（扩大的）
肝食管压迹处的左三角韧带
网胃
肋骨断缘
肌膈静脉
胸横肌
胸廓内动、静脉
胸骨

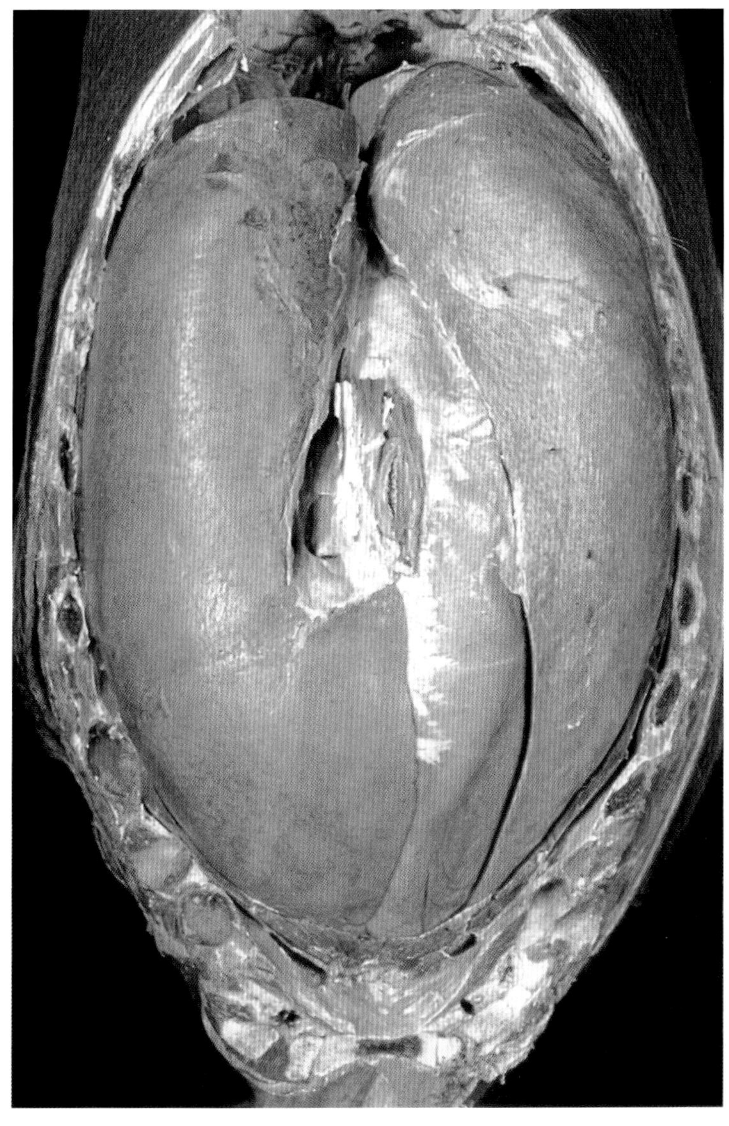

图5.40 4月龄犊牛腹腔脏器，前面观（膈已切除）。 图4.34是该标本在膈切除前的结构。动物用巴比妥酸盐安乐死后，脾脏扩大。活体时脾脏外轮廓用蓝色点线表示（与图5.17和图5.47相比较）。

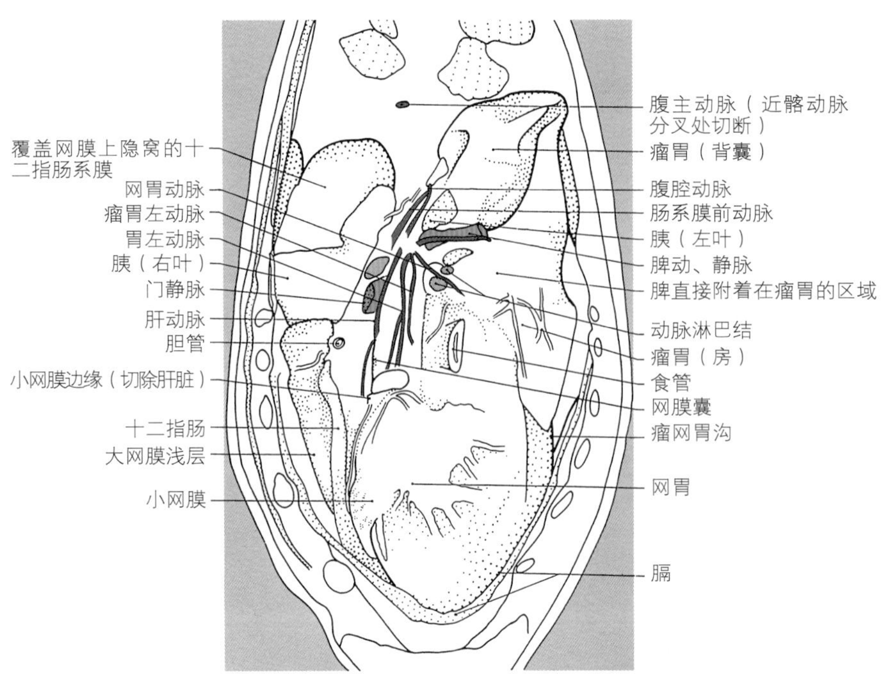
覆盖网膜上隐窝的十二指肠系膜
网胃动脉
瘤胃左动脉
胃左动脉
胰（右叶）
门静脉
肝动脉
胆管
小网膜边缘（切除肝脏）
十二指肠
大网膜浅层
小网膜
腹主动脉（近髂动脉分叉处切断）
瘤胃（背囊）
腹腔动脉
肠系膜前动脉
胰（左叶）
脾动、静脉
脾直接附着在瘤胃的区域
动脉淋巴结
瘤胃（房）
食管
网膜囊
瘤网胃沟
网胃
膈

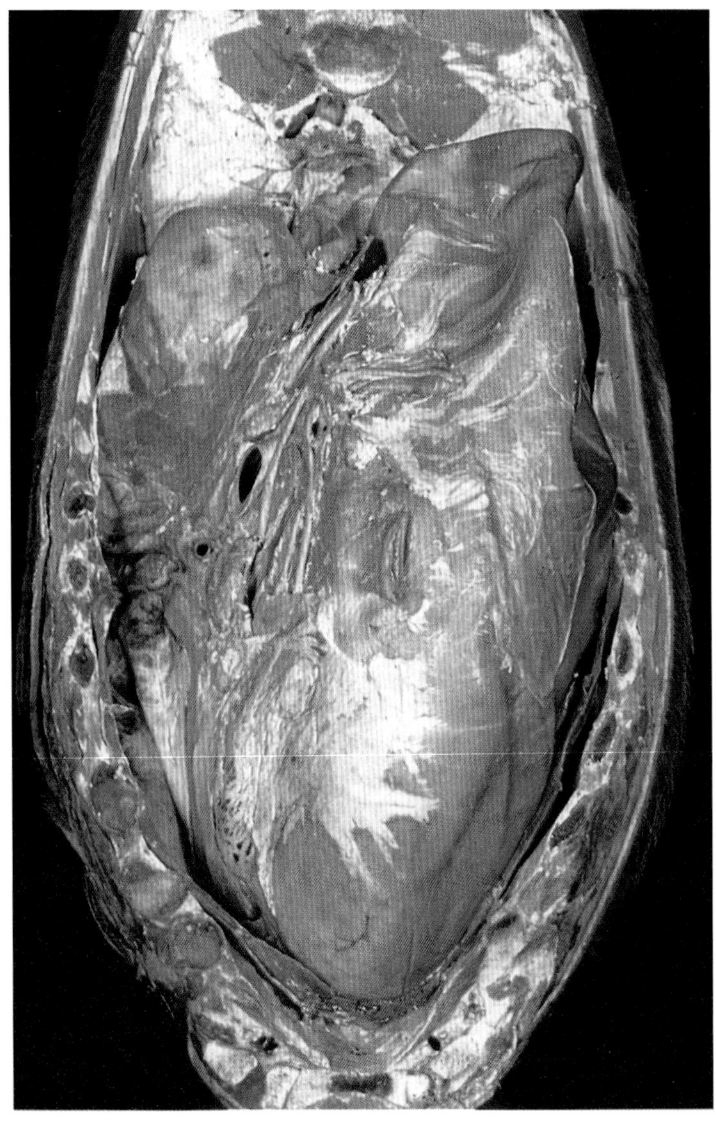

图5.41　4月龄犊牛腹腔脏器，前面观（脾、肝和肾已切除）。图5.42示犊牛的瓣胃。犊牛的瓣胃很小，如不将小网膜移开，瓣胃很难被观察到。

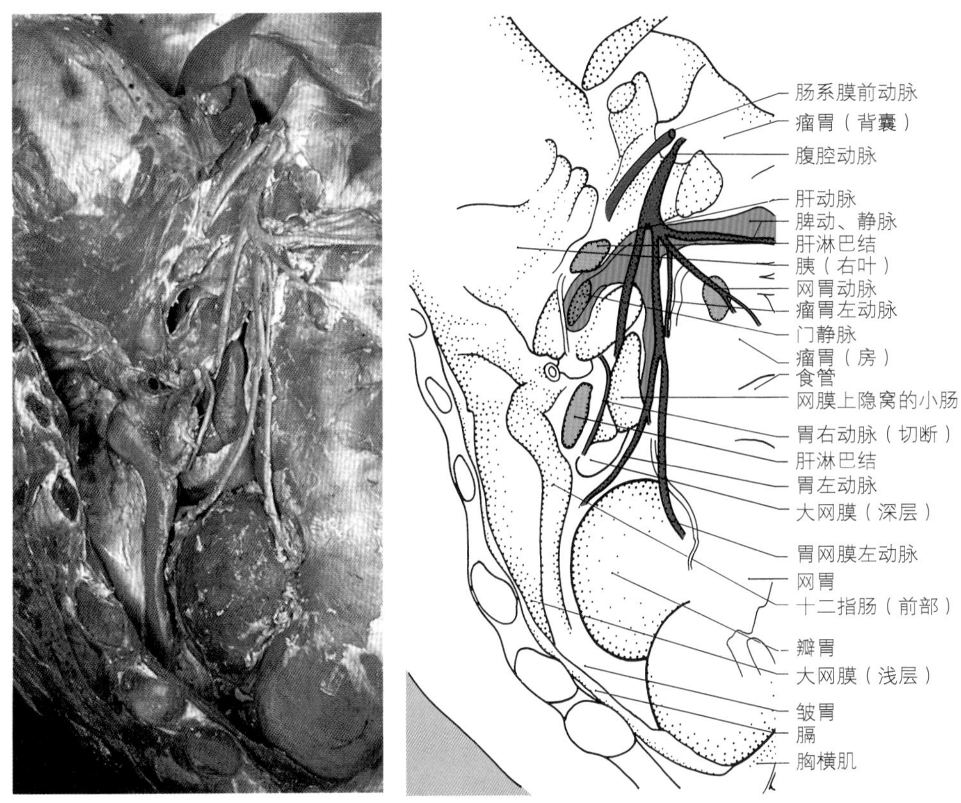
肠系膜前动脉
瘤胃（背囊）
腹腔动脉
肝动脉
脾动、静脉
肝淋巴结
胰（右叶）
网胃动脉
瘤胃左动脉
门静脉
瘤胃（房）
食管
网膜上隐窝的小肠
胃右动脉（切断）
肝淋巴结
胃左动脉
大网膜（深层）
胃网膜左动脉
网胃
十二指肠（前部）
瓣胃
大网膜（浅层）
皱胃
膈
胸横肌

图5.42　4月龄犊牛腹腔脏器及其腹腔动脉分布，右前面观。移除小网膜暴露瓣胃。大网膜前部已被移除以显示网膜上隐窝。腹腔动脉瘤胃右侧大支没有被显示（见图5.26和图5.53）。

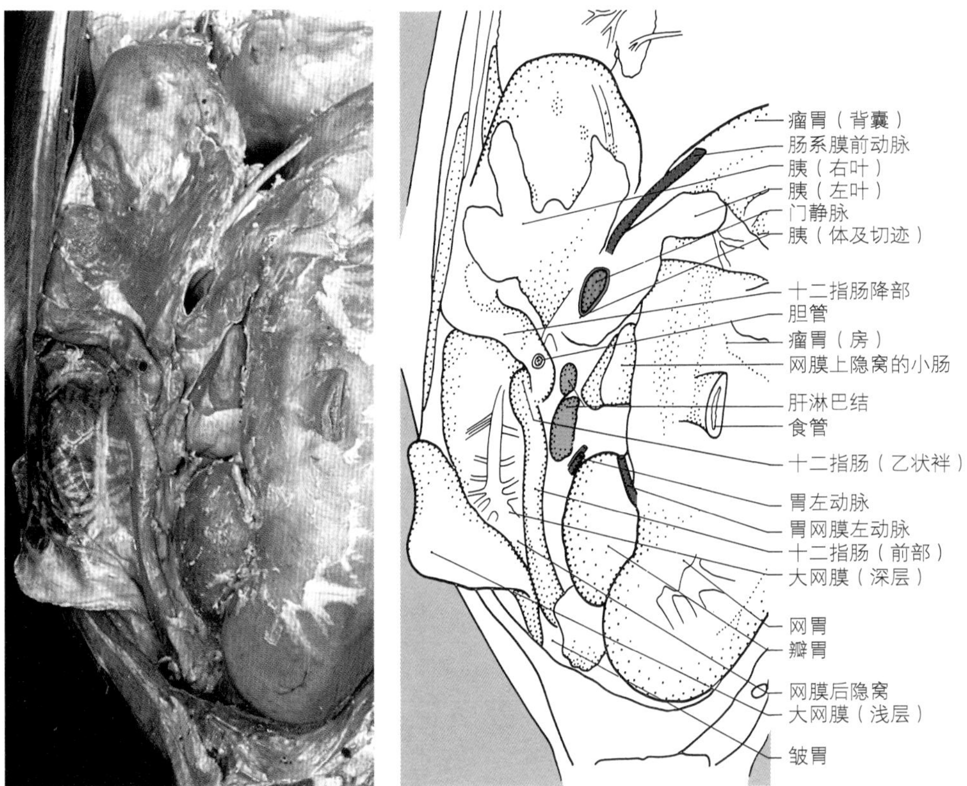
瘤胃（背囊）
肠系膜前动脉
胰（右叶）
胰（左叶）
门静脉
胰（体及切迹）
十二指肠降部
胆管
瘤胃（房）
网膜上隐窝的小肠
肝淋巴结
食管
十二指肠（乙状袢）
胃左动脉
胃网膜左动脉
十二指肠（前部）
大网膜（深层）
网胃
瓣胃
网膜后隐窝
大网膜（浅层）
皱胃

图5.43　4月龄犊牛胰和网膜后隐窝，前面观。切除远离十二指肠的大网膜浅层以显示网胃后隐窝。胰管因位置偏后而无法看到（见图5.32）。

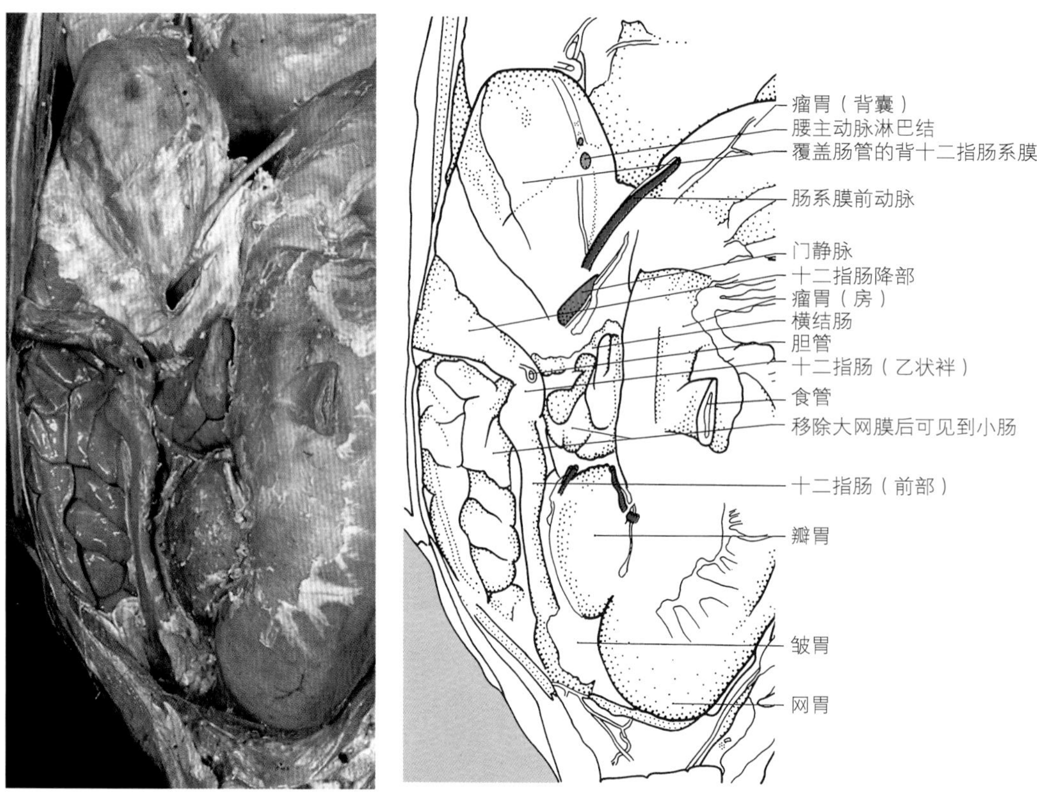
瘤胃（背囊）
腰主动脉淋巴结
覆盖肠管的背十二指肠系膜
肠系膜前动脉
门静脉
十二指肠降部
瘤胃（房）
横结肠
胆管
十二指肠（乙状袢）
食管
移除大网膜后可见到小肠
十二指肠（前部）
瓣胃
皱胃
网胃

图5.44　4月龄犊牛的腹腔脏器，前面观（大网膜和胰腺已切除）。网膜上隐窝的侧壁和前壁已被移除以显示肠管，但可见由十二指肠系膜围成的隐窝后顶部。

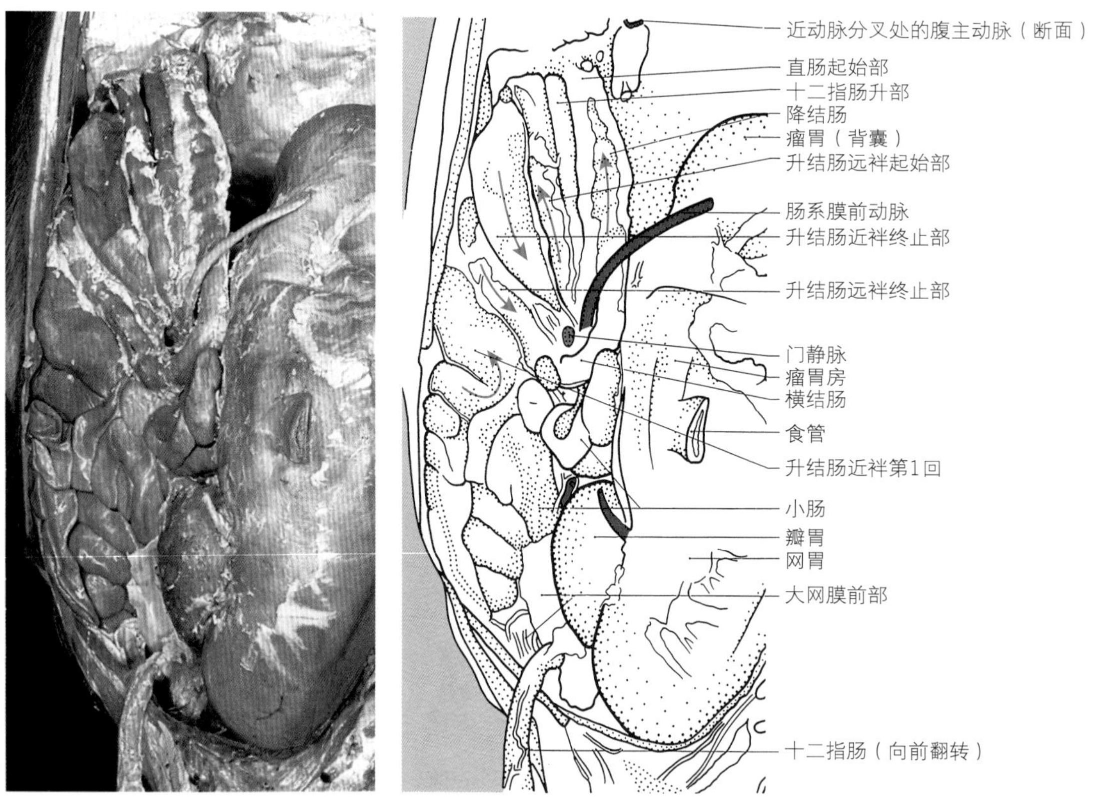
近动脉分叉处的腹主动脉（断面）
直肠起始部
十二指肠升部
降结肠
瘤胃（背囊）
升结肠远袢起始部
肠系膜前动脉
升结肠近袢终止部
升结肠远袢终止部
门静脉
瘤胃房
横结肠
食管
升结肠近袢第1回
小肠
瓣胃
网胃
大网膜前部
十二指肠（向前翻转）

图5.45　4月龄犊牛网膜上隐窝内的肠管，前面观。二十指肠系膜和十二指肠降部已切除，以暴露位于腹膜腔网膜上隐窝背侧的大肠。蓝色箭头表示结肠内各部食糜流动的方向。比较成年牛腹腔背侧观（图5.39）和侧面观（图5.34）。

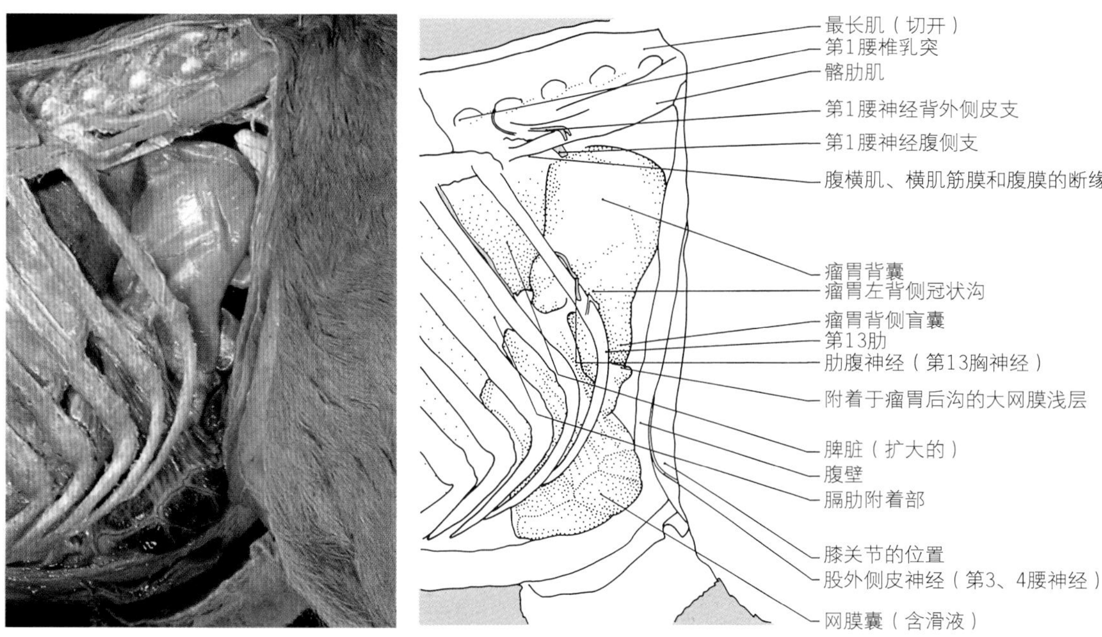
最长肌（切开）
第1腰椎乳突
髂肋肌
第1腰神经背外侧皮支
第1腰神经腹侧支
腹横肌、横肌筋膜和腹膜的断缘
瘤胃背囊
瘤胃左背侧冠状沟
瘤胃背侧盲囊
第13肋
肋腹神经（第13胸神经）
附着于瘤胃后沟的大网膜浅层
脾脏（扩大的）
腹壁
膈肋附着部
膝关节的位置
股外侧皮神经（第3、4腰神经）
网膜囊（含滑液）

图5.46 1周龄小公牛的膈后腹腔脏器，左外侧观。脾脏被扩大；活体动物的脾脏后部不超过最后1根肋骨的后缘。

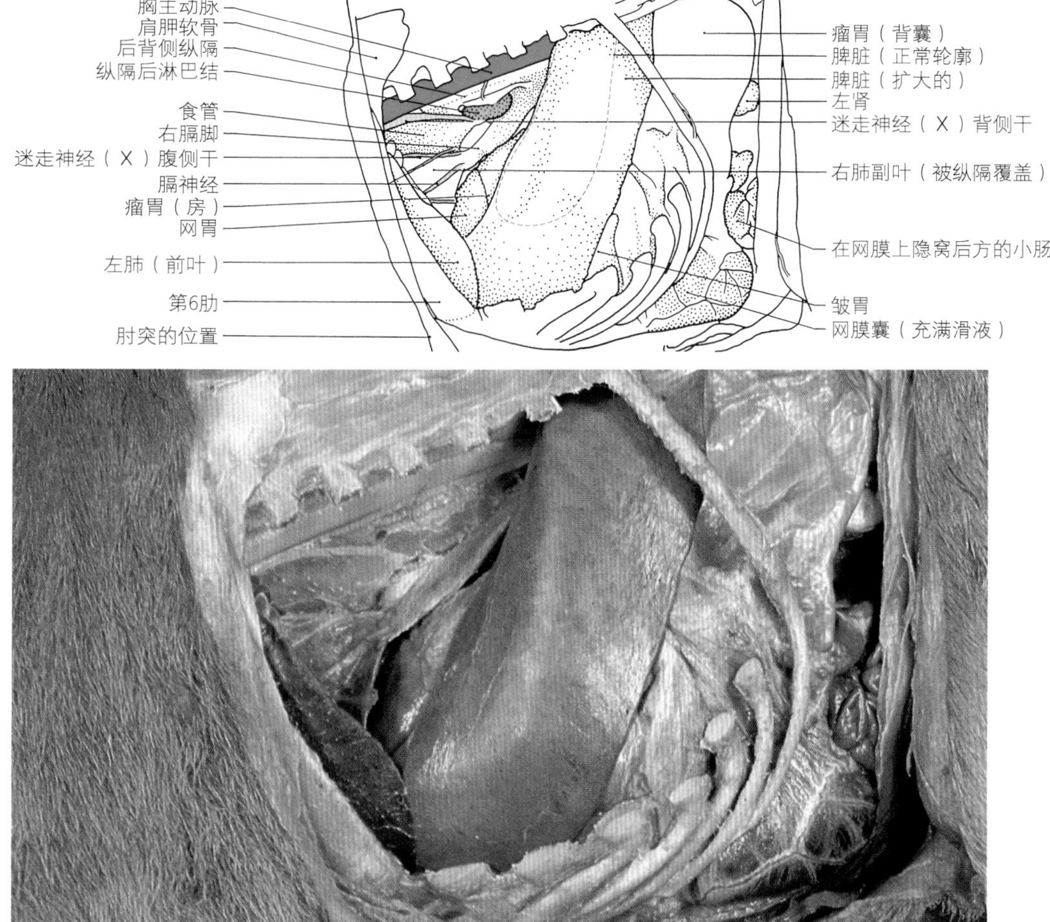
胸主动脉
肩胛软骨
后背侧纵隔
纵隔后淋巴结
食管
右膈脚
迷走神经（X）腹侧干
膈神经
瘤胃（房）
网胃
左肺（前叶）
第6肋
肘突的位置
瘤胃（背囊）
脾脏（正常轮廓）
脾脏（扩大的）
左肾
迷走神经（X）背侧干
右肺副叶（被纵隔覆盖）
在网膜上隐窝后方的小肠
皱胃
网膜囊（充满滑液）

图5.47 1周龄犊牛腹腔脏器，左外侧观（肋骨已切除）。膈和左肺后叶已被切除。动物用巴比妥酸盐安乐死后，脾脏扩大，位于肋弓前的大部分腹腔。该图与图5.17比较，然而需要注意的是成年牛用水合氯醛安乐死后，其脾脏并没有扩大。

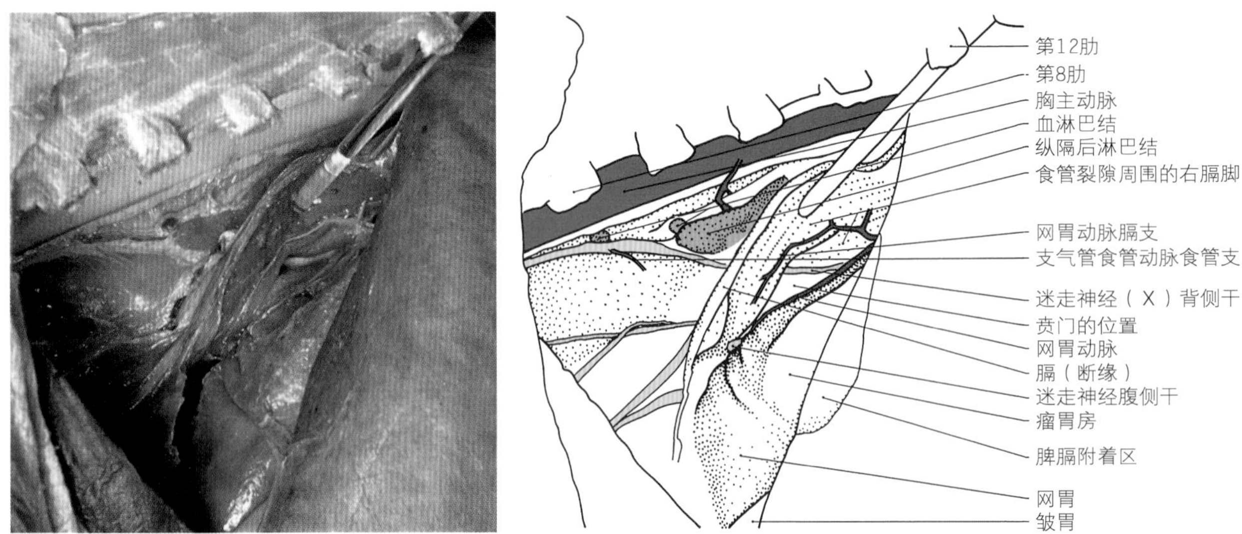
第12肋
第8肋
胸主动脉
血淋巴结
纵隔后淋巴结
食管裂隙周围的右膈脚
网胃动脉膈支
支气管食管动脉食管支
迷走神经（X）背侧干
贲门的位置
网胃动脉
膈（断缘）
迷走神经腹侧干
瘤胃房
脾膈附着区
网胃
皱胃

图5.48　1周龄犊牛的膈食管裂孔及其胸腔及腹腔的相关结构，左外侧观。借助玻璃棒挑出膈角以显示食管裂孔（与图5.47相比较）。

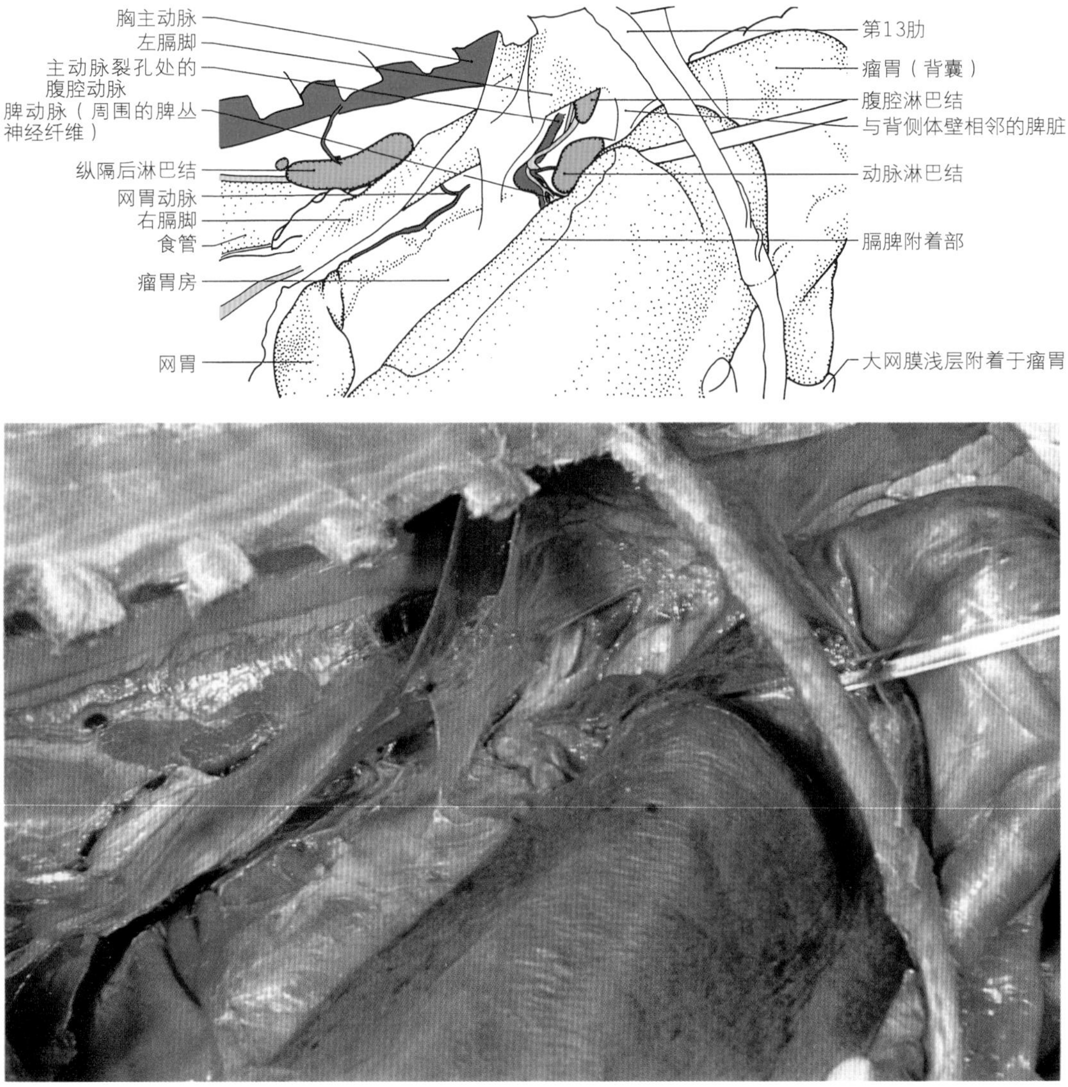

胸主动脉
左膈脚
主动脉裂孔处的腹腔动脉
脾动脉（周围的脾丛神经纤维）
纵隔后淋巴结
网胃动脉
右膈脚
食管
瘤胃房
网胃
第13肋
瘤胃（背囊）
腹腔淋巴结
与背侧体壁相邻的脾脏
动脉淋巴结
膈脾附着部
大网膜浅层附着于瘤胃

图5.49　1周龄犊牛的膈主动脉裂孔及其相关结构，左侧观。借助玻璃棒下压脾脏以显示主动脉裂孔（与图5.47比较）。

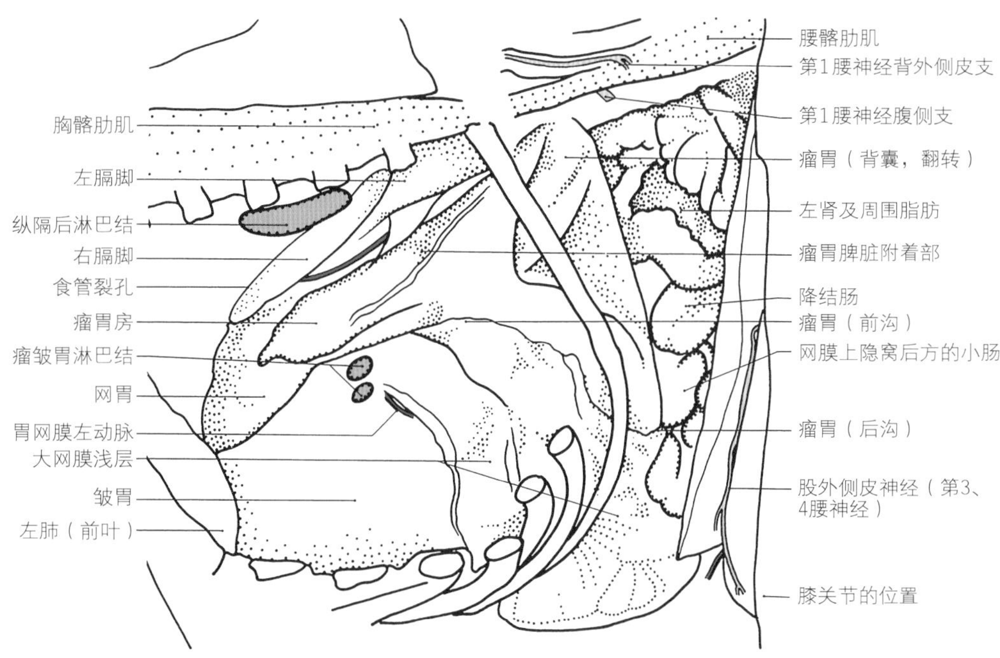

腰髂肋肌
第1腰神经背外侧皮支
第1腰神经腹侧支
瘤胃（背囊，翻转）
左肾及周围脂肪
瘤胃脾脏附着部
降结肠
瘤胃（前沟）
网膜上隐窝后方的小肠
瘤胃（后沟）
股外侧皮神经（第3、4腰神经）
膝关节的位置
胸髂肋肌
左膈脚
纵隔后淋巴结
右膈脚
食管裂孔
瘤胃房
瘤皱胃淋巴结
网胃
胃网膜左动脉
大网膜浅层
皱胃
左肺（前叶）

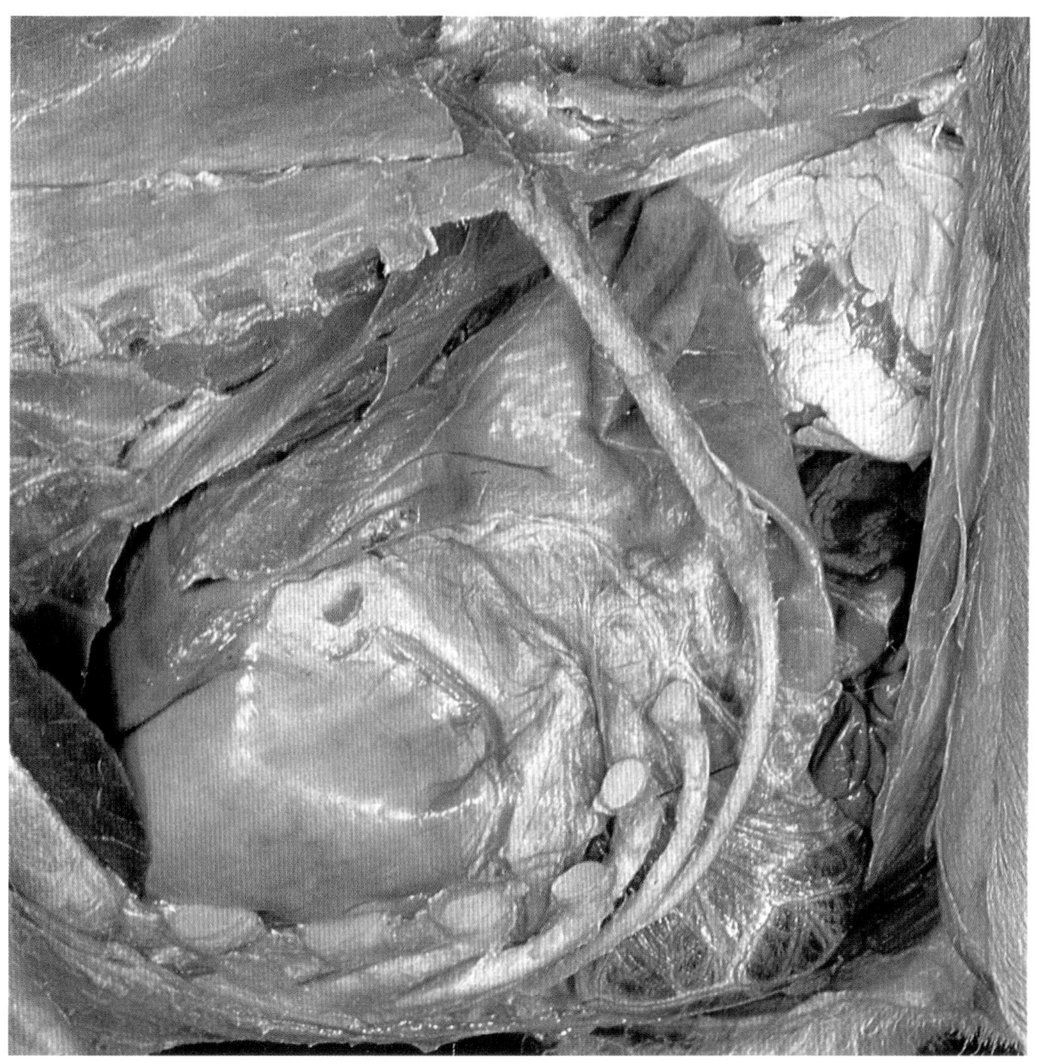

图5.50 1周龄犊牛腹腔脏器，左外侧观（脾已摘除）。瘤胃背囊外翻以显示左肾和网膜上隐窝内的肠管。

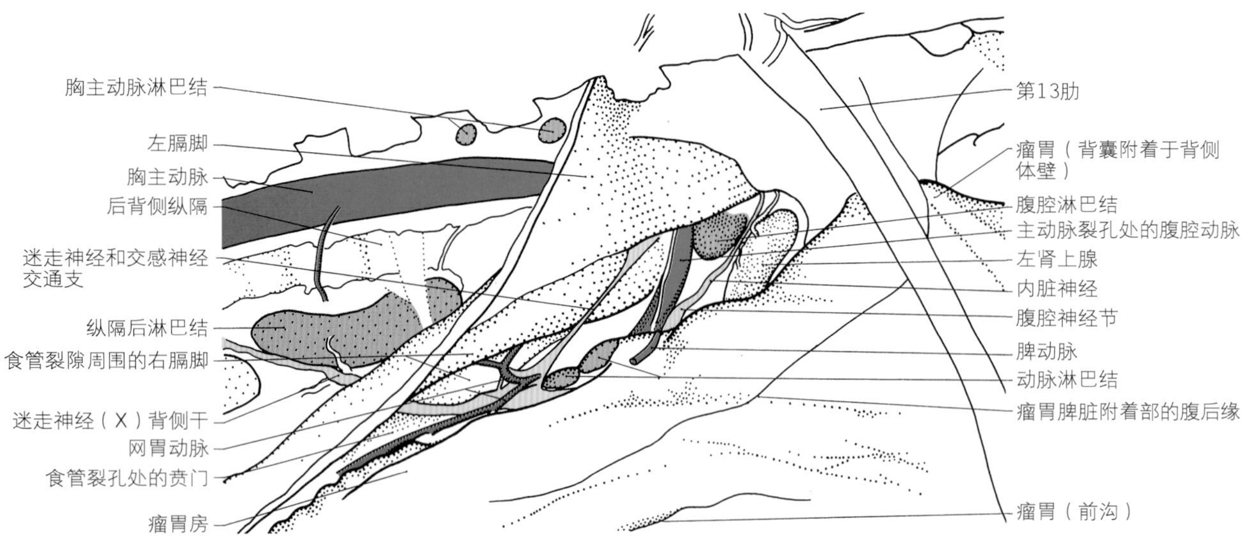
胸主动脉淋巴结
左膈脚
胸主动脉
后背侧纵隔
迷走神经和交感神经交通支
纵隔后淋巴结
食管裂隙周围的右膈脚
迷走神经（X）背侧干
网胃动脉
食管裂孔处的贲门
瘤胃房
第13肋
瘤胃（背囊附着于背侧体壁）
腹腔淋巴结
主动脉裂孔处的腹腔动脉
左肾上腺
内脏神经
腹腔神经节
脾动脉
动脉淋巴结
瘤胃脾脏附着部的腹后缘
瘤胃（前沟）

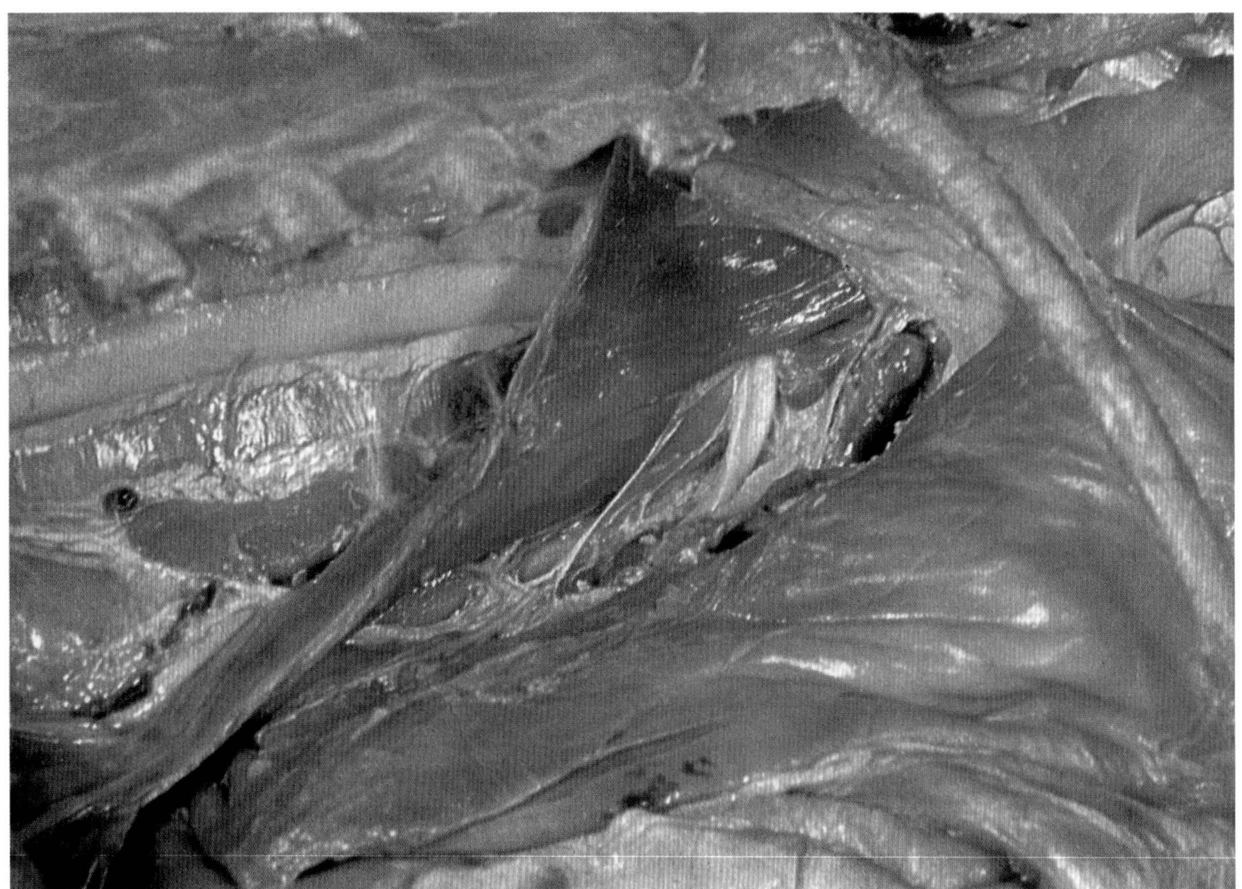

图5.51　1周龄犊牛的主动脉裂孔及其相关结构，左外侧观（脾已切除）。图5.53示该部位的深层结构。

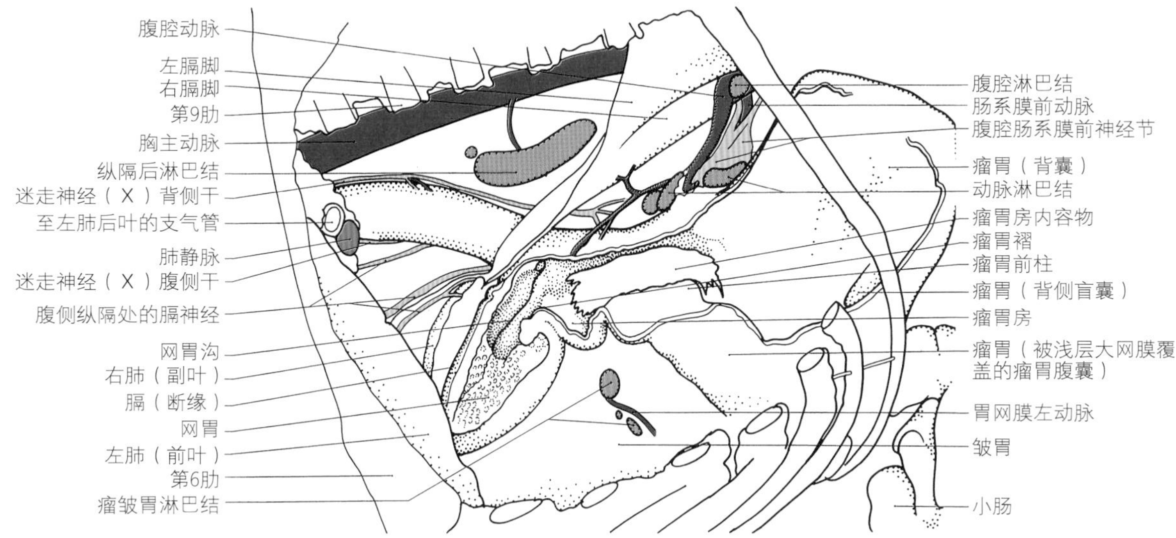
腹腔动脉
左膈脚
右膈脚
第9肋
胸主动脉
纵隔后淋巴结
迷走神经（X）背侧干
至左肺后叶的支气管
肺静脉
迷走神经（X）腹侧干
腹侧纵隔处的膈神经
网胃沟
右肺（副叶）
膈（断缘）
网胃
左肺（前叶）
第6肋
瘤皱胃淋巴结
腹腔淋巴结
肠系膜前动脉
腹腔肠系膜前神经节
瘤胃（背囊）
动脉淋巴结
瘤胃房内容物
瘤胃褶
瘤胃前柱
瘤胃（背侧盲囊）
瘤胃房
瘤胃（被浅层大网膜覆盖的瘤胃腹囊）
胃网膜左动脉
皱胃
小肠

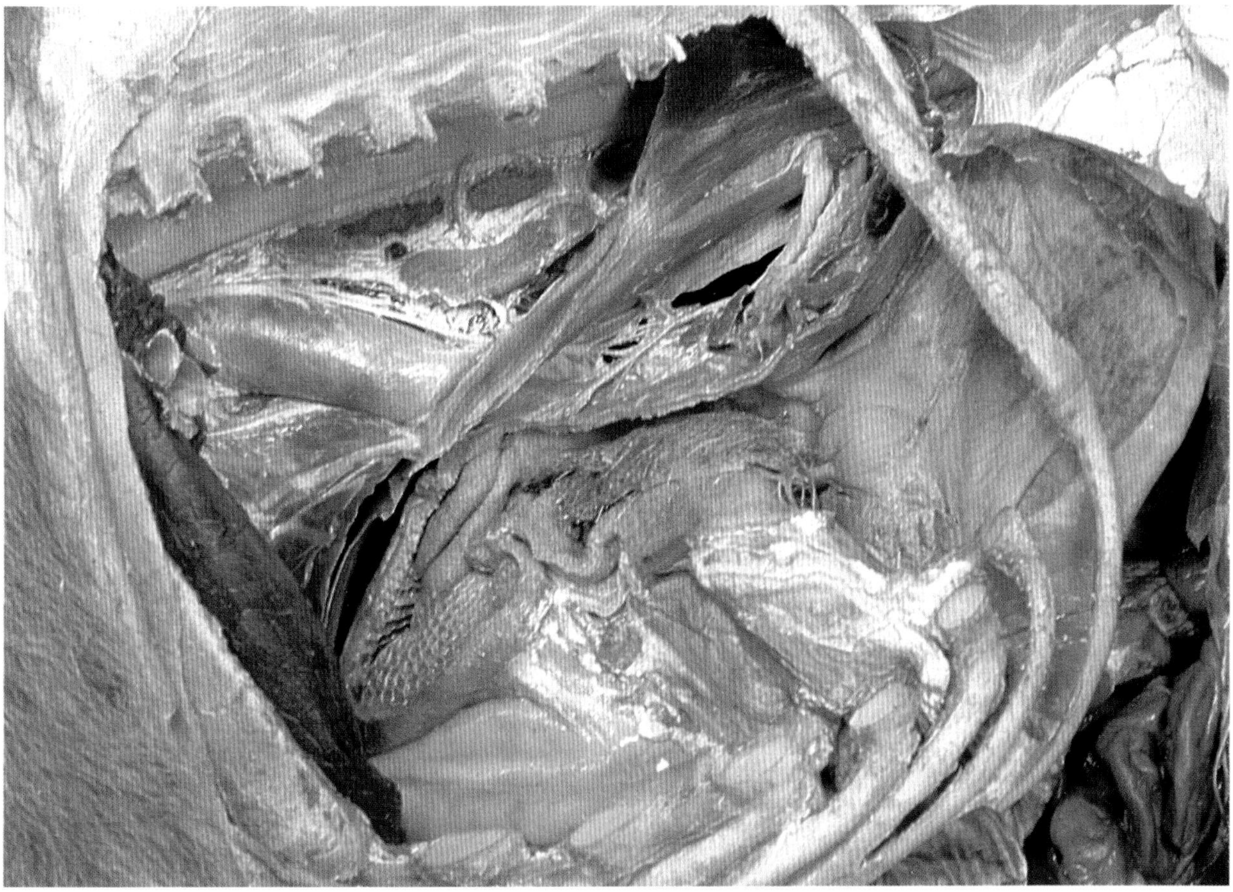

图5.52 1周龄犊牛的网胃和瘤胃背囊内部，左外侧观。该犊牛曾吃奶，并食用过干草和麦秆。

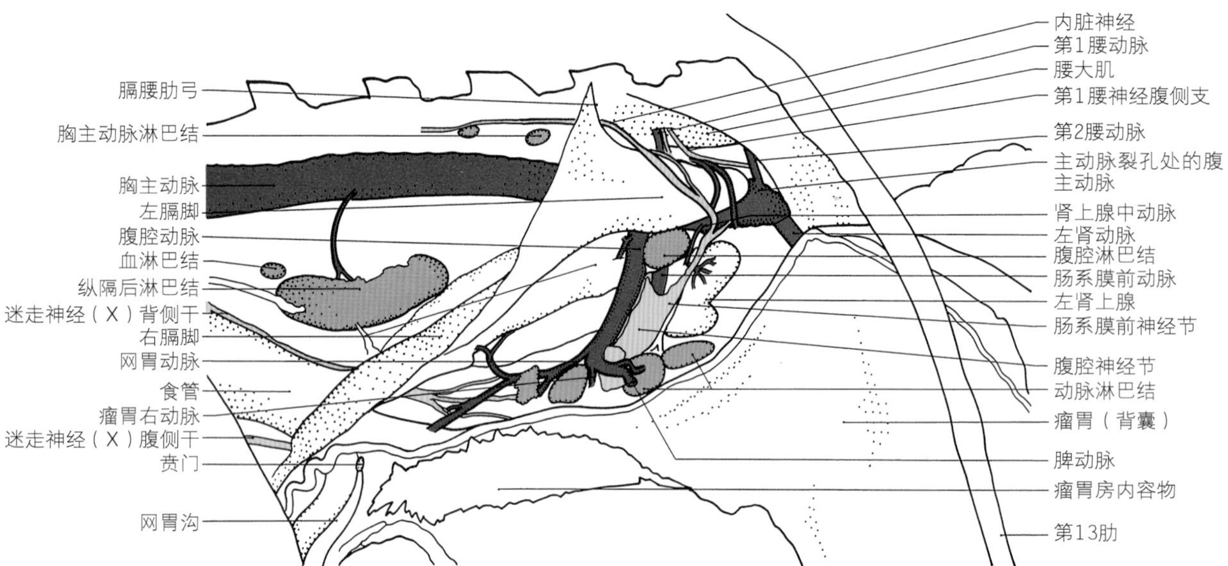
膈腰肋弓
胸主动脉淋巴结
胸主动脉
左膈脚
腹腔动脉
血淋巴结
纵隔后淋巴结
迷走神经（X）背侧干
右膈脚
网胃动脉
食管
瘤胃右动脉
迷走神经（X）腹侧干
贲门
网胃沟
内脏神经
第1腰动脉
腰大肌
第1腰神经腹侧支
第2腰动脉
主动脉裂孔处的腹主动脉
肾上腺中动脉
左肾动脉
腹腔淋巴结
肠系膜前动脉
左肾上腺
肠系膜前神经节
腹腔神经节
动脉淋巴结
瘤胃（背囊）
脾动脉
瘤胃房内容物
第13肋

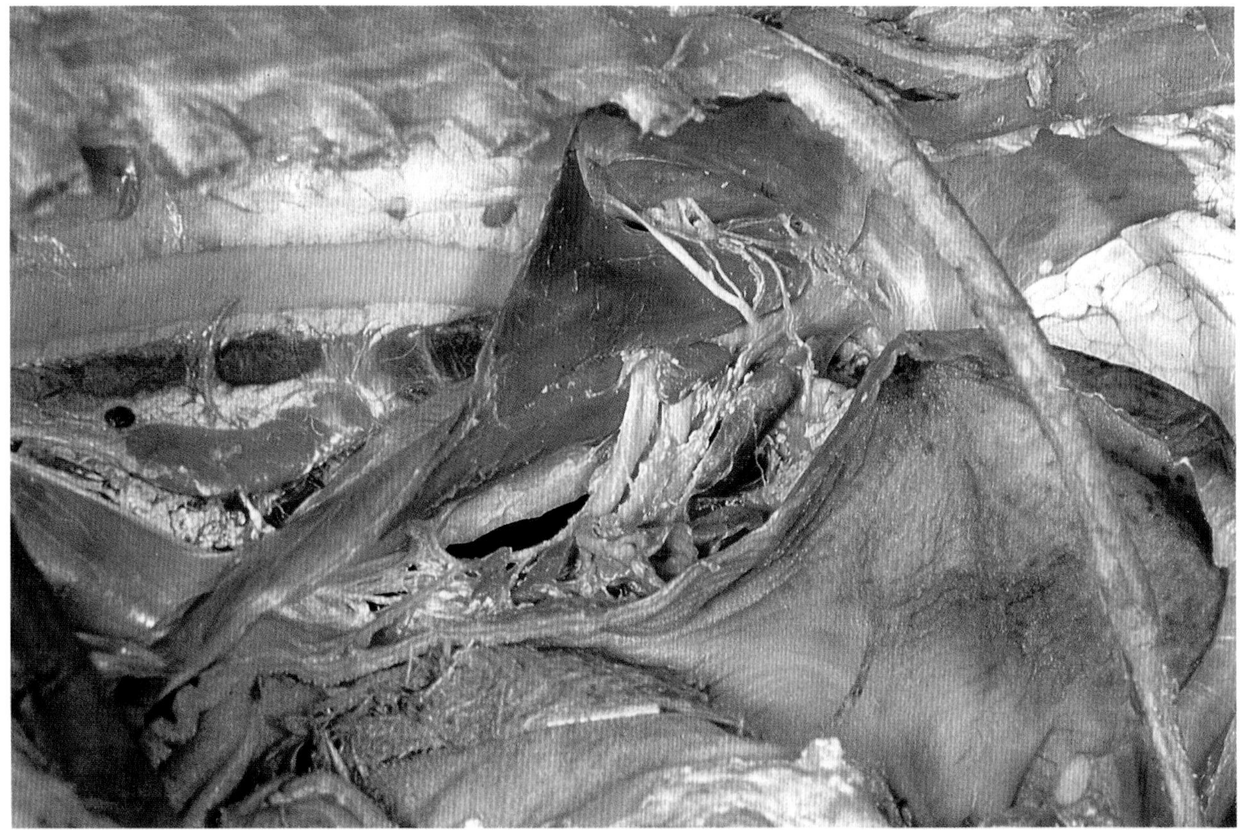

图5.53　1周龄犊牛主动脉和食管裂孔的神经、血管和淋巴结，左外侧观。该图是图5.52的局部放大，此区域浅层解剖结构如图5.49所示（脾已切除）。

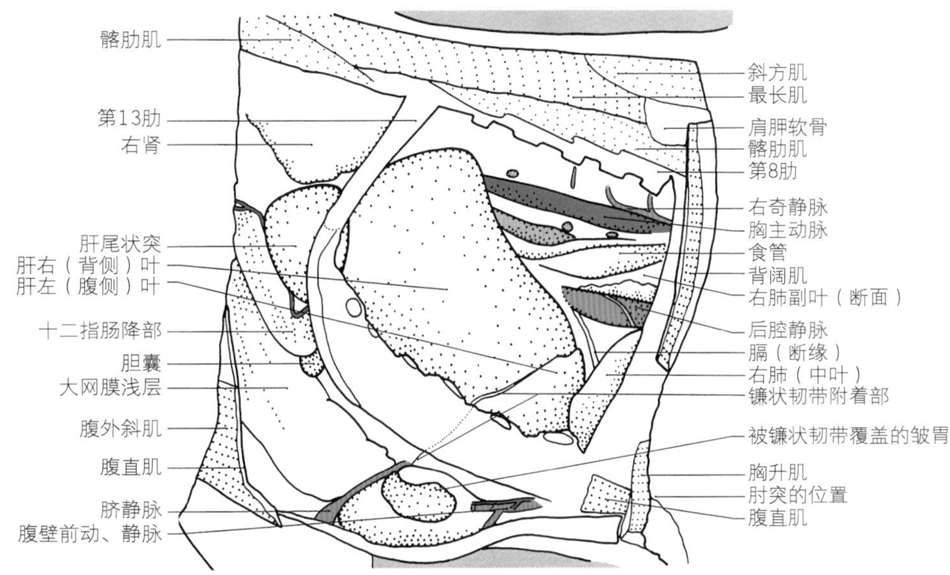
髂肋肌
第13肋
右肾
肝尾状突
肝右（背侧）叶
肝左（腹侧）叶
十二指肠降部
胆囊
大网膜浅层
腹外斜肌
腹直肌
脐静脉
腹壁前动、静脉
斜方肌
最长肌
肩胛软骨
髂肋肌
第8肋
右奇静脉
胸主动脉
食管
背阔肌
右肺副叶（断面）
后腔静脉
膈（断缘）
右肺（中叶）
镰状韧带附着部
被镰状韧带覆盖的皱胃
胸升肌
肘突的位置
腹直肌

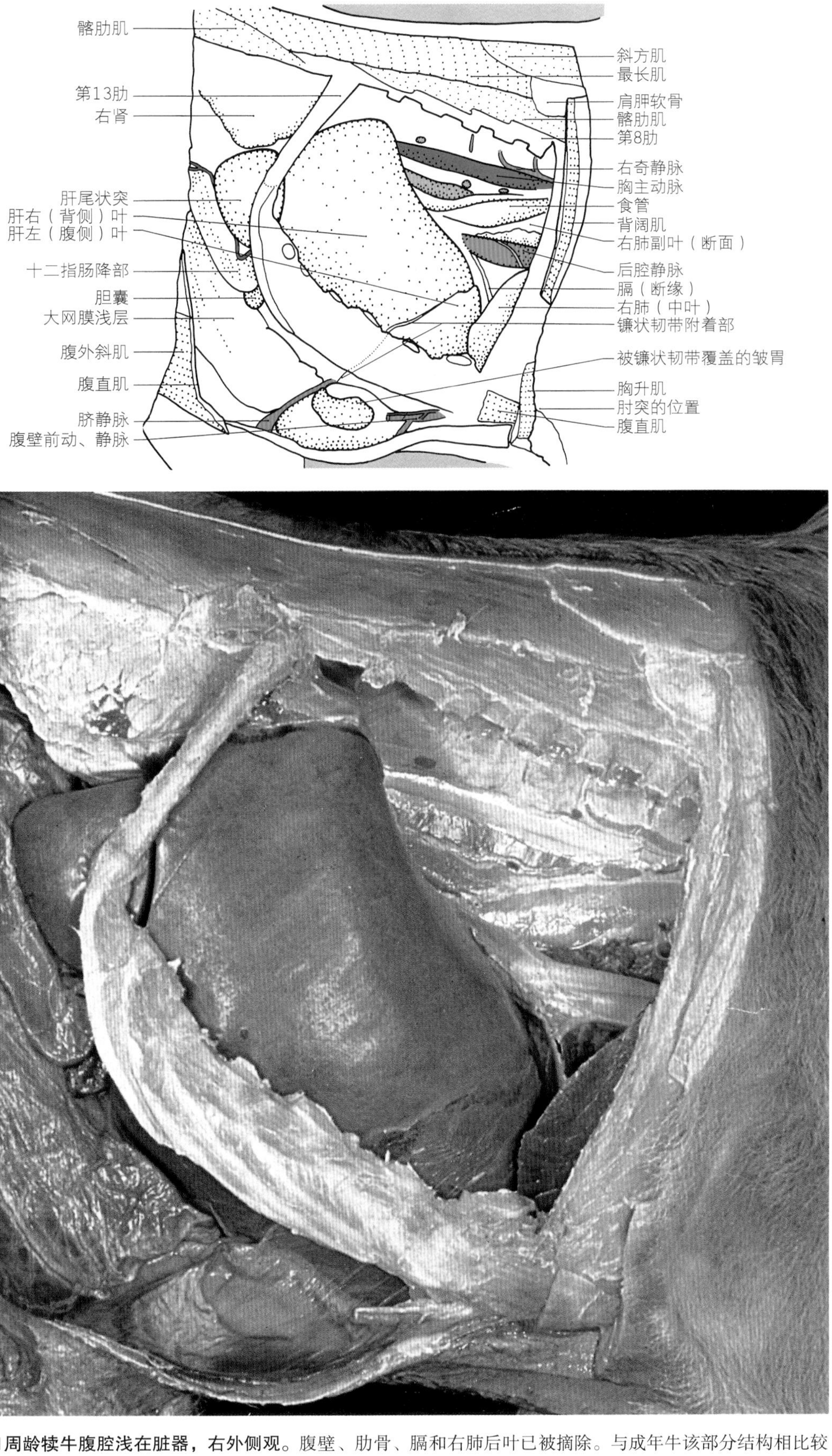

图5.54 1周龄犊牛腹腔浅在脏器，右外侧观。腹壁、肋骨、膈和右肺后叶已被摘除。与成年牛该部分结构相比较（图5.30）。

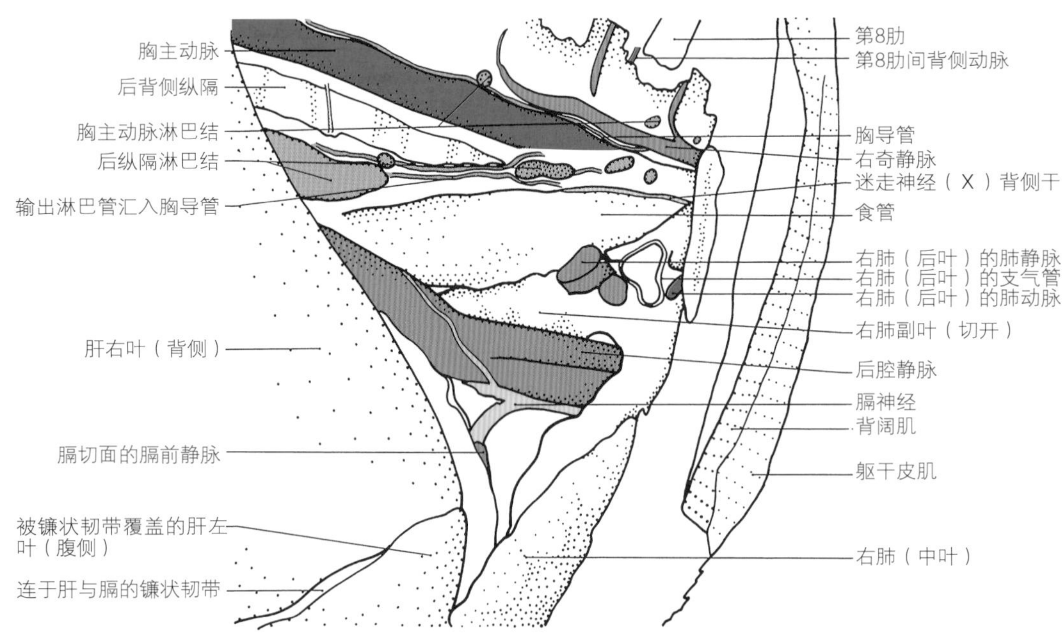
胸主动脉
后背侧纵隔
胸主动脉淋巴结
后纵隔淋巴结
输出淋巴管汇入胸导管
肝右叶（背侧）
膈切面的膈前静脉
被镰状韧带覆盖的肝左叶（腹侧）
连于肝与膈的镰状韧带
第8肋
第8肋间背侧动脉
胸导管
右奇静脉
迷走神经（X）背侧干
食管
右肺（后叶）的肺静脉
右肺（后叶）的支气管
右肺（后叶）的肺动脉
右肺副叶（切开）
后腔静脉
膈神经
背阔肌
躯干皮肌
右肺（中叶）

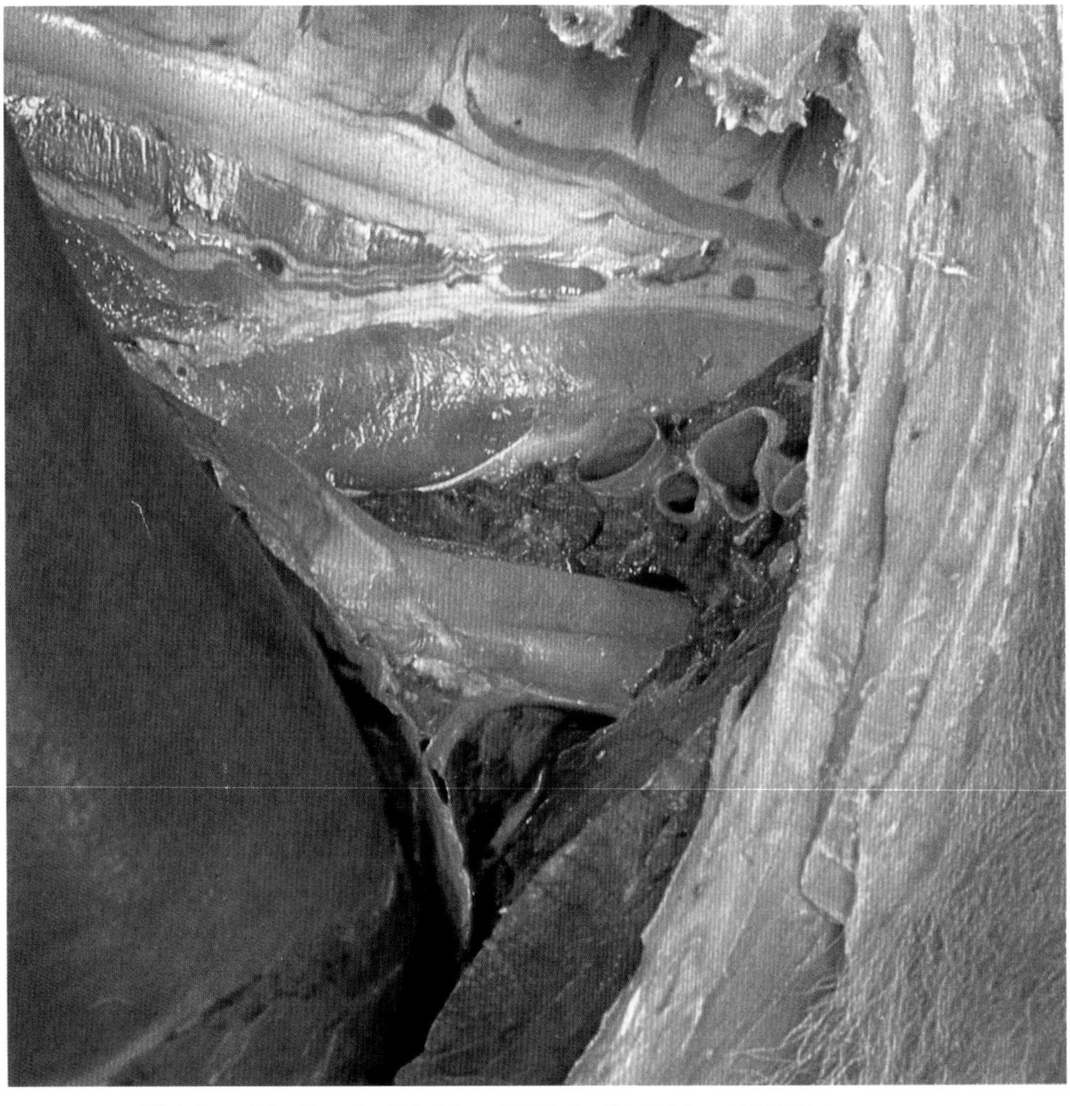

图5.55 1周龄犊牛纵隔后的血管、淋巴结和神经，右外侧观。该图是图5.54的局部放大。

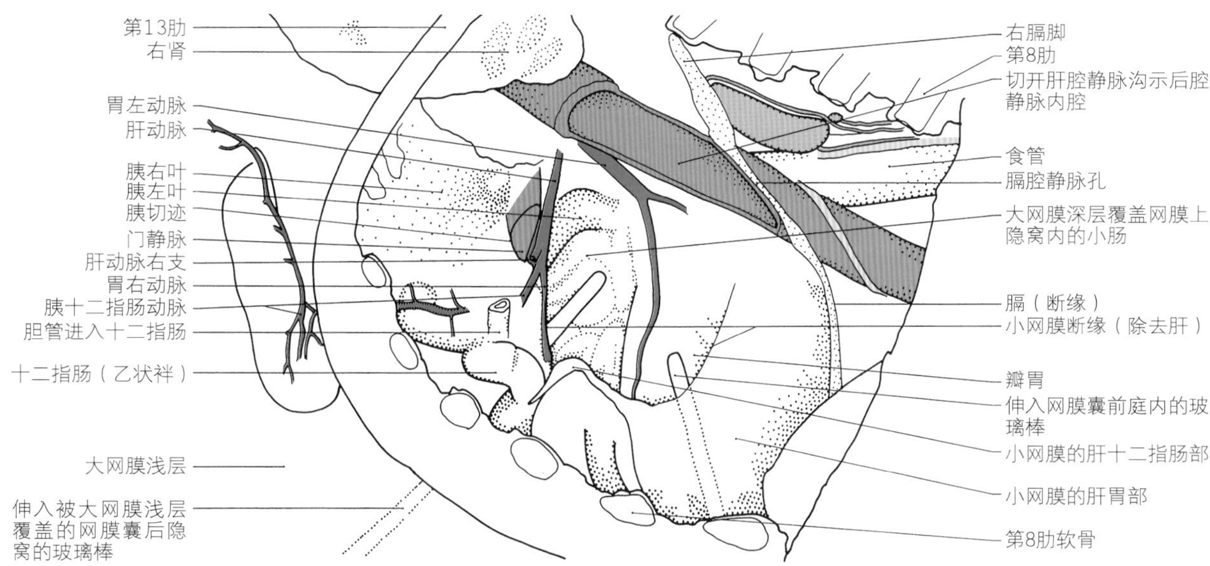
第13肋
右肾
胃左动脉
肝动脉
胰右叶
胰左叶
胰切迹
门静脉
肝动脉右支
胃右动脉
胰十二指肠动脉
胆管进入十二指肠
十二指肠（乙状袢）
大网膜浅层
伸入被大网膜浅层覆盖的网膜囊后隐窝的玻璃棒
右膈脚
第8肋
切开肝腔静脉沟示后腔静脉内腔
食管
膈腔静脉孔
大网膜深层覆盖网膜上隐窝内的小肠
膈（断缘）
小网膜断缘（除去肝）
瓣胃
伸入网膜囊前庭内的玻璃棒
小网膜的肝十二指肠部
小网膜的肝胃部
第8肋软骨

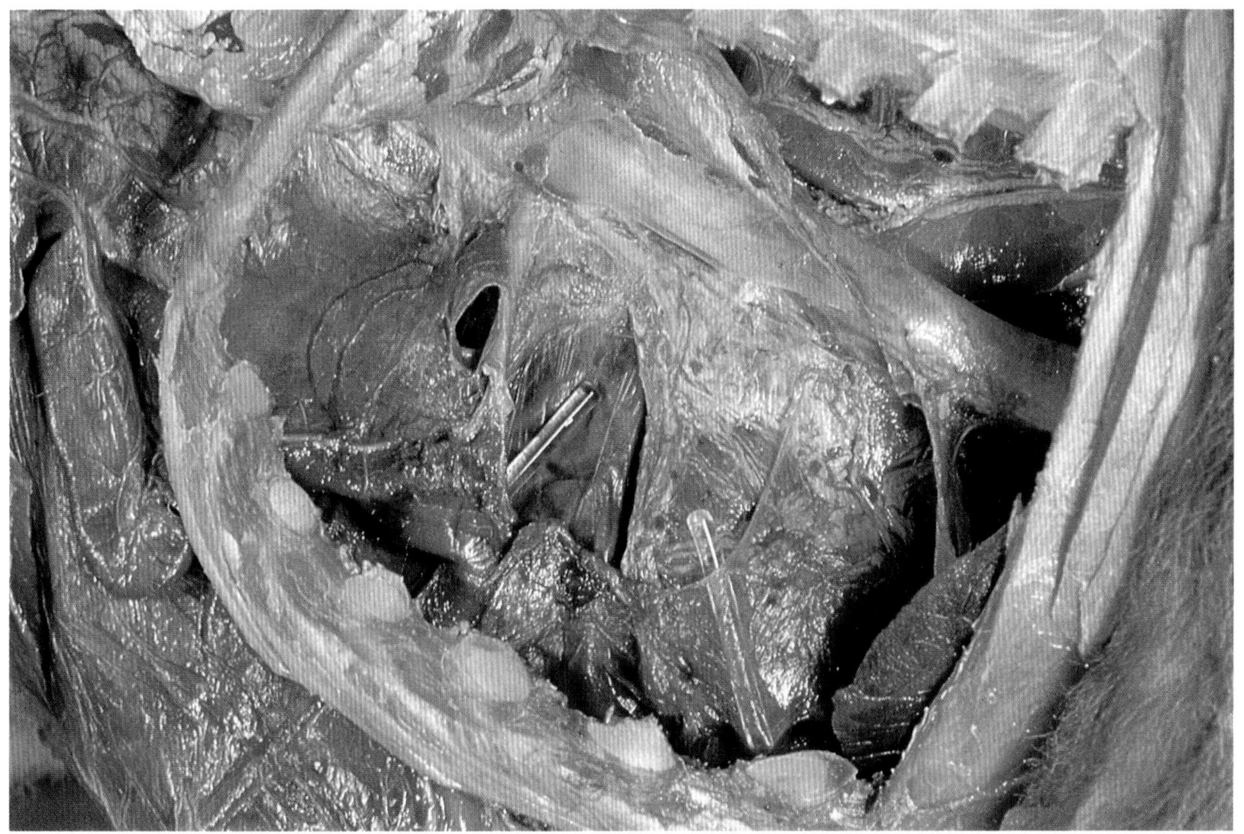

图5.56 1周龄犊牛腹腔脏器和肠系膜，右外侧观（肝已切除）。大网膜浅层和深层均可见，网膜囊前庭及后隐窝也清晰可见。图5.57示更深层的解剖结构。胎牛的肝脏脏面如图5.60所示。

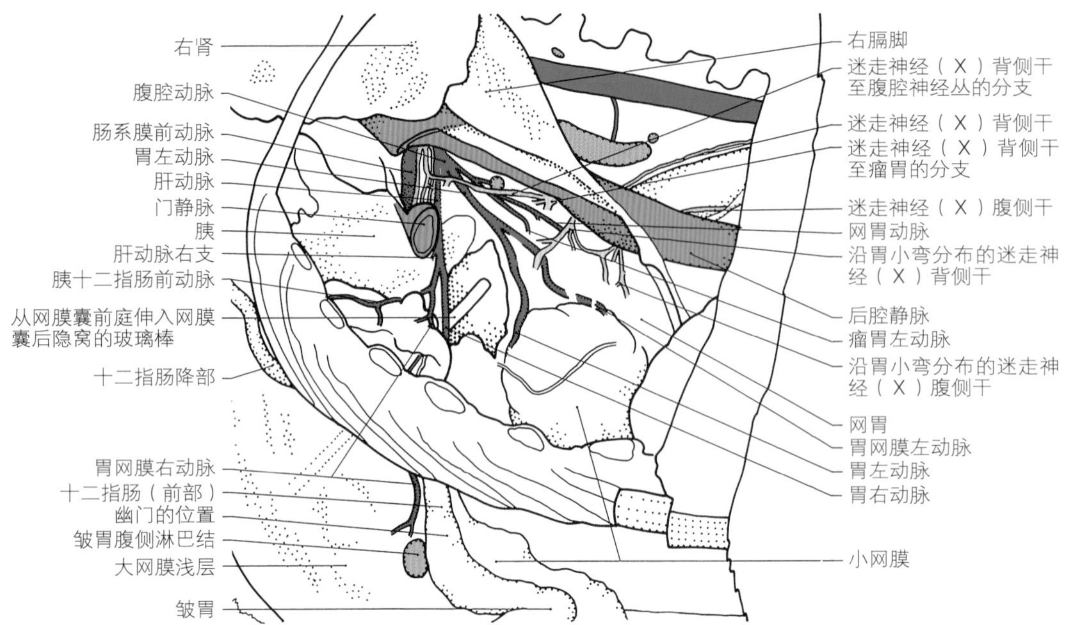
右肾
腹腔动脉
肠系膜前动脉
胃左动脉
肝动脉
门静脉
胰
肝动脉右支
胰十二指肠前动脉
从网膜囊前庭伸入网膜囊后隐窝的玻璃棒
十二指肠降部
胃网膜右动脉
十二指肠（前部）
幽门的位置
皱胃腹侧淋巴结
大网膜浅层
皱胃
右膈脚
迷走神经（X）背侧干至腹腔神经丛的分支
迷走神经（X）背侧干
迷走神经（X）背侧干至瘤胃的分支
迷走神经（X）腹侧干
网胃动脉
沿胃小弯分布的迷走神经（X）背侧干
后腔静脉
瘤胃左动脉
沿胃小弯分布的迷走神经（X）腹侧干
网胃
胃网膜左动脉
胃左动脉
胃右动脉
小网膜

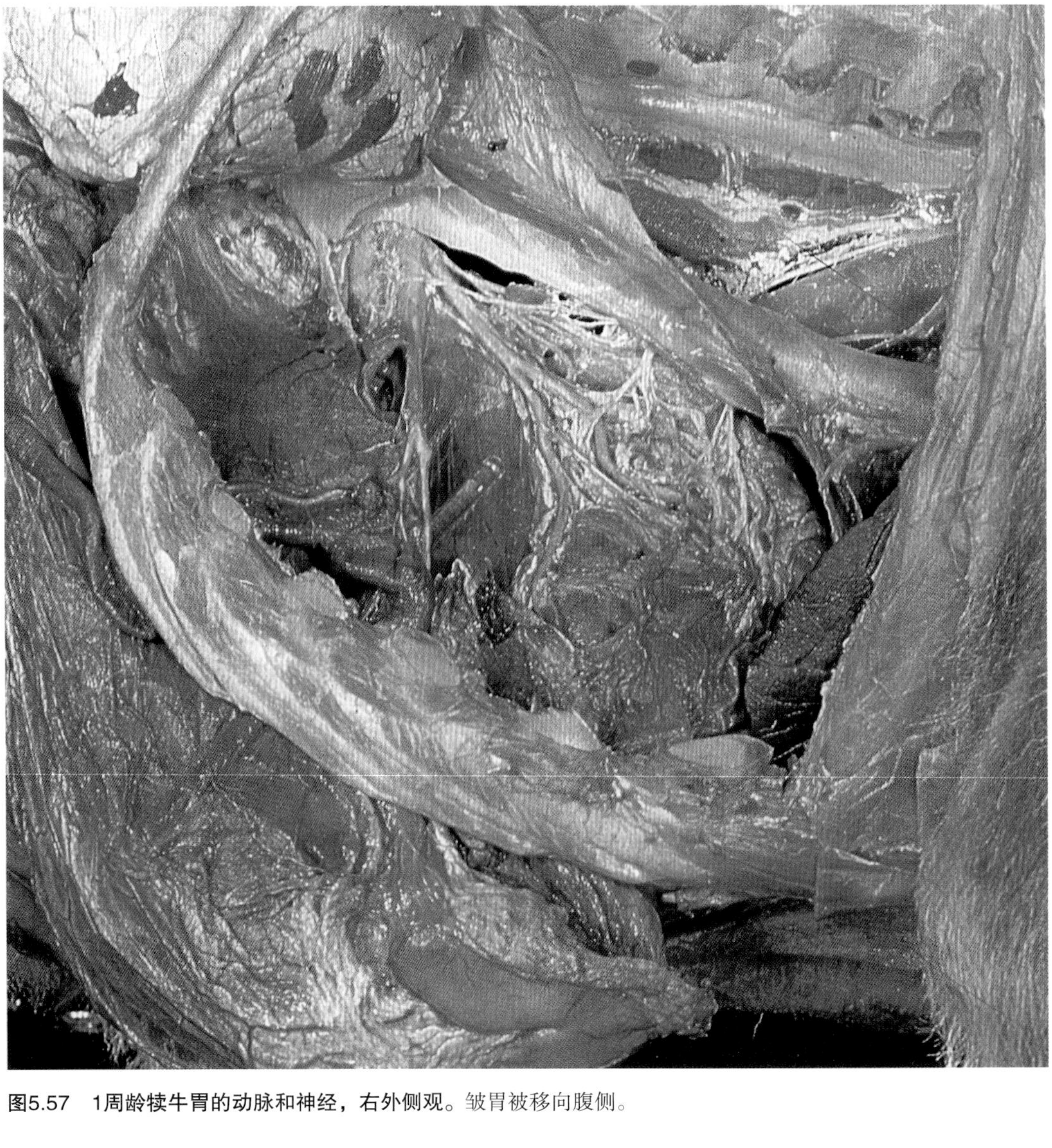

图5.57 1周龄犊牛胃的动脉和神经，右外侧观。皱胃被移向腹侧。

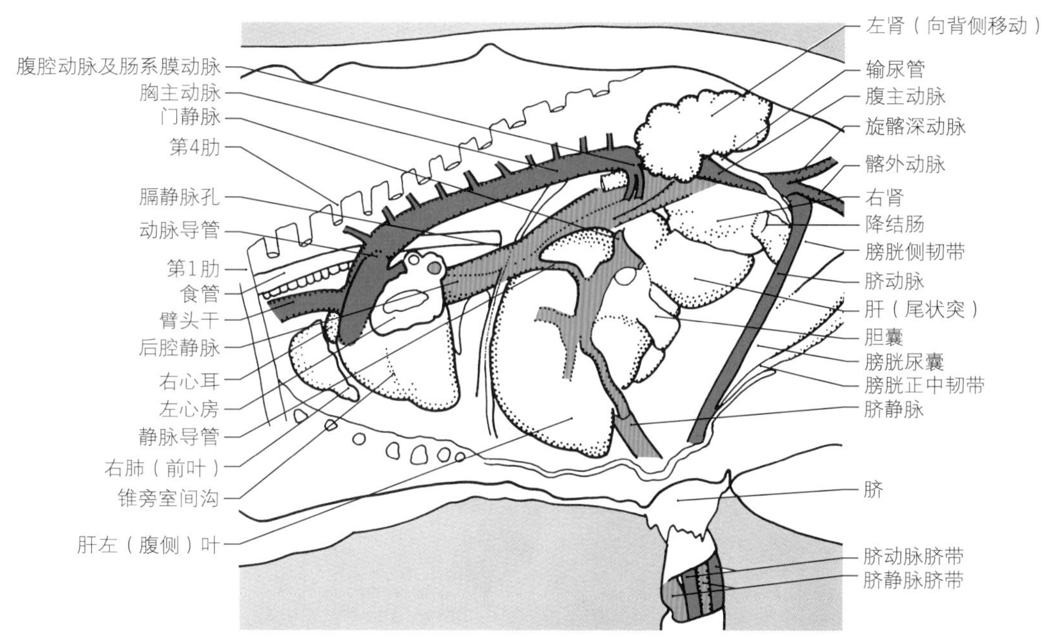
腹腔动脉及肠系膜动脉
胸主动脉
门静脉
第4肋
膈静脉孔
动脉导管
第1肋
食管
臂头干
后腔静脉
右心耳
左心房
静脉导管
右肺（前叶）
锥旁室间沟
肝左（腹侧）叶
左肾（向背侧移动）
输尿管
腹主动脉
旋髂深动脉
髂外动脉
右肾
降结肠
膀胱侧韧带
脐动脉
肝（尾状突）
胆囊
膀胱尿囊
膀胱正中韧带
脐静脉
脐
脐动脉脐带
脐静脉脐带

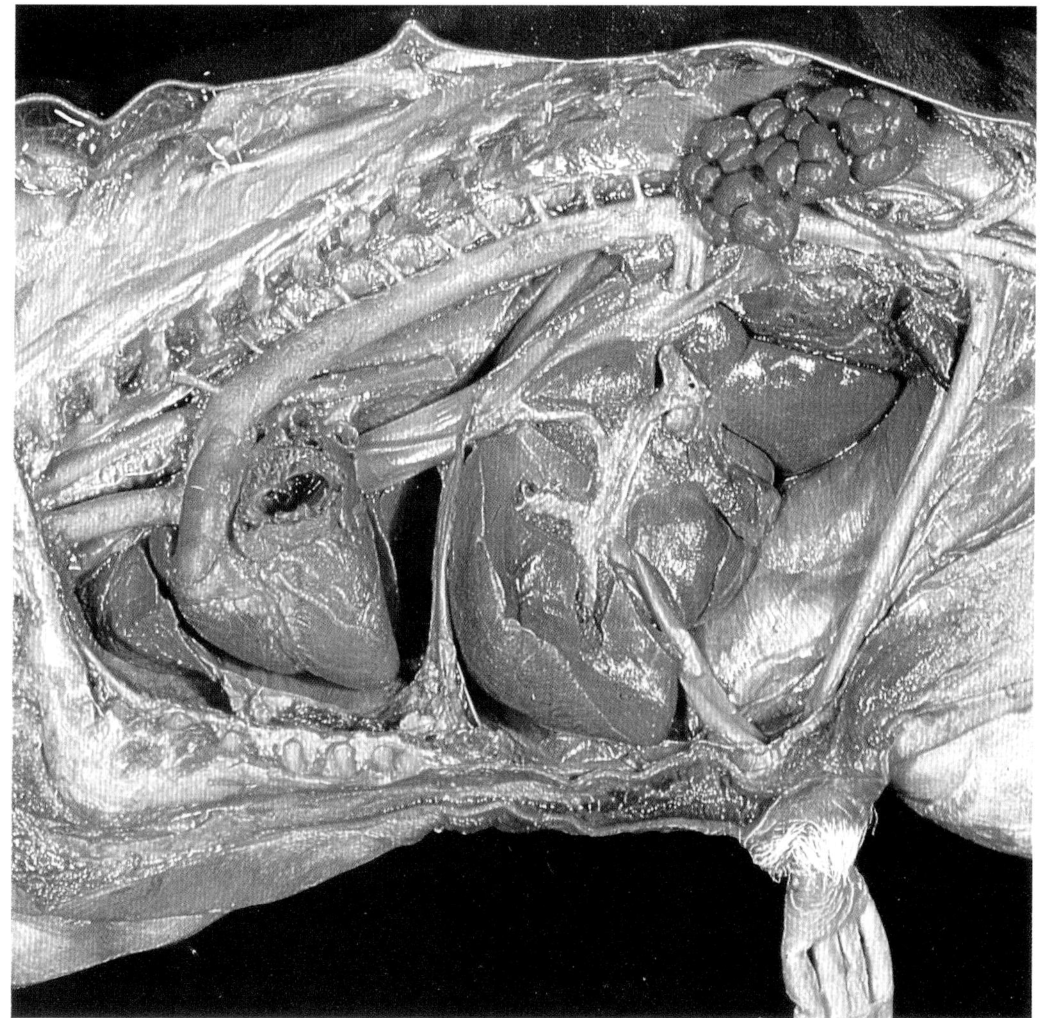

图5.58 雌性胎牛（约230日龄）胸腔和腹腔的脏器和血管，左外侧观。除了肝、肾和膀胱外，左肺及全部腹腔脏器均已摘除。注意左、右心室的相对大小，并与成年牛比较（图4.17）。详细结构见图5.59和图5.60。

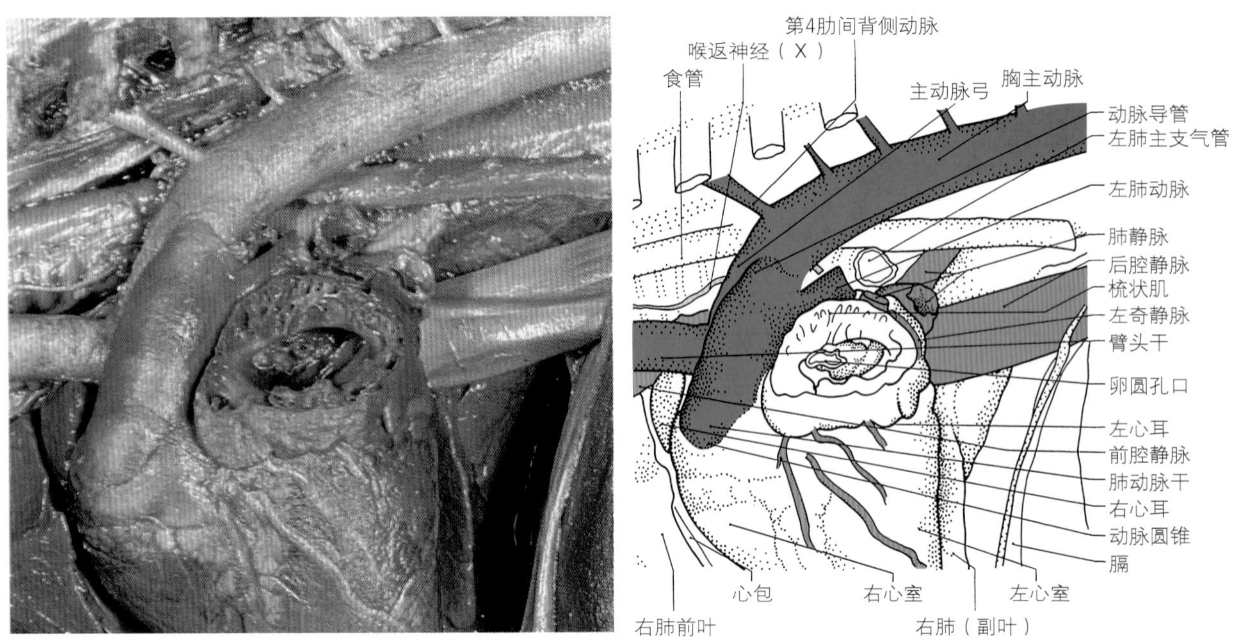
第4肋间背侧动脉
喉返神经（X）
食管
主动脉弓
胸主动脉
动脉导管
左肺主支气管
左肺动脉
肺静脉
后腔静脉
梳状肌
左奇静脉
臂头干
卵圆孔口
左心耳
前腔静脉
肺动脉干
右心耳
动脉圆锥
膈
心包
右心室
左心室
右肺前叶
右肺（副叶）

图5.59 胎牛心脏基部及胎儿循环的组成，左外侧观。管状的卵圆孔已用脱脂棉填充，以显示后腔静脉通往左心房的通道。卵圆孔在出生2～3周后闭合。

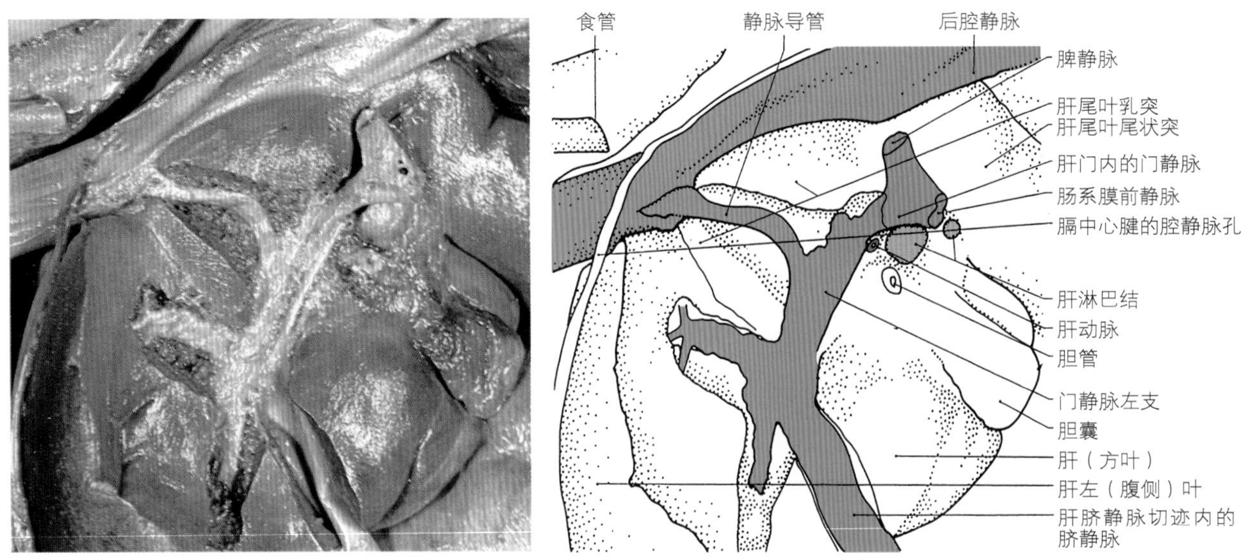
食管
静脉导管
后腔静脉
脾静脉
肝尾叶乳突
肝尾叶尾状突
肝门内的门静脉
肠系膜前静脉
膈中心腱的腔静脉孔
肝淋巴结
肝动脉
胆管
门静脉左支
胆囊
肝（方叶）
肝左（腹侧）叶
肝脐静脉切迹内的
脐静脉

图5.60 胎牛肝脏脏面，示脐静脉、门静脉及后腔静脉的的关系，左外侧观。静脉已经从肝实质中分离。在反刍动物，静脉导管一直保留到出生。

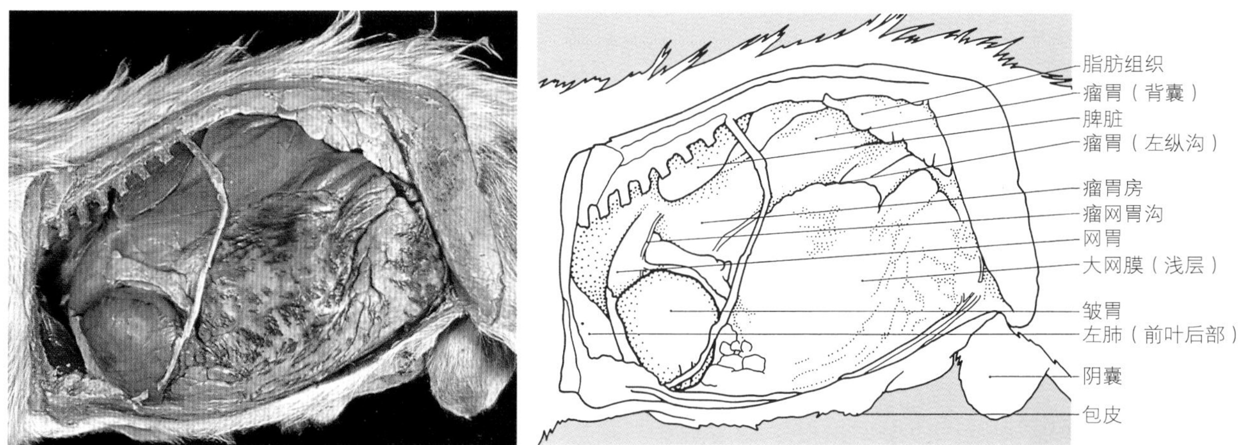
脂肪组织
瘤胃（背囊）
脾脏
瘤胃（左纵沟）
瘤胃房
瘤网胃沟
网胃
大网膜（浅层）
皱胃
左肺（前叶后部）
阴囊
包皮

图5.61 6月龄雄性山羊的腹腔脏器，左外侧观。腹壁和胸壁、膈及左肺后叶均已摘除。该动物的防腐固定位置见图5.65的文字说明。

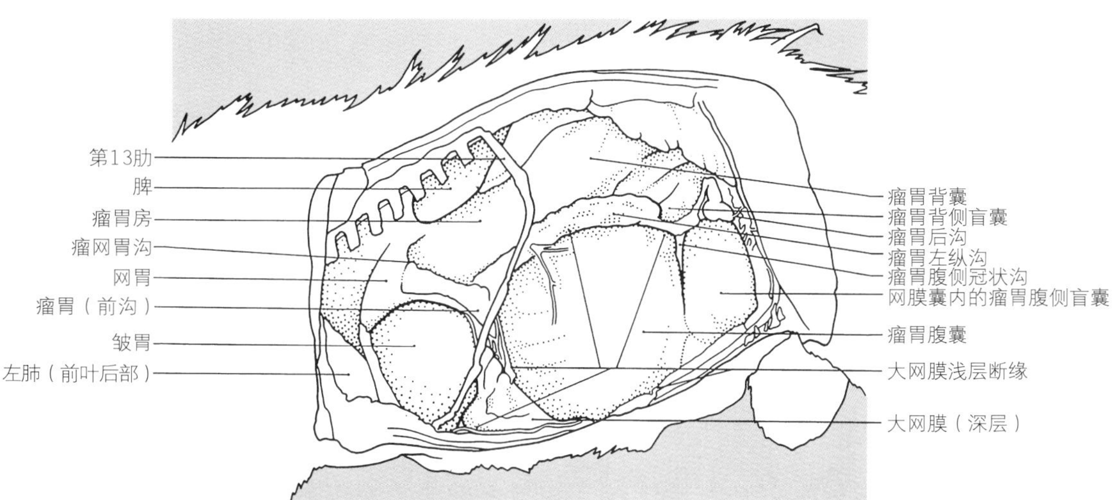
第13肋
脾
瘤胃房
瘤网胃沟
网胃
瘤胃（前沟）
皱胃
左肺（前叶后部）
瘤胃背囊
瘤胃背侧盲囊
瘤胃后沟
瘤胃左纵沟
瘤胃腹侧冠状沟
网膜囊内的瘤胃腹侧盲囊
瘤胃腹囊
大网膜浅层断缘
大网膜（深层）

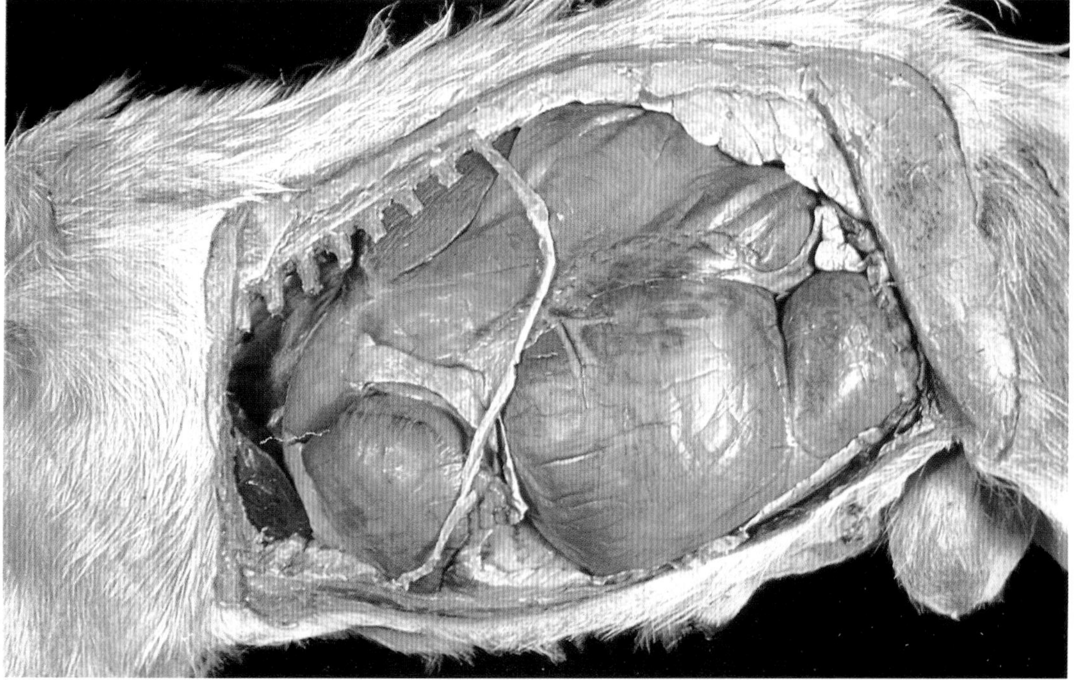

图5.62 山羊腹腔脏器，左外侧观（大网膜已切除）。大网膜浅层被摘除以显示瘤胃全貌。

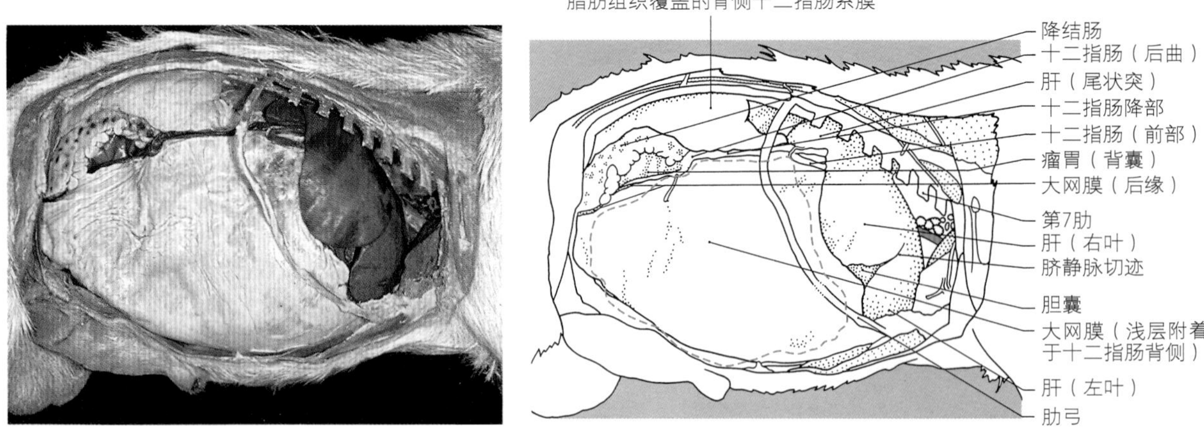
脂肪组织覆盖的背侧十二指肠系膜
降结肠
十二指肠（后曲）
肝（尾状突）
十二指肠降部
十二指肠（前部）
瘤胃（背囊）
大网膜（后缘）
第7肋
肝（右叶）
脐静脉切迹
胆囊
大网膜（浅层附着
于十二指肠背侧）
肝（左叶）
肋弓

图5.63 山羊腹腔脏器，右外侧观。左侧的解剖结构（图5.61）显示大网膜浅层附着到胃。本图示右侧。蓝色虚线表示大网膜浅层被切除的位置，见图5.64。

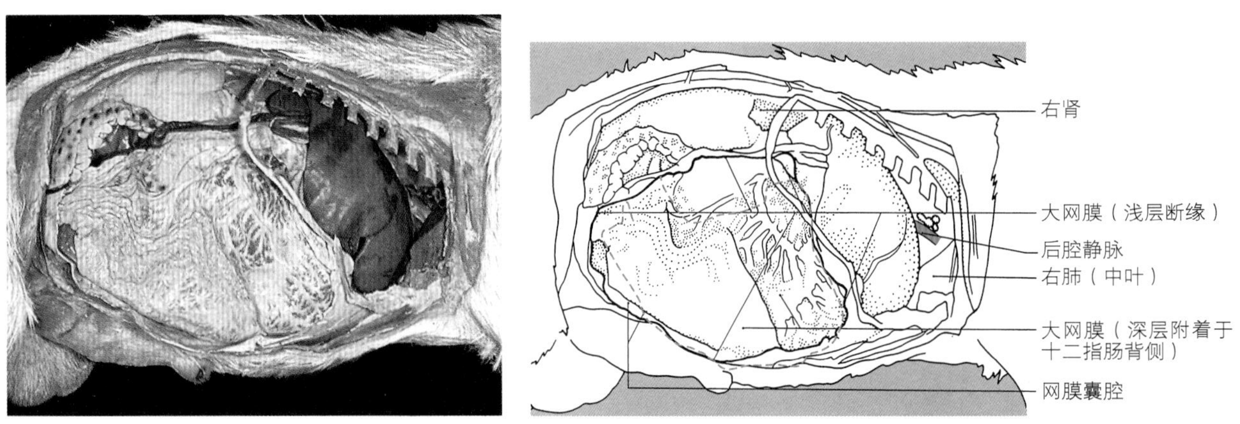
右肾
大网膜（浅层断缘）
后腔静脉
右肺（中叶）
大网膜（深层附着于
十二指肠背侧）
网膜囊腔

图5.64 山羊网膜囊，右外侧观。移除大网膜浅层后显示位于大网膜浅层和深层之间的全部网膜囊后隐窝，蓝色虚线示大网膜深层被切除的位置（见图5.65）。

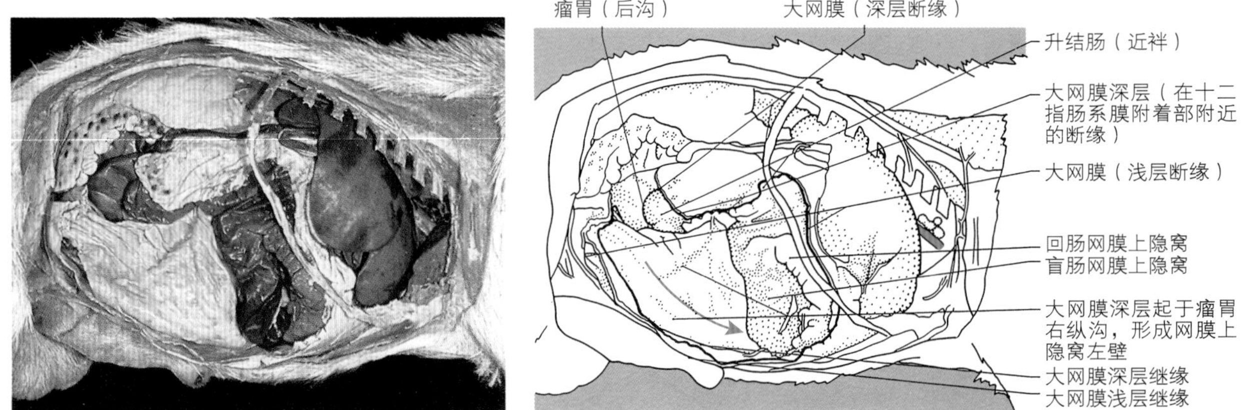
瘤胃（后沟）
大网膜（深层断缘）
升结肠（近袢）
大网膜深层（在十二
指肠系膜附着部附近
的断缘）
大网膜（浅层断缘）
回肠网膜上隐窝
盲肠网膜上隐窝
大网膜深层起于瘤胃
右纵沟，形成网膜上
隐窝左壁
大网膜深层继缘
大网膜浅层继缘

图5.65 山羊腹腔脏器，示网膜上隐窝和大网膜，右外侧观。该山羊防腐固定时，左侧侧卧，右侧后肢向上被抬高。在网膜上隐窝内的肠管已被前移。先前位于骨盆入口附近的盲肠尖也被移位，如箭头所示。与成年牛该部分左侧解剖结构相比较（图5.27）。

第6章

后　肢

（The Hindlimb）

后肢和机体的其他部分一样都是很容易受体表创伤和患皮肤疾病的部位。后肢被铁丝、橡胶管或衣带缠住都是很正常不过的。另外，还有一些肌肉损伤是由梭菌感染所引起的，如黑腿病。某些品种（南德温牛、利木赞牛和比利时兰牛）可能还会有“双肌性”（double muscling），尤其后肢臀部更为明显，可能会造成难产，特别是母牛。品种不同，臀部肌肉的发育程度和肌肉内间隔多少也不相同。另一个主要影响后肢肌肉性能的病因是痉挛性轻瘫。这种痉挛性轻瘫可能蔓延至后肢的膝关节和跗关节，且从数周龄起呈进行性加剧。痉挛性轻瘫影响Achilles（阿基里斯）跟腱、腓肠肌和浅层屈肌腱的收缩。犊牛脐病和老龄动物的败血症也常引起后肢关节病。

腓肠肌、内收肌群、胫骨前肌经常发生断裂，特别是奶牛产后更容易发生。关节弯曲通常见于前肢，但后肢偶尔也会发生。相对于前肢，后肢的肌腱更容易受到机械损伤。

后肢容易发生骨折，并且经常是粉碎性骨折。近侧端的骨折愈后非常不良，而远侧端的骨折通常愈后良好。母牛难产时，过度地牵拉可能会导致长骨的生长板分离，严重的还会导致第12、13胸椎的骨折。

股膝关节脱位通常有背侧、内侧和外侧性脱臼，但多方向脱臼是很少见的。由于体重过大、损伤或者是与大型公牛配种所造成的膝关节前十字韧带损伤，引起股胫关节发生半脱位现象。这常并发半月板损伤，并且很快会引起继发性骨-关节障碍。

深部感染常呈现骨髓炎（幼龄犊牛的沙门氏菌病或化脓性菌的感染），或者是跗部蜂窝组织炎（外伤性感染）和“飞端肿损伤”。

软骨病是一种正常软骨内骨化障碍，由骺端和干骺端之间的软骨生长板出现肿胀、断裂使软骨损伤。后肢中的髋股关节、股胫关节、股膝关节和胫跗关节多见软骨病。

外伤引起的后肢神经损伤也时有发生。股神经由第4～6腰神经根汇合而成，支配髂腰肌和股四头肌。在一些大型品种的牛犊出生时，常因受到骨盆挤压造成股神经损伤。在损伤部位的神经周围常出现出血和水肿。

由于特大型胎儿或胎儿-母体比例不相称造成的难产也可能引起闭孔神经损伤。它可能是单侧性或双侧性的。

胫神经损伤较少见，但有可能由肌肉感染梭菌引起损伤。腓神经来自第6腰神经至第2荐神经，位于膝关节外侧面，相对比较靠近皮肤表面，产牛犊时易受到伤害。

坐骨神经来自第6腰神经和第1、2荐神经，有时由于长时间的侧卧休息而受到损伤。损伤的部位通常是靠近股骨大转子的内侧面。而股骨干和骨盆骨折，或细菌感染很少引起坐骨神经损伤。

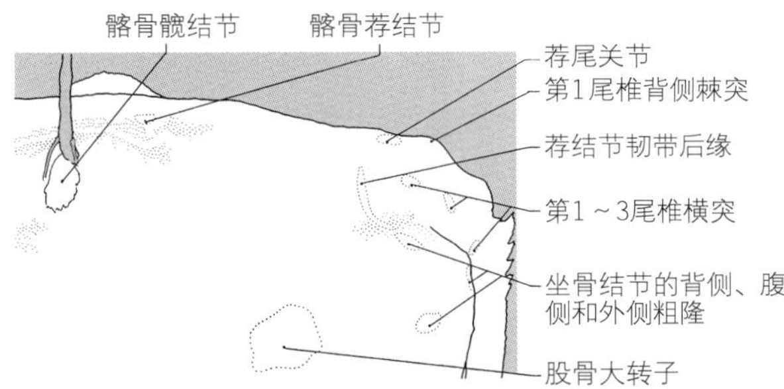
髂骨髋结节
髂骨荐结节
荐尾关节
第1尾椎背侧棘突
荐结节韧带后缘
第1～3尾椎横突
坐骨结节的背侧、腹侧和外侧粗隆
股骨大转子

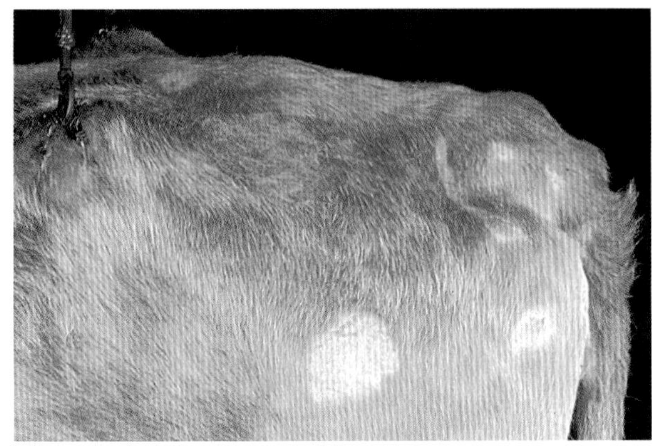

图6.1 骨盆部表面特征，左外侧观。可触及的标记部位的被毛已剥除。

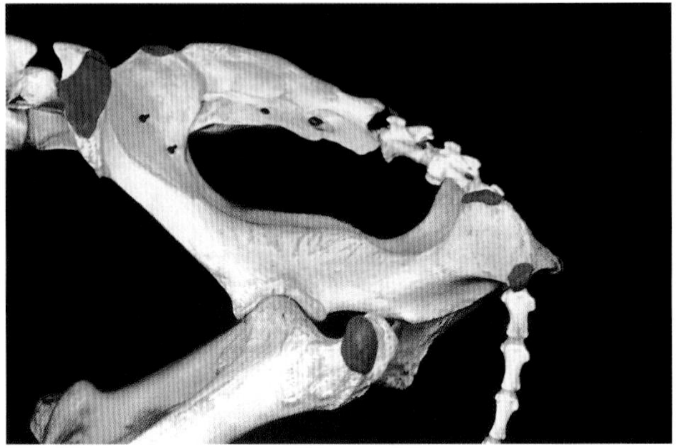

图6.2 骨盆部骨骼，左外侧观。红色表示图6.1中被剃除被毛部分的骨性标志，该骨架的尾骨位置放太低了。

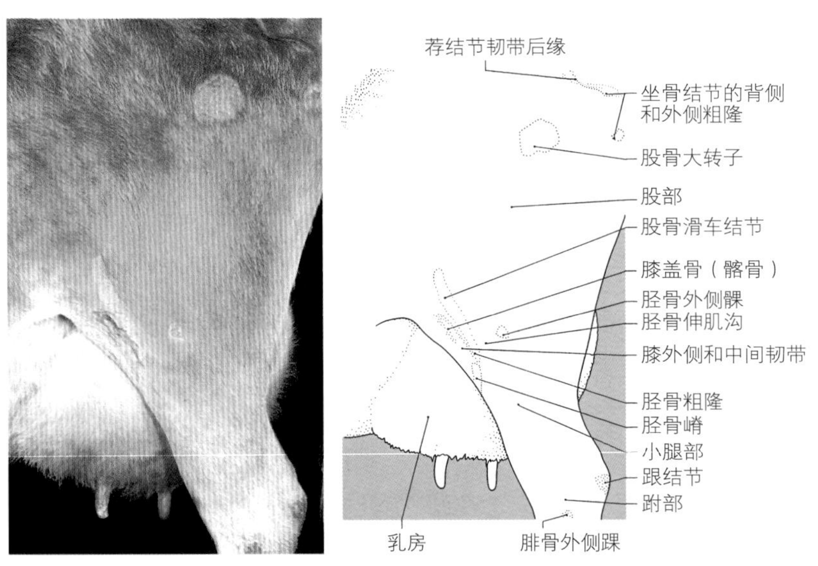
荐结节韧带后缘
坐骨结节的背侧和外侧粗隆
股骨大转子
股部
股骨滑车结节
膝盖骨（髌骨）
胫骨外侧髁
胫骨伸肌沟
膝外侧和中间韧带
胫骨粗隆
胫骨嵴
小腿部
跟结节
跗部
乳房
腓骨外侧踝

图6.3 后肢表面特征，左外侧观。可触及的标记部位的被毛已经被剃除，膝盖骨处用一切口作标志，并通过钉子固定在股骨滑车以加固膝关节。

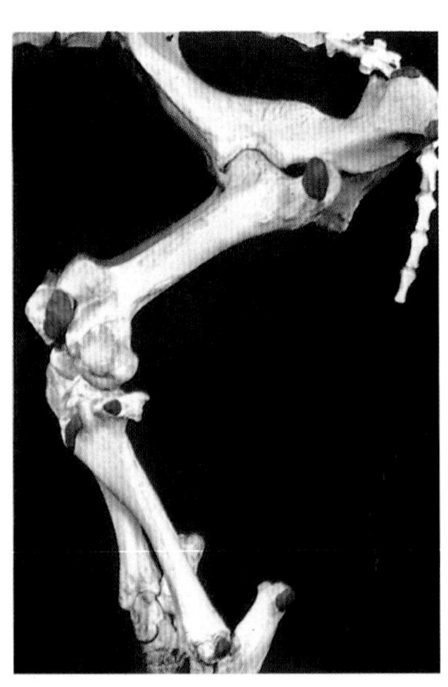

图6.4 骨盆、股骨、小腿骨和跗骨，左外侧观。红色表示图6.3中除了股骨滑车结节外的剃除被毛的骨性标记部位，右膝关节叠连在左后肢上。膝盖骨和结节之间的相对位置随着关节的运动而变化。

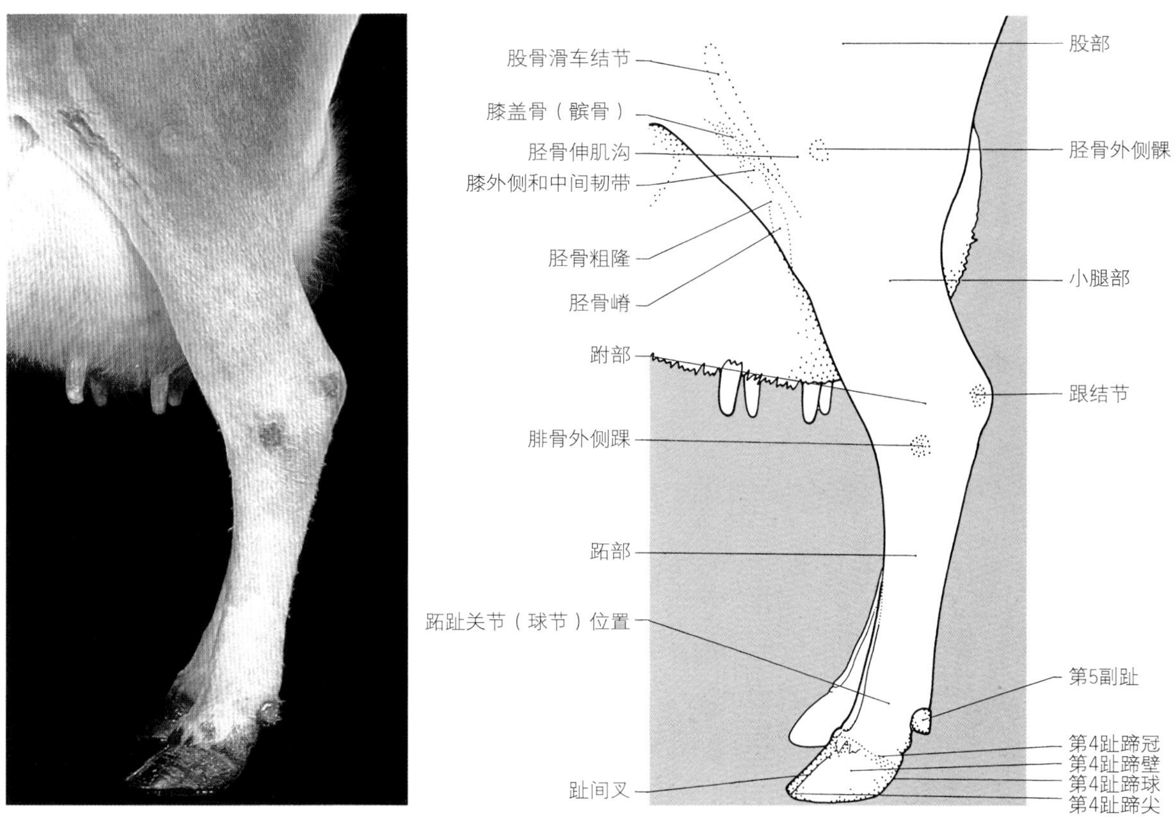
股骨滑车结节
膝盖骨（髌骨）
胫骨伸肌沟
膝外侧和中间韧带
胫骨粗隆
胫骨嵴
跗部
腓骨外侧踝
跖部
跖趾关节（球节）位置
趾间叉
股部
胫骨外侧髁
小腿部
跟结节
第5副趾
第4趾蹄冠
第4趾蹄壁
第4趾蹄球
第4趾蹄尖

图6.5　后肢表面特征，左外侧观（2）。可触及的标志部位的被毛已剃除。膝盖骨部用一切口表示。

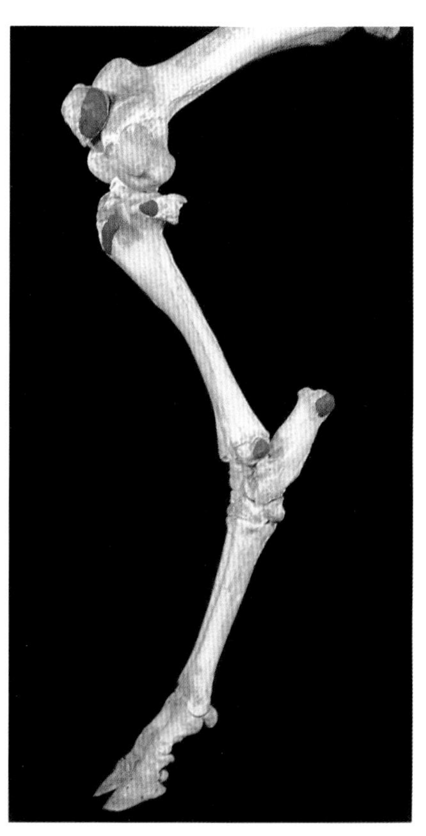

图6.6　股骨、小腿骨、跗骨、跖骨和趾骨，左外侧观。红色表示图6.5中除了股骨滑车结节外的剃除被毛的骨性标志部位，图7.10 ~ 图7.12示后脚骨骼的更详细结构。

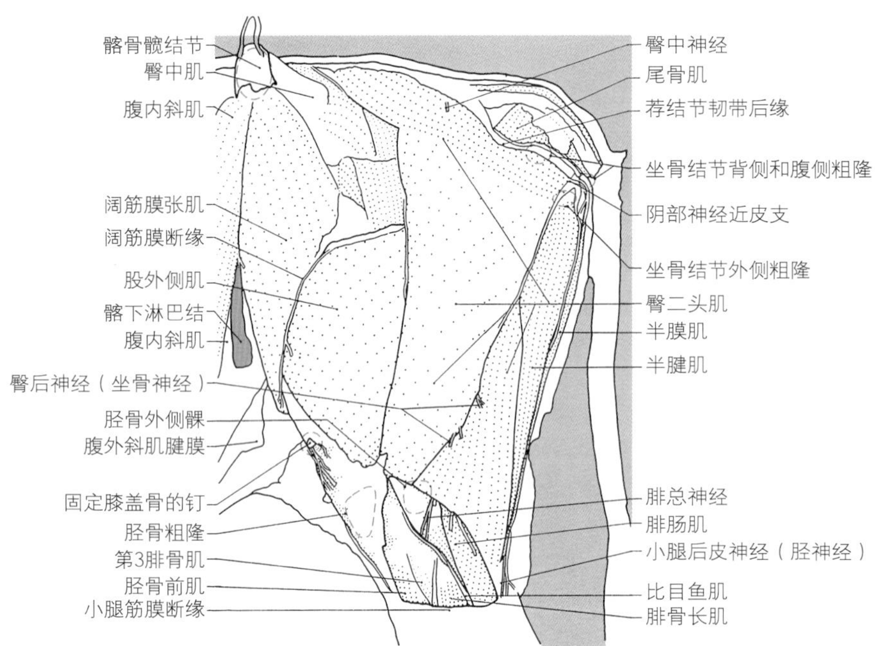
髂骨髋结节
臀中肌
腹内斜肌
阔筋膜张肌
阔筋膜断缘
股外侧肌
髂下淋巴结
腹内斜肌
臀后神经（坐骨神经）
胫骨外侧髁
腹外斜肌腱膜
固定膝盖骨的钉
胫骨粗隆
第3腓骨肌
胫骨前肌
小腿筋膜断缘
臀中神经
尾骨肌
荐结节韧带后缘
坐骨结节背侧和腹侧粗隆
阴部神经近皮支
坐骨结节外侧粗隆
臀二头肌
半膜肌
半腱肌
腓总神经
腓肠肌
小腿后皮神经（胫神经）
比目鱼肌
腓骨长肌

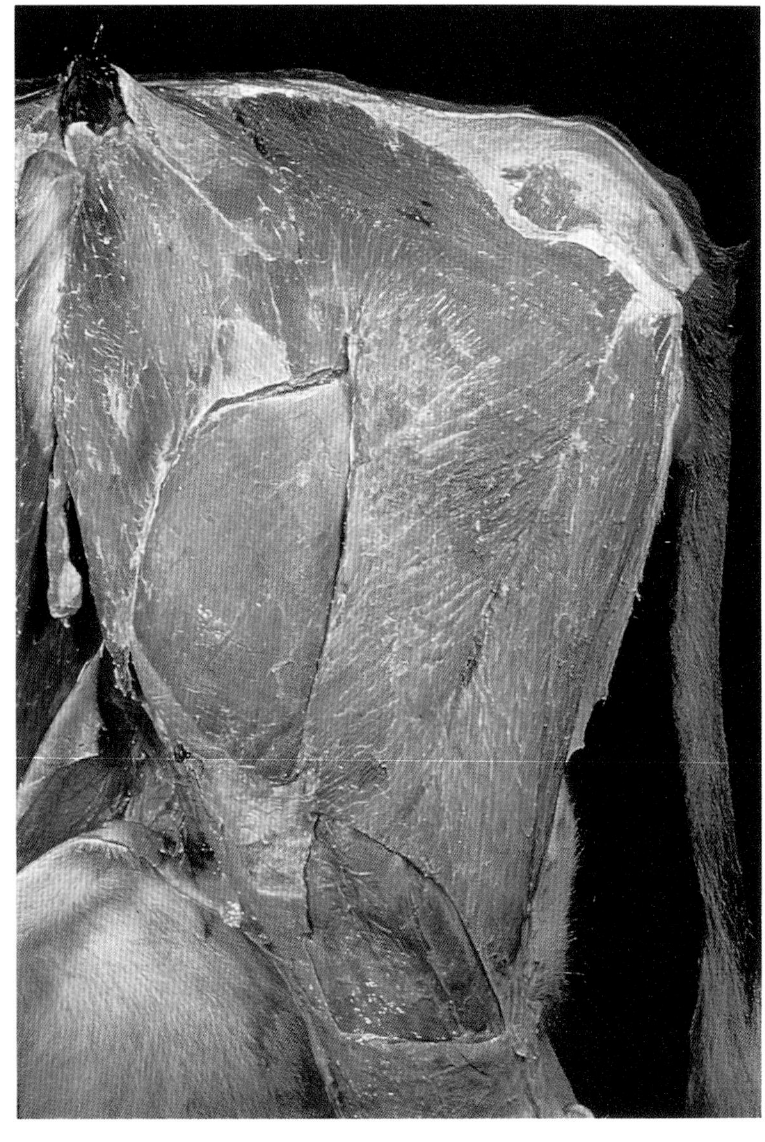

图6.7 骨盆部和后肢的浅层肌肉，左外侧观。 臀部深筋膜和阔筋膜已切除。小腿深筋膜被打开了一个小窗口。图6.27示皮神经。

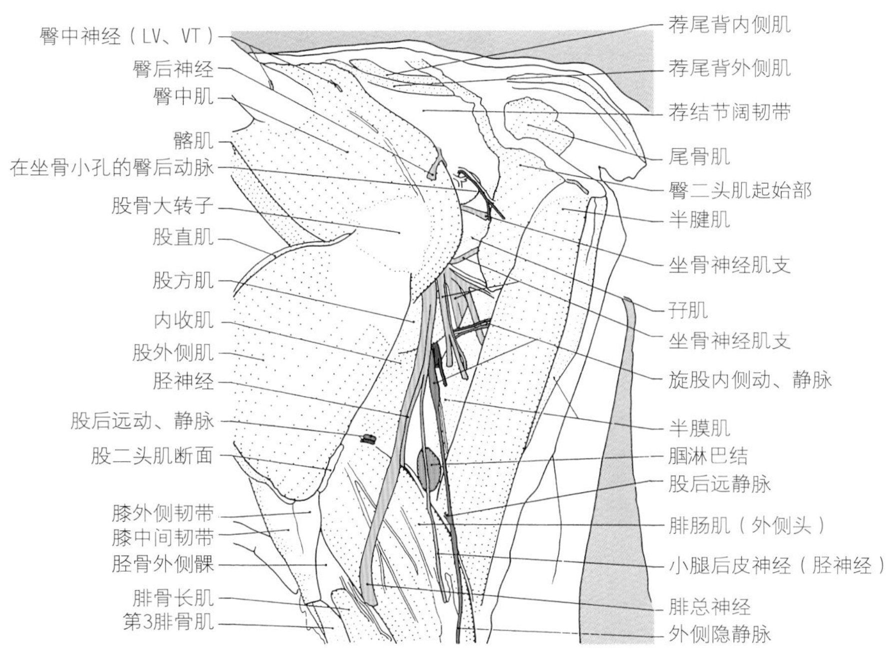
臀中神经（LV、VT）
臀后神经
臀中肌
髂肌
在坐骨小孔的臀后动脉
股骨大转子
股直肌
股方肌
内收肌
股外侧肌
胫神经
股后远动、静脉
股二头肌断面
膝外侧韧带
膝中间韧带
胫骨外侧髁
腓骨长肌
第3腓骨肌
荐尾背内侧肌
荐尾背外侧肌
荐结节阔韧带
尾骨肌
臀二头肌起始部
半腱肌
坐骨神经肌支
孖肌
坐骨神经肌支
旋股内侧动、静脉
半膜肌
腘淋巴结
股后远静脉
腓肠肌（外侧头）
小腿后皮神经（胫神经）
腓总神经
外侧隐静脉

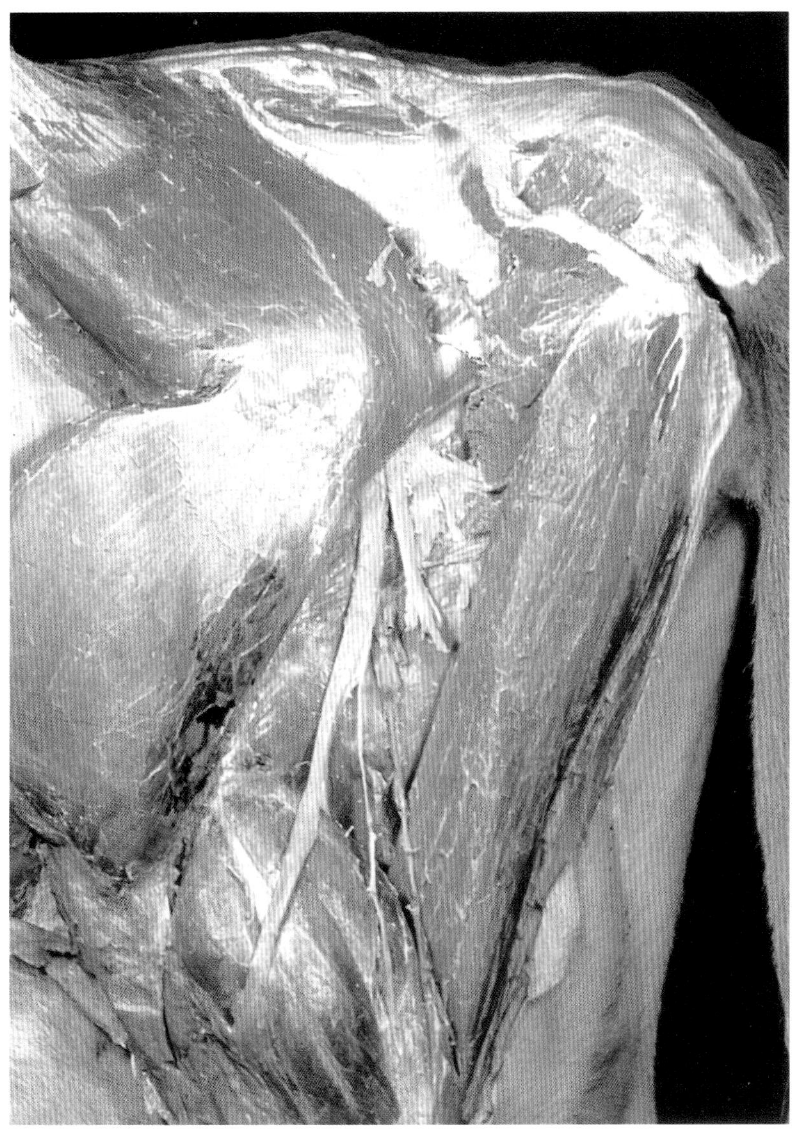

图6.8 臀部和股部的深层结构，左外侧观。切除臀二头肌和阔筋膜张肌显示股外侧的血管和神经。

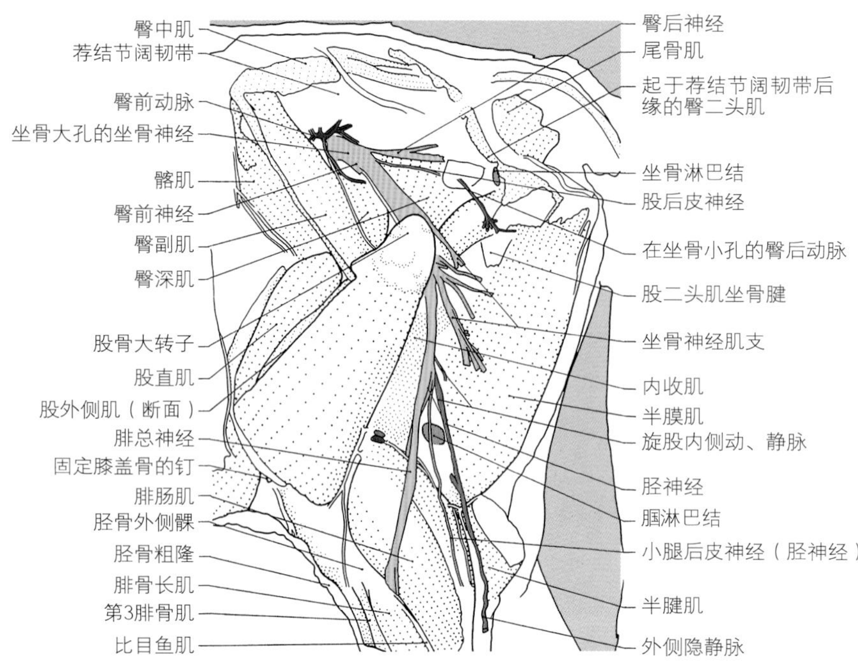
臀中肌
荐结节阔韧带
臀前动脉
坐骨大孔的坐骨神经
髂肌
臀前神经
臀副肌
臀深肌
股骨大转子
股直肌
股外侧肌（断面）
腓总神经
固定膝盖骨的钉
腓肠肌
胫骨外侧髁
胫骨粗隆
腓骨长肌
第3腓骨肌
比目鱼肌
臀后神经
尾骨肌
起于荐结节阔韧带后
缘的臀二头肌
坐骨淋巴结
股后皮神经
在坐骨小孔的臀后动脉
股二头肌坐骨腱
坐骨神经肌支
内收肌
半膜肌
旋股内侧动、静脉
胫神经
腘淋巴结
小腿后皮神经（胫神经）
半腱肌
外侧隐静脉

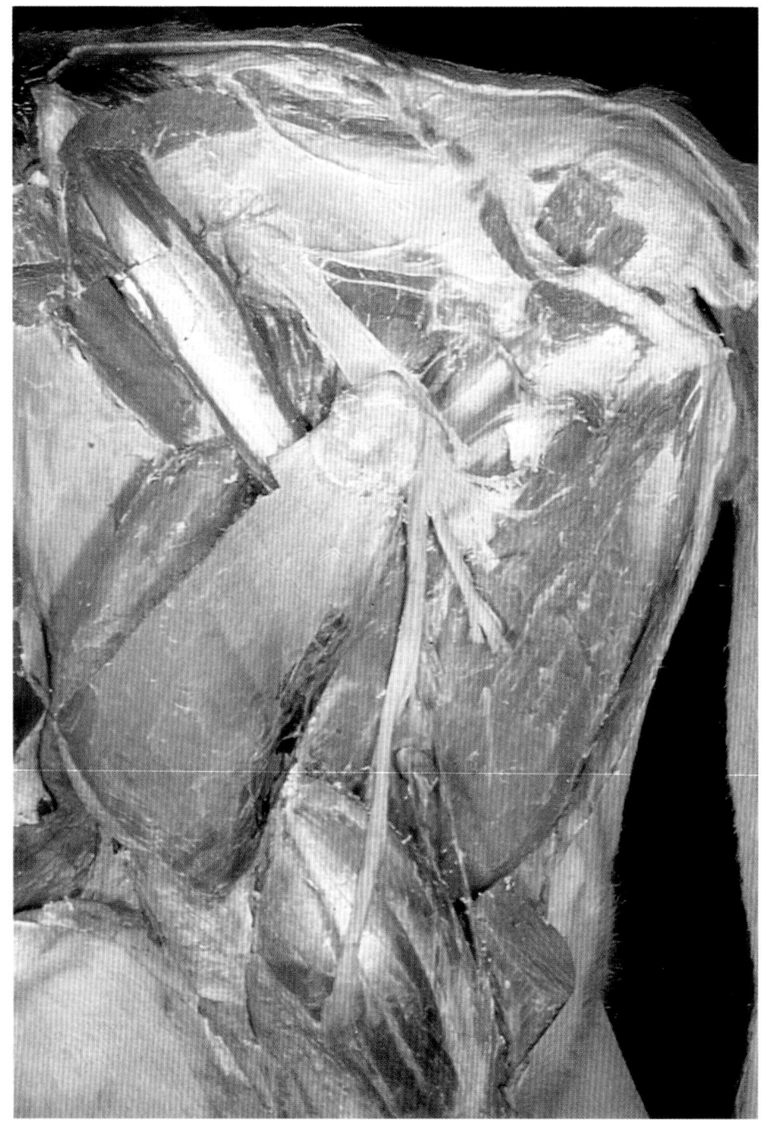

图6.9　坐骨神经和臀神经，左外侧观。切除臀二头肌和臀中肌后暴露了坐骨神经出自坐骨大孔及其分布。半腱肌已切除。

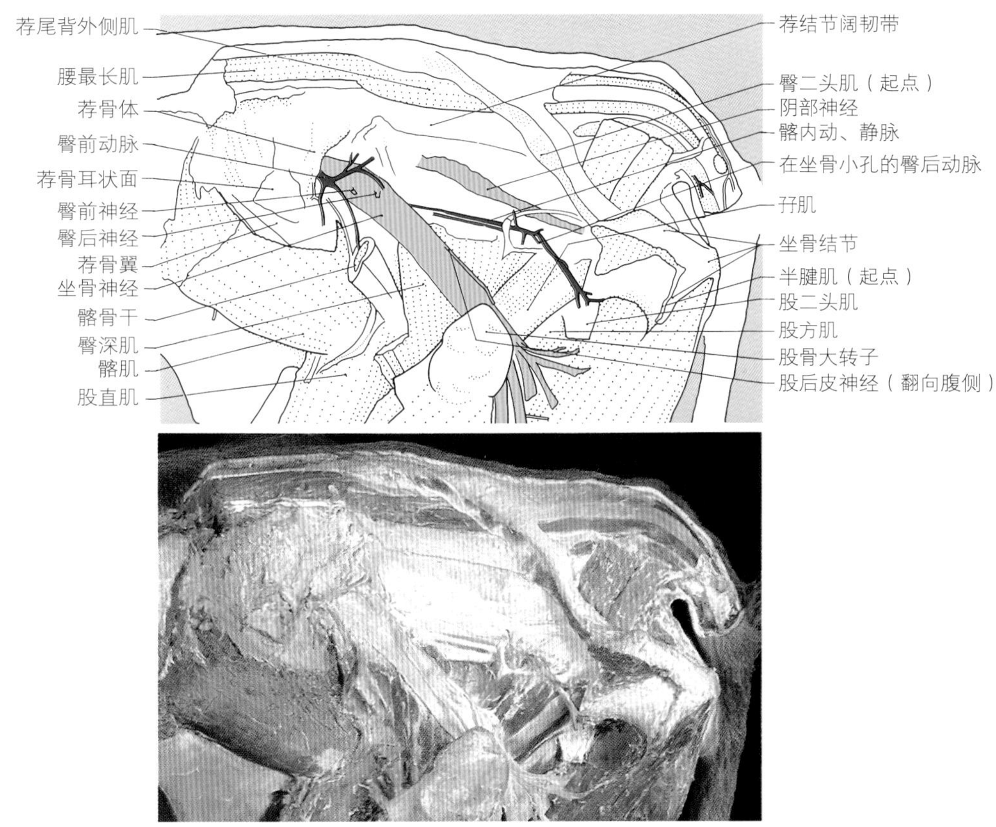
荐尾背外侧肌
腰最长肌
荐骨体
臀前动脉
荐骨耳状面
臀前神经
臀后神经
荐骨翼
坐骨神经
髂骨干
臀深肌
髂肌
股直肌
荐结节阔韧带
臀二头肌（起点）
阴部神经
髂内动、静脉
在坐骨小孔的臀后动脉
孖肌
坐骨结节
半腱肌（起点）
股二头肌
股方肌
股骨大转子
股后皮神经（翻向腹侧）

图6.10　荐髂关节和臀部的深层结构，左外侧观。切除髂骨翼显示荐髂关节。荐结节阔韧带也被部分切除。

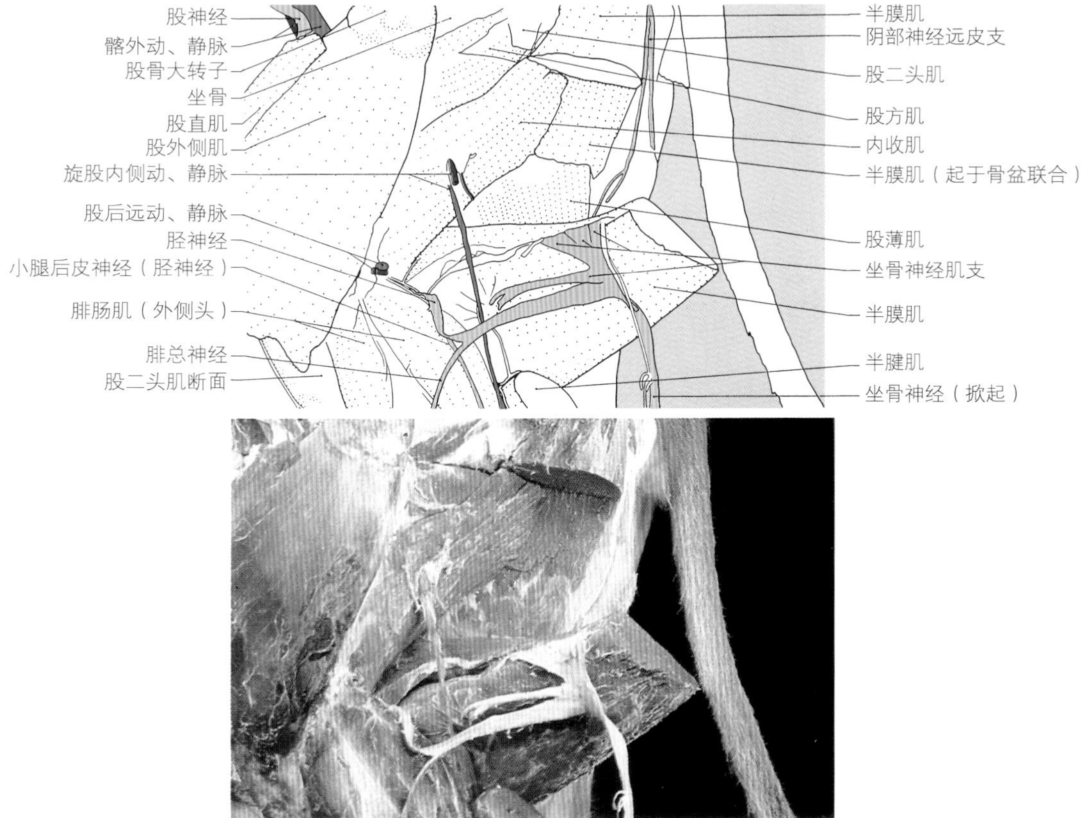
股神经
髂外动、静脉
股骨大转子
坐骨
股直肌
股外侧肌
旋股内侧动、静脉
股后远动、静脉
胫神经
小腿后皮神经（胫神经）
腓肠肌（外侧头）
腓总神经
股二头肌断面
半膜肌
阴部神经远皮支
股二头肌
股方肌
内收肌
半膜肌（起于骨盆联合）
股薄肌
坐骨神经肌支
半膜肌
半腱肌
坐骨神经（掀起）

图6.11　股部中层肌肉，左后外侧观。该解剖标本的位置比图6.9和图6.10更靠后些。半膜肌被横切并掀向腹侧以显示内收肌和股薄肌。被横断的坐骨神经（见图6.12）翻向腹侧。

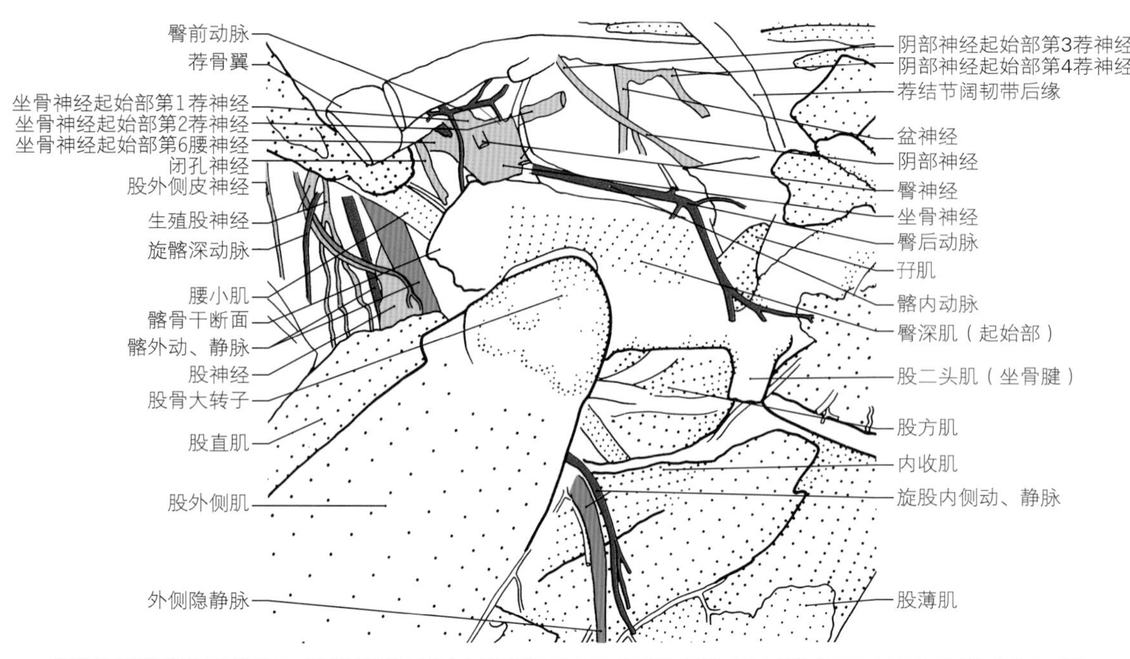
臀前动脉
荐骨翼
坐骨神经起始部第1荐神经
坐骨神经起始部第2荐神经
坐骨神经起始部第6腰神经
闭孔神经
股外侧皮神经
生殖股神经
旋髂深动脉
腰小肌
髂骨干断面
髂外动、静脉
股神经
股骨大转子
股直肌
股外侧肌
外侧隐静脉
阴部神经起始部第3荐神经
阴部神经起始部第4荐神经
荐结节阔韧带后缘
盆神经
阴部神经
臀神经
坐骨神经
臀后动脉
孖肌
髂内动脉
臀深肌（起始部）
股二头肌（坐骨腱）
股方肌
内收肌
旋股内侧动、静脉
股薄肌

图6.12 后肢神经，左外侧观。髂腰肌和髂筋膜已被切除，以显示从前部和中部分布到髂骨的血管和神经。坐骨神经已切断并显示其脊神经的起源。

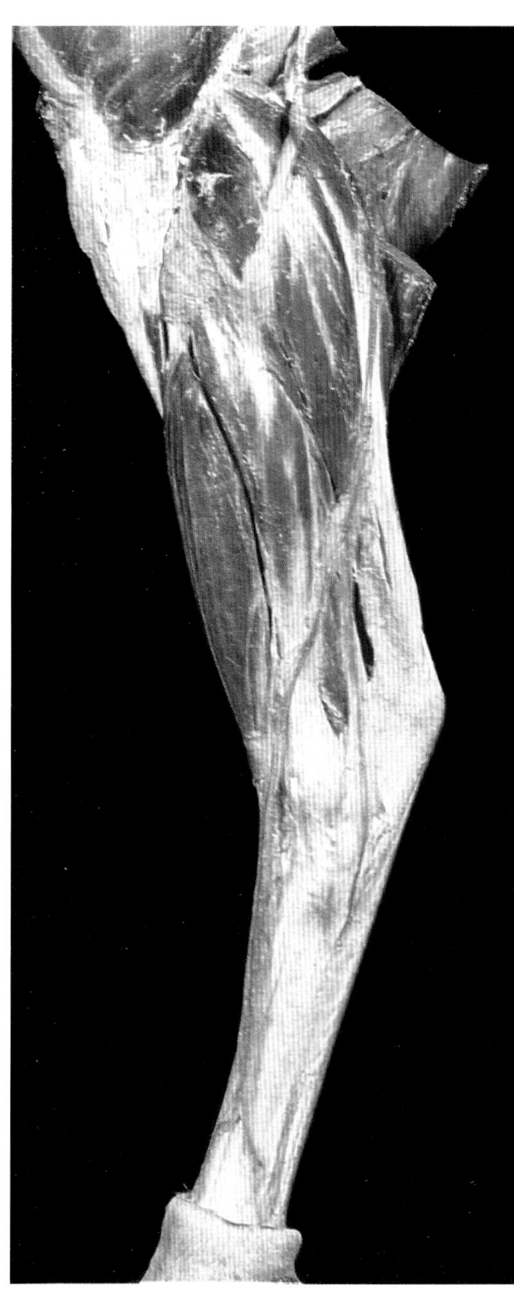

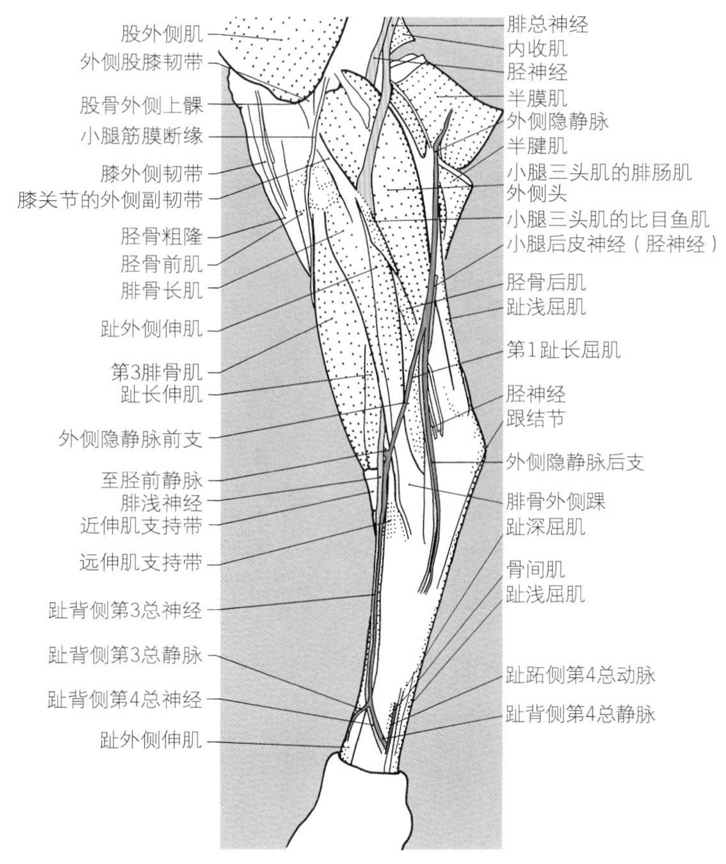
股外侧肌
外侧股膝韧带
股骨外侧上髁
小腿筋膜断缘
膝外侧韧带
膝关节的外侧副韧带
胫骨粗隆
胫骨前肌
腓骨长肌
趾外侧伸肌
第3腓骨肌
趾长伸肌
外侧隐静脉前支
至胫前静脉
腓浅神经
近伸肌支持带
远伸肌支持带
趾背侧第3总神经
趾背侧第3总静脉
趾背侧第4总神经
趾外侧伸肌
腓总神经
内收肌
胫神经
半膜肌
外侧隐静脉
半腱肌
小腿三头肌的腓肠肌
外侧头
小腿三头肌的比目鱼肌
小腿后皮神经（胫神经）
胫骨后肌
趾浅屈肌
第1趾长屈肌
胫神经
跟结节
外侧隐静脉后支
腓骨外侧踝
趾深屈肌
骨间肌
趾浅屈肌
趾跖侧第4总动脉
趾背侧第4总静脉

图6.13 后肢浅层结构，左外侧观。该后肢已从躯干取下。图6.20和图6.28示股后肌群和小腿筋膜参与组成跟总腱。“腓骨”用的更多的是“fibular”，而不是用“peroneal”。

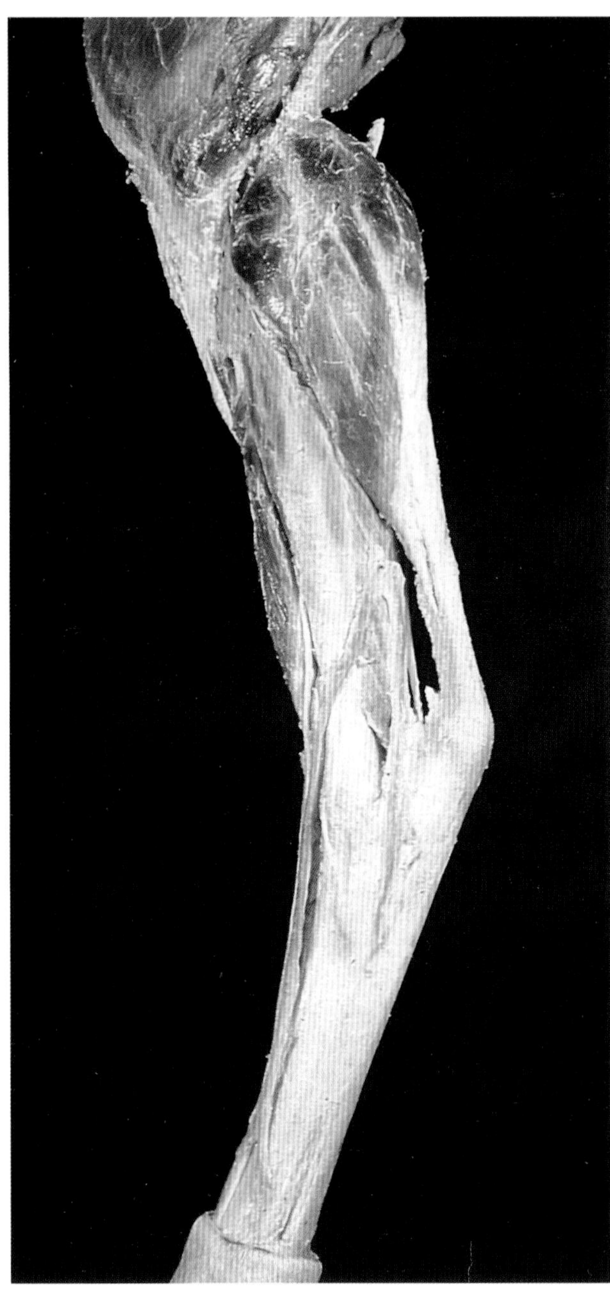

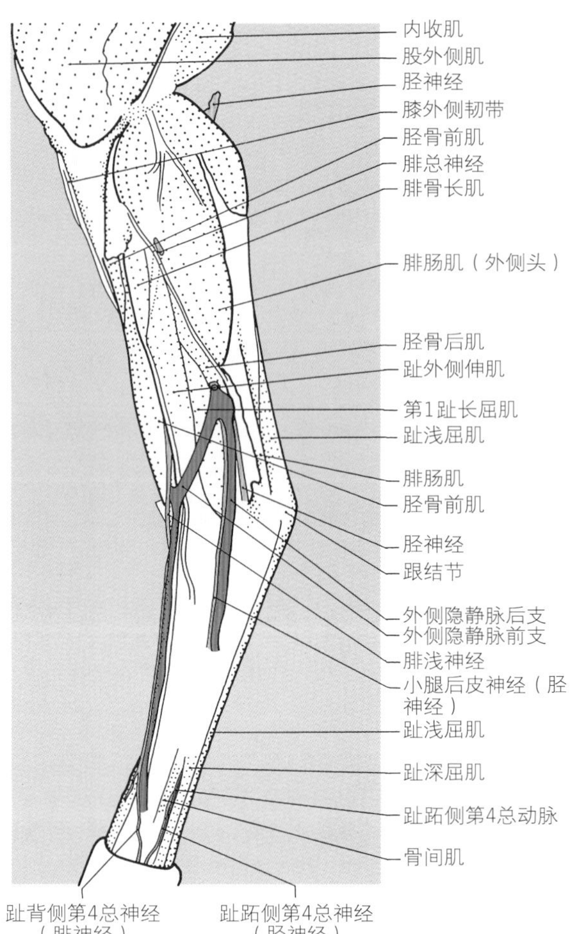
内收肌
股外侧肌
胫神经
膝外侧韧带
胫骨前肌
腓总神经
腓骨长肌
腓肠肌（外侧头）
胫骨后肌
趾外侧伸肌
第1趾长屈肌
趾浅屈肌
腓肠肌
胫骨前肌
胫神经
跟结节
外侧隐静脉后支
外侧隐静脉前支
腓浅神经
小腿后皮神经（胫神经）
趾浅屈肌
趾深屈肌
趾跖侧第4总动脉
骨间肌
趾背侧第4总神经（腓神经）
趾跖侧第4总神经（胫神经）

图6.14　后肢浅层结构，后外侧观。切除第3腓骨肌和趾长伸肌暴露胫骨前肌。进一步的背侧结构见图6.16和图6.21。

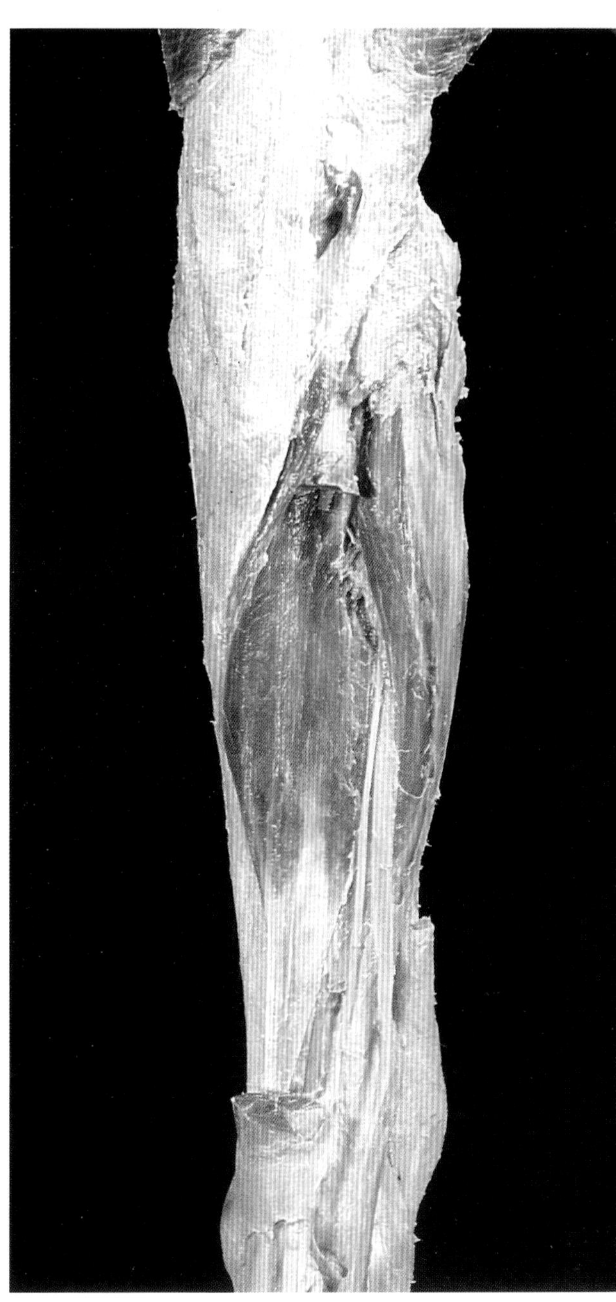

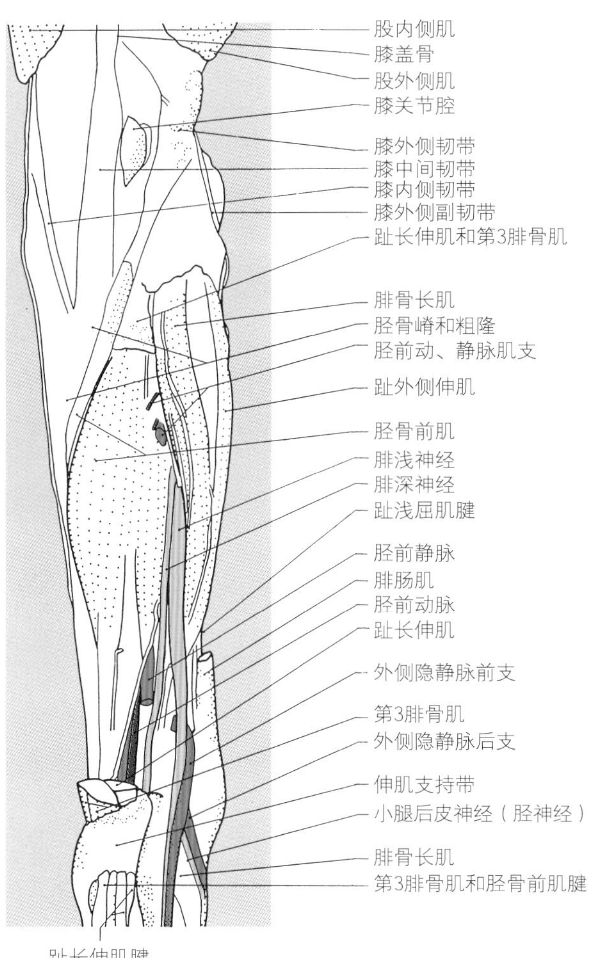
股内侧肌
膝盖骨
股外侧肌
膝关节腔
膝外侧韧带
膝中间韧带
膝内侧韧带
膝外侧副韧带
趾长伸肌和第3腓骨肌
腓骨长肌
胫骨嵴和粗隆
胫前动、静脉肌支
趾外侧伸肌
胫骨前肌
腓浅神经
腓深神经
趾浅屈肌腱
胫前静脉
腓肠肌
胫前动脉
趾长伸肌
外侧隐静脉前支
第3腓骨肌
外侧隐静脉后支
伸肌支持带
小腿后皮神经（胫神经）
腓骨长肌
第3腓骨肌和胫骨前肌腱
趾长伸肌腱

图6.15 跗关节深层结构，背侧观。切除第3腓骨肌和趾长伸肌暴露胫骨前肌。进一步的背侧结构见图6.16和图6.21。

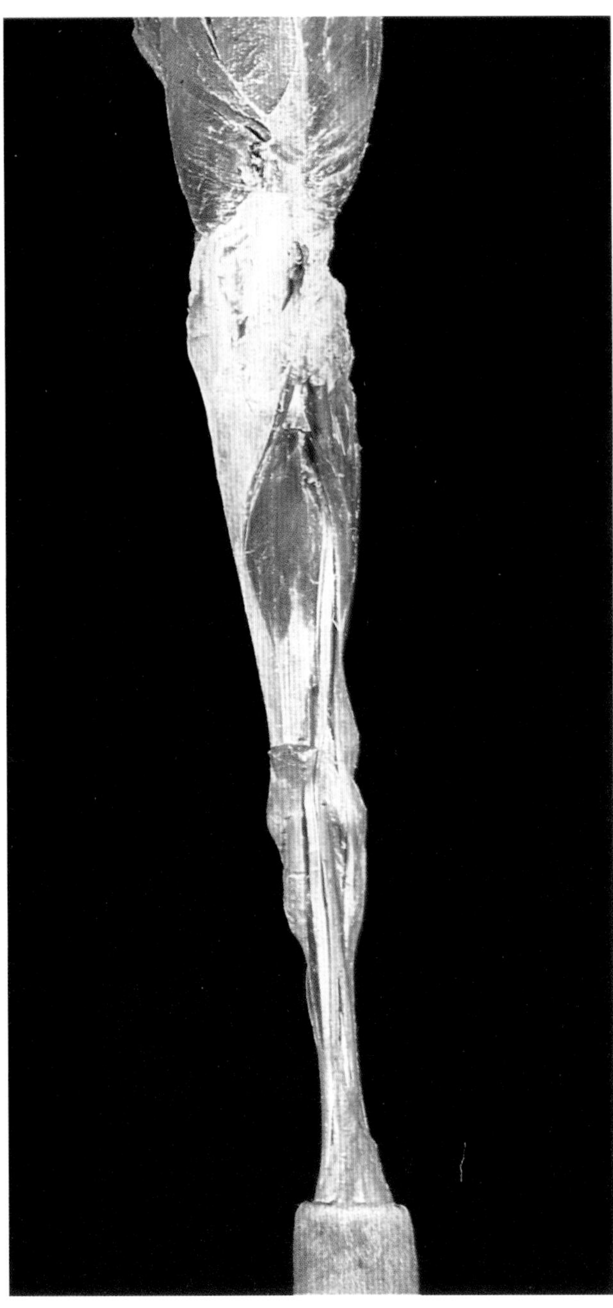

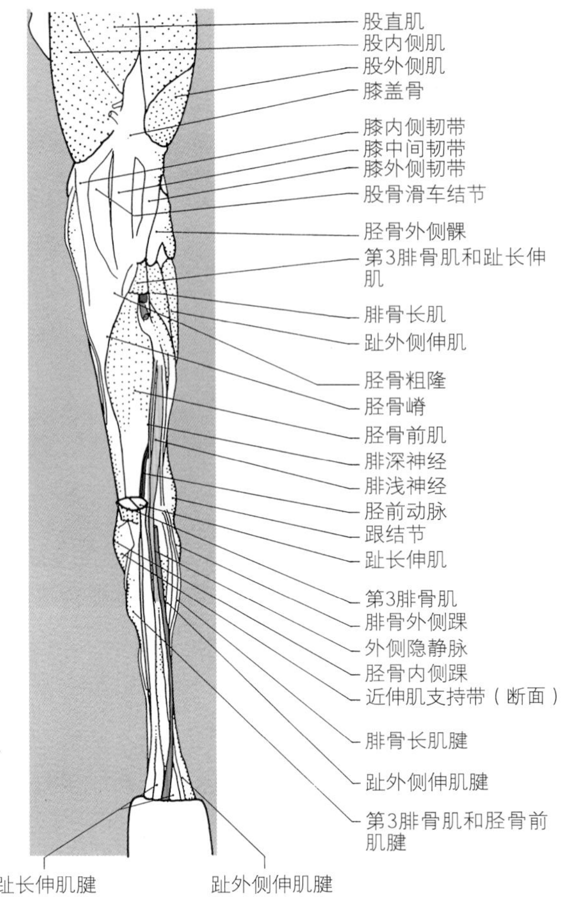
股直肌
股内侧肌
股外侧肌
膝盖骨
膝内侧韧带
膝中间韧带
膝外侧韧带
股骨滑车结节
胫骨外侧髁
第3腓骨肌和趾长伸肌
腓骨长肌
趾外侧伸肌
胫骨粗隆
胫骨嵴
胫骨前肌
腓深神经
腓浅神经
胫前动脉
跟结节
趾长伸肌
第3腓骨肌
腓骨外侧踝
外侧隐静脉
胫骨内侧踝
近伸肌支持带（断面）
腓骨长肌腱
趾外侧伸肌腱
第3腓骨肌和胫骨前肌腱
趾长伸肌腱
趾外侧伸肌腱

图6.16 后肢结构，背侧观。该标本远端末梢的详细结构见图6.21。

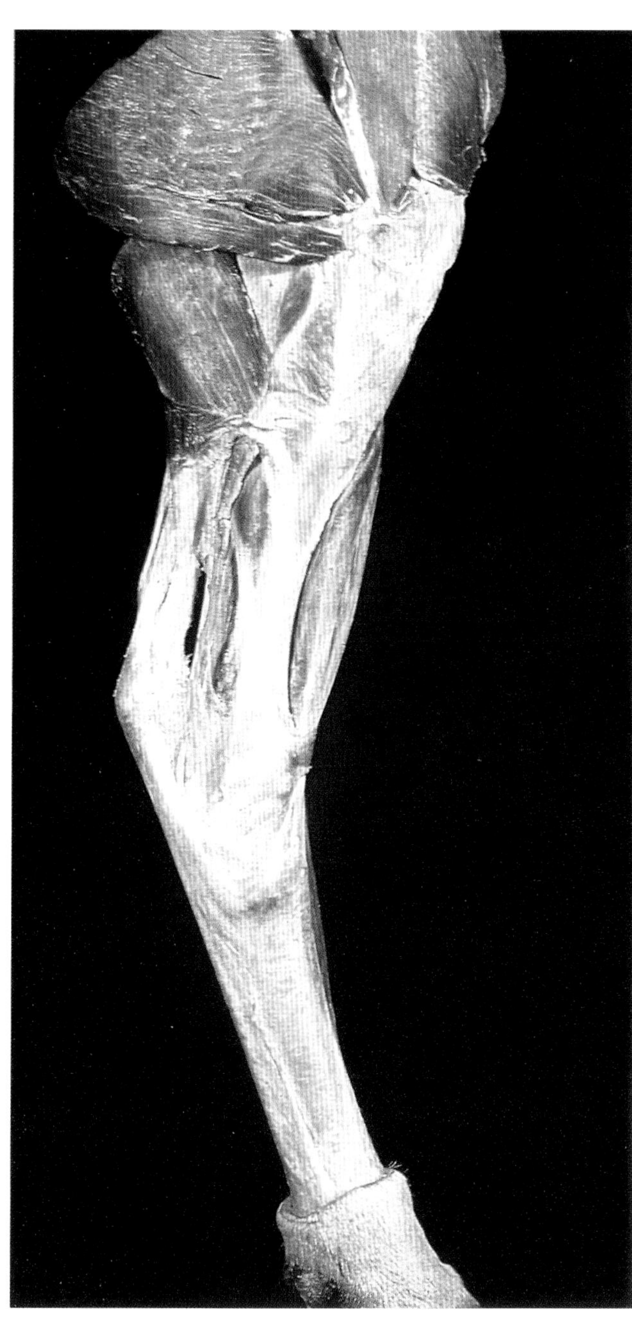

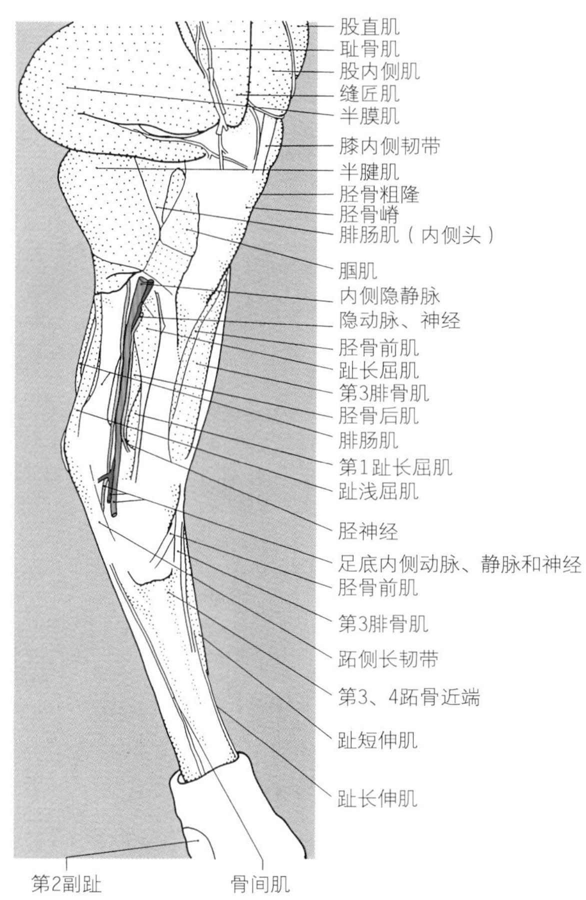
股直肌
耻骨肌
股内侧肌
缝匠肌
半膜肌
膝内侧韧带
半腱肌
胫骨粗隆
胫骨嵴
腓肠肌（内侧头）
腘肌
内侧隐静脉
隐动脉、神经
胫骨前肌
趾长屈肌
第3腓骨肌
胫骨后肌
腓肠肌
第1趾长屈肌
趾浅屈肌
胫神经
足底内侧动脉、静脉和神经
胫骨前肌
第3腓骨肌
跖侧长韧带
第3、4跖骨近端
趾短伸肌
趾长伸肌
第2副趾
骨间肌

图6.17 后肢结构，内侧观（1）。从躯干取下后肢，股薄肌已切断。伸向趾部的足底内侧动脉在跗关节处被切断。该标本同图6.13。

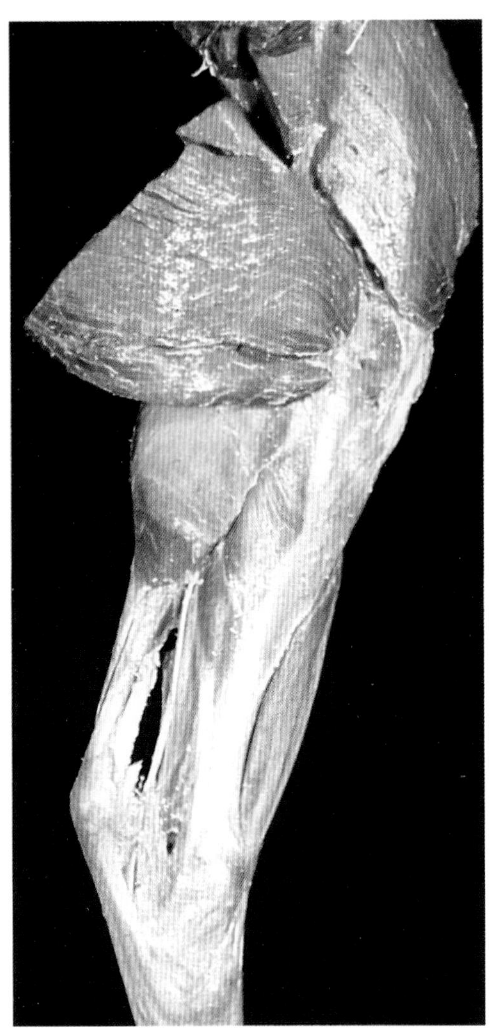

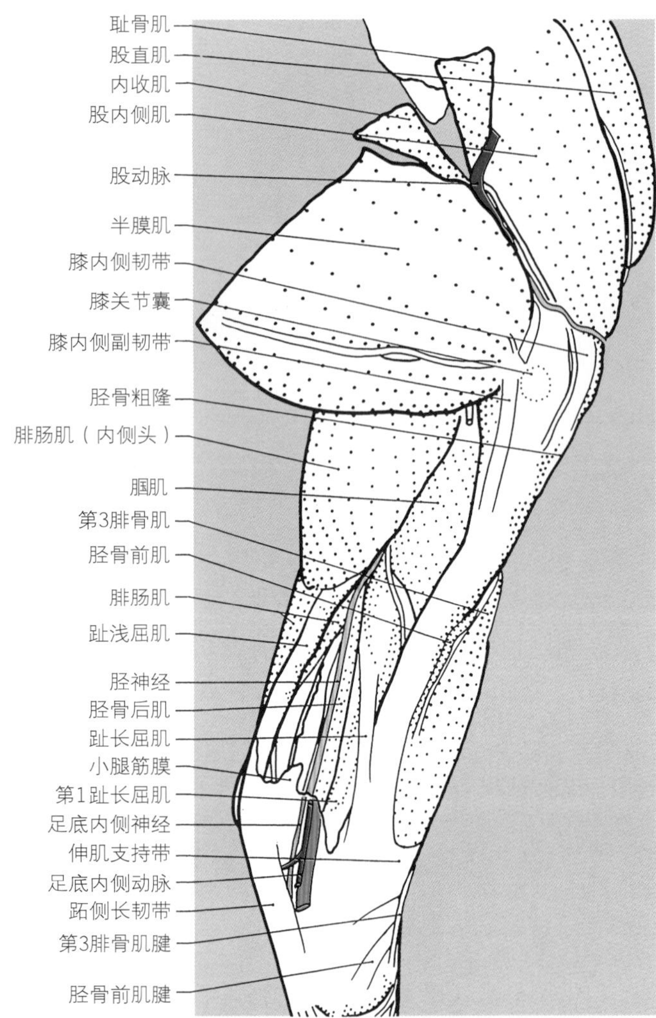
耻骨肌
股直肌
内收肌
股内侧肌
股动脉
半膜肌
膝内侧韧带
膝关节囊
膝内侧副韧带
胫骨粗隆
腓肠肌（内侧头）
腘肌
第3腓骨肌
胫骨前肌
腓肠肌
趾浅屈肌
胫神经
胫骨后肌
趾长屈肌
小腿筋膜
第1趾长屈肌
足底内侧神经
伸肌支持带
足底内侧动脉
跖侧长韧带
第3腓骨肌腱
胫骨前肌腱

图6.18 后肢结构，内侧观（2）。缝匠肌和半膜肌已切除。切除后肢浅层内侧结构以更清楚地显示胫神经的走向。

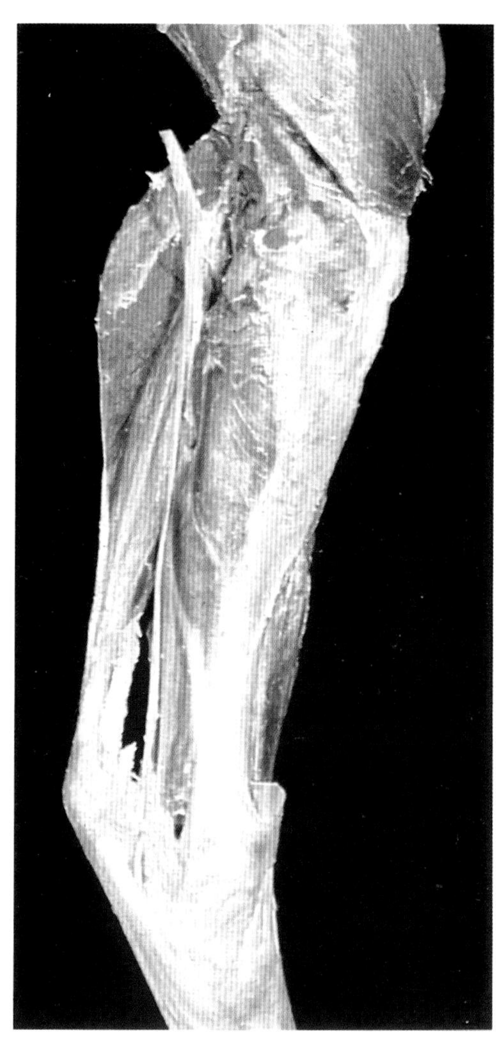

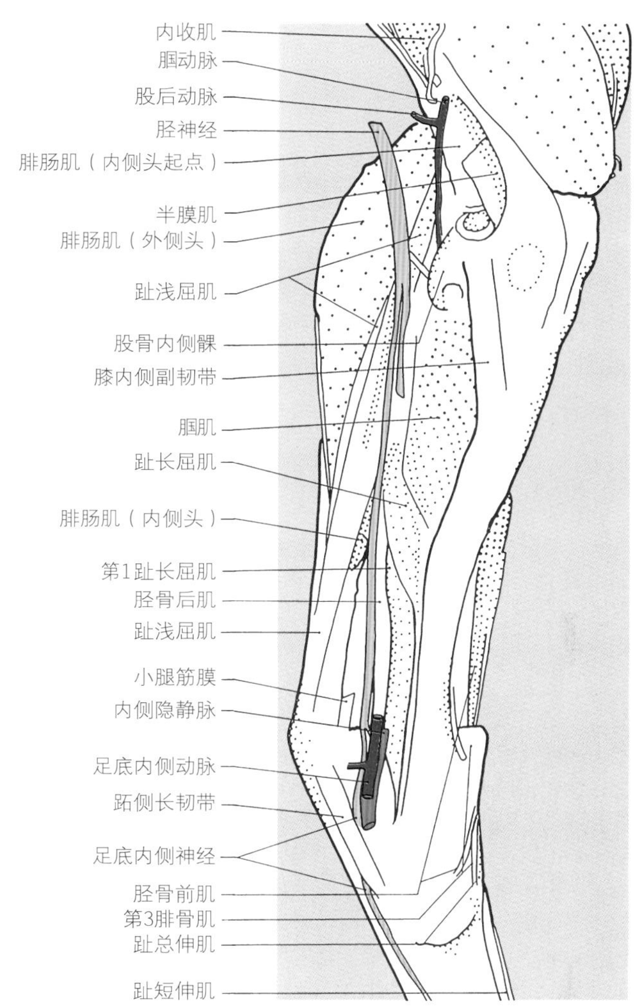
内收肌
腘动脉
股后动脉
胫神经
腓肠肌（内侧头起点）
半膜肌
腓肠肌（外侧头）
趾浅屈肌
股骨内侧髁
膝内侧副韧带
腘肌
趾长屈肌
腓肠肌（内侧头）
第1趾长屈肌
胫骨后肌
趾浅屈肌
小腿筋膜
内侧隐静脉
足底内侧动脉
跖侧长韧带
足底内侧神经
胫骨前肌
第3腓骨肌
趾总伸肌
趾短伸肌

图6.19 后肢结构，内侧观（3）。腓肠肌的内侧头和第3腓骨肌已切除。

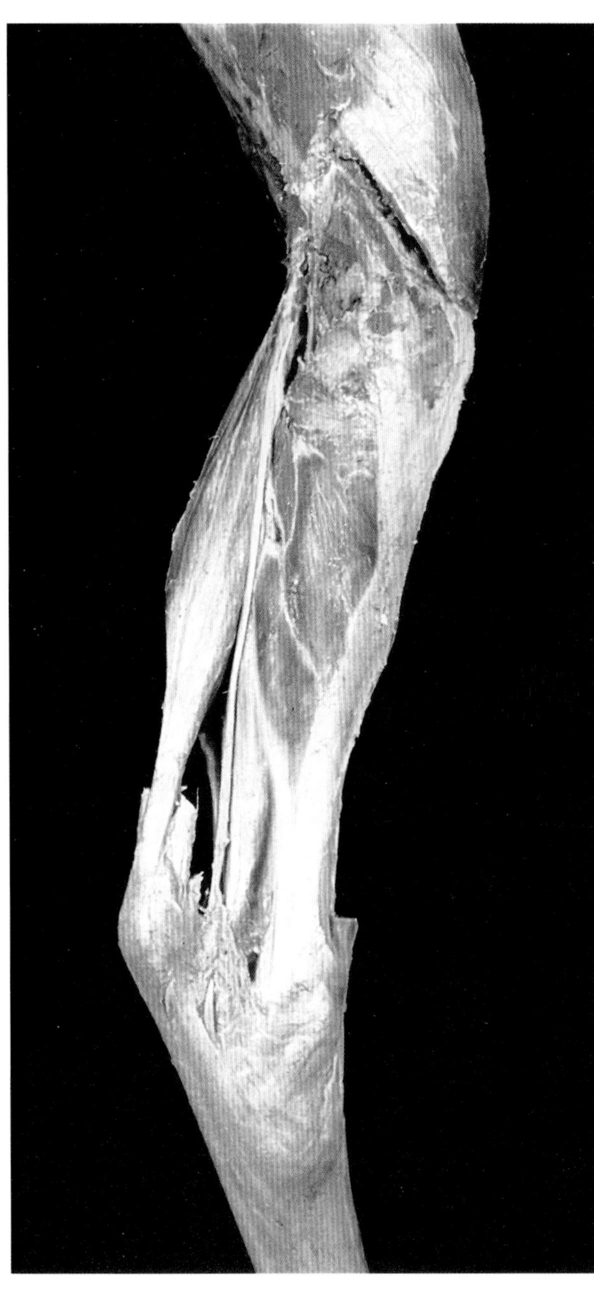

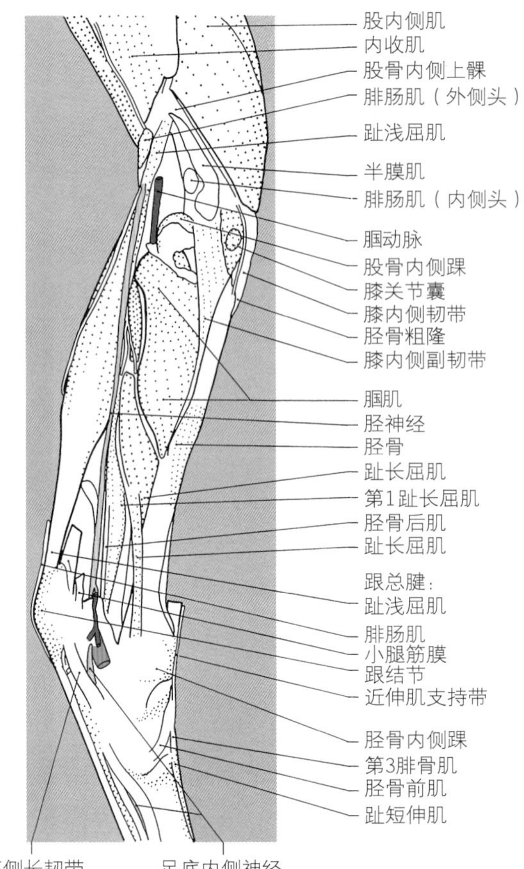
股内侧肌
内收肌
股骨内侧上髁
腓肠肌（外侧头）
趾浅屈肌
半膜肌
腓肠肌（内侧头）
腘动脉
股骨内侧髁
膝关节囊
膝内侧韧带
胫骨粗隆
膝内侧副韧带
腘肌
胫神经
胫骨
趾长屈肌
第1趾长屈肌
胫骨后肌
趾长屈肌
跟总腱:
趾浅屈肌
腓肠肌
小腿筋膜
跟结节
近伸肌支持带
胫骨内侧踝
第3腓骨肌
胫骨前肌
趾短伸肌
跖侧长韧带
足底内侧神经

图6.20　后肢深层结构，内侧观。该标本同图6.22和图6.16。切除腓肠肌头显示趾浅屈肌腱的结构。

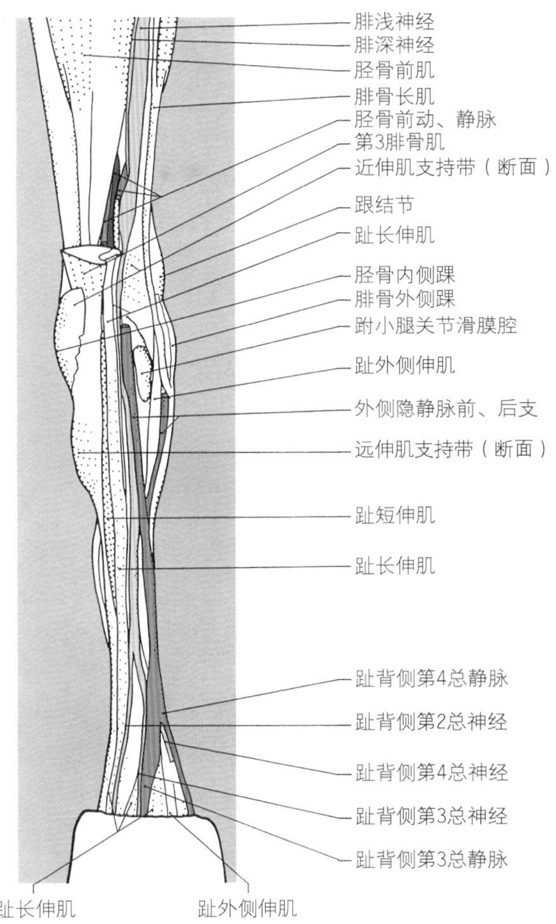
腓浅神经
腓深神经
胫骨前肌
腓骨长肌
胫骨前动、静脉
第3腓骨肌
近伸肌支持带（断面）
跟结节
趾长伸肌
胫骨内侧踝
腓骨外侧踝
跗小腿关节滑膜腔
趾外侧伸肌
外侧隐静脉前、后支
远伸肌支持带（断面）
趾短伸肌
趾长伸肌
趾背侧第4总静脉
趾背侧第2总神经
趾背侧第4总神经
趾背侧第3总神经
趾背侧第3总静脉
趾长伸肌
趾外侧伸肌

图6.21　跗部和跖部结构（1），背侧观。该图是图6.16的局部放大。图6.21～图6.26显示后脚部的特征，但蹄的解剖结构（前脚和后脚）见第7章。

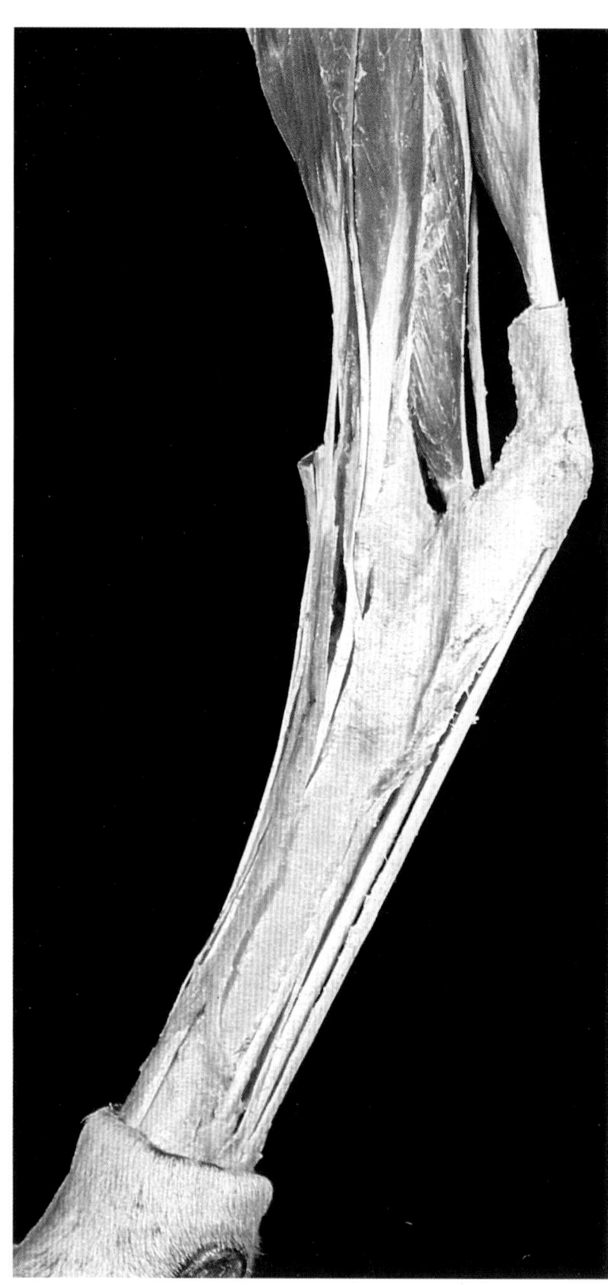

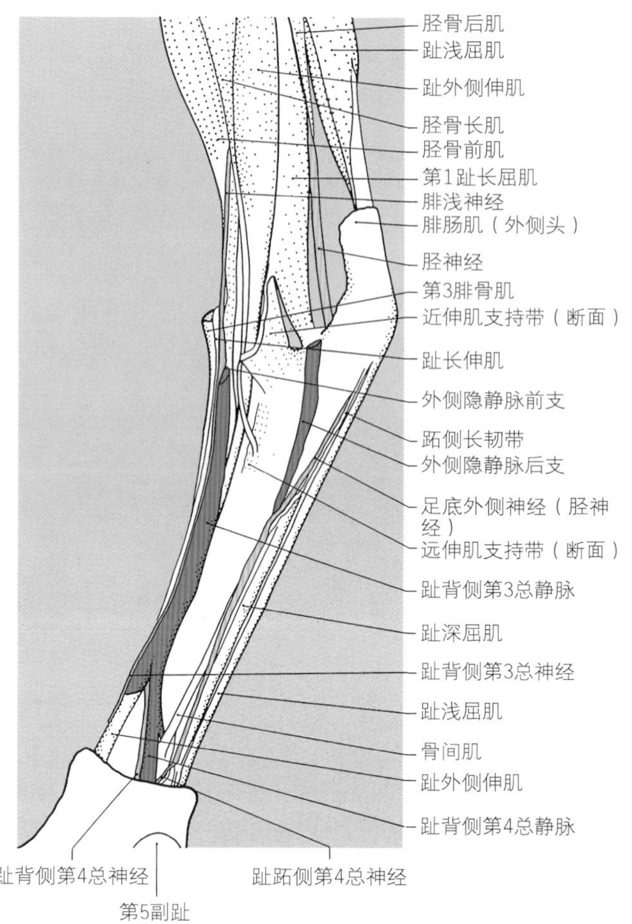
胫骨后肌
趾浅屈肌
趾外侧伸肌
胫骨长肌
胫骨前肌
第1趾长屈肌
腓浅神经
腓肠肌（外侧头）
胫神经
第3腓骨肌
近伸肌支持带（断面）
趾长伸肌
外侧隐静脉前支
跖侧长韧带
外侧隐静脉后支
足底外侧神经（胫神经）
远伸肌支持带（断面）
趾背侧第3总静脉
趾深屈肌
趾背侧第3总神经
趾浅屈肌
骨间肌
趾外侧伸肌
趾背侧第4总静脉
趾背侧第4总神经
趾跖侧第4总神经
第5副趾

图6.22 跗部和跖部结构（2），左外侧观。第3腓骨肌和趾长伸肌已被切除。切除腓肠肌以显示趾浅屈肌。

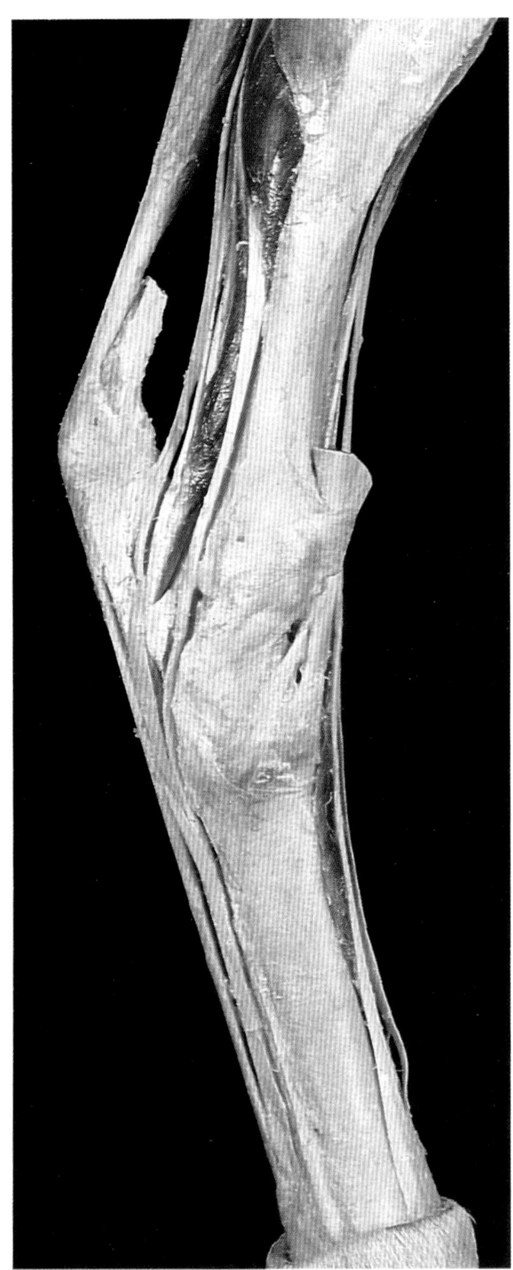

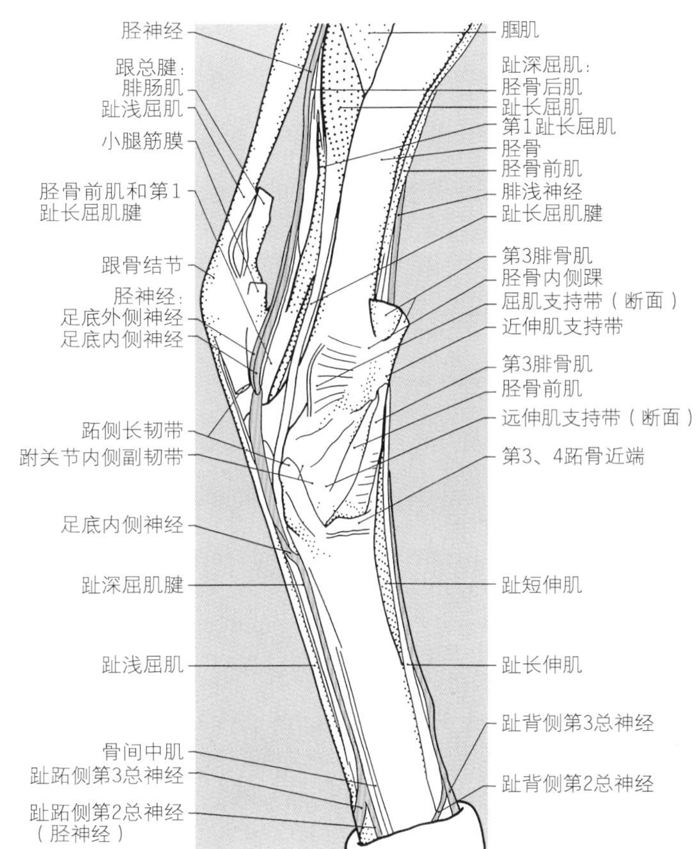
胫神经
跟总腱:
腓肠肌
趾浅屈肌
小腿筋膜
胫骨前肌和第1
趾长屈肌腱
跟骨结节
胫神经:
足底外侧神经
足底内侧神经
跖侧长韧带
跗关节内侧副韧带
足底内侧神经
趾深屈肌腱
趾浅屈肌
骨间中肌
趾跖侧第3总神经
趾跖侧第2总神经
（胫神经）
腘肌
趾深屈肌:
胫骨后肌
趾长屈肌
第1趾长屈肌
胫骨
胫骨前肌
腓浅神经
趾长屈肌腱
第3腓骨肌
胫骨内侧踝
屈肌支持带（断面）
近伸肌支持带
第3腓骨肌
胫骨前肌
远伸肌支持带（断面）
第3、4跖骨近端
趾短伸肌
趾长伸肌
趾背侧第3总神经
趾背侧第2总神经

图6.23 跗部和跖部结构（3），内侧观。该部位的背侧和外侧观解剖结构见图6.21和图6.22。横断屈肌支持带以显示跗管，切除部分足底长韧带以显示足底内侧神经的走向。

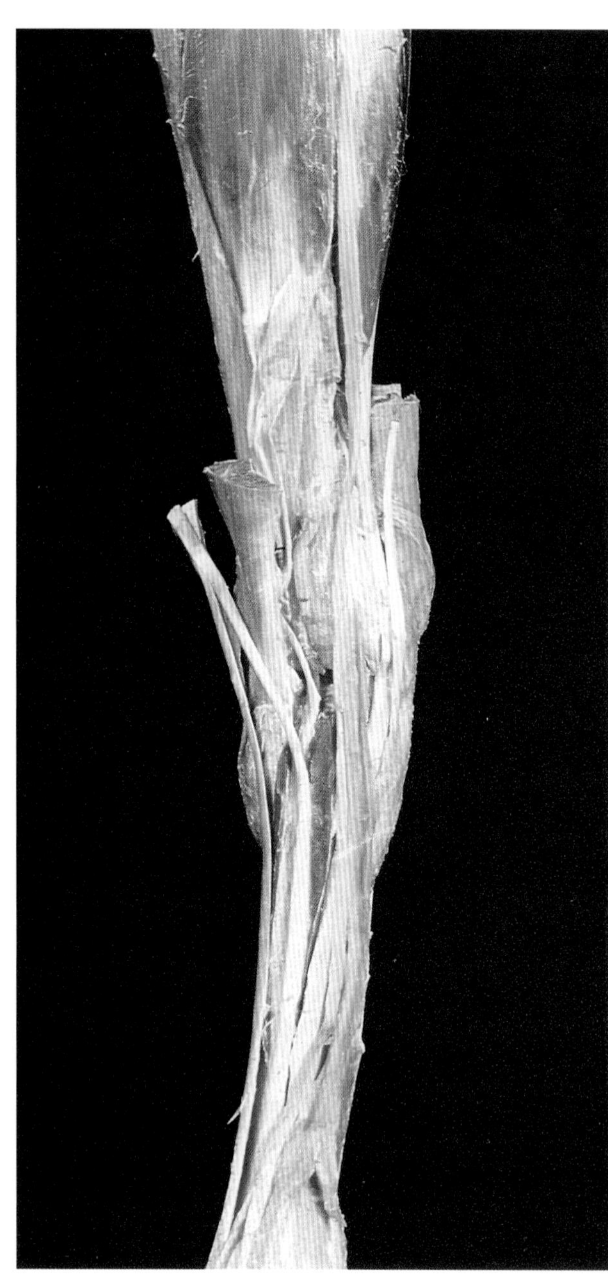

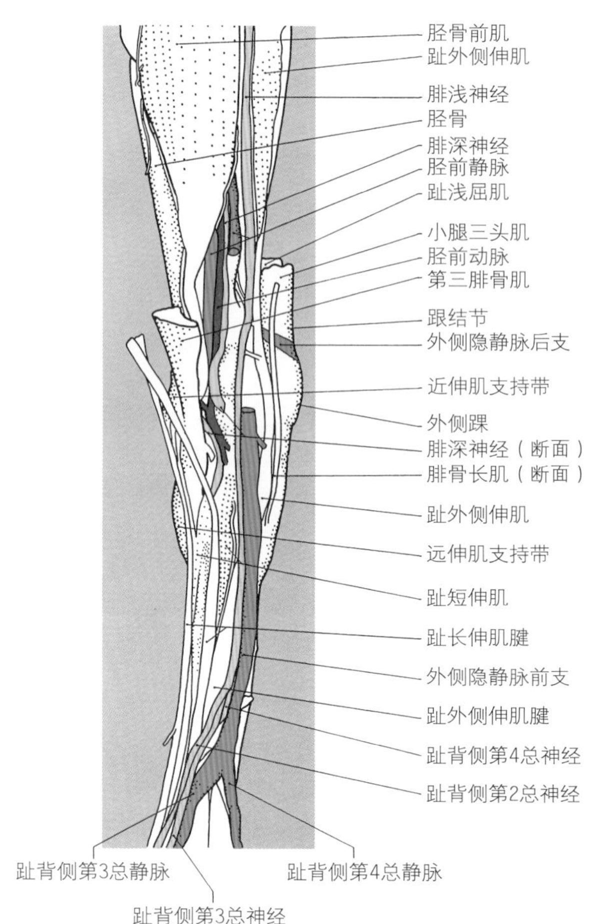
胫骨前肌
趾外侧伸肌
腓浅神经
胫骨
腓深神经
胫前静脉
趾浅屈肌
小腿三头肌
胫前动脉
第三腓骨肌
跟结节
外侧隐静脉后支
近伸肌支持带
外侧踝
腓深神经（断面）
腓骨长肌（断面）
趾外侧伸肌
远伸肌支持带
趾短伸肌
趾长伸肌腱
外侧隐静脉前支
趾外侧伸肌腱
趾背侧第4总神经
趾背侧第2总神经
趾背侧第3总静脉
趾背侧第4总静脉
趾背侧第3总神经

图6.24　跗部和跖部的血管和神经，背外侧观。趾总伸肌腱和胫骨前肌腱已被翻向内侧以显示胫骨前部的血管和腓深神经。趾浅屈肌也被切除。

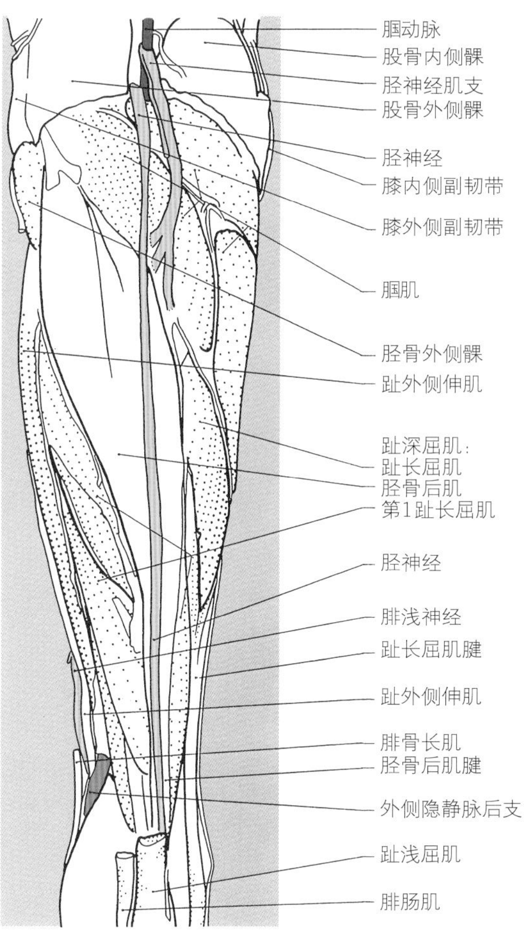
腘动脉
股骨内侧髁
胫神经肌支
股骨外侧髁
胫神经
膝内侧副韧带
膝外侧副韧带
腘肌
胫骨外侧髁
趾外侧伸肌
趾深屈肌：
趾长屈肌
胫骨后肌
第1趾长屈肌
胫神经
腓浅神经
趾长屈肌腱
趾外侧伸肌
腓骨长肌
胫骨后肌腱
外侧隐静脉后支
趾浅屈肌
腓肠肌

图6.25 胫骨后部肌群，背后侧观。趾浅屈肌被切除以显示趾深屈肌和腘肌。在内侧，趾长屈肌腱暴露，如图6.23所示。

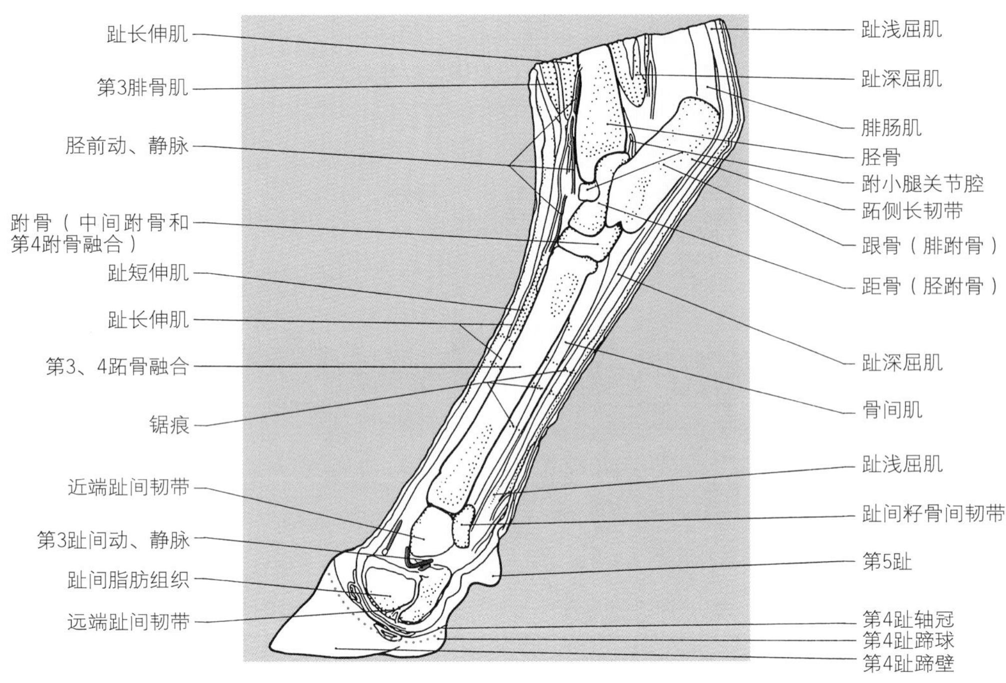
趾长伸肌
第3腓骨肌
胫前动、静脉
跗骨（中间跗骨和第4跗骨融合）
趾短伸肌
趾长伸肌
第3、4跖骨融合
锯痕
近端趾间韧带
第3趾间动、静脉
趾间脂肪组织
远端趾间韧带
趾浅屈肌
趾深屈肌
腓肠肌
胫骨
跗小腿关节腔
跖侧长韧带
跟骨（腓跗骨）
距骨（胫跗骨）
趾深屈肌
骨间肌
趾浅屈肌
趾间籽骨间韧带
第5趾
第4趾轴冠
第4趾蹄球
第4趾蹄壁

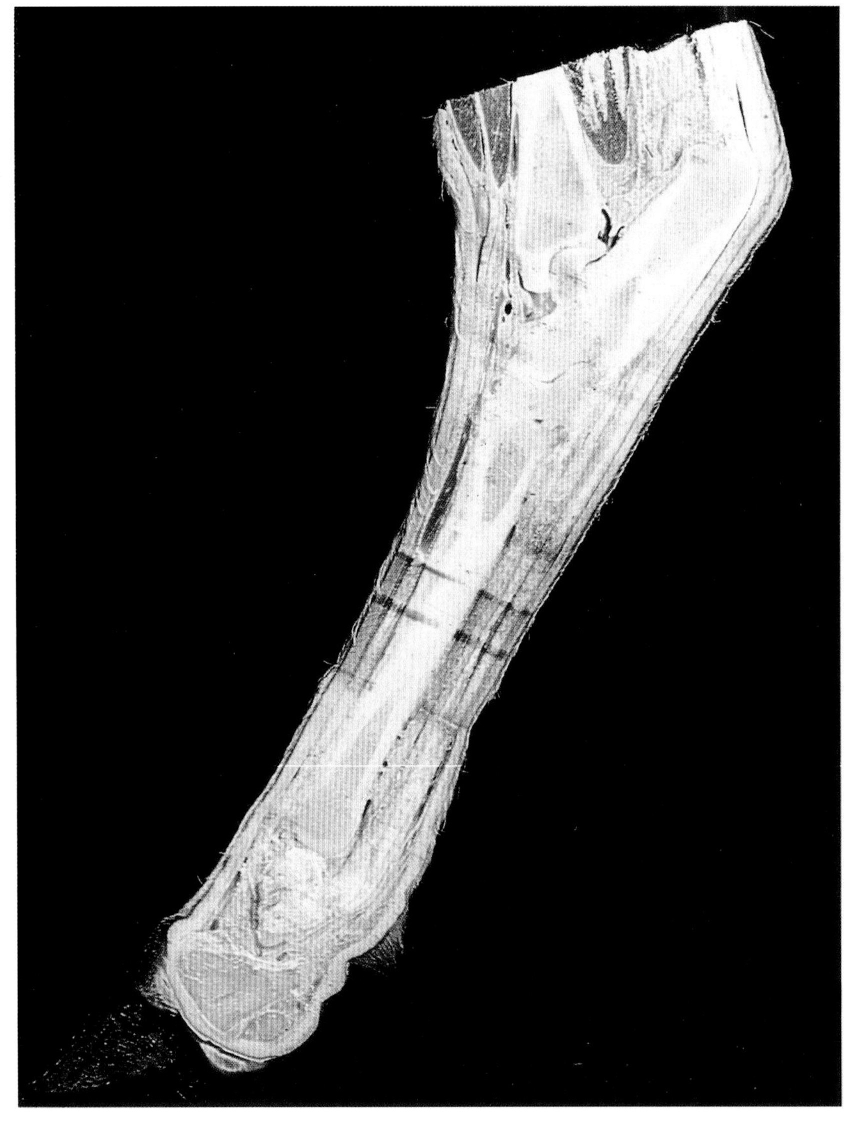

图6.26　右后脚正中切面，内侧观。趾部断面解剖图见图7.14。在跖部，通过跗骨轴平面的锯面上留有烧焦痕迹。该标本的趾部内侧结构如图7.28所示。

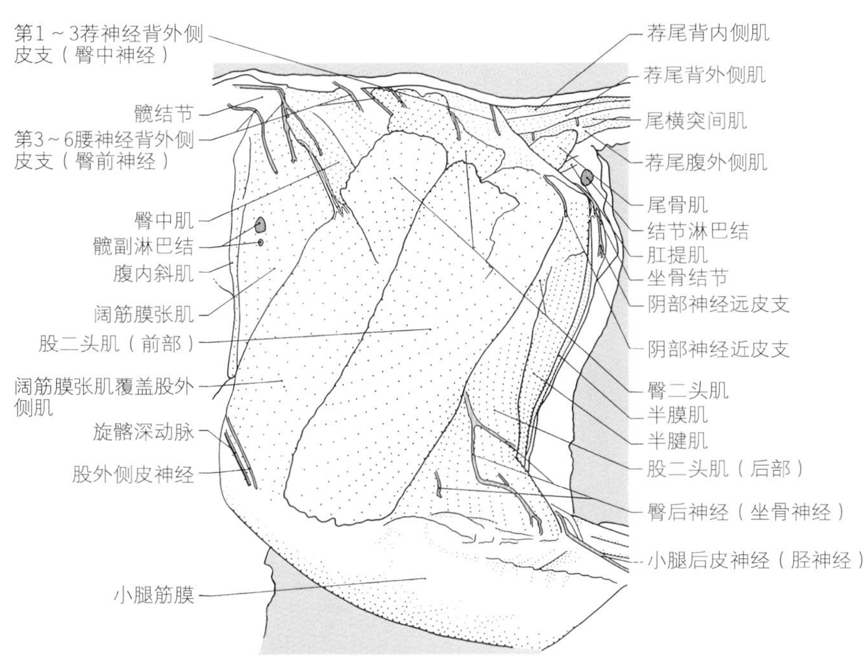
第1～3荐神经背外侧皮支（臀中神经）
髋结节
第3～6腰神经背外侧皮支（臀前神经）
臀中肌
髋副淋巴结
腹内斜肌
阔筋膜张肌
股二头肌（前部）
阔筋膜张肌覆盖股外侧肌
旋髂深动脉
股外侧皮神经
小腿筋膜
荐尾背内侧肌
荐尾背外侧肌
尾横突间肌
荐尾腹外侧肌
尾骨肌
结节淋巴结
肛提肌
坐骨结节
阴部神经远皮支
阴部神经近皮支
臀二头肌
半膜肌
半腱肌
股二头肌（后部）
臀后神经（坐骨神经）
小腿后皮神经（胫神经）

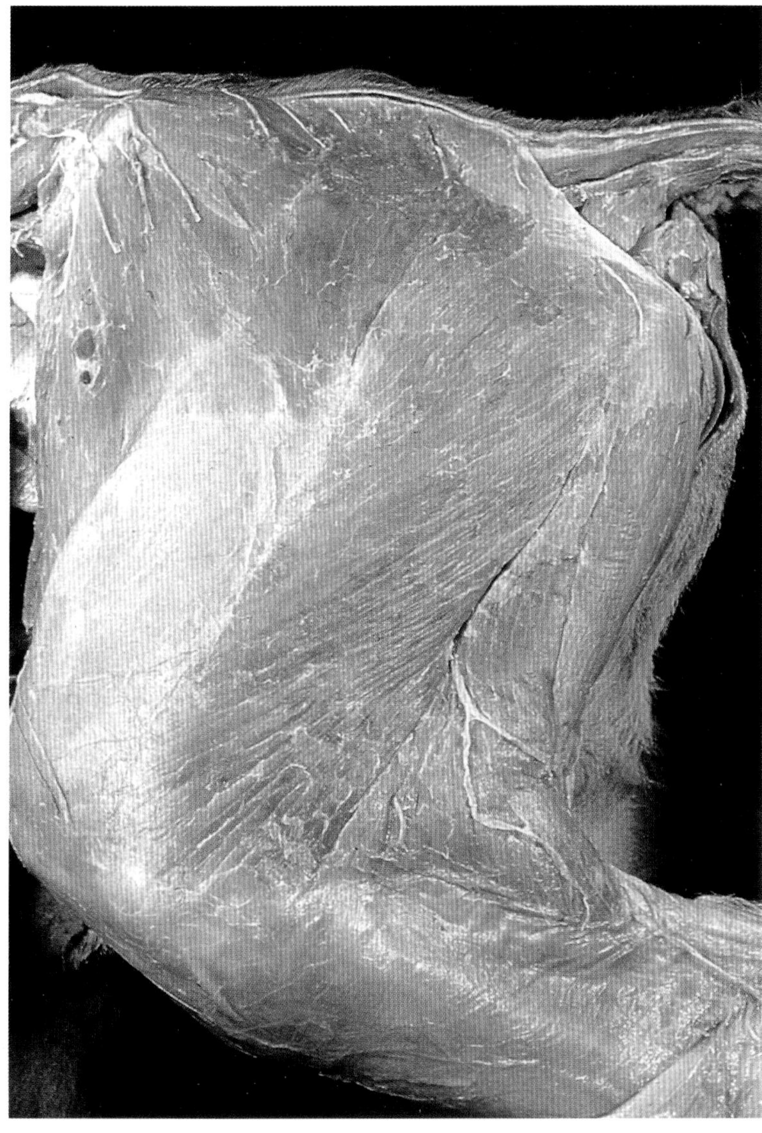

图6.27 1周龄公牛骨盆部和股部的肌肉和浅层神经，左外侧观。图6.27~图6.29显示的解剖结构是小牛后肢被弯曲后保存固定而留下的标本。后肢浅筋膜下的神经和血管详细见图7.33～图7.36。

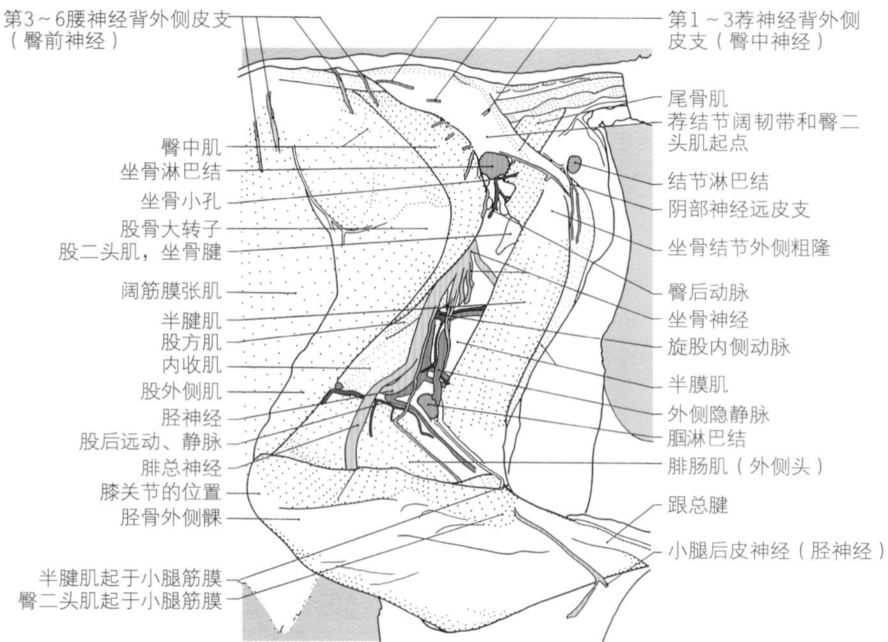
第3～6腰神经背外侧皮支（臀前神经）
臀中肌
坐骨淋巴结
坐骨小孔
股骨大转子
股二头肌，坐骨腱
阔筋膜张肌
半腱肌
股方肌
内收肌
股外侧肌
胫神经
股后远动、静脉
腓总神经
膝关节的位置
胫骨外侧髁
半腱肌起于小腿筋膜
臀二头肌起于小腿筋膜
第1～3荐神经背外侧皮支（臀中神经）
尾骨肌
荐结节阔韧带和臀二头肌起点
结节淋巴结
阴部神经远皮支
坐骨结节外侧粗隆
臀后动脉
坐骨神经
旋股内侧动脉
半膜肌
外侧隐静脉
腘淋巴结
腓肠肌（外侧头）
跟总腱
小腿后皮神经（胫神经）

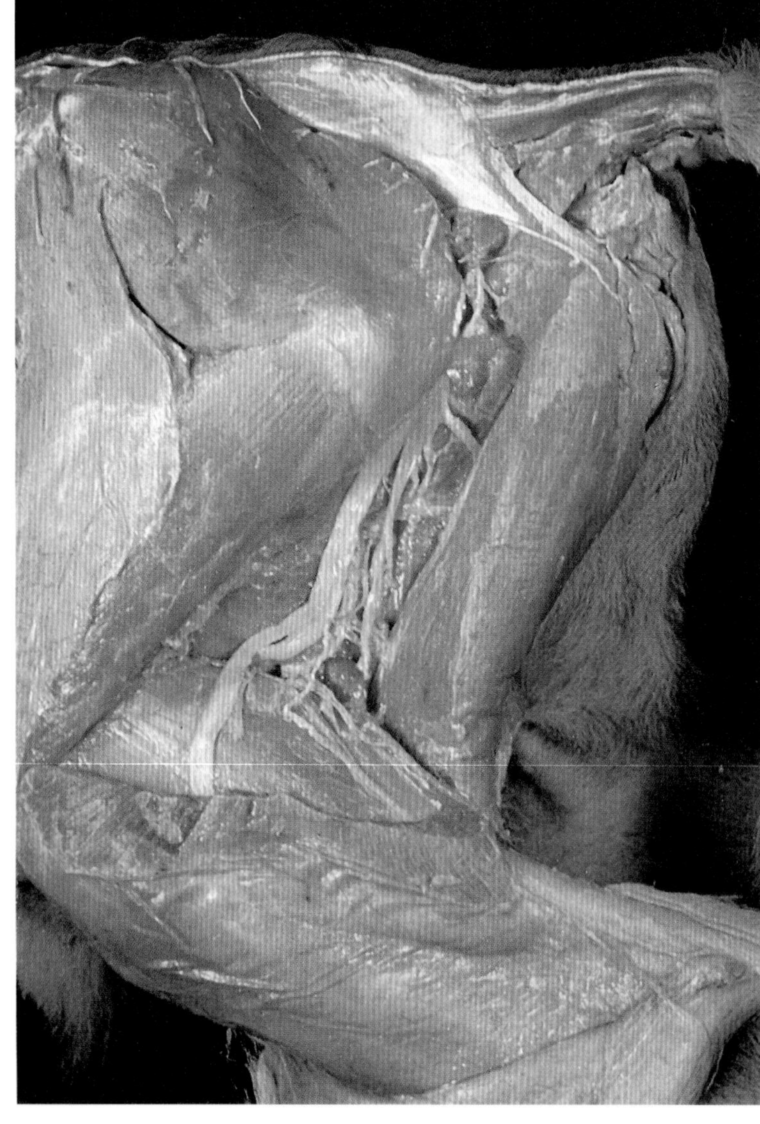

图6.28 犊牛骨盆部和股部示胫神经和腓神经，左外侧观。臀二头肌已切除，臀中肌覆盖了坐骨神经的主要部分。坐骨小孔清晰可见。

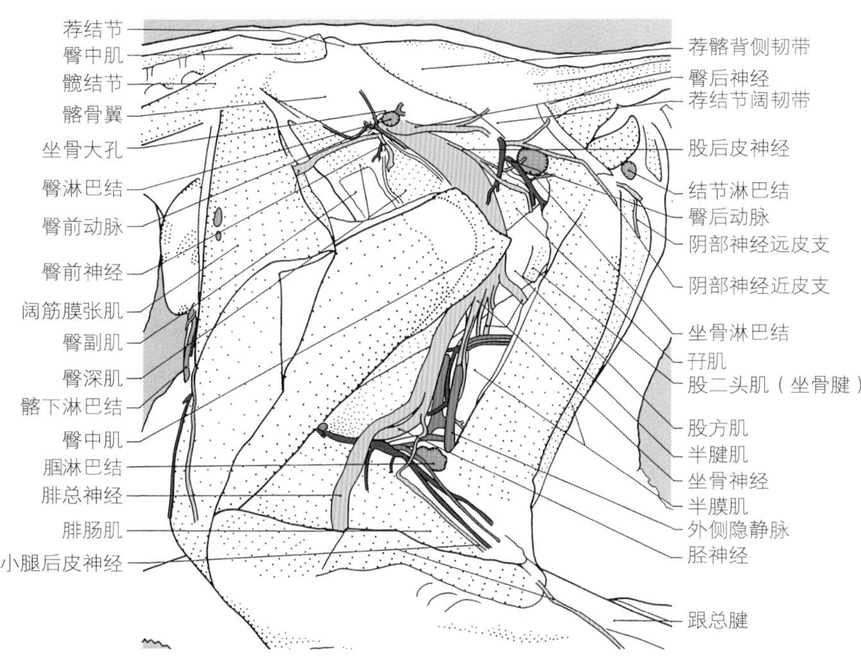
荐结节
臀中肌
髋结节
髂骨翼
坐骨大孔
臀淋巴结
臀前动脉
臀前神经
阔筋膜张肌
臀副肌
臀深肌
髂下淋巴结
臀中肌
腘淋巴结
腓总神经
腓肠肌
小腿后皮神经
荐髂背侧韧带
臀后神经
荐结节阔韧带
股后皮神经
结节淋巴结
臀后动脉
阴部神经远皮支
阴部神经近皮支
坐骨淋巴结
孖肌
股二头肌（坐骨腱）
股方肌
半腱肌
坐骨神经
半膜肌
外侧隐静脉
胫神经
跟总腱

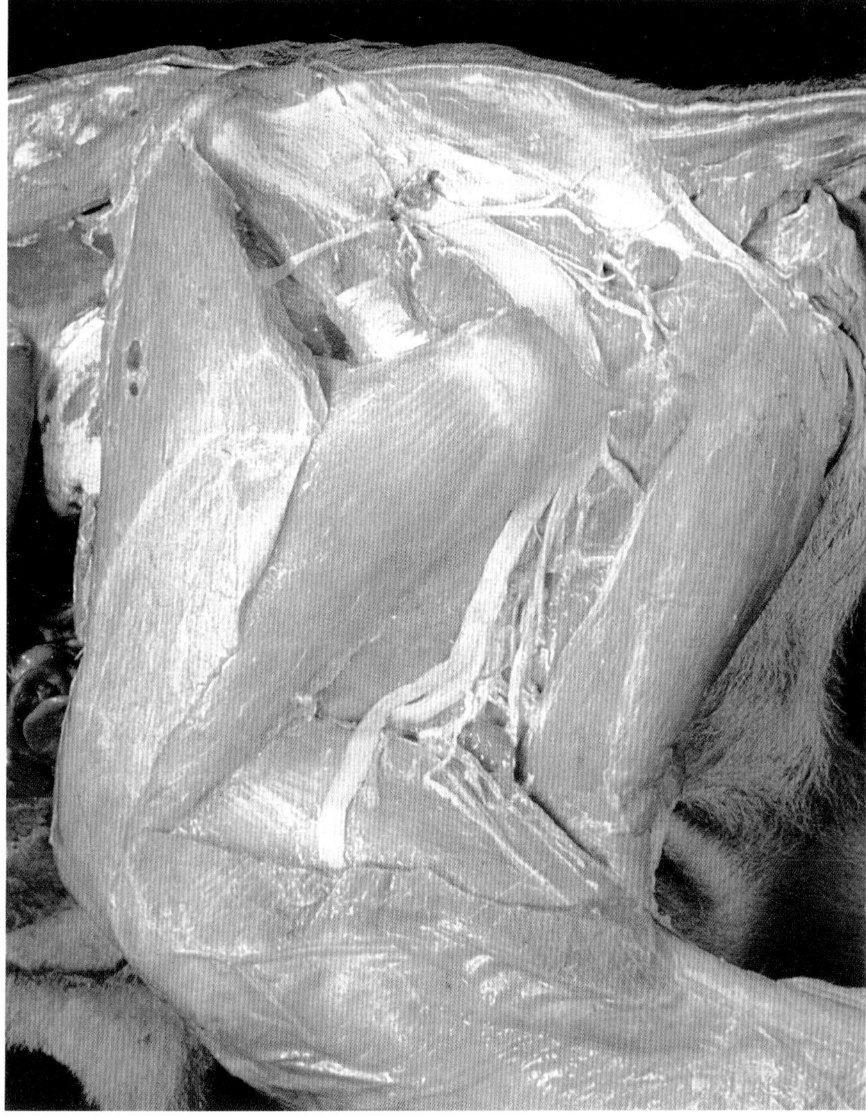

图6.29　犊牛坐骨神经和臀神经，左外侧观。切除臀中肌以显示坐骨大孔的结构。图6.30显示阔筋膜张肌内侧的结构。

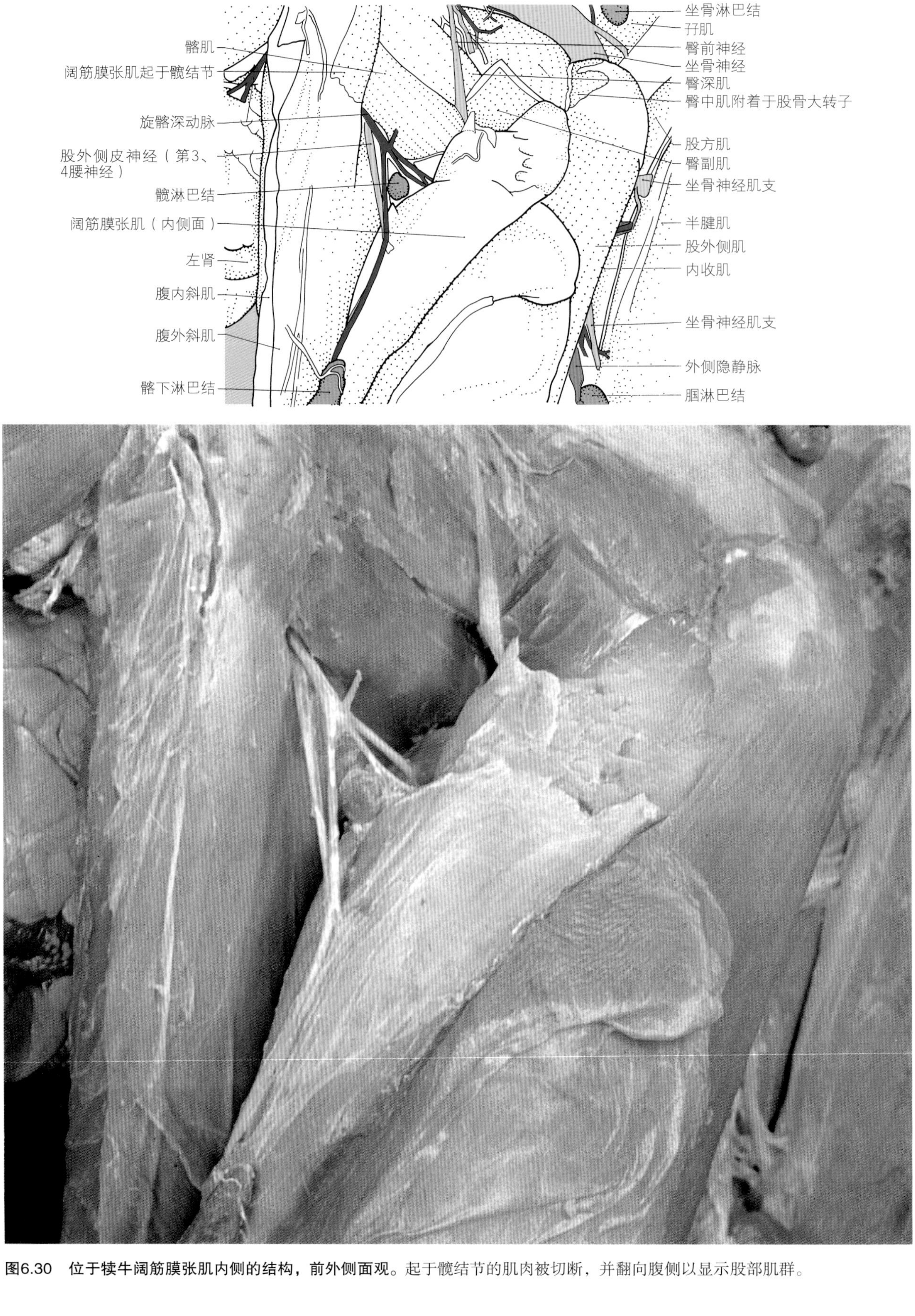

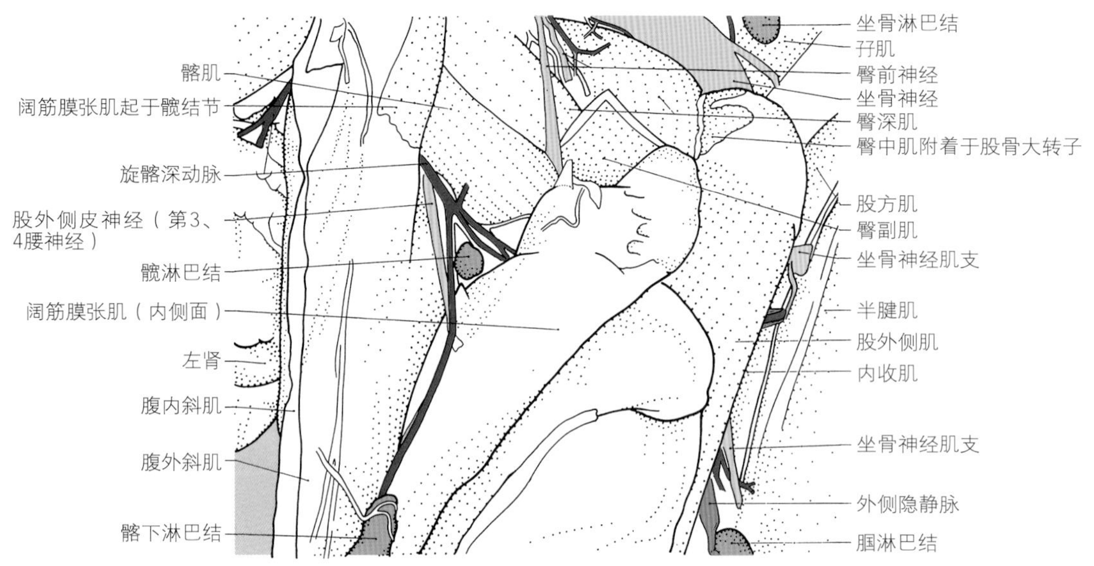
髂肌
阔筋膜张肌起于髋结节
旋髂深动脉
股外侧皮神经（第3、4腰神经）
髋淋巴结
阔筋膜张肌（内侧面）
左肾
腹内斜肌
腹外斜肌
髂下淋巴结
坐骨淋巴结
孖肌
臀前神经
坐骨神经
臀深肌
臀中肌附着于股骨大转子
股方肌
臀副肌
坐骨神经肌支
半腱肌
股外侧肌
内收肌
坐骨神经肌支
外侧隐静脉
腘淋巴结

图6.30 位于犊牛阔筋膜张肌内侧的结构，前外侧面观。起于髋结节的肌肉被切断，并翻向腹侧以显示股部肌群。

第7章

蹄
（The Foot）

跛行对于牛群的日常生活是一个十分突出的问题，而且几乎所有病例都涉及到蹄。一些病例会引起蹄部的剧痛和明显跛行等蹄部疾患。由于蹄部疾病易造成十分严重的经济损失，因此农场主往往需要花费大量的时间来解决这些蹄部疾病。

蹄主要由3部分组成。第一层蹄表皮，它又分为5部分：蹄外膜、蹄壁、蹄底、蹄白线和蹄球；第二层蹄真皮，它是特化的真皮，富含神经和血管；第三层是骨骼及其相关结构。

远指（趾）节骨、远籽骨（舟骨）和远指（趾）间关节全部包含在蹄中。指（趾）深屈肌腱附着于远指（趾）节骨的屈肌结节上，并且在蹄球内被舟骨囊与远籽骨隔离。远指（趾）节骨的悬吊结构支撑骨的远端。

一般的蹄，其承重的结构主要是蹄球、远轴侧蹄壁至蹄白线和邻近离蹄底10 ~ 20 mm处，以及从蹄尖向后轴侧间隙1/3的轴侧蹄壁。而蹄的其余轴面不承受重量。

蹄的过度生长主要发生在蹄尖处，结果使蹄骨后移，会增加蹄部背侧缘的压力，严重的将造成蹄底溃疡。蹄的过度生长有时也见于外侧蹄壁和蹄底。

修蹄是兽医很重要的工作，其最主要的目的是让蹄恢复到正常的状态。两只蹄的大小通常会有所不同。后肢的外侧蹄一般较大，而前肢则为内侧蹄较大。修蹄时首先修整过度生长的蹄尖，然后是过度生长的蹄底和轴侧蹄壁，最后的修剪是使双蹄后部大小一致并使后肢的外侧蹄大4 ~ 5 mm。

大多数导致跛行的病因在于蹄，尤其是后蹄。蹄底溃疡和白线缺损是最常见的。其他蹄病还包括异物刺伤、水平裂和垂直裂、严重的皮肤病。主要包括指（趾）部皮炎（非常普遍）、指（趾）间坏死、指（趾）间异常增生、泥土热、泥浆踵、垂直裂、跟瘸病和蹄恶臭。远指（趾）节骨和舟骨的病症包括骨折、远指（趾）节骨顶端坏死和蹄深层感染。

较严重的蹄部疾病之一是蹄叶炎（真皮炎）。这种情况与分娩、站立过度、产后安逸、畜舍设计、营养、蹄部湿度、糟糕的地面、管理粗糙和蹄磨损有关。它看起来是慢性或亚急性的疾病，但却是造成蹄底溃疡和蹄白线疾病的部分原因。

其他引起跛足的因素包括蹄部机能紊乱、皮肤疾病、骨与关节疾病。遗传缺陷在蹄部和四肢较少见。近指（趾）间关节的先天性弯曲在许多品种中可见，一般影响前蹄，大多数动物可康复。

关节弯曲是先天性关节折叠。一般两侧都有，对前蹄影响显著。它在隐性基因的夏洛来牛中最普遍。

严重的外伤也许会造成指（趾）部或蹄部的截肢。蹄底溃疡伴随屈肌腱和蹄骨感染是造成截肢的主要原因，必须尽早切除。手术前应给予镇静和静脉区域麻醉、或局部神经兴奋阻滞。

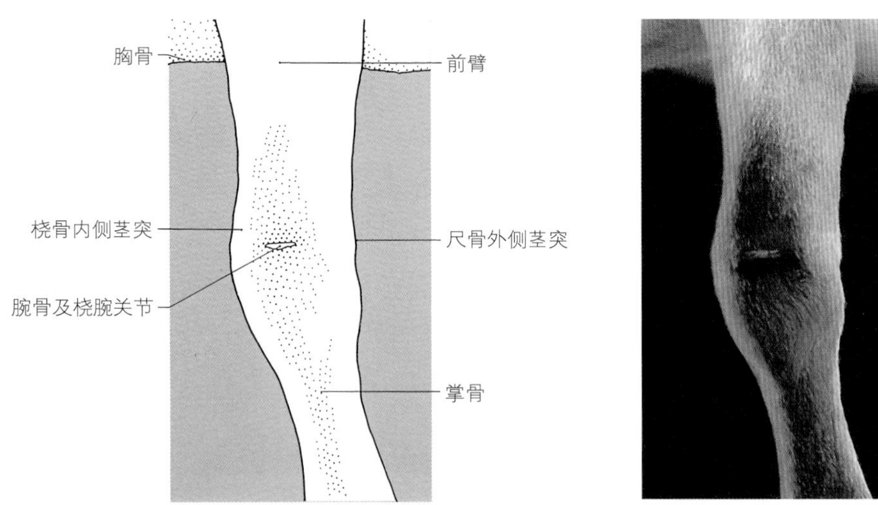
胸骨
前臂
桡骨内侧茎突
尺骨外侧茎突
腕骨及桡腕关节
掌骨

图7.1 左侧腕骨表面特征，前外侧观。腕关节处的被毛已被剃除，骨骼结构见图7.4。动物在正常站立时，腕骨背侧稍偏桡外侧面，而腕骨的内侧面明显凸出。

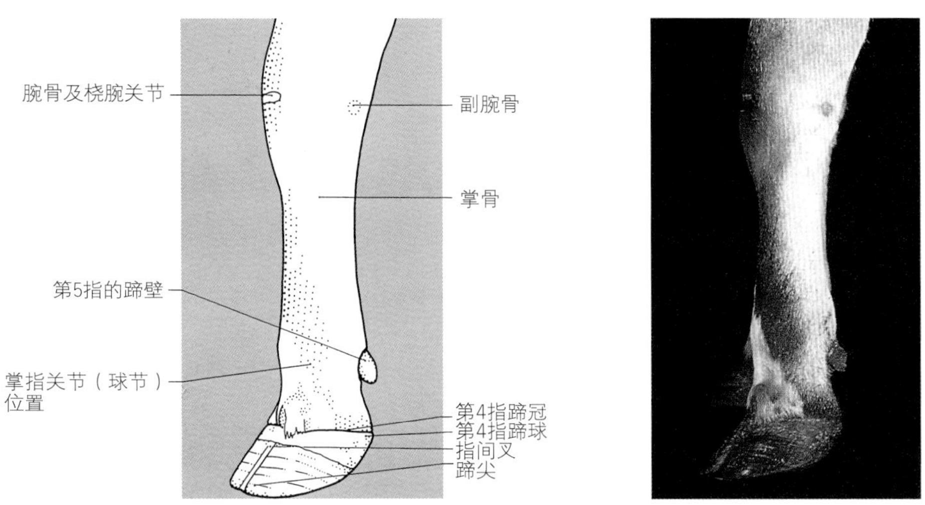
腕骨及桡腕关节
副腕骨
掌骨
第5指的蹄壁
掌指关节（球节）位置
第4指蹄冠
第4指蹄球
指间叉
蹄尖

图7.2 左前脚表面特征，外侧观。两个骨性标志处的被毛已被剃除。骨骼结构见图7.5。如图7.7中提到，动物在正常站立时指尖偏向外侧，从外侧观显示指间叉。

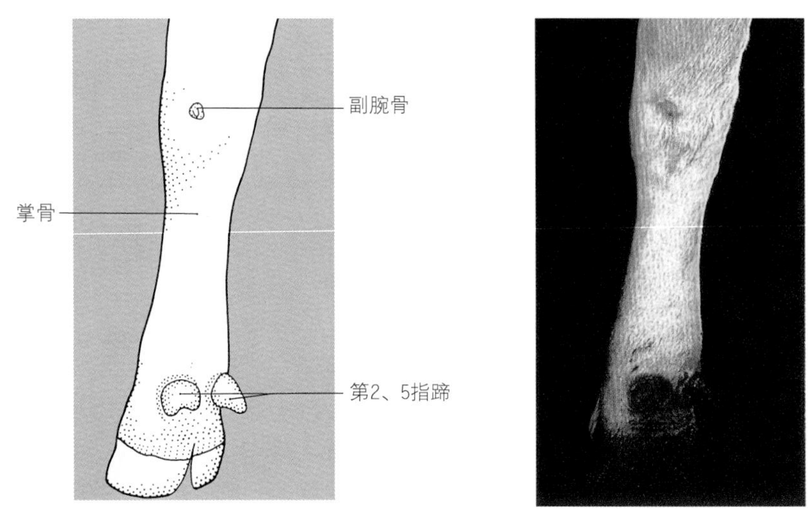
副腕骨
掌骨
第2、5指蹄

图7.3 左前脚表面特征，后外侧观。一个骨性标志处的被毛已被剃除。骨骼结构见图7.6。蹄部的掌侧面观见图7.20。

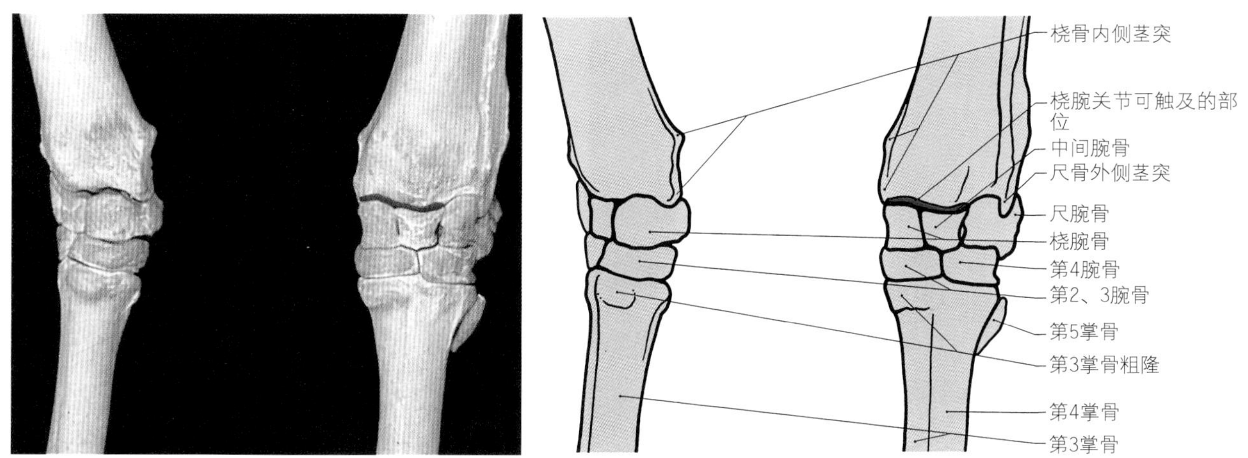
桡骨内侧茎突
桡腕关节可触及的部位
中间腕骨
尺骨外侧茎突
尺腕骨
桡腕骨
第4腕骨
第2、3腕骨
第5掌骨
第3掌骨粗隆
第4掌骨
第3掌骨

图7.4　左侧和右侧腕骨，左侧和前外侧观。红色表示图7.1中可触及的骨性标志。指骨的前外侧面观见图7.10。

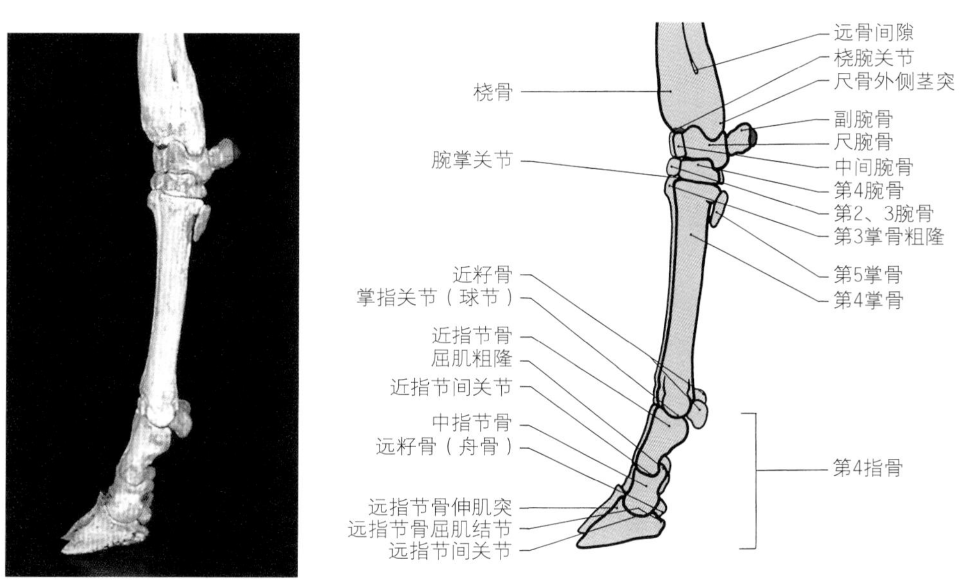
远骨间隙
桡腕关节
尺骨外侧茎突
桡骨
副腕骨
尺腕骨
腕掌关节
中间腕骨
第4腕骨
第2、3腕骨
第3掌骨粗隆
近籽骨
掌指关节（球节）
第5掌骨
第4掌骨
近指节骨
屈肌粗隆
近指节间关节
中指节骨
远籽骨（舟骨）
第4指骨
远指节骨伸肌突
远指节骨屈肌结节
远指节间关节

图7.5　左前脚骨，外侧观。红色表示图7.1中可触及的两个骨性标志。

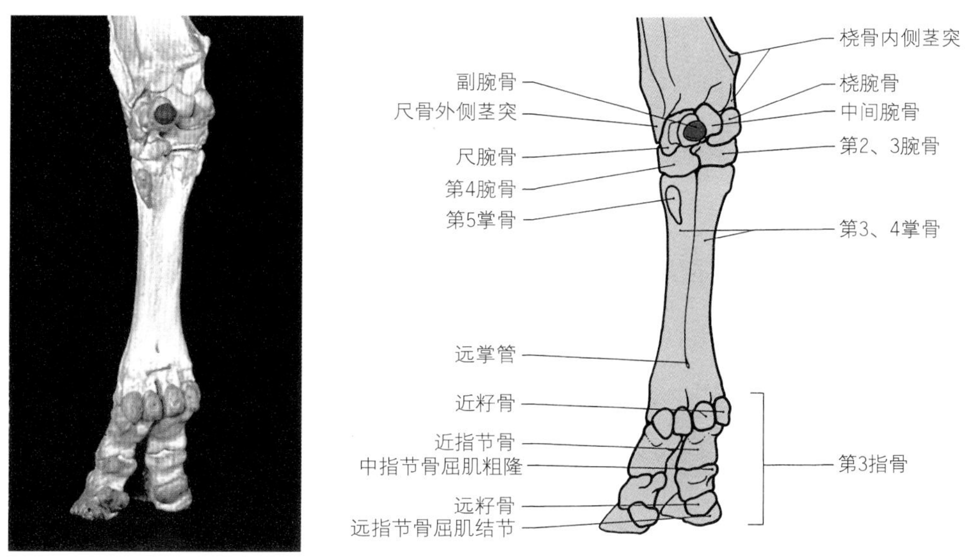
桡骨内侧茎突
副腕骨
桡腕骨
尺骨外侧茎突
中间腕骨
尺腕骨
第2、3腕骨
第4腕骨
第5掌骨
第3、4掌骨
远掌管
近籽骨
近指节骨
第3指骨
中指节骨屈肌粗隆
远籽骨
远指节骨屈肌结节

图7.6　左前脚骨，后外侧观。红色表示图7.3中相应的骨性标志。

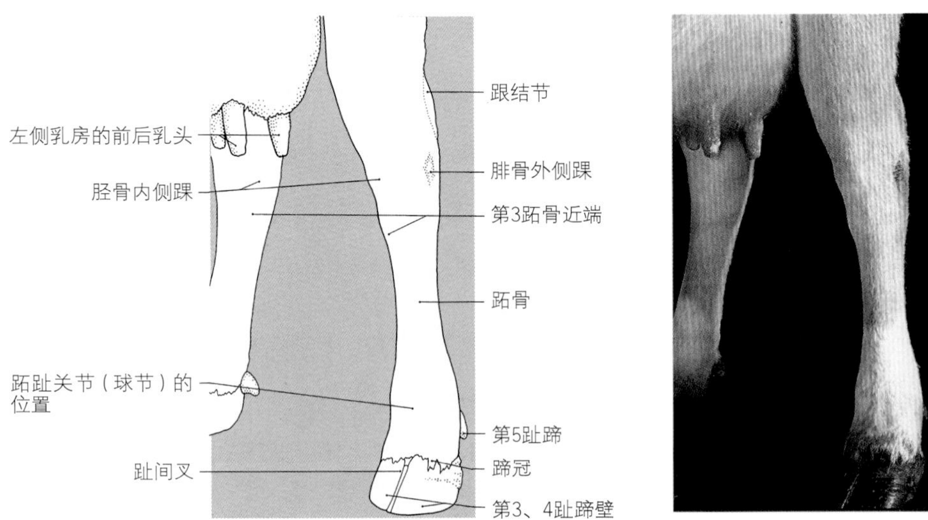
跟结节
左侧乳房的前后乳头
腓骨外侧踝
胫骨内侧踝
第3跖骨近端
跖骨
跖趾关节（球节）的位置
第5趾蹄
趾间叉
蹄冠
第3、4趾蹄壁

图7.7 后肢的表面特征，左前外侧观。动物正常站立时后脚的位置，在运动过程中牛蹄的活动性强。当乳房增大时，后肢外展，行走时两蹄外旋。骨的结构如图7.10所示。

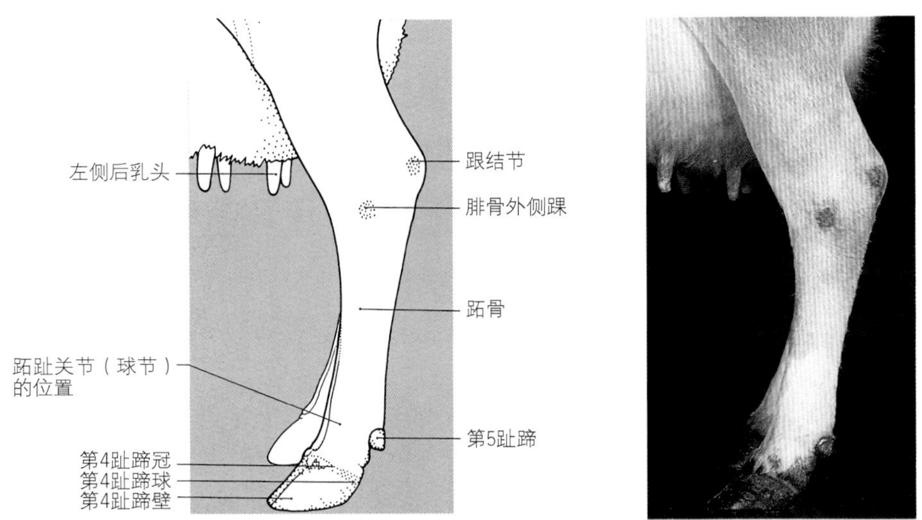
跟结节
左侧后乳头
腓骨外侧踝
跖骨
跖趾关节（球节）的位置
第5趾蹄
第4趾蹄冠
第4趾蹄球
第4趾蹄壁

图7.8 左后脚的表面特征，外侧观。两个骨性标记处毛已被剃除，骨骼结构见图7.11。主趾的角度（蹄壁的背角）与前肢的作比较（图7.2）。

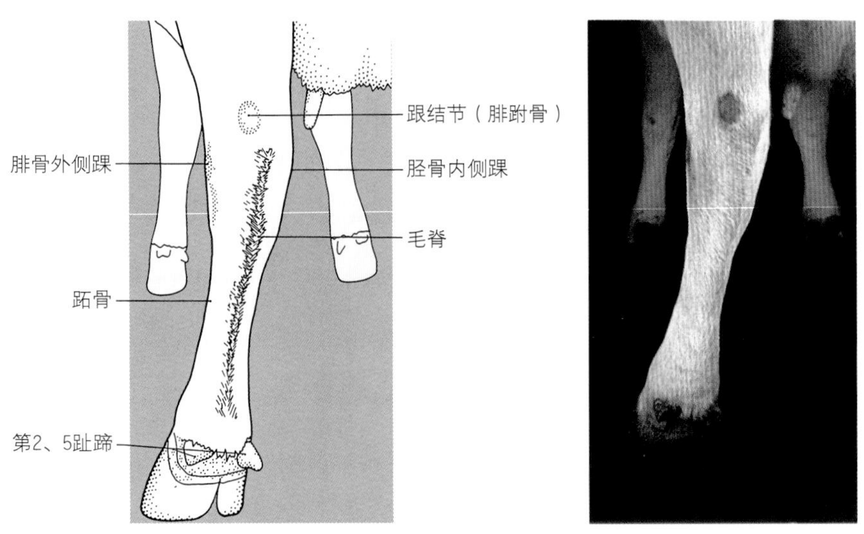
跟结节（腓跗骨）
腓骨外侧踝
胫骨内侧踝
毛脊
跖骨
第2、5趾蹄

图7.9 左后脚表面特征，后面观。两个骨性标记处的被毛已剃除，骨骼结构见图7.12。

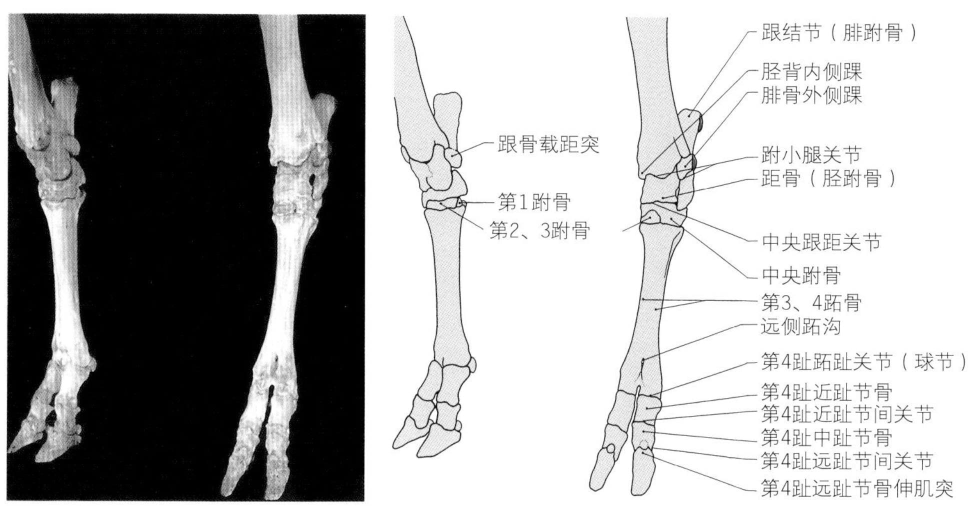
跟结节（腓跗骨）
胫背内侧踝
腓骨外侧踝
跟骨载距突
跗小腿关节
距骨（胫跗骨）
第1跗骨
第2、3跗骨
中央跟距关节
中央跗骨
第3、4跖骨
远侧跖沟
第4趾跖趾关节（球节）
第4趾近趾节骨
第4趾近趾节间关节
第4趾中趾节骨
第4趾远趾节间关节
第4趾远趾节骨伸肌突

图7.10　左侧和右侧后脚骨，左前外侧观。红色表示图7.7中被毛剃除的两个骨性标志。动物在活体站立时，远趾节骨的蹄底面呈水平向（见图7.17）。距骨被称为胫跗骨则更贴切。

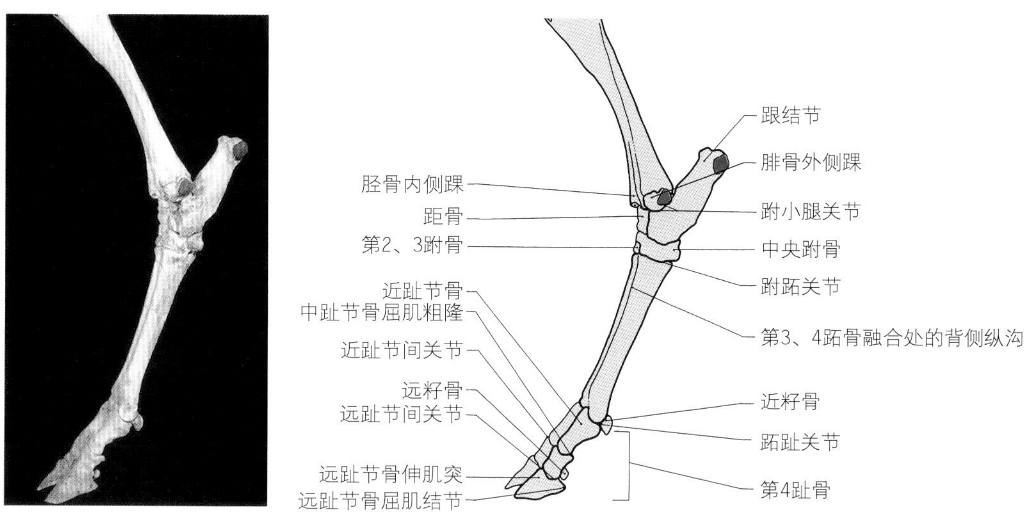
跟结节
腓骨外侧踝
胫骨内侧踝
跗小腿关节
距骨
中央跗骨
第2、3跗骨
跗跖关节
近趾节骨
中趾节骨屈肌粗隆
第3、4跖骨融合处的背侧纵沟
近趾节间关节
远籽骨
近籽骨
远趾节间关节
跖趾关节
远趾节骨伸肌突
第4趾骨
远趾节骨屈肌结节

图7.11　左后脚骨，外侧观。红色表示图7.7中被毛剃除的两个骨性标志。跟骨称为腓跗骨则更贴切。

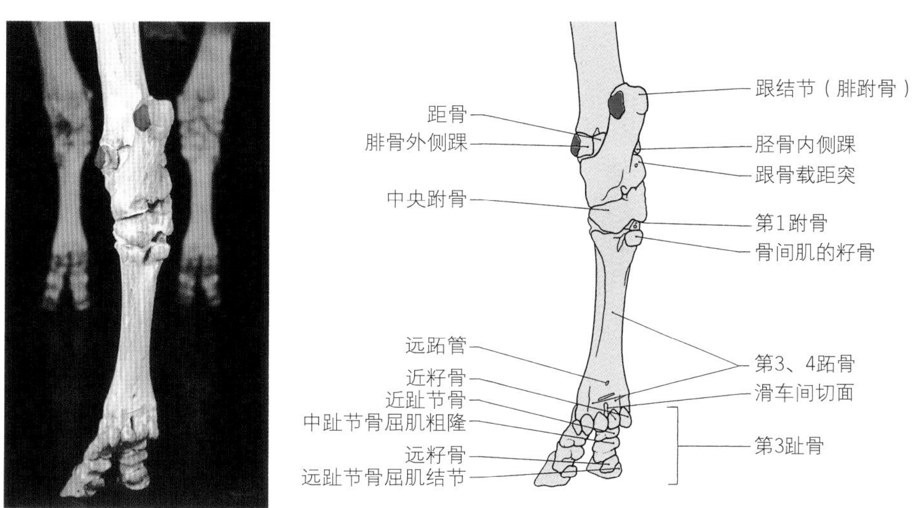
跟结节（腓跗骨）
距骨
腓骨外侧踝
胫骨内侧踝
跟骨载距突
中央跗骨
第1跗骨
骨间肌的籽骨
远跖管
第3、4跖骨
近籽骨
滑车间切面
近趾节骨
中趾节骨屈肌粗隆
第3趾骨
远籽骨
远趾节骨屈肌结节

图7.12　左后脚骨，后面观。红色表示图7.9中被毛剃除的骨性标志。

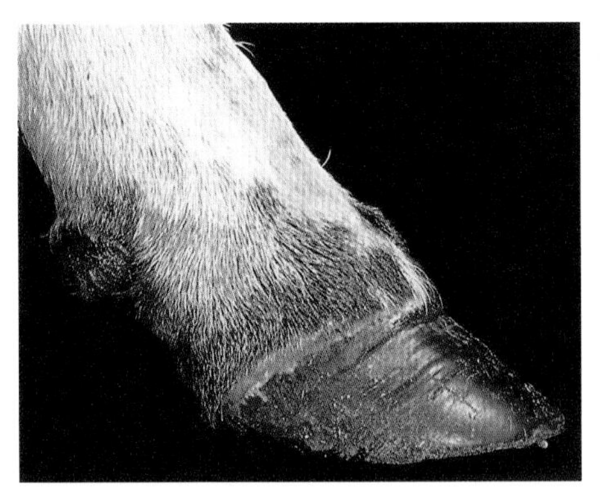

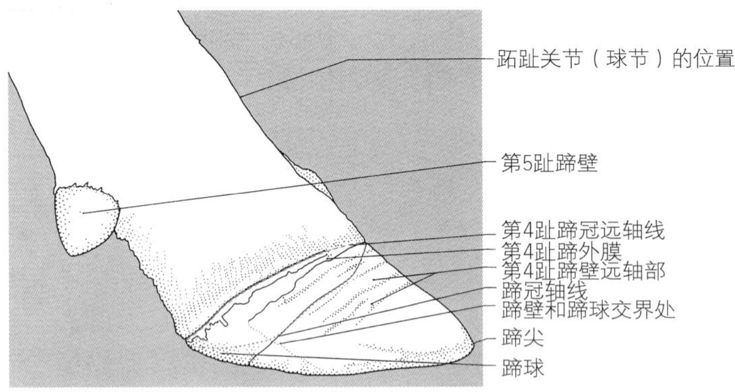
跖趾关节（球节）的位置
第5趾蹄壁
第4趾蹄冠远轴线
第4趾蹄外膜
第4趾蹄壁远轴部
蹄冠轴线
蹄壁和蹄球交界处
蹄尖
蹄球

图7.13　右后脚趾部，外侧观。蹄壁的背角应该与前脚相比较（比较图7.17）。从本图至图7.15可追踪蹄冠的轴线。蹄外膜是蹄球的延续部分，可理解为一个特殊的结构。

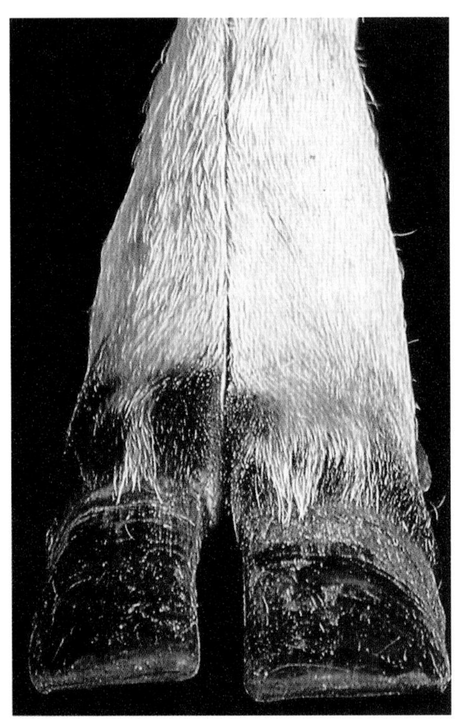

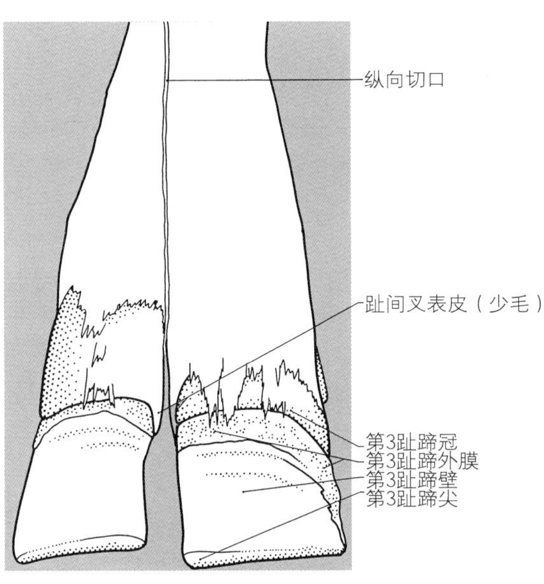
纵向切口
趾间叉表皮（少毛）
第3趾蹄冠
第3趾蹄外膜
第3趾蹄壁
第3趾蹄尖

图7.14　右后脚趾部，前面观。锯切痕示趾的轴侧结构（见图7.15）。

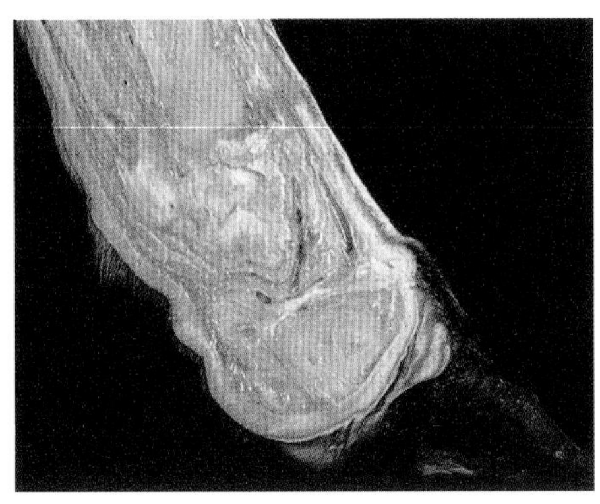

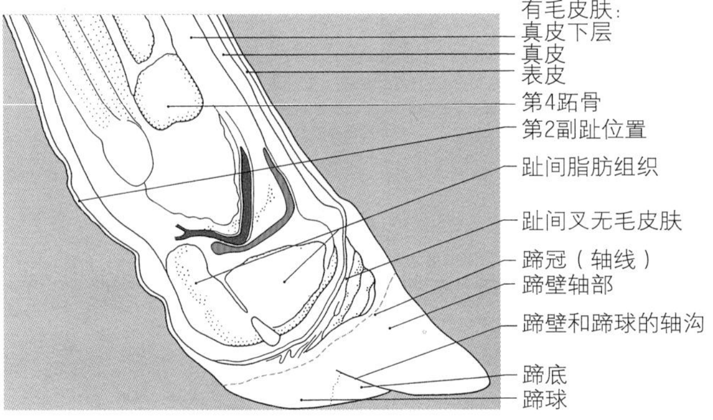
有毛皮肤：
真皮下层
真皮
表皮
第4跖骨
第2副趾位置
趾间脂肪组织
趾间叉无毛皮肤
蹄冠（轴线）
蹄壁轴部
蹄壁和蹄球的轴沟
蹄底
蹄球

图7.15　右后脚的趾间区，外侧观。通过切片可显示趾间叉，如图7.14所示。从外侧面显示后脚纵切面的内侧（含第3趾）。更深层结构见图7.28。

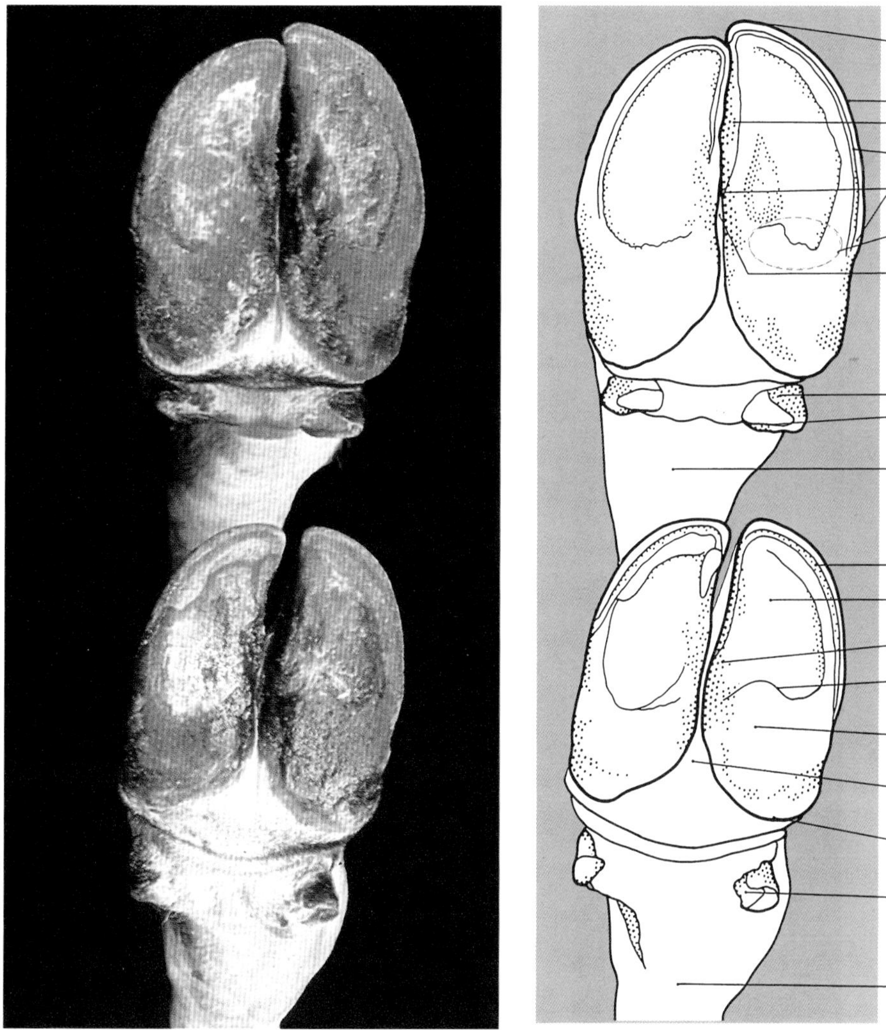

前肢第3指：
内侧蹄的大蹄尖
蹄壁远轴侧部
蹄壁轴侧部
蹄白线
蹄壁缘
远籽骨位置
指间叉
前肢第2指：
蹄壁轴侧部
蹄壁远轴侧部
掌骨
后肢第3趾：
蹄白线
蹄底
轴侧沟
蹄底和蹄球交界处
蹄球
趾间叉无毛皮肤
蹄冠
后肢第2趾蹄底
跖骨

图7.16 右前脚和后脚的蹄底面。牛站立位时将牛四肢固定。当牛承受最大负重时，其主蹄比其他蹄更开张，球节也会下降使副蹄与地面接触。本牛蹄标本已擦洗并干燥，但未修整。请注意所谓的“白线”事实上比蹄底和蹄壁的颜色更深。其突出特点是它呈板层结构。

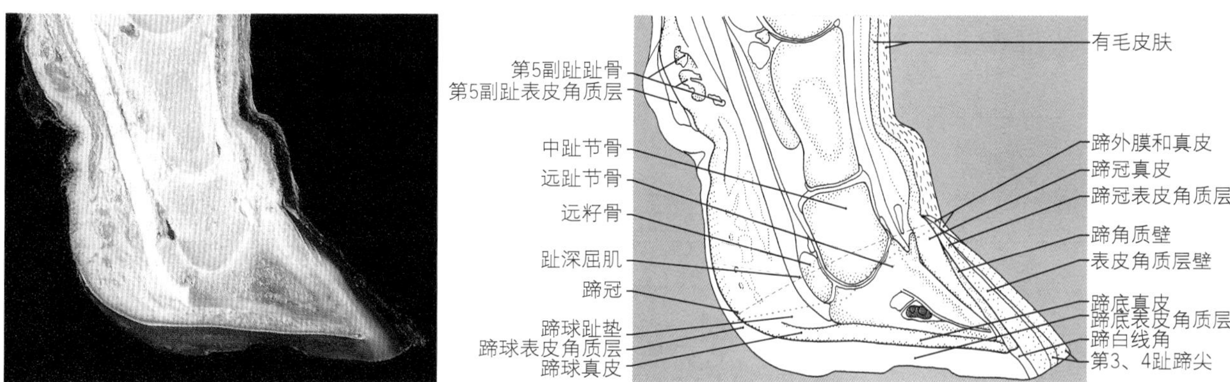
第5副趾趾骨
第5副趾表皮角质层
中趾节骨
远趾节骨
远籽骨
趾深屈肌
蹄冠
蹄球趾垫
蹄球表皮角质层
蹄球真皮
有毛皮肤
蹄外膜和真皮
蹄冠真皮
蹄冠表皮角质层
蹄角质壁
表皮角质层壁
蹄底真皮
蹄底表皮角质层
蹄白线角
第3、4趾蹄尖

图7.17 右前蹄，矢状切面。本图是右前脚第4指的外侧面观，也是图3.24的放大。详细的深层结构见图7.27。切面结构图见图3.23。虚线和蓝色点线表示轴侧和远轴侧的蹄冠位置（见图7.13和图7.15）。注意蹄壁的最深层是白色的。

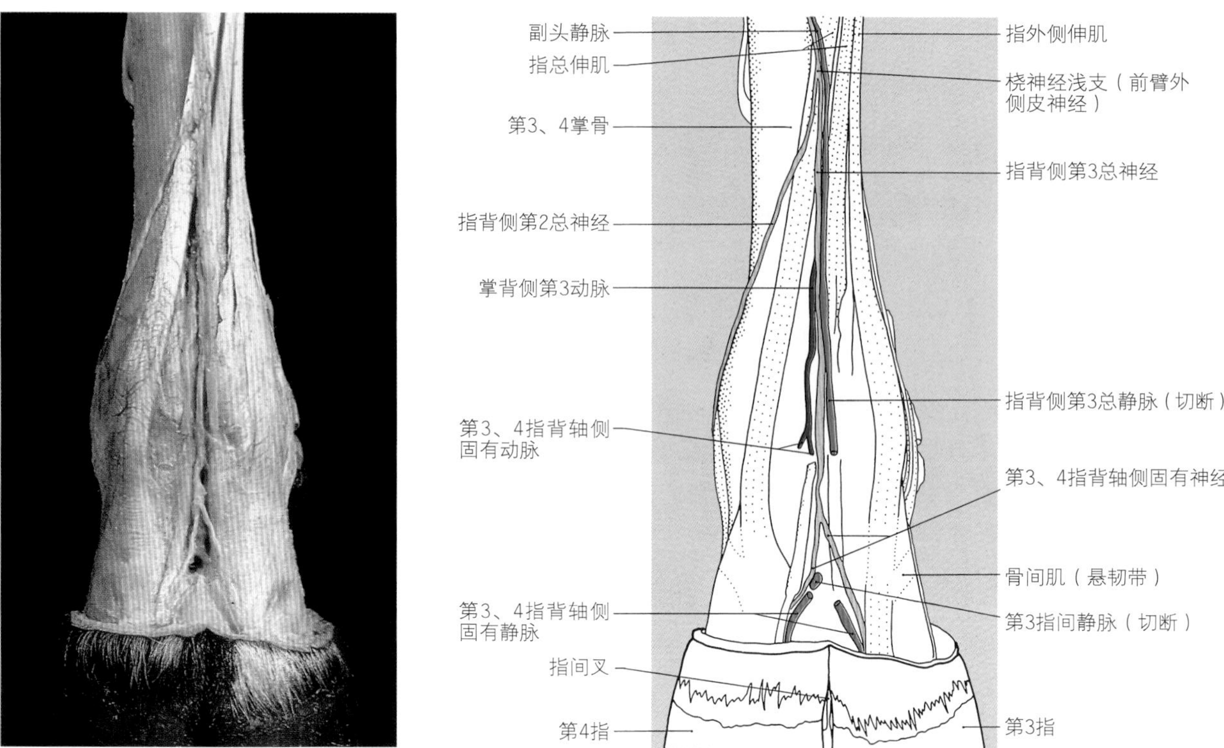
副头静脉
指总伸肌
第3、4掌骨
指背侧第2总神经
掌背侧第3动脉
第3、4指背轴侧固有动脉
第3、4指背轴侧固有静脉
指间叉
第4指
指外侧伸肌
桡神经浅支（前臂外侧皮神经）
指背侧第3总神经
指背侧第3总静脉（切断）
第3、4指背轴侧固有神经
骨间肌（悬韧带）
第3指间静脉（切断）
第3指

图7.18 左前脚浅层结构（1），背侧观。前脚掌部浅层结构可参见前面的解剖标本（图3.18～图3.21）。前脚部近端的血管和神经参见犊牛的解剖标本（图7.29～图7.32）。

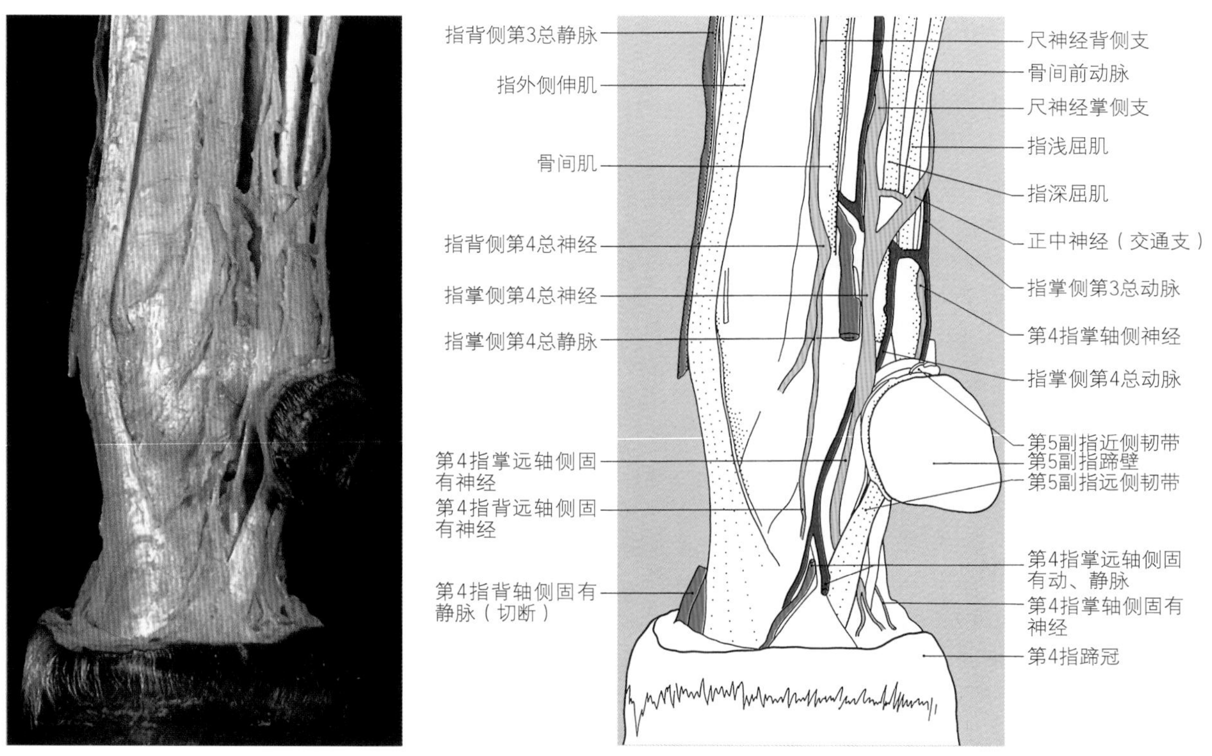
指背侧第3总静脉
指外侧伸肌
骨间肌
指背侧第4总神经
指掌侧第4总神经
指掌侧第4总静脉
第4指掌远轴侧固有神经
第4指背远轴侧固有神经
第4指背轴侧固有静脉（切断）
尺神经背侧支
骨间前动脉
尺神经掌侧支
指浅屈肌
指深屈肌
正中神经（交通支）
指掌侧第3总动脉
第4指掌轴侧神经
指掌侧第4总动脉
第5副指近侧韧带
第5副指蹄壁
第5副指远侧韧带
第4指掌远轴侧固有动、静脉
第4指掌轴侧固有神经
第4指蹄冠

图7.19 左前脚浅层结构（2），外侧面观。参考图3.19和图7.30（犊牛右前肢）。

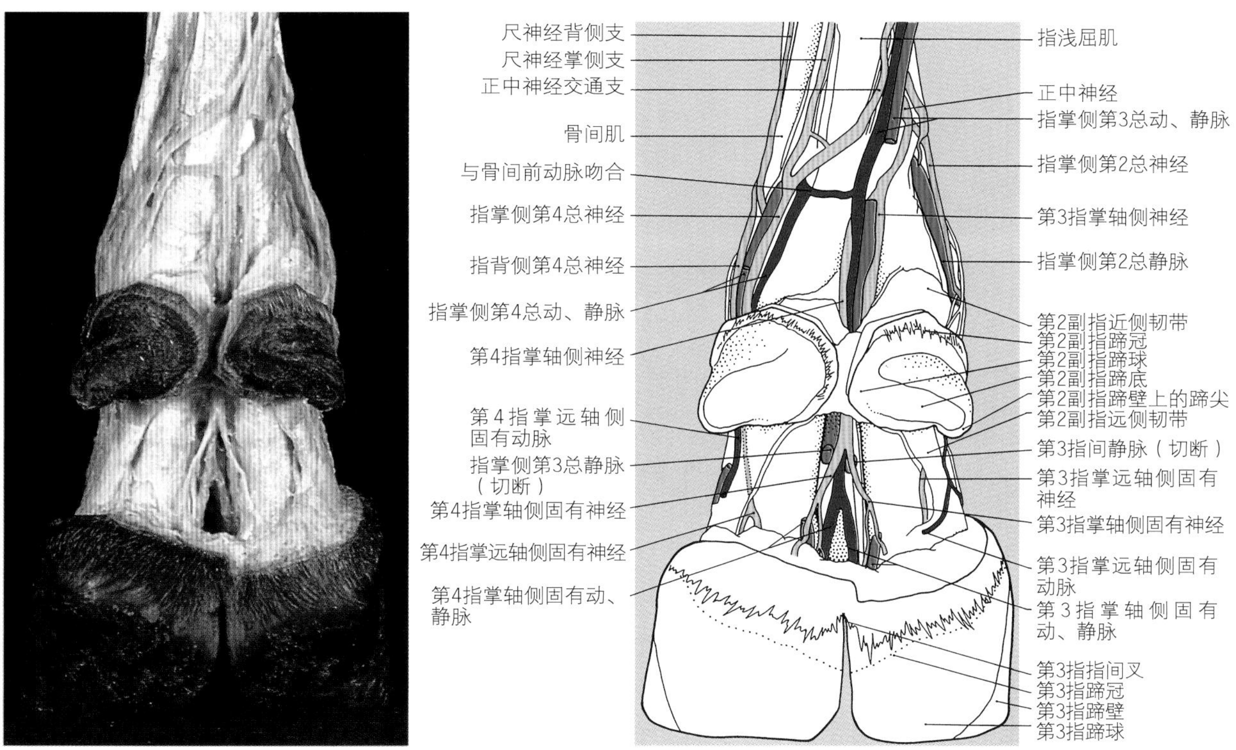
尺神经背侧支
尺神经掌侧支
正中神经交通支
骨间肌
与骨间前动脉吻合
指掌侧第4总神经
指背侧第4总神经
指掌侧第4总动、静脉
第4指掌轴侧神经
第4指掌远轴侧固有动脉
指掌侧第3总静脉（切断）
第4指掌轴侧固有神经
第4指掌远轴侧固有神经
第4指掌轴侧固有动、静脉
指浅屈肌
正中神经
指掌侧第3总动、静脉
指掌侧第2总神经
第3指掌轴侧神经
指掌侧第2总静脉
第2副指近侧韧带
第2副指蹄冠
第2副指蹄球
第2副指蹄底
第2副指蹄壁上的蹄尖
第2副指远侧韧带
第3指间静脉（切断）
第3指掌远轴侧固有神经
第3指掌轴侧固有神经
第3指掌远轴侧固有动脉
第3指掌轴侧固有动、静脉
第3指指间叉
第3指蹄冠
第3指蹄壁
第3指蹄球

图7.20 左前脚浅层结构（3），掌侧观。参考图3.20和图7.31（犊牛右前肢）。该标本的第4指掌轴侧神经并不是来自尺神经，但它的第3指掌轴侧神经来自正中神经。

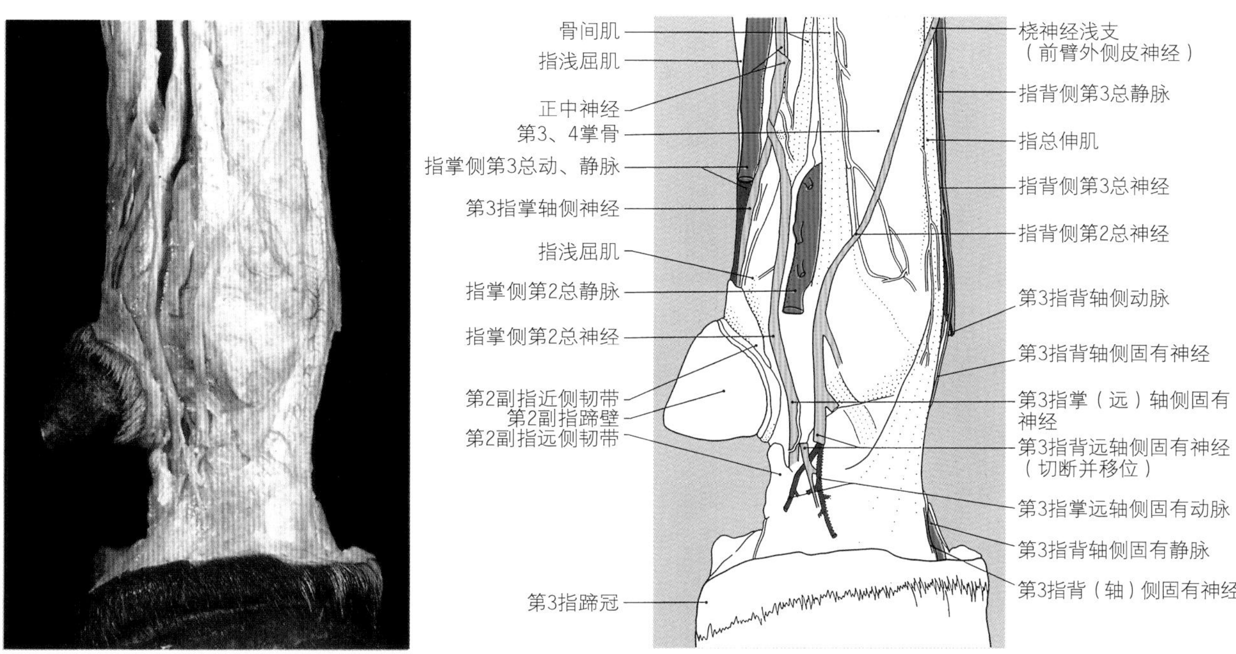
骨间肌
指浅屈肌
正中神经
第3、4掌骨
指掌侧第3总动、静脉
第3指掌轴侧神经
指浅屈肌
指掌侧第2总静脉
指掌侧第2总神经
第2副指近侧韧带
第2副指蹄壁
第2副指远侧韧带
第3指蹄冠
桡神经浅支（前臂外侧皮神经）
指背侧第3总静脉
指总伸肌
指背侧第3总神经
指背侧第2总神经
第3指背轴侧动脉
第3指背轴侧固有神经
第3指掌（远）轴侧固有神经
第3指背远轴侧固有神经（切断并移位）
第3指掌远轴侧固有动脉
第3指背轴侧固有静脉
第3指背（轴）侧固有神经

图7.21 左前脚浅层结构（4），内侧观。参考图3.21和图7.32（犊牛右前肢）。

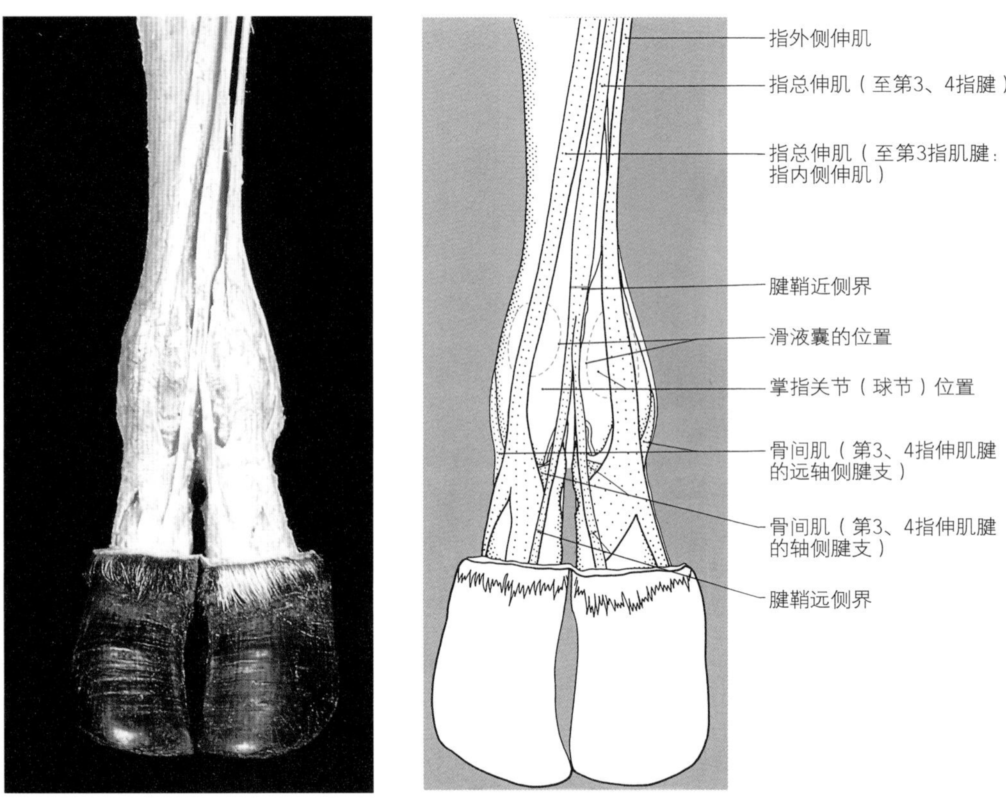
指外侧伸肌
指总伸肌（至第3、4指腱）
指总伸肌（至第3指肌腱：指内侧伸肌）
腱鞘近侧界
滑液囊的位置
掌指关节（球节）位置
骨间肌（第3、4指伸肌腱的远轴侧腱支）
骨间肌（第3、4指伸肌腱的轴侧腱支）
腱鞘远侧界

图7.22　左前脚的指部肌肉和韧带（1），背侧观。图7.22～图7.26显示切除血管和神经后前脚部的深层结构。光滑的指总伸肌腱被腱鞘包裹。球节关节囊的背侧面有第3、4指固有伸肌腱的滑膜覆盖。

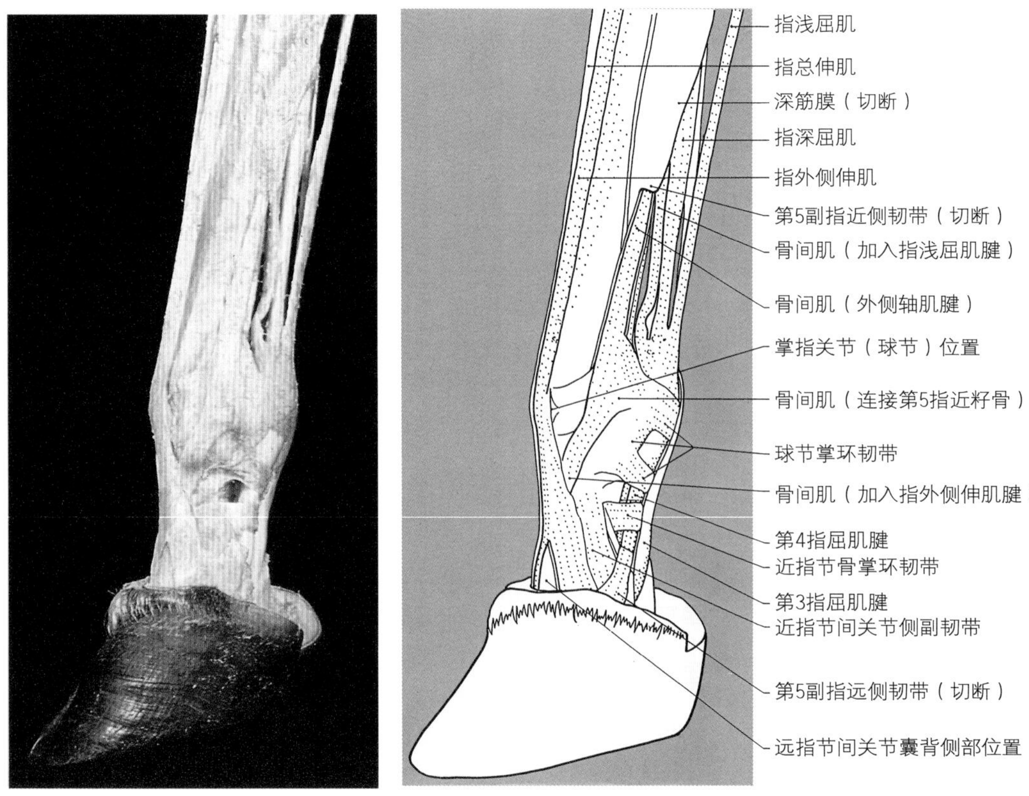
指浅屈肌
指总伸肌
深筋膜（切断）
指深屈肌
指外侧伸肌
第5副指近侧韧带（切断）
骨间肌（加入指浅屈肌腱）
骨间肌（外侧轴肌腱）
掌指关节（球节）位置
骨间肌（连接第5指近籽骨）
球节掌环韧带
骨间肌（加入指外侧伸肌腱）
第4指屈肌腱
近指节骨掌环韧带
第3指屈肌腱
近指节间关节侧副韧带
第5副指远侧韧带（切断）
远指节间关节囊背侧部位置

图7.23　左前脚的指部肌肉和韧带（2），外侧面观。掌深筋膜已被切除以显示屈肌，但保留了参与形成指环韧带的部分掌深筋膜。作为掌深筋膜一部分的副指韧带也已被完全切除。

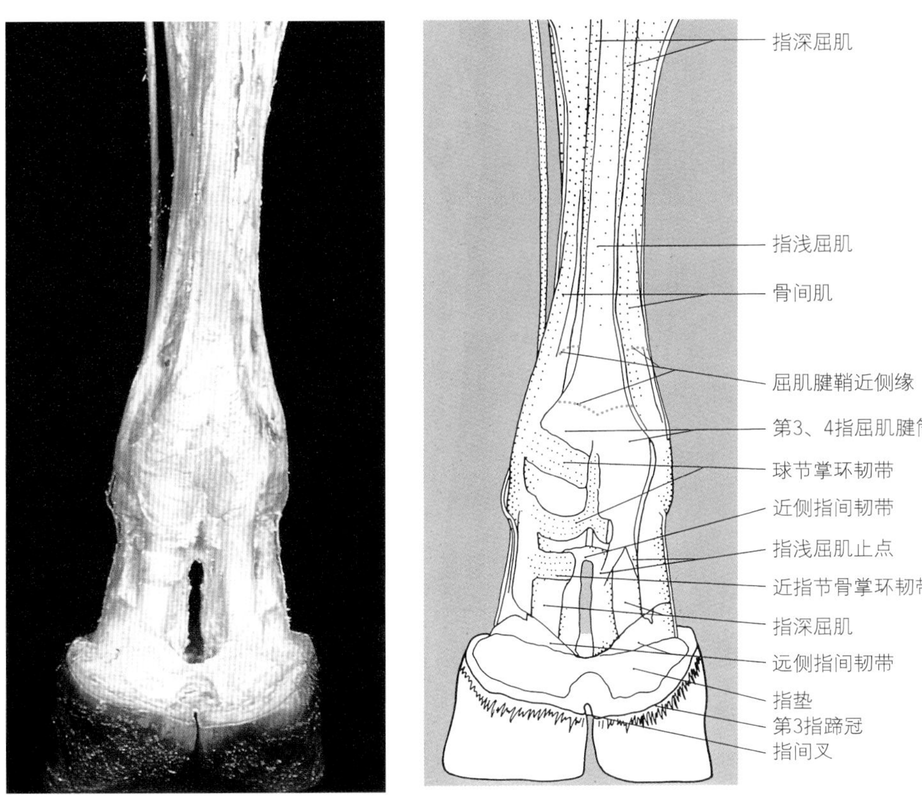
指深屈肌
指浅屈肌
骨间肌
屈肌腱鞘近侧缘
第3、4指屈肌腱筒
球节掌环韧带
近侧指间韧带
指浅屈肌止点
近指节骨掌环韧带
指深屈肌
远侧指间韧带
指垫
第3指蹄冠
指间叉

图7.24 左前脚的指部肌肉和韧带（3），掌侧观。外侧指（第4指）的环韧带已被分离，内侧指（第3指）的环韧带已被切除。大部分近侧屈肌腱鞘未被完全切除（蓝色虚线）。远侧屈肌腱的光滑表面被显露，腱鞘伸向远端止于远侧指间韧带。指部滑膜结构参见图7.27。

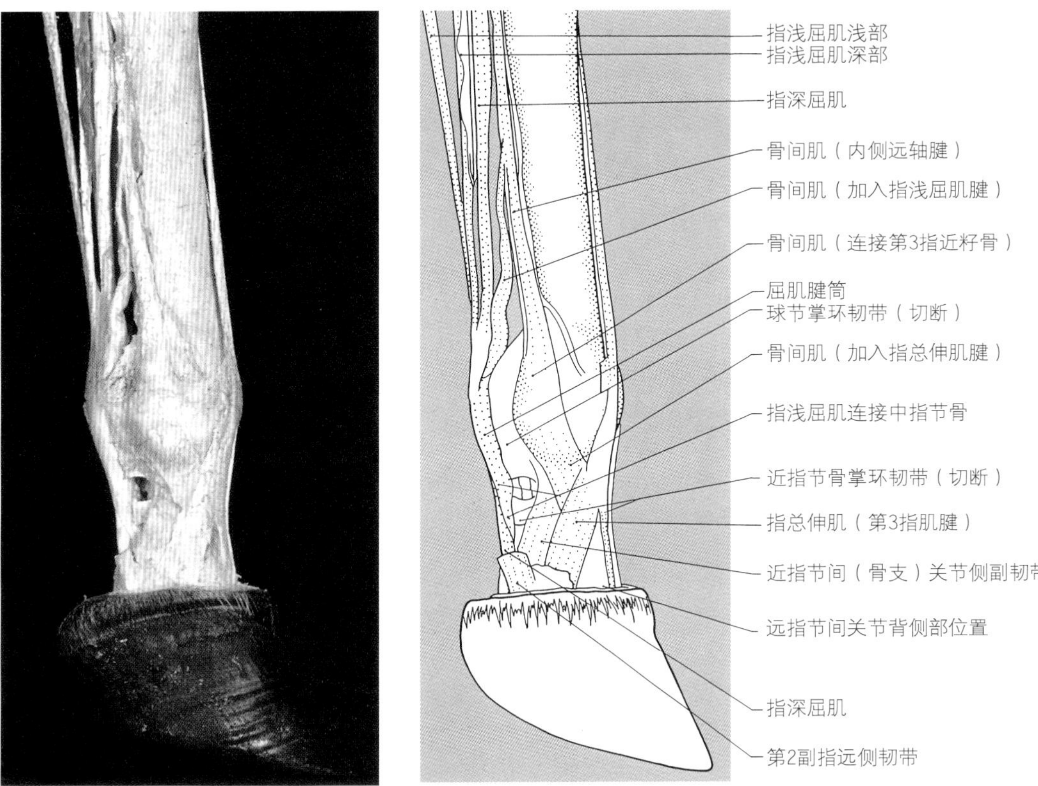
指浅屈肌浅部
指浅屈肌深部
指深屈肌
骨间肌（内侧远轴腱）
骨间肌（加入指浅屈肌腱）
骨间肌（连接第3指近籽骨）
屈肌腱筒
球节掌环韧带（切断）
骨间肌（加入指总伸肌腱）
指浅屈肌连接中指节骨
近指节骨掌环韧带（切断）
指总伸肌（第3指肌腱）
近指节间（骨支）关节侧副韧带
远指节间关节背侧部位置
指深屈肌
第2副指远侧韧带

图7.25 左前脚的指部肌肉和韧带（4），内侧观。掌环韧带被切除暴露浅层屈肌腱筒。在球节区该腱筒包裹深层屈肌。

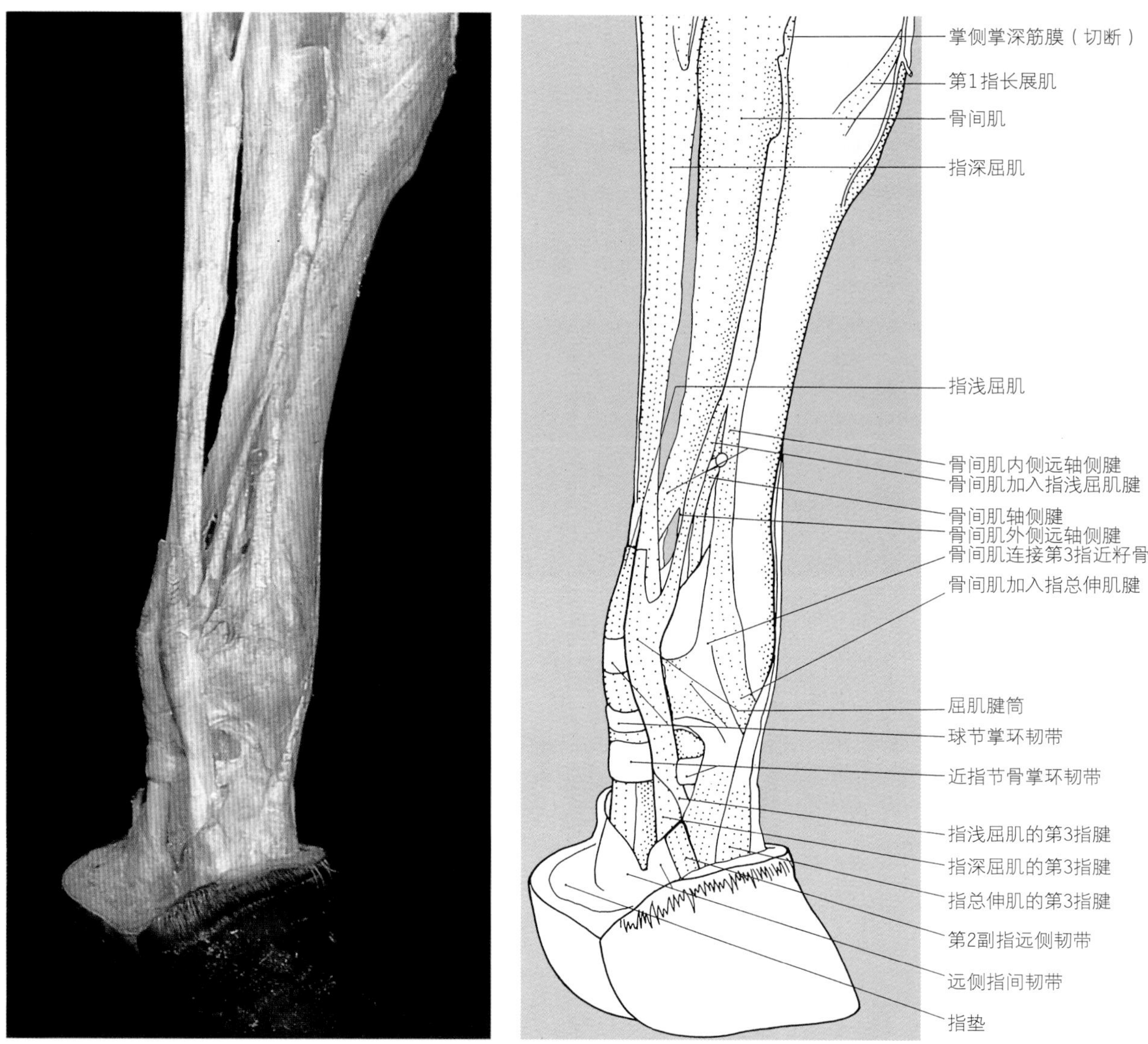
掌侧掌深筋膜（切断）
第1指长展肌
骨间肌
指深屈肌
指浅屈肌
骨间肌内侧远轴侧腱
骨间肌加入指浅屈肌腱
骨间肌轴侧腱
骨间肌外侧远轴侧腱
骨间肌连接第3指近籽骨
骨间肌加入指总伸肌腱
屈肌腱筒
球节掌环韧带
近指节骨掌环韧带
指浅屈肌的第3指腱
指深屈肌的第3指腱
指总伸肌的第3指腱
第2副指远侧韧带
远侧指间韧带
指垫

图7.26 左前脚骨间肌，后内侧观。该标本同图3.22。标本上插入一根玻璃棒以更清楚地显示骨间肌腱。骨间肌的轴侧腱在指间隙分开，且并入伸肌腱，如图7.22所示。

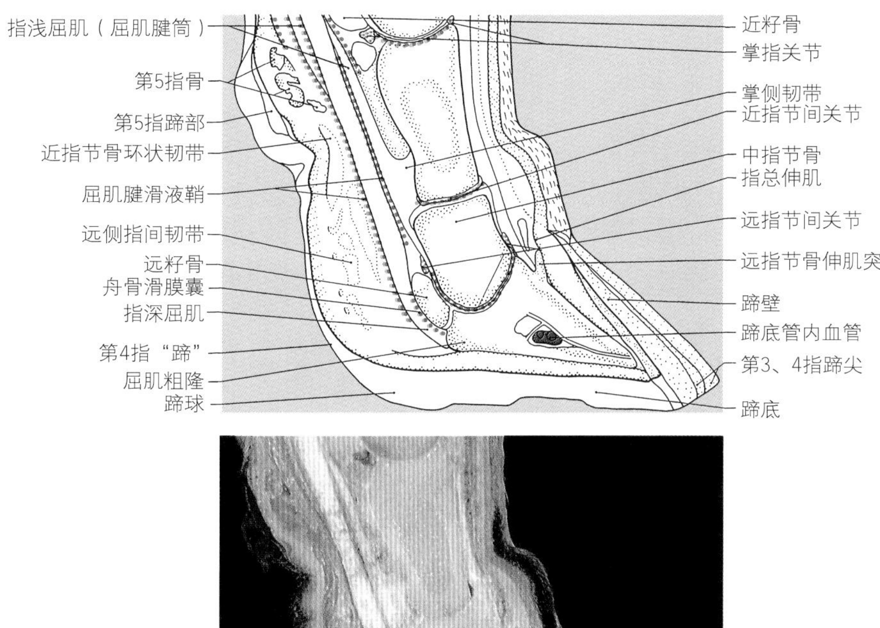
指浅屈肌（屈肌腱筒）
第5指骨
第5指蹄部
近指节骨环状韧带
屈肌腱滑液鞘
远侧指间韧带
远籽骨
舟骨滑膜囊
指深屈肌
第4指“蹄”
屈肌粗隆
蹄球
近籽骨
掌指关节
掌侧韧带
近指节间关节
中指节骨
指总伸肌
远指节间关节
远指节骨伸肌突
蹄壁
蹄底管内血管
第3、4指蹄尖
蹄底

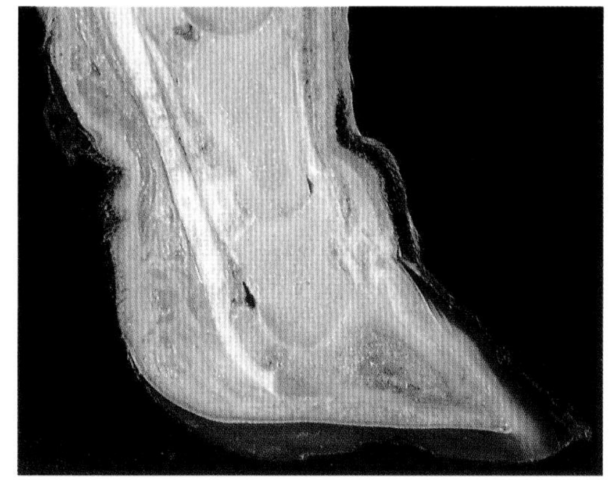

图7.27 右前脚第4指，矢状面。该图是前脚第4指的外侧观，是图3.24的放大。详细的被皮结构见图7.17。切面见图3.23所示。蓝色虚线表示滑膜结构。

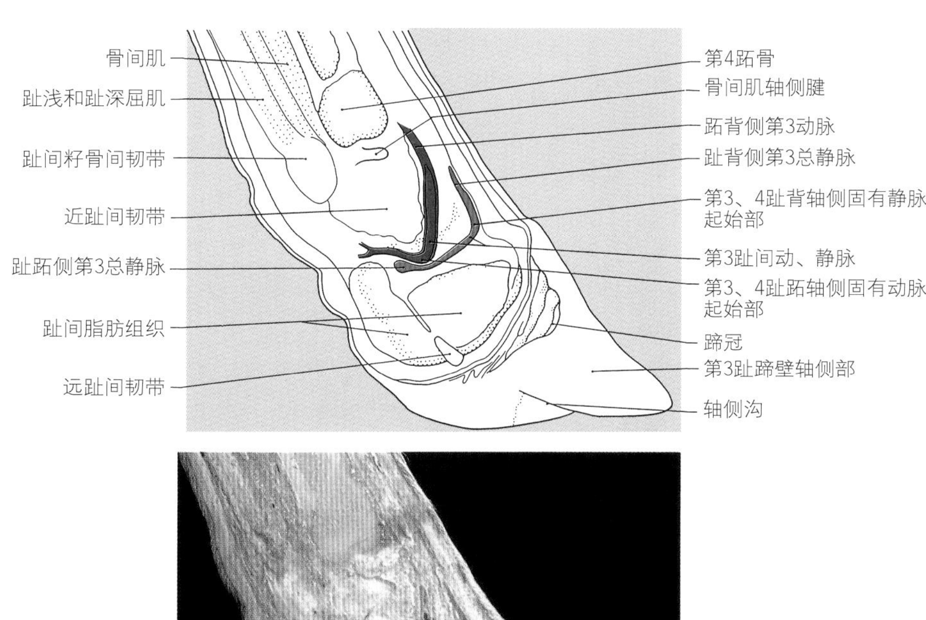
骨间肌
趾浅和趾深屈肌
趾间籽骨间韧带
近趾间韧带
趾跖侧第3总静脉
趾间脂肪组织
远趾间韧带
第4跖骨
骨间肌轴侧腱
跖背侧第3动脉
趾背侧第3总静脉
第3、4趾背轴侧固有静脉
起始部
第3趾间动、静脉
第3、4趾跖轴侧固有动脉
起始部
蹄冠
第3趾蹄壁轴侧部
轴侧沟

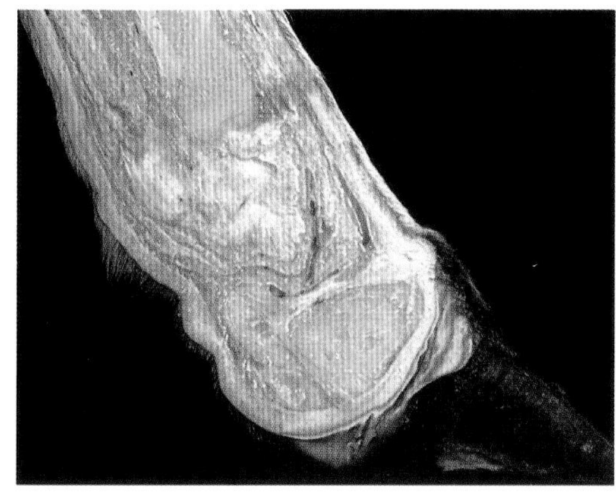

图7.28 右后脚趾间区，正中面。断面位置如图7.14所示。本图显示后脚截面内侧结构的外侧面观。完整的被皮结构见图7.15。在后脚部，供应趾间区域的动脉主要来自于背侧。然而，前脚部则动脉大部分来自掌侧；试比较图7.18和图7.20。

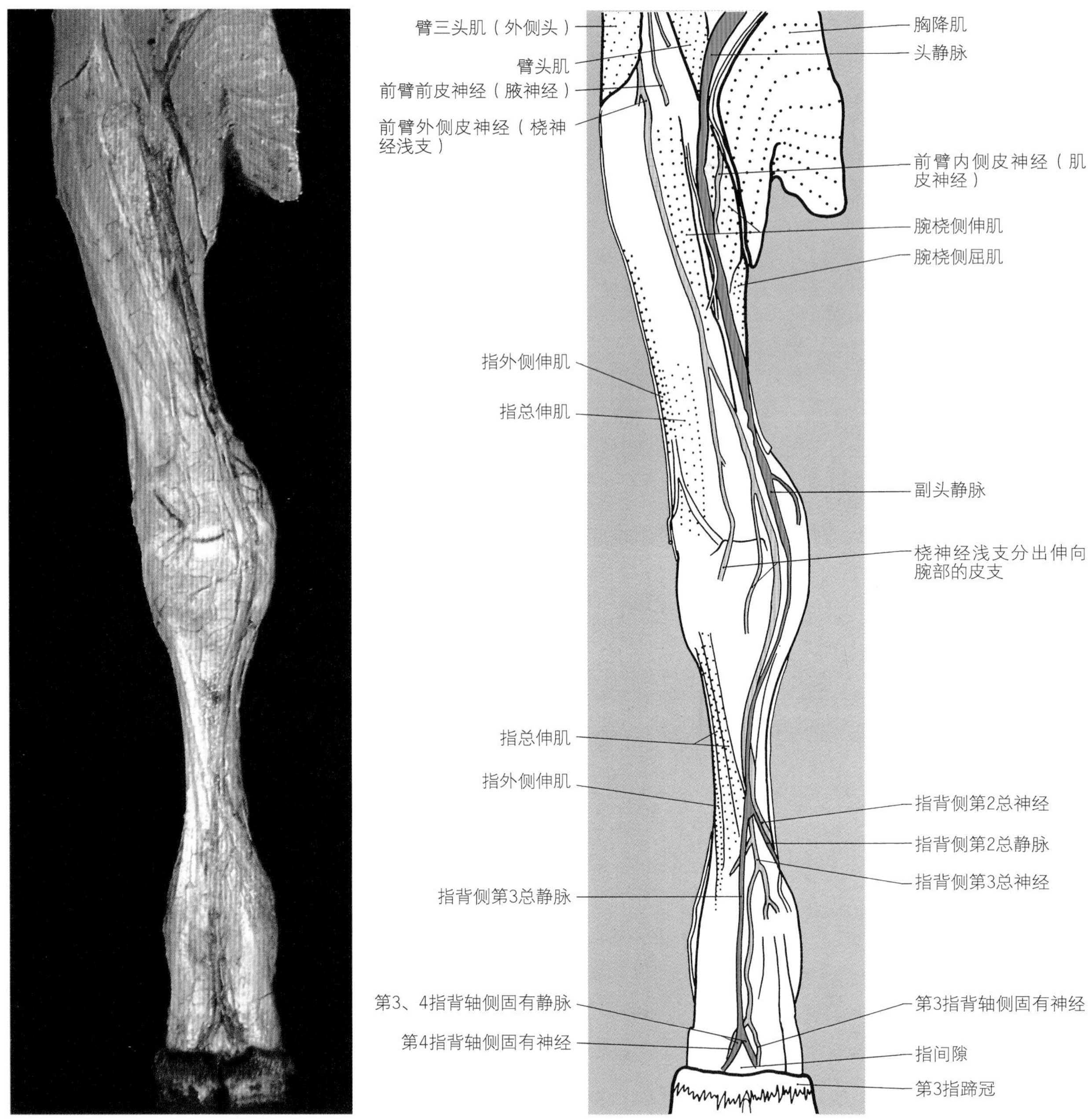
臂三头肌（外侧头）
臂头肌
前臂前皮神经（腋神经）
前臂外侧皮神经（桡神经浅支）
胸降肌
头静脉
前臂内侧皮神经（肌皮神经）
腕桡侧伸肌
腕桡侧屈肌
指外侧伸肌
指总伸肌
副头静脉
桡神经浅支分出伸向腕部的皮支
指总伸肌
指外侧伸肌
指背侧第2总神经
指背侧第2总静脉
指背侧第3总神经
指背侧第3总静脉
第3、4指背轴侧固有静脉
第4指背轴侧固有神经
第3指背轴侧固有神经
指间隙
第3指蹄冠

图7.29 1周龄犊牛右前肢的浅层静脉和神经（1），背侧观。图7.29～图7.32为犊牛前肢血管和神经的整体观，以显示前脚如何与前肢近侧区域相联系。

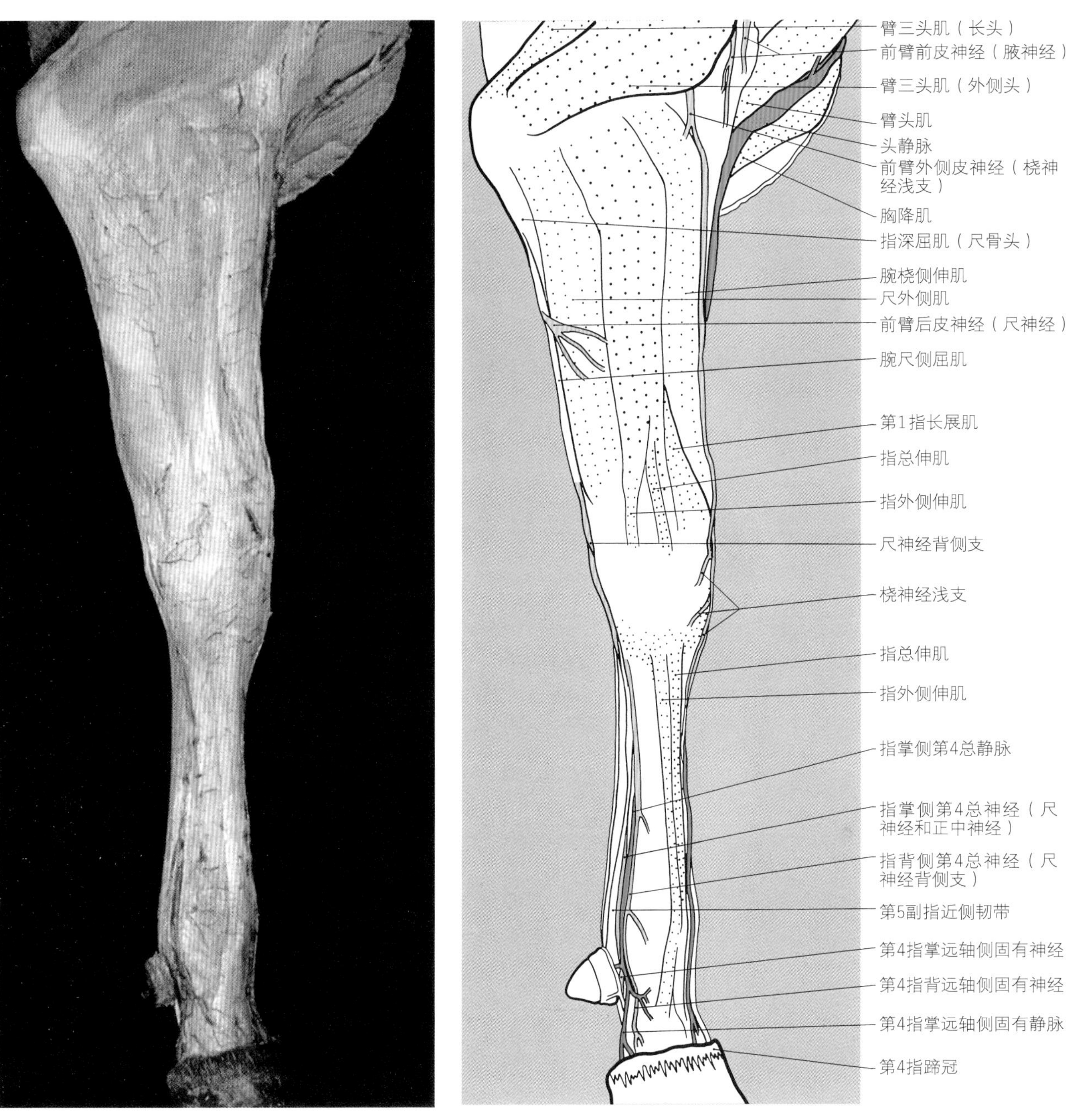

臂三头肌（长头）
前臂前皮神经（腋神经）
臂三头肌（外侧头）
臂头肌
头静脉
前臂外侧皮神经（桡神经浅支）
胸降肌
指深屈肌（尺骨头）
腕桡侧伸肌
尺外侧肌
前臂后皮神经（尺神经）
腕尺侧屈肌
第1指长展肌
指总伸肌
指外侧伸肌
尺神经背侧支
桡神经浅支
指总伸肌
指外侧伸肌
指掌侧第4总静脉
指掌侧第4总神经（尺神经和正中神经）
指背侧第4总神经（尺神经背侧支）
第5副指近侧韧带
第4指掌远轴侧固有神经
第4指背远轴侧固有神经
第4指掌远轴侧固有静脉
第4指蹄冠

图7.30 犊牛右前肢的浅层静脉和神经（2），外侧面观。

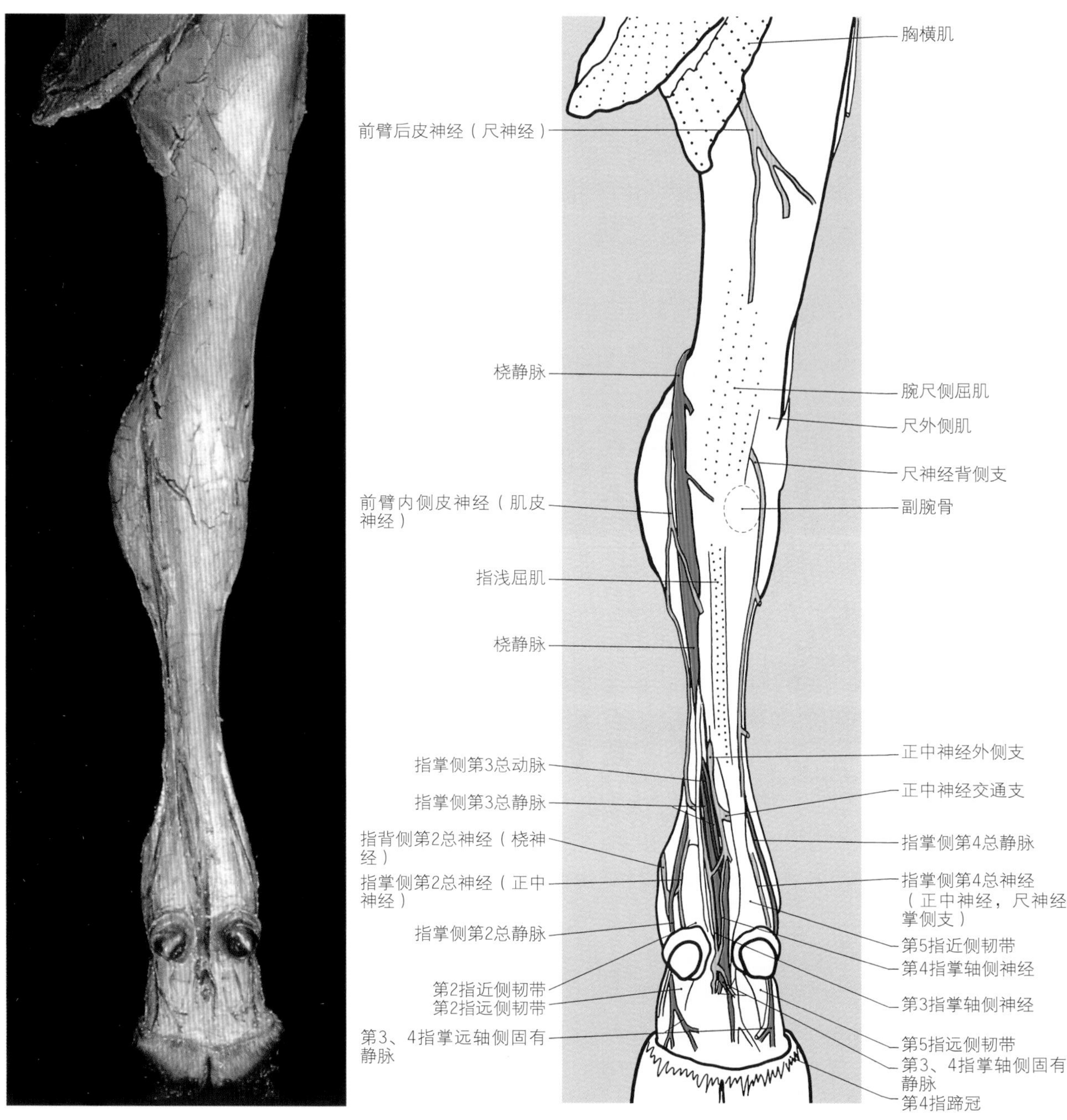
胸横肌
前臂后皮神经（尺神经）
桡静脉
腕尺侧屈肌
尺外侧肌
尺神经背侧支
前臂内侧皮神经（肌皮神经）
副腕骨
指浅屈肌
桡静脉
正中神经外侧支
指掌侧第3总动脉
正中神经交通支
指掌侧第3总静脉
指背侧第2总神经（桡神经）
指掌侧第4总静脉
指掌侧第2总神经（正中神经）
指掌侧第4总神经（正中神经，尺神经掌侧支）
指掌侧第2总静脉
第5指近侧韧带
第4指掌轴侧神经
第2指近侧韧带
第2指远侧韧带
第3指掌轴侧神经
第3、4指掌远轴侧固有静脉
第5指远侧韧带
第3、4指掌轴侧固有静脉
第4指蹄冠

图7.31 犊牛右前肢的浅层静脉和神经（3），掌侧观。在掌部远侧，部分深筋膜被切除以显示血管和神经，但副指韧带被保留以展示筋膜水平的血管和神经。

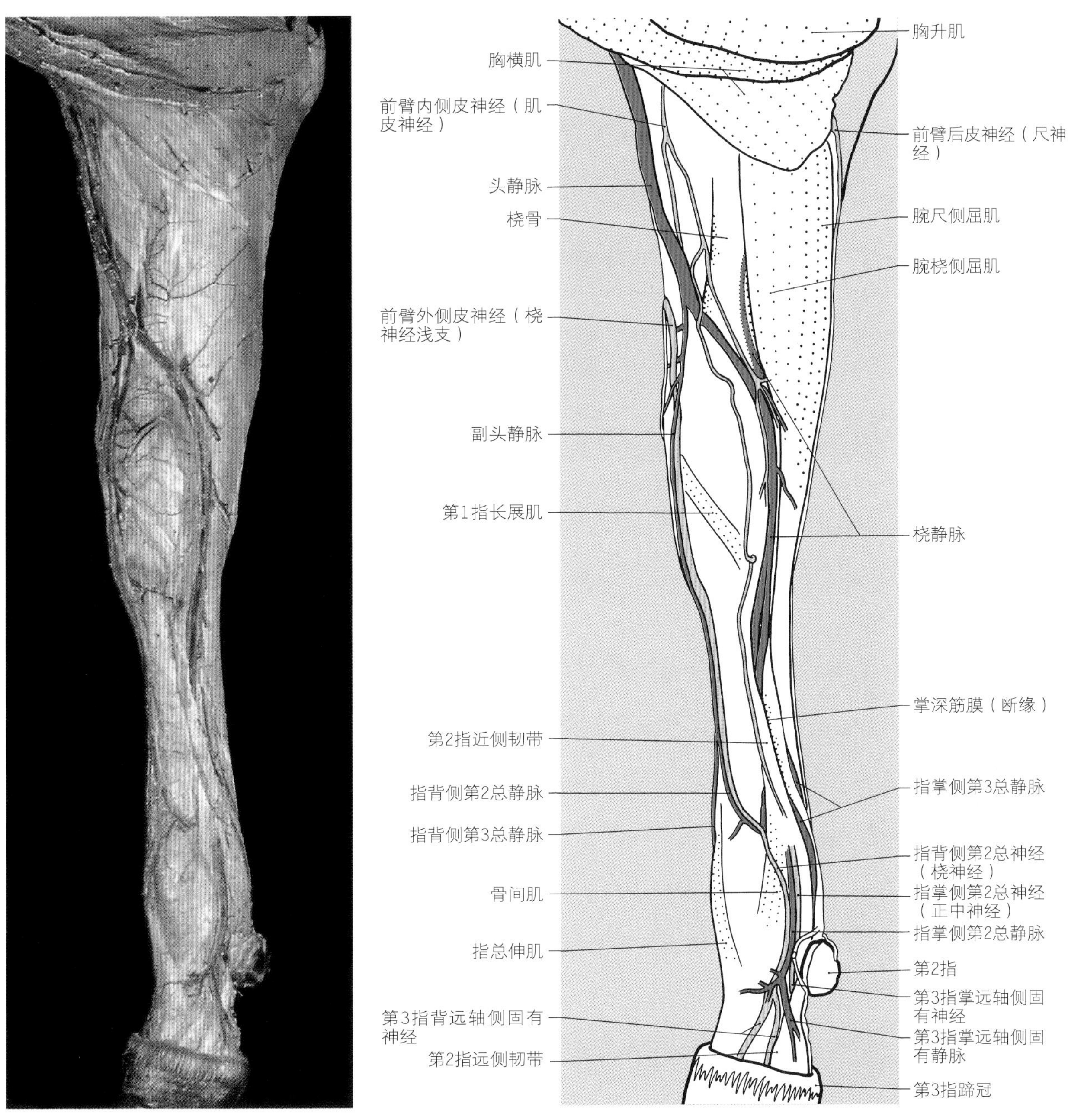
胸升肌
胸横肌
前臂内侧皮神经（肌皮神经）
前臂后皮神经（尺神经）
头静脉
桡骨
腕尺侧屈肌
腕桡侧屈肌
前臂外侧皮神经（桡神经浅支）
副头静脉
第1指长展肌
桡静脉
掌深筋膜（断缘）
第2指近侧韧带
指背侧第2总静脉
指掌侧第3总静脉
指背侧第3总静脉
指背侧第2总神经（桡神经）
骨间肌
指掌侧第2总神经（正中神经）
指掌侧第2总静脉
指总伸肌
第2指
第3指掌远轴侧固有神经
第3指背远轴侧固有神经
第3指掌远轴侧固有静脉
第2指远侧韧带
第3指蹄冠

图7.32　犊牛右前肢的浅层静脉和神经（4），内侧观。本样本的肌皮神经比较特殊，它伸向前肢的远端，但对形成第2指背侧总神经上的作用不大。

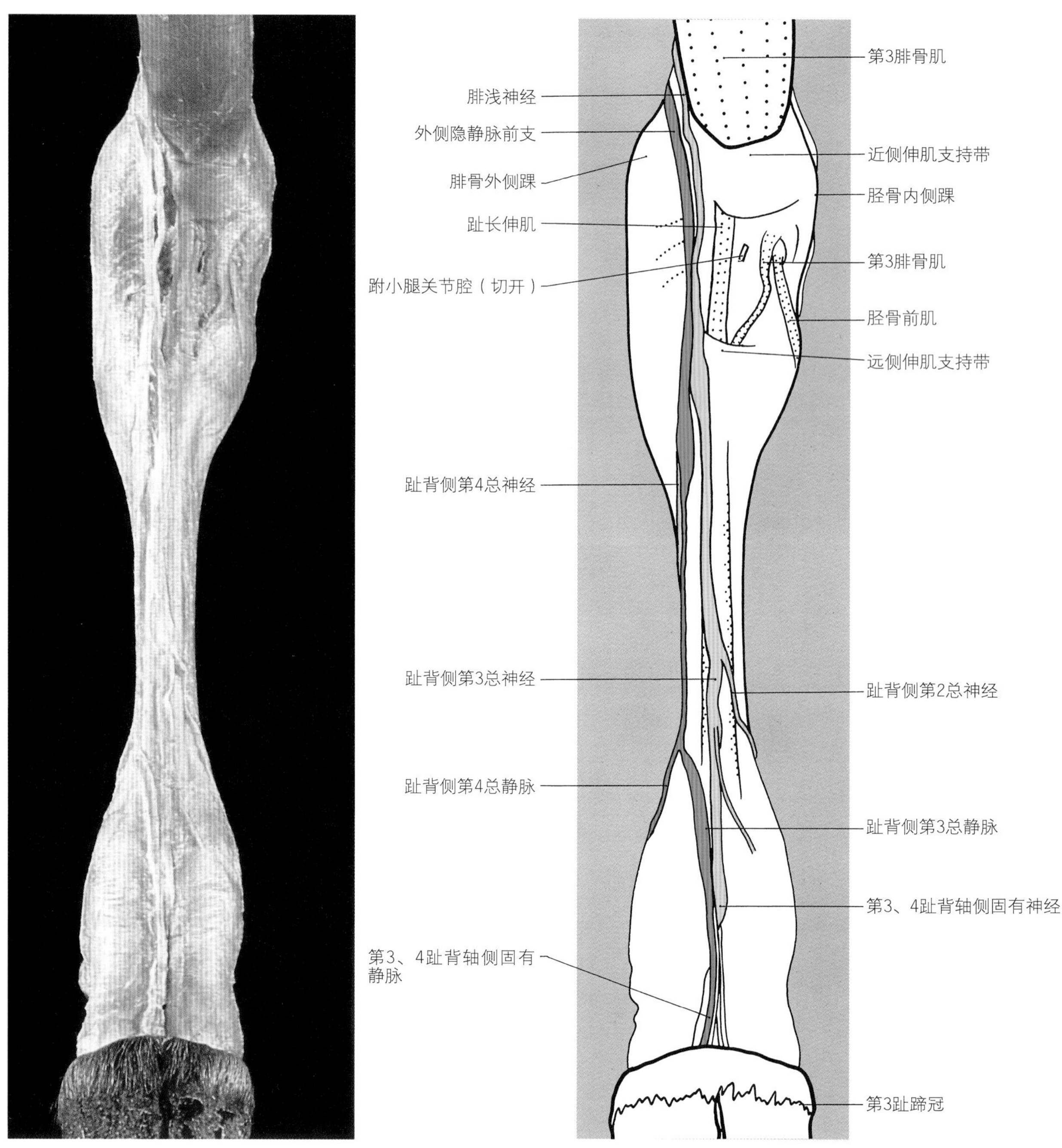
第3腓骨肌
腓浅神经
外侧隐静脉前支
近侧伸肌支持带
腓骨外侧踝
胫骨内侧踝
趾长伸肌
第3腓骨肌
跗小腿关节腔（切开）
胫骨前肌
远侧伸肌支持带
趾背侧第4总神经
趾背侧第3总神经
趾背侧第2总神经
趾背侧第4总静脉
趾背侧第3总静脉
第3、4趾背轴侧固有神经
第3、4趾背轴侧固有静脉
第3趾蹄冠

图7.33 犊牛右后肢的浅层静脉和神经（1），背侧观。图7.33～图7.36为犊牛后肢血管和神经的整体观，以显示后脚部如何与后肢近侧区域相联系。本图片只显示后脚部分，因为后肢近端部严重变形而未显示。

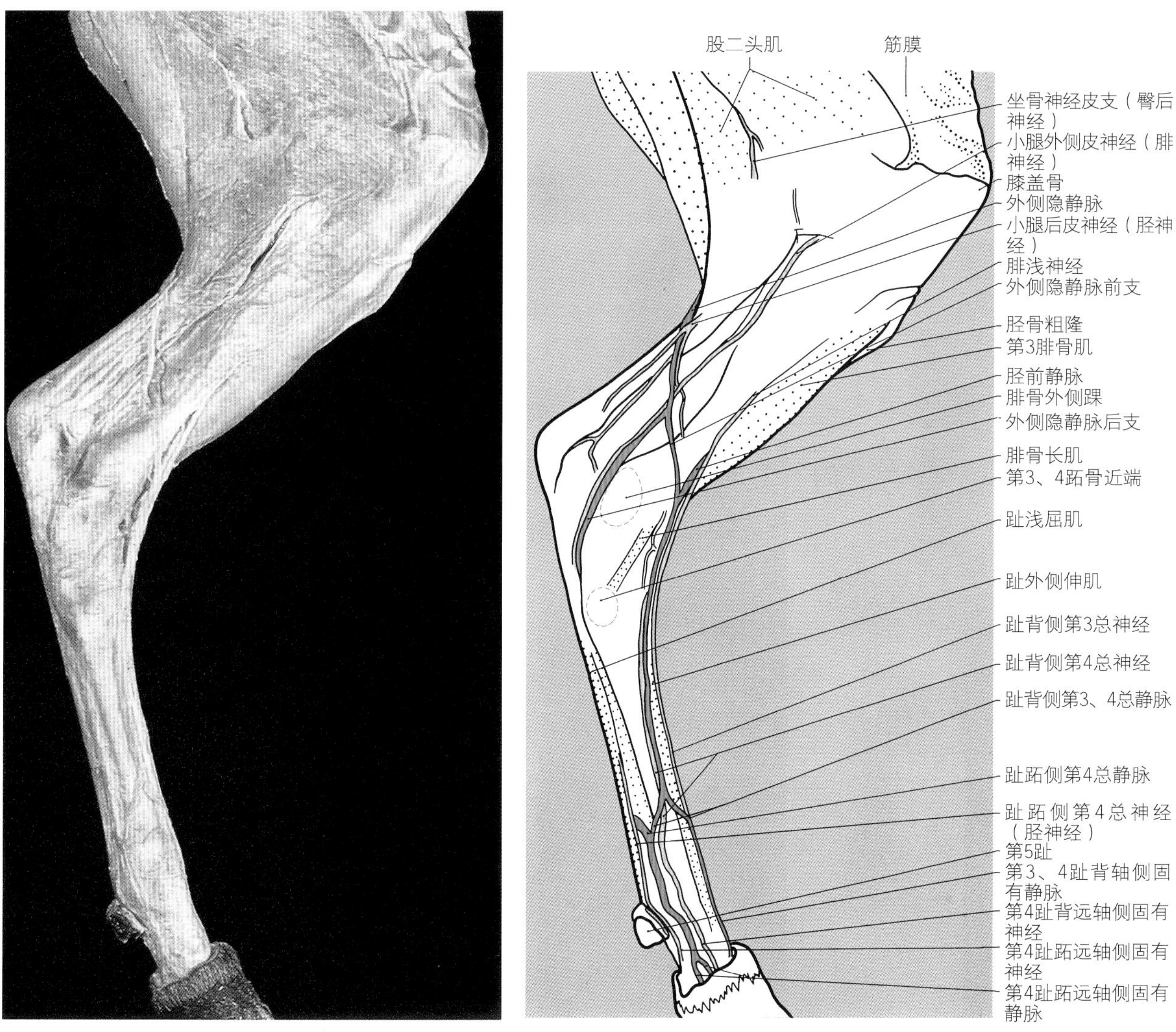
股二头肌
筋膜
坐骨神经皮支（臀后神经）
小腿外侧皮神经（腓神经）
膝盖骨
外侧隐静脉
小腿后皮神经（胫神经）
腓浅神经
外侧隐静脉前支
胫骨粗隆
第3腓骨肌
胫前静脉
腓骨外侧踝
外侧隐静脉后支
腓骨长肌
第3、4跖骨近端
趾浅屈肌
趾外侧伸肌
趾背侧第3总神经
趾背侧第4总神经
趾背侧第3、4总静脉
趾跖侧第4总静脉
趾跖侧第4总神经（胫神经）
第5趾
第3、4趾背轴侧固有静脉
第4趾背远轴侧固有神经
第4趾跖远轴侧固有神经
第4趾跖远轴侧固有静脉

图7.34　犊牛右后肢的浅层静脉和神经（2），外侧观。小腿筋膜已被切开并向后掀起以显示小腿外侧皮神经的走向。该标本的小腿外侧皮神经较粗；当它较小时，其支配区域则部分由小腿后皮神经来支配。

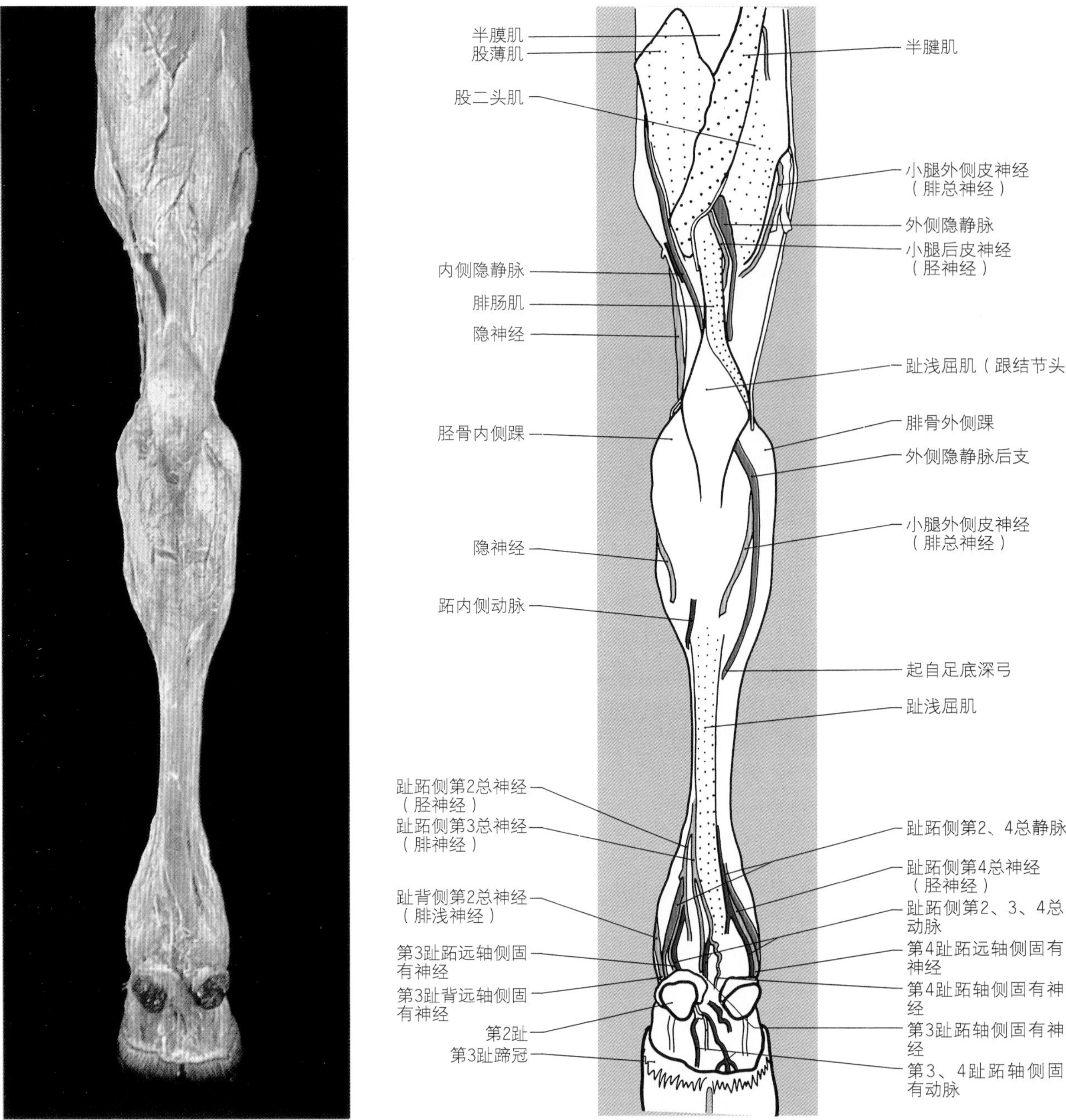

半膜肌
股薄肌
半腱肌
股二头肌
小腿外侧皮神经（腓总神经）
外侧隐静脉
小腿后皮神经（胫神经）
内侧隐静脉
腓肠肌
隐神经
趾浅屈肌（跟结节头）
胫骨内侧踝
腓骨外侧踝
外侧隐静脉后支
小腿外侧皮神经（腓总神经）
隐神经
跖内侧动脉
起自足底深弓
趾浅屈肌
趾跖侧第2总神经（胫神经）
趾跖侧第3总神经（腓神经）
趾跖侧第2、4总静脉
趾跖侧第4总神经（胫神经）
趾背侧第2总神经（腓浅神经）
趾跖侧第2、3、4总动脉
第3趾跖远轴侧固有神经
第4趾跖远轴侧固有神经
第3趾背远轴侧固有神经
第4趾跖轴侧固有神经
第2趾
第3趾跖轴侧固有神经
第3趾蹄冠
第3、4趾跖轴侧固有动脉

图7.35 犊牛右后肢的浅层静脉和神经（3），跖侧观。后肢近端的轮廓已明显变形。深筋膜在跖骨远侧部已被切除，仅见浅层结构（与图7.31相比较）。

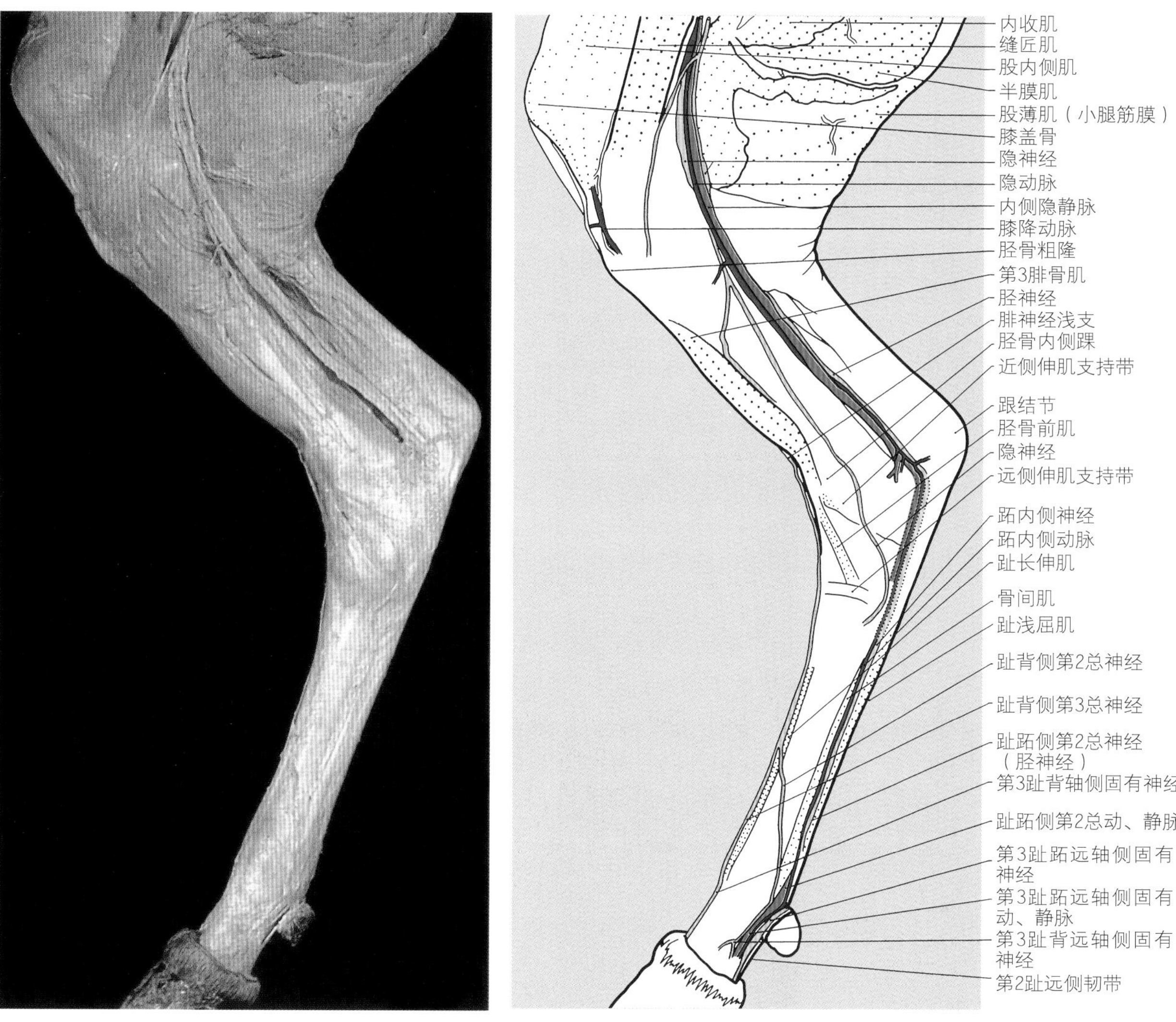
内收肌
缝匠肌
股内侧肌
半膜肌
股薄肌（小腿筋膜）
膝盖骨
隐神经
隐动脉
内侧隐静脉
膝降动脉
胫骨粗隆
第3腓骨肌
胫神经
腓神经浅支
胫骨内侧踝
近侧伸肌支持带
跟结节
胫骨前肌
隐神经
远侧伸肌支持带
跖内侧神经
跖内侧动脉
趾长伸肌
骨间肌
趾浅屈肌
趾背侧第2总神经
趾背侧第3总神经
趾跖侧第2总神经
（胫神经）
第3趾背轴侧固有神经
趾跖侧第2总动、静脉
第3趾跖远轴侧固有
神经
第3趾跖远轴侧固有
动、静脉
第3趾背远轴侧固有
神经
第2趾远侧韧带

图7.36 犊牛右后肢的浅层静脉和神经（4），内侧观。虚线表示筋膜下靠近深层屈肌腱的跖内侧神经、动脉和静脉的走向。

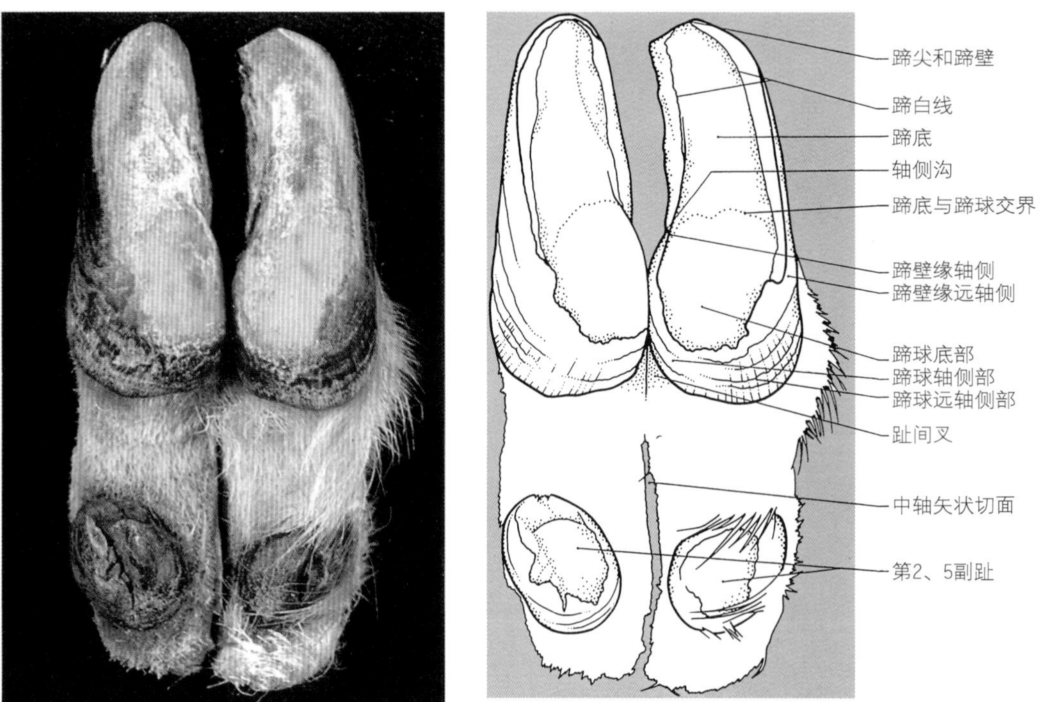
蹄尖和蹄壁
蹄白线
蹄底
轴侧沟
蹄底与蹄球交界
蹄壁缘轴侧
蹄壁缘远轴侧
蹄球底部
蹄球轴侧部
蹄球远轴侧部
趾间叉
中轴矢状切面
第2、5副趾

图7.37 绵羊右后脚蹄底面。站立位时将绵羊后肢固定。蹄被正中矢状切面分成外侧和内侧两部分，外侧部分（第4、5趾）被修剪。图7.38和图7.39进一步显示该标本外侧部的结构。本图可与图7.16牛的相应部分比较。

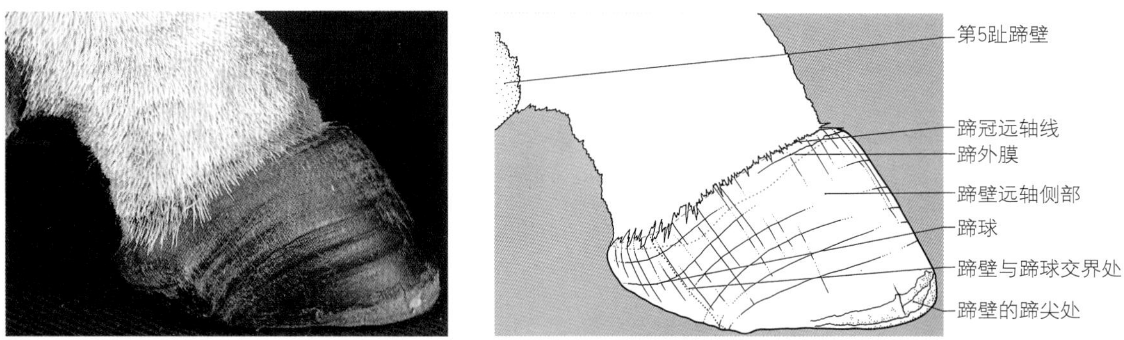
第5趾蹄壁
蹄冠远轴线
蹄外膜
蹄壁远轴侧部
蹄球
蹄壁与蹄球交界处
蹄壁的蹄尖处

图7.38 绵羊右后脚趾部，外侧观。本图是图7.37中第4趾的外侧面。被毛已被修剪，以显示蹄冠区。本图可与图7.13中牛的相应部分比较，蓝色虚线示蹄冠的轴线。

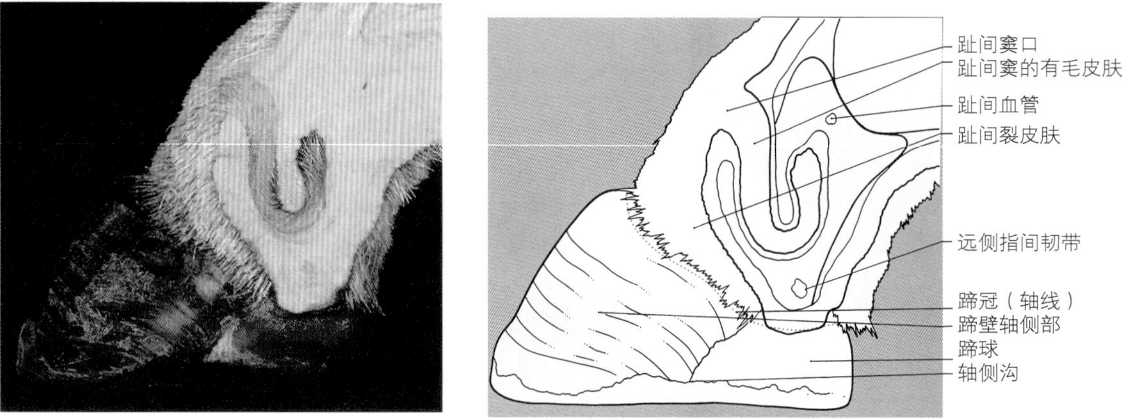
趾间窦口
趾间窦的有毛皮肤
趾间血管
趾间裂皮肤
远侧指间韧带
蹄冠（轴线）
蹄壁轴侧部
蹄球
轴侧沟

图7.39 绵羊右后脚趾间区，内侧面。趾间叉和趾间区通过正中矢状切面显示（见图7.37）。本图显示了第4趾的内侧面第4趾已修剪。牛（图7.28）和山羊没有趾间窦。

第8章

骨 盆

（The Pelvis）

在头部的章节中已经指出，从活体动物的枕骨大孔收集脑脊液是相当困难的。然而，在局部麻醉条件下，收集各年龄段牛的脑脊液则是可能的。而收集脑脊液的部位是位于腰荐间隙的中点，即体表可触及的最后腰椎（L6）背侧棘突和第1荐椎（S1）背侧棘突间的中线凹陷处。从该部位抽取脑脊液更容易使针刺入背侧的蛛网膜下腔。

骨盆在牛的临床医学中的地位极其重要，它是胎儿出生时经过的骨性通道，不仅关系到新生小牛犊的出生，而且关系到母牛产后的泌乳以及由此带来的经济效益。它涉及到牛的临床医学和繁殖学，尤其是对繁殖能力具有重要的影响。

显然，在难产的情况下，兽医师助产是非常重要的。通常，正常分娩是不会引起子宫或阴道损伤的。但分娩过程中由于肌肉牵拉，子宫血管或阴道血管可能会破裂。有时发生子宫进气或阴道积气，必要时需要手术治疗。产前检查可帮助兽医师确定是否有必要提前进行剖腹产，这样可以避免对母牛和产后犊牛的伤害。生殖道复旧以及产后10~14d生殖道状况检查也可以通过直肠触诊来完成。产后子宫回缩到骨盆及子宫角恢复到正常的大小和粗细，这个过程大约需要40~50d才能完成。它包括子宫上皮再生、清除分娩时可能感染的细菌和卵巢周期的重新开始。如果正常的生殖道复旧失败，如感染或卵巢功能异常，将导致生殖力降低，最终造成严重的经济损失。其病因包括胎衣不下、子宫内膜炎和囊性卵巢疾病。在产后，有30%的牛在第一次排卵和有70%的牛在第二次排卵时可检查其发情期。

更严重的问题是产后未观察到发情，其原因较多，包括生理性不发情、真不发情、分娩损伤、卵巢囊肿和营养不良等。它可能以无排卵和无明显发情的形式出现。此时，进行卵巢的直肠检查有助于作出诊断，但这只是繁殖检查的一部分。它还包括畜群记录、生活史以及产后和干乳期的身体评分、奶质分析等的临床检查。通过触诊卵巢黄体可检查发情周期是否正常，如触诊卵巢发现有直径超过25mm的结构，则可能说明卵泡或黄体囊肿的存在。

产后宫缩乏力会造成子宫脱垂。让奶牛胸部斜卧、后肢伸展可使患牛康复。

产后最普遍的问题、也是最重要的问题之一是胎衣不下。它可引起急性子宫炎、毒血症和败血症，如不加以重视将致死亡。该病可通过人工剥除胎膜以及随后的常规治疗来处理。阴道炎和急性产后子宫炎需要配合积极的治疗，如输液、抗生素以及用温无菌生理盐水冲洗子宫。这些疾病还可能引起栓塞性肺炎、多发性关节炎或心内膜炎。在这些导致繁殖力下降、产奶量大幅减少和经济效益降低的疾病中，子宫内膜炎的治疗费用极其昂贵，往往需要长期的治疗。

配种不成功可能与排卵障碍、受精失败或胚胎丢失有关。早期胚胎死亡的母牛常在21d内再次发情，而发生晚期胚胎死亡或胎儿死亡的母牛则分别在3~6周之间及6周以后再次发情。

许多传染性疾病都会引起胎儿丢失，但几乎都伴随有一定程度的胎盘炎。由病毒引起的胎儿丢失包括牛病毒性腹泻黏膜病病毒和牛1,2–疱疹病毒，尤其是后者可引起奶牛传染性脓疱性外阴阴道炎和公牛传染性脓疱性龟头包皮炎。这种病毒会由被感染的公牛传染给受孕母牛，导致母牛流产以及子宫内膜炎。由细菌引起的胎儿丢失包括布氏杆菌、钩端螺旋体、地衣芽孢杆菌、李斯特菌、沙门氏菌和弯曲杆菌。由原虫引起的胎儿丢失包括滴虫和新孢子虫、衣原体、立克次体，同时也包括真菌性流产，即在动物生长期饲喂发霉的冬季青贮饲料。

许多传染性因子也是导致奶牛不孕的因素，它们可通过自然交配或人工授精而感染（如口蹄疫、牛传染性鼻气管炎、牛病毒性腹泻、成红细胞白血病、牛瘟、蓝舌病、阿卡斑病毒、牛生殖器弯曲杆菌病、布氏杆菌病、结核病、钩端螺旋体病、Q热和滴虫病）。牛新孢子虫可导致奶牛流产，特别在妊娠5～6个月时，有时胎儿可以活着出生，但体质虚弱；有时胎儿则在子宫内死亡、呈干尸化或被吸收。

导致公牛不育的因素很多，可归结为四大类问题。第一，爬跨失败（可能与年龄、遗传因素、季节、环境因素、疲劳、营养不良及畸形有关）。第二，插入失败（阴茎不能充分勃起），由于龟头包皮炎、阴茎短小、阴茎海绵体破裂、持久性包皮系带、心理问题以及阴茎本身的问题（如纤维乳头状瘤、静脉回流障碍和阴茎歪曲偏差）导致阴茎未能插入母牛外阴。第三，射精失败也是引起公牛不孕的原因。在正常配种的情况下，由于年龄、疲劳、睾丸发育不全、睾丸萎缩、睾丸退化、阴囊破裂、睾丸炎或附睾炎及全身性疾病或药物的使用，也常导致受孕率低下。第四，阴囊疝造成的肠绞窄也是其中的一个原因。

通常，泌尿系统可作为骨盆部的一部分。尿道的许多疾病都与出血有关。出血可能由全身性疾病引起，如蕨菜中毒，也包括肾盂肾炎，后者可能引起溶血性尿毒症、结石和尿血。“红水”可能是血尿或肌红蛋白尿。血红蛋白尿可能与焦虫病（分歧巴贝斯虫）有关。杆菌性血红蛋白尿与溶血梭状芽孢杆菌（梭状芽孢杆菌属水肿型D）有关。有时甘蓝或强制饲喂甘蓝会导致血红蛋白尿，这种情况可能与产后饲喂根类和秸秆饲料有关。尿石病（尿石）包括由结石和无机物形成，公牛和母牛饲喂相同的日粮，但一般只发生于公牛。结石主要堵在阴茎的乙状弯曲，其次是尿道坐骨弓部。尿结石可造成膀胱破裂和尿道破裂，此时的动物疼痛难忍，并伴随毒血症和尿毒症的发生。治疗时，可在坐骨弓远端切开尿道取出结石，术后应辅以调整日粮。

骨盆外伤较为少见。分娩时胎儿通过狭窄的产道或母牛突然摔倒可能导致髋结节损伤。同时，分娩时的过度牵拉会使骨盆联合损伤。特别是2～5岁奶牛的髋关节较易发生脱位和半脱位，这与分娩和产后早期的韧带松弛有关，且80%的髋关节损伤发生在前背侧向。过度的韧带松弛也会导致荐髂关节向下脱位。

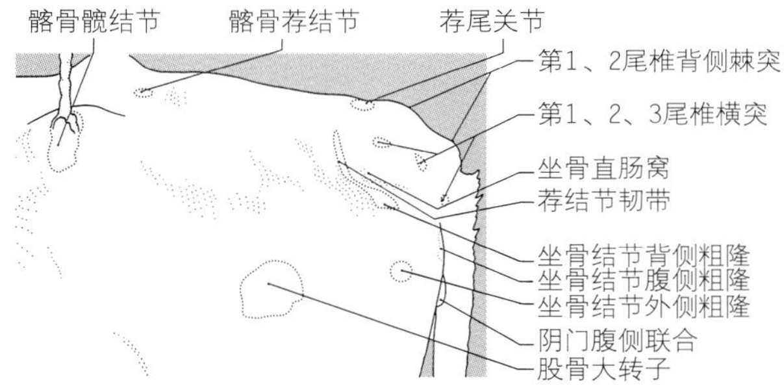
髂骨髋结节
髂骨荐结节
荐尾关节
第1、2尾椎背侧棘突
第1、2、3尾椎横突
坐骨直肠窝
荐结节韧带
坐骨结节背侧粗隆
坐骨结节腹侧粗隆
坐骨结节外侧粗隆
阴门腹侧联合
股骨大转子

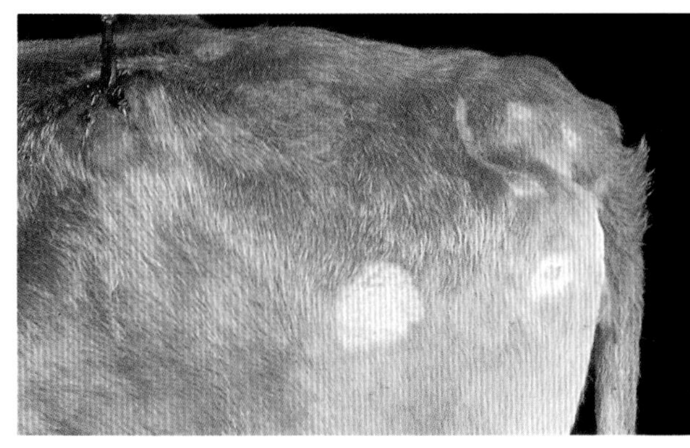

图8.1　骨盆部表面特征，左外侧观。在老年牛，第1尾椎可能与荐骨融合，第1尾椎与荐椎组成的可动关节是尾部的第1椎间关节。

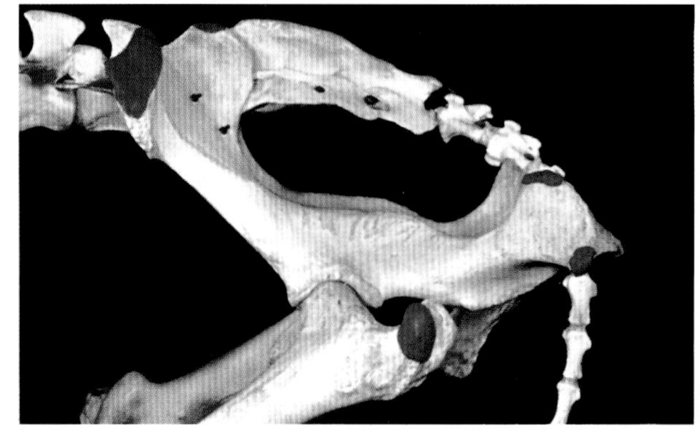

图8.2　骨盆、椎骨和股骨近端，左外侧观。红色表示图8.1中可触及的骨性标志。注意尾部骨骼的突起不明显。荐结节阔韧带的后缘附着在荐尾关节的背侧和横突，以及坐骨结节的背侧粗隆。

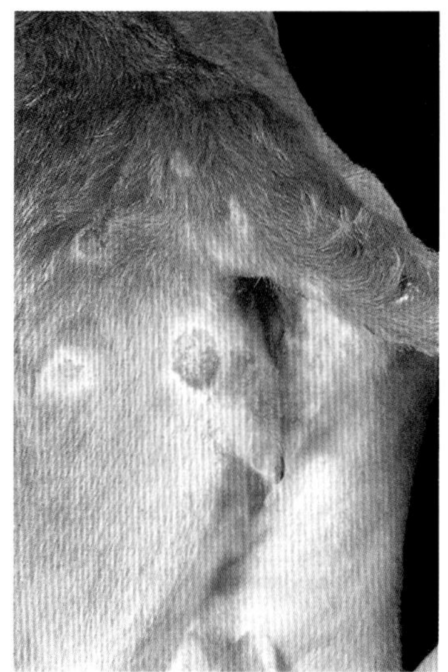

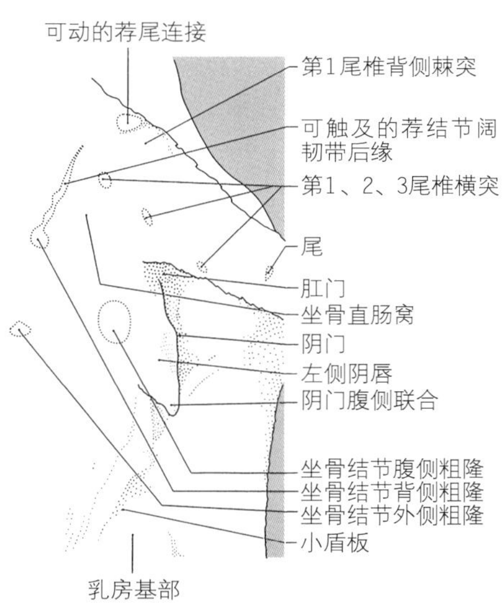
可动的荐尾连接
第1尾椎背侧棘突
可触及的荐结节阔
韧带后缘
第1、2、3尾椎横突
尾
肛门
坐骨直肠窝
阴门
左侧阴唇
阴门腹侧联合
坐骨结节腹侧粗隆
坐骨结节背侧粗隆
坐骨结节外侧粗隆
小盾板
乳房基部

图8.3　骨盆部表面特征，后外侧观。严格地讲，小盾板区域的被毛呈背侧向。会阴皮肤是指位于肛门和阴囊之间的皮肤。然而，雌性反刍动物会阴皮肤的位置很难确定，因为胎儿的阴囊隆起没有参与组成外阴部，但却在腹股沟部逐渐消失。因此，雌性反刍动物的乳房为会阴的腹侧缘。

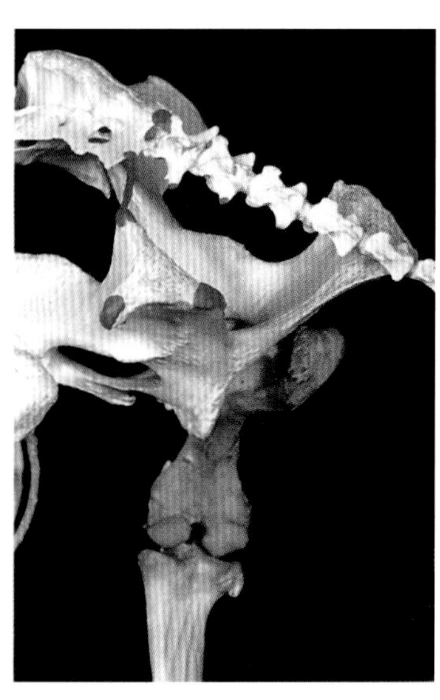

图8.4　骨盆和椎骨，后外侧观。红色表示图8.3中可触及的骨性标志。荐结节阔韧带的后缘附着在荐尾关节的背侧和横突，以及坐骨结节的背侧粗隆。

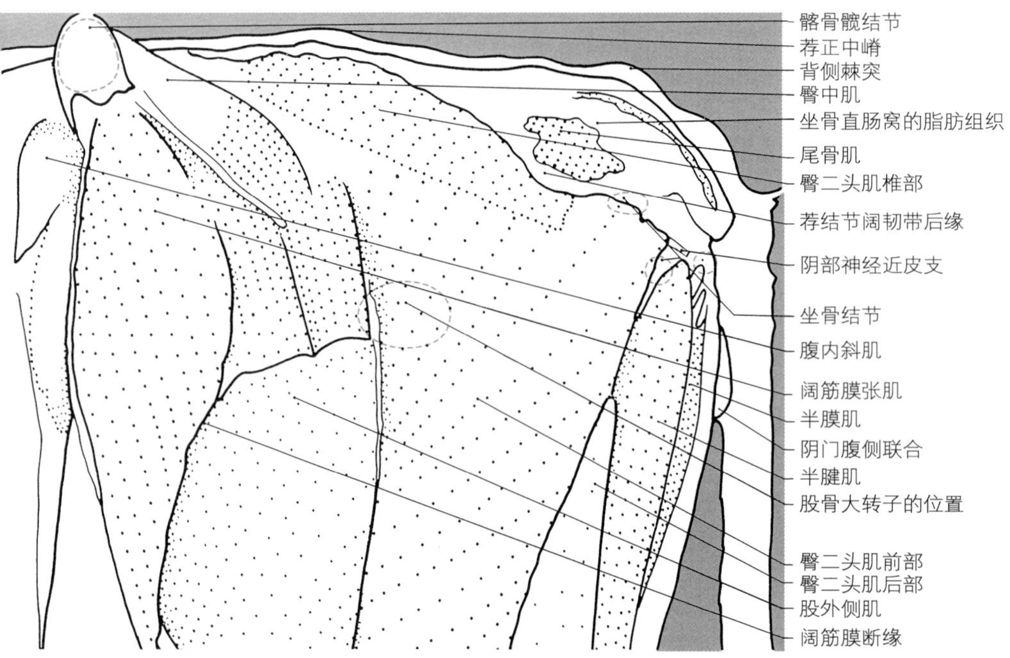
髂骨髋结节
荐正中嵴
背侧棘突
臀中肌
坐骨直肠窝的脂肪组织
尾骨肌
臀二头肌椎部
荐结节阔韧带后缘
阴部神经近皮支
坐骨结节
腹内斜肌
阔筋膜张肌
半膜肌
阴门腹侧联合
半腱肌
股骨大转子的位置
臀二头肌前部
臀二头肌后部
股外侧肌
阔筋膜断缘

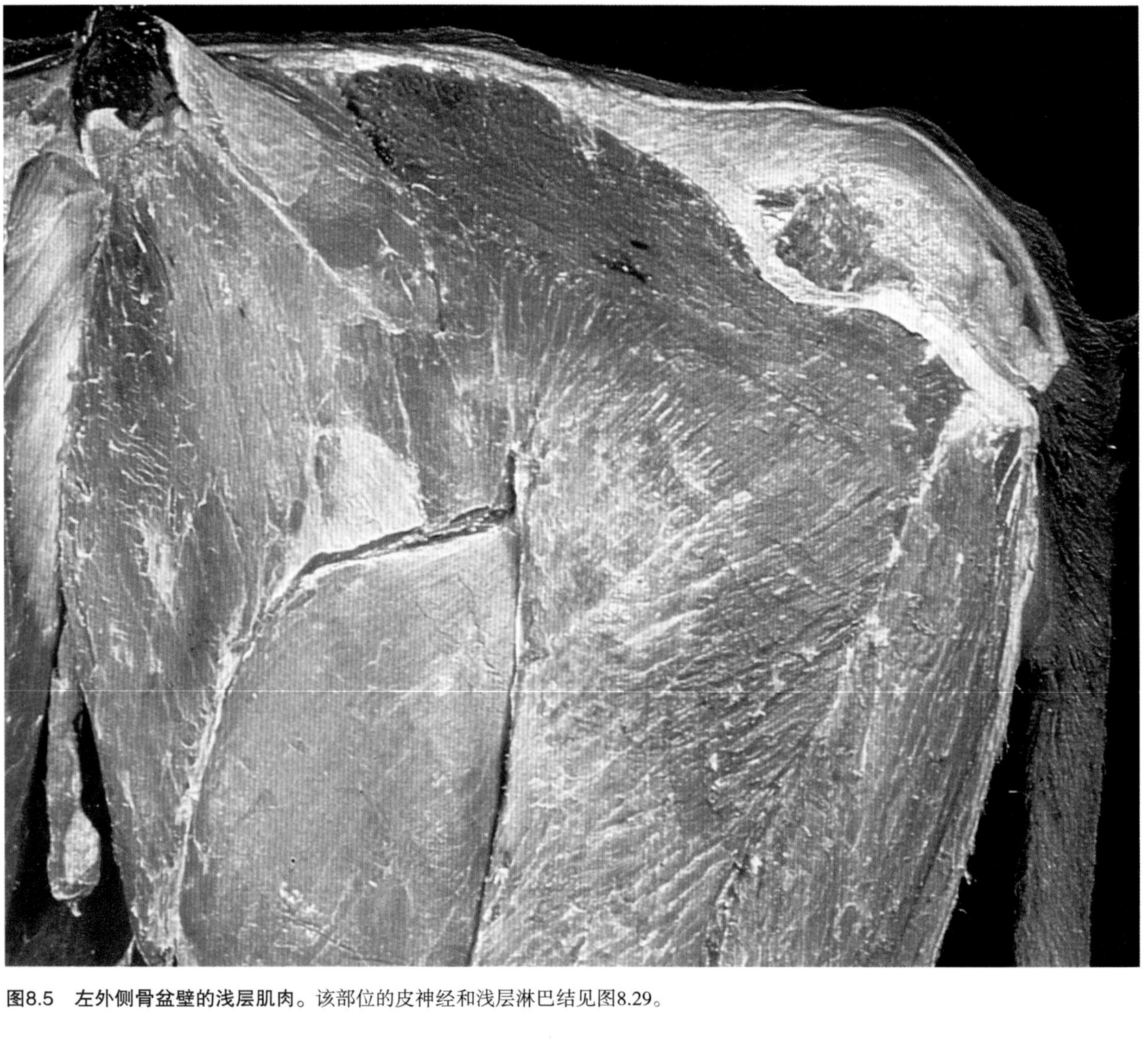

图8.5　左外侧骨盆壁的浅层肌肉。该部位的皮神经和浅层淋巴结见图8.29。

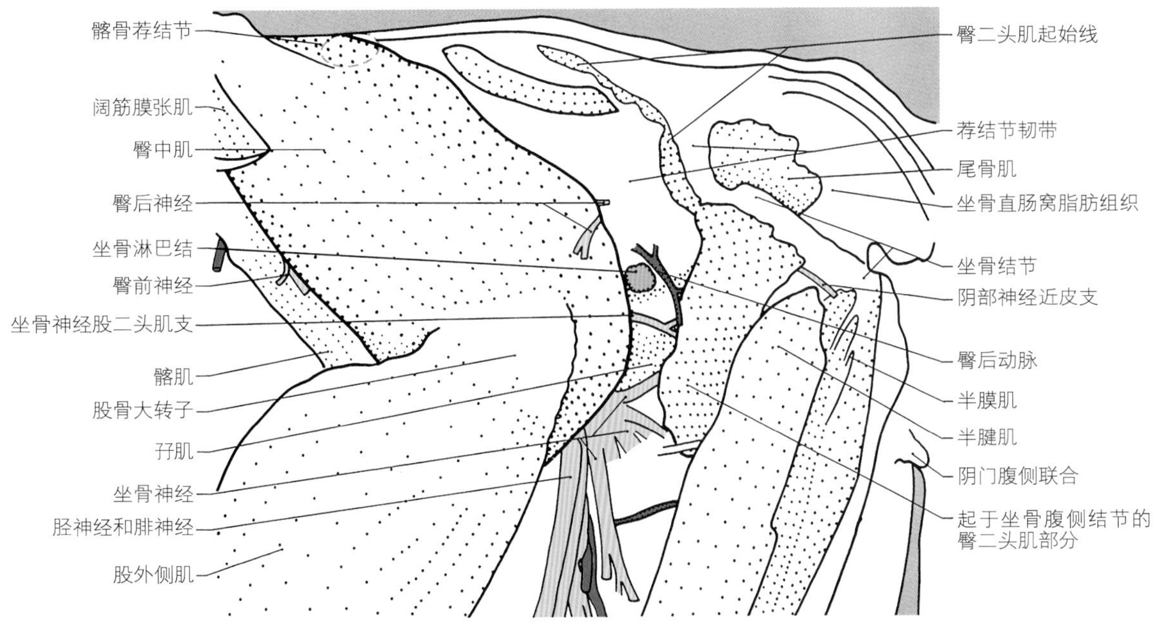
髂骨荐结节
阔筋膜张肌
臀中肌
臀后神经
坐骨淋巴结
臀前神经
坐骨神经股二头肌支
髂肌
股骨大转子
孖肌
坐骨神经
胫神经和腓神经
股外侧肌
臀二头肌起始线
荐结节韧带
尾骨肌
坐骨直肠窝脂肪组织
坐骨结节
阴部神经近皮支
臀后动脉
半膜肌
半腱肌
阴门腹侧联合
起于坐骨腹侧结节的
臀二头肌部分

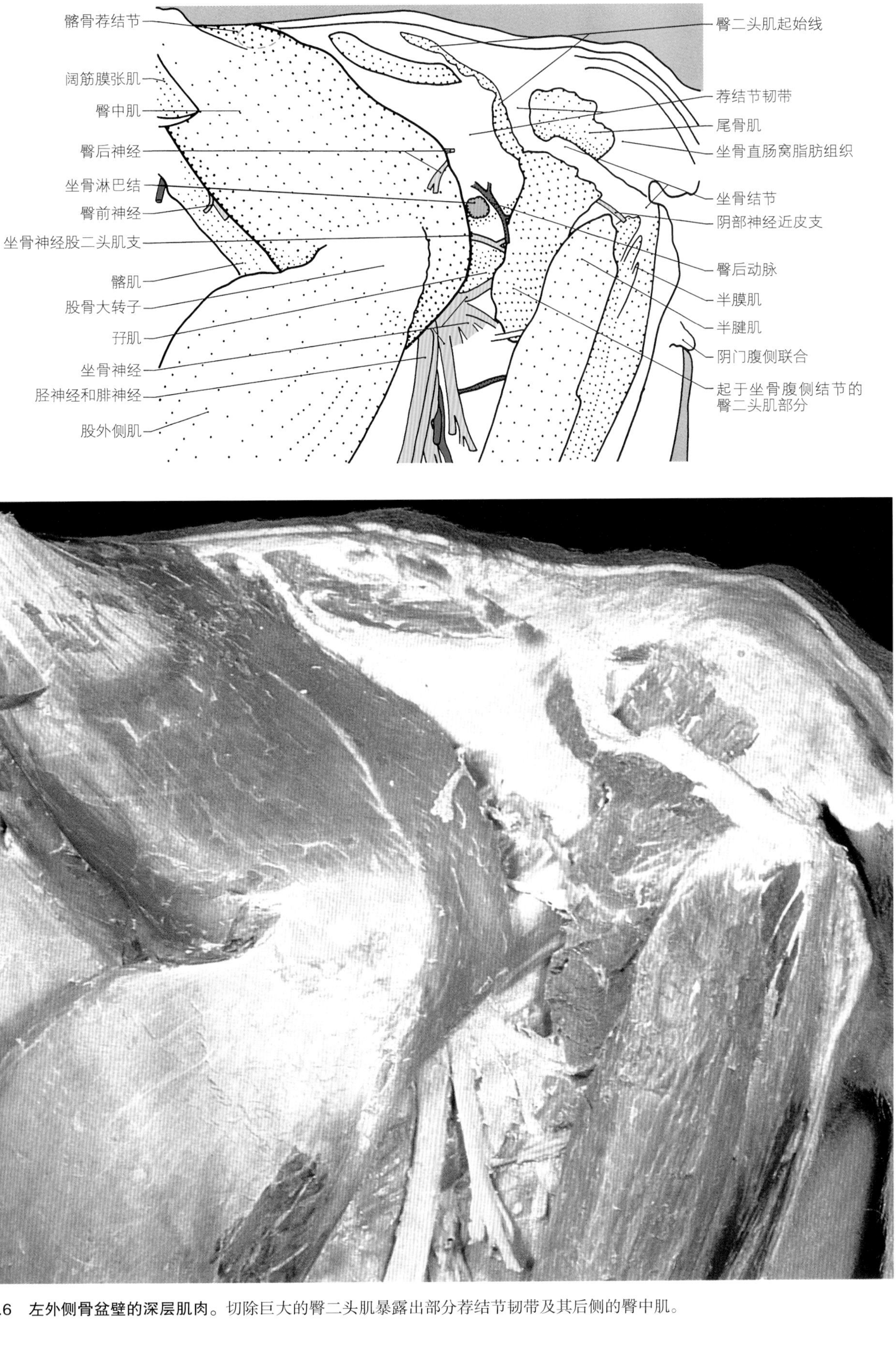

图8.6　左外侧骨盆壁的深层肌肉。切除巨大的臀二头肌暴露出部分荐结节韧带及其后侧的臀中肌。

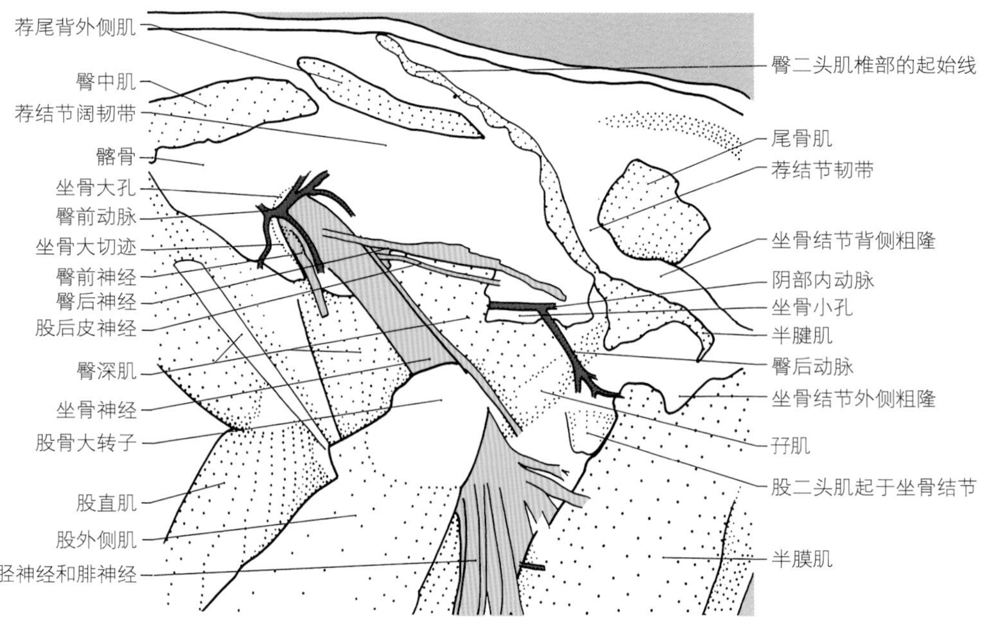
荐尾背外侧肌
臀中肌
荐结节阔韧带
髂骨
坐骨大孔
臀前动脉
坐骨大切迹
臀前神经
臀后神经
股后皮神经
臀深肌
坐骨神经
股骨大转子
股直肌
股外侧肌
胫神经和腓神经
臀二头肌椎部的起始线
尾骨肌
荐结节韧带
坐骨结节背侧粗隆
阴部内动脉
坐骨小孔
半腱肌
臀后动脉
坐骨结节外侧粗隆
孖肌
股二头肌起于坐骨结节
半膜肌

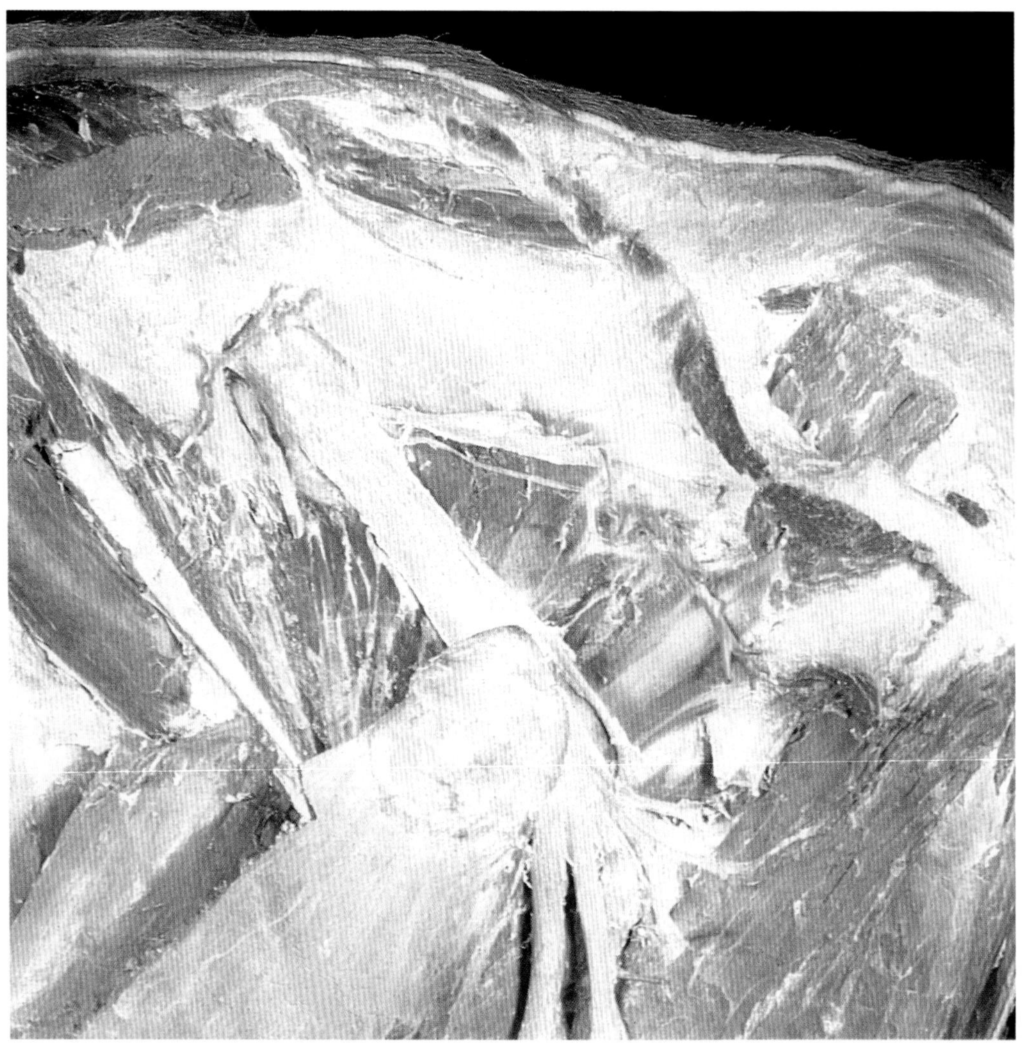

图8.7 荐结节阔韧带及其孔，左外侧观。切除臀中肌暴露完整的荐结节韧带、2个孔及穿过这2个孔的血管和神经。

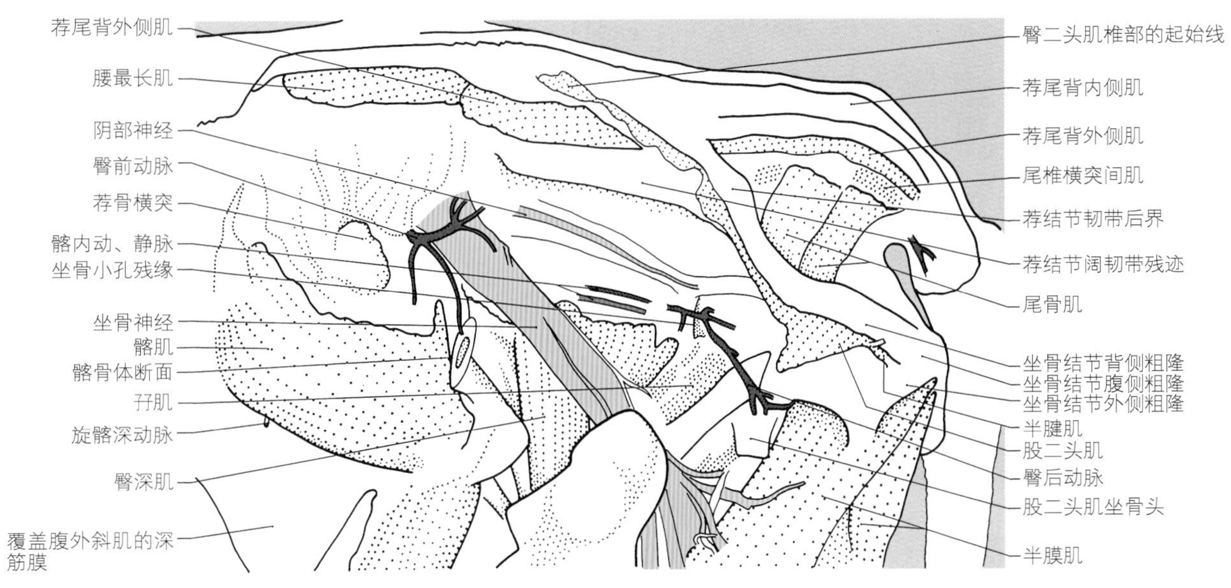
荐尾背外侧肌
腰最长肌
阴部神经
臀前动脉
荐骨横突
髂内动、静脉
坐骨小孔残缘
坐骨神经
髂肌
髂骨体断面
孖肌
旋髂深动脉
臀深肌
覆盖腹外斜肌的深筋膜
臀二头肌椎部的起始线
荐尾背内侧肌
荐尾背外侧肌
尾椎横突间肌
荐结节韧带后界
荐结节阔韧带残迹
尾骨肌
坐骨结节背侧粗隆
坐骨结节腹侧粗隆
坐骨结节外侧粗隆
半腱肌
股二头肌
臀后动脉
股二头肌坐骨头
半膜肌

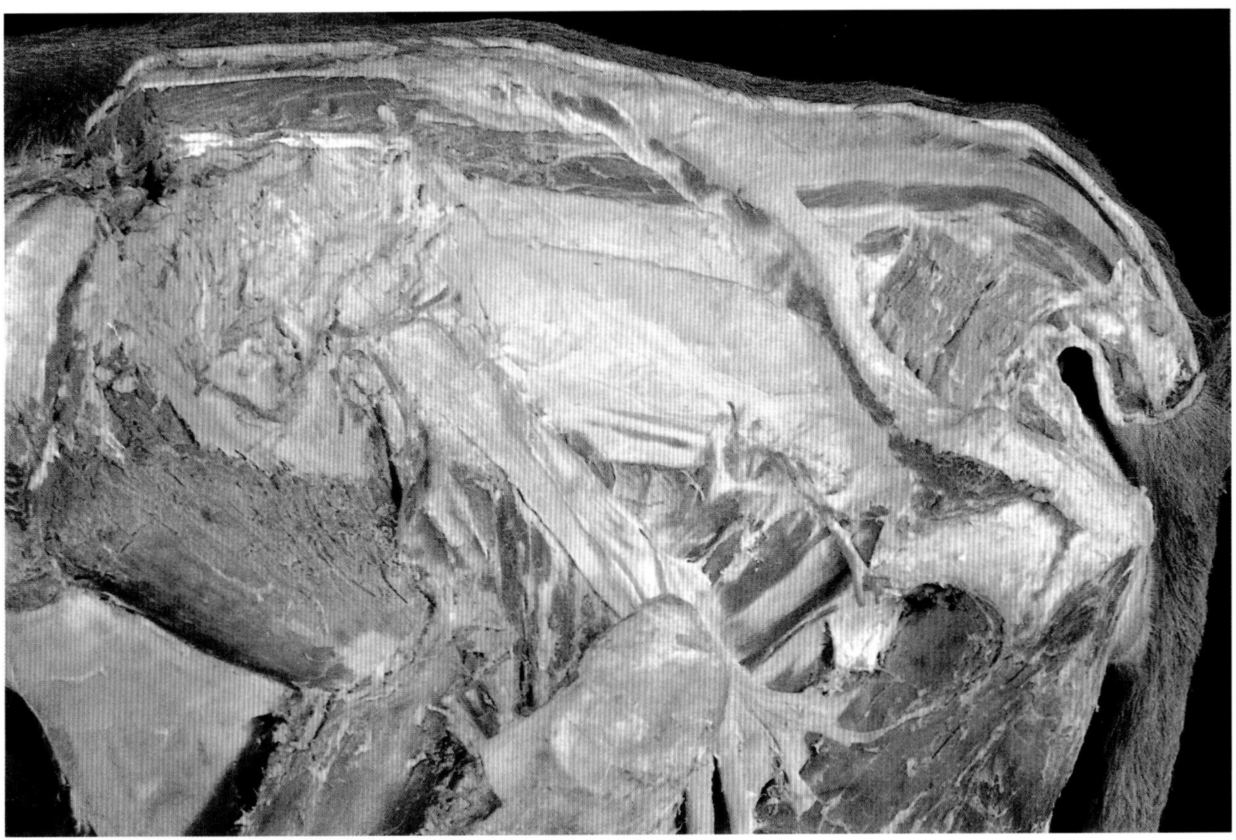

图8.8 切除部分左外侧骨盆壁后的骨盆。髂骨翼和大部分荐结节阔韧带已被切除。该图显示了盆腔的神经和动脉，其周围在活体动物沉积了大量的脂肪组织。更进一步的解剖结构参见图8.11。

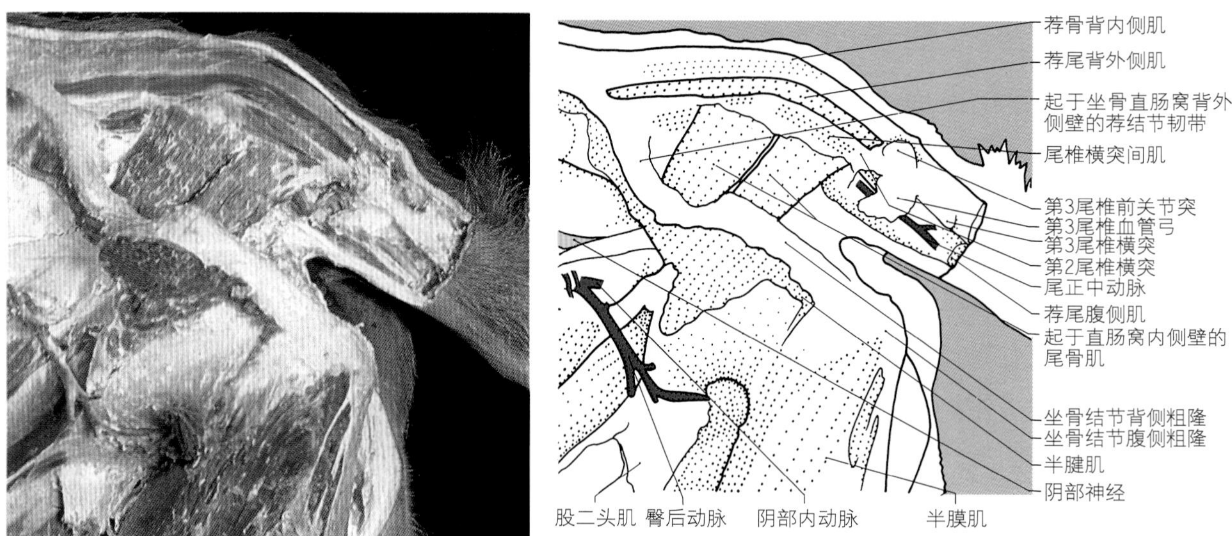
荐骨背内侧肌
荐尾背外侧肌
起于坐骨直肠窝背外侧壁的荐结节韧带
尾椎横突间肌
第3尾椎前关节突
第3尾椎血管弓
第3尾椎横突
第2尾椎横突
尾正中动脉
荐尾腹侧肌
起于直肠窝内侧壁的尾骨肌
坐骨结节背侧粗隆
坐骨结节腹侧粗隆
半腱肌
阴部神经
股二头肌
臀后动脉
阴部内动脉
半膜肌

图8.9 尾正中动脉和坐骨直肠窝，左外侧观。肥胖动物的坐骨直肠窝充满了大量的脂肪，所以坐骨直肠窝的外观不像一个凹陷，而是向外突出。

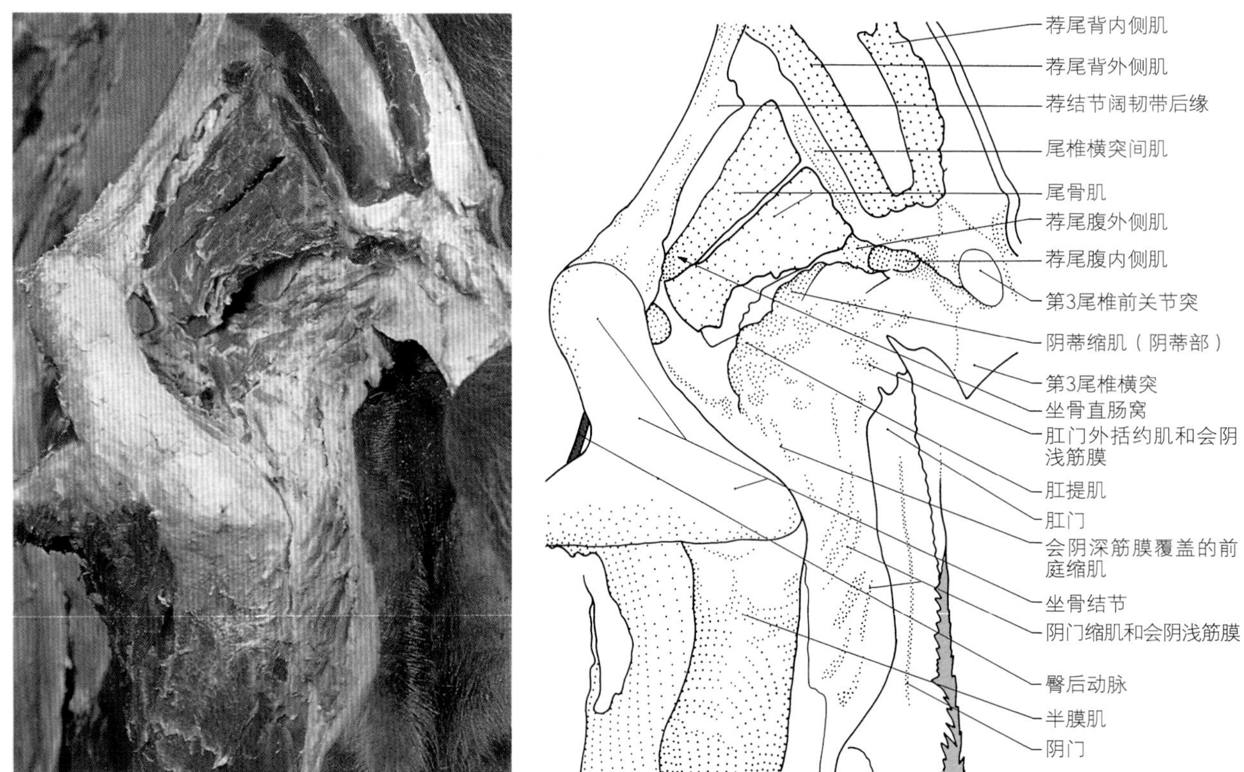
荐尾背内侧肌
荐尾背外侧肌
荐结节阔韧带后缘
尾椎横突间肌
尾骨肌
荐尾腹外侧肌
荐尾腹内侧肌
第3尾椎前关节突
阴蒂缩肌（阴蒂部）
第3尾椎横突
坐骨直肠窝
肛门外括约肌和会阴浅筋膜
肛提肌
肛门
会阴深筋膜覆盖的前庭缩肌
坐骨结节
阴门缩肌和会阴浅筋膜
臀后动脉
半膜肌
阴门

图8.10 会阴部和坐骨直肠窝的浅层肌肉，左后外侧观。形成坐骨直肠窝内壁的尿生殖隔筋膜已被剥离，并暴露出阴蒂退缩肌。

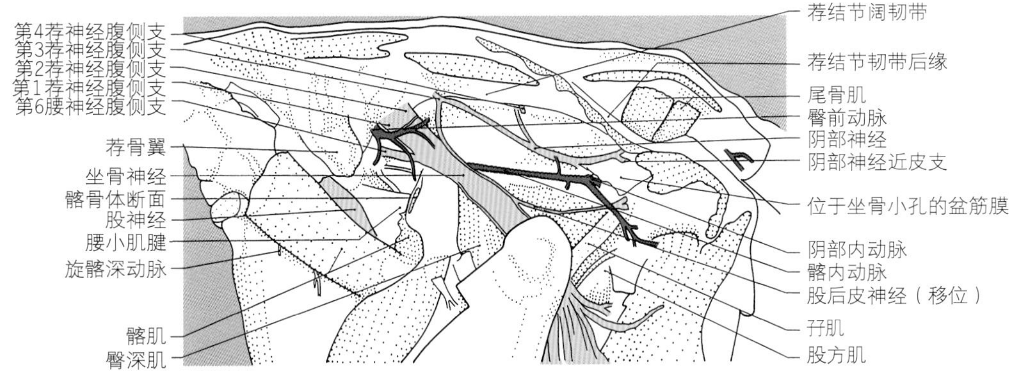
第4荐神经腹侧支
第3荐神经腹侧支
第2荐神经腹侧支
第1荐神经腹侧支
第6腰神经腹侧支
荐骨翼
坐骨神经
髂骨体断面
股神经
腰小肌腱
旋髂深动脉
髂肌
臀深肌
荐结节阔韧带
荐结节韧带后缘
尾骨肌
臀前动脉
阴部神经
阴部神经近皮支
位于坐骨小孔的盆筋膜
阴部内动脉
髂内动脉
股后皮神经（移位）
孖肌
股方肌

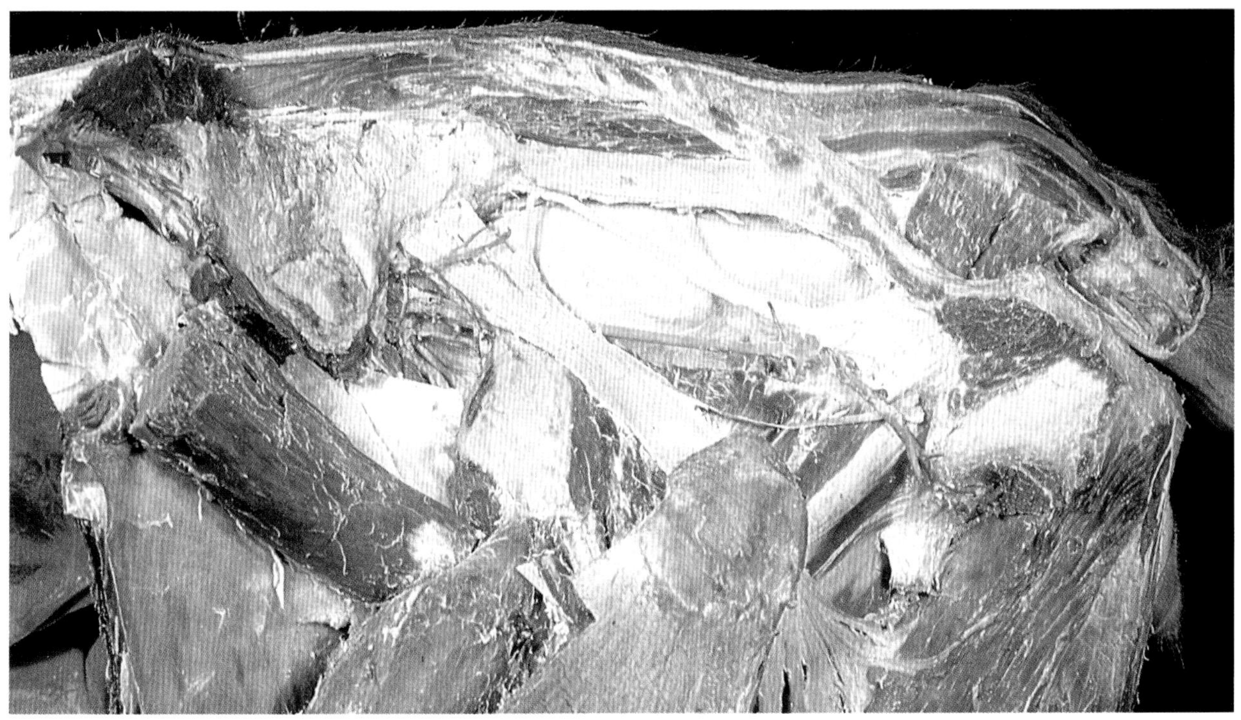

图8.11 骨盆的神经和血管，左外侧观。股后皮神经穿过坐骨小孔并与阴部神经的分支汇合，此结构在该图中未能显示，但见于图8.31 ~ 图8.33。盆神经的来源见图8.13和图8.33。

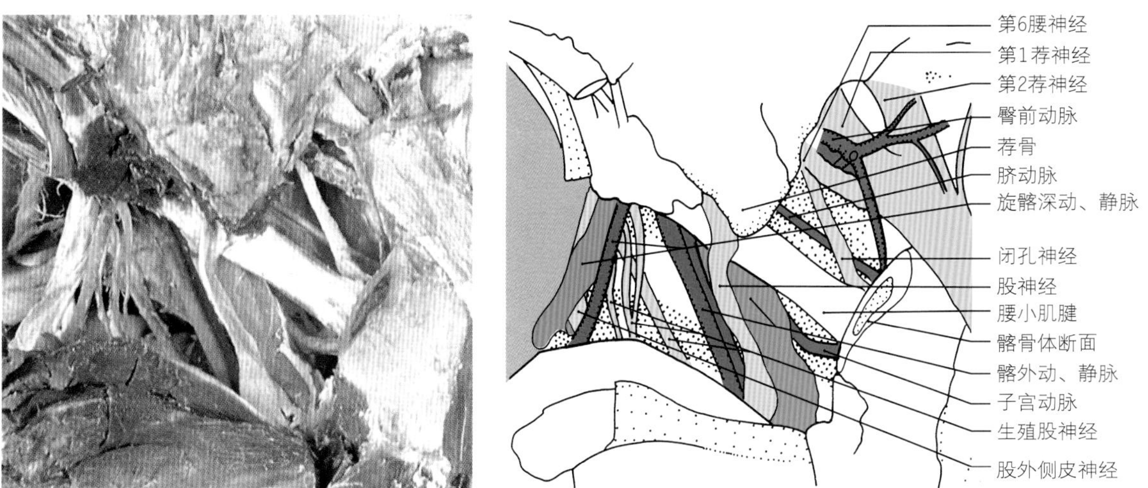
第6腰神经
第1荐神经
第2荐神经
臀前动脉
荐骨
脐动脉
旋髂深动、静脉
闭孔神经
股神经
腰小肌腱
髂骨体断面
髂外动、静脉
子宫动脉
生殖股神经
股外侧皮神经

图8.12 骨盆入口处的神经和血管，左外侧观。该图是图8.11在切除腹壁肌、髂肌和股直肌后的局部放大。

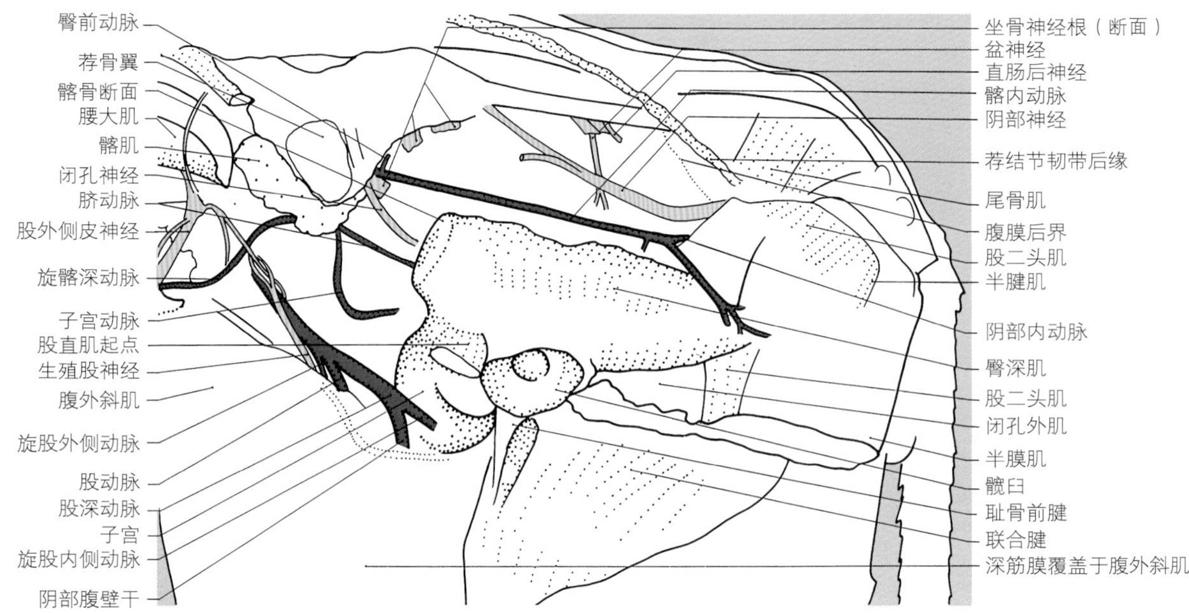
臀前动脉
荐骨翼
髂骨断面
腰大肌
髂肌
闭孔神经
脐动脉
股外侧皮神经
旋髂深动脉
子宫动脉
股直肌起点
生殖股神经
腹外斜肌
旋股外侧动脉
股动脉
股深动脉
子宫
旋股内侧动脉
阴部腹壁干
坐骨神经根（断面）
盆神经
直肠后神经
髂内动脉
阴部神经
荐结节韧带后缘
尾骨肌
腹膜后界
股二头肌
半腱肌
阴部内动脉
臀深肌
股二头肌
闭孔外肌
半膜肌
髋臼
耻骨前腱
联合腱
深筋膜覆盖于腹外斜肌

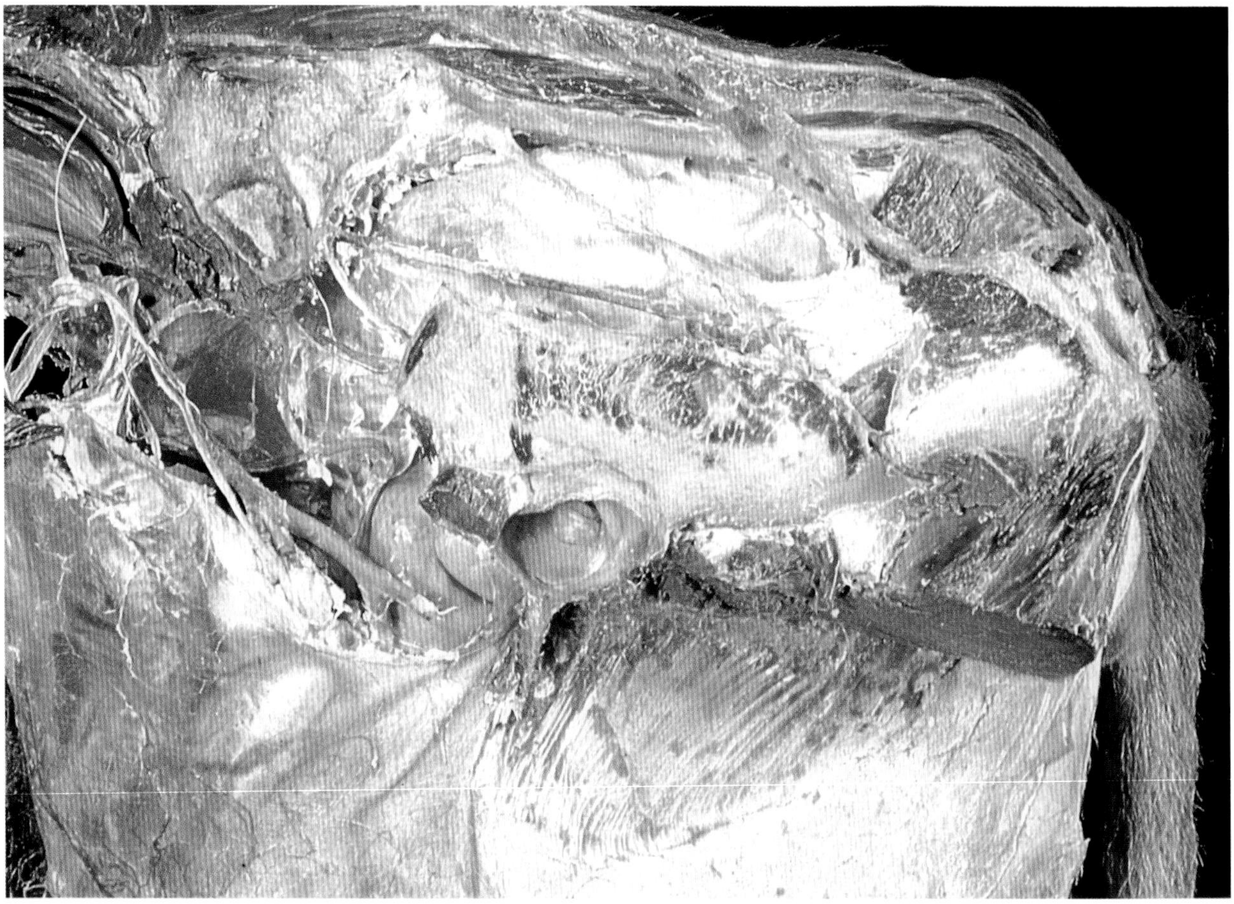

图8.13 切除后肢后的骨盆神经和动脉，左外侧观。起于第4荐神经的阴部神经已被切断并掀起，以暴露盆神经。

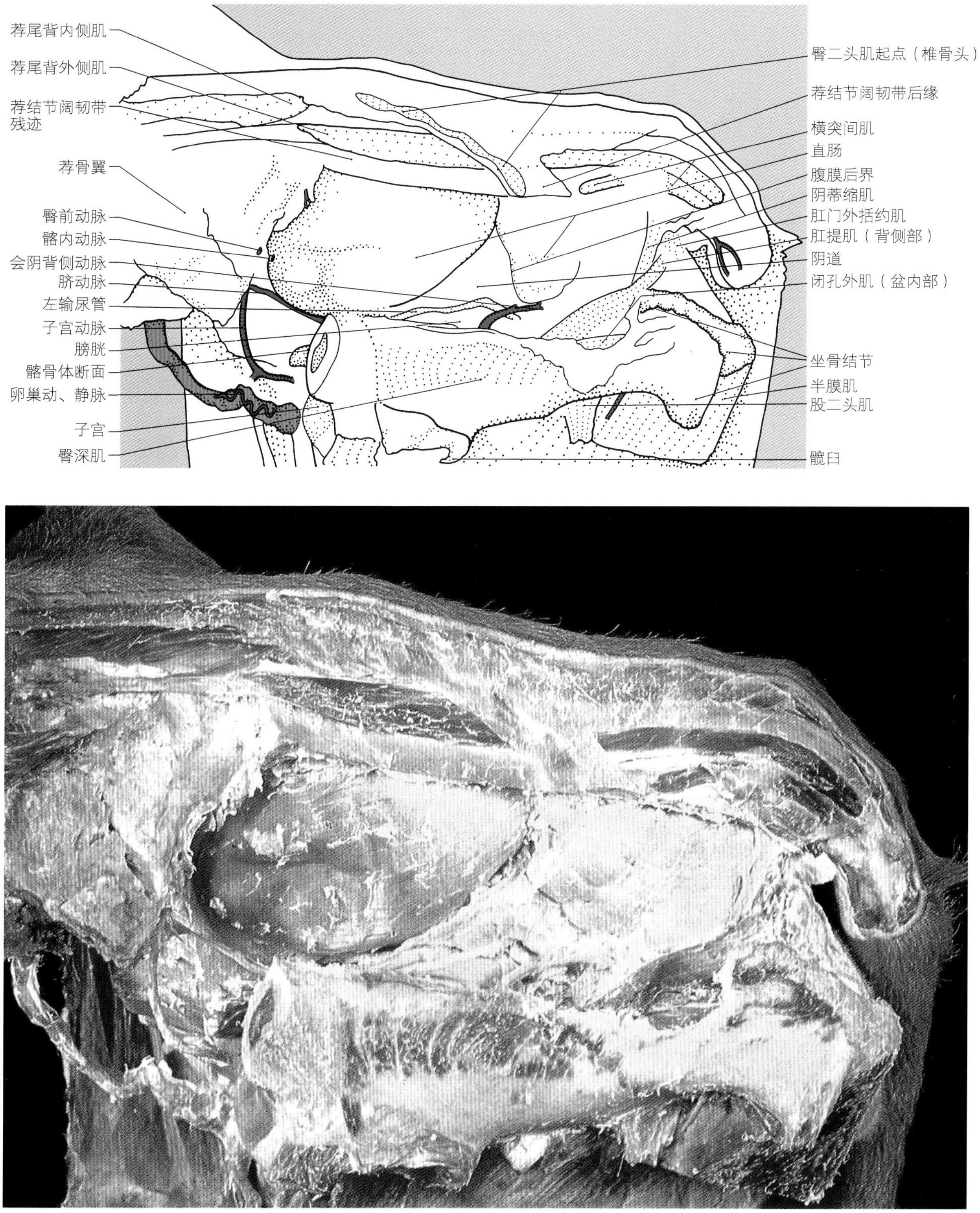

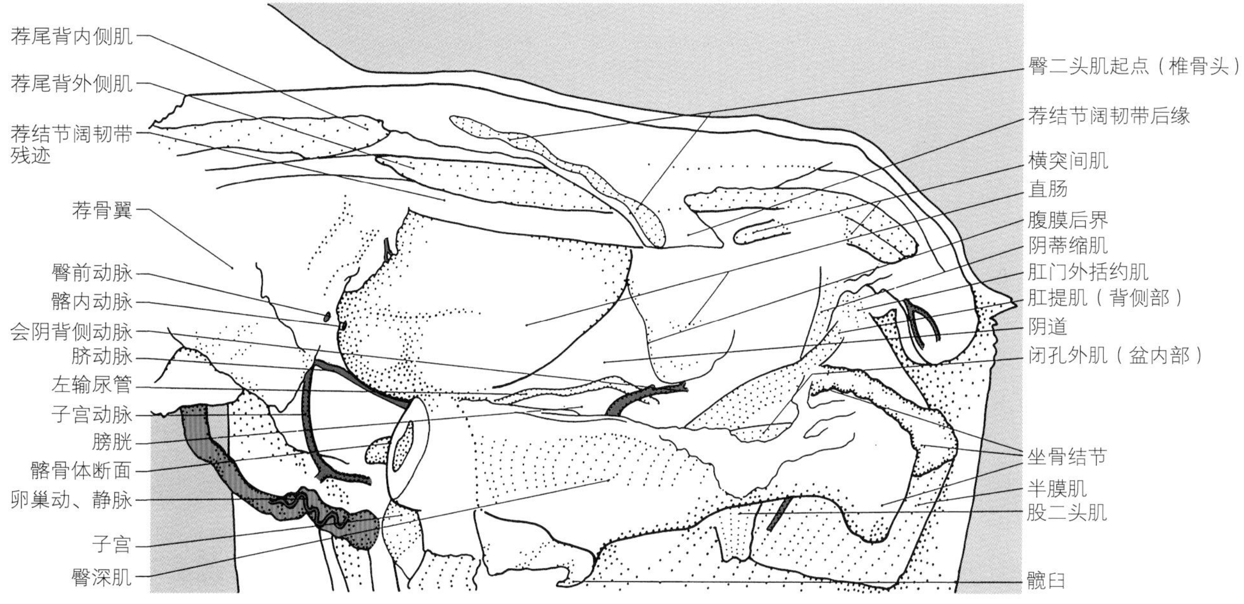
荐尾背内侧肌
荐尾背外侧肌
荐结节阔韧带残迹
荐骨翼
臀前动脉
髂内动脉
会阴背侧动脉
脐动脉
左输尿管
子宫动脉
膀胱
髂骨体断面
卵巢动、静脉
子宫
臀深肌
臀二头肌起点（椎骨头）
荐结节阔韧带后缘
横突间肌
直肠
腹膜后界
阴蒂缩肌
肛门外括约肌
肛提肌（背侧部）
阴道
闭孔外肌（盆内部）
坐骨结节
半膜肌
股二头肌
髋臼

图8.14 切除左侧骨盆骨骼的盆腔脏器。骨盆壁的脂肪组织与尾骨肌已经切除，以显示盆腔脏器的位置。更完整的局部解剖结构见图8.15。

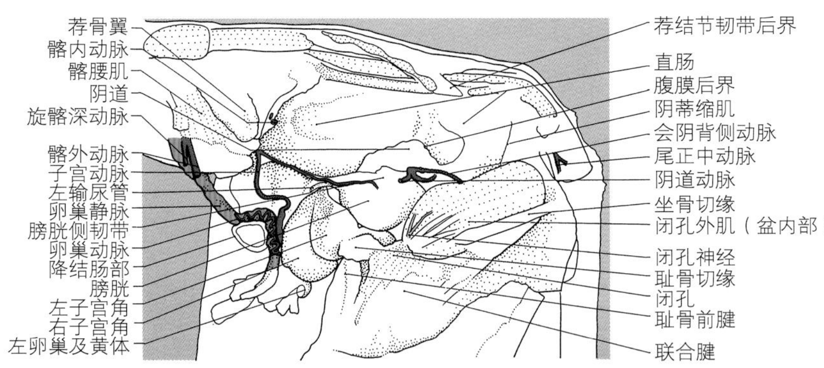
荐骨翼
髂内动脉
髂腰肌
阴道
旋髂深动脉
髂外动脉
子宫动脉
左输尿管
卵巢静脉
膀胱侧韧带
卵巢动脉
降结肠部
膀胱
左子宫角
右子宫角
左卵巢及黄体
荐结节韧带后界
直肠
腹膜后界
阴蒂缩肌
会阴背侧动脉
尾正中动脉
阴道动脉
坐骨切缘
闭孔外肌（盆内部）
闭孔神经
耻骨切缘
闭孔
耻骨前腱
联合腱

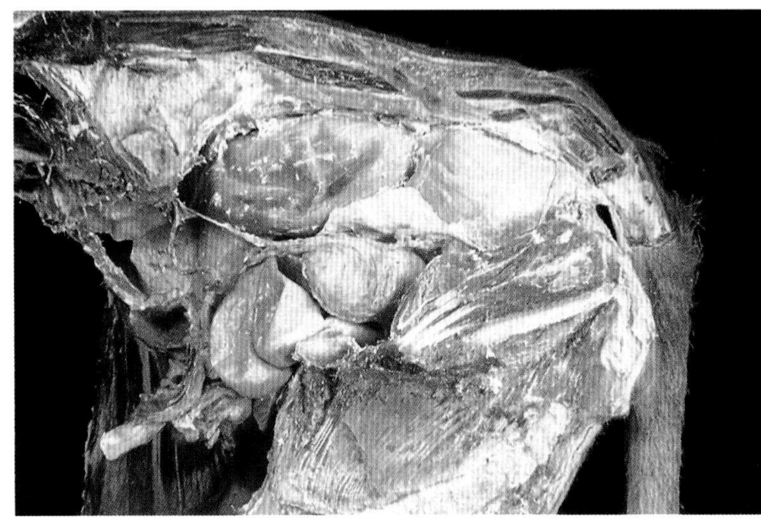

图8.15 切除左侧骨盆骨骼后的盆腔脏器。从旁正中面可见该切面通过闭孔；闭孔肌的骨盆内部结构仍原位保留。图8.17和图8.18是从更前部位置显示子宫和卵巢。

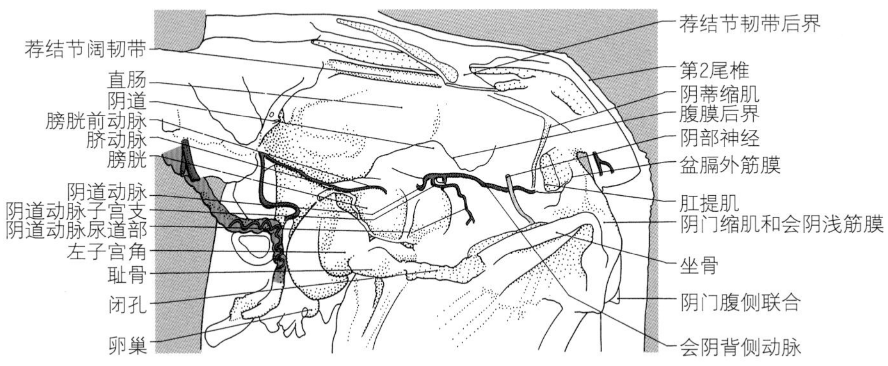
荐结节阔韧带
直肠
阴道
膀胱前动脉
脐动脉
膀胱
阴道动脉
阴道动脉子宫支
阴道动脉尿道部
左子宫角
耻骨
闭孔
卵巢
荐结节韧带后界
第2尾椎
阴蒂缩肌
腹膜后界
阴部神经
盆膈外筋膜
肛提肌
阴门缩肌和会阴浅筋膜
坐骨
阴门腹侧联合
会阴背侧动脉

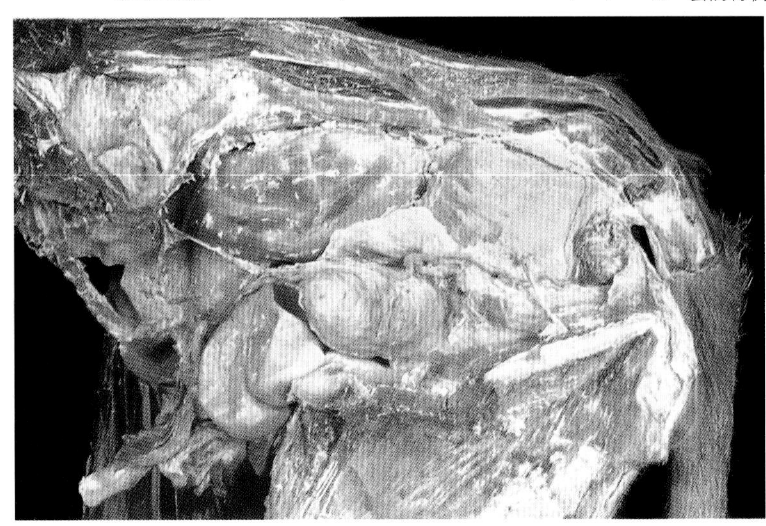

图8.16 切除左侧骨盆骨骼和闭孔肌后的盆腔脏器。与一般教科书上讲述的内容相比，该图显示了当子宫向右腹侧位移时，膀胱收缩并向左背侧旋转。

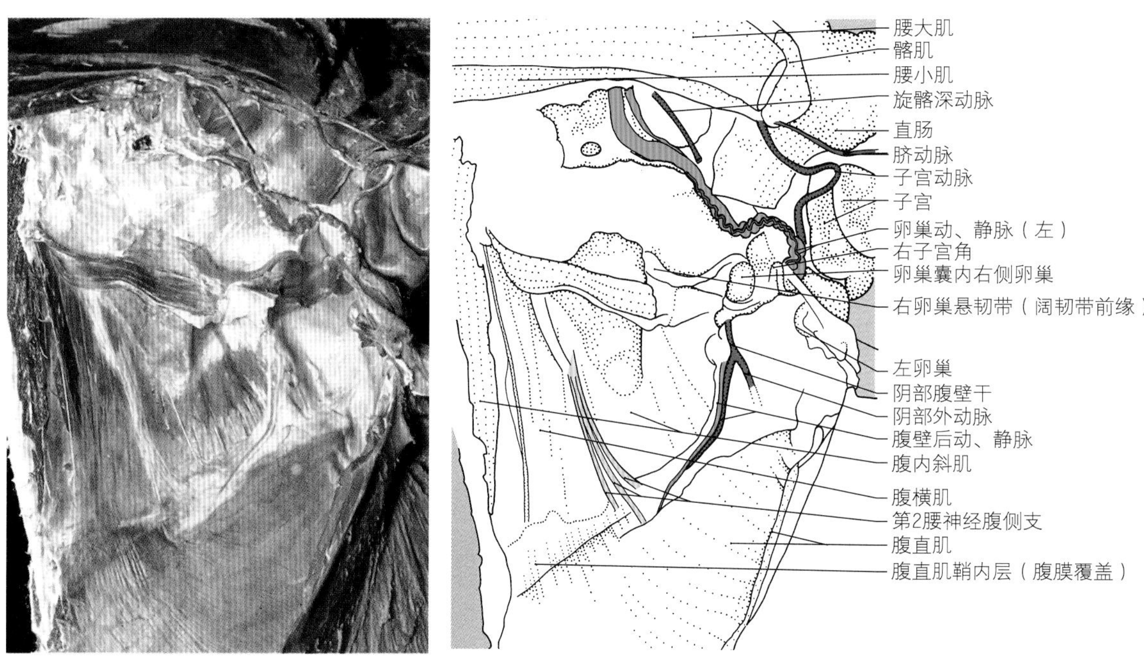
腰大肌
髂肌
腰小肌
旋髂深动脉
直肠
脐动脉
子宫动脉
子宫
卵巢动、静脉（左）
右子宫角
卵巢囊内右侧卵巢
右卵巢悬韧带（阔韧带前缘）
左卵巢
阴部腹壁干
阴部外动脉
腹壁后动、静脉
腹内斜肌
腹横肌
第2腰神经腹侧支
腹直肌
腹直肌鞘内层（腹膜覆盖）

图8.17　骨盆入口处的结构，左外侧观。该图比图8.16的解剖结构略靠前。卵巢和卵巢囊更详细的结构见图8.24～图8.28。

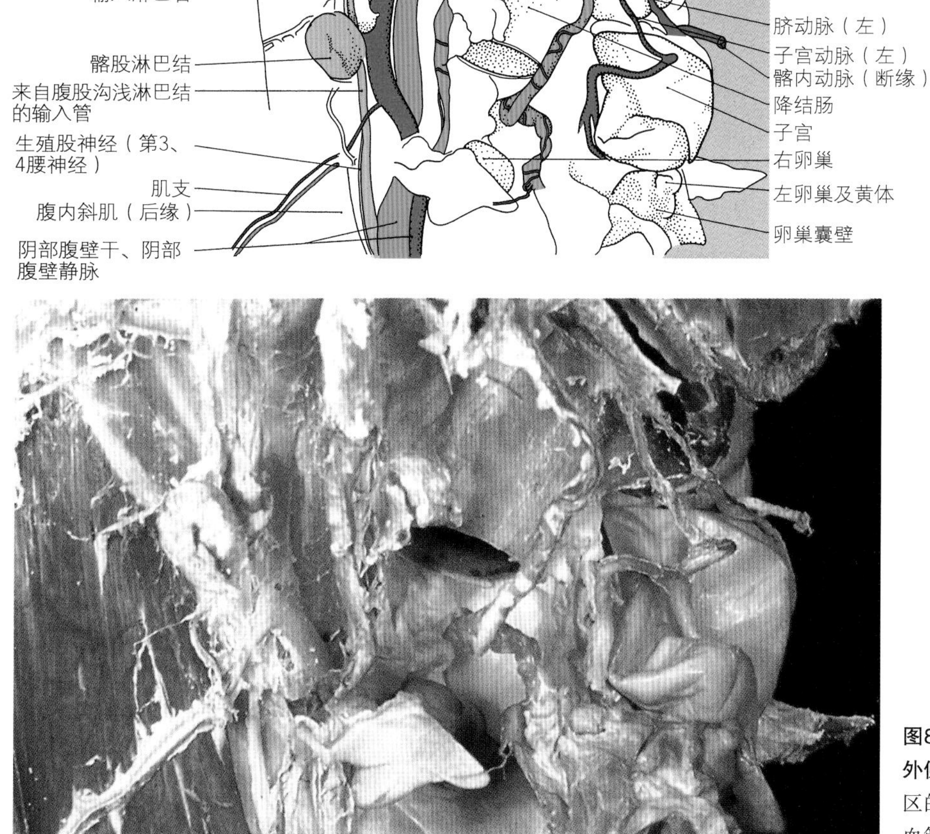
旋髂深动脉（右）
髂外动、静脉（右）
输入淋巴管
髂股淋巴结
来自腹股沟浅淋巴结的输入管
生殖股神经（第3、4腰神经）
肌支
腹内斜肌（后缘）
阴部腹壁干、阴部腹壁静脉
腰大肌
左侧卵巢动、静脉
髂外动脉（左）
旋髂深动脉
脐动脉（左）
子宫动脉（左）
髂内动脉（断缘）
降结肠
子宫
右卵巢
左卵巢及黄体
卵巢囊壁

图8.18　骨盆入口处的结构，左前外侧观。图8.17中覆盖在右腹股沟区的组织已被部分的剥离，以暴露血管和淋巴结的位置。

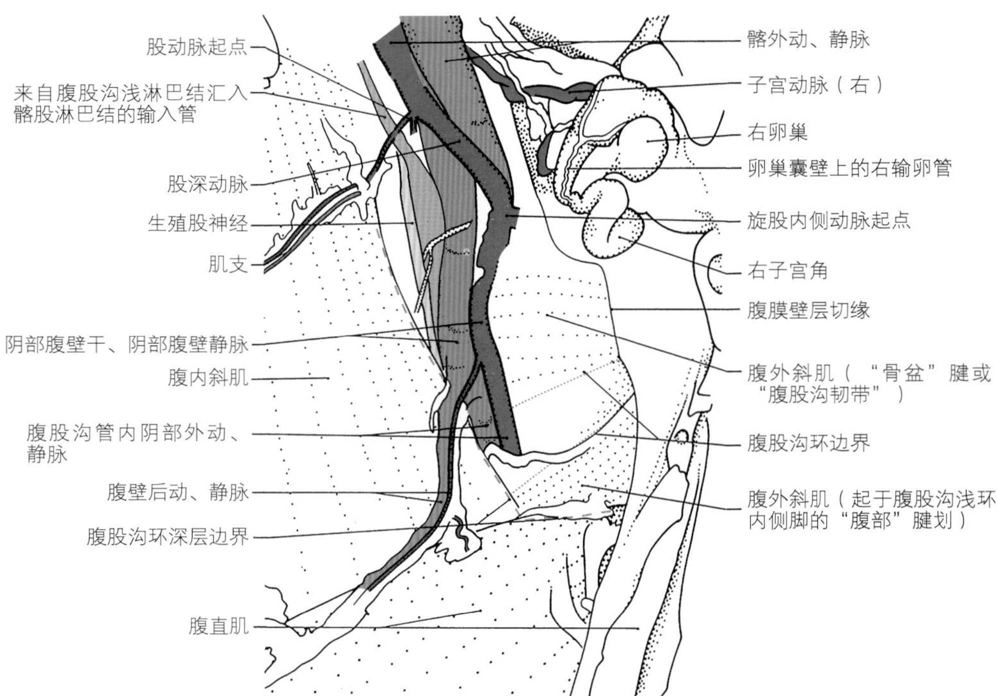
股动脉起点
来自腹股沟浅淋巴结汇入髂股淋巴结的输入管
股深动脉
生殖股神经
肌支
阴部腹壁干、阴部腹壁静脉
腹内斜肌
腹股沟管内阴部外动、静脉
腹壁后动、静脉
腹股沟环深层边界
腹直肌
髂外动、静脉
子宫动脉（右）
右卵巢
卵巢囊壁上的右输卵管
旋股内侧动脉起点
右子宫角
腹膜壁层切缘
腹外斜肌（“骨盆”腱或“腹股沟韧带”）
腹股沟环边界
腹外斜肌（起于腹股沟浅环内侧脚的“腹部”腱划）

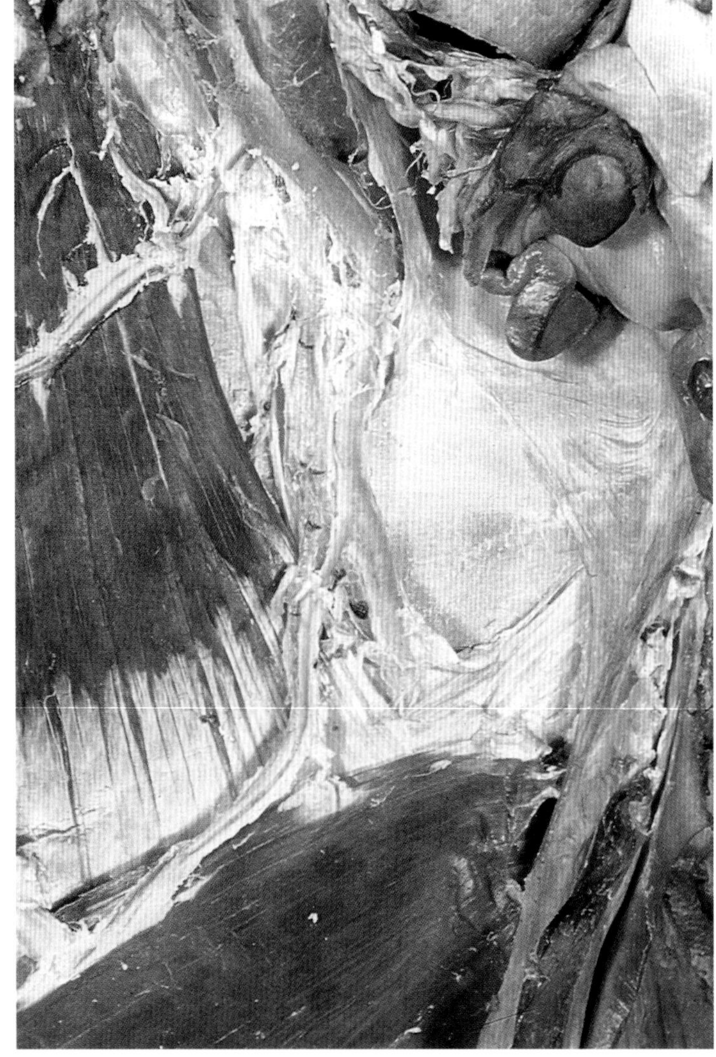

图8.19　右侧腹股沟管及横穿该管的结构，左前外侧观。该图是图8.17的进一步解剖结构，与图8.18有部分的重叠。腹股沟深环的前缘和腹侧缘用蓝色虚线表示。腹股沟浅环的内侧缘和外侧缘用蓝色点线表示，但外侧缘不明显。

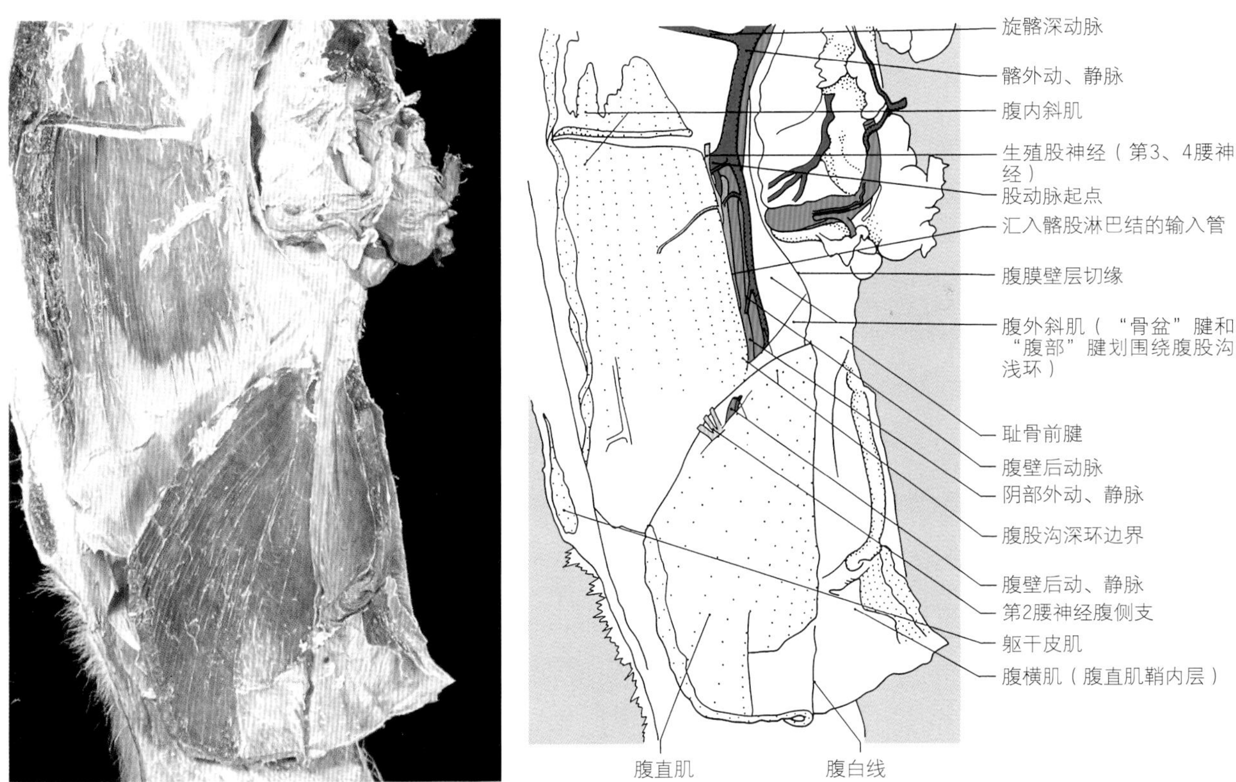
旋髂深动脉
髂外动、静脉
腹内斜肌
生殖股神经（第3、4腰神经）
股动脉起点
汇入髂股淋巴结的输入管
腹膜壁层切缘
腹外斜肌（"骨盆"腱和"腹部"腱划围绕腹股沟浅环）
耻骨前腱
腹壁后动脉
阴部外动、静脉
腹股沟深环边界
腹壁后动、静脉
第2腰神经腹侧支
躯干皮肌
腹横肌（腹直肌鞘内层）
腹直肌
腹白线

图8.20　右侧腹股沟管结构，前面观（1）。图8.20 ~ 图8.23是通过将腹壁肌一层层掀开以显示腹股沟浅环和深环的解剖，以及横穿腹股沟管的结构。雌性生殖道已移向骨盆后方。

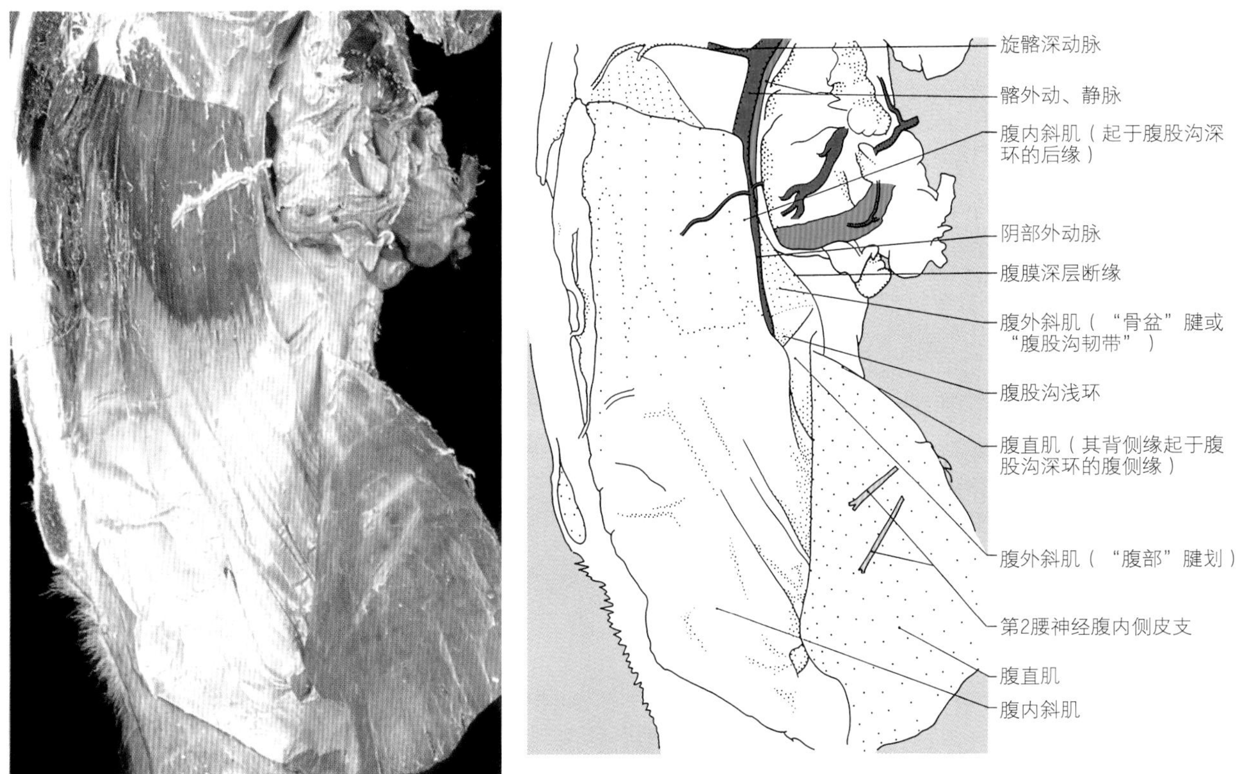
旋髂深动脉
髂外动、静脉
腹内斜肌（起于腹股沟深环的后缘）
阴部外动脉
腹膜深层断缘
腹外斜肌（"骨盆"腱或"腹股沟韧带"）
腹股沟浅环
腹直肌（其背侧缘起于腹股沟深环的腹侧缘）
腹外斜肌（"腹部"腱划）
第2腰神经腹内侧皮支
腹直肌
腹内斜肌

图8.21　右侧腹股沟管结构，前面观（2）。腹直肌向内掀起打开了腹股沟深环。

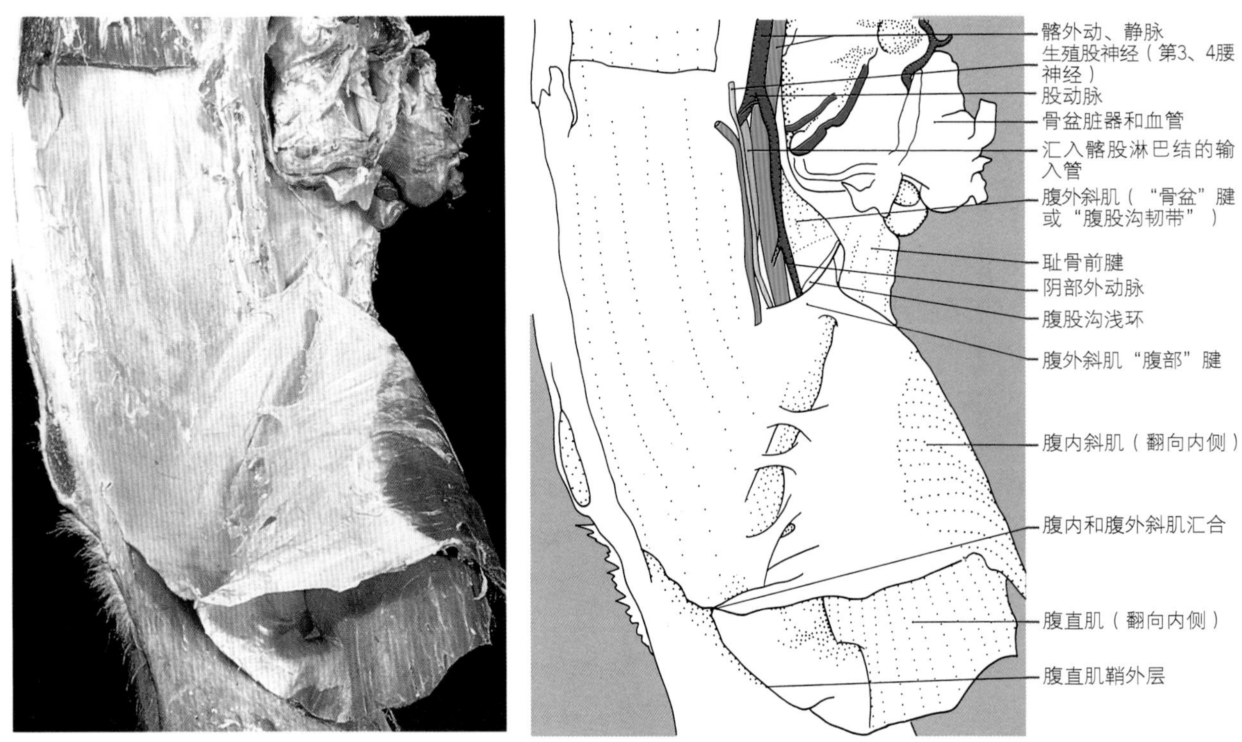
髂外动、静脉
生殖股神经（第3、4腰神经）
股动脉
骨盆脏器和血管
汇入髂股淋巴结的输入管
腹外斜肌（“骨盆”腱或“腹股沟韧带”）
耻骨前腱
阴部外动脉
腹股沟浅环
腹外斜肌“腹部”腱
腹内斜肌（翻向内侧）
腹内和腹外斜肌汇合
腹直肌（翻向内侧）
腹直肌鞘外层

图8.22　右侧腹股沟管结构，前面观（3）。掀起腹内斜肌的腹侧部以切除腹股沟深环前缘，并暴露腹股沟浅环的前部。

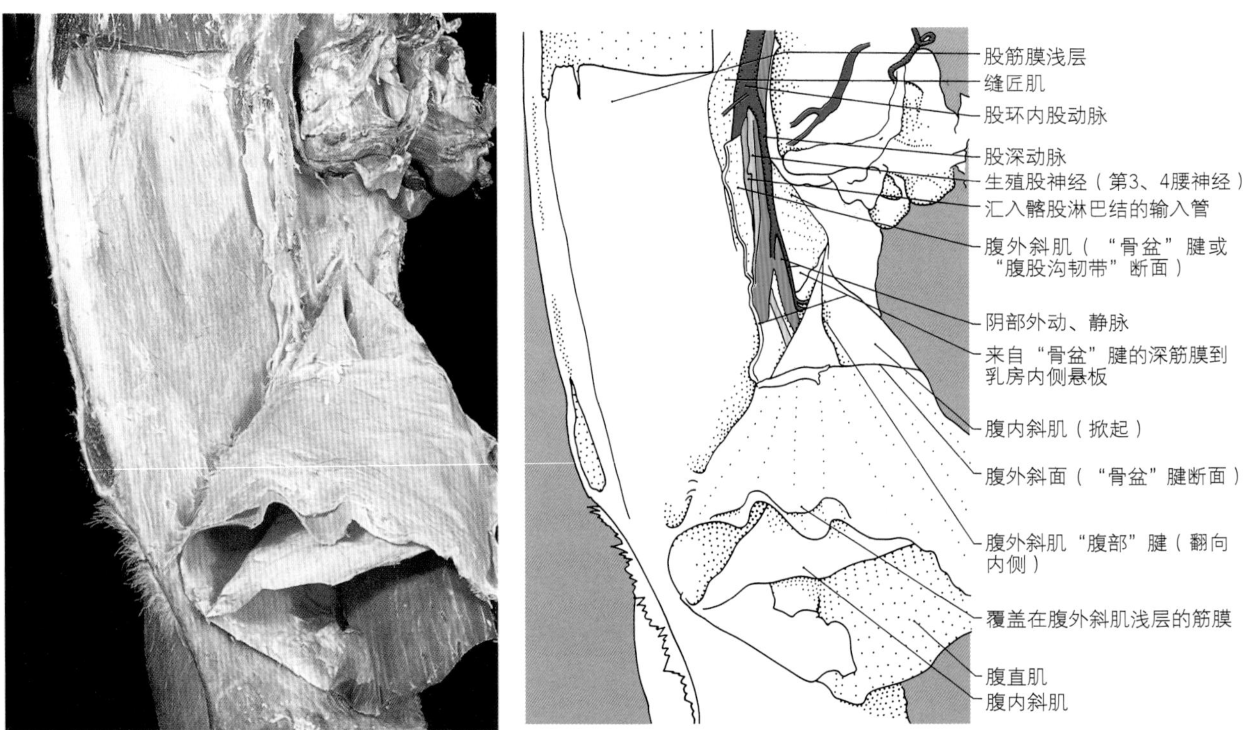
股筋膜浅层
缝匠肌
股环内股动脉
股深动脉
生殖股神经（第3、4腰神经）
汇入髂股淋巴结的输入管
腹外斜肌（“骨盆”腱或“腹股沟韧带”断面）
阴部外动、静脉
来自“骨盆”腱的深筋膜到乳房内侧悬板
腹内斜肌（掀起）
腹外斜面（“骨盆”腱断面）
腹外斜肌“腹部”腱（翻向内侧）
覆盖在腹外斜肌浅层的筋膜
腹直肌
腹内斜肌

图8.23　右侧腹股沟管结构，前面观（4）。腹外斜肌的骨盆腱已被切断，其余部分的肌肉已向内侧掀起，只原位保留骨盆腱。此时，腹股沟浅环开放。

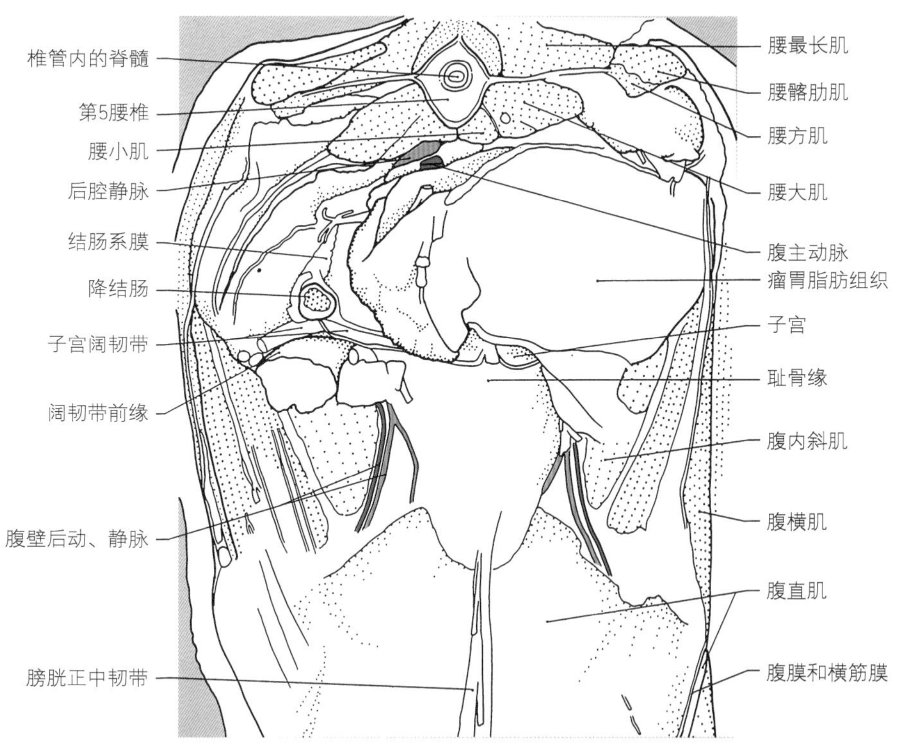
椎管内的脊髓
第5腰椎
腰小肌
后腔静脉
结肠系膜
降结肠
子宫阔韧带
阔韧带前缘
腹壁后动、静脉
膀胱正中韧带
腰最长肌
腰髂肋肌
腰方肌
腰大肌
腹主动脉
瘤胃脂肪组织
子宫
耻骨缘
腹内斜肌
腹横肌
腹直肌
腹膜和横筋膜

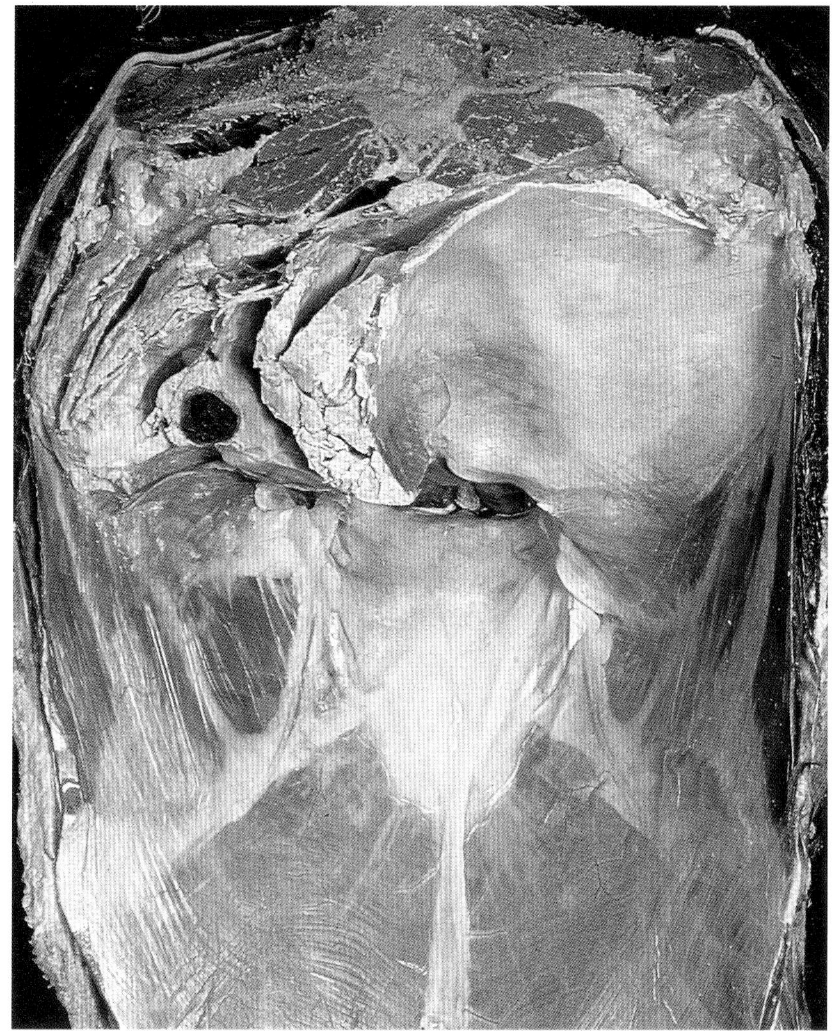

图8.24　6岁奶牛的骨盆入口，前面观。 在第5腰椎水平横断躯干，并向腹侧继续切开，切除除了腹底壁外的所有结构。此图的动物取站立位时防腐固定。腹腔内无雌性生殖道（非妊娠，但为成年牛），且膀胱空虚，完全位于骨盆腔内。详细结构见图8.25～图8.28。

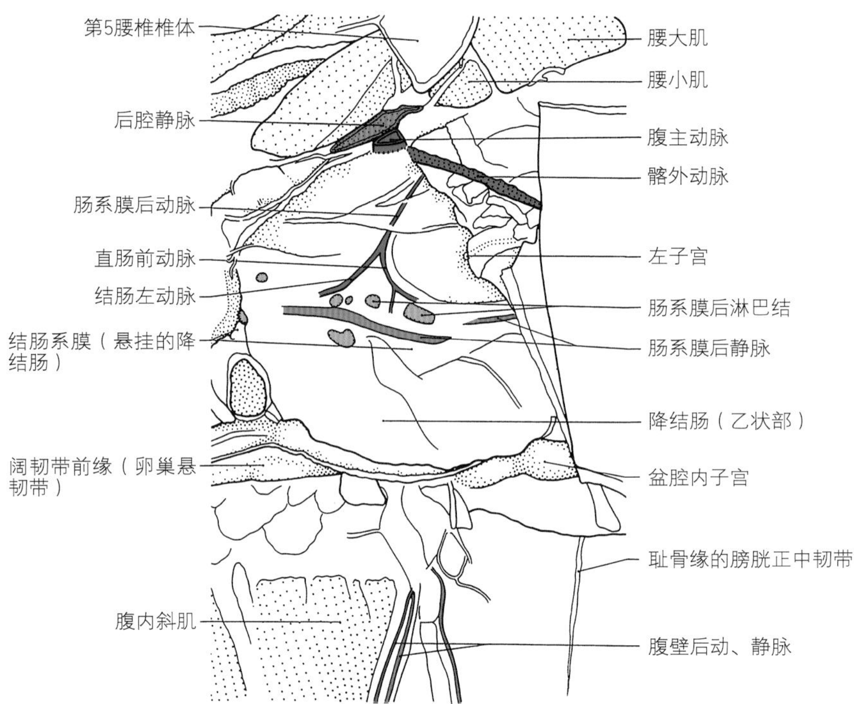

第5腰椎椎体
后腔静脉
肠系膜后动脉
直肠前动脉
结肠左动脉
结肠系膜（悬挂的降结肠）
阔韧带前缘（卵巢悬韧带）
腹内斜肌
腰大肌
腰小肌
腹主动脉
髂外动脉
左子宫
肠系膜后淋巴结
肠系膜后静脉
降结肠（乙状部）
盆腔内子宫
耻骨缘的膀胱正中韧带
腹壁后动、静脉

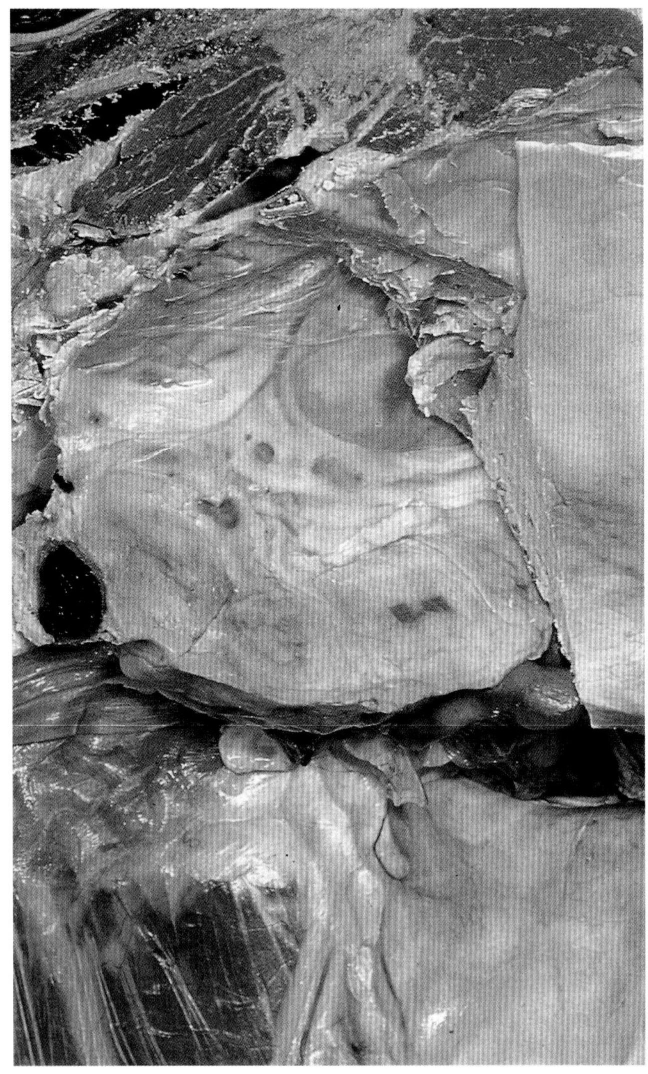

图8.25 骨盆入口处的降结肠，前面观。图8.24中将部分大块脂肪组织切除，显露出骨盆前口降结肠的详细解剖结构。该视角稍偏外侧，以显示右侧的骨盆入口处。

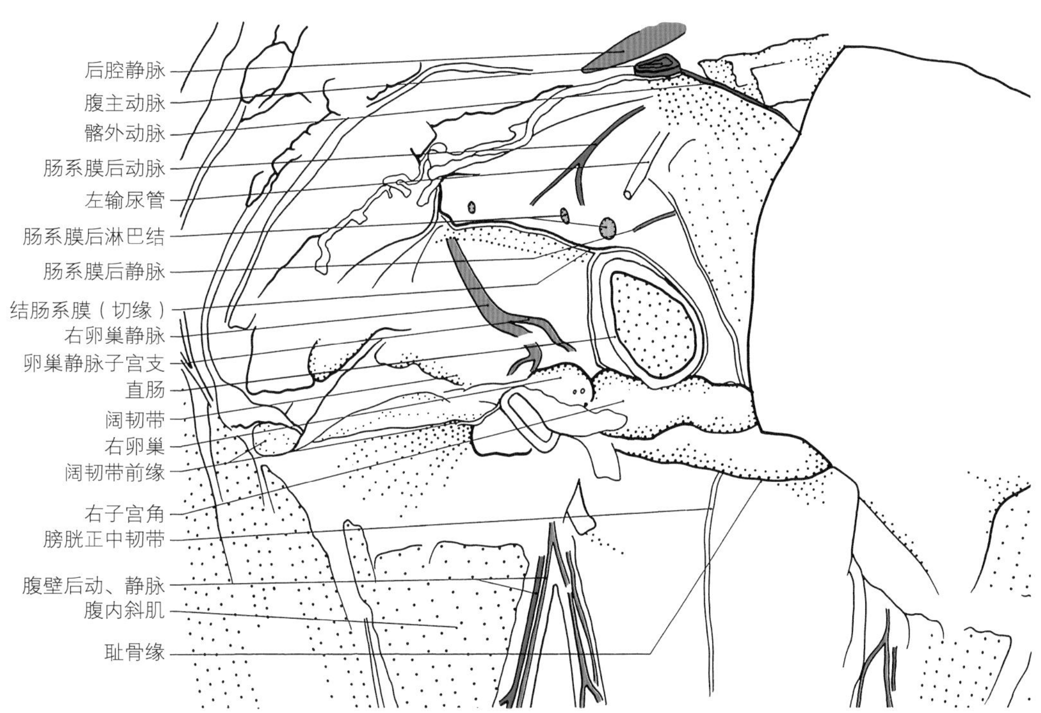
后腔静脉
腹主动脉
髂外动脉
肠系膜后动脉
左输尿管
肠系膜后淋巴结
肠系膜后静脉
结肠系膜（切缘）
右卵巢静脉
卵巢静脉子宫支
直肠
阔韧带
右卵巢
阔韧带前缘
右子宫角
膀胱正中韧带
腹壁后动、静脉
腹内斜肌
耻骨缘

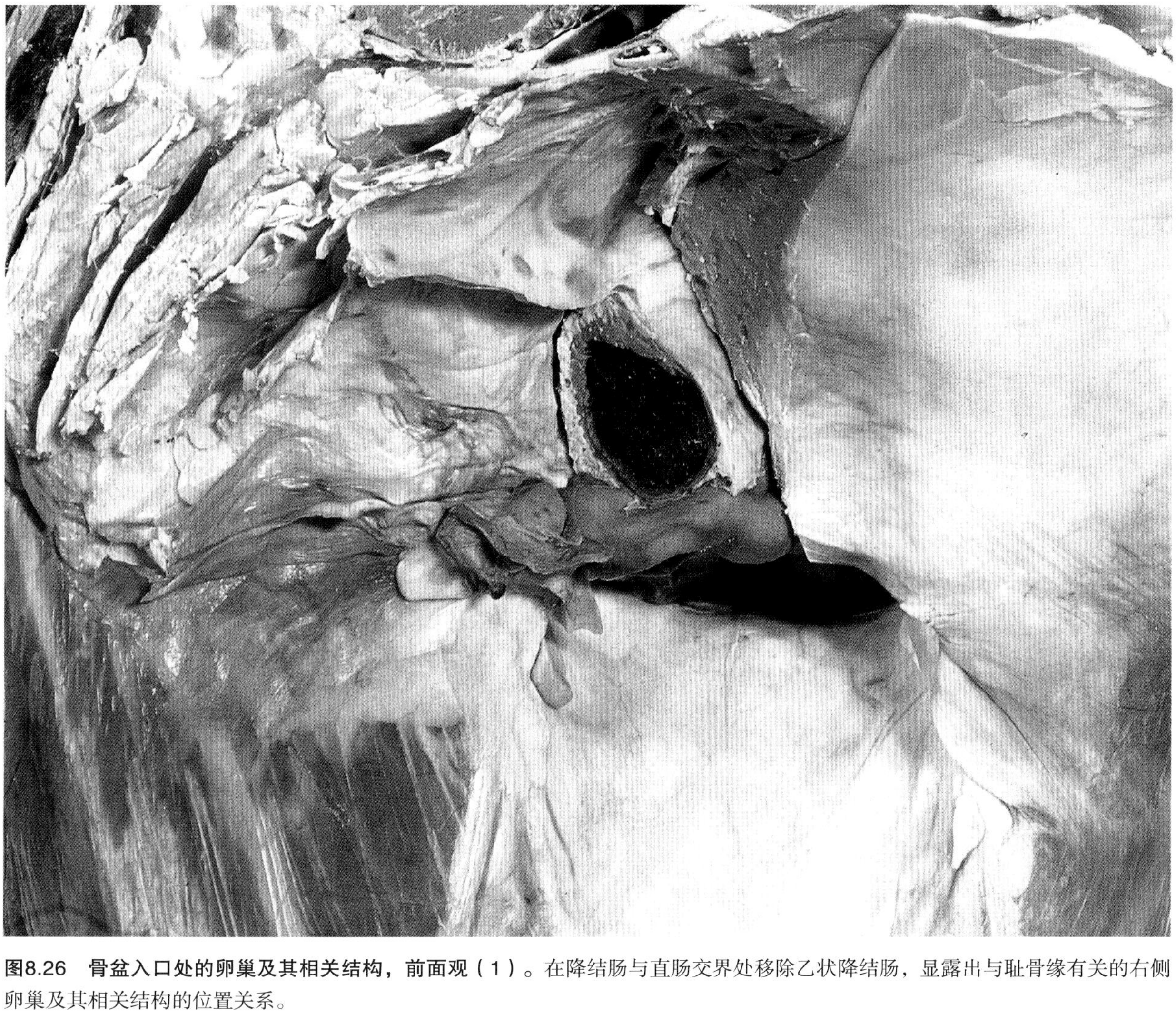

图8.26　骨盆入口处的卵巢及其相关结构，前面观（1）。在降结肠与直肠交界处移除乙状降结肠，显露出与耻骨缘有关的右侧卵巢及其相关结构的位置关系。

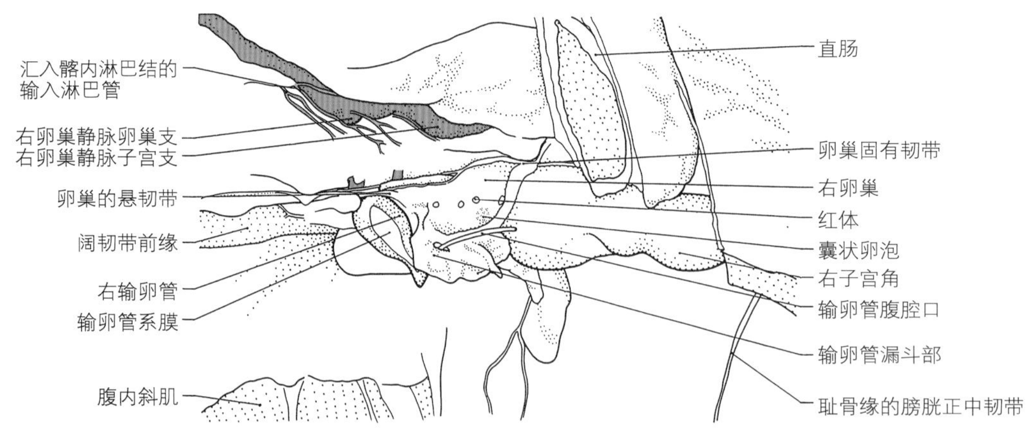
汇入髂内淋巴结的输入淋巴管
右卵巢静脉卵巢支
右卵巢静脉子宫支
卵巢的悬韧带
阔韧带前缘
右输卵管
输卵管系膜
腹内斜肌
直肠
卵巢固有韧带
右卵巢
红体
囊状卵泡
右子宫角
输卵管腹腔口
输卵管漏斗部
耻骨缘的膀胱正中韧带

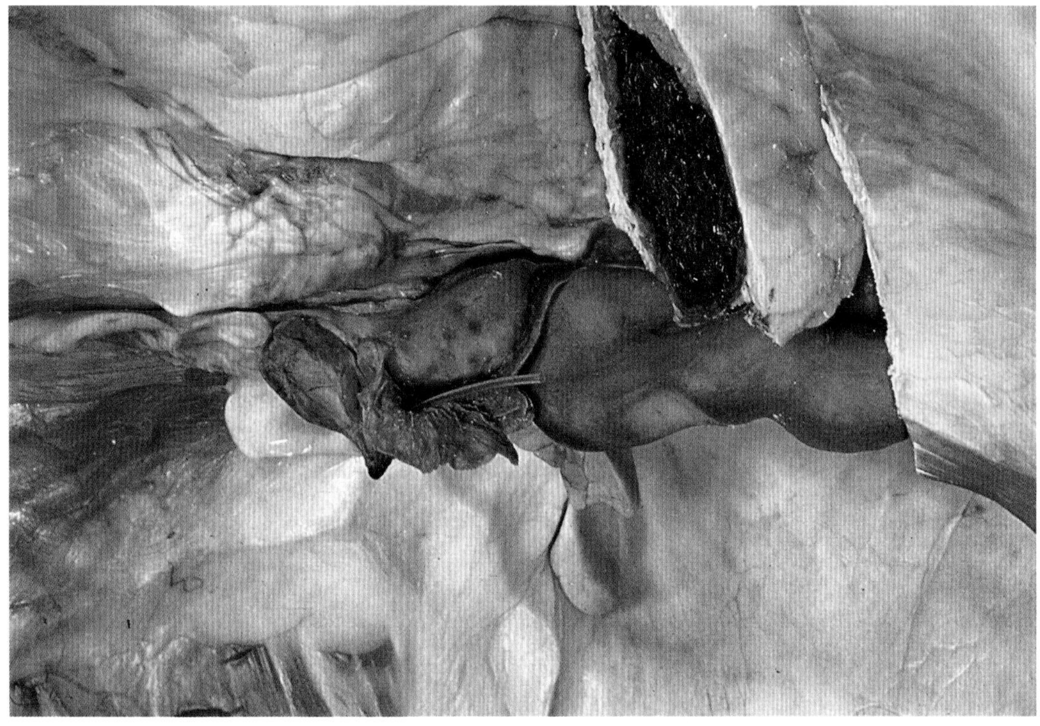

图8.27 骨盆入口处的卵巢及其相关结构，前面观（2）。输卵管漏斗部向腹侧折转以暴露子宫管腹腔口及卵巢表面。

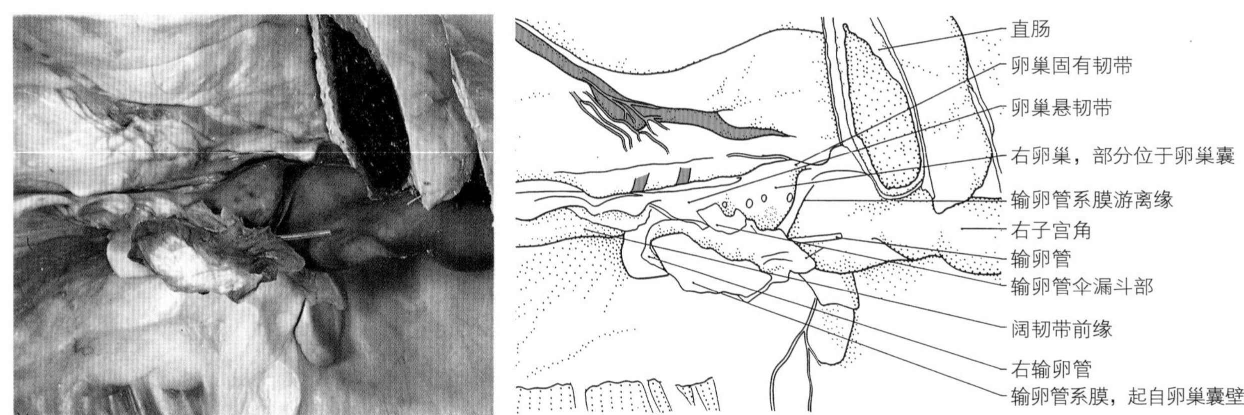
直肠
卵巢固有韧带
卵巢悬韧带
右卵巢，部分位于卵巢囊
输卵管系膜游离缘
右子宫角
输卵管
输卵管伞漏斗部
阔韧带前缘
右输卵管
输卵管系膜，起自卵巢囊壁

图8.28 骨盆入口处的卵巢及其相关结构，前面观（3）。卵巢囊填塞脱脂棉后即覆盖了输卵管漏斗部。这些脱脂棉可通过输卵管系膜而清晰可见，其中输卵管系膜可形成卵巢囊壁。

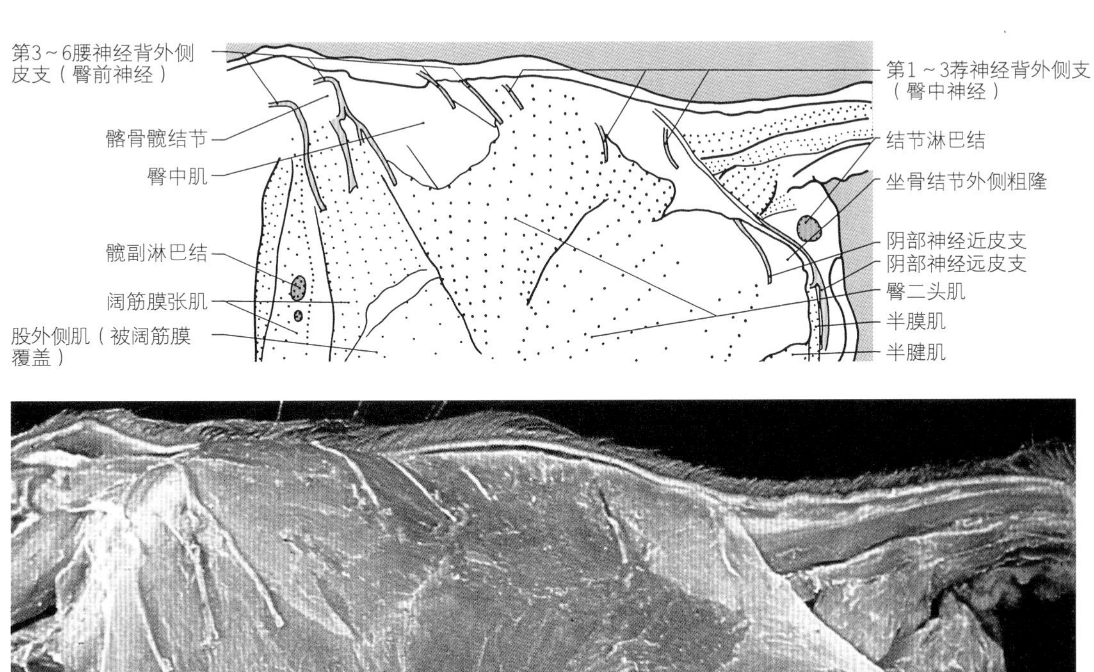
第3～6腰神经背外侧皮支（臀前神经）
髂骨髋结节
臀中肌
髋副淋巴结
阔筋膜张肌
股外侧肌（被阔筋膜覆盖）
第1～3荐神经背外侧支（臀中神经）
结节淋巴结
坐骨结节外侧粗隆
阴部神经近皮支
阴部神经远皮支
臀二头肌
半膜肌
半腱肌

图8.29 1周龄雄性犊牛骨盆部的浅层肌肉、神经和淋巴结，外侧观。此图显示的淋巴结在成年公牛已退化。

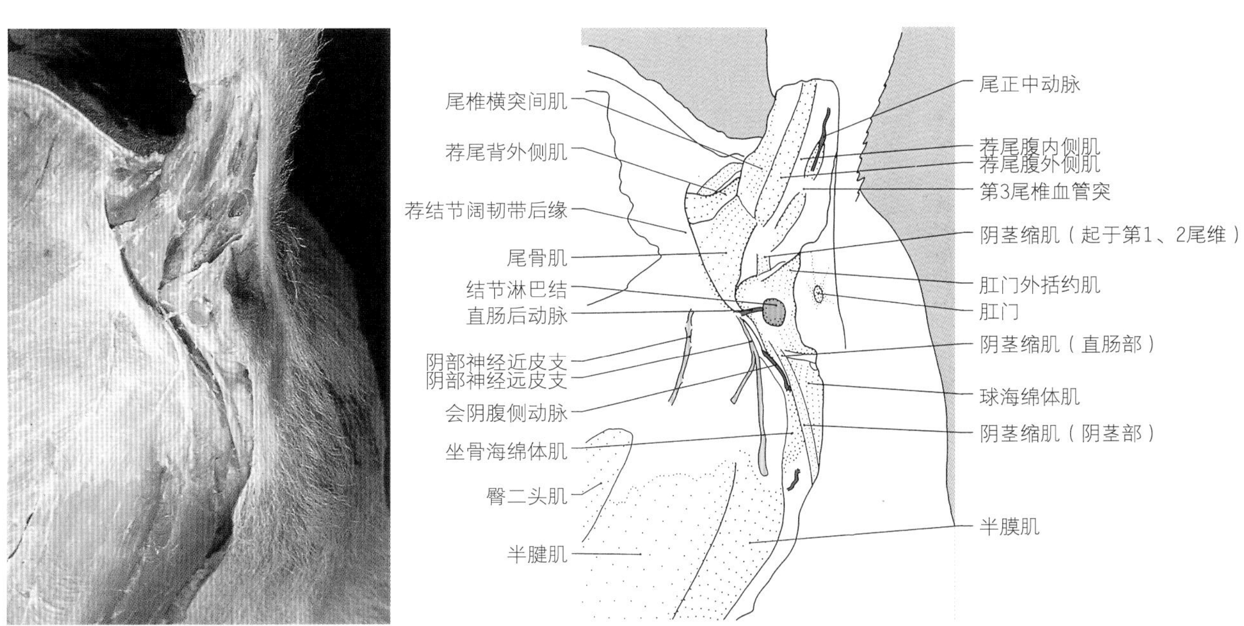
尾椎横突间肌
荐尾背外侧肌
荐结节阔韧带后缘
尾骨肌
结节淋巴结
直肠后动脉
阴部神经近皮支
阴部神经远皮支
会阴腹侧动脉
坐骨海绵体肌
臀二头肌
半腱肌
尾正中动脉
荐尾腹内侧肌
荐尾腹外侧肌
第3尾椎血管突
阴茎缩肌（起于第1、2尾维）
肛门外括约肌
肛门
阴茎缩肌（直肠部）
球海绵体肌
阴茎缩肌（阴茎部）
半膜肌

图8.30 犊牛会阴部和尾根部，左后外侧观。在此之前的图片已显示了这一层次的解剖结构，但该图中将尾部抬起后能更清晰地显示尾正中动脉及相关肌肉。

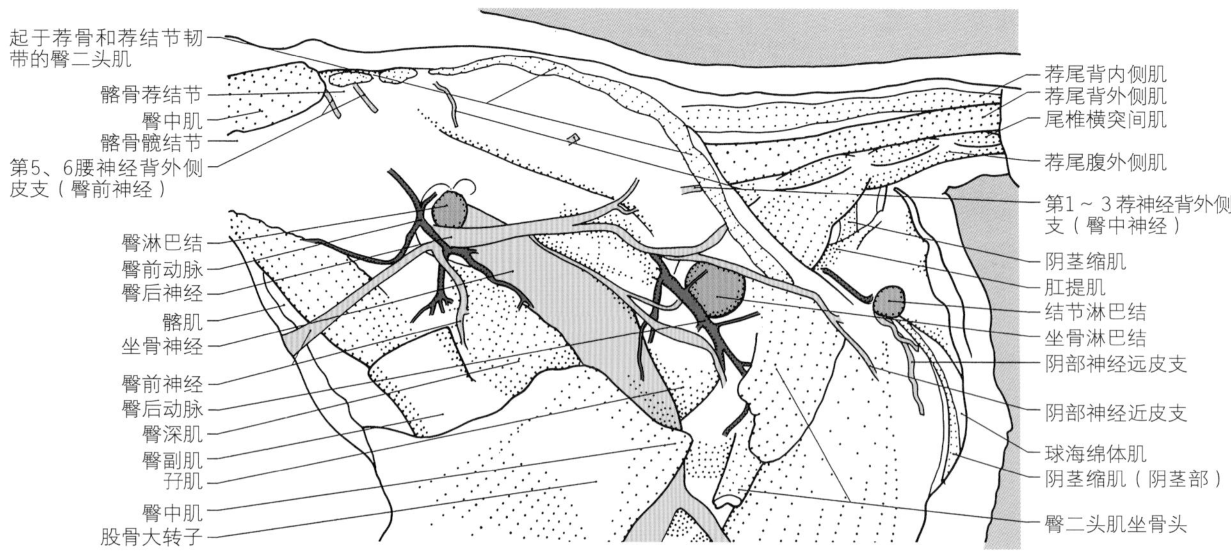
起于荐骨和荐结节韧带的臀二头肌
髂骨荐结节
臀中肌
髂骨髋结节
第5、6腰神经背外侧皮支（臀前神经）
臀淋巴结
臀前动脉
臀后神经
髂肌
坐骨神经
臀前神经
臀后动脉
臀深肌
臀副肌
孖肌
臀中肌
股骨大转子
荐尾背内侧肌
荐尾背外侧肌
尾椎横突间肌
荐尾腹外侧肌
第1～3荐神经背外侧支（臀中神经）
阴茎缩肌
肛提肌
结节淋巴结
坐骨淋巴结
阴部神经远皮支
阴部神经近皮支
球海绵体肌
阴茎缩肌（阴茎部）
臀二头肌坐骨头

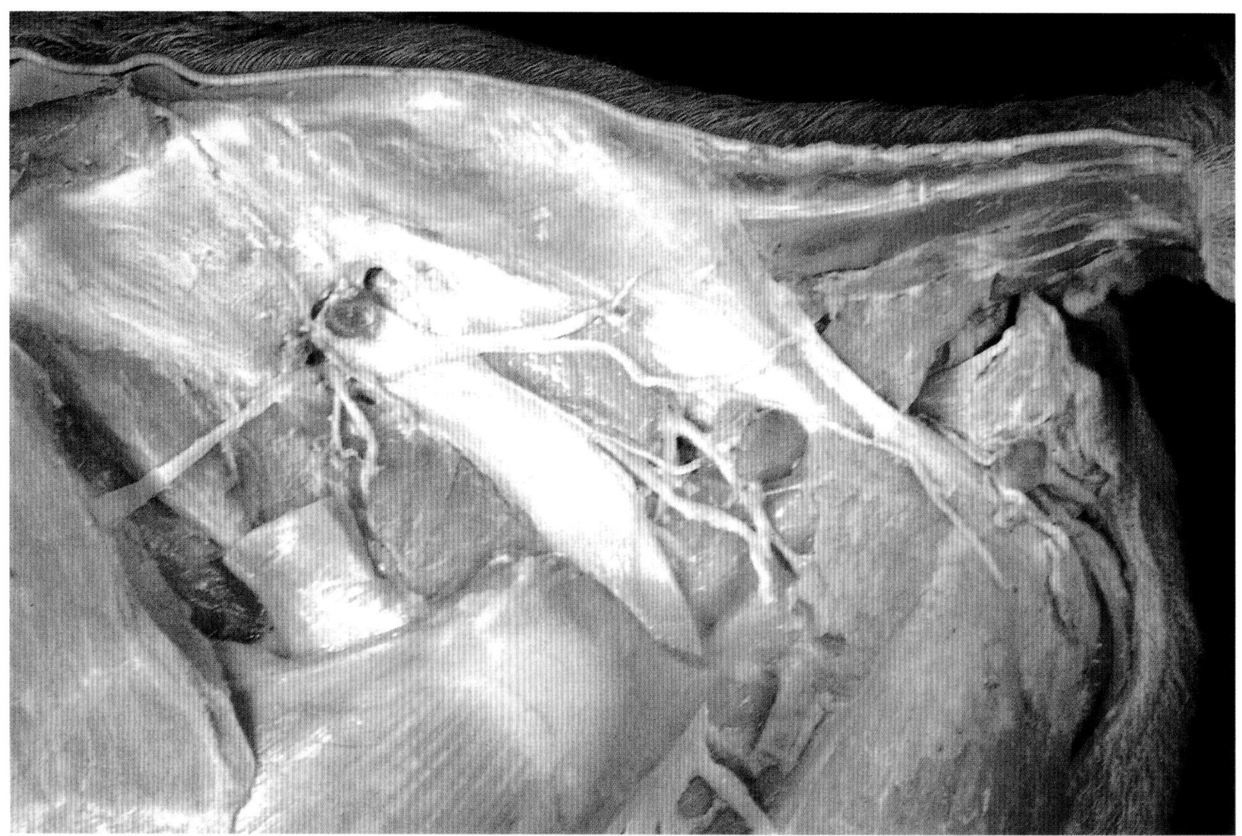

图8.31 犊牛骨盆外侧壁及其相关结构，外侧观。切除臀二头肌和臀中肌以暴露位于荐结节阔韧带浅层的结构。

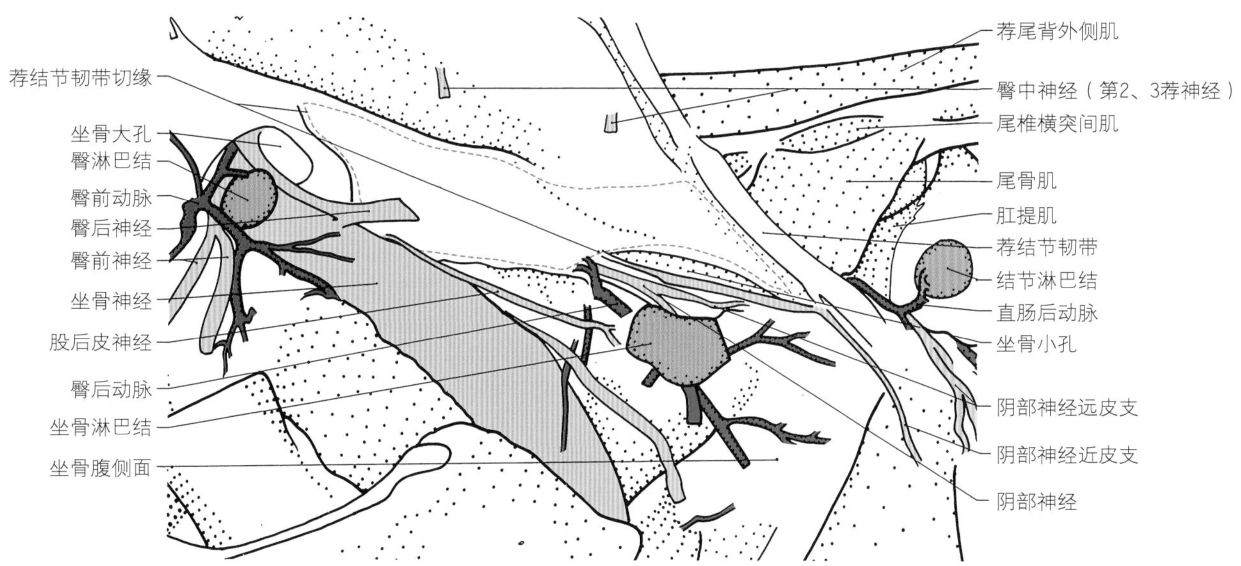
荐结节韧带切缘
坐骨大孔
臀淋巴结
臀前动脉
臀后神经
臀前神经
坐骨神经
股后皮神经
臀后动脉
坐骨淋巴结
坐骨腹侧面
荐尾背外侧肌
臀中神经（第2、3荐神经）
尾椎横突间肌
尾骨肌
肛提肌
荐结节韧带
结节淋巴结
直肠后动脉
坐骨小孔
阴部神经远皮支
阴部神经近皮支
阴部神经

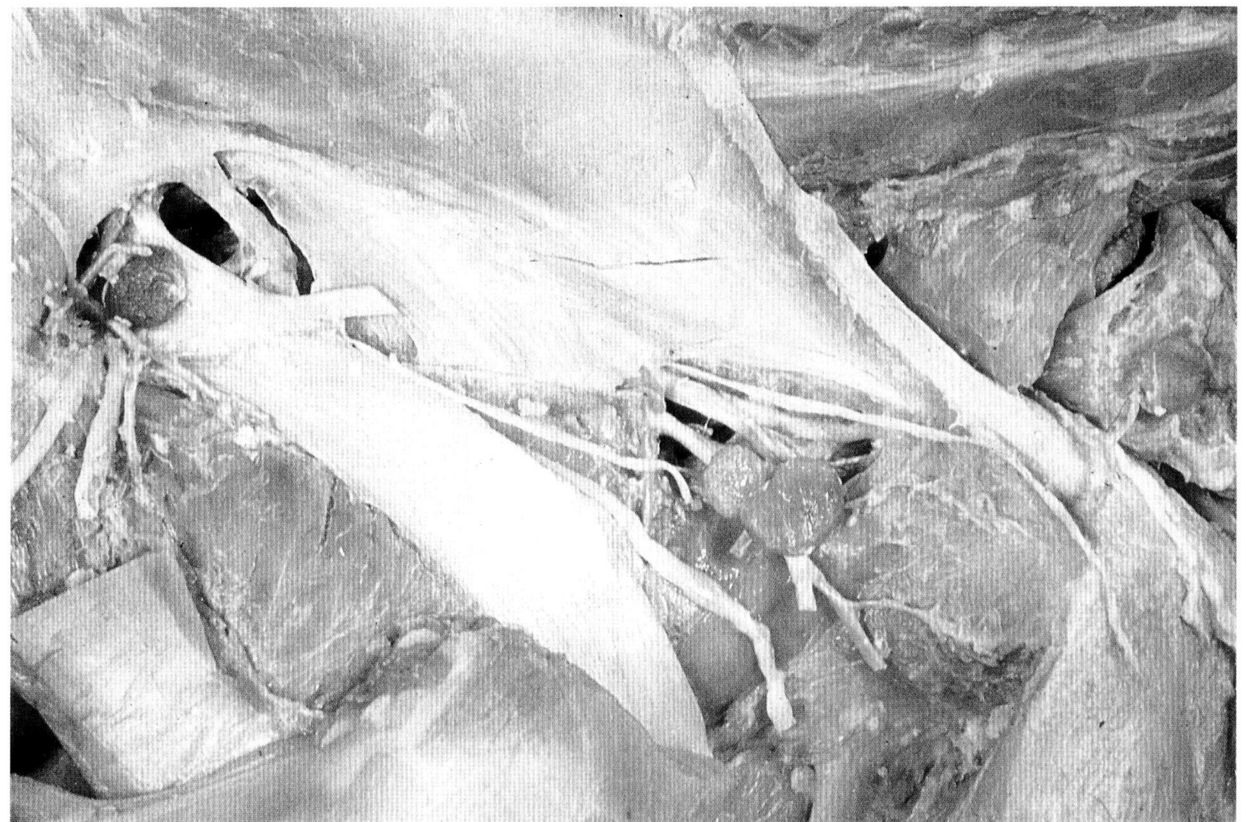

图8.32 犊牛的坐骨大孔和坐骨小孔，外侧观。切除部分荐结节阔韧带（蓝色虚线）以显示位于其内部的结构（见图8.33）。切口通过坐骨孔边缘而未损伤坐骨孔，或者切口穿过坐骨孔。

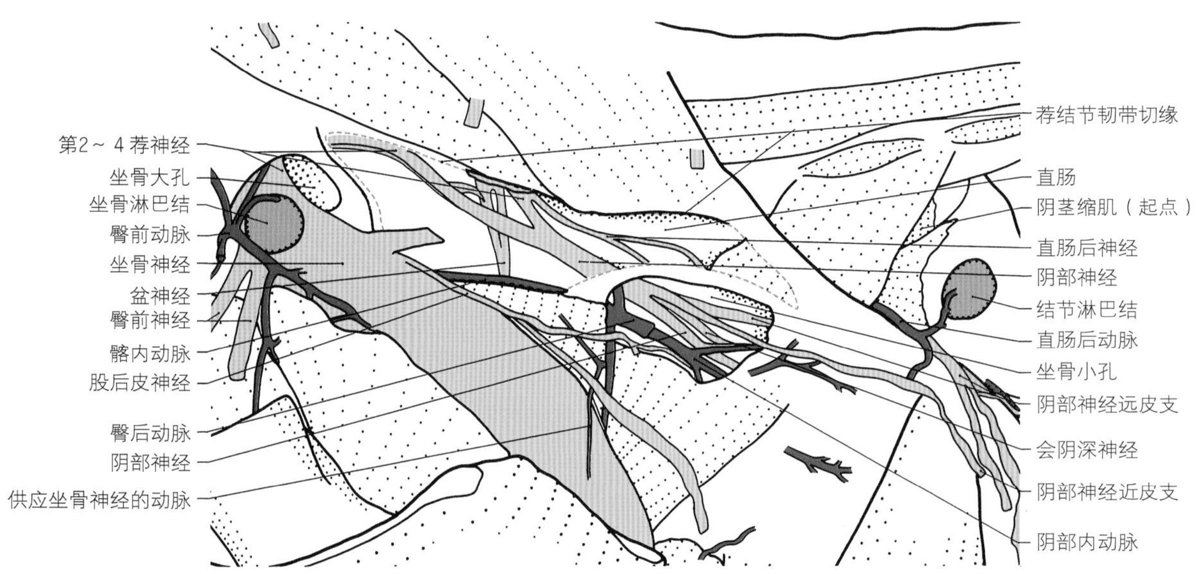
第2～4荐神经
坐骨大孔
坐骨淋巴结
臀前动脉
坐骨神经
盆神经
臀前神经
髂内动脉
股后皮神经
臀后动脉
阴部神经
供应坐骨神经的动脉
荐结节韧带切缘
直肠
阴茎缩肌（起点）
直肠后神经
阴部神经
结节淋巴结
直肠后动脉
坐骨小孔
阴部神经远皮支
会阴深神经
阴部神经近皮支
阴部内动脉

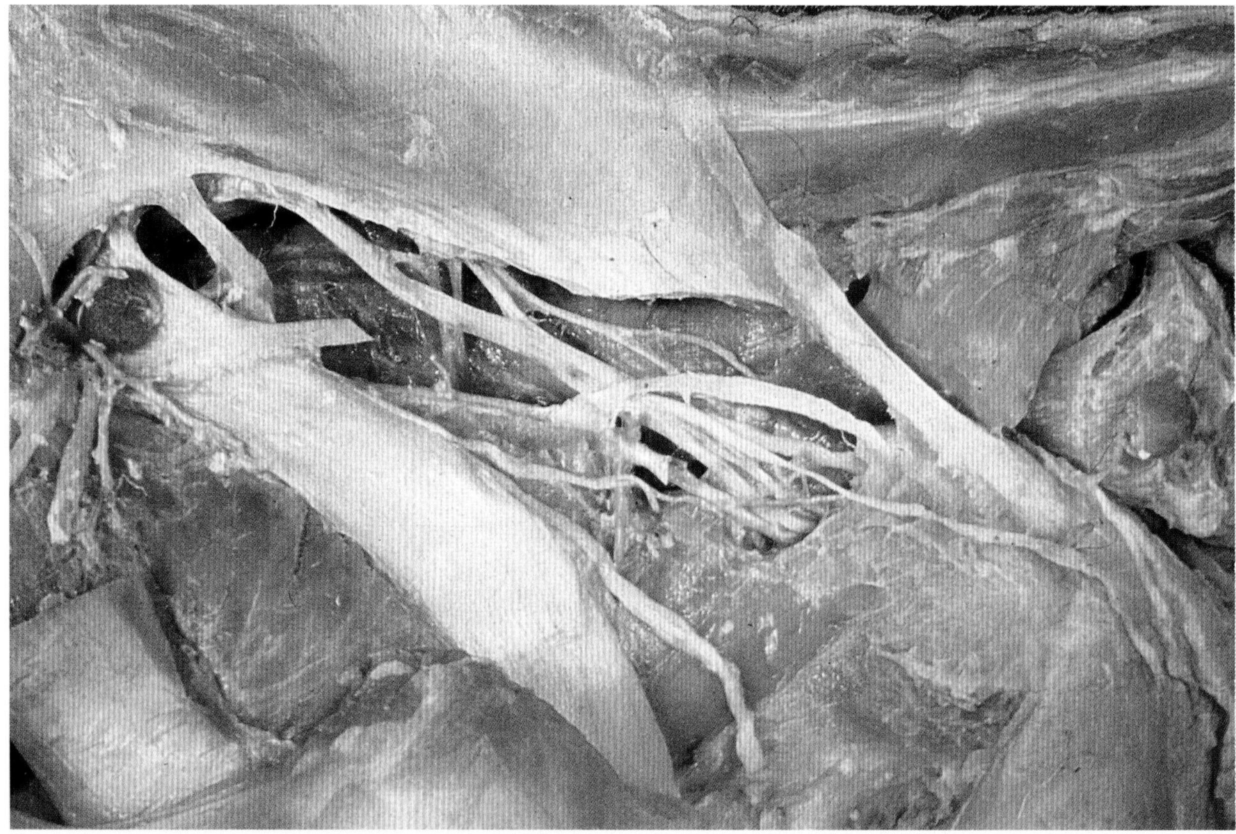

图8.33　犊牛荐结节阔韧带相关的血管和神经，左外侧观。切除部分韧带（如图8.32和图8.33蓝色虚线所示）和剥离坐骨淋巴结后显露出第3、4荐神经的分支走向以及阴部内动脉。坐骨小孔也显示出它们的位置关系。

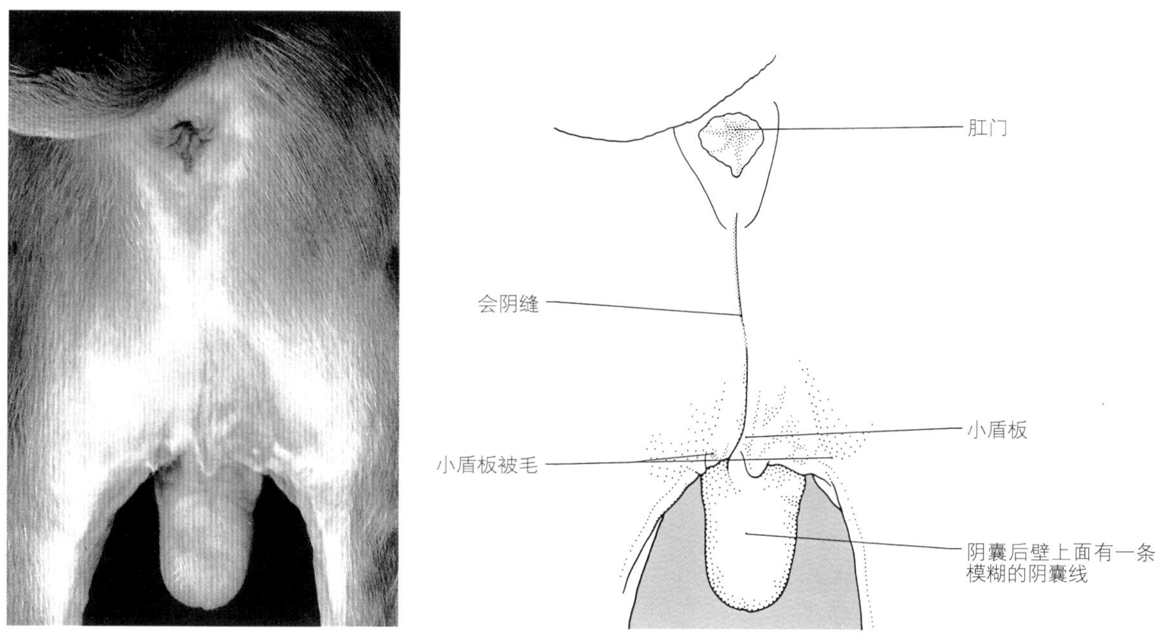
肛门
会阴缝
小盾板
小盾板被毛
阴囊后壁上面有一条
模糊的阴囊线

图8.34 5月龄雄性犊牛肛门、会阴和阴囊的表面特征，后面观。此标本所显示的阴囊轮廓不同于活体动物。小盾板（该部位的被毛呈背侧向）的大小不定，它包含阴囊后壁。此犊牛的小盾板较小。

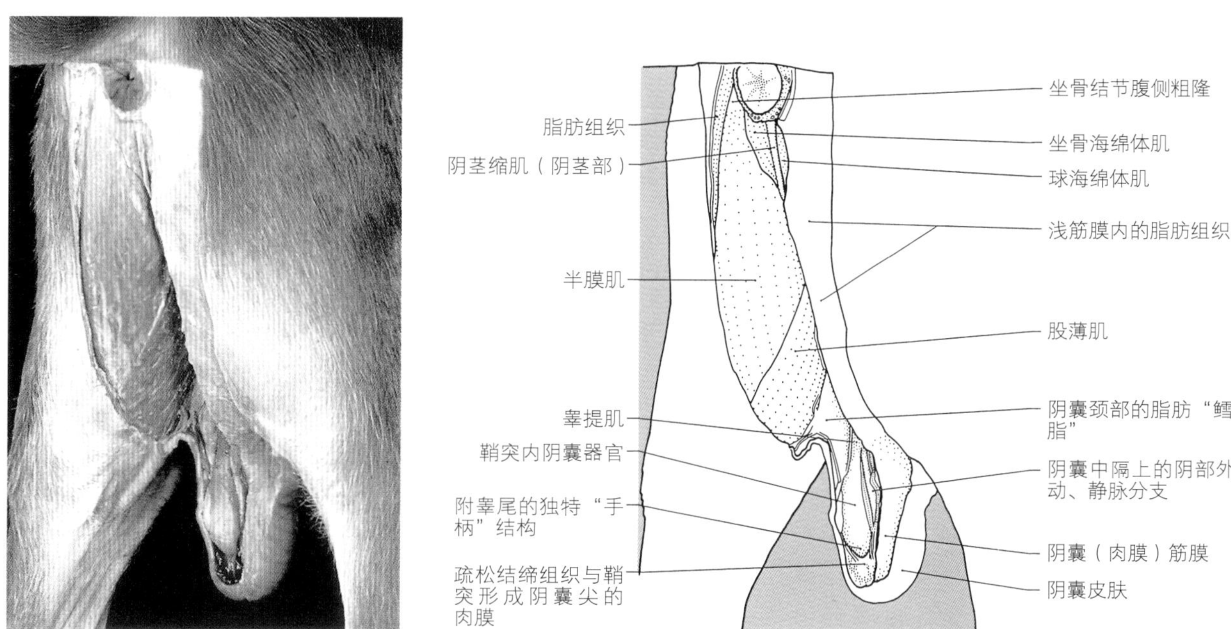
坐骨结节腹侧粗隆
脂肪组织
坐骨海绵体肌
阴茎缩肌（阴茎部）
球海绵体肌
浅筋膜内的脂肪组织
半膜肌
股薄肌
睾提肌
阴囊颈部的脂肪“鳕
脂”
鞘突内阴囊器官
阴囊中隔上的阴部外
动、静脉分支
附睾尾的独特“手
柄”结构
阴囊（肉膜）筋膜
疏松结缔组织与鞘
突形成阴囊尖的
肉膜
阴囊皮肤

图8.35 犊牛会阴和阴囊的浅层结构，右后外侧观。皮肤已分别从左侧和右侧剥离，同时左侧的浅筋膜和深筋膜也已被剥离。该犊牛屠宰时健康状况良好，在浅筋膜内蓄积了大量的脂肪组织，特别是在阴囊颈周围。

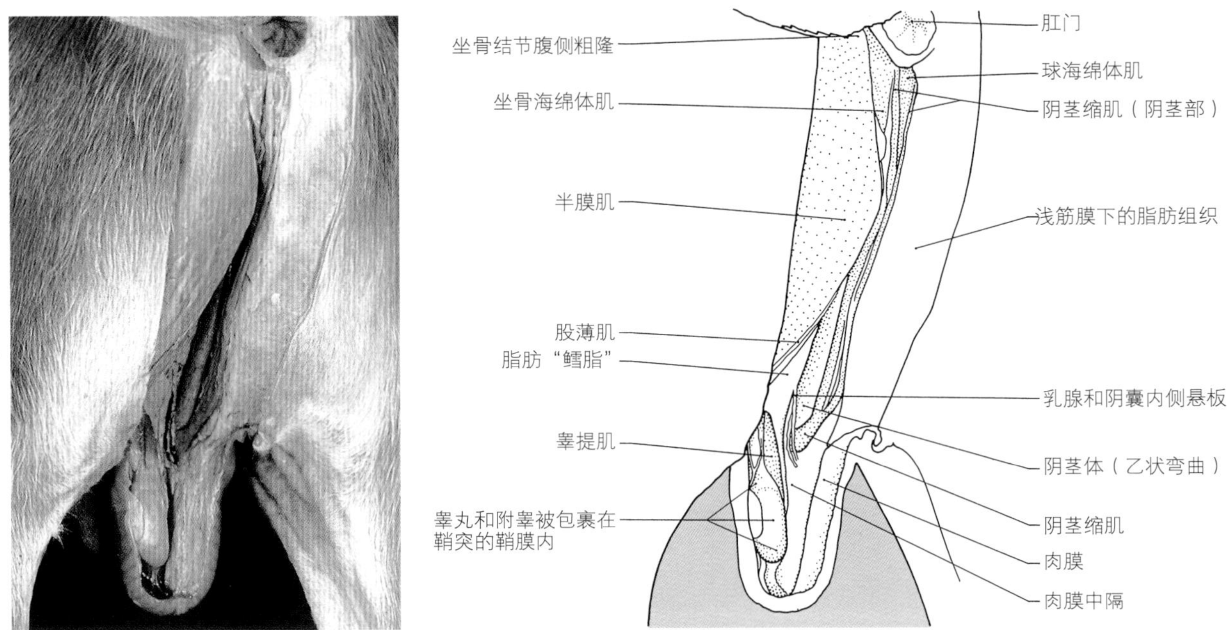
坐骨结节腹侧粗隆
坐骨海绵体肌
半膜肌
股薄肌
脂肪“鳕脂”
睾提肌
睾丸和附睾被包裹在
鞘突的鞘膜内
肛门
球海绵体肌
阴茎缩肌（阴茎部）
浅筋膜下的脂肪组织
乳腺和阴囊内侧悬板
阴茎体（乙状弯曲）
阴茎缩肌
肉膜
肉膜中隔

图8.36 犊牛会阴区阴茎的局部解剖，左后外侧观。右侧的会阴浅筋膜、会阴深筋膜和阴囊仍完整保留，显示了阴茎退缩肌牵引会阴的深度和阴茎体（包括乙状弯曲）。

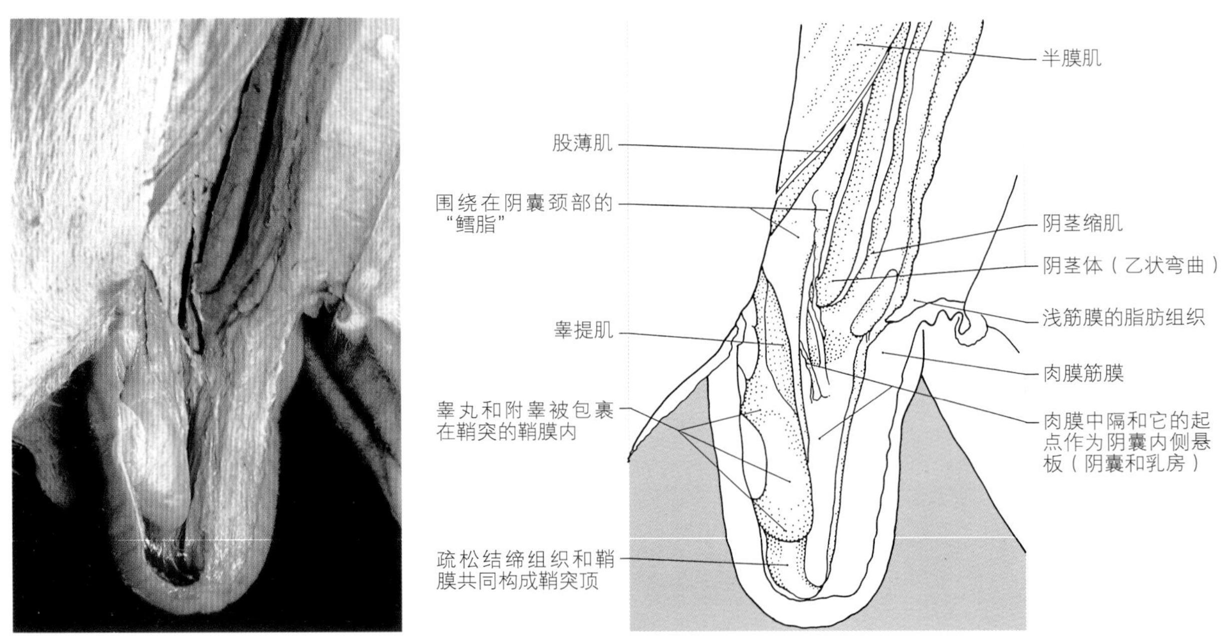
股薄肌
围绕在阴囊颈部的
“鳕脂”
睾提肌
睾丸和附睾被包裹
在鞘突的鞘膜内
疏松结缔组织和鞘
膜共同构成鞘突顶
半膜肌
阴茎缩肌
阴茎体（乙状弯曲）
浅筋膜的脂肪组织
肉膜筋膜
肉膜中隔和它的起
点作为阴囊内侧悬
板（阴囊和乳房）

图8.37 犊牛阴囊及其颈部结构，左后外侧观。该图为图8.36的局部放大。

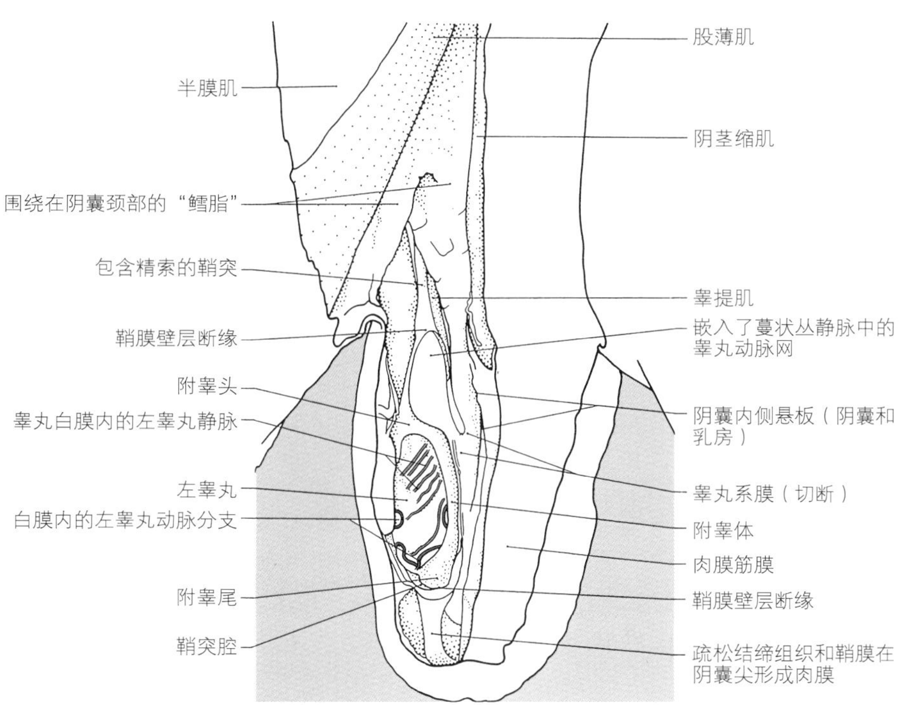
股薄肌
半膜肌
阴茎缩肌
围绕在阴囊颈部的“鳕脂”
包含精索的鞘突
睾提肌
鞘膜壁层断缘
嵌入了蔓状丛静脉中的睾丸动脉网
附睾头
睾丸白膜内的左睾丸静脉
阴囊内侧悬板（阴囊和乳房）
睾丸系膜（切断）
左睾丸
白膜内的左睾丸动脉分支
附睾体
肉膜筋膜
附睾尾
鞘膜壁层断缘
鞘突腔
疏松结缔组织和鞘膜在阴囊尖形成肉膜

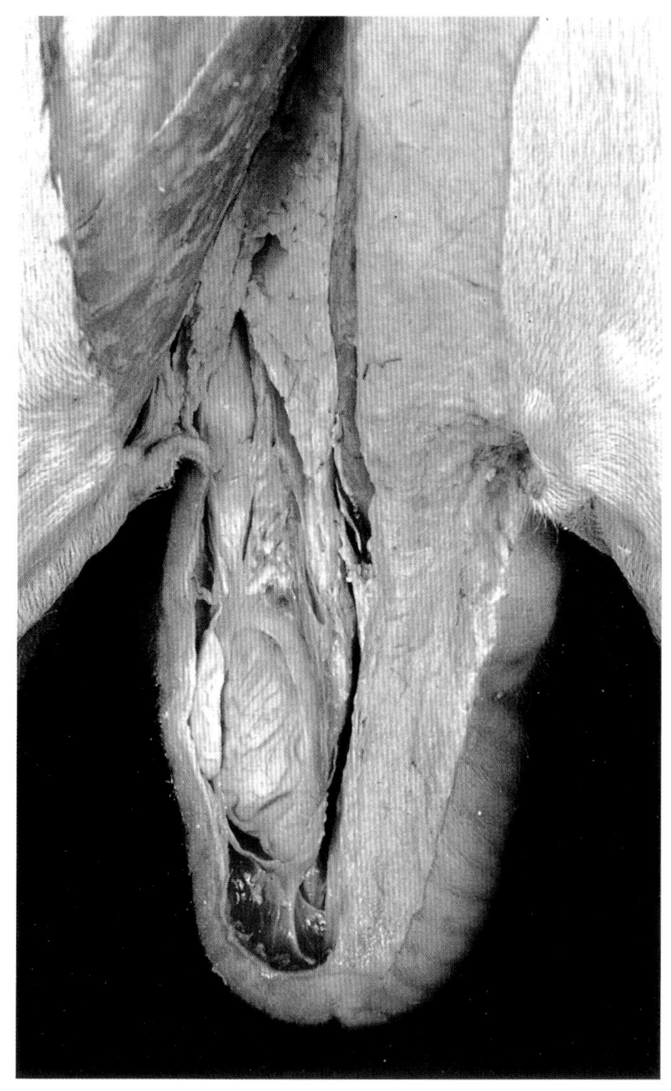

图8.38　犊牛左侧阴囊内左侧鞘突的内部结构，后面观。 鞘膜壁层已被分开，以显示悬吊于鞘突腔内的睾丸和附睾。注意附睾体的内侧位置（与图9.27相比较）。

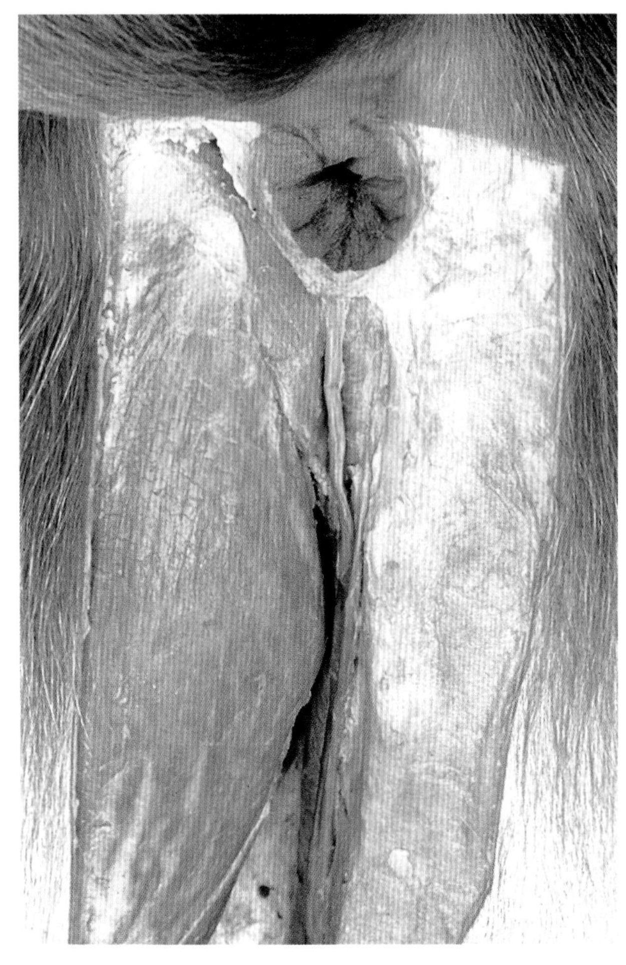

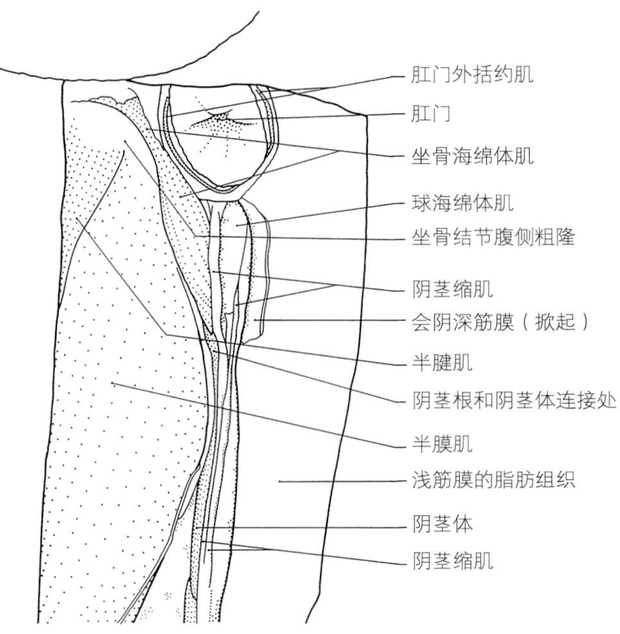
肛门外括约肌
肛门
坐骨海绵体肌
球海绵体肌
坐骨结节腹侧粗隆
阴茎缩肌
会阴深筋膜（掀起）
半腱肌
阴茎根和阴茎体连接处
半膜肌
浅筋膜的脂肪组织
阴茎体
阴茎缩肌

图8.39 会阴区阴茎根的肌肉，后面观（1）。小筋膜瓣附着于左侧的球海绵体肌，并从球海绵体肌表面折转。注意公牛会阴区深筋膜的厚度和密度。

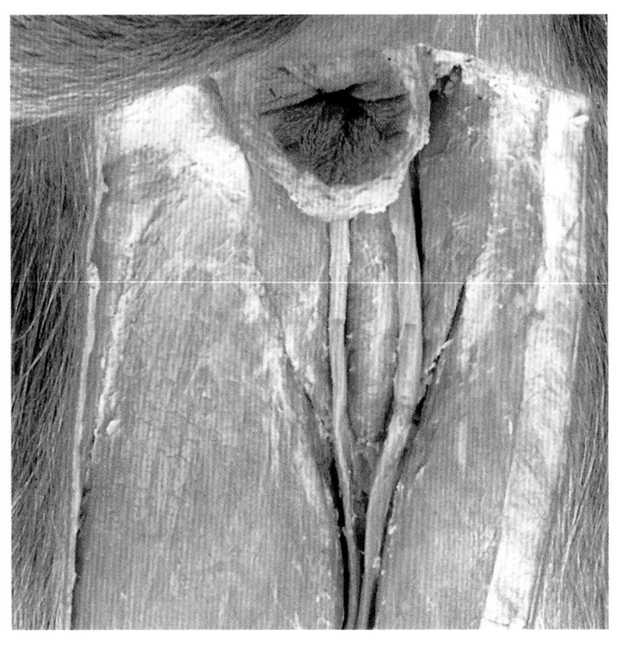

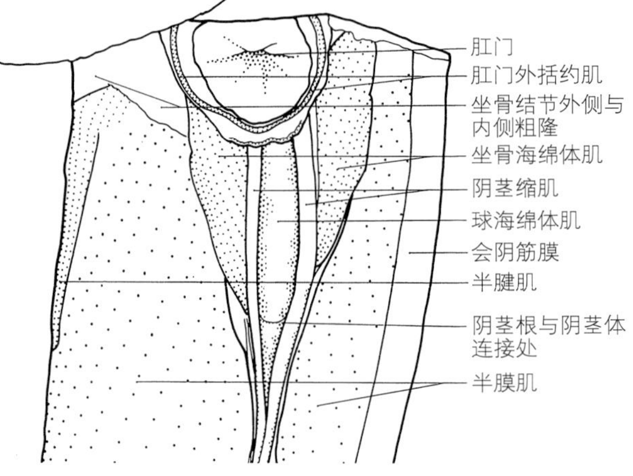
肛门
肛门外括约肌
坐骨结节外侧与
内侧粗隆
坐骨海绵体肌
阴茎缩肌
球海绵体肌
会阴筋膜
半腱肌
阴茎根与阴茎体
连接处
半膜肌

图8.40 会阴区阴茎根的肌肉，后面观（2）。图8.49显示了起于尾椎的阴茎退缩肌。

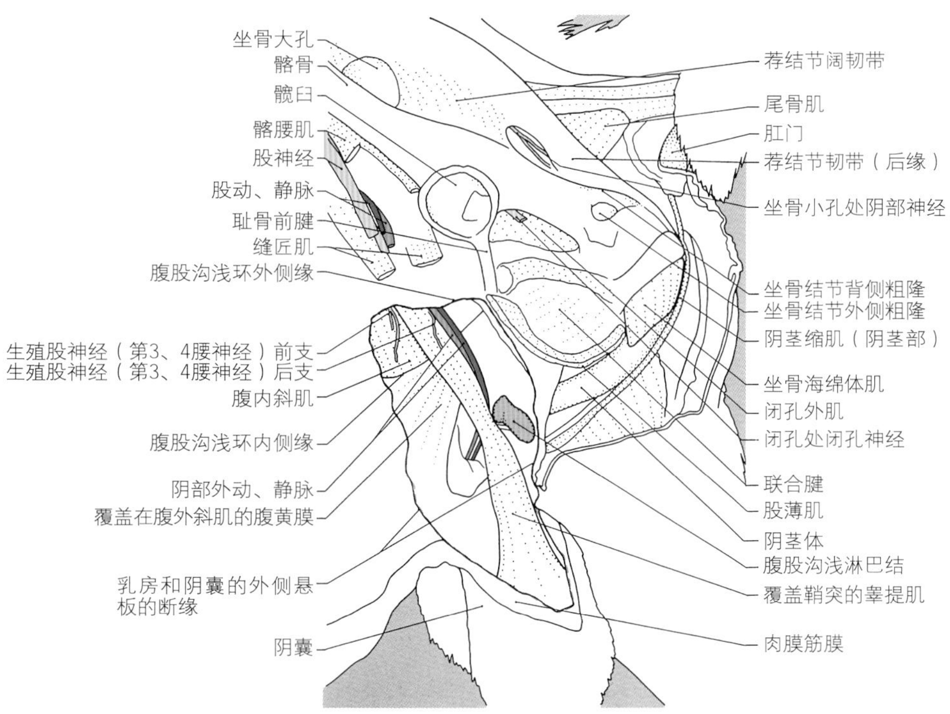
坐骨大孔
髂骨
髋臼
髂腰肌
股神经
股动、静脉
耻骨前腱
缝匠肌
腹股沟浅环外侧缘
生殖股神经（第3、4腰神经）前支
生殖股神经（第3、4腰神经）后支
腹内斜肌
腹股沟浅环内侧缘
阴部外动、静脉
覆盖在腹外斜肌的腹黄膜
乳房和阴囊的外侧悬板的断缘
阴囊
荐结节阔韧带
尾骨肌
肛门
荐结节韧带（后缘）
坐骨小孔处阴部神经
坐骨结节背侧粗隆
坐骨结节外侧粗隆
阴茎缩肌（阴茎部）
坐骨海绵体肌
闭孔外肌
闭孔处闭孔神经
联合腱
股薄肌
阴茎体
腹股沟浅淋巴结
覆盖鞘突的睾提肌
肉膜筋膜

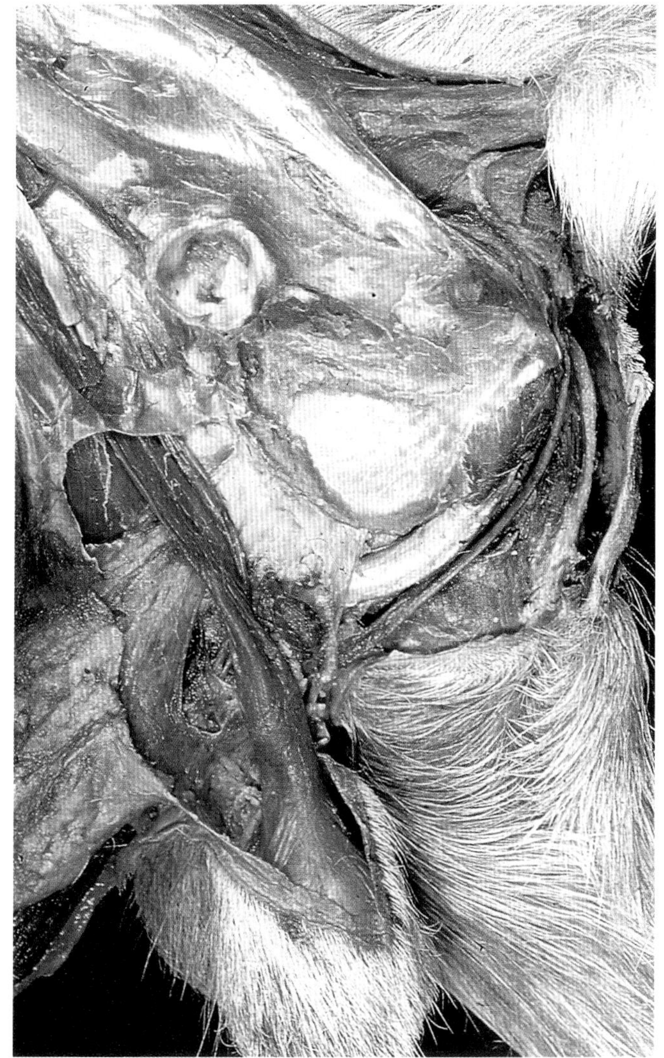

图8.41 5月龄雄性山羊的腹股沟浅环，左外侧观。左后肢已被切除，沿蓝色虚线所示切除外侧板以暴露腹股沟浅环。该雄性山羊骨盆部和生殖器官的进一步解剖见图8.42～图8.50。

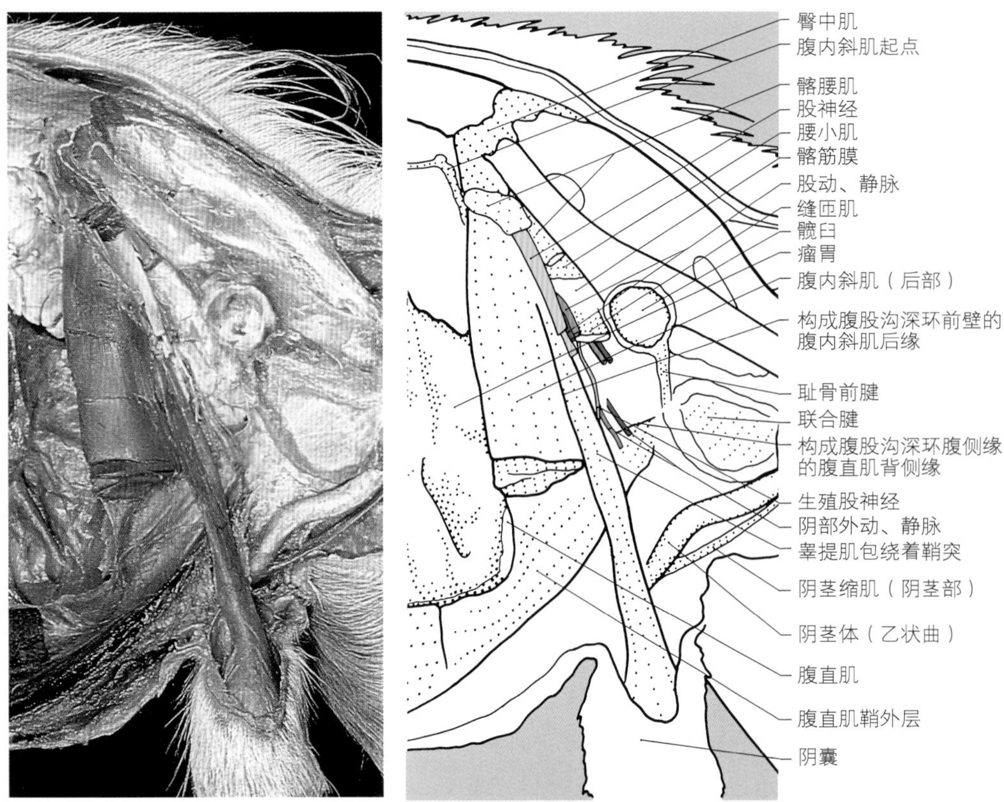
臀中肌
腹内斜肌起点
髂腰肌
股神经
腰小肌
髂筋膜
股动、静脉
缝匝肌
髋臼
瘤胃
腹内斜肌（后部）
构成腹股沟深环前壁的
腹内斜肌后缘
耻骨前腱
联合腱
构成腹股沟深环腹侧缘
的腹直肌背侧缘
生殖股神经
阴部外动、静脉
睾提肌包绕着鞘突
阴茎缩肌（阴茎部）
阴茎体（乙状曲）
腹直肌
腹直肌鞘外层
阴囊

图8.42 山羊的腹股沟深环，左外侧观。切除腹外斜肌及其腹股沟浅环（见图8.41）。当需要展示腹腔脏器时，腹内斜肌的后部应被保留（见图5.61）。腹股沟深环向后位于腹内斜肌的后缘。

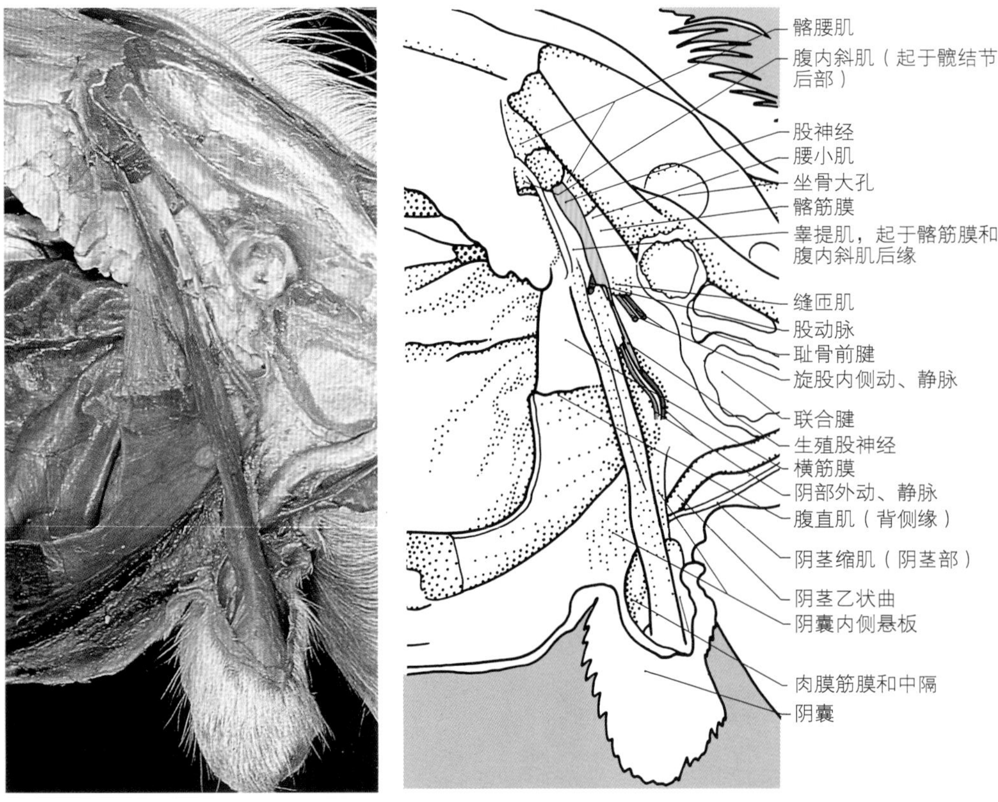
髂腰肌
腹内斜肌（起于髋结节
后部）
股神经
腰小肌
坐骨大孔
髂筋膜
睾提肌，起于髂筋膜和
腹内斜肌后缘
缝匝肌
股动脉
耻骨前腱
旋股内侧动、静脉
联合腱
生殖股神经
横筋膜
阴部外动、静脉
腹直肌（背侧缘）
阴茎缩肌（阴茎部）
阴茎乙状曲
阴囊内侧悬板
肉膜筋膜和中隔
阴囊

图8.43 山羊腹股沟结构，左外侧观。切除腹内斜肌的后缘显露出睾提肌的起始部和腹部沟部的腹横筋膜。图8.45显示鞘突口。

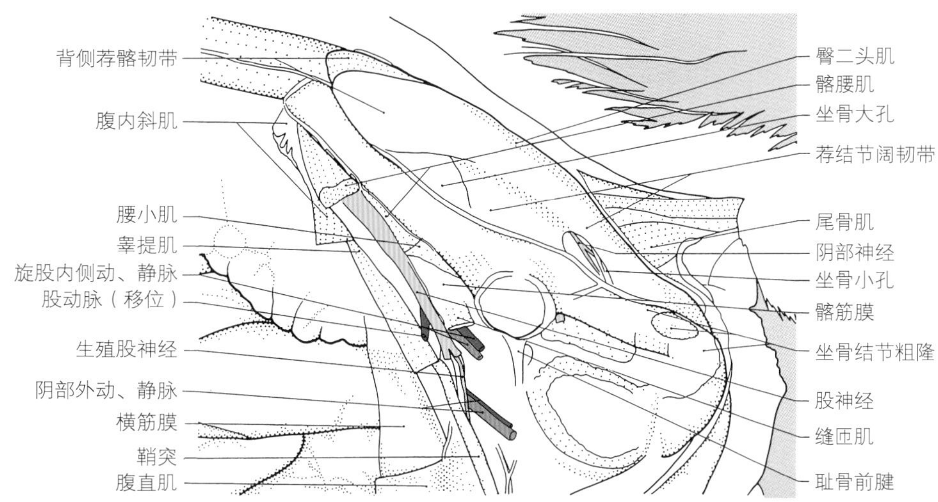
背侧荐髂韧带
腹内斜肌
腰小肌
睾提肌
旋股内侧动、静脉
股动脉（移位）
生殖股神经
阴部外动、静脉
横筋膜
鞘突
腹直肌
臀二头肌
髂腰肌
坐骨大孔
荐结节阔韧带
尾骨肌
阴部神经
坐骨小孔
髂筋膜
坐骨结节粗隆
股神经
缝匝肌
耻骨前腱

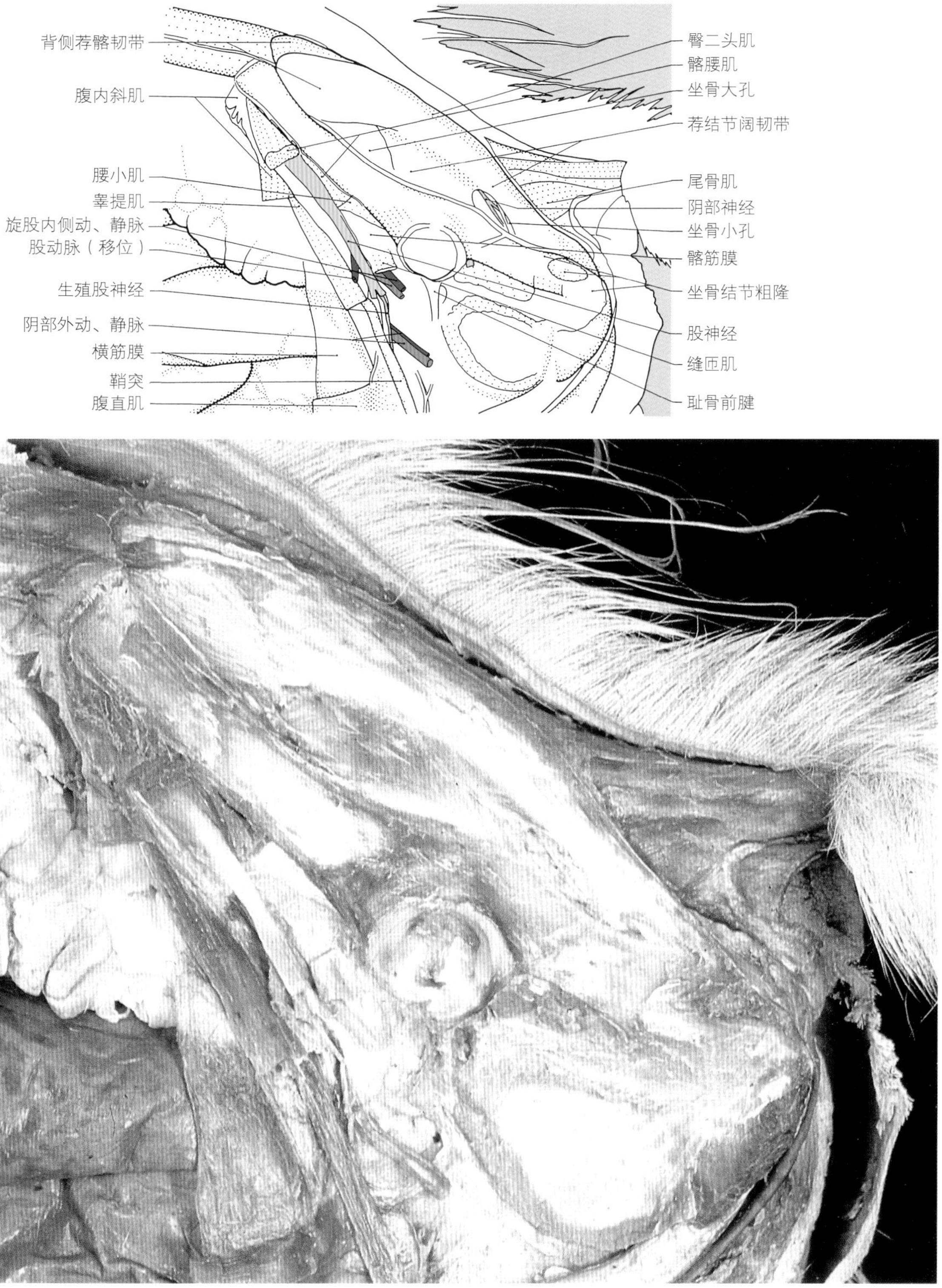

图8.44 雄性山羊的荐结节阔韧带及髂筋膜相关结构，左外侧观。此图是图8.43的局部放大。

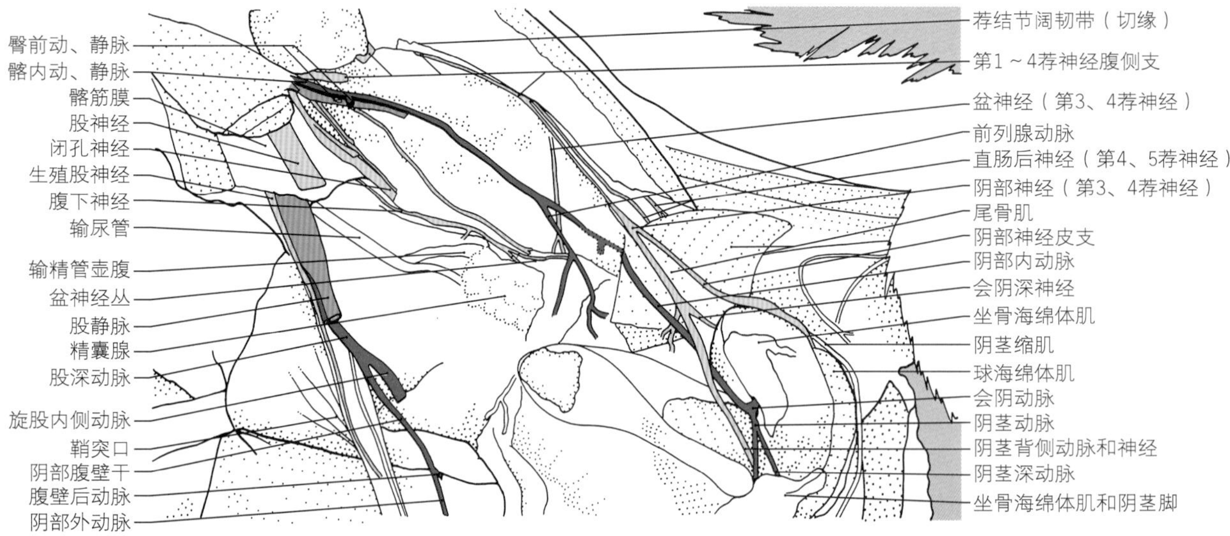
臀前动、静脉
髂内动、静脉
髂筋膜
股神经
闭孔神经
生殖股神经
腹下神经
输尿管
输精管壶腹
盆神经丛
股静脉
精囊腺
股深动脉
旋股内侧动脉
鞘突口
阴部腹壁干
腹壁后动脉
阴部外动脉
荐结节阔韧带（切缘）
第1～4荐神经腹侧支
盆神经（第3、4荐神经）
前列腺动脉
直肠后神经（第4、5荐神经）
阴部神经（第3、4荐神经）
尾骨肌
阴部神经皮支
阴部内动脉
会阴深神经
坐骨海绵体肌
阴茎缩肌
球海绵体肌
会阴动脉
阴茎动脉
阴茎背侧动脉和神经
阴茎深动脉
坐骨海绵体肌和阴茎脚

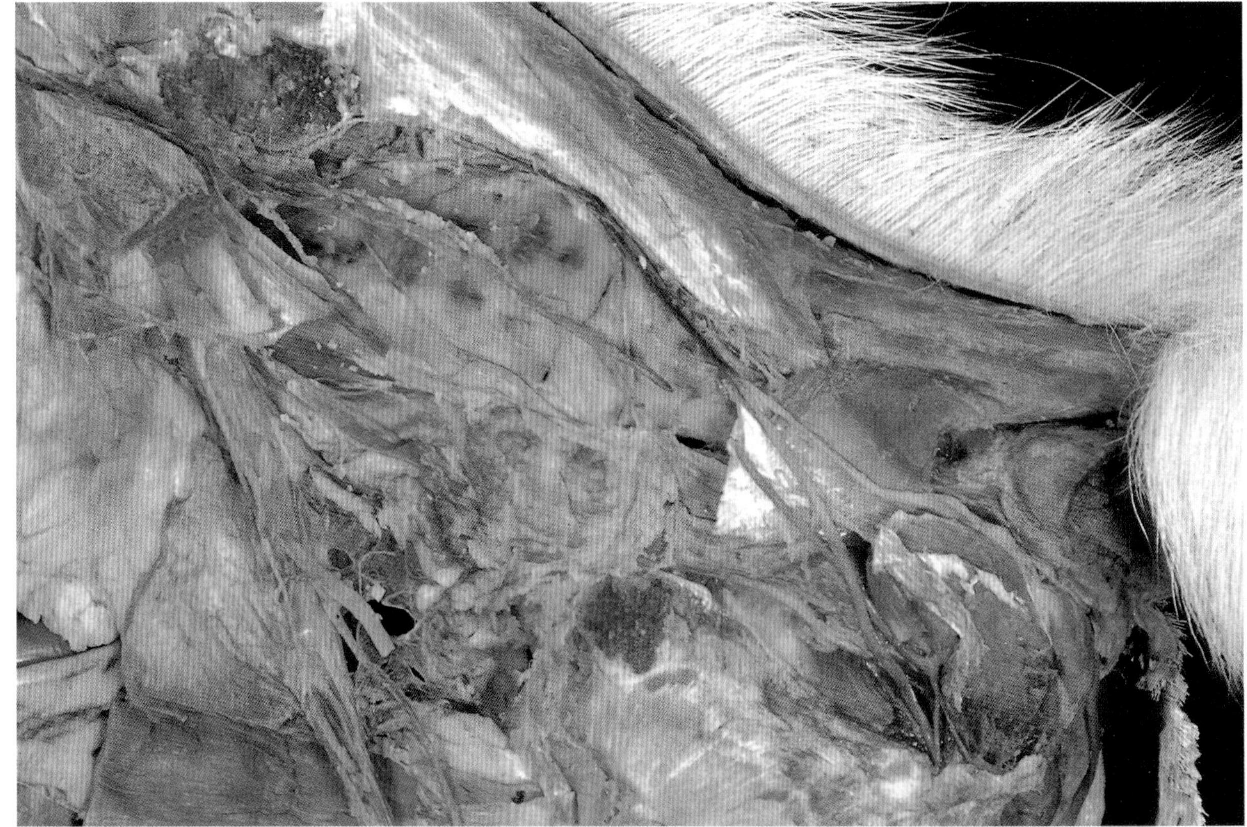

图8.45 山羊盆腔的神经和血管，左侧观。如图8.46所示，左侧骨盆骨骼已切除。虚线表示损毁的阴部内动脉和臀后动脉。

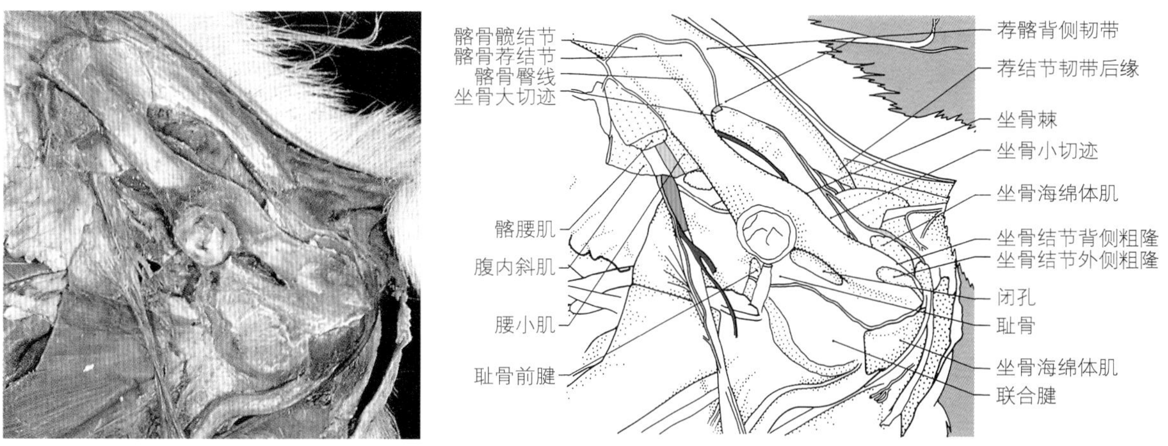
髂骨髋结节
髂骨荐结节
髂骨臀线
坐骨大切迹
髂腰肌
腹内斜肌
腰小肌
耻骨前腱
荐髂背侧韧带
荐结节韧带后缘
坐骨棘
坐骨小切迹
坐骨海绵体肌
坐骨结节背侧粗隆
坐骨结节外侧粗隆
闭孔
耻骨
坐骨海绵体肌
联合腱

图8.46 山羊骨盆骨骼的位置关系，左外侧观。如图8.45所示，左侧骨盆骨骼已切除，以显示骨盆骨骼解剖结构的位置关系。

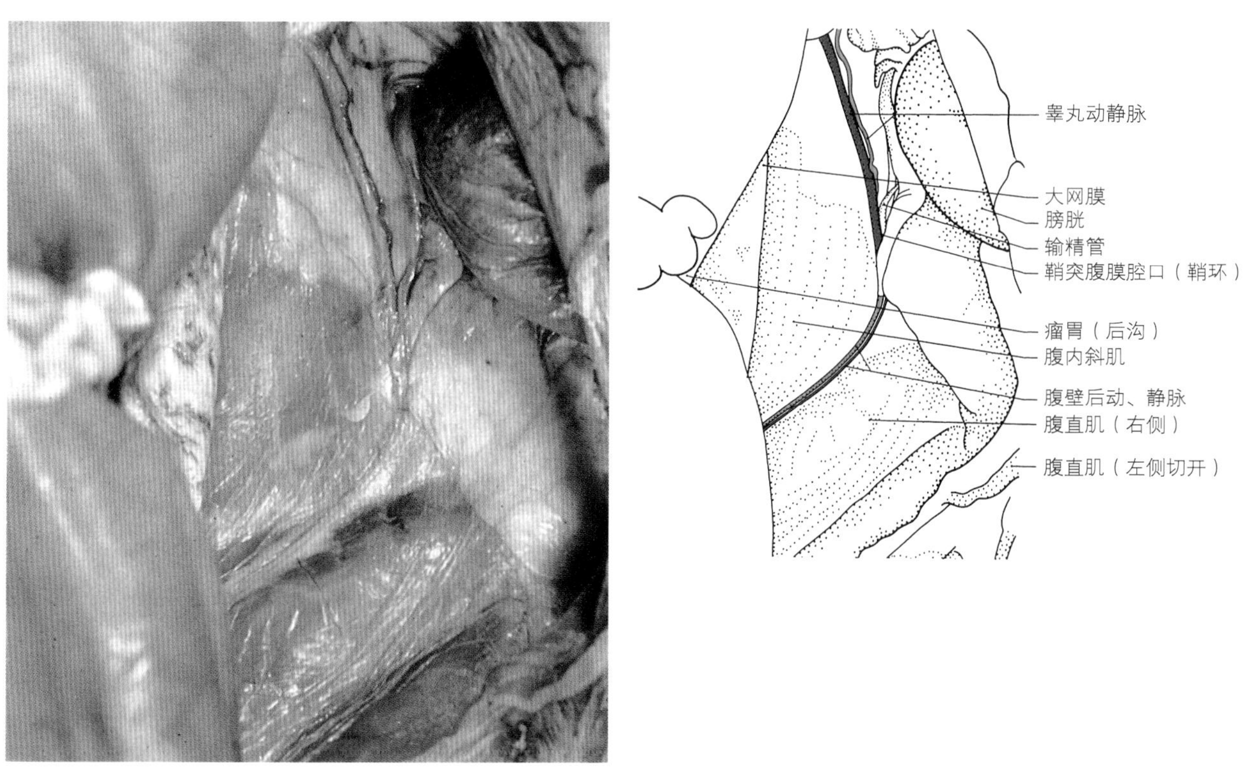
睾丸动静脉
大网膜
膀胱
输精管
鞘突腹膜腔口（鞘环）
瘤胃（后沟）
腹内斜肌
腹壁后动、静脉
腹直肌（右侧）
腹直肌（左侧切开）

图8.47 山羊右侧阴道环，左外侧观。该图与图8.48为同一解剖层次，但腹腔内脏器官均已向前推移，以暴露右侧腹壁腹膜的鞘突口。

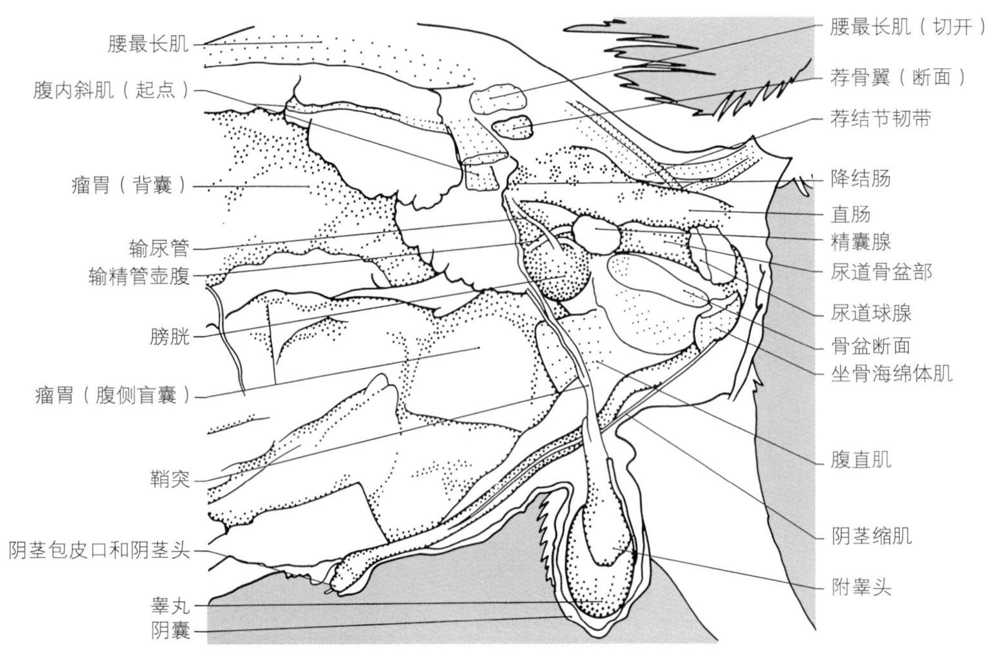
腰最长肌
腹内斜肌（起点）
瘤胃（背囊）
输尿管
输精管壶腹
膀胱
瘤胃（腹侧盲囊）
鞘突
阴茎包皮口和阴茎头
睾丸
阴囊
腰最长肌（切开）
荐骨翼（断面）
荐结节韧带
降结肠
直肠
精囊腺
尿道骨盆部
尿道球腺
骨盆断面
坐骨海绵体肌
腹直肌
阴茎缩肌
附睾头

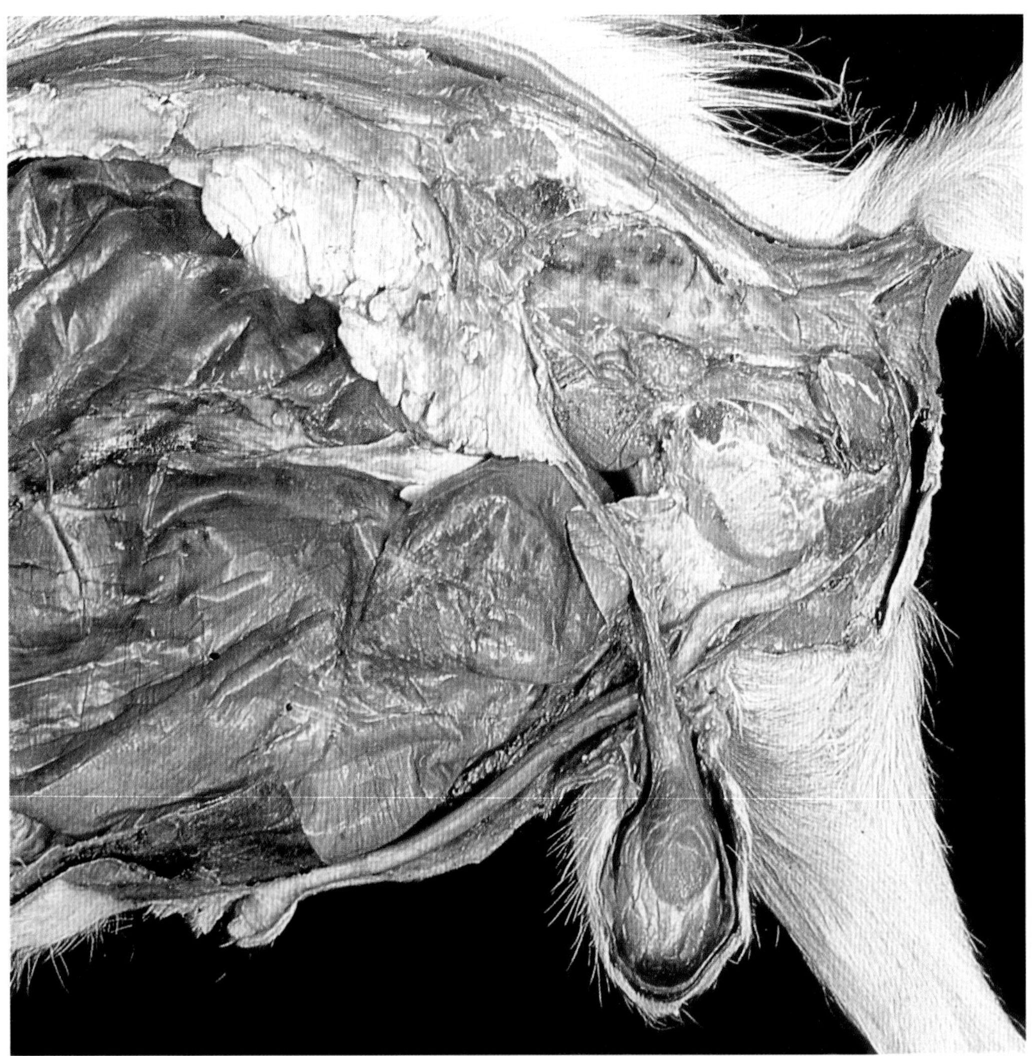

图8.48 雄性山羊生殖器官，左外侧观。切除骨性骨盆和顶壁结构以显示主要脏器。图8.49和图8.50显示了这一解剖部位生殖器官的详细结构。

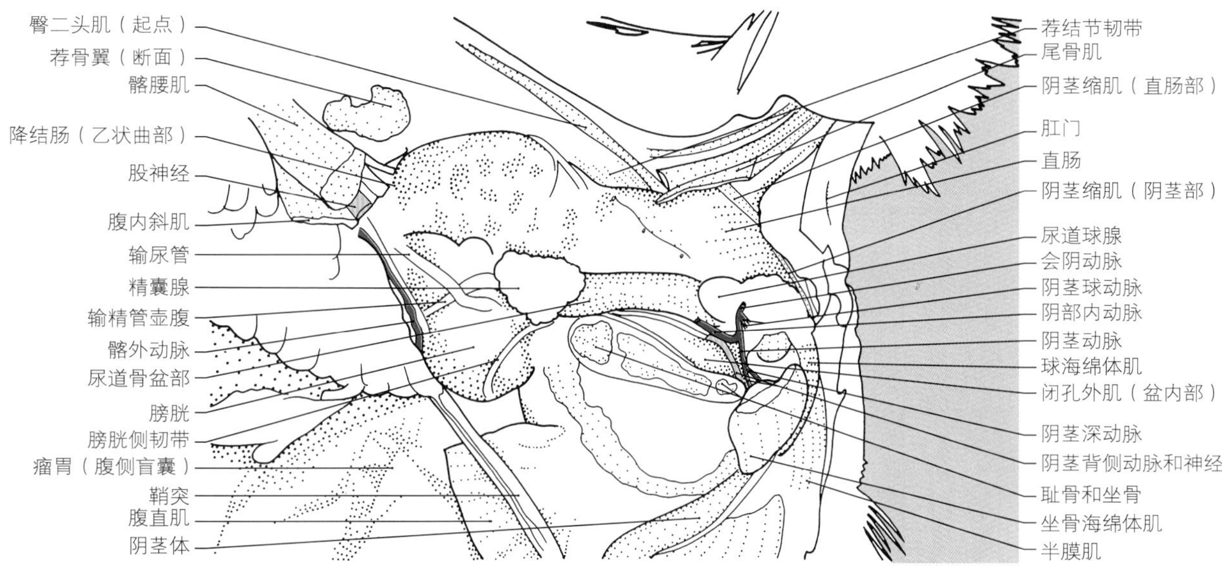
臀二头肌（起点）
荐骨翼（断面）
髂腰肌
降结肠（乙状曲部）
股神经
腹内斜肌
输尿管
精囊腺
输精管壶腹
髂外动脉
尿道骨盆部
膀胱
膀胱侧韧带
瘤胃（腹侧盲囊）
鞘突
腹直肌
阴茎体
荐结节韧带
尾骨肌
阴茎缩肌（直肠部）
肛门
直肠
阴茎缩肌（阴茎部）
尿道球腺
会阴动脉
阴茎球动脉
阴部内动脉
阴茎动脉
球海绵体肌
闭孔外肌（盆内部）
阴茎深动脉
阴茎背侧动脉和神经
耻骨和坐骨
坐骨海绵体肌
半膜肌

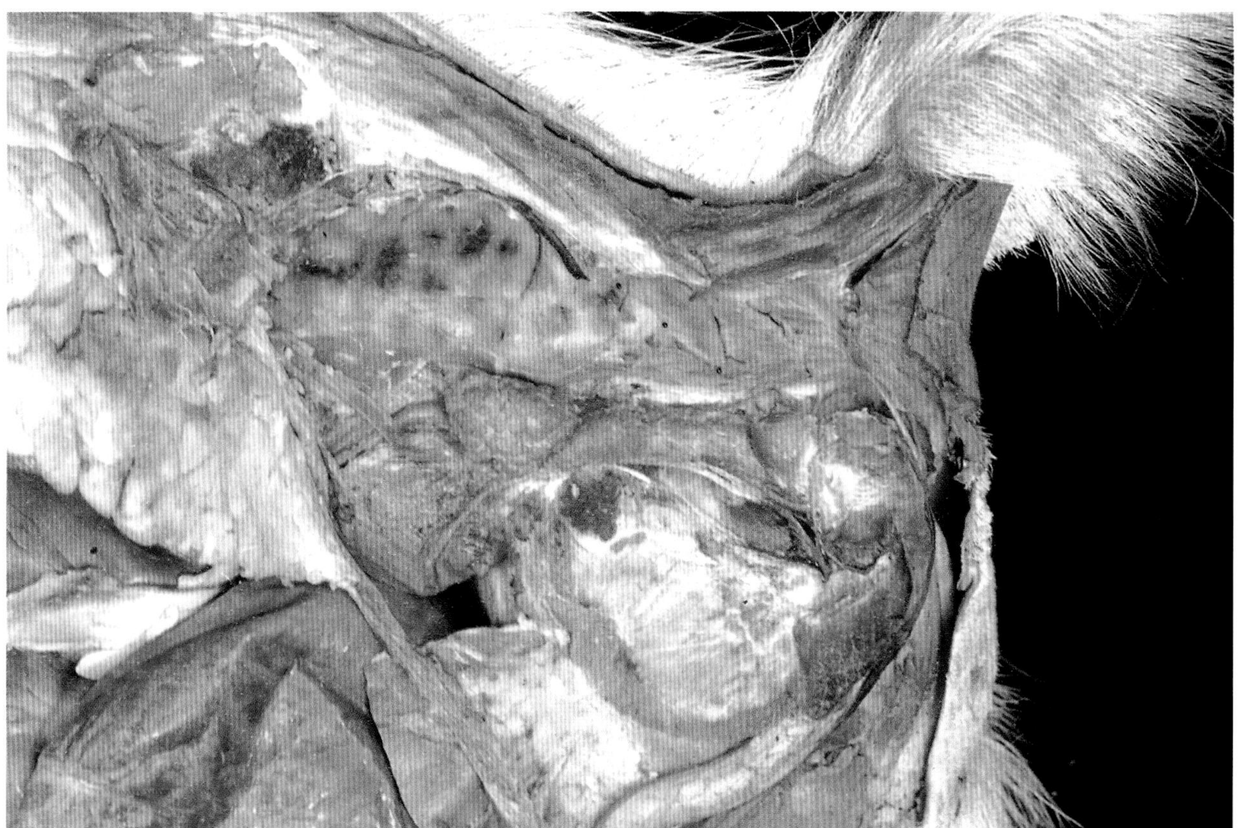

图8.49 山羊盆腔脏器，左外侧观。如图8.46所示，切除左侧骨性骨盆，骨盆内的血管和神经也已移除。注意切除坐骨海绵体肌的背侧部和中间部以更完整地显示尿道球腺。直肠壁上三个黑色的钉子标示了腹膜腔的后界。

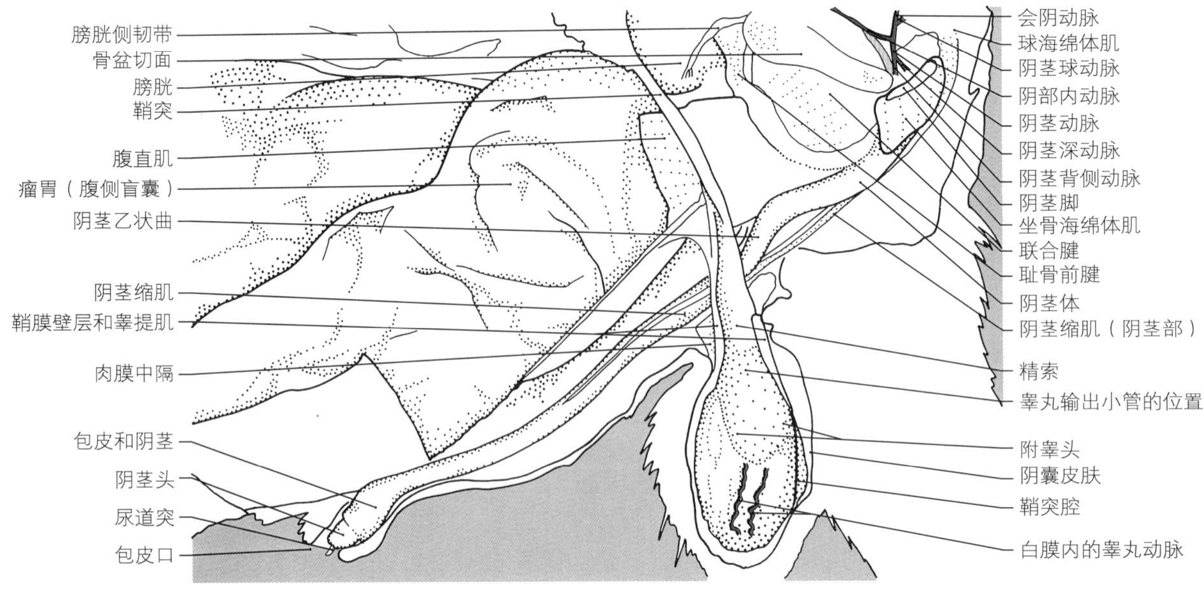
膀胱侧韧带
骨盆切面
膀胱
鞘突
腹直肌
瘤胃（腹侧盲囊）
阴茎乙状曲
阴茎缩肌
鞘膜壁层和睾提肌
肉膜中隔
包皮和阴茎
阴茎头
尿道突
包皮口
会阴动脉
球海绵体肌
阴茎球动脉
阴部内动脉
阴茎动脉
阴茎深动脉
阴茎背侧动脉
阴茎脚
坐骨海绵体肌
联合腱
耻骨前腱
阴茎体
阴茎缩肌（阴茎部）
精索
睾丸输出小管的位置
附睾头
阴囊皮肤
鞘突腔
白膜内的睾丸动脉

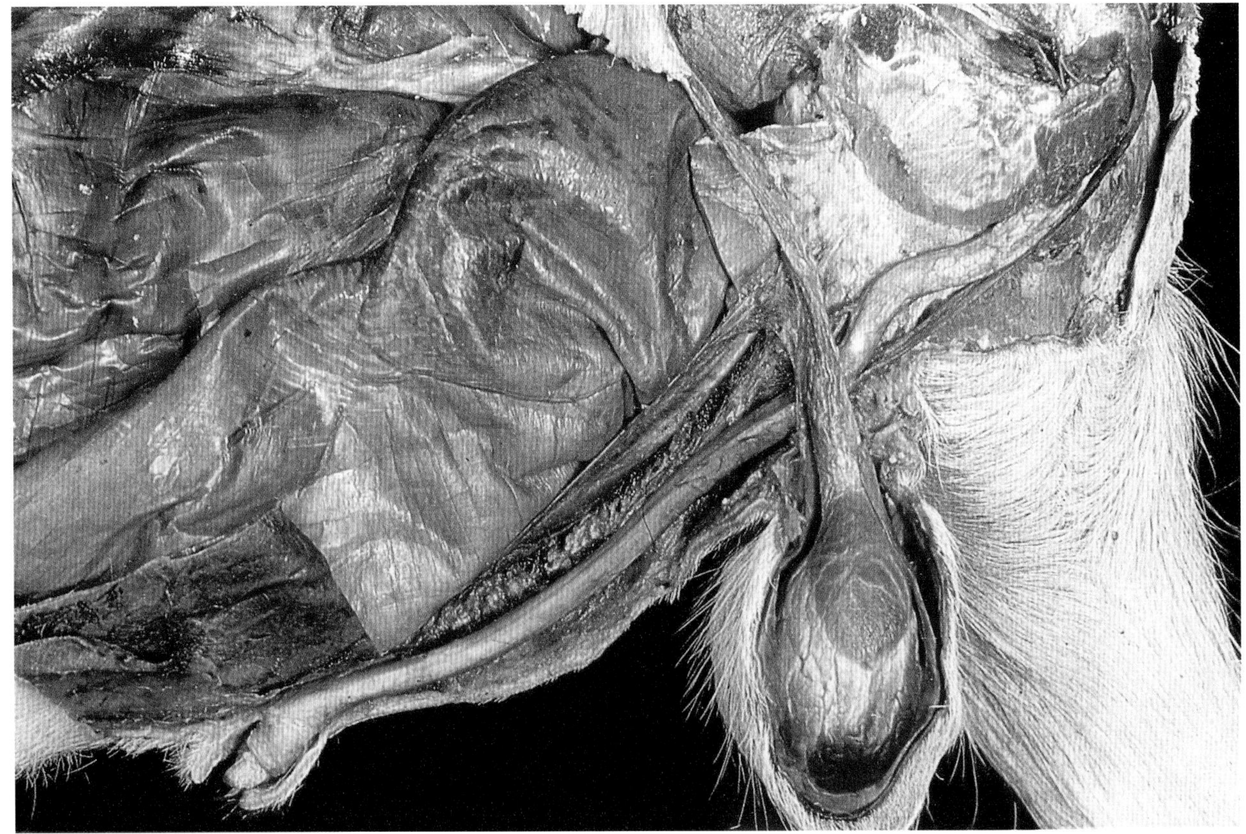

图8.50 山羊阴茎和阴囊，左外侧观。乙状弯曲消失，因此阴茎头伸出包皮口。当阴茎退缩肌收缩时，阴茎头回缩至阴囊水平，这使包皮拖长进入相当长的包皮鞘内。

第9章

乳房、阴囊和阴茎

（The Udder, Scrotum and Penis）

在牛的临床医学里，分娩是最重要的生理活动，因为牛的泌乳期长达305天。因此，兽医要花大量时间研究如何更好地维持乳房的健康。在妊娠期间，乳房会快速生长，充满乳汁的乳房重约50kg。

外侧悬韧带为乳房提供主要的支撑，它从腹侧向内侧集中加入成对的内侧悬韧带，内侧韧带以垂直方向将乳房分为左右两部分。小叶间结缔组织中隔横跨内、外侧悬韧带间的腺体，且支撑大量的乳房小叶。内侧悬韧带比外侧悬韧带含有较多的弹性纤维，故当充满乳汁的乳房沿中线下垂时，乳头会向外倾斜。乳房的血流供应十分充足，特别是靠穿过腹股沟管的阴部外动脉。同时，腹壁浅动脉为乳房前部供给血液，而乳房后部的血液则由会阴动脉供给。乳房基部有很长的环状血管，它由3条血管引流：腹壁皮下血管、阴部外静脉和会阴静脉。腹壁皮下血管由于位置较浅最易受到损伤。支配乳房的神经是穿过腹股沟管的来自第4和第5的腰神经。而第1和第2腰神经的分支则支配乳房前部，第1和第2荐神经支配乳房后部。乳房皮肤可接受感觉传入，但深层组织没有感受器。

乳头不仅是获取乳汁的重要通道，而且在哺乳、挤奶时避免机械损伤防止上行感染都起到了重要的作用。乳头管和乳腺分泌物中含有抗菌物质，它们在输乳窦内建立了机械屏障，主要由淋巴细胞、免疫球蛋白及吞噬细胞组成庞大的防御机制，但乳房仍属易感染部位。

奶牛有大量的潜在的致病因素（如金黄色葡萄球菌、停乳链球菌、无乳链球菌、乳房链球菌、化脓隐秘杆菌、大肠杆菌和衣原体等）存在。由化脓隐秘杆菌引起的夏季乳房炎可对小母牛造成严重的威胁。许多病毒也能引起乳头损伤，所引起的疾病包括牛疱疹性的乳房炎、伪牛痘、牛痘、口蹄疫和疱疹性口炎。

然而，认识到挤奶器及其卫生和挤奶技术对乳腺炎的发生有着深远的影响是非常重要的。乳汁中细胞和细菌的计数可以帮助我们很好地了解这些因素的作用效果。奶牛有4个乳房，尽管被腹部和后肢保护着，但乳头还是会暴露出来，因此乳头的非感染性损伤也相当普遍，如乳头被光滑的有刺铁丝和设备夹住、被饲养员或其他牛踩踏、被化学物质损伤（如乳头浸洗、晒伤、冻伤）、蚊虫的叮咬，最后导致乳头表面形成结痂或角化过度的瘢痕组织。如果乳头遭到严重的划伤，可以通过手术将其愈合。大部分为紧急情况，且不能让其过度干燥。如果挤奶时插入一根插管可避免对乳头的挤压。

通过可收缩的阴囊肉膜控制睾丸内温度来维持牛的生殖力。阴囊的触诊对于诊断青年牛睾丸发育不全、成年牛睾丸退化非常重要。起源于胚胎中肾管的睾丸发育障碍往往通过触诊附睾来进行诊断。附睾尾可见并在阴囊基部较易被触及。尽管附睾头位于外侧面，但附睾头的触诊较难。与阴囊中隔相接触的附睾体位于内侧，较难触诊。输精管壶腹和精囊腺可通过直肠触诊。

公牛由于阴茎括约肌控制失调导致阴茎包皮口下垂，在放牧时会使一部分的阴茎包皮外翻。然而，不可逆转的包皮脱出会引起包皮前端纤维化。在包皮的末端，包皮附着在阴茎外膜上，在配种时可能会被撕裂，若不及时进行治疗也将引起纤维化。阴茎和包皮的纤维性损伤对动物健康影响较严重，因为在配种过程中阴茎勃起需要很好的灵活性。

脐部大量的组织积聚压迫阴茎会使阴茎的勃起受到抑制。在牧区，这可能会影响公牛配种的成功率。当公牛的阴茎勃起时，阴茎海绵体（CCP）内的坐骨海绵体肌将产生巨大的压力（1867kPa），阴茎退缩肌舒张使阴茎显著伸长，并使乙状弯曲消失，但容易使阴囊前部的阴茎乙状曲的远曲阴茎海绵体破裂，偶尔也会造成阴囊后部阴茎远曲至阴茎根的阴茎海绵体的破裂。公牛勃起失败（性无力或阳痿）是由于阴茎海绵体向阴茎背侧静脉异常引流引起的。性无力还可能是由于血液从阴茎脚泵入阴茎体的阴茎海绵体，造成尿生殖道发生纤维性闭锁引起的。

在射精过程中牛的阴茎插入阴道内通常呈螺旋状。首先在右腹外侧呈逆时针旋转，这是由于阴茎插入阴道时，白膜和阴茎包皮的纤维结构造成的。过早的旋转会阻碍阴茎插入。偏离发生时阴茎仍位于包皮中或妨碍阴茎从包皮口伸出。

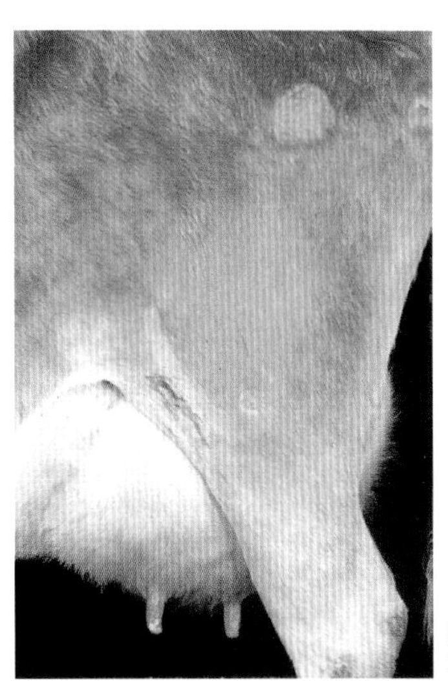

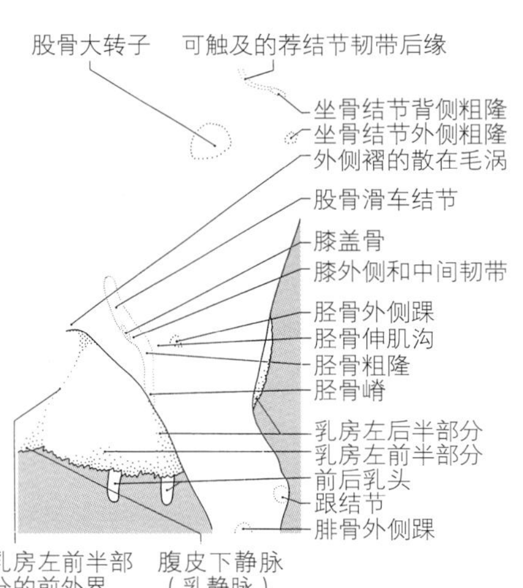
股骨大转子
可触及的荐结节韧带后缘
坐骨结节背侧粗隆
坐骨结节外侧粗隆
外侧褶的散在毛涡
股骨滑车结节
膝盖骨
膝外侧和中间韧带
胫骨外侧踝
胫骨伸肌沟
胫骨粗隆
胫骨嵴
乳房左后半部分
乳房左前半部分
前后乳头
跟结节
腓骨外侧踝
乳房左前半部分的前外界
腹皮下静脉（乳静脉）

图9.1 乳房和后肢的表面特征，左外侧观。图9.1～9.18主要为乳房解剖图，本章的其余图片则为阴囊解剖图。肋腹部的外侧皮肤褶也被称淡“膝盖褶”，因为它靠近膝关节处。这只泽西乳牛处于泌乳末期，但其乳静脉仍清晰可见。后肢的位置是正常的站立姿势，乳房也很好地显示了其构造。

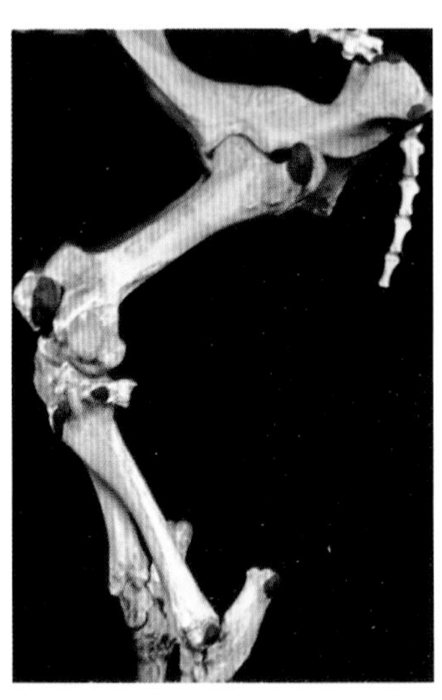

图9.2 与乳房相关的骨盆及后肢骨，左外侧观。红色表示图9.1中被毛被剃除的骨性标志。但应注意位于膝盖骨背内侧的股骨滑车结节并没有用颜色标记。

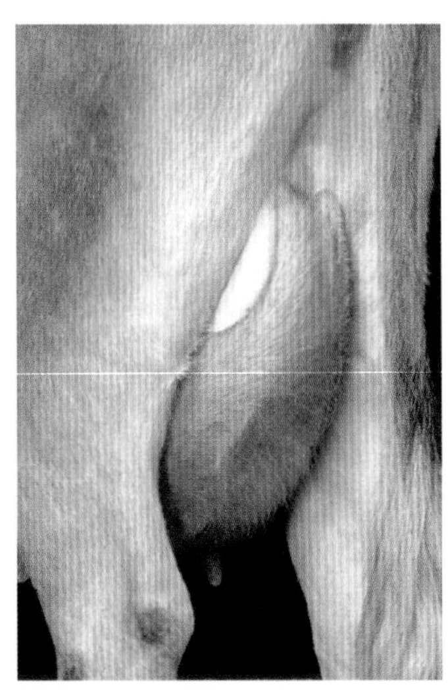

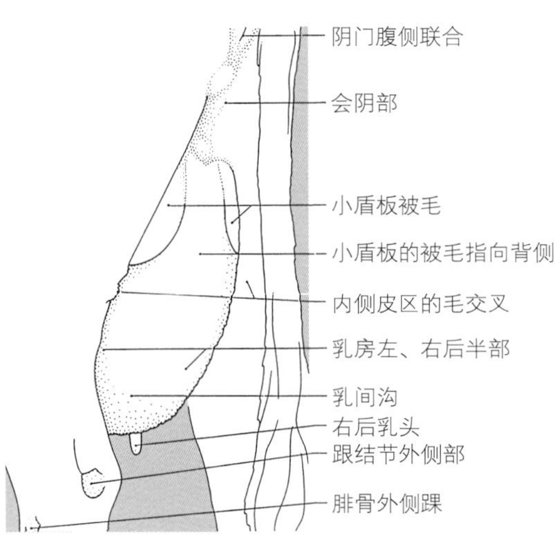
阴门腹侧联合
会阴部
小盾板被毛
小盾板的被毛指向背侧
内侧皮区的毛交叉
乳房左、右后半部
乳间沟
右后乳头
跟结节外侧部
腓骨外侧踝

图9.3 乳房和后肢的表面特征，后外侧观。小盾板的形态及其被毛区在个体间有较大的差异，这可能与产乳量的变化有关。有的乳房后面可见有额外的乳头，但如果犊牛一开始就按奶牛的饲养标准饲养，这种情况就很少出现。

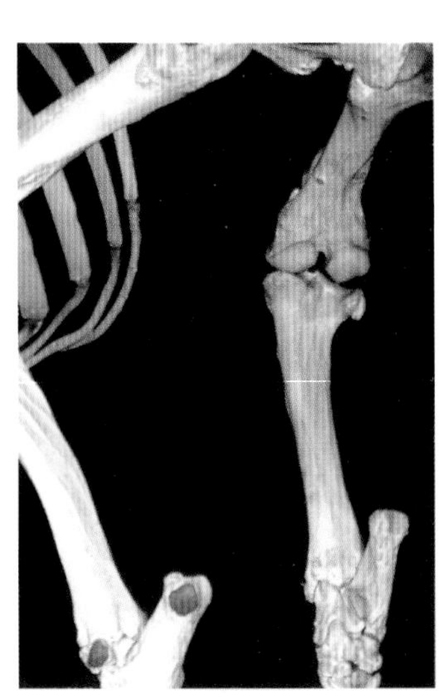

图9.4 与乳房相关的后肢骨，后外侧观。红色表示图9.3中的骨性标志。

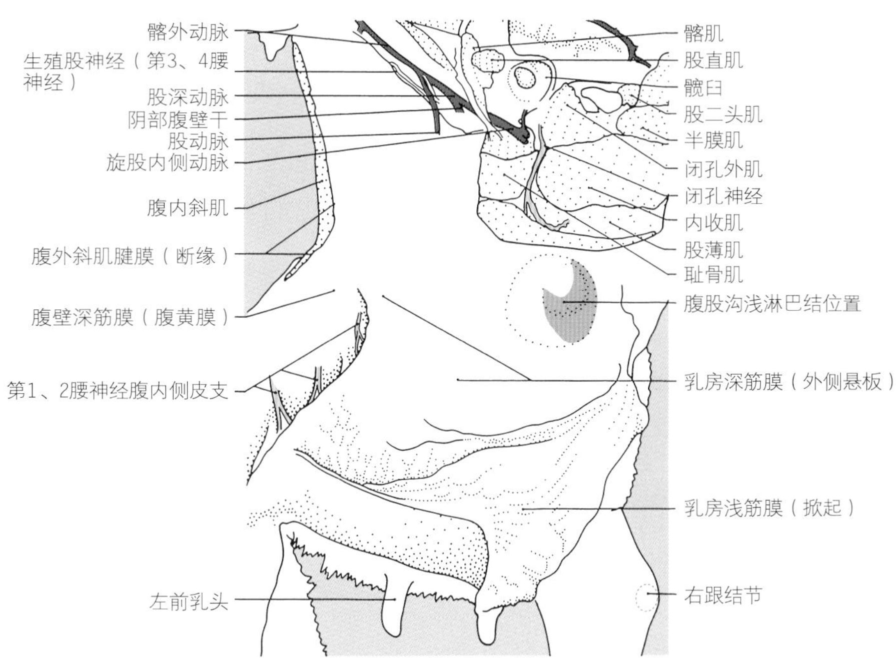
髂外动脉
生殖股神经（第3、4腰神经）
股深动脉
阴部腹壁干
股动脉
旋股内侧动脉
腹内斜肌
腹外斜肌腱膜（断缘）
腹壁深筋膜（腹黄膜）
第1、2腰神经腹内侧皮支
左前乳头
髂肌
股直肌
髋臼
股二头肌
半膜肌
闭孔外肌
闭孔神经
内收肌
股薄肌
耻骨肌
腹股沟浅淋巴结位置
乳房深筋膜（外侧悬板）
乳房浅筋膜（掀起）
右跟结节

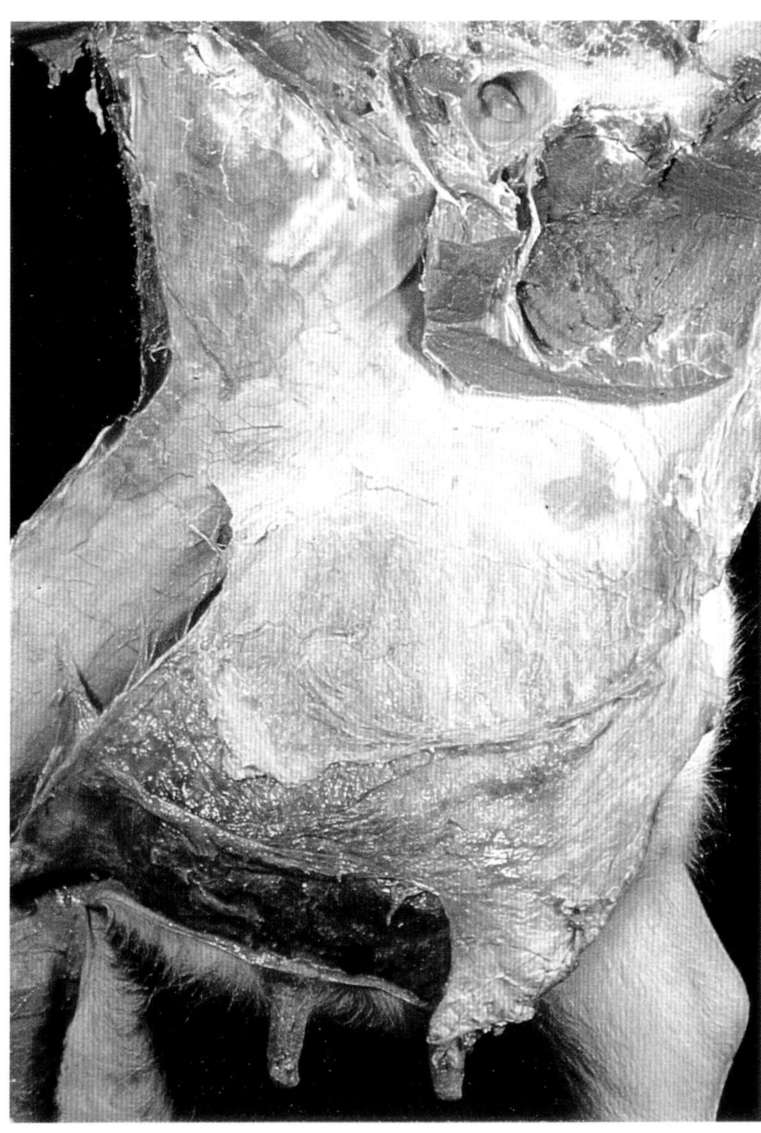

图9.5 卸去左后肢后的乳房深、浅筋膜，外侧观。本解剖标记的位置比图8.13的略浅层些。腹股沟浅（乳房）淋巴结位于深筋膜的深层，在髋臼和乳头后方的横断面上。

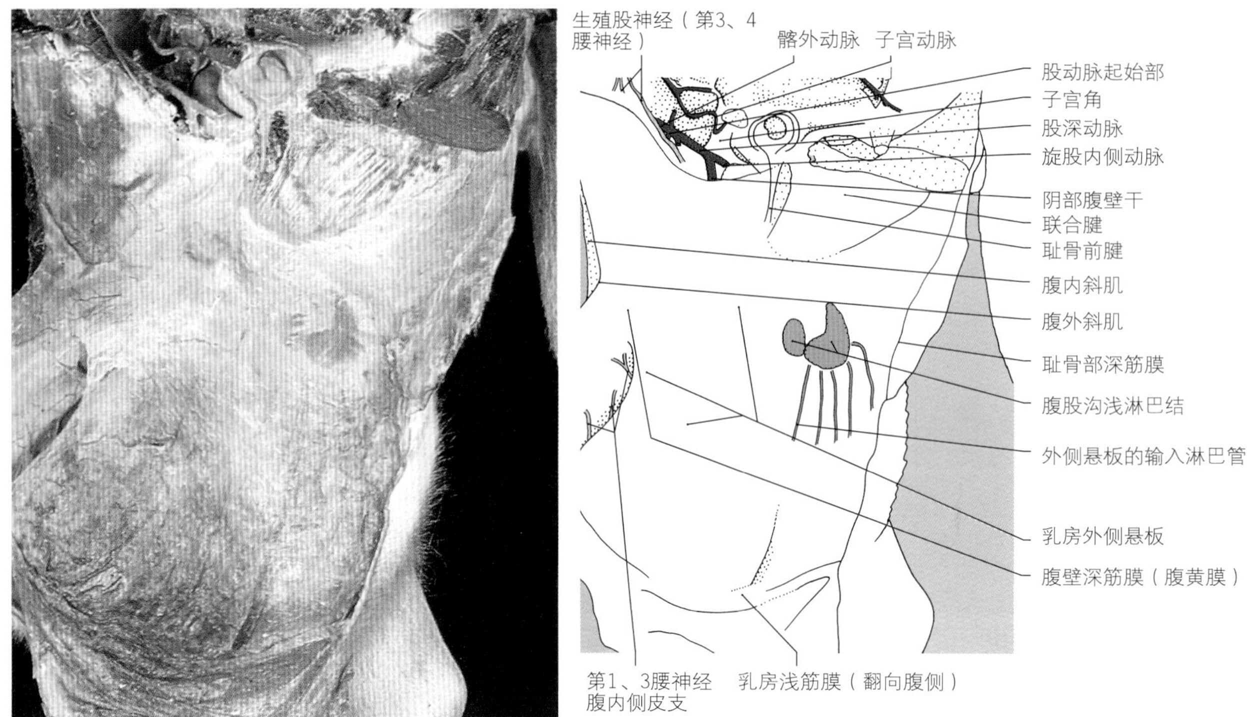
生殖股神经（第3、4腰神经）
髂外动脉
子宫动脉
股动脉起始部
子宫角
股深动脉
旋股内侧动脉
阴部腹壁干
联合腱
耻骨前腱
腹内斜肌
腹外斜肌
耻骨部深筋膜
腹股沟浅淋巴结
外侧悬板的输入淋巴管
乳房外侧悬板
腹壁深筋膜（腹黄膜）
第1、3腰神经腹内侧皮支
乳房浅筋膜（翻向腹侧）

图9.6 乳房左外侧悬板，外侧观。该悬韧带与腹黄膜相延续。它附着于趾骨前腱和联合腱，如图所示，但没有显示出起于这些腱的肌群（耻骨肌、股薄肌、内收肌）。

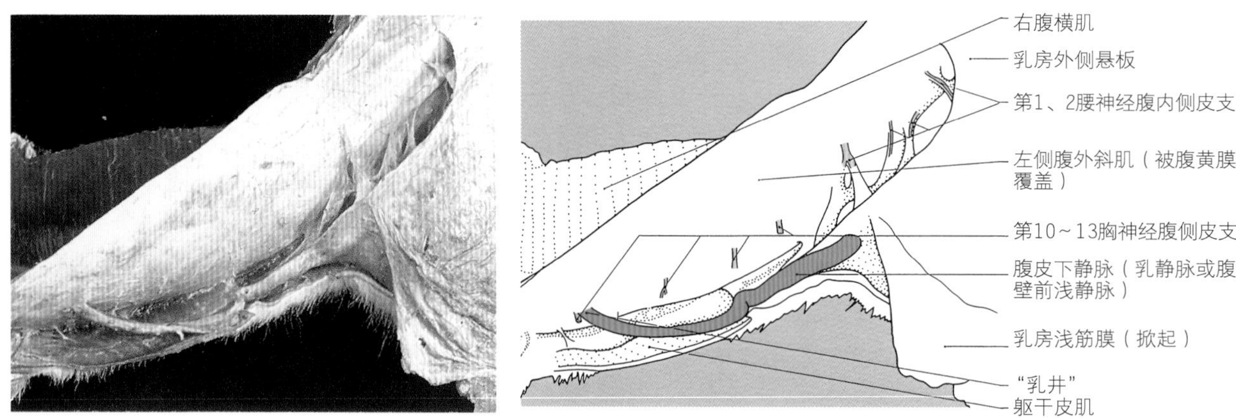
右腹横肌
乳房外侧悬板
第1、2腰神经腹内侧皮支
左侧腹外斜肌（被腹黄膜覆盖）
第10～13胸神经腹侧皮支
腹皮下静脉（乳静脉或腹壁前浅静脉）
乳房浅筋膜（掀起）
“乳井”
躯干皮肌

图9.7 腹侧腹壁的乳静脉和神经，左外侧观。胸神经的腹侧皮神经横跨腹壁。在乳静脉和神经所通过的地方呈管状，其可触及的浅层小孔逐渐变大，被称为“乳井”。这只牛的乳井只有第10胸神经通过。乳静脉更详细的走向见图9.8和图9.9。

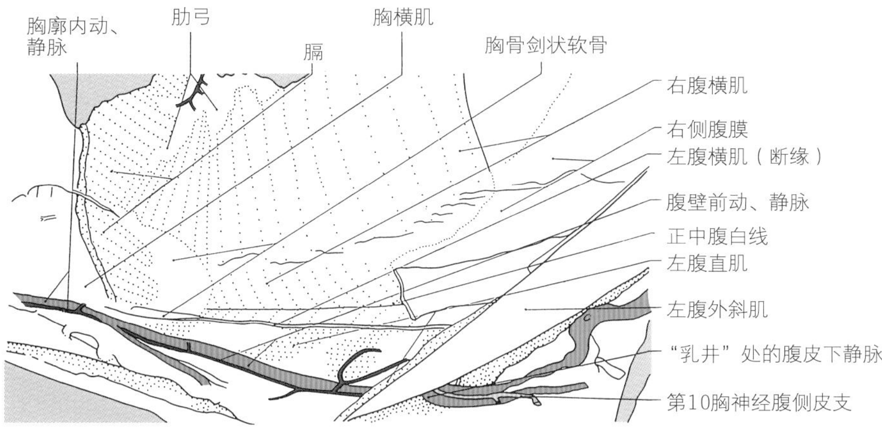

胸廓内动、静脉
肋弓
膈
胸横肌
胸骨剑状软骨
右腹横肌
右侧腹膜
左腹横肌（断缘）
腹壁前动、静脉
正中腹白线
左腹直肌
左腹外斜肌
“乳井”处的腹皮下静脉
第10胸神经腹侧皮支

图9.8　左侧乳井及其穿越的结构，左背外侧观。腹皮下静脉或“乳”静脉穿过腹斜肌和腹直肌。剑状软骨、腹横筋膜和腹横肌被从左侧半的旁正中矢状面切开，以显示静脉及其伴行动脉在腹壁和胸壁内向前方的走向。这些血管的更详细走向见图9.9。

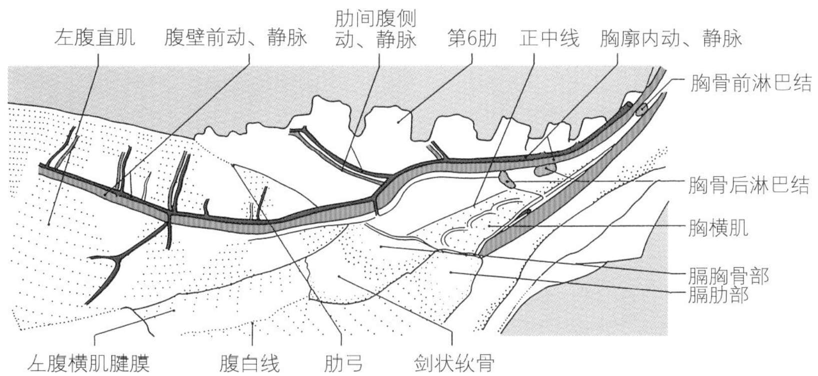

左腹直肌
腹壁前动、静脉
肋间腹侧动、静脉
第6肋
正中线
胸廓内动、静脉
胸骨前淋巴结
胸骨后淋巴结
胸横肌
膈胸骨部
膈肋部
左腹横肌腱膜
腹白线
肋弓
剑状软骨

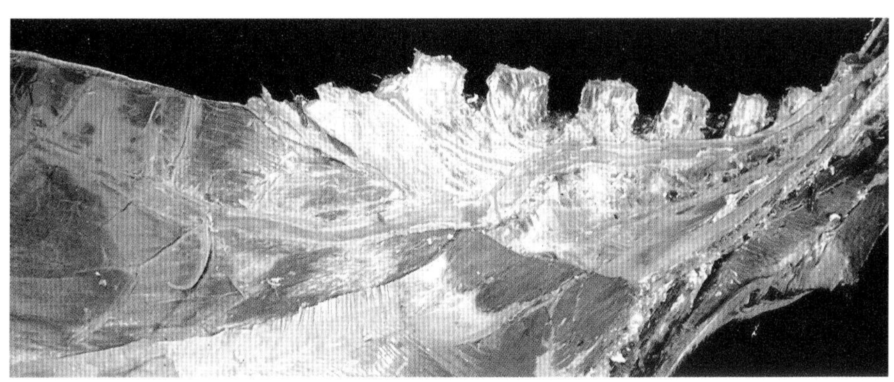

图9.9　左腹壁前动脉和静脉的腹壁与胸壁走向，右背外侧观。腹壁动脉和静脉并没有穿过躯干横肌。与左侧的一样，其向后的分布见图9.8，向前的分布见图4.16。

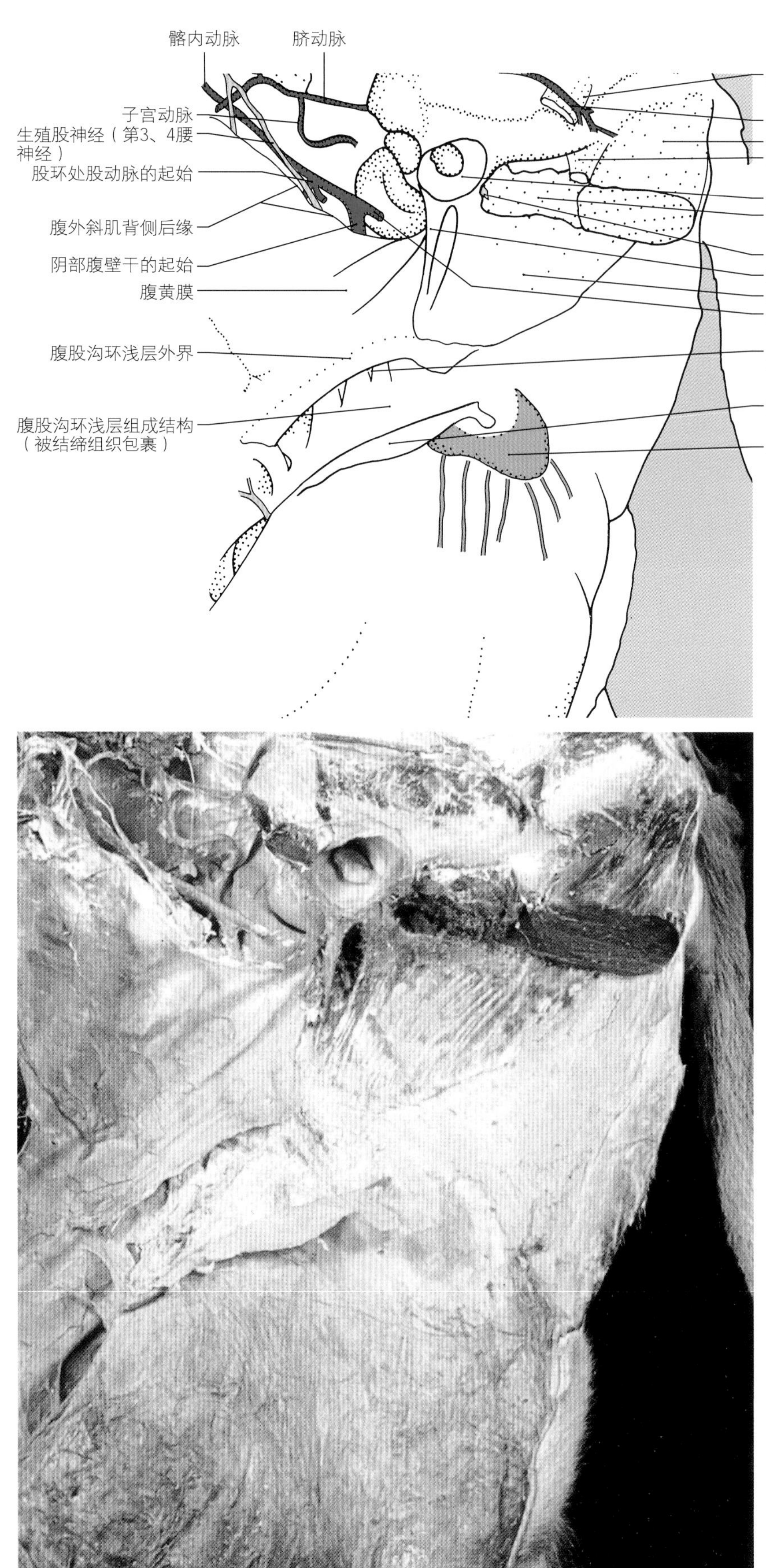
髂内动脉
脐动脉
子宫动脉
生殖股神经（第3、4腰神经）
股环处股动脉的起始
腹外斜肌背侧后缘
阴部腹壁干的起始
腹黄膜
腹股沟环浅层外界
腹股沟环浅层组成结构（被结缔组织包裹）
孖肌（后部）
臀后动脉
半膜肌
股二头肌（坐骨腱）
髋臼
闭孔处的闭孔外肌
闭孔神经
耻骨前腱
联合腱
旋股内侧动脉
深筋膜边缘（乳房外侧悬板）
乳房外侧悬板（掀起）
腹股沟浅淋巴结位置

图9.10 乳房的外侧悬板和腹股沟环浅层，左外侧观。乳房悬板附着于腹壁，耻骨前腱和联合腱已被切除，以显示腹股环浅层的位置（腹股沟管的外界）。

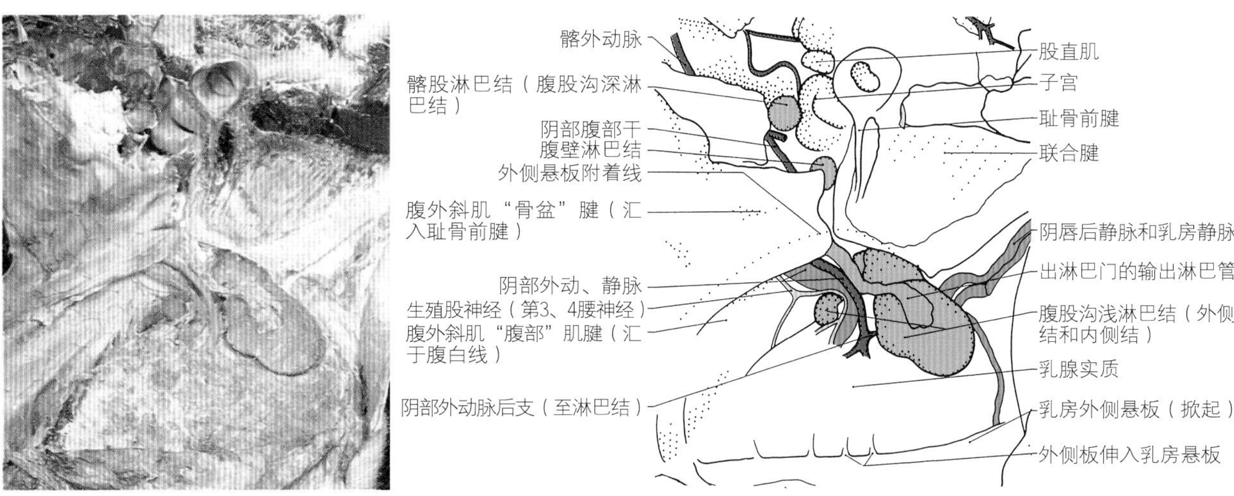

髂外动脉
髂股淋巴结（腹股沟深淋巴结）
阴部腹部干
腹壁淋巴结
外侧悬板附着线
腹外斜肌“骨盆”腱（汇入耻骨前腱）
阴部外动、静脉
生殖股神经（第3、4腰神经）
腹外斜肌“腹部”肌腱（汇于腹白线）
阴部外动脉后支（至淋巴结）
股直肌
子宫
耻骨前腱
联合腱
阴唇后静脉和乳房静脉
出淋巴门的输出淋巴管
腹股沟浅淋巴结（外侧结和内侧结）
乳腺实质
乳房外侧悬板（掀起）
外侧板伸入乳房悬板

图9.11　腹股沟浅（乳房）淋巴结，左外侧观。腹外斜肌的“骨盆”腱已被切除。乳房的外侧悬板翻向腹侧，这样一些横跨腹股沟的结构被显示。它们穿过腹股沟的路径在图9.13中更明显。

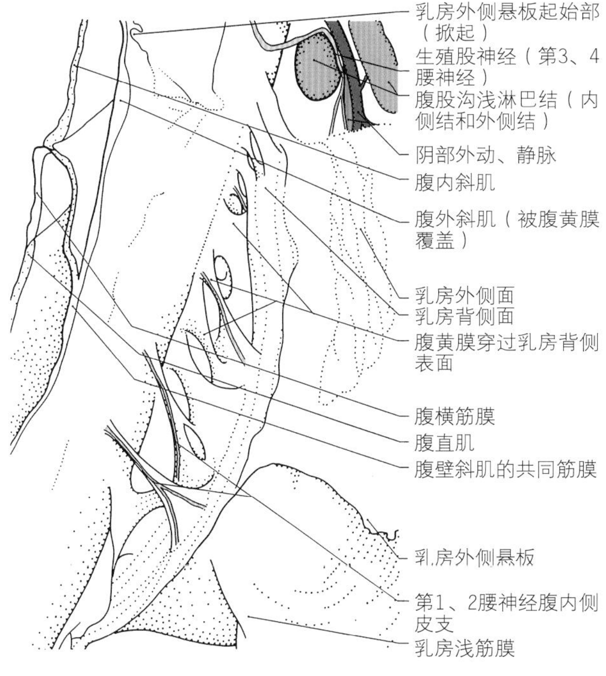

乳房外侧悬板起始部（掀起）
生殖股神经（第3、4腰神经）
腹股沟浅淋巴结（内侧结和外侧结）
阴部外动、静脉
腹内斜肌
腹外斜肌（被腹黄膜覆盖）
乳房外侧面
乳房背侧面
腹黄膜穿过乳房背侧表面
腹横筋膜
腹直肌
腹壁斜肌的共同筋膜
乳房外侧悬板
第1、2腰神经腹内侧皮支
乳房浅筋膜

图9.12　乳房背侧面，前外侧观。本图是图9.11的局部放大。乳房背侧面由大量来自腹壁深筋膜的结缔组织提供支撑，结缔组织内有小血管和神经分布。

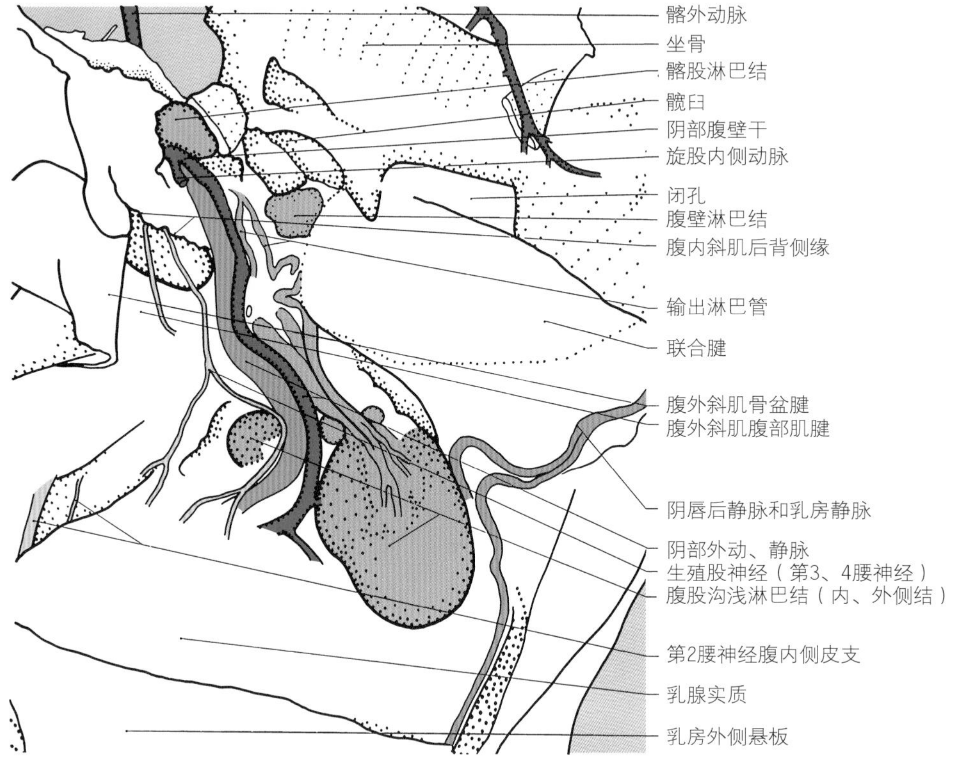
髂外动脉
坐骨
髂股淋巴结
髋臼
阴部腹壁干
旋股内侧动脉
闭孔
腹壁淋巴结
腹内斜肌后背侧缘
输出淋巴管
联合腱
腹外斜肌骨盆腱
腹外斜肌腹部肌腱
阴唇后静脉和乳房静脉
阴部外动、静脉
生殖股神经（第3、4腰神经）
腹股沟浅淋巴结（内、外侧结）
第2腰神经腹内侧皮支
乳腺实质
乳房外侧悬板

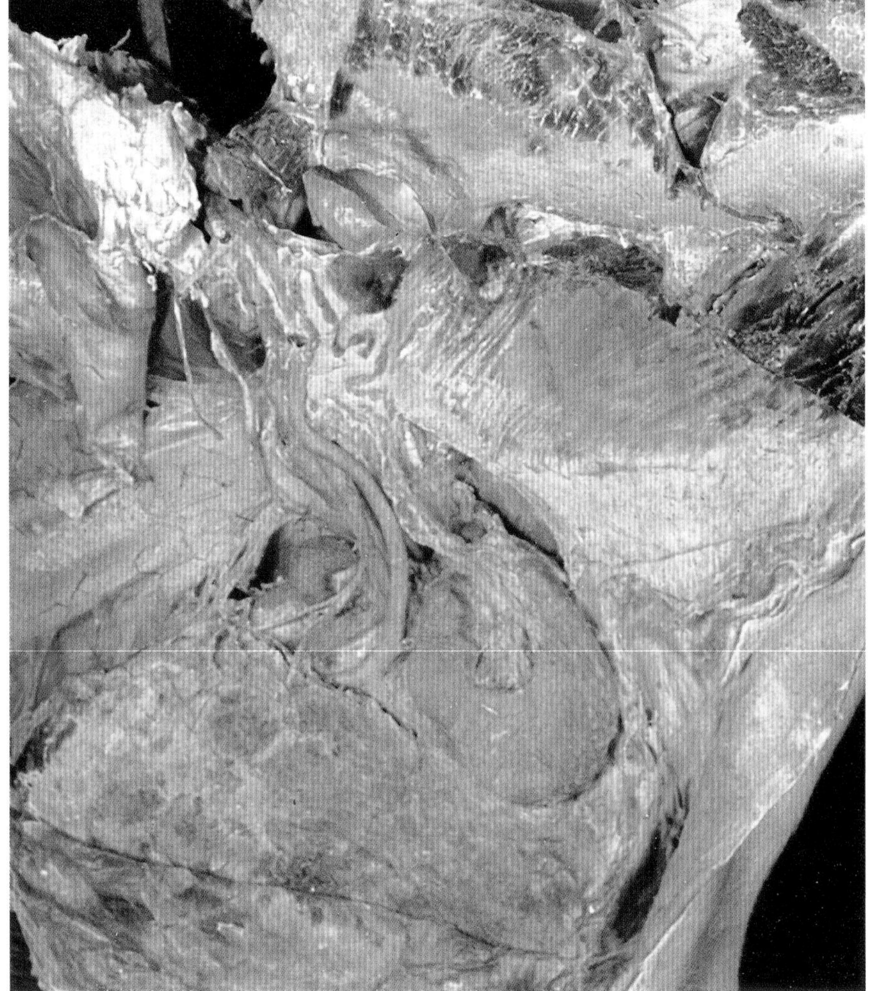

图9.13 腹股沟管及其相关结构，左外侧观。掀开腹外斜肌的骨盆腱暴露出腹股沟管。图中可见腹壁肌肉的背侧缘，它形成了腹股沟管外环的内缘、内环的前缘。内环的前缘由腹内斜肌的后背侧缘形成，如图所示，生殖股神经（腰神经的腹内侧皮支的最后支）及其伴行的血管穿过腹股沟管横跨腹壁。雄性动物的阴道鞘突延续并穿过腹股沟（见图9.27）。

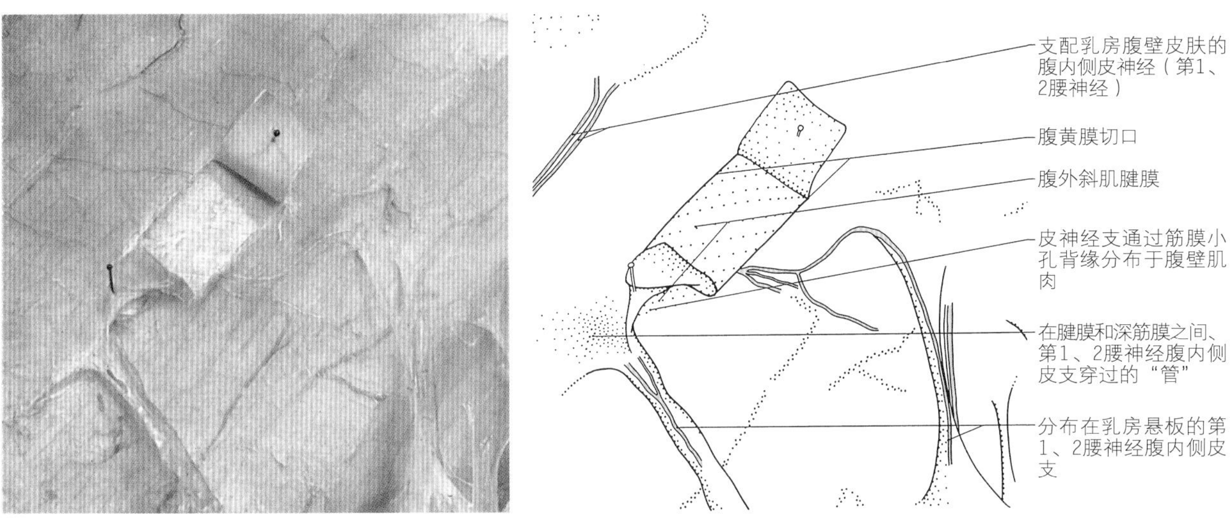
支配乳房腹壁皮肤的腹内侧皮神经（第1、2腰神经）
腹黄膜切口
腹外斜肌腱膜
皮神经支通过筋膜小孔背缘分布于腹壁肌肉
在腱膜和深筋膜之间、第1、2腰神经腹内侧皮支穿过的“管”
分布在乳房悬板的第1、2腰神经腹内侧皮支

图9.14　腹黄膜和腹内侧皮神经，左外侧观。第1、2腰神经的腹内侧皮支横跨腹壁的方式与第3、4腰神经（生殖股神经）的腹内侧皮支横跨腹股沟管的方式相同。本图是图9.15的局部放大，但位置更浅些。

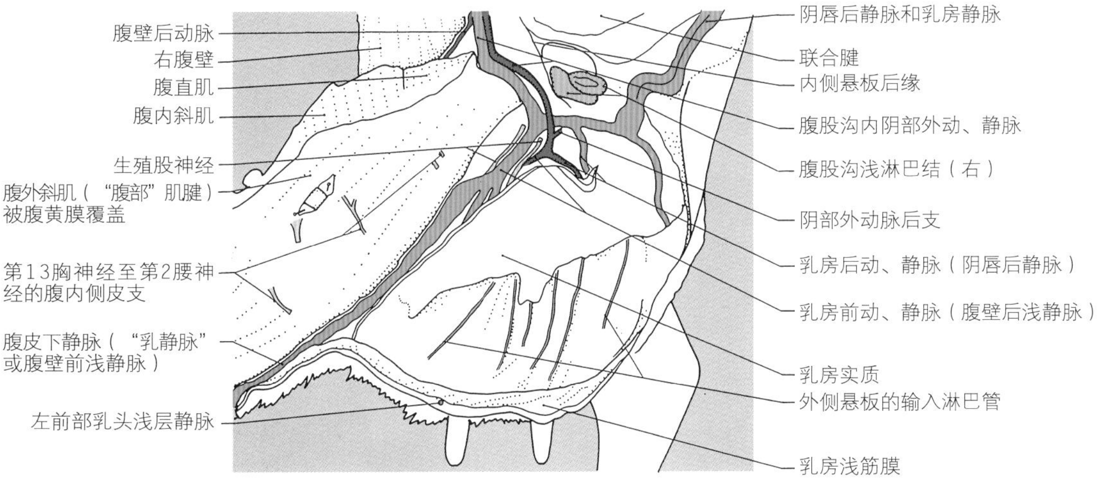

腹壁后动脉
右腹壁
腹直肌
腹内斜肌
生殖股神经
腹外斜肌（“腹部”肌腱）被腹黄膜覆盖
第13胸神经至第2腰神经的腹内侧皮支
腹皮下静脉（“乳静脉”或腹壁前浅静脉）
左前部乳头浅层静脉
阴唇后静脉和乳房静脉
联合腱
内侧悬板后缘
腹股沟内阴部外动、静脉
腹股沟浅淋巴结（右）
阴部外动脉后支
乳房后动、静脉（阴唇后静脉）
乳房前动、静脉（腹壁后浅静脉）
乳房实质
外侧悬板的输入淋巴管
乳房浅筋膜

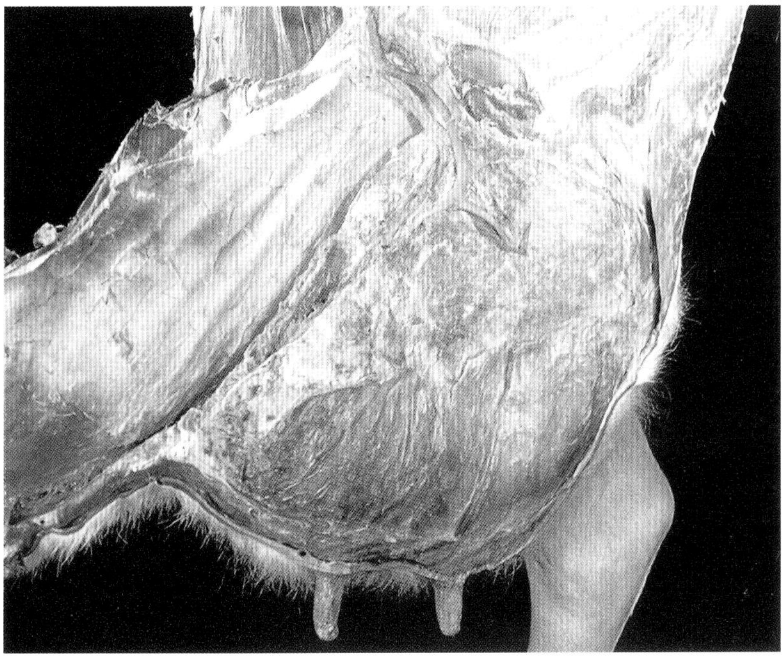

图9.15　乳房动、静脉，外侧观。左侧腹股沟淋巴结已从与右侧相联系的系带上被切除。在乳房实质中的背侧静脉主干被切开以显示静脉引流的路线。

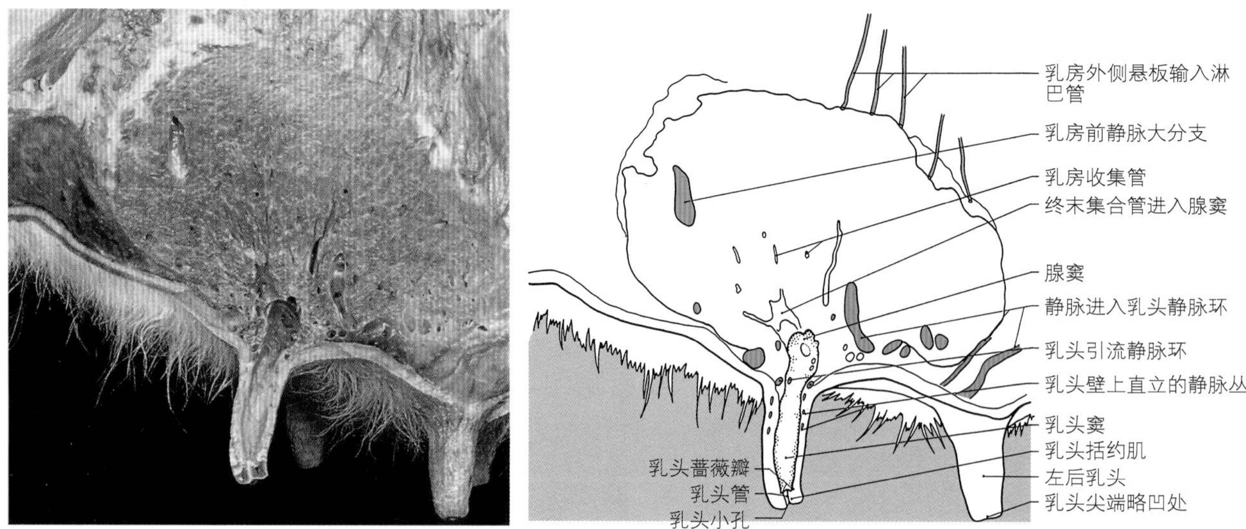
乳房外侧悬板输入淋巴管
乳房前静脉大分支
乳房收集管
终末集合管进入腺窦
腺窦
静脉进入乳头静脉环
乳头引流静脉环
乳头壁上直立的静脉丛
乳头窦
乳头括约肌
左后乳头
乳头尖端略凹处
乳头蔷薇瓣
乳头管
乳头小孔

图9.16 乳房左侧前半部的内部结构，外侧观。该图片的切面方向是通过乳头的中轴，稍倾向前半部分的外侧面。该切面也通过乳房后半部的实质。在乳房的实质内，前后半部无明显界线，但前后部的腺体并不相互连通。

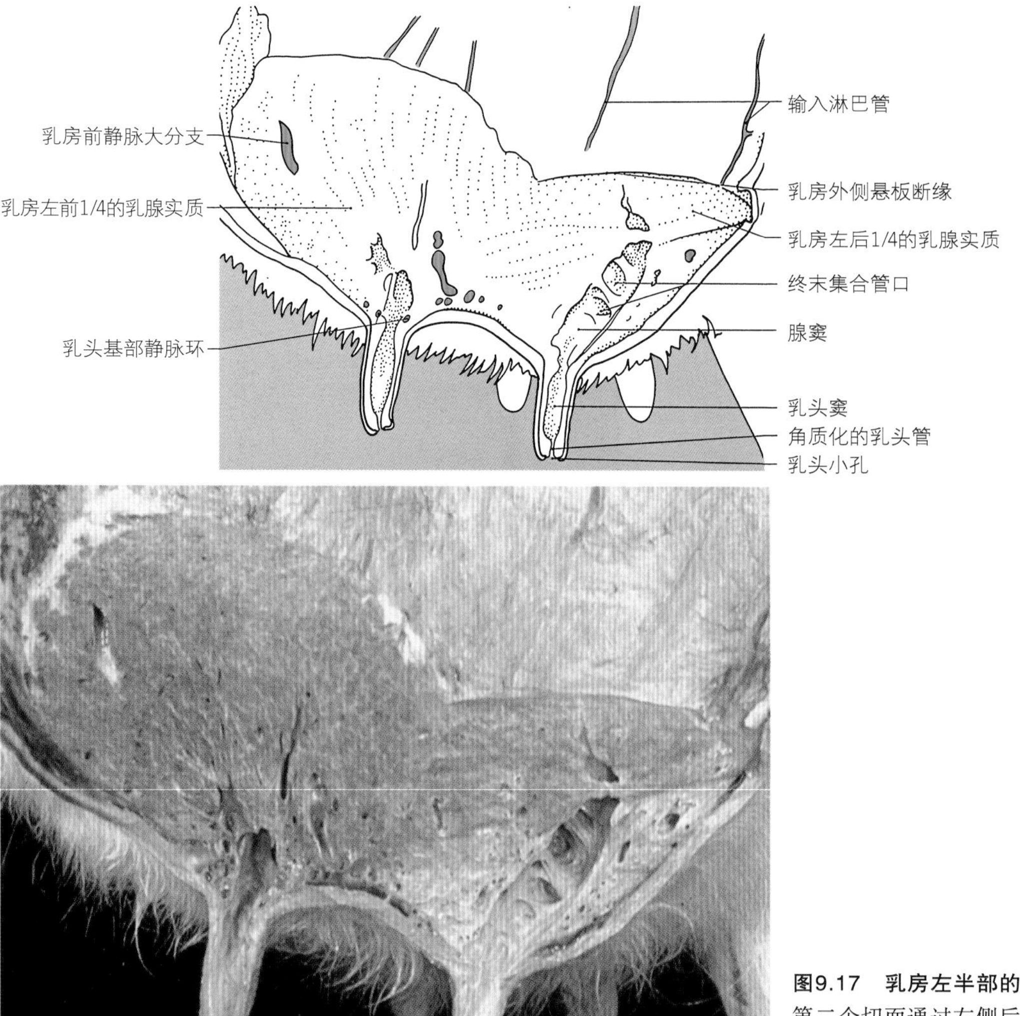
乳房前静脉大分支
乳房左前1/4的乳腺实质
乳头基部静脉环
输入淋巴管
乳房外侧悬板断缘
乳房左后1/4的乳腺实质
终末集合管口
腺窦
乳头窦
角质化的乳头管
乳头小孔

图9.17 乳房左半部的内部结构，外侧观。第二个切面通过左侧后半部分的外侧部。这两个切面不是区分腺组织的分界线；前后半部之间没有明显的分界线。乳房的左右两侧半部则被乳腺内部悬板明显分开。

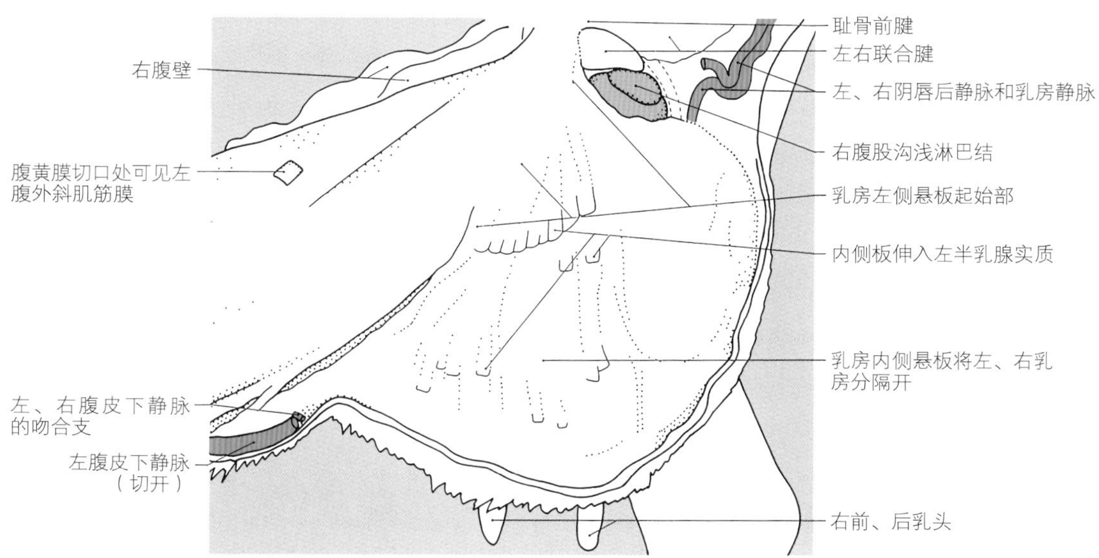
耻骨前腱
左右联合腱
右腹壁
左、右阴唇后静脉和乳房静脉
右腹股沟浅淋巴结
腹黄膜切口处可见左
腹外斜肌筋膜
乳房左侧悬板起始部
内侧板伸入左半乳腺实质
乳房内侧悬板将左、右乳
房分隔开
左、右腹皮下静脉
的吻合支
左腹皮下静脉
（切开）
右前、后乳头

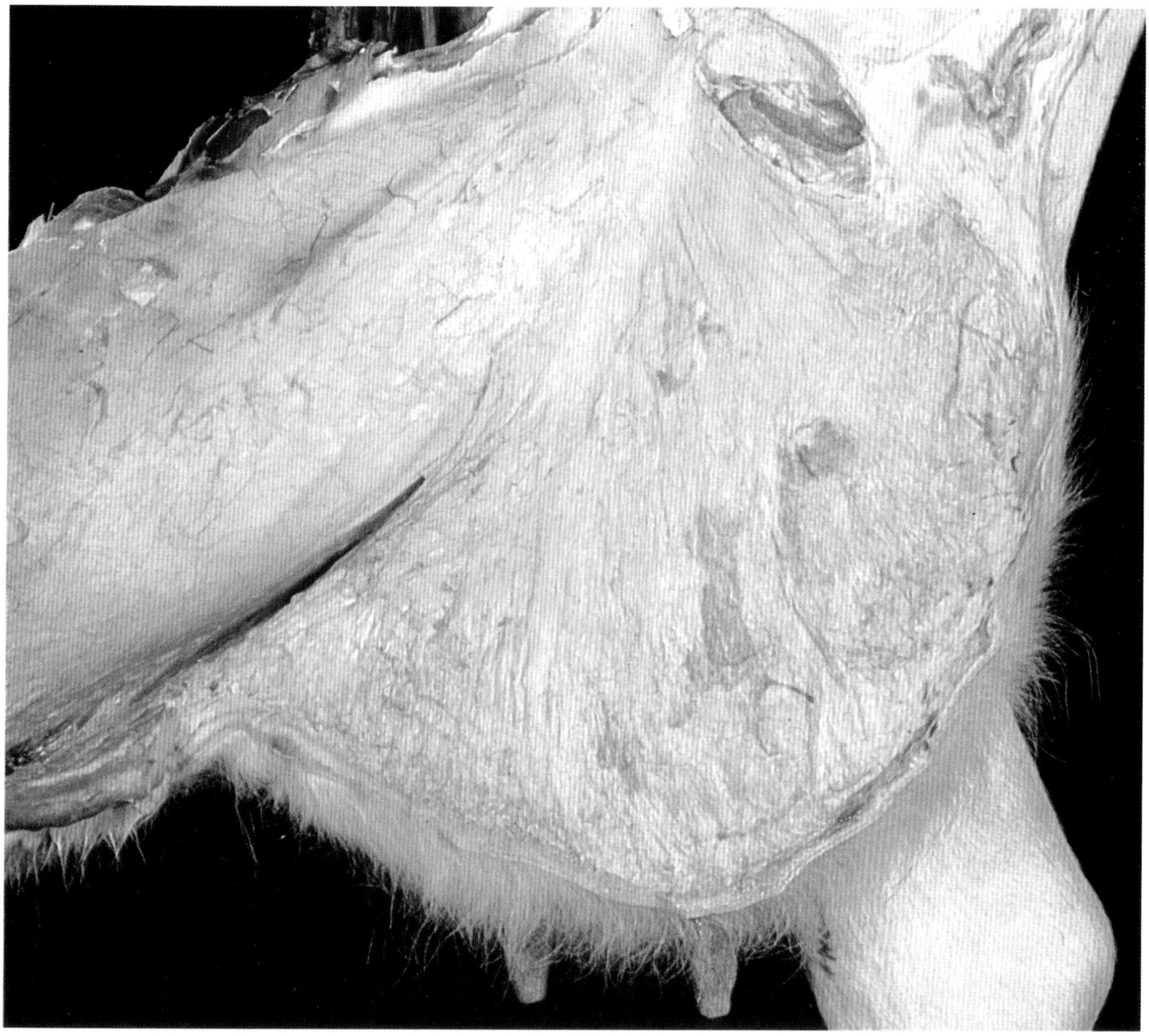

图9.18　左半部乳房被切除后的左内侧悬板，外侧观。左、右侧悬板起自腹正中线的腹黄膜。小的后弹性悬板起自联合腱，如图中的蓝色虚线所示，但本图并未出现。

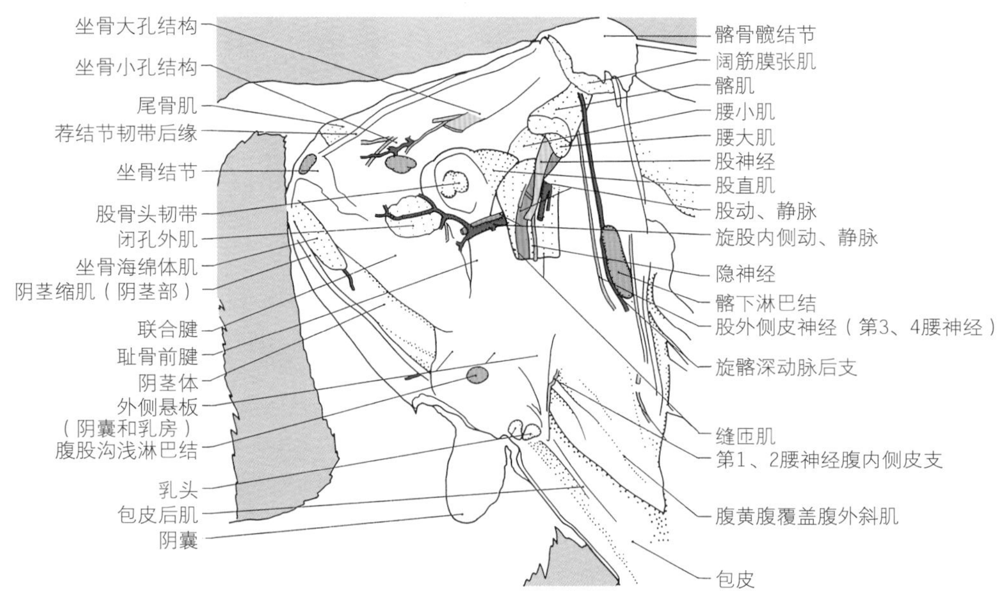
坐骨大孔结构
坐骨小孔结构
尾骨肌
荐结节韧带后缘
坐骨结节
股骨头韧带
闭孔外肌
坐骨海绵体肌
阴茎缩肌（阴茎部）
联合腱
耻骨前腱
阴茎体
外侧悬板
（阴囊和乳房）
腹股沟浅淋巴结
乳头
包皮后肌
阴囊
髂骨髋结节
阔筋膜张肌
髂肌
腰小肌
腰大肌
股神经
股直肌
股动、静脉
旋股内侧动、静脉
隐神经
髂下淋巴结
股外侧皮神经（第3、4腰神经）
旋髂深动脉后支
缝匠肌
第1、2腰神经腹内侧皮支
腹黄腹覆盖腹外斜肌
包皮

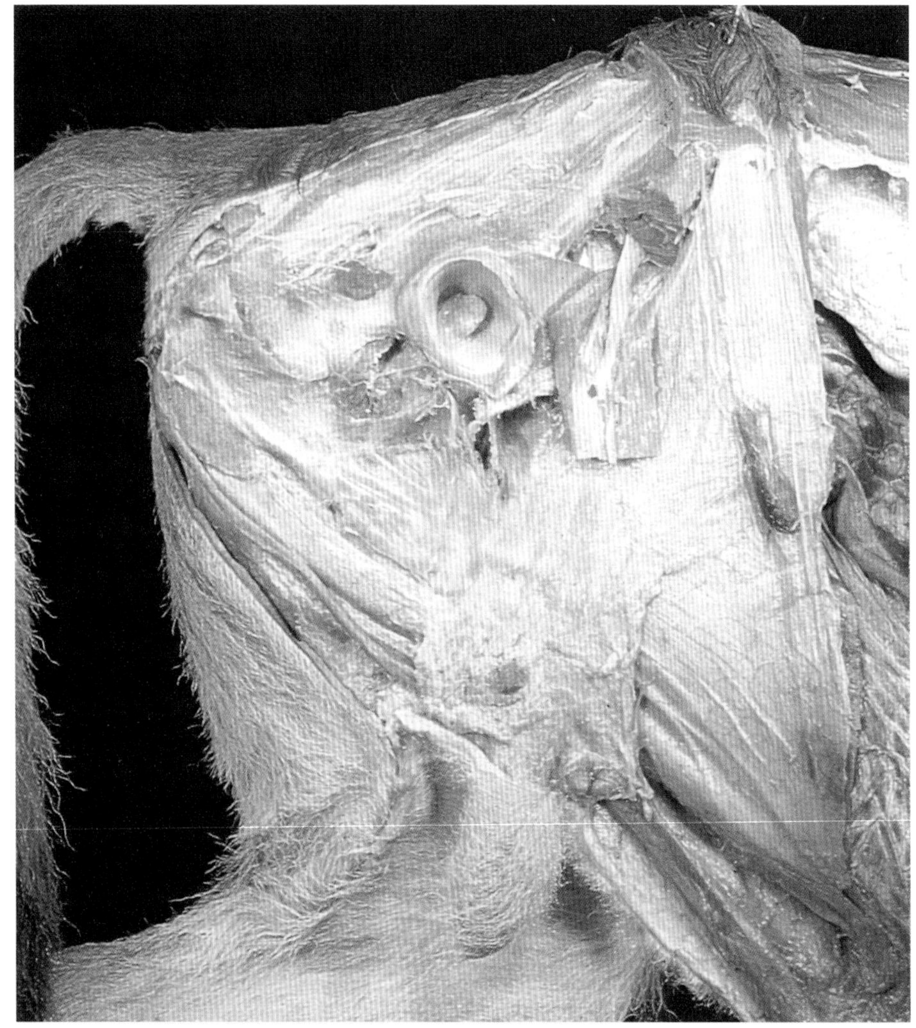

图9.19　1周龄雄性犊牛的腹后部和骨盆部，右外侧观。雄性外生殖器所处的位置与雌性乳房相当，如图9.19～图9.27所示。这使雌、雄性之间的比较变得简单。雌性反刍动物，其胚胎期的阴囊在腹股沟区退化，正好是位于乳房的后方。而雄性反刍动物则仍保留有乳腺，恰好位于阴囊的前方。阴囊和乳房都是小盾板的组成，且二者十分相似。

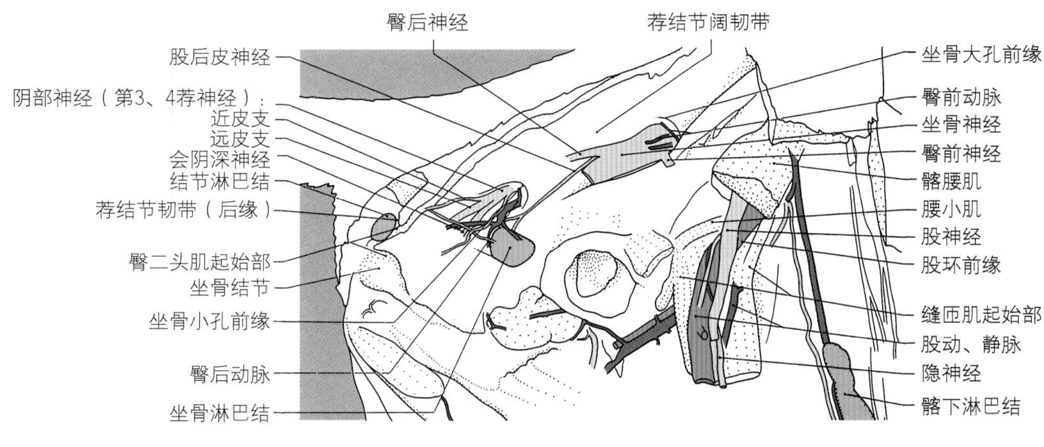
臀后神经
荐结节阔韧带
股后皮神经
阴部神经（第3、4荐神经）：
近皮支
远皮支
会阴深神经
结节淋巴结
荐结节韧带（后缘）
臀二头肌起始部
坐骨结节
坐骨小孔前缘
臀后动脉
坐骨淋巴结
坐骨大孔前缘
臀前动脉
坐骨神经
臀前神经
髂腰肌
腰小肌
股神经
股环前缘
缝匠肌起始部
股动、静脉
隐神经
髂下淋巴结

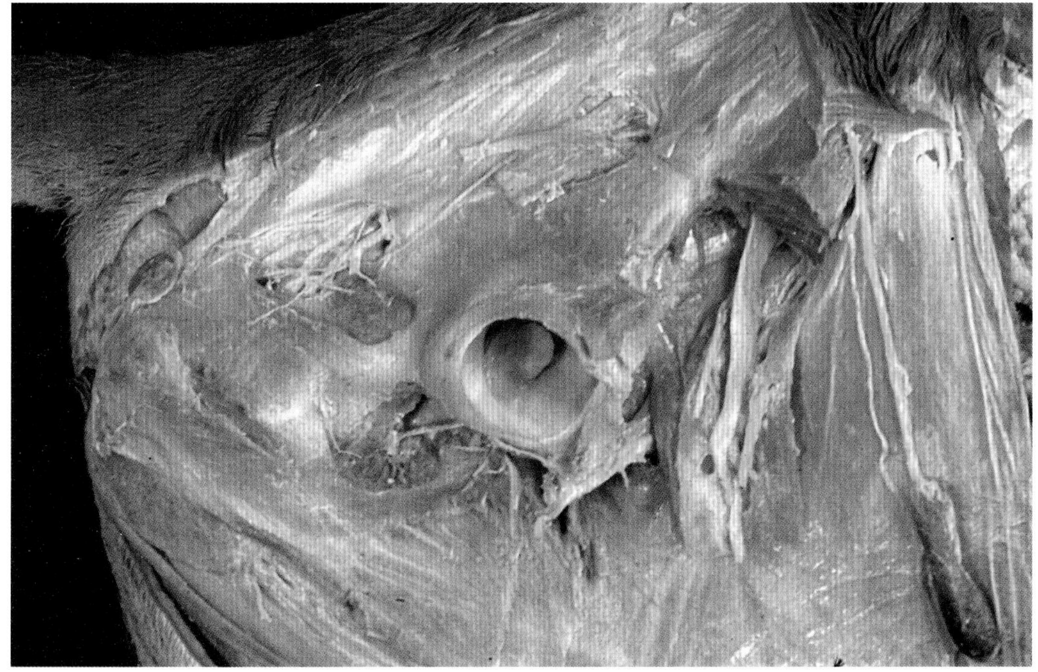

图9.20　犊牛的坐骨孔和股环，右外侧观。这是前一张图片的局部放大，但股直肌已略微缩短。

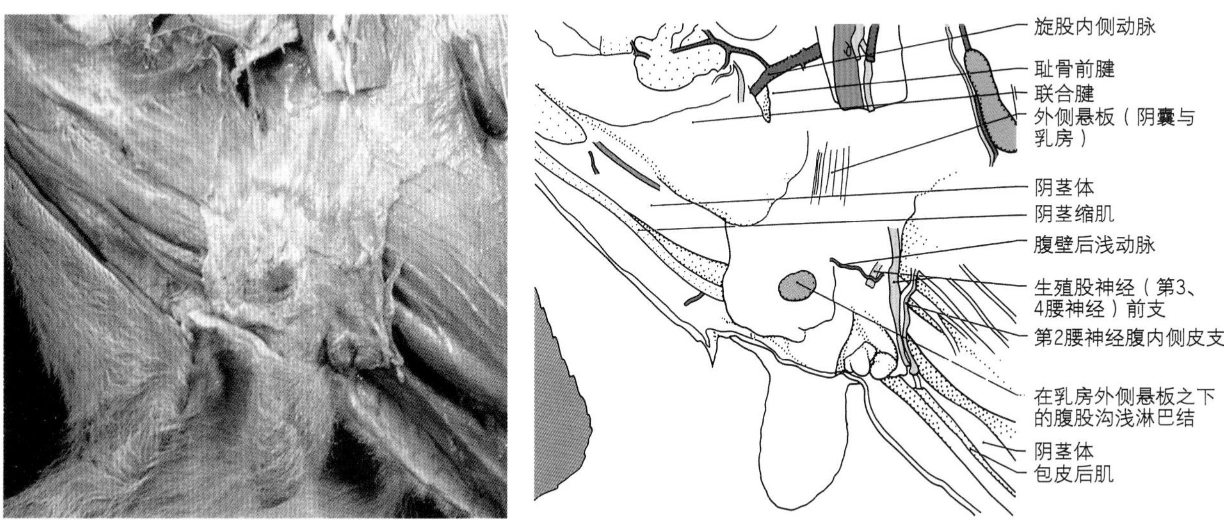
旋股内侧动脉
耻骨前腱
联合腱
外侧悬板（阴囊与乳房）
阴茎体
阴茎缩肌
腹壁后浅动脉
生殖股神经（第3、4腰神经）前支
第2腰神经腹内侧皮支
在乳房外侧悬板之下的腹股沟浅淋巴结
阴茎体
包皮后肌

图9.21　犊牛腹股沟的浅层结构，右外侧观。把薄的外侧悬板掀向腹侧，可见腹股沟浅环及通过腹股沟管的结构（见图9.22和图9.23）。

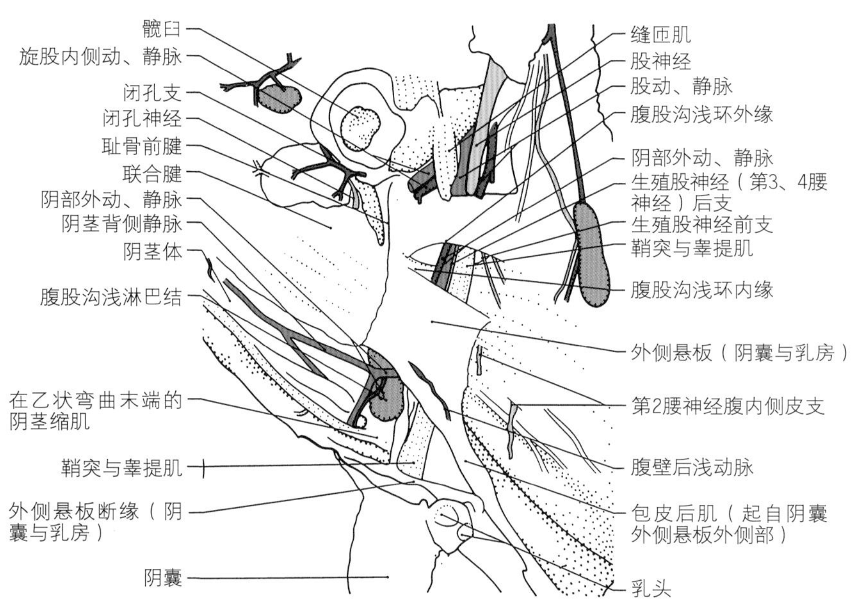
髋臼
旋股内侧动、静脉
闭孔支
闭孔神经
耻骨前腱
联合腱
阴部外动、静脉
阴茎背侧静脉
阴茎体
腹股沟浅淋巴结
在乙状弯曲末端的阴茎缩肌
鞘突与睾提肌
外侧悬板断缘（阴囊与乳房）
阴囊
缝匠肌
股神经
股动、静脉
腹股沟浅环外缘
阴部外动、静脉
生殖股神经（第3、4腰神经）后支
生殖股神经前支
鞘突与睾提肌
腹股沟浅环内缘
外侧悬板（阴囊与乳房）
第2腰神经腹内侧皮支
腹壁后浅动脉
包皮后肌（起自阴囊外侧悬板外侧部）
乳头

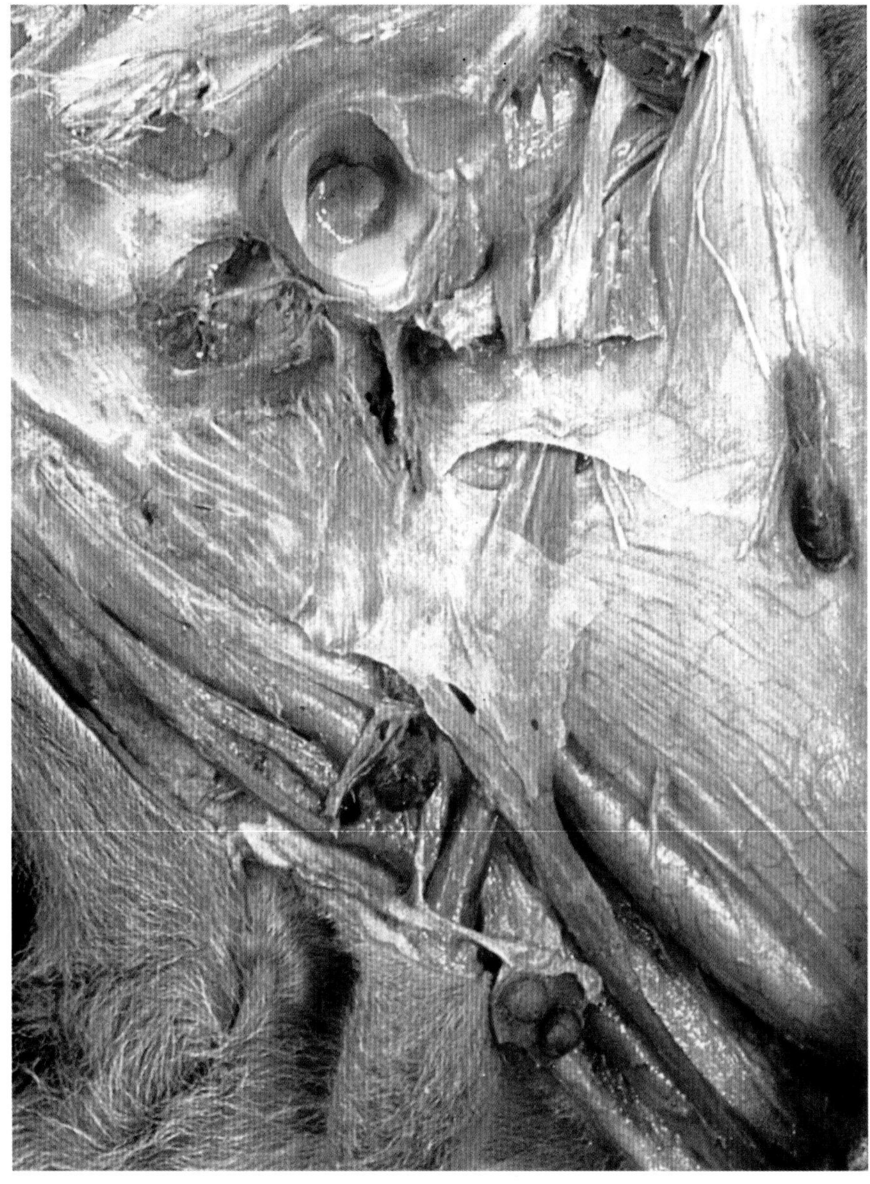

图9.22 雄性犊牛腹股沟浅环（1），右外侧观。外侧悬板被部分切除，以显示通过腹股沟管的结构及位于阴囊颈的结构。

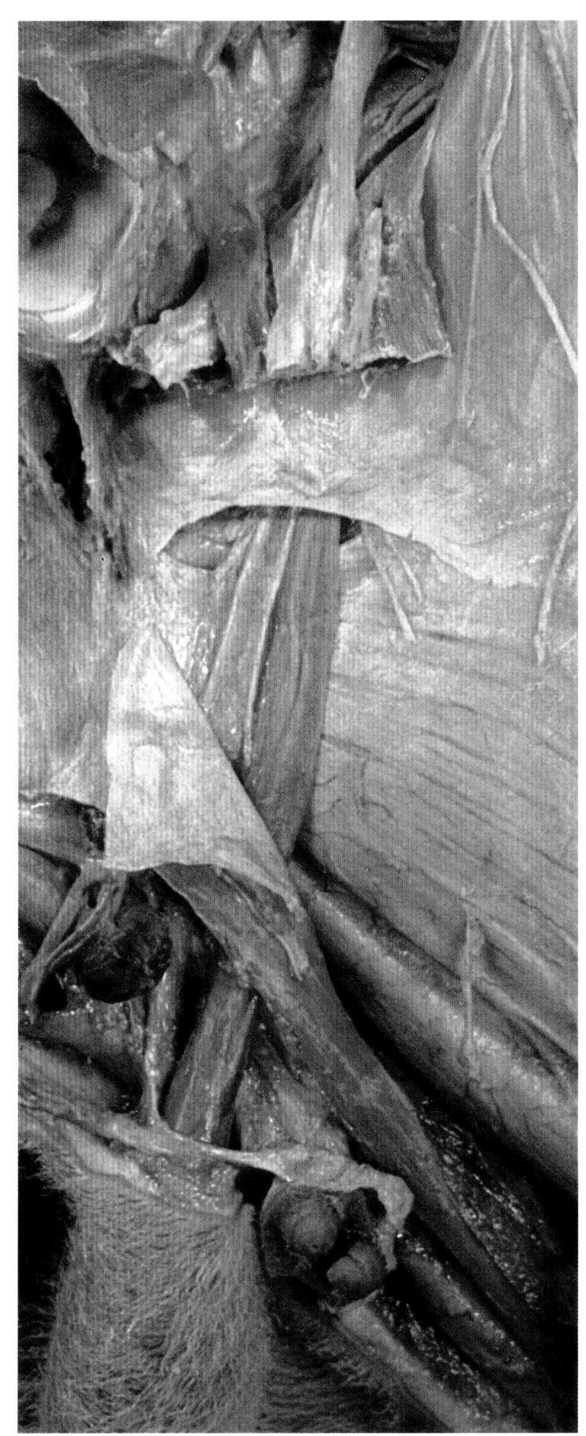

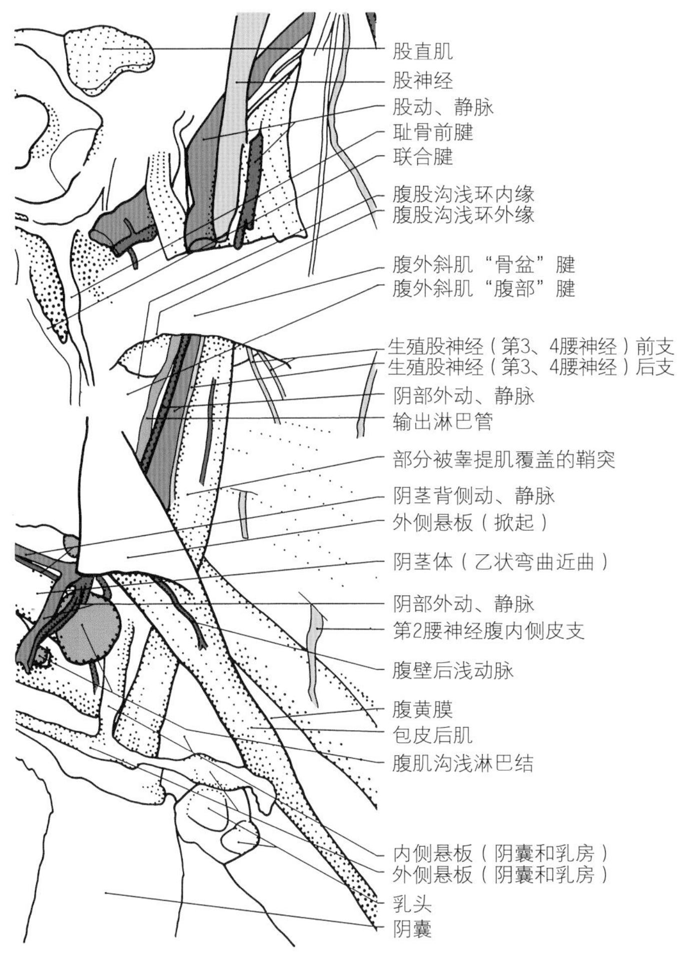
股直肌
股神经
股动、静脉
耻骨前腱
联合腱
腹股沟浅环内缘
腹股沟浅环外缘
腹外斜肌“骨盆”腱
腹外斜肌“腹部”腱
生殖股神经（第3、4腰神经）前支
生殖股神经（第3、4腰神经）后支
阴部外动、静脉
输出淋巴管
部分被睾提肌覆盖的鞘突
阴茎背侧动、静脉
外侧悬板（掀起）
阴茎体（乙状弯曲近曲）
阴部外动、静脉
第2腰神经腹内侧皮支
腹壁后浅动脉
腹黄膜
包皮后肌
腹肌沟浅淋巴结
内侧悬板（阴囊和乳房）
外侧悬板（阴囊和乳房）
乳头
阴囊

图9.23　雄性犊牛的腹股沟浅环（2），右外侧观。为了更清楚地显示腹股沟浅环和通过腹股沟管的结构，掀起部分外侧悬板（见图9.21和图9.22）。图9.22～图9.27显示的腹股沟浅环外缘是人为构造的。腹外斜肌的“骨盆”腱腹侧缘才是真正的腹股沟浅环的外缘。

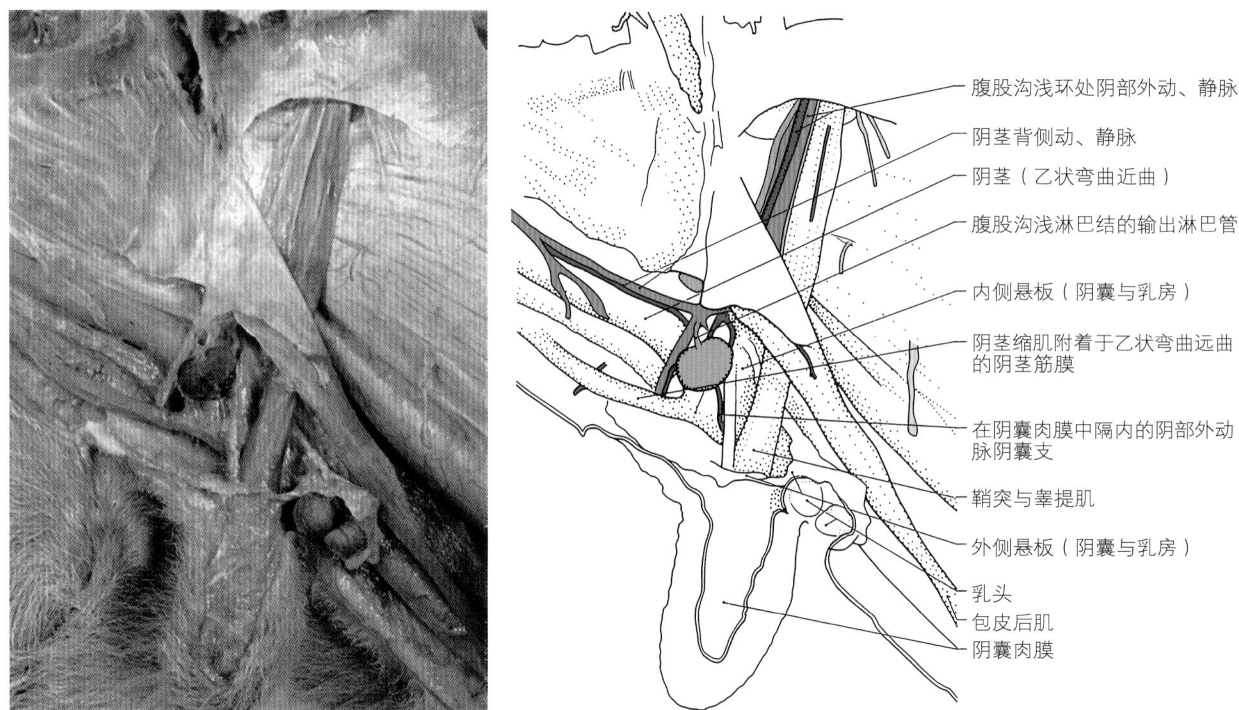
腹股沟浅环处阴部外动、静脉
阴茎背侧动、静脉
阴茎（乙状弯曲近曲）
腹股沟浅淋巴结的输出淋巴管
内侧悬板（阴囊与乳房）
阴茎缩肌附着于乙状弯曲远曲的阴茎筋膜
在阴囊肉膜中隔内的阴部外动脉阴囊支
鞘突与睾提肌
外侧悬板（阴囊与乳房）
乳头
包皮后肌
阴囊肉膜

图9.24　雄性犊牛腹股沟和阴囊的筋膜与血管，右外侧观。公牛的内外侧阴囊和乳房筋膜很容易与奶牛的乳房悬板区别（见图9.5和图9.18）。外侧悬板与阴囊皮肤之间的相连结构构成了阴囊肉膜。肉膜中隔则是内侧悬板伸入阴囊的延续。

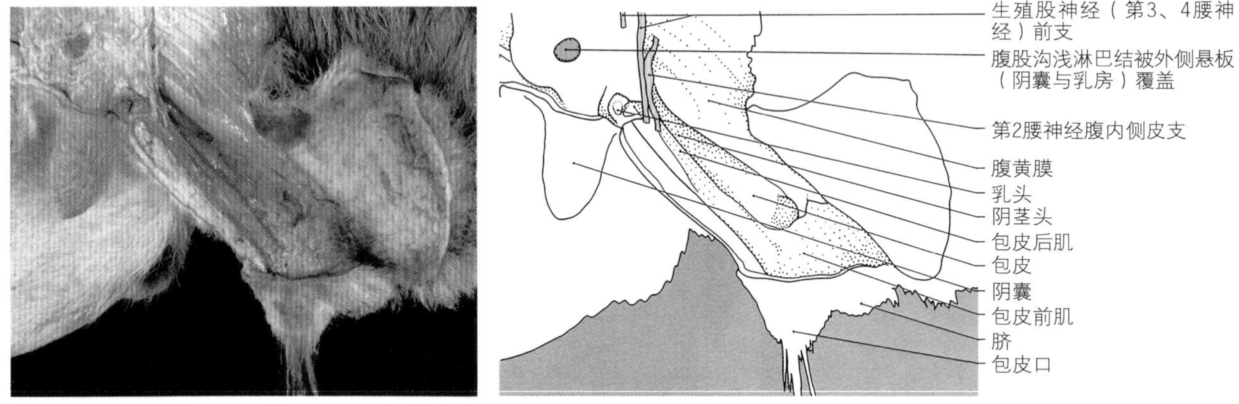
生殖股神经（第3、4腰神经）前支
腹股沟浅淋巴结被外侧悬板（阴囊与乳房）覆盖
第2腰神经腹内侧皮支
腹黄膜
乳头
阴茎头
包皮后肌
包皮
阴囊
包皮前肌
脐
包皮口

图9.25　雄性犊牛阴茎包皮与包皮口，右外侧观。包皮是从背侧折向包皮口及脐背侧部的皮肤褶。本图与图9.21的标本位置相当。

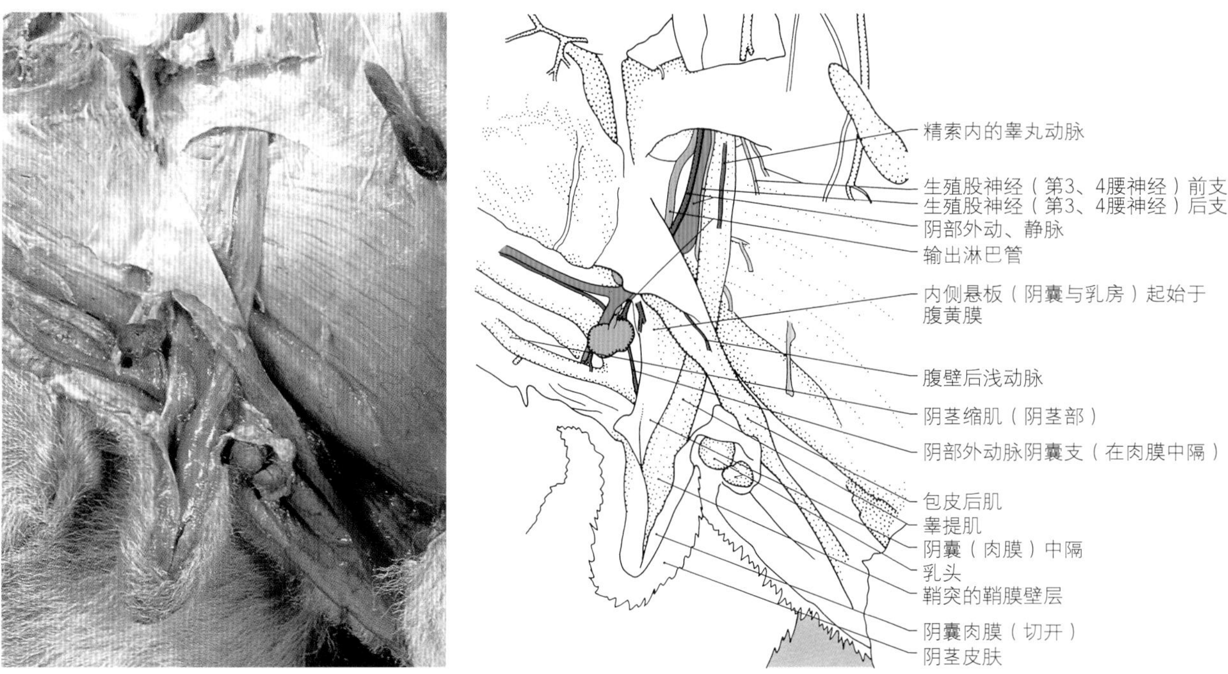

精索内的睾丸动脉
生殖股神经（第3、4腰神经）前支
生殖股神经（第3、4腰神经）后支
阴部外动、静脉
输出淋巴管
内侧悬板（阴囊与乳房）起始于腹黄膜
腹壁后浅动脉
阴茎缩肌（阴茎部）
阴部外动脉阴囊支（在肉膜中隔）
包皮后肌
睾提肌
阴囊（肉膜）中隔
乳头
鞘突的鞘膜壁层
阴囊肉膜（切开）
阴茎皮肤

图9.26　雄性犊牛阴囊，右外侧观。阴囊的筋膜层可被分为更复杂的结构，但是从实用的角度来看，可以按图中所示的结构简单分层。

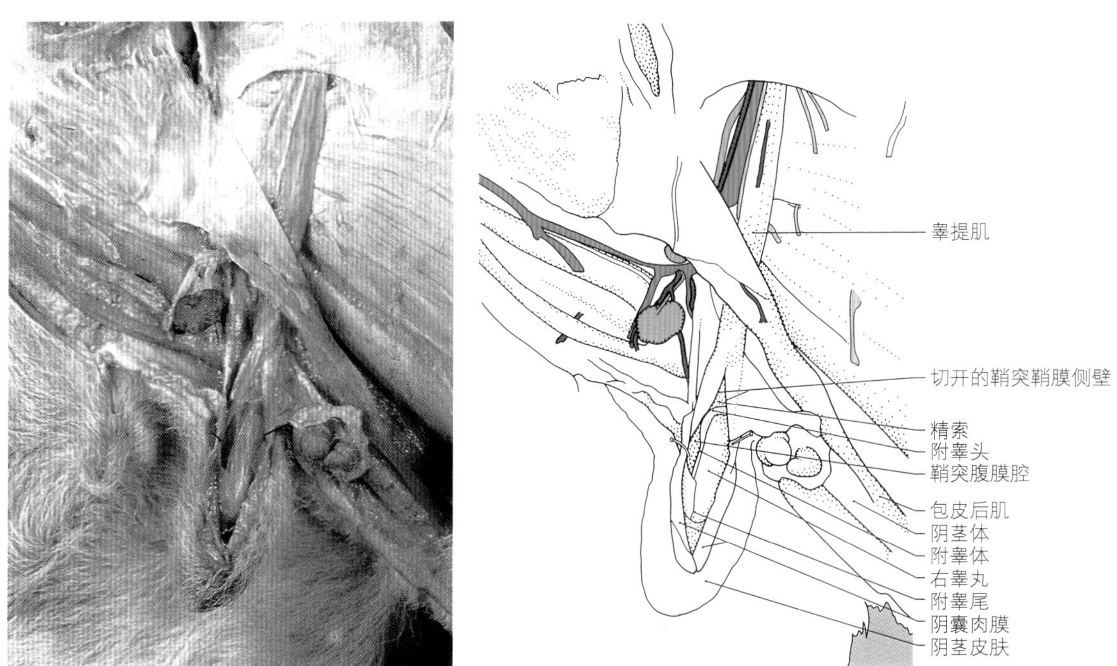

睾提肌
切开的鞘突鞘膜侧壁
精索
附睾头
鞘突腹膜腔
包皮后肌
阴茎体
附睾体
右睾丸
附睾尾
阴囊肉膜
阴茎皮肤

图9.27　雄性犊牛阴囊内容物，右外侧观。鞘突的侧壁已被切除并用大头针固定，以显示鞘膜腔的内容物。该标本的附睾体不像平常位于中间，因为睾丸已沿其长轴发生了位移（见图8.38）。

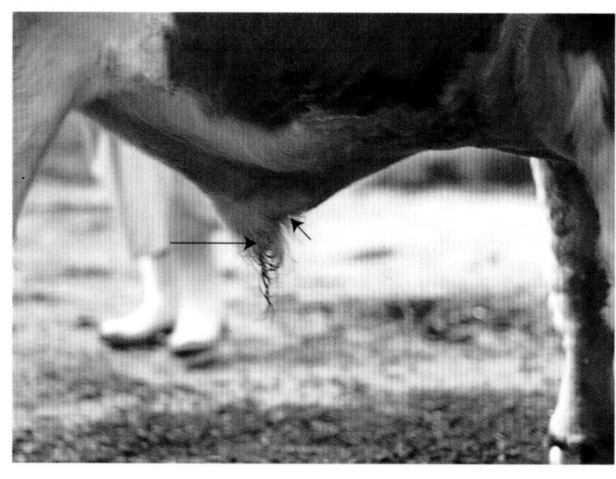

图9.28　雄性西门塔尔牛的腹侧壁、包皮口和脐部，右外侧观。该牛的包皮末端（长箭头所示）适度下垂。包皮口被包皮前肌举起和压缩（图9.25），而脐部（短箭头所示）则不受影响。

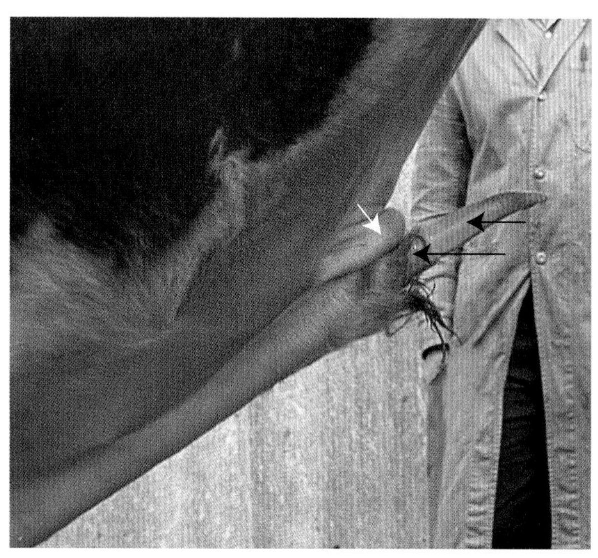

图9.29　雄性海福特牛的包皮口、脐部及爬跨时伸出的阴茎，右外侧观。部分的阴茎（黑短箭头所示）和包皮（黑长箭头所示）都通过舒张的包皮口伸出。该牛的脐部（白箭头所示）较大。

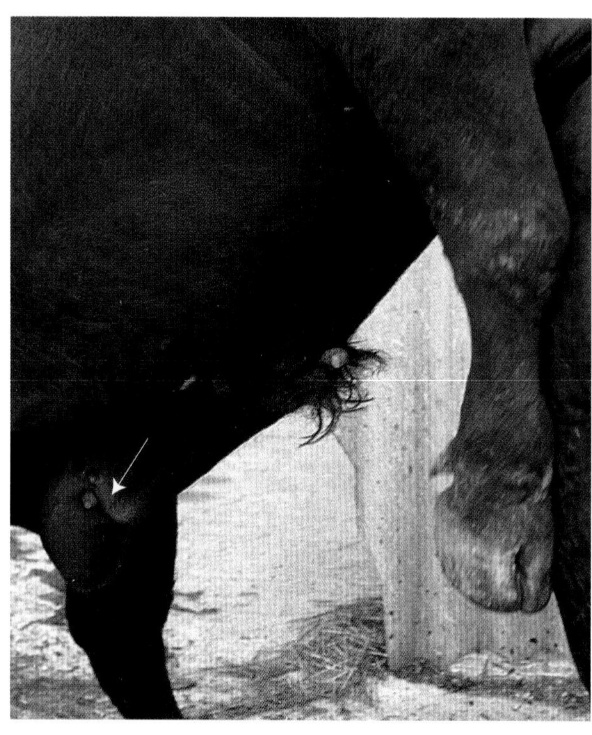

图9.30　雄性苏赛克斯公牛爬跨时阴茎偏向右腹外侧，右外侧观。这种偏离是异常的，可能导致不育。可能与受过伤害有关，也可能是起初螺旋状偏离。该牛因阴茎的偏离妨碍了阴茎的伸出，因此在阴囊及乳头的前端能看见阴茎的乙状弯曲部（箭头所示）。

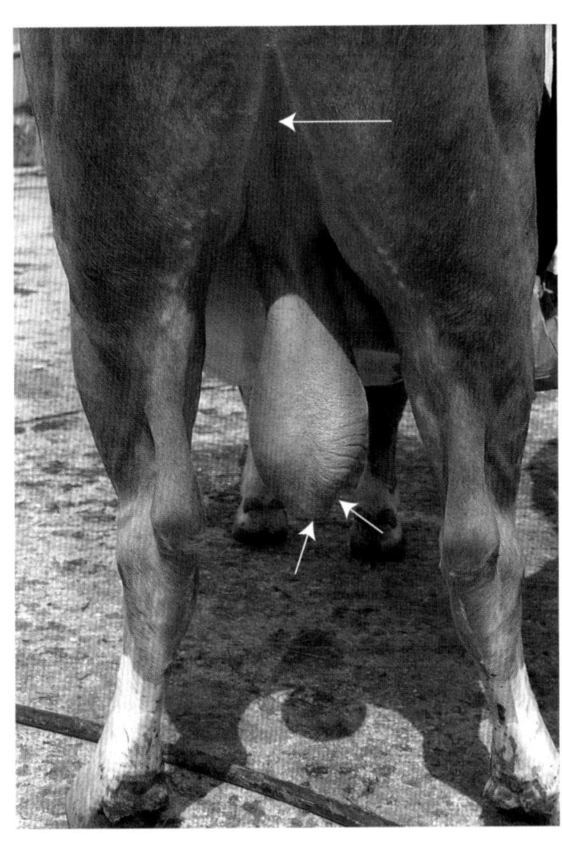

图9.31　雄性更赛牛的阴囊、小盾板和后腿，后侧观。腹侧的小盾板（长白箭头所示）和含直精索的细小阴囊颈（图8.38）。在阴囊颈底部（短白箭头所示）的两侧有附睾尾。附睾头则靠外侧，邻近阴囊颈（图8.38，图8.50）。附睾位于中间，即阴囊中隔（图8.38）处较难触及的地方。后肢的跟总腱连于跟骨结节（图6.18～图6.20）。

图9.32　另外一头爬跨的雄性劳赛克斯牛，显示其阴茎正常勃起，右腹外侧观。该牛阴茎头在腹侧有偏离，但属于正常现象。突出的部分被阴茎外皮（短黑色箭头）和一部分阴茎包皮（长黑箭头）所包裹。睾丸阴囊的睾提肌处于收缩状态（图8.42）。阴囊皮肤因肉膜平滑肌收缩而发生皱褶（图8.38）。可见阴茎乙状弯曲的远曲位于乳头前方。

第10章

头、前脚和后脚的放射解剖学

（Radiographic Anatomy of the Head, Manus and Pes）

有关放射学的临床思考

放射学检查对于动物医学临床来说是十分有用的诊断方法，尽管通过大功率设备能获得脊椎、四肢近端和骨盆的图像，但放射学尤其适用于头骨和四肢远端部的图像分析。基本的放射解剖学的知识对于正确判读放射学异常是很有必要的。反刍动物的四肢远端并不复杂，但有时两蹄的叠影会造成判读困难，如副蹄骨骼的影响。相对而言，头骨则更为复杂，因此在判读这个区域的异常时，有正常的放射解剖图谱或一幅“正常”的X线片作为对照尤为重要。

临床上最普遍的需要拍摄X线片的疾病是跛行，而反刍动物跛行最常见的病因是骨髓感染（骨髓炎）和血液传播感染引发的脓毒性关节炎（造血性）。感染和外伤都会造成骨骼破碎，并与周围组织分离（死骨）。被感染的区域至少需要从两个垂直的视角照射（正投影）。至于四肢，可以拍摄对侧的肢体作为对照。在蹄跛行的情况下，内、外侧投影拍摄时，只有将不透光的封套或暗盒中的胶片由蹄间裂推进，才能显示出被感染的蹄。这避免了由未感染蹄引发的叠影现象，并能很好地协助骨折的诊断。

在判读幼畜四肢的X线片时，需要记住软骨骺（或生长）板的存在。大体解剖学研究表明，家养反刍动物在出生后的前脚和后脚、中指（趾）节的近端骺是最先完全愈合的（公牛大约1～2年；绵羊和山羊约为6个月）。2岁左右的公牛构成球节的骺仍然是分离的；而绵羊和公羊的骺则愈合较早。3岁以上的公牛，与近侧列腕骨和跗骨构成关节的骺仍然是分离的；而绵羊和公羊的骺则较早愈合。跟骨结节也愈合较晚（公牛、绵羊和山羊约为3年）。通过放射学，可以将骨骺和骨干的愈合过程划分为一系列的阶段。“完全放射学愈合”出现的年龄根据大体解剖学或局部解剖学的研究可能有所不同。

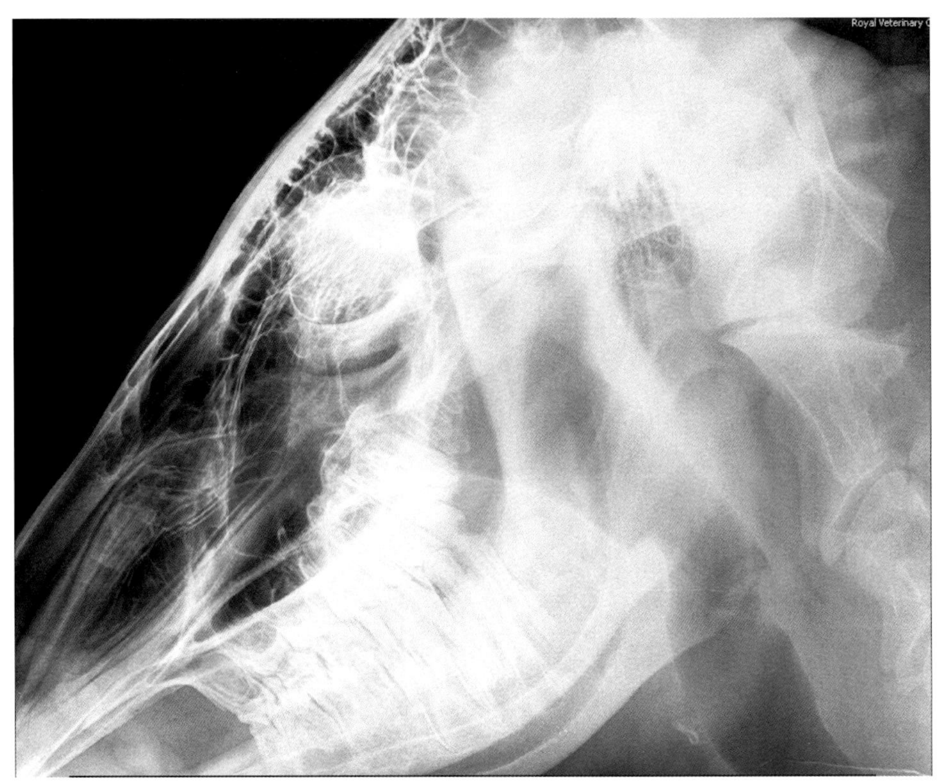
Royal Veterinary C

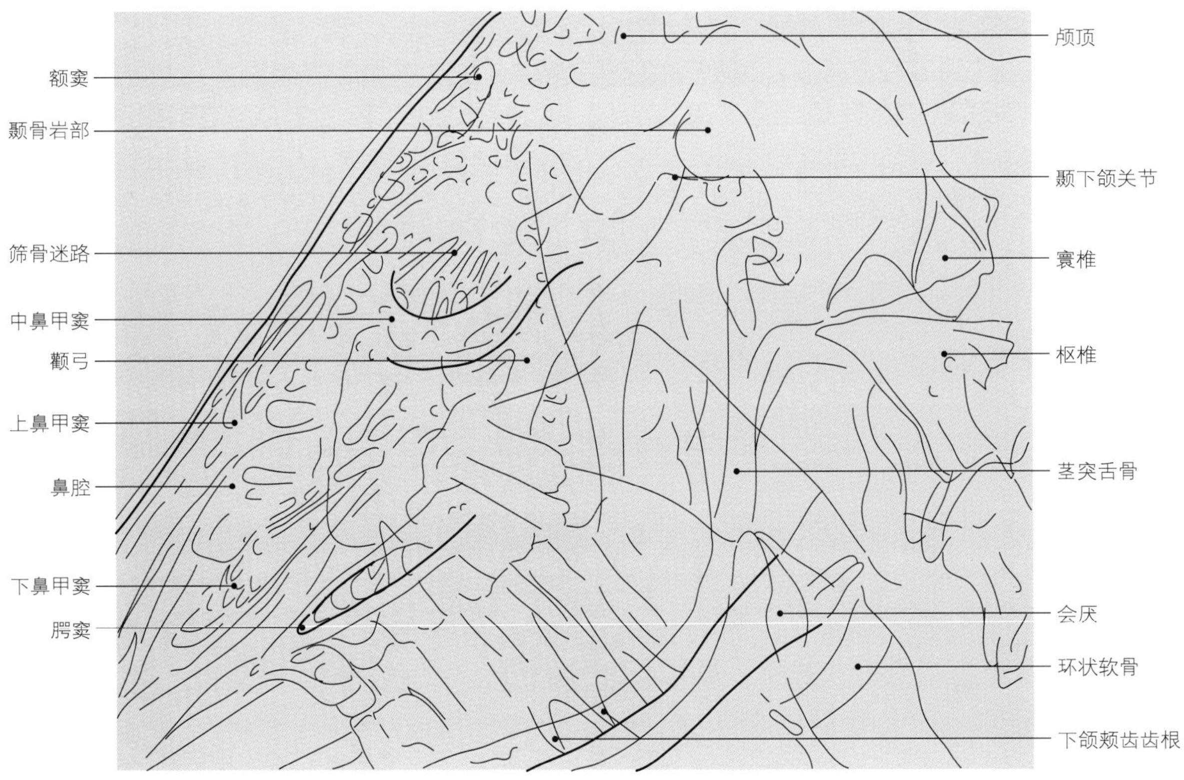
额窦
颞骨岩部
筛骨迷路
中鼻甲窦
颧弓
上鼻甲窦
鼻腔
下鼻甲窦
腭窦
颅顶
颞下颌关节
寰椎
枢椎
茎突舌骨
会厌
环状软骨
下颌颊齿齿根

图10.1 奶牛头部，外侧观。

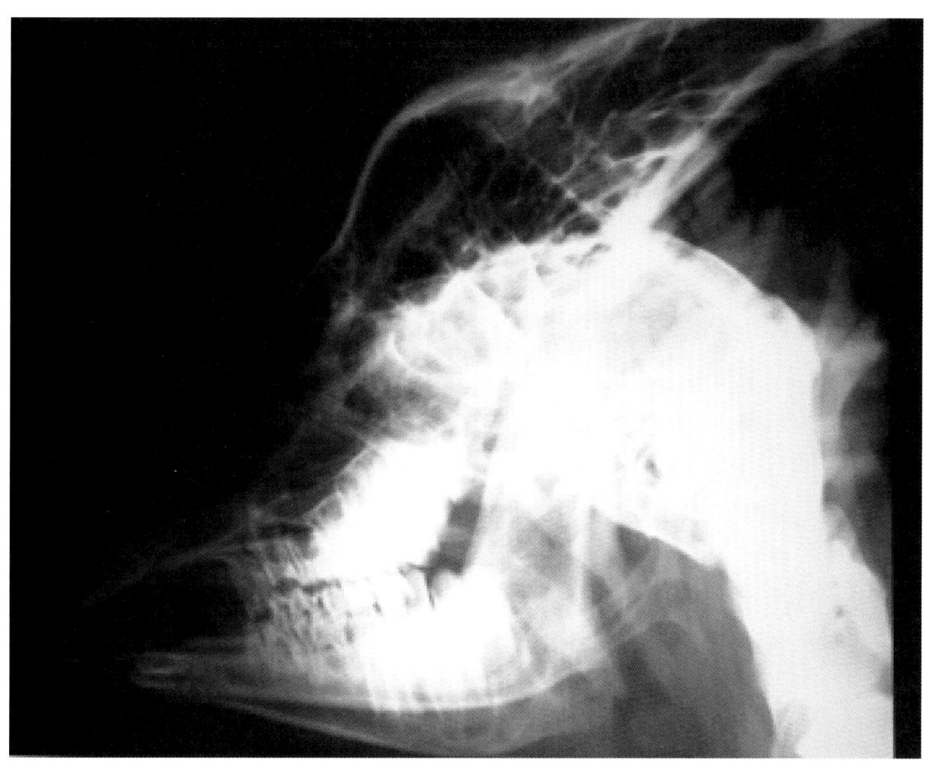

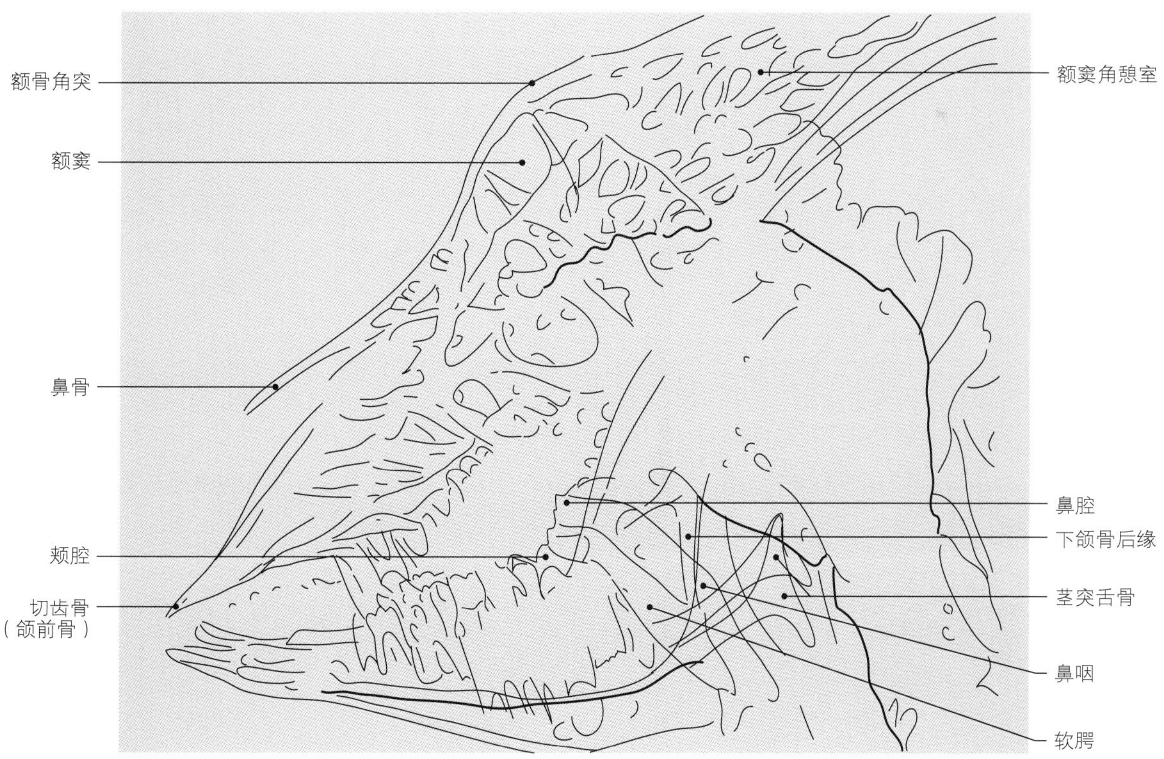
额骨角突
额窦
鼻骨
颊腔
切齿骨
（颌前骨）
额窦角憩室
鼻腔
下颌骨后缘
茎突舌骨
鼻咽
软腭

图10.2 山羊头部，外侧观。额窦延伸至角。

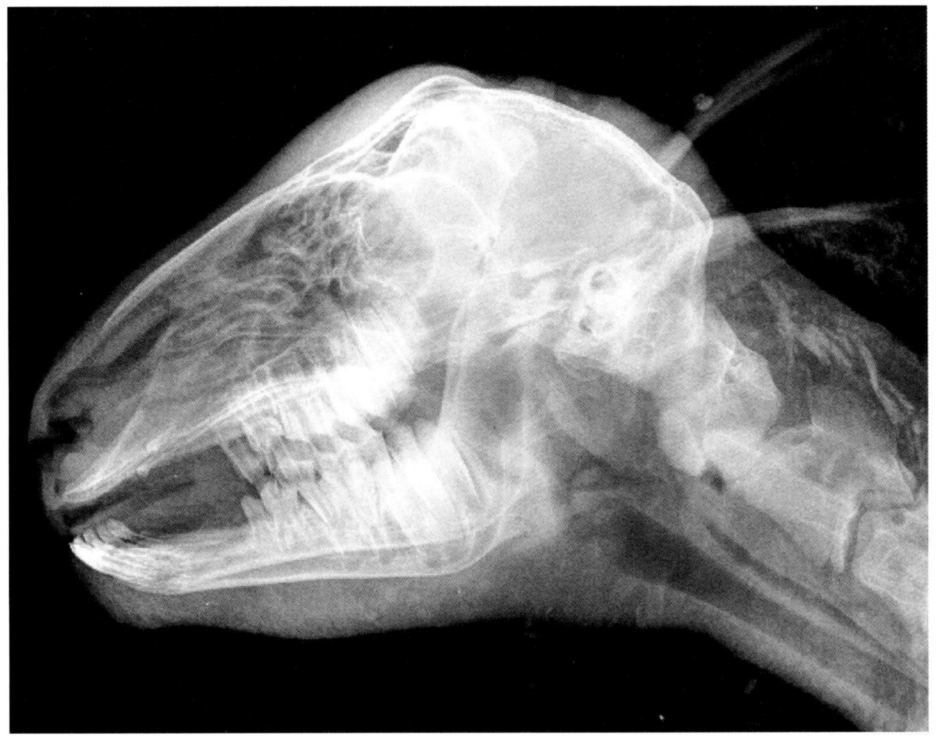

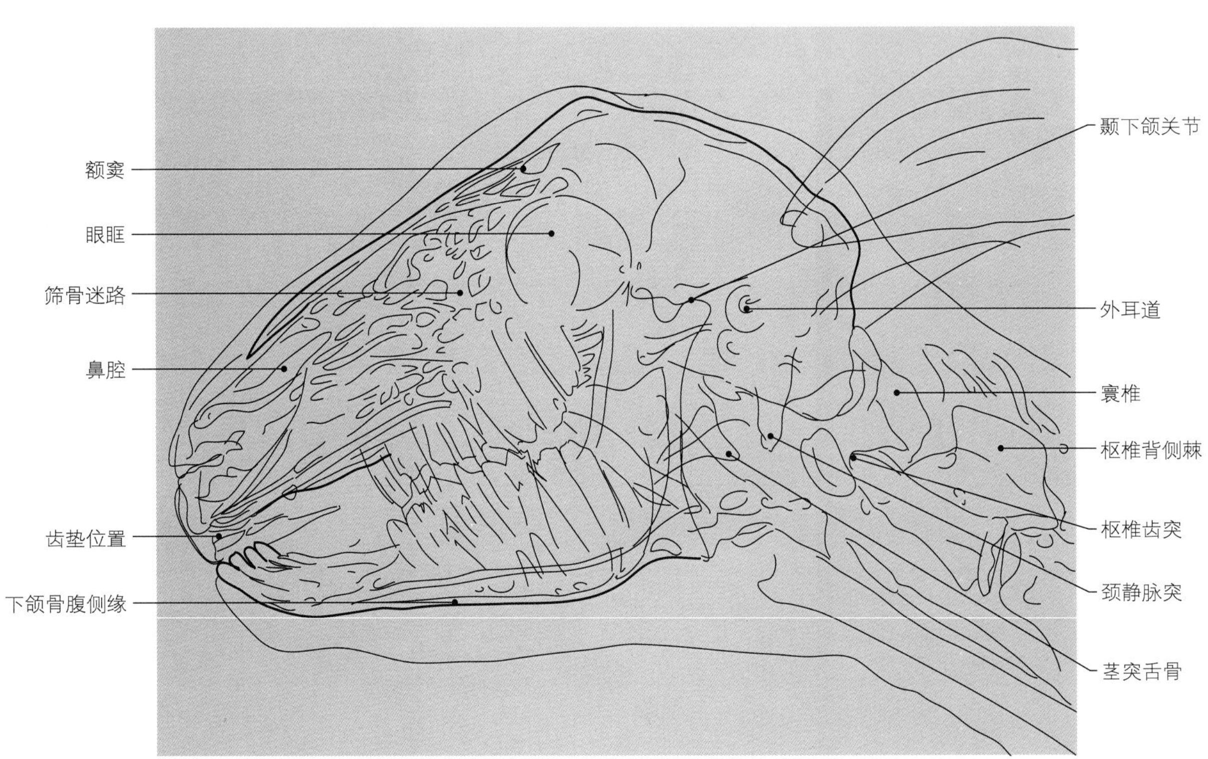
额窦
眼眶
筛骨迷路
鼻腔
齿垫位置
下颌骨腹侧缘
颞下颌关节
外耳道
寰椎
枢椎背侧棘
枢椎齿突
颈静脉突
茎突舌骨

图10.3 绵羊头部，外侧观。

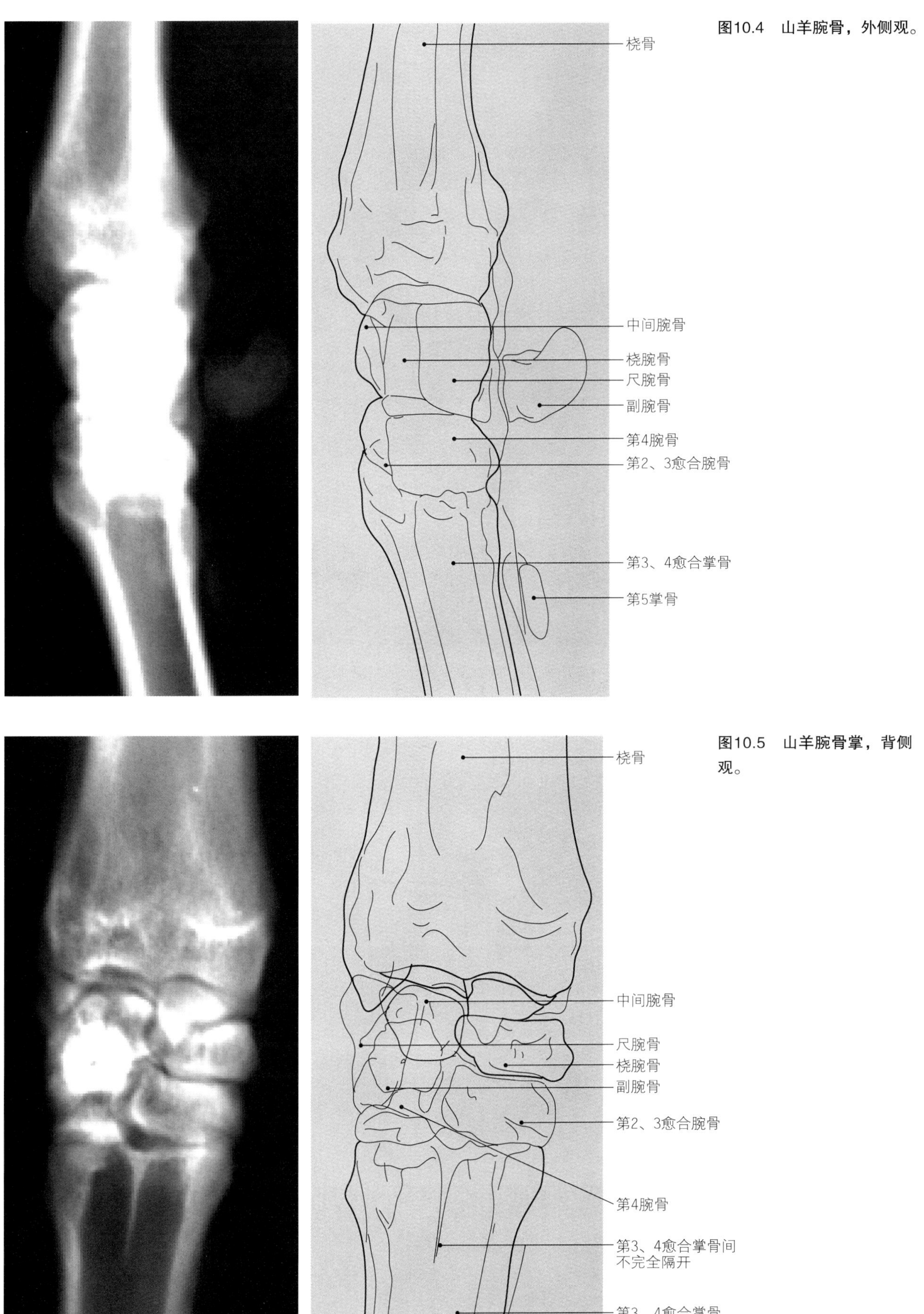

桡骨
中间腕骨
桡腕骨
尺腕骨
副腕骨
第4腕骨
第2、3愈合腕骨
第3、4愈合掌骨
第5掌骨
桡骨
中间腕骨
尺腕骨
桡腕骨
副腕骨
第2、3愈合腕骨
第4腕骨
第3、4愈合掌骨间
不完全隔开
第3、4愈合掌骨

图10.4　山羊腕骨，外侧观。

图10.5　山羊腕骨掌，背侧观。

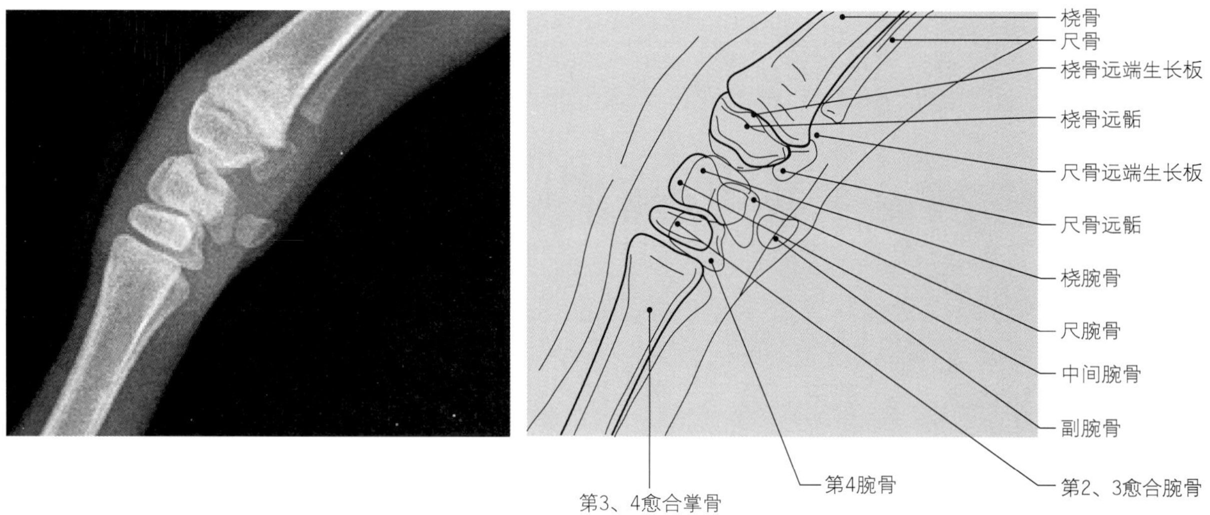
桡骨
尺骨
桡骨远端生长板
桡骨远骺
尺骨远端生长板
尺骨远骺
桡腕骨
尺腕骨
中间腕骨
副腕骨
第2、3愈合腕骨
第4腕骨
第3、4愈合掌骨

图10.6　骨骼未发育成熟的山羊腕骨，外侧观。副腕骨清晰可见。

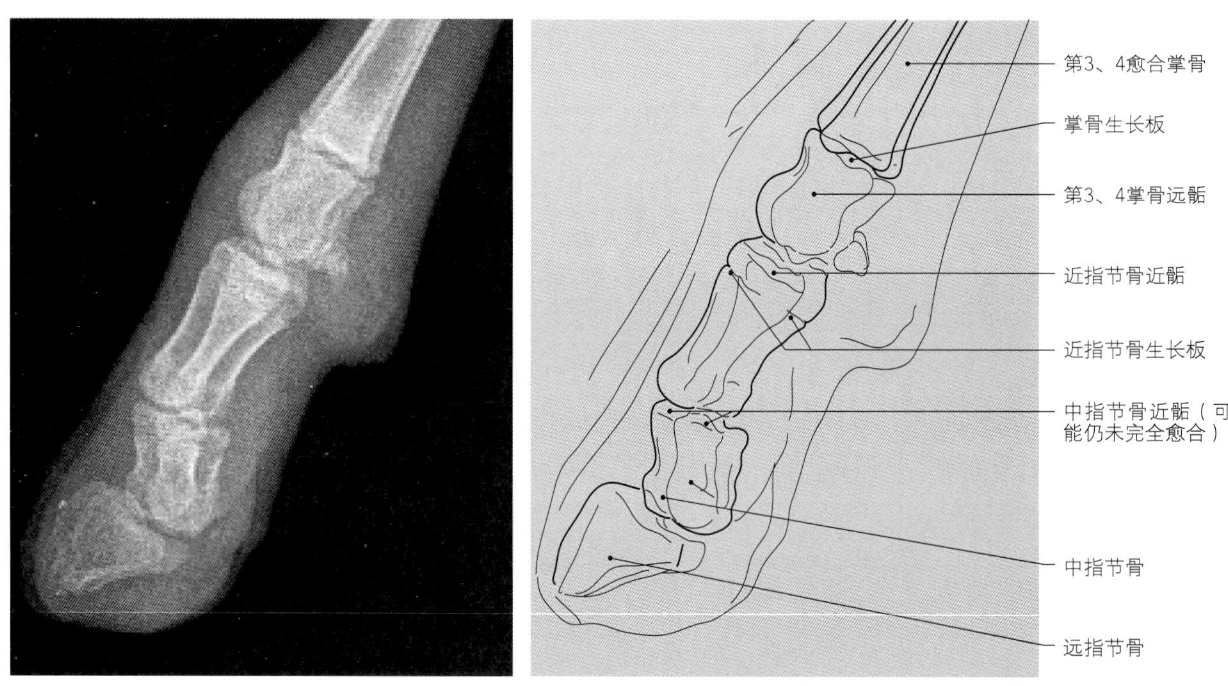
第3、4愈合掌骨
掌骨生长板
第3、4掌骨远骺
近指节骨近骺
近指节骨生长板
中指节骨近骺（可能仍未完全愈合）
中指节骨
远指节骨

图10.7　骨骼未发育成熟的山羊球节、指及蹄，外侧观。

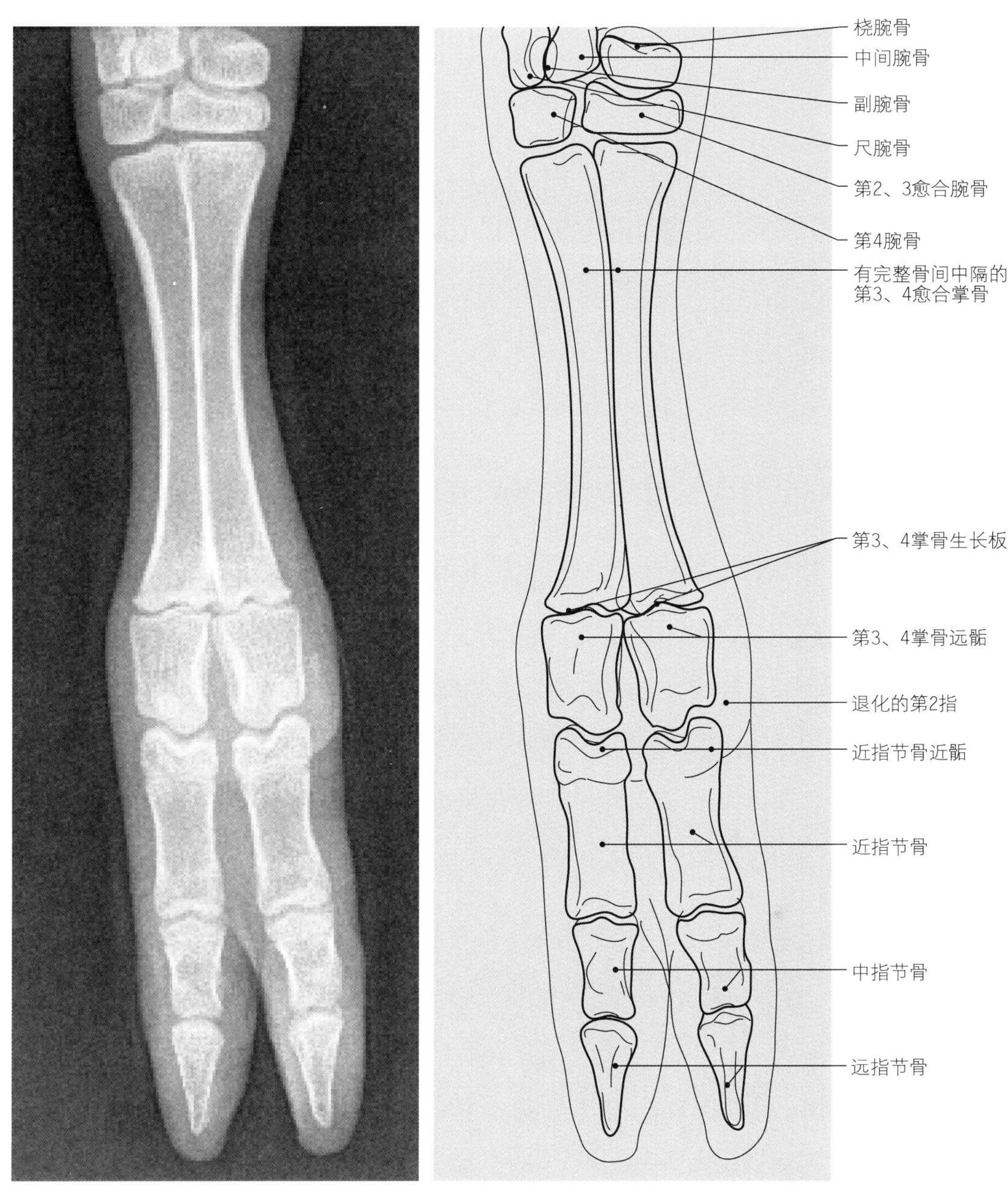
桡腕骨
中间腕骨
副腕骨
尺腕骨
第2、3愈合腕骨
第4腕骨
有完整骨间中隔的
第3、4愈合掌骨
第3、4掌骨生长板
第3、4掌骨远骺
退化的第2指
近指节骨近骺
近指节骨
中指节骨
远指节骨

图10.8　骨骼未发育成熟的山羊前肢，掌背侧观。厚的关节软骨造成腕掌关节较宽的缝隙。

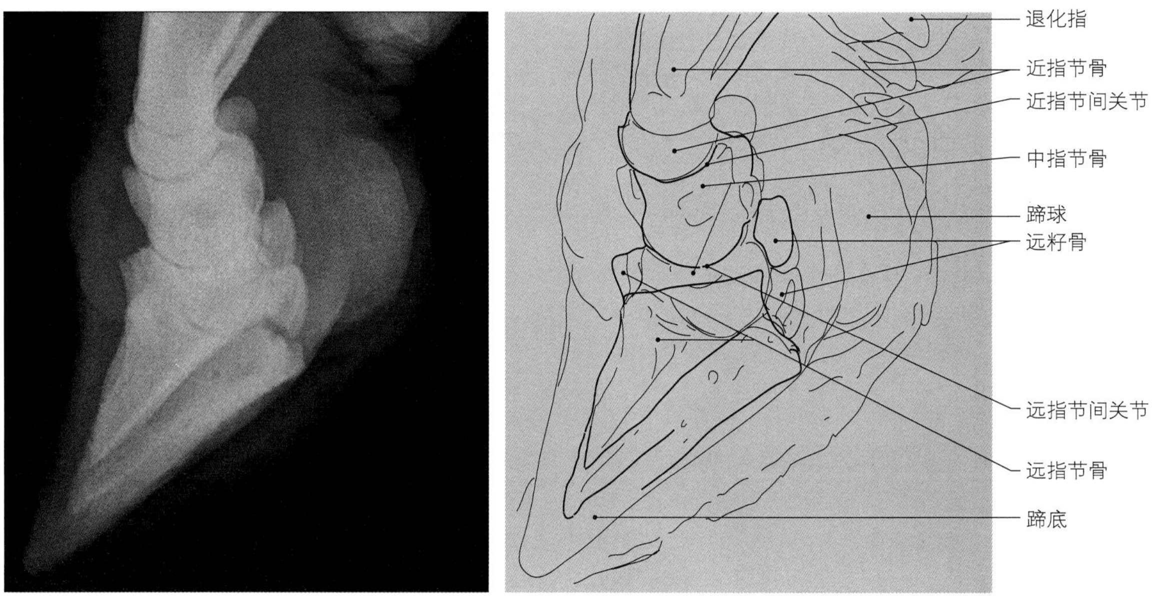
退化指
近指节骨
近指节间关节
中指节骨
蹄球
远籽骨
远指节间关节
远指节骨
蹄底

图10.9 奶牛的指和蹄，外侧观。此视角两指重叠。

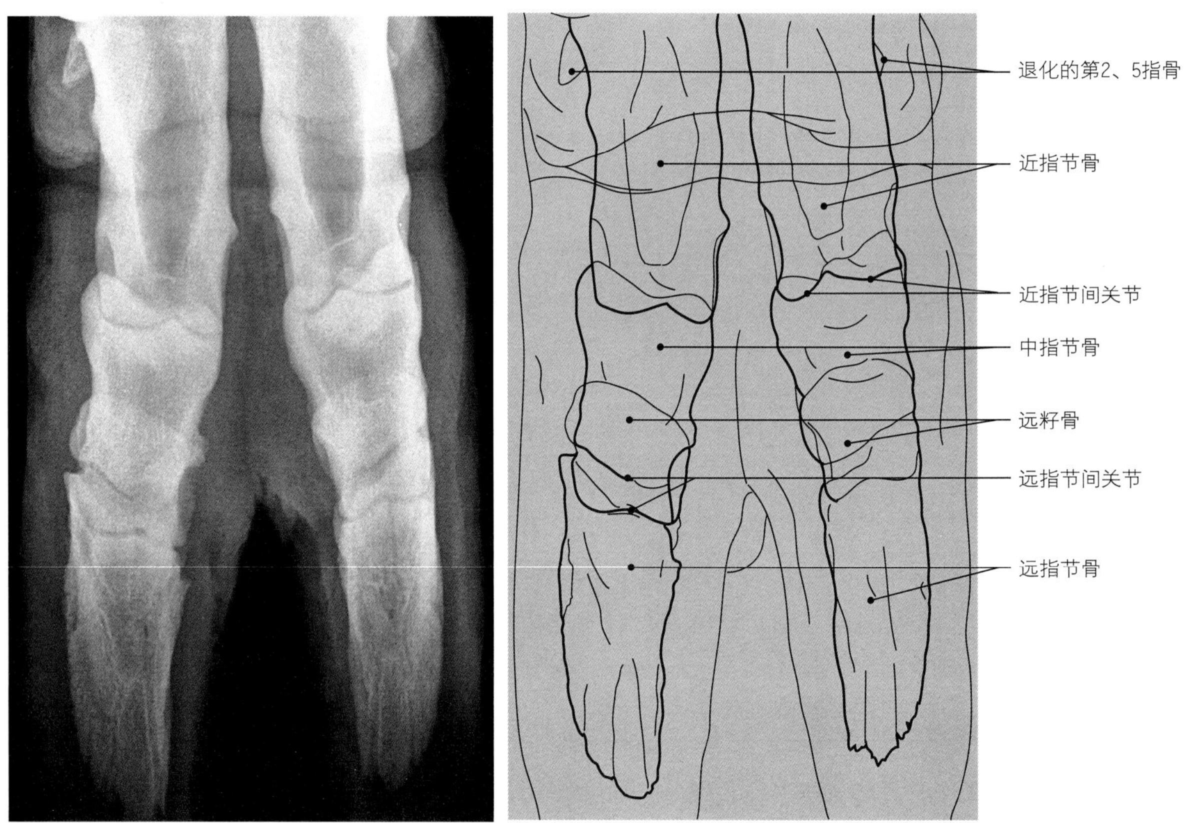
退化的第2、5指骨
近指节骨
近指节间关节
中指节骨
远籽骨
远指节间关节
远指节骨

图10.10 奶牛的指和蹄，掌背侧观。指叉界线明显。

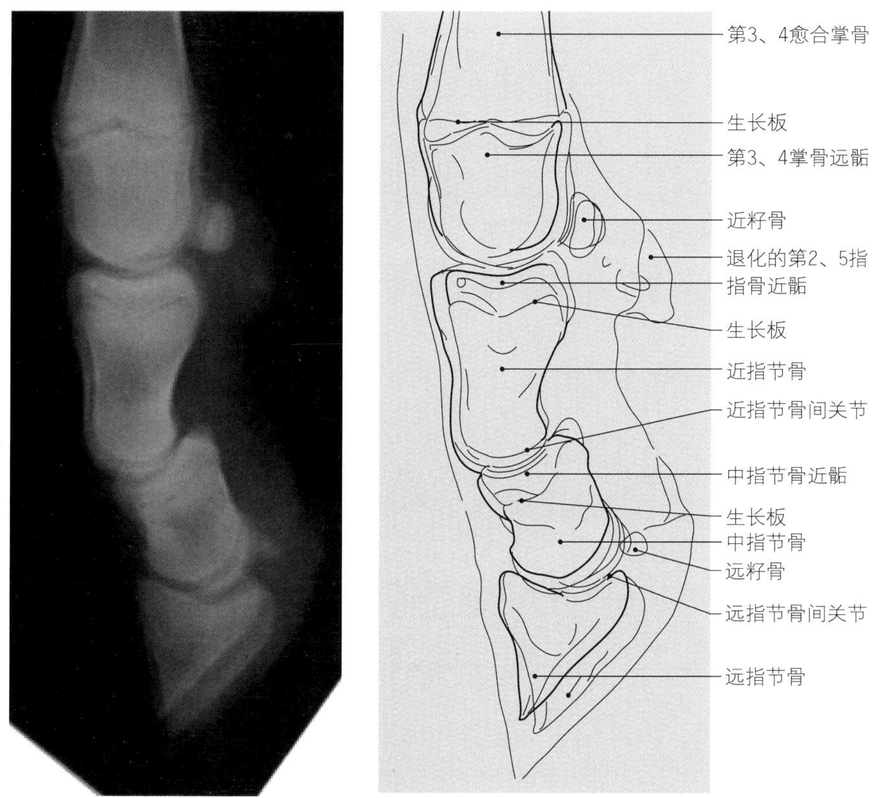
第3、4愈合掌骨
生长板
第3、4掌骨远骺
近籽骨
退化的第2、5指
指骨近骺
生长板
近指节骨
近指节骨间关节
中指节骨近骺
生长板
中指节骨
远籽骨
远指节骨间关节
远指节骨

图10.11　骨骼未发育成熟的犊牛球节、指及蹄，外侧观。此视角两指重叠。

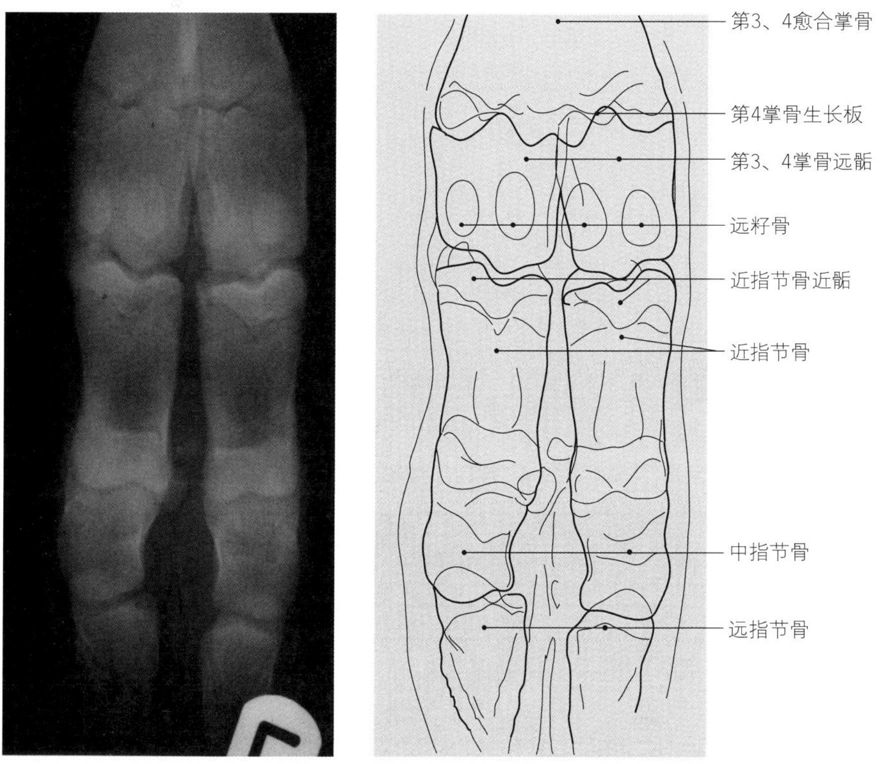
第3、4愈合掌骨
第4掌骨生长板
第3、4掌骨远骺
远籽骨
近指节骨近骺
近指节骨
中指节骨
远指节骨

图10.12　骨骼未发育成熟的犊牛球节、指及蹄，掌背侧观。腕掌关节的籽骨清晰可见。

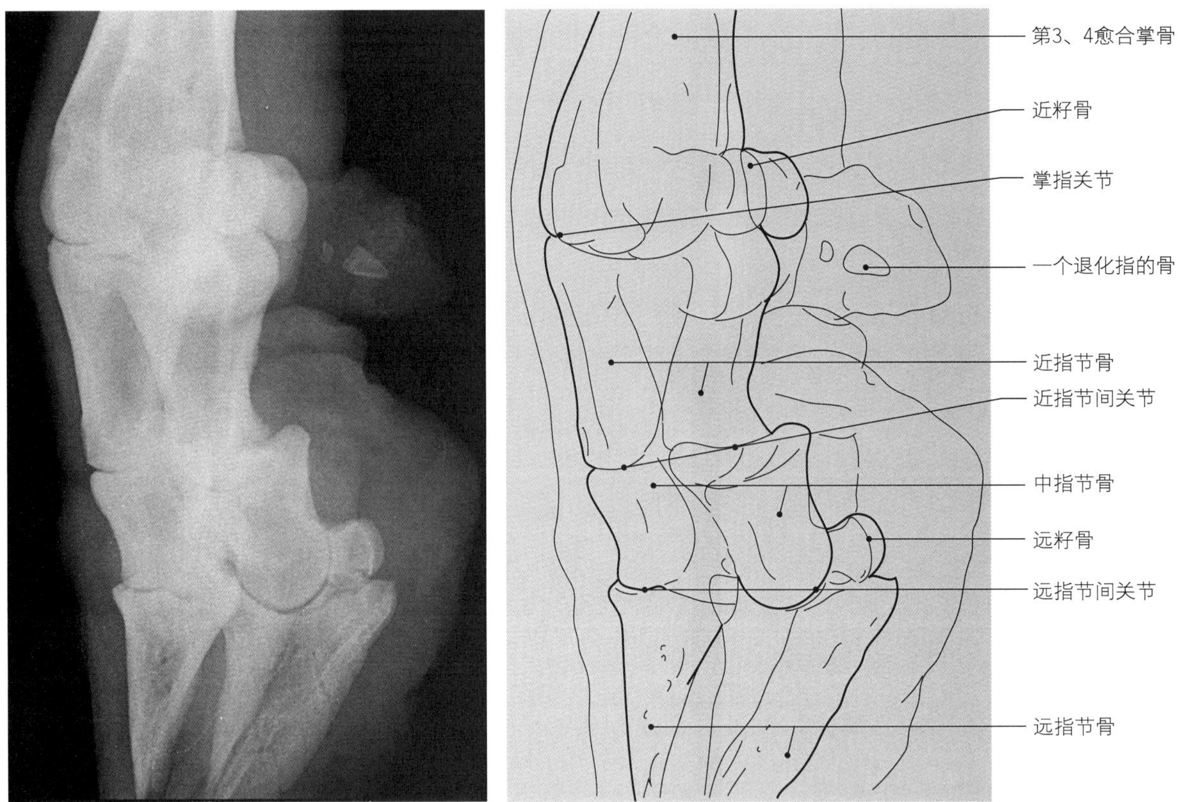
第3、4愈合掌骨
近籽骨
掌指关节
一个退化指的骨
近指节骨
近指节间关节
中指节骨
远籽骨
远指节间关节
远指节骨

图10.13　奶牛球节、指及蹄，斜面观。此角度的投影显示出一个副指骨。

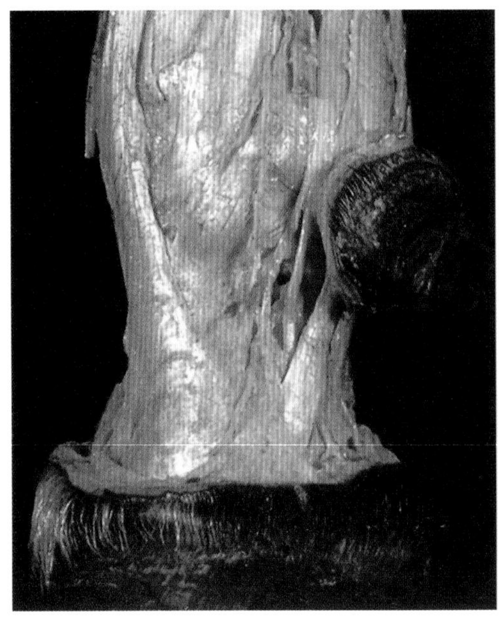

图10.14　奶牛左前肢浅层结构，外侧观。此图显示外侧副指骨。（见图7.19、图7.17显示的骨骼）

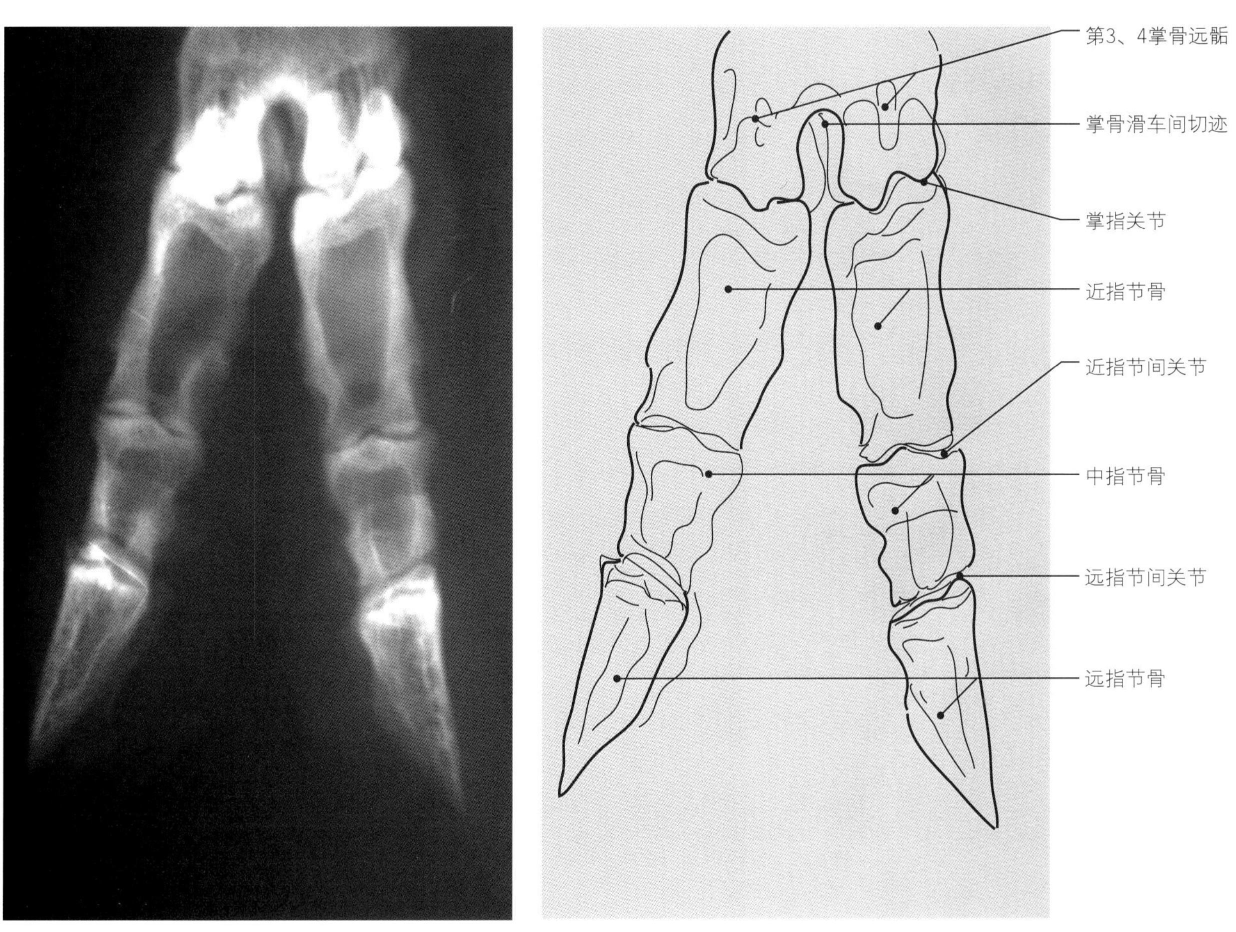
第3、4掌骨远骺
掌骨滑车间切迹
掌指关节
近指节骨
近指节间关节
中指节骨
远指节间关节
远指节骨

图10.15　山羊球节、指及蹄，掌背侧观。指以前肢的轴外展。

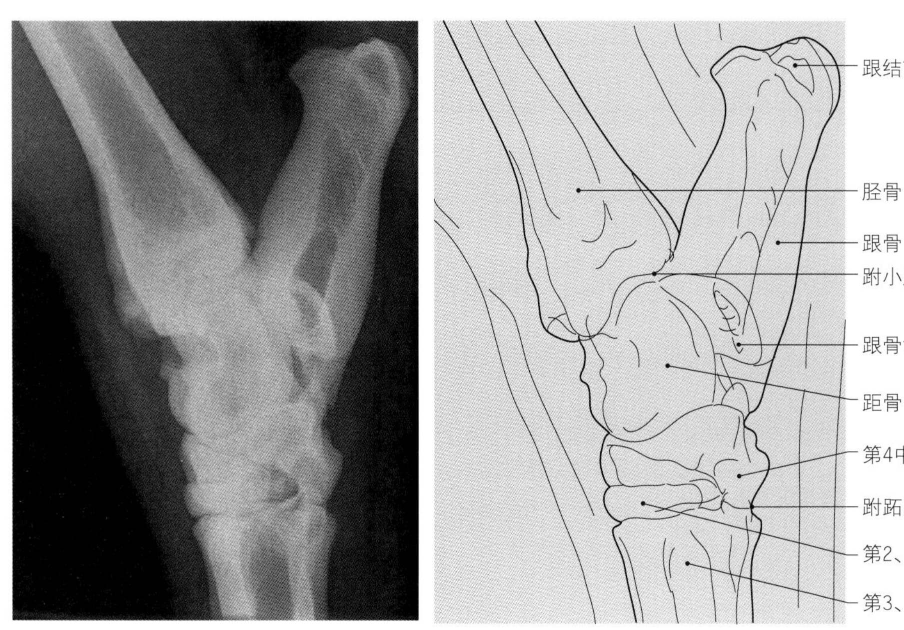
跟结节
胫骨
跟骨
跗小腿关节
跟骨载距突
距骨
第4中央跗骨愈合
跗跖关节
第2、3愈合跗骨
第3、4愈合跗骨

图10.16　奶牛跗关节，外侧观。

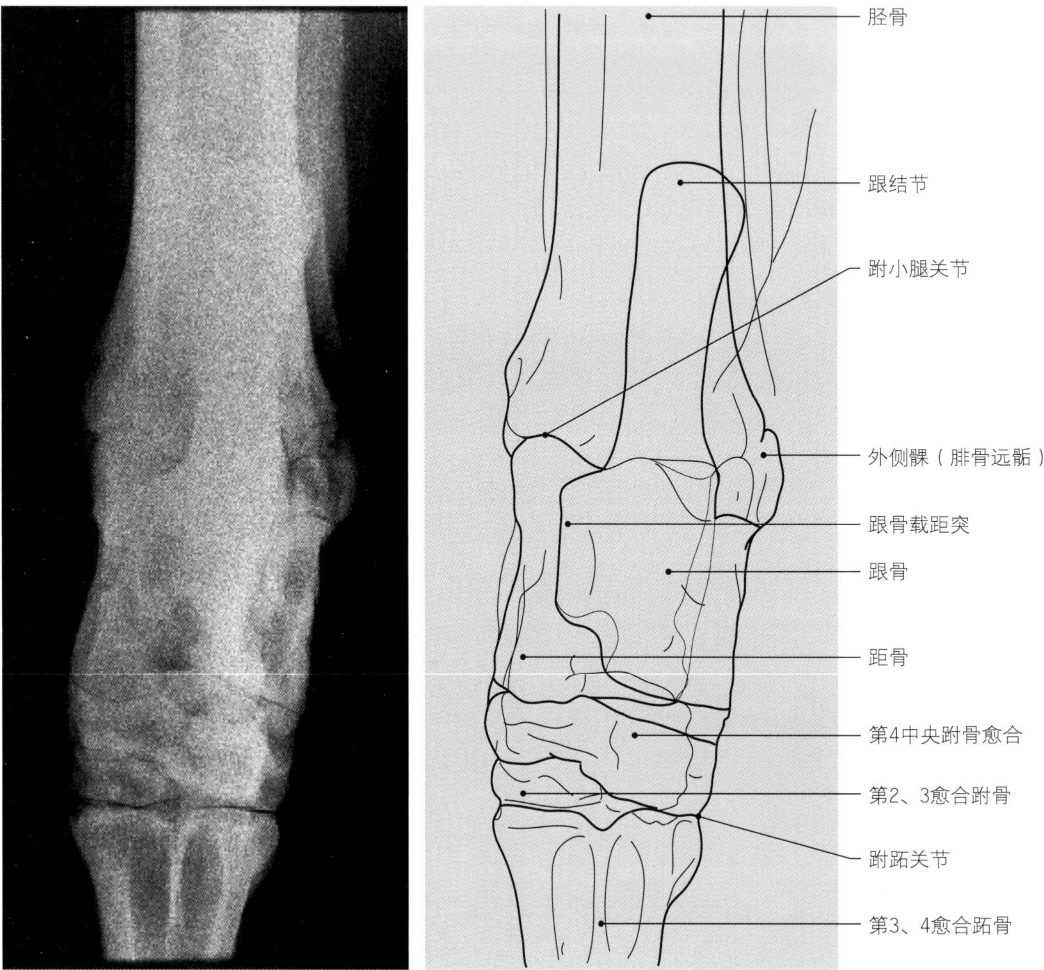
胫骨
跟结节
跗小腿关节
外侧髁（腓骨远骺）
跟骨载距突
跟骨
距骨
第4中央跗骨愈合
第2、3愈合跗骨
跗跖关节
第3、4愈合跖骨

图10.17　奶牛跗关节，跖背侧观。

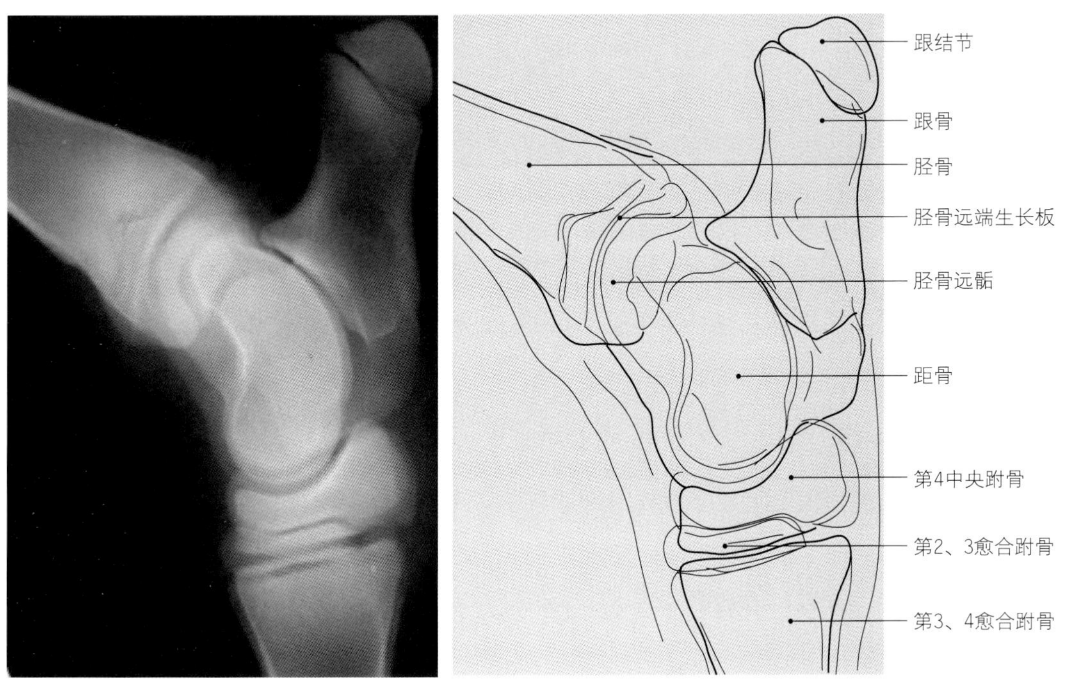
跟结节
跟骨
胫骨
胫骨远端生长板
胫骨远骺
距骨
第4中央跗骨
第2、3愈合跗骨
第3、4愈合跗骨

图10.18　骨骼发育成熟的犊牛跗关节，外侧观。胫骨远端生长板和跟骨可见。相对大量尚未经过软骨内骨化的软骨，其存在使得骨的轮廓呈现清晰圆润的图像。

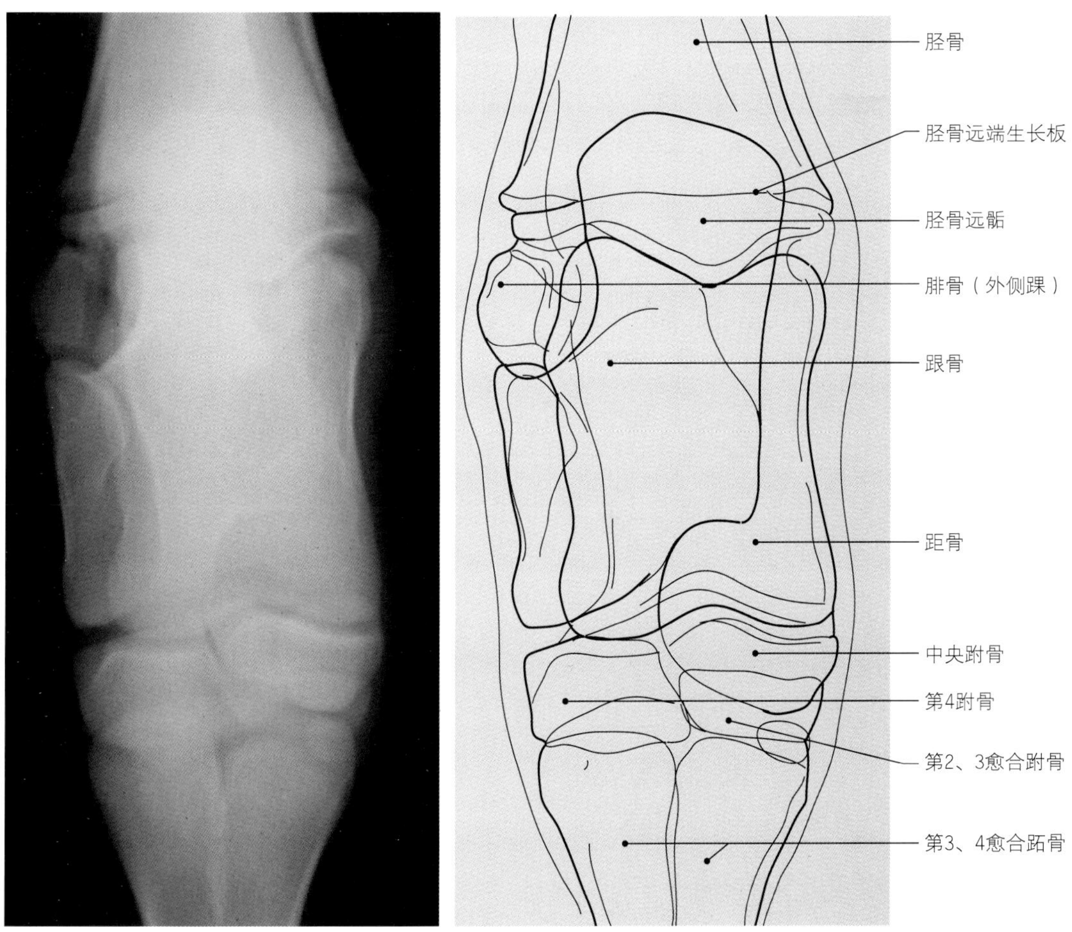
胫骨
胫骨远端生长板
胫骨远骺
腓骨（外侧踝）
跟骨
距骨
中央跗骨
第4跗骨
第2、3愈合跗骨
第3、4愈合跖骨

图10.19　骨骼未成熟的犊牛跗关节，跖背侧观。

附录　解剖学词汇中英文对照

本书图示注解名称主要参考《兽医解剖学名词》(1973年)。为方便读者学习专业词汇，我们将原英文版索引整理成中英文对照的词汇。其中，动脉、淋巴结、肌肉、神经、静脉及其主干分别以 a.、ln.、m.、n.、v. 和 t. 表示，其他结构（包括图标和说明所涉及的）均使用英文名称，但那些为人熟知的经典名词除外。

A

abdomen　腹部
　bones　腹部骨骼
　cavity　腹腔
　surface features　表面特征
　transverse fascia　腹横筋膜
abdominal muscle　腹部肌肉
'abdominal' tendon　腹部肌腱
abdominal tunic, yellow　腹黄膜
abdominal viscera　腹腔脏器
abdominal wall　腹壁
　deep fascia　腹壁深筋膜
　lateral　腹侧壁
　right　右侧腹壁
abomasum　皱胃
　abomasal plicae　皱胃褶
　vela abomasica　皱胃帆
acessoriometacarpal ligament　副腕骨掌骨韧带
acetabulum　髋臼
acoustic meatus, external　外耳道
acromion　肩峰
adipose tissue　脂肪组织
　interdigital　指（趾）间脂肪组织
　ischiorectal fossa　坐骨直肠窝脂肪组织
　perirenal　肾周脂肪组织
　retroperitoneal　腹膜后脂肪组织
　rumen　瘤胃脂肪组织
allantoic stalk, umbilical cord　尿囊蒂，脐带
annular cartilage　环状软骨
annular palmar ligament (fetlock)　掌环韧带（球节）
ansa subclavia caudalis　后锁骨下袢
ansa subclavia cranialis　前锁骨下袢
antebrachial region　前臂部
　muscles　前臂肌群
antebrachium　前臂
anus　肛门
aorta　主动脉
aorta abdominalis　腹主动脉
aorta thoracica　胸主动脉
aortic hiatus　主动脉裂孔
arcus aorticus　主动脉弓
arcus plantaris profundus　足底深弓
arteria(e)　动脉
　a. alveolaris mandibularis　下颌齿槽动脉
　a. auricularis caudalis　耳后动脉
　a. auricularis rostralis　耳前动脉
　a. axillaris　腋动脉
　a. axillaris sinistra　左腋动脉
　a. brachialis　臂动脉
　a. broncho-oesophagea　支气管食管动脉
　a. buccalis　颊动脉
　a. bulbi penis　阴茎球动脉
　a. carotis communis　颈总动脉
　a. carotis communis sinistra　左颈总动脉
　a. carotis externa　颈外动脉
　a. caudalis femoris　股后动脉
　a. caudalis femoris distalis　股后远动脉
　a. caudalis mediana　尾正中动脉
　a. cervicalis profunda　颈深动脉
　a. cervicalis superficialis　颈浅动脉
　a. circumflexa femoris lateralis　旋股外侧动脉
　a. circumflexa femoris medialis　旋股内侧动脉
　a. circumflexa humeri caudalis　旋肱后动脉
　a. circumflexa humeri cranialis　旋肱前动脉
　a. circumflexa ilium profunda　旋髂深动脉
　a. coeliaca　腹腔动脉
　a. colica media　结肠中动脉
　a. colica sinistra　结肠左动脉
　a. collateralis ulnaris　尺侧副动脉
　a. cornualis　角动脉
　a. coronaria dextra　右冠状动脉
　a. coronaria sinistra　左冠状动脉
　a. costoabdominalis　肋腹动脉
　a. costoabdominalis dorsalis　肋腹背侧动脉
　a. digitalis dorsalis propria Ⅲ *axialis*　第3指/趾背轴侧固有动脉
　a. digitalis dorsalis propria Ⅳ *axialis*　第4指/趾背轴侧固有动脉
　a. digitalis palmaris communis Ⅲ　指掌侧第3总动脉
　a. digitalis palmaris communis Ⅳ　指掌侧第4总动脉
　a. digilalis palmaris propria Ⅲ *abaxialis*　第 3 指掌远轴侧固有动脉
　a. digi1alis palmaris propria Ⅲ *axialis*　第3指掌轴侧固有动脉

a. digi1alis palmaris propria Ⅳ *abaxialis* 第4指掌远轴侧固有动脉
a. digitalis palmaris propria Ⅳ *axialis* 第4指掌轴侧固有动脉
a. digitalis plantaris communis Ⅱ 趾跖侧第2总动脉
a. digilalis plantaris communis Ⅲ 趾跖侧第3总动脉
a. digilalis plantaris communis Ⅳ 趾跖侧第4总动脉
a. digilalis plantaris propria Ⅲ *abaxialis* 第3趾跖远轴侧固有动脉
a. digitalis plantaris propria Ⅲ *axialis* 第3趾跖轴侧固有动脉
a. digilalis plantaris propria Ⅳ *axialis* 第4趾跖轴侧固有动脉
a. dorsalis nasi 鼻背侧动脉
a. dorsalis penis 阴茎背侧动脉
a. epigastrica caudalis 腹壁后动脉
a. epigastrica caudalis superficialis 腹壁后浅动脉
a. epigastrica cranialis 腹壁前动脉
a. facialis 面动脉
a. femoralis 股动脉
a. gastrica dextra 胃右动脉
a. gastrica sinistra 胃左动脉
a. gastroepiploica dextra 胃网膜右动脉
a. gastroepiploica sinistra 胃网膜左动脉
a. genus descendens 膝降动脉
a. glutea caudalis 臀后动脉
a. glutea cranialis 臀前动脉
a. hepatica 肝动脉
a. ileocolica 回结肠动脉
a. iliaca externa 髂外动脉
a. iliaca interna 髂内动脉
a. infraorbitalis 眶下动脉
a. intercostalis Ⅺ 第11肋间动脉
a. intercostalis Ⅻ 第12肋间动脉
a. intercostalis dorsalis 肋间背侧动脉
a. intercostalis suprema 最上肋间动脉
a. intercostalis ventralis 肋间腹侧动脉
a. interdigitalis Ⅲ 第3指/趾间动脉
a. interossea communis 骨间总动脉
a. interossea cranialis 骨间前动脉
aa. jejunales 空肠动脉
a. labialis mandibularis 下唇动脉
a. labialis maxillaris 上唇动脉
a. lienalis 脾动脉
a. lingualis 舌动脉
a. lumbalis Ⅰ 第1腰动脉
a. lumbalis Ⅱ 第2腰动脉
a. lumbalis Ⅳ 第4腰动脉
aa. lumbales rumen dorsal sac 瘤胃背囊腰动脉
a. malaris 颧动脉
a. mammaria caudalis 乳房后动脉
a. mammaria cranialis 乳房前动脉
a. maxillaris 上颌动脉
a. mediana 正中动脉
a. mesenterica caudalis 肠系膜后动脉
a. mesenterica cranialis 肠系膜前动脉
a. metacarpea dorsalis Ⅲ 掌背侧第3动脉
a. metatarsea dorsalis Ⅲ 跖背侧第3动脉
a. occipitalis 枕动脉
a. ovarica 卵巢动脉
aa. palpebrales 睑动脉
a. pancreaticoduodenalis 胰十二指肠动脉
a. pancreaticoduodenalis caudalis 胰十二指肠后动脉
a. pancreaticoduodenalis cranialis 胰十二指肠前动脉
a. penis 阴茎动脉
a. perinealis dorsalis 会阴背侧动脉
a. perinealis ventralis 会阴腹侧动脉
a. plantaris medialis 跖内侧动脉
a. poplitea 腘动脉
a. profunda brachii 臂深动脉
a. profunda femoris 股深动脉
a. profunda penis 阴茎深动脉
a. prostatica 前列腺动脉
a. pudenda externa 阴部外动脉
a. pudenda interna 阴部内动脉
a. pulmonalis 肺动脉
a. pulmonalis dextra 右肺动脉
a. pulmonalis sinistra 左肺动脉
a. radialis 桡动脉
a. rectalis caudalis 桡后动脉
a. rectalis cranialis 桡前动脉
a. renalis dextra 右肾动脉
a. renalis sinistra 左肾动脉
a. reticularis 网胃动脉
a. reticularis accessoria 网胃副动脉
a. ruminalis dextra 瘤胃右动脉
a. ruminalis sinistra 瘤胃左动脉
a. sacralis mediana 荐正中动脉
a. saphena 隐动脉
a. scapularis dorsalis 肩胛背侧动脉
a. subclavia sinistra 左锁骨下动脉
a. sublingualis 舌下动脉
a. subscapularis 肩胛下动脉
a. suprarenalis media 肾上腺中动脉
a. suprascapularis 肩胛上动脉
a. temporalis superficialis 颞浅动脉
a. testicularis 睾丸动脉
a. testicularis sinistra 左睾丸动脉
a. thoracica externa 胸外动脉
a. thoracica interna 胸内动脉
a. thoracodorsalis 胸背动脉
a. thyroidea cranialis 甲状腺前动脉
a. tibialis cranialis 胫前动脉
a. transversa cubiti 肘横动脉
a. transversa faciei 面横动脉
aa. umbilicales 脐动脉
a. uterina 子宫动脉
a. vaginalis 阴道动脉
a. vertebralis 椎动脉
a. vesicalis cranialis 膀胱前动脉
arytenoid cartilage, corniculate process 杓状软骨小角突
atlas 寰椎
  alar foramina 寰椎翼孔
  lateral vertebral 寰椎侧柱
  wing 寰椎翼

atrio–ventricular heart valve 心脏房室瓣
angular 角尖瓣
parietal 壁尖瓣
septal cusp 隔尖瓣
atrium 心房
left 左心房
left auricle 左心耳
right 右心房
right auricle 右心耳
see also rumen 见瘤胃
auricular cartilage 耳廓软骨
auricular helix 耳蜗
axial groove 轴侧沟
axilla 腋窝
left 左腋窝
axillary region 腋部
axis 枢椎，轴
dens 枢椎齿突
dorsal arch 背侧弓
dorsal spine 背侧棘
dorsal spinous process 背侧棘突

B

basihyoid bone 底舌骨
bile duct 胆管
bladder 膀胱，囊
lateral ligament 膀胱侧韧带
see also gallbladder; urinary bladder 见 胆囊、膀胱
brachial plexus 臂神经丛
brachial region 臂部
brachium 臂部
brisket 胸部，胸骨
bronchus 支气管
left 左支气管
right 右支气管
tracheal 气管支气管
buccal glands 颊腺
dorsal 背侧颊腺
ventral 腹侧颊腺
buccal vestibule 颊前庭
buccal wall 颊壁
bulbourethral gland 尿道球腺
bursa podotrochlearis 舟骨滑膜囊

C

caecum 盲肠
apex 盲肠尖
supraomental peritoneal recess 盲肠网膜上隐窝
calcaneal tendon 跟腱
calcaneus 跟骨
sustentaculum tali 跟骨载距突
tuberosity 跟结节
cardia 贲门
carotid sheath 颈动脉鞘
external part 颈动脉鞘外侧部
carpal bone 腕骨
Ⅱ 第2腕骨
Ⅲ 第3腕骨
Ⅳ 第4腕骨
accessory 副腕骨
intermediate 中间腕骨
radial 桡腕骨
ulnar 尺腕骨
carpal region 腕部
carpometacarpal articulation 腕掌关节
carpus 腕
accessory carpal bone 副腕骨
bones 腕骨
radiocarpal joint 桡腕关节
surface features 腕骨表面特征
caval fold 腔静脉褶
caval foramen 腔静脉孔
diaphragm 膈腔静脉孔
caval pleural fold 腔静脉胸膜褶
centroquartal tarsal bone 中央跗骨
ceratohyoid bone 角舌骨
cervical vertebrae 颈椎
caudal 后颈椎
transverse processes 颈椎横突
choana 鼻后孔
chordae tendineae 腱索
collateral ligament 侧副韧带
lateral 外侧副韧带
medial 内侧副韧带
colon 结肠
ascending 升结肠
ansa distalis 升结肠远袢
ansa proximalis 升结肠近袢
ansa spiralis 升结肠旋袢
descending 降结肠
transverse 横结肠
conchal sinus 鼻甲窦
conus arteriosus 动脉圆锥
corium 真皮
cornea 角膜
cornual region 角区
nerves / blood vessels 角区神经/血管
superficial structures 角区浅层结构
surface features 角区表面特征
coronary groove 冠状沟
coronary ligament 冠状韧带
coronary region 冠状区
coronary sinus 冠状窦
coronet 蹄冠
abaxial line 蹄冠远轴线
at ‘heel’ 蹄球
axial line 蹄冠轴线

digit Ⅲ 第3指/趾蹄冠
digit Ⅳ 第4指/趾蹄冠
corpus luteum 黄体
corpus rubrum 红体
costal arch 肋弓
costal cartilage 肋软骨
rib 7 第7肋软骨
rib 8 第8肋软骨
rib 11 第11肋软骨
rib 13 第13肋软骨
costochondral junction 肋软骨连结
rib 4 第4肋软骨连结
rib 5 第5肋软骨连结
rib 6 第6肋软骨连结
rib 8 第8肋软骨连结
costodiaphragmatic recess 肋膈隐窝
costomediastinal recess 肋纵隔隐窝
cranial articular process 前关节突
cranial vault 颅顶
cricoid cartilage 环状软骨
crista terminalis 终嵴
crural fascia 小腿筋膜
crural region 小腿部
crus penis 阴茎脚
cutaneous muscle 皮肌

D

dental pad 齿垫
maxillary 上颌齿垫
dermis 真皮
'dew claw' see digit Ⅴ '悬蹄'见 第5指/趾
diaphragm 膈
aortic hiatus 膈主动脉裂孔
caval foramen 膈腔静脉孔
caval hiatus 膈腔静脉裂孔
central tendon 膈中心腱
costal attachments 膈肋附着部
costal part 膈肋部
cupola 膈圆顶
internal part 膈内部
lumbar part 膈腰部
left crus 左膈脚
right crus 右膈脚
lumbocostal arch 膈腰肋弓
oesophageal hiatus 膈食管裂孔
pelvic 盆膈
phrenicopericardiac attachment 膈心包附着部
splenic attachment 膈脾附着部
sternal part 膈胸骨部
diaphragmatic line of pleural reflection 胸膜折转的膈线
digestive tract 消化道，消化管
digit Ⅱ 第2指/趾
accessory 第2副指/趾
bulb of 'heel' 第2指/趾蹄球
coronet 第2指/趾冠
forelimb 前肢第2指
hindlimb 后肢第2趾
hoof 第2趾蹄部
ligaments 第2指/趾韧带
shoe of hoof 第2趾蹄部
'toe' of hoof 第2指/趾蹄趾
digit Ⅲ 第3指/趾
coronet 第3指/趾蹄冠
forelimb 前肢第3指
hindlimb 后肢第3趾
interdigital cleft 第3指/趾间叉
periople 第3指/趾蹄外膜
proximal sesamoid bone 第3指/趾近籽骨
tendons 第3指/趾腱
toe of hoof 第3指/趾的蹄趾
wall of hoof 第3指/趾蹄壁
digit Ⅳ 第4指/趾
axial coronet 第4指/趾轴冠
bulbs of 'heel' 第4指/趾蹄球
coronet 第4指/趾冠
'heel' 第4指/趾蹄球
interdigital cleft 第4指/趾间叉
junction between wall and bulb 第4指/趾蹄壁与蹄球交界处
periople 第4指/趾蹄外膜
sole of hoof 第4指/趾蹄底
tendons 第4指/趾腱
toe of hoof 第4指/趾蹄趾
wall of hoof 第4指/趾蹄壁
digit Ⅴ ('dew claw') 第5指/趾（悬蹄）
accessory 第5副指/趾
phalanges 第5副指/趾指/趾骨
hoof 第5指/趾蹄部
ligaments 第5指/趾韧带
digital cushion 蹄垫，指(趾)垫
digital region 蹄部
digits 指/趾
vestigial 退化的指/趾
diverticulum, conchal 甲憩室
ductus arteriosus 动脉导管
ductus deferens 输精管
ductus deferens ampulla 输精管壶腹
ductus thoracicus 胸导管
ductus venosus 静脉导管
duodenum 十二指肠
ansa sigmoidea 十二指肠乙状袢
ascending 十二指肠升部
caudal flexure 十二指肠后曲
cranial part 十二指肠前部
descending 十二指肠降部

E

efferent ductules 输出小管
elbow 肘

joint, capsule 肘关节，肘关节囊
endothoracic fascia 胸内筋膜
epaxial muscles 轴上肌
epidermis 表皮
horny 表皮角质层
epididymis 附睾
body 附睾体
head 附睾头
tail 附睾尾
epiglottis 会厌
epihyoid bone 上舌骨
epiphysis 骺
distal 远骺
distal radial 桡骨远骺
distal ulnar 尺骨远骺
proximal 近骺
escutcheon 小盾板
ethmoidal labyrinth 筛骨迷路
extensor process, distal phalanx 远指（趾）节骨伸腱突
extensor retinaculum 伸肌支持带
distal 远伸肌支持带
proximal 近伸肌支持带
eyeball 眼球
surface features 眼球表面特征

F

facial region, superficial structures 颜面部，浅层结构
facial tuberosity 面结节
falciform ligament 镰状韧带
fascia 筋膜
fascia lata 阔筋膜
femoral fascia, superficial 浅层股筋膜
femoral head, ligament 股骨头韧带
femoral region 股部
femoral ring 股环
femoropatellar ligament, lateral 股膝外侧韧带
femur 股骨
greater trochanter 股骨大转子
lateral condyle 股骨外侧髁
lateral epicondyle 股骨外侧上髁
medial condyle 股骨内侧髁
medial epicondyle 股骨内侧上髁
tuberculum of trochlea 股骨滑车结节
fetlock 球节
annular palmar ligament 掌环状韧带
joints 球节关节，掌指关节
fibula 腓骨
lateral malleolus 腓骨外侧踝
medial malleolus 腓骨内侧踝
fibular tarsal bone 腓跗骨
flexor retinaculum 屈肌支持带
flexor tendon sheath, proximal extent 近端屈肌腱鞘
flexor tendons 屈肌腱
flexor tubercle 屈肌结节
flexor tuberosity 屈肌结节
foot 足，脚，蹄
foramen ovale 卵圆孔
forelimb 前肢
bones 前肢骨骼
digit Ⅱ 第2指
digit Ⅲ 第3指
surface features 前肢表面特征
veins/nerves 前肢静脉/神经
fossa 窝，凹
frontal bone 额骨
temporal line 额骨颞线
frontal region，superficial structures 额部浅层结构

G

gall bladder 胆囊
ganglion cervicale medium 颈中神经节
ganglion cervicothoracicum 颈胸神经节，星状神经节
ganglion coeliacum 腹腔神经节
ganglion mesentericum craniale 肠系膜前神经节
gingival margin 龈缘
gland see specific entries 腺体 见具体条目
gland sinus 腺窦
glans penis 阴茎头
gluteal region 臀部
groove 沟

H

haemal arch 血管弓
hair 毛
crural regions 毛根
feathers of escutcheon 小盾板被毛
ridge 毛脊
tactile 触毛
vortex 毛涡
hard palate 硬腭
head 头部
superficial structures 浅层结构
surface features 表面特征
heart 心脏
foeta 胎儿心脏
left ventricle 左心室
right ventricle 右心室
heel, bulb of 蹄球
abaxial part 蹄球远轴部
axial part 蹄球轴部
digit Ⅱ 第2趾蹄球
digit Ⅳ 第4趾蹄球
solar part 蹄球底部
hiatus 孔
hindlimb 后肢
digit Ⅱ 第2趾

digit Ⅲ　第3趾
nerves　后肢神经
structures　后肢结构
superficial muscles　后肢浅层肌肉
surface features　后肢表面特征
veins/nerves　后肢静脉/神经
hock　跗关节
structures　跗关节结构
hoof　蹄
bulb of　蹄球
sole of　蹄底
toe of　蹄尖
wall of　蹄壁
abaxial　蹄壁远轴侧
axial　蹄壁轴侧
coronary corium　蹄冠真皮
laminae　蹄角质壁
termination　蹄壁缘
white zone　蹄白线
horn　角
bud　角芽
tubules　角小管
humerus　肱骨
deltoid tuberosity　三角肌粗隆
lateral epicondyle　外侧上髁
major tuberosity　大结节
hyoid apparatus　舌器
hypodermis　真皮

I

ileocaecal fold　回盲褶
ileum　回肠
supraomental peritoneal recess　回肠网膜上隐窝
iliac fascia　髂筋膜
ilium　髂骨
body　髂骨体
gluteal line　髂骨臀线
shaft　髂骨干
tuber coxae　髋结节
tuber sacrale　荐结节
wing　髂骨翼
incisive bone　切齿骨
incisive papilla　切齿乳头
incisor teeth　门齿
surface features　门齿表面特征
infraorbital canal　眶下管
infraorbital foramen　眶下孔
inguinal canal　腹股沟管
inguinal ligament　腹股沟韧带
inguinal ring　腹股沟环
deep　腹股沟环深层
superficial　腹股沟环浅层
intercornual protuberance　角间隆凸
intercostal space, 3rd　第3肋间隙
interdigital cleft　指（趾）间叉
interdigital ligament　指/趾间韧带
distal　远指/趾间韧带
intersesamoid　指/趾间籽骨间韧带
proximal　近指/趾间韧带
interdigital sinus　指/趾间窦
interdigital space　指/趾间隙
interincisive notch see incisive papilla　切齿间切迹 见切齿乳头
intermammary groove　乳间沟
interosseous space, distal　远端骨间隙
interphalangeal joint　指/趾节间关节
distal　远指/趾节间关节
proximal　近指/趾节间关节
interspinous ligaments　棘间韧带
intestine see caecum; colon; ileum; jejunum; small intestine　肠 见盲肠；结肠；回肠；空肠；小肠
iris, pupillary margin　虹膜，瞳孔缘
ischiatic foramen　坐骨孔
greater　坐骨大孔
lesser　坐骨小孔
ischiatic notch　坐骨切迹
greater　坐骨大切迹
lesser　坐骨小切迹
ischiatic tendon　坐骨腱
ischiorectal fossa　坐骨直肠窝
adipose tissue　坐骨直肠窝脂肪组织
ischium　坐骨
spine　坐骨棘
ventral surface　坐骨腹侧面

J

jejunum　空肠
joint see specific entries　关节 见具体条目
jugular groove　颈静脉
jugular process　颈静脉突

K

kidney　肾
left　左肾
right　右肾

L

labium　唇
mandibular　下唇
maxillary　上唇
papillae　唇乳头
vulval　阴唇
lacrimal bone　泪骨
lacrimal caruncle　泪阜
lacrimal gland　泪腺
lacrimal lake　泪池

- large intestine *see caecum*; colon 大肠 见盲肠；结肠
- larynx 喉
- ligament 韧带
- *ligamentum arteriosum* 动脉韧带
- *ligamentum nuchae* 项韧带
- *linea alba* 腹白线
- lingual apex 舌尖
- lingual fossa 舌窝
- lingual papillae 舌乳头
  - conical 锥状乳头
  - filiform 丝状乳头
  - fungiform 菌状乳头
  - lenticular 豆状乳头
  - sublingual fold 舌下襞
  - valate 轮廓乳头
- lingual torus 舌圆枕
- liver 肝
  - caudate lobe 肝尾状叶
    - caudate process 肝尾状叶尾状突
    - papillary process 肝尾状叶乳突
  - coronary ligament 冠状韧带
  - foetal 胎儿肝脏
  - left lobe 肝左叶
    - triangular ligament 肝左叶三角韧带
  - quadrate lobe 肝方叶
  - right lobe 肝右叶
    - triangular ligament 肝右叶三角韧带
  - umbilical notch 脐静脉切迹
- lumbodorsal fascia 腰背筋膜
- lung, left 左肺
  - bronchus 左肺支气管
  - cardiac notch 左肺心切迹
  - caudal border 左肺后缘
  - caudal lobe 左肺后叶
  - cranial border 左肺前缘
  - cranial lobe 左肺前叶
  - dorsal border 左肺背侧缘
  - interlobar fissure 左肺叶间裂
  - intralobar fissure 左肺叶内裂
  - thoracic structures 左肺胸腔结构
- lung, right 右肺
  - accessory lobe 右肺副叶
  - cardiac notch 右肺心切迹
  - caudal lobe 右肺后叶
  - cranial lobe 右肺前叶
  - dorsal border 右肺背侧缘
  - interlobar fissures 右肺叶间裂
  - middle lobe 右肺中叶
  - thoracic structures 右肺胸腔结构
- *lymphonodusllymphonodi* 淋巴结
  - *ln. abomasialis ventralis* 皱胃腹侧淋巴结
  - *lnn. atriales* 心房淋巴结
  - *ln. axillaris* 腋淋巴结
  - *lnn. cervicales profundi caudales* 颈深后淋巴结
  - *lnn. cervicales superficiales accessorii* 颈浅副淋巴结
  - *ln. cervicalis profundus caudalis* 颈深后淋巴结
  - *ln. cervicalis profundus medius* 颈深中淋巴结
  - *ln. cervicalis superficialis* 颈浅淋巴结
  - *ln. coeliacum* 腹腔淋巴结
  - *lnn. colici* 结肠淋巴结
  - *lnn. coxales accessorii* 髋副淋巴结
  - *ln. coxalis* 髋淋巴结
  - *ln. coxalis accessorius* 髋副淋巴结
  - *ln. epigastricus* 腹壁淋巴结
  - *ln. fossae paralumbalis* 腰旁窝淋巴结
  - *ln. gluteus* 臀淋巴结
  - *lnn. haemales* 血淋巴结
  - *lnn. hepatici* 肝淋巴结
  - *lnn. iliaci mediales* 髂内淋巴结
  - *ln. iliacus externa* 髂外淋巴结
  - *ln. iliofemoralis* 髂股淋巴结
  - *ln. inguinales profundum* 腹股沟深淋巴结
  - *lnn. inguinales superficiales* 腹股沟浅淋巴结
  - *lnn. intercostales* 肋间淋巴结
  - *ln. ischiadicus* 坐骨淋巴结
  - *ln. lumbalis aorticus* 腰主动脉淋巴结
  - *ln. mandibulare* 下颌淋巴结
  - *lnn.mediastinales caudales* 纵膈后淋巴结
  - ln. mediastinalis cranialis 纵膈前淋巴结
  - *ln. mediastinalis medius* 纵膈中淋巴结
  - *lnn. mesenterici caudales* 肠系膜后淋巴结
  - *lnn. omasiales* 瓣胃淋巴结
  - *ln. parotideum* 腮淋巴结
  - *ln. popliteus* 腘淋巴结
  - *lnn. renales* 肾淋巴结
  - *lnn. retropharyngei laterales* 咽后外侧淋巴结
  - *ln. retropharyngeus medialis* 咽后内侧淋巴结
  - *lnn. ruminales dextri* 瘤胃右淋巴结
  - *lnn. rumino abomasiales* 瘤皱胃淋巴结
  - *lnn. sternales caudales* 胸骨后淋巴结
  - *ln. sternalis cranialis* 胸骨前淋巴结
  - *ln. subiliacus* 髂下淋巴结
  - *lnn. thoracici aortici* 胸主动脉淋巴结
  - *ln. tracheobronchalis medius* 气管支气管中淋巴结
  - *ln. tracheobronchalis sinister* 气管支气管左淋巴结
  - *ln. tuberalis* 淋巴结节

M

- mammary gland 乳腺
  - medial suspensory lamina 乳房内侧悬板
  - parenchyma 乳腺实质
- mammillary process 乳状突
- mandible 下颌骨
  - alveolar canal 下颌骨齿槽管
  - caudal border 下颌骨后缘
  - mental foramen 下颌骨颏孔
  - ventral aspect 下颌骨腹侧面
- mandibular gland 颌下腺
  - duct 颌下腺管

mandibular labia, frenulum　下唇系带
mandibular premolar　下前臼齿
mandibular ramus　下颌支
manica flexoria　屈肌腱筒
manus　前肢，前足
　bones　前肢骨骼
　ligaments　前肢韧带
　muscles　前肢肌肉
　solar surface　蹄底面
　superficial structures　前肢浅层结构
　surface features　前肢表面特征
masseteric region, superficial structures　咬肌部位浅层结构
maxilla　上颌骨
　palatine process　上颌骨腭突
maxillary sinus　上颌窦
mediastinal pleura　纵隔胸膜
　caudal　后纵隔胸膜
　dorsal　背侧纵隔胸膜
　ventral　腹侧纵隔胸膜
mediastinum　纵隔
　caudal　后纵隔
　cranial　前纵隔
　dorsal　背侧纵隔
　dorsocaudal　后背侧纵隔
　ventral　腹侧纵隔
mental foramen (mandible)　颏孔（位于下颌骨）
mentum　颏
mesentericum craniale　前肠系膜
mesocolon　结肠系膜
mesoduodenum　十二指肠系膜
mesorchium　睾丸系膜
mesosalpinx　输卵管系膜
metacarpal bone　掌骨
　Ⅲ　第3掌骨
　Ⅳ　第4掌骨
　Ⅴ　第5掌骨
　proximal extremity　掌骨近端
metacarpal canal, distal　远掌管
metacarpal fascia　掌筋膜
　deep　掌深筋膜
　deep palmar　掌侧掌深筋膜
metacarpal region　掌部
metacarpal tuberosity　掌骨粗隆
metacarpophalangeal (fetlock) joint　掌指关节（球节）
metacarpus　掌骨
metatarsal bone Ⅲ　第3跖骨
　fused　第3跖骨融合
　proximal extremity　第3跖骨近端
metatarsal bone Ⅳ　第4跖骨
　fused　第4跖骨融合
　proximal extremity　第4跖骨近端
metatarsal region　跖部
　distal canal　远跖管
　dorsal longitudinal sulcus　跖部背侧沟
metatarsophalangeal (fetlock) joint　跖趾关节（球节）

metatarsus　跖骨
　structure　跖骨结构
milk vein　乳静脉
milk well　乳井
mouth　口腔
　surface features　表面特征
musculus/musculi　肌肉
　m. abductor digiti Ⅰ *longus*　第1趾长展肌
　m. adductor　内收肌
　m. biceps brachii　臂二头肌
　m. biceps brachii lacertus fibrosus　臂二头肌腱膜
　m. biceps femoris　股二头肌
　m. brachialis　臂肌
　m. brachiocephalicus　臂头肌
　m. buccinator　颊肌
　m. bulbospongiosus　球海绵体肌
　m. caninus　犬齿肌
　m. ceratohyoideus　角舌骨肌
　m. cervicoscutularis　颈盾肌
　m. cleidomastoideus　锁乳突肌
　m. cleidooccipitalis　锁枕肌
　m. coccygeus　尾骨肌
　m. constrictor vestibuli　前庭缩肌
　m. constrictor vulvae　阴门缩肌
　m. coracobrachialis　喙臂肌
　m. cremaster　睾提肌
　m. cricopharyngeus　环咽肌
　m. cricothyroideus　环甲肌
　m. cutaneus omobrachialis　肩臂皮肌
　m. cutaneus trunci　躯干皮肌
　m. deltoideus　三角肌
　m. depressor anguli oris　口角降肌
　m. depressor labii mandibularis　下唇降肌
　m. depressor labii maxillaris　上唇降肌
　m. digastricus　二腹肌
　m. extensor carpi radialis　腕桡侧伸肌
　m. extensor carpi ulnaris　腕尺侧伸肌，尺外侧肌
　m. extensor digitorum brevis　趾短伸肌
　m. extensor digitorum communis　指总伸肌
　m. extensor digitorum lateralis　趾外侧伸肌
　　tendon　趾外侧伸肌腱
　m. extensor digitorum longus　趾长伸肌
　　tendon　趾长伸肌腱
　m. fibularis longus　腓骨长肌
　　tendon　腓骨长肌腱
　m. fibularis tertius　第3腓骨肌
　　tendon　第3腓骨肌腱
　m. flexor carpi radialis　腕桡侧屈肌
　m. flexor carpi ulnaris　腕尺侧屈肌
　m. flexor digit Ⅰ *longus*　第1指（趾）长屈肌
　　tendon　第1指长屈肌腱
　m. flexor digitorum longus　趾长屈肌
　　tendon　趾长屈肌腱
　m. flexor digitorum profundus　指/趾深屈肌
　m. flexor digitorum superficialis　指/趾浅屈肌

tendon 指/趾浅屈肌肌腱
m. frontalis 额肌
m. frontoscutularis 额盾肌
m. gastrocnemius 腓肠肌
mm. gemelli 孖肌
m. genioglossus 颏舌肌
m. geniohyoideus 颏舌骨肌
m. gluteobiceps 臀二头肌
m. gluteus accessorius 臀副肌
m. gluteus medius 臀中肌
m. gluteus profundus 臀深肌
m. gracilis 股薄肌
m. hyoglossus 舌骨舌肌
m. hyopharyngeus 舌骨咽肌
m. iliacus 髂肌
m. iliocostalis 髂肋肌
m. iliocostalis lumbalis 腰髂肋肌
m. iliocostalis lumborum 腰髂肋肌
m. iliocostalis thoracis 胸髂肋肌
m. iliopsoas 髂腰肌
m. infraspinatus 冈下肌
mm. intercostales 肋间肌
mm. intercostales externi 肋间外肌
mm. intercostales interni 肋间内肌
m. interflexorius 屈肌间肌
m. interosseus 骨间肌
m. interosseus medius 骨间中肌
mm. interspinales 棘间肌
mm. intertransversarii 横突间肌
mm. intertransversarii caudae 尾横突间肌
mm. intertransversarii cervicis 颈横突间肌
mm. intertransversarii ventrales cervicis 颈横突间腹侧肌
m. ischiocavernosus 坐骨海绵体肌
m. labii maxillaris 上唇肌
m. latissimus dorsi 背阔肌
m. levator ani 肛提肌
m. levator labii maxillaris 上唇提肌
m. levator nasolabialis 鼻唇提肌
m. levator veli palatini 腭帆提肌
mm. levatores costarum 肋提肌
m. lingualis proprius 舌固有肌
m. longissimus 最长肌
m. longissimus atlantis 寰最长肌
m. longissimus capitis 头最长肌
m. longissimus cervicis 颈最长肌
m. longissimus lumborum 腰最长肌
m. longissimus thoracis 胸最长肌
m. longus capitis 头长肌
m. longus colli 颈长肌
m. malaris 颧骨肌
m. masseter 咬肌
m. multifidis cervicis 颈多裂肌
m. multifidis thoracis 胸多裂肌
m. mylohyoideus 下颌舌骨肌
m. obliquus capitis caudalis 头后斜肌
m. obliquus capitis cranialis 头前斜肌
m. obliquus externus abdominis 腹外斜肌
'abdominal' tendon 腹外斜肌‘腹部’腱
aponeurosis 腹外斜肌腱膜
caudodorsal extremity 腹外斜肌后背侧端
cranioventral extremity 腹外斜肌前腹侧端
dorsal border 腹外斜肌背侧缘
dorsocaudal border 腹外斜肌背侧后缘
dorsocaudal extremity 腹外斜肌背侧后端
'pelvic' tendon 腹外斜肌‘骨盆’腱
m. obliquus externus abdominis sinister 左腹外斜肌
m. obliquus internus abdominis 腹内斜肌
dorsal part 腹内斜肌背侧部
dorsocaudal border 腹内斜肌背侧后缘
ventral part 腹内斜肌腹侧部
m. obturatorius externus 闭孔外肌
m. occipitohyoideus 枕舌骨肌
m. omohyoideus 肩胛舌骨肌
m. omotransversarius 肩胛横突肌
m. orbicularis oculi 眼轮匝肌
m. orbicularis oris 口轮匝肌
m. palatopharyngeus 腭咽肌
mm. papillares parvi 小乳头肌
m. papillaris subarteriosus 动脉下乳头肌
m. parotidoauricularis 腮耳肌
m. pectineus 耻骨肌
m. pectoralis ascendens 胸升肌
m. pectoralis descendens 胸降肌
m. pectoralis transversus 胸横肌
m. peroneus tertius 第3腓骨肌
tendon 第3腓骨肌腱
m. popliteus 腘肌
m. preputialis caudalis 包皮后肌
m. preputialis cranialis 包皮前肌
m. pronator teres 旋前圆肌
m. psoas 腰肌
m. psoas major 腰大肌
m. psoas minor 腰小肌
tendon 腰小肌腱
mm. pterygoidei 翼肌
m. pterygoideus lateralis 翼外侧肌
m. pterygoideus medialis 翼内侧肌
m. pterygopharyngeus 翼咽肌
m. quadratus femoris 股方肌
m. quadratus lumborum 腰方肌
m. rectus abdominis 腹直肌
m. rectus abdominis lamina externa 腹直肌外层
m. rectus abdominis lamina interna 腹直肌内层
m. rectus capitis dorsalis major 头背侧大直肌
m. rectus capitis dorsalis minor 头背侧小直肌
m. rectus femoris 股直肌
m. rectus thoracis 胸直肌
m. retractor clitoridis 阴蒂缩肌
m. retractor costae 肋退肌
m. retractor penis 阴茎缩肌

m. rhomboideus 菱形肌
m. rhomboideus cervicis 颈菱形肌
m. rhomboideus thoracis 胸菱形肌
m. sacrocaudalis dorsalis lateralis 荐尾背外侧肌
m. sacrocaudalis dorsalis medialis 荐尾背内侧肌
m. sacrocaudalis ventralis 荐尾腹侧肌
m. sacrocaudalis ventralis lateralis 荐尾腹外侧肌
m. sacrocaudalis ventralis medialis 荐尾腹内侧肌
m. sartorius 缝匠肌
m. scalenus dorsalis 背侧斜角肌
m. scalenus ventralis 腹侧斜角肌
m. scutuloauricularis 盾耳肌
m. semimembranosus 半膜肌
m. semispinalis 半棘肌
m. semispinalis capitis 头半棘肌
m. semispinalis cervicis 颈半棘肌
m. semispinalis thoracis 胸半棘肌
m. semitendinosus 半腱肌
m. serratus dorsalis 背侧锯肌
m. serratus dorsalis caudalis 后背侧锯肌
m. serratus dorsalis cranialis 前背侧锯肌
m. serratus ventralis cervicis 颈腹侧锯肌
m. serratus ventralis thoracis 胸腹侧锯肌
m. soleus 比目鱼肌
m. sphincter ani externus 肛门外括约肌
m. spinalis 棘肌
m. splenius 夹肌
m. sternocephalicus 胸头肌
m. sternohyoideus 胸骨舌骨肌
m. sternomandibularis 胸下颌肌
m. sternomastoideus 胸乳突肌
m. sternothyrohyoideus 胸骨甲状舌骨肌
m. sternothyroideus 胸骨甲状肌
m. styloglossus 茎突舌肌
m. stylohyoideus 茎突舌骨肌
m. stylopharyngeus 茎突咽肌
m. subclavius 锁骨下肌
m. suhscapularis 肩胛下肌
m. supraspinatus 冈上肌
m. temporalis 颞肌
m. temporalis superficialis 颞浅肌
m. tensor fasciae antebrachii 前臂筋膜张肌
m. tensor fasciae latae 阔筋膜张肌
m. tensor veli palatini 腭帆张肌
m. teres major 大圆肌
m. thyrohyoideus 甲状舌骨肌
m. thyropharyngeus 甲咽肌
m. tibialis caudalis 胫骨后肌
  tendon 胫骨后肌肌腱
m. tibialis cranialis 胫骨前肌
  tendon 胫骨前肌肌腱
m. transversus abdominis 腹横肌
  aponeurosis 腹横肌腱膜
m. transversus abdominis dexter 右腹横肌
m. transversus abdominis sinister 左腹横肌
m. transversus thoracis 胸廓横肌
m. trapezius 斜方肌
m. trapezius pars cervicalis 颈斜方肌
m. trapezius pars thoracica 胸斜方肌
m. triceps brachii 臂三头肌
m. triceps brachii caput lateralis 臂三头肌外侧头
m. triceps brachii caput longum 臂三头肌长头
m. triceps brachii caput mediale 臂三头肌内侧头
m. triceps surae 小腿三头肌
m. vastus lateralis 股外侧肌
m. vastus medialis 股内侧肌
m. velator veli palatini 颚帆提肌
m. zygomaticoauricularis 颧耳肌
m. zygomaticus 颧肌

N

nasal bone 鼻骨
nasal cartilage 鼻软骨
  dorsal lateral 背外侧鼻软骨
  lateral accessory 外侧副鼻软骨
nasal cavity 鼻腔
nasal commissure 鼻联合
  lateral 外侧鼻联合
  medial 内侧鼻联合
nasal concha 鼻甲
  dorsal 上鼻甲
  middle 中鼻甲
  ventral 下鼻甲
nasal meatus 鼻道
  dorsal 上鼻道
  ethmoidal 筛鼻道
  middle 中鼻道
  ventral 下鼻道
nasal mucosa 鼻黏膜
nasal septum 鼻中隔
  cartaliginous 鼻中隔软骨
  septal groove 鼻中隔隔沟
nasoincisive notch 鼻切齿切迹
nasolacrimal duct 鼻泪管
nasopharynx 鼻咽
neck 颈部
  caudal part 颈后部
  muscles 颈部肌肉
  nerves 颈部神经
  superficial features 颈部浅层特征
  superficial structures 颈部浅层结构
  surface features 颈部表面特征
nervus/nervi 神经
  n. accessorius Ⅺ 副神经（Ⅺ）
  n. alveolaris mandibularis 下颌齿槽神经
  n. auricularis magnus 耳大神经
  n. auriculopalpebralis 耳睑神经
  n. auriculotemporalis 耳颞神经
  n. axillaris 腋神经

n. buccalis 颊神经
n. cardiacus cervicalis 颈心神经
nn. cardiaca thoracici 胸心神经
nn. cervicales 颈神经
n.cervicalis 颈神经
n. cervicalis Ⅰ 第1颈神经
n. cervicalis Ⅱ 第2颈神经
n. cervicalis Ⅲ 第3颈神经
n. cervicalis Ⅳ 第4颈神经
n. cervicalis Ⅴ 第5颈神经
n. cervicalis Ⅵ 第6颈神经
n. cervicalis Ⅶ 第7颈神经
n cervicalis Ⅷ 第8颈神经
nn. clunium caudales 臀后神经
nn. clunium craniales 臀前神经
nn. clunium medii 臀中神经
n. costoabdominalis 肋腹神经
n. costoabdominalis dorsalis 肋腹背侧神经
nn. cutanei brachii laterales craniales 臂外侧前皮神经
n. cutaneus antebrachii caudalis 前臂后皮神经
n. cutaneus antebrachii cranialis 前臂前皮神经
n. cutaneus antebrachii lateralis 前臂外侧皮神经
n. cutaneus antebrachii lateralis cranialis 前臂外侧前皮神经
n. cutaneus antebrachii medialis 前臂内侧皮神经
n. cutaneus femoris caudalis 股后皮神经
n. cutaneus femoris lateralis 股外侧皮神经
n. cutaneus surae caudalis 小腿后皮神经
n. cutaneus surae lateralis 小腿外侧皮神经
n. digastricus 二腹肌神经
n. digitalis dorsalis communis Ⅱ 指/趾背侧第2总神经
n. digitalis dorsalis communis Ⅲ 指/趾背侧第3总神经
n. digitalis dorsalis communis Ⅳ 指/趾背侧第4总神经
n. digitalis dorsalis proprius Ⅲ abaxialis 第3指/趾背远轴侧固有神经
n. digitalis dorsalis proprius Ⅲ axialis 第3指/趾背轴侧固有神经
n. digitalis dorsalis proprius Ⅳ abaxialis 第4指/趾背远轴侧固有神经
n. digitalis dorsalis proprius Ⅳ axialis 第4指/趾背轴侧固有神经
n. digitalis palmaris axialis 指掌轴侧神经
n. digitalis palmaris communis Ⅱ 指掌侧第2总神经
n. digitalis palmaris communis Ⅳ 指掌侧第4总神经
n. digitalis palmaris Ⅲ axialis 第3指掌轴侧神经
n. digitalis palmaris Ⅳ axialis 第4指掌轴侧神经
n. digitalis palmaris proprius Ⅲ abaxialis 第3指掌远轴侧固有神经
n. digitalis palmaris proprius Ⅲ axialis 第3指掌轴侧固有神经
n. digitalis palmaris proprius Ⅳ abaxialis 第4指掌远轴侧固有神经
n. digitalis palmaris proprius Ⅳ axialis 第4指掌轴侧固有神经
n. digitalis plantaris communis Ⅱ 趾跖侧第2总神经
n. digitalis plantaris communis Ⅲ 趾跖侧第3总神经
n. digitalis plantaris communis Ⅳ 趾跖侧第4总神经
n. digitalis plantaris proprius Ⅲ abaxialis 第3趾跖远轴侧固有神经
n. digitalis plantaris proprius Ⅲ axialis 第3趾跖轴侧固有神经
n. digitalis plantaris proprius Ⅳ abaxialis 第4趾跖远轴侧固有神经
n. digitalis plantaris proprius Ⅳ axialis 第4趾跖轴侧固有神经
n. dorsalis penis 阴茎背神经
n. facialis Ⅶ 面神经（Ⅶ）
n. femoralis 股神经
n. fibularis 腓神经
n. fibularis communis 腓总神经
n. fibularis profundus 腓深神经
n. fibularis superficialis 腓浅神经
n. genitofemoralis 生殖股神经
nn. glutei 臀神经
n. gluteus caudalis 臀后神经
n. gluteus cranialis 臀前神经
n. hypogastricus 腹下神经
n. hypoglossus Ⅻ 舌下神经（Ⅻ）
n. infraorbitalis 眶下神经
n. infratrochlearis 滑车下神经
nn. intercostales 肋间神经
n. intercostalis Ⅹ 第10肋间神经
n. intercostalis Ⅺ 第11肋间神经
n. intercostalis Ⅻ 第12肋间神经
n. ischiadicus 坐骨神经
n. laryngeus caudalis 喉后神经
n. laryngeus cranialis 喉前神经
n. laryngeus recurrens（Ⅹ） 喉返神经（Ⅹ）
n. lingualis 舌神经
n. lumbalis 腰神经
n. lumbalis Ⅰ 第1腰神经
n. lumbalis Ⅱ 第2腰神经
n. lumbalis Ⅲ 第3腰神经
n. lumbalis Ⅳ 第4腰神经
n. lumbalis Ⅴ 第5腰神经
n. lumbalis Ⅵ 第6腰神经
n. massetericus 咬肌神经
n. medianus 正中神经
n. mentalis 颏神经
n. musculocutaneus 肌皮神经
n. musculocutaneus ansa axillaris 肌皮神经腋袢
n. musculocutaneus medianus 内侧肌皮神经
n. musculocutaneus ulnaris 尺侧肌皮神经
n. mylohyoideus 下颌舌骨肌神经
n. obturatorius 闭孔神经
n. opticus Ⅱ 视神经（Ⅱ）
nn. pectorales caudales 胸肌后神经
nn. pectorales craniales 胸肌前神经
n. pelvinus 盆神经
n. perinealis profundus 会阴深神经
n. phrenicus 膈神经
n. phrenicus dexter 右膈神经
n. phrenicus sinister 左膈神经
n. plantaris lateralis 足底外侧神经
n. plantaris medialis 足底内侧神经
n. pudendus 阴部神经
n. radialis 桡神经
n. rectalis caudalis 直肠后神经
n. sacralis Ⅰ 第1荐神经
n. sacralis Ⅱ 第2荐神经

n. sacralis Ⅲ 第3荐神经
n. sacralis Ⅳ 第4荐神经
n. saphenus 隐神经
nn. spinales 脊神经
n. splanchnicus 内脏神经
n. stylohyoideus 茎突舌骨肌神经
n. subscapularis 肩胛下神经
n. supraclaviculares 锁骨上神经
n. supraclavicularis dorsalis 锁骨上背侧神经
n. supraclavicularis intermedius 锁骨上中间神经
n. suprascapularis 肩胛上神经
nn. thoracici 胸神经
n. thoracicus Ⅰ 第1胸神经
n. thoracicus Ⅱ 第2胸神经
n. thoracicus Ⅸ 第9胸神经
n. thoracicus Ⅶ 第7胸神经
n. thoracicus Ⅷ 第8胸神经
n. thoracicus Ⅹ 第10胸神经
n. thoracicus Ⅺ 第11胸神经
n. thoracicus Ⅻ 第12胸神经
n. thoracicus XⅢ 第13胸神经
n. thoracicus lateralis 胸外侧神经
n. thoracicus longus 胸长神经
n. thoracodorsalis 胸背神经
n.tibialis 胫神经
n. transversus colli 颈横神经
n. ulnaris 尺神经
n. vagus Ⅹ 迷走神经（Ⅹ）
n. vertebralis 椎神经
n. zygomaticotemporalis 颧颞神经
nostril 鼻孔
alar sulcus 鼻翼沟
dorsal ala 鼻翼背侧
dorsal commissure 鼻翼背侧联合
features 鼻翼特征
ventral ala 鼻翼腹侧
ventral commissure 鼻翼腹侧联合
nuchal ligament 项韧带

O

obturator foramen 闭孔
oesophageal hiatus 食管裂孔
oesophageal impression 食管压迹
oesophagus 食管
cervical 颈段食管
olecranon 肘突
omasoabomasal orifice 瓣皱口
omasum 瓣胃
groove 瓣胃沟
lamina 瓣胃叶片
parietal surface 瓣胃壁表面
pillar 瓣胃柱
velum abomasicum 瓣胃皱胃帆
wall 瓣胃壁
omental bursa 网膜囊
caudal recess 网膜囊尾侧隐窝
omentum, greater 大网膜
cranial part 大网膜前部
deep leaf 大网膜深层
superficial leaf 大网膜浅层
omentum, lesser 小网膜
hepatoduodenal part 小网膜肝十二指肠部
hepatogastric part 小网膜肝胃部
omobrachial fascia 肩臂筋膜
orbit 眼眶
dorsal border 眼眶背侧缘
dorsal rim 眼眶背侧边缘
ventral border 眼眶腹侧缘
ventral rim 眼眶腹侧边缘
oropharynx 口咽
ovarian bursa 卵巢囊
ovary 卵巢
broad ligament 卵巢阔韧带
corpus luteum 卵巢黄体
corpus rubrum 卵巢红体
left 左侧卵巢
proper ligament 卵巢固有韧带
right 右侧卵巢
suspensory ligament 卵巢悬韧带
vesicular follicle 卵巢囊状卵泡

P

palatine sinus 腭窦
palatine tonsil 腭扁桃体
palmar annular ligament 掌环韧带
palmar ligament 掌侧韧带
palpebra 眼睑
Ⅲ 第3眼睑
Conjunctiva 眼睑结膜
medial commissure 睑内侧连合
inferior 下眼睑
lateral commissure 睑外侧连合
superior 上眼睑
palpebral fissure 睑裂
pancreas 胰
left lobe 胰腺左叶
notch 胰切迹
right lobe 胰腺右叶
pancreatic duct 胰管
papillae 乳头
omasal lamina 瓣胃叶片乳头
unguiculiforme 爪状乳头
paraconal interventricular groove 锥旁室间沟
paralumbar fossa 腰旁窝
paranasal sinus 鼻旁窦
caudal frontal 额后窦
frontal 额窦
maxillary 上颌窦

rostral frontal 额前窦
paravertebral region 椎旁部
parietal bone 顶骨
parotid duct 腮腺管
parotid gland 腮腺
deep structures 腮腺深层结构
parotid region, superficial structures 腮腺区浅层结构
patella 髌骨，膝盖骨
patellar ligament 膝韧带
intermediate 膝中间韧带
lateral 膝外侧韧带
medial 膝内侧韧带
pectinate muscles 梳状肌
pelvic diaphragm 盆膈
pelvic region 骨盆部
cavity 骨盆腔
fascia 骨盆筋膜
superficial features 骨盆浅层特征
surface features 骨盆表面特征
tendon 骨盆腱
viscera 盆腔脏器
pelvic tendon 骨盆腱
pelvic wall 骨盆壁
deeper muscles 骨盆深层肌肉
pelvis 骨盆
superficial muscles 骨盆浅层肌肉
penis 阴茎
apex 阴茎头
body 阴茎体
crus 阴茎脚
glans 龟头
root 阴茎根
sigmoid flexure 乙状曲
pericardial cavity 心包腔
pericardium 心包
parietal 心包壁层
perineal fascia 会阴筋膜
deep 会阴深筋膜
perineal raphe 会阴缝
perineal region 会阴部
periople 蹄外膜
periorbital fascia 眶周筋膜
peritoneum 腹膜
parietal 腹膜壁层
pes 足
bones 趾骨
interdigital region 趾间区
solar surface 底面
surface features 表面特征
phalanges 指/趾骨
annular palmar ligaments 环掌侧韧带
digit Ⅴ 第5指/趾骨
phalanx 指/趾骨
distal 远指（趾）节骨
extensor process 远指（趾）节骨伸肌突
flexor tubercle 远指（趾）节骨屈肌结节
middle 中指（趾）节骨
proximal 近指（趾）节骨
pharynx 咽部
laryngeal 喉咽部
muscles 咽部肌肉
salivary gland 咽部唾液腺
wall 咽壁
philtrum 人中
phrenic opericardiac attachment 膈心包附着部
plantar ligament, 1ong 跖侧长韧带
planum nasale 鼻镜
planum nasolabiale 鼻唇镜
pleura, parietal 胸膜壁层
pleural cavity 胸膜腔
pleural reflection, diaphragmatic line 胸膜折转，膈肌线
plexus brachialis 臂丛
plexus coeliacus 腹腔丛
plexus hepaticus 肝丛
plexus lienalis 脾丛
plexus mesenterica cranialis 肠系膜后丛
plexus pampiniformis venosus 蔓状静脉丛
plexus pelvinus 盆丛
premolar tooth 前臼齿
prepubic tendon 耻骨前腱
prepuce 包皮
preputial orifice 包皮孔
pubic brim 耻骨缘
pubis 耻骨
pulmonary heart valve 肺动脉瓣
punctum lacrimale 泪点
pylorus 幽门

R

radial carpal bone 桡侧腕骨
radiocarpal joint 桡腕关节
carpus 腕桡关节
radiographic anatomy X线解剖学
radius 桡骨
distal extremity 桡骨远端
lateral tuberosity 桡骨外侧粗隆
medial styloid process 桡骨内侧茎突
rami communicantes 交通支
rami cornuales 角支
rectum 直肠
rectus sheath 直肌鞘
reproductive organs 生殖器官
reticular groove 网胃沟
lips 网胃沟唇
reticulo-omasal orifice 网瓣胃口
reticulum 网胃
rib 1 第1肋
rib 2 第2肋
rib 3 第3肋

rib 4 第4肋
costochondral junction 第4肋骨软骨交界
rib 5 第5肋
costochondral junction 第5肋骨软骨交界
sternal, costochondral junction 第5肋骨胸肋软骨交界
rib 6 第6肋
costochondral junction 第6肋骨软骨交界
sternal, costochondral junction 第6肋骨胸肋软骨交界
rib 7 第7肋
costal cartilage 第7肋软骨
rib 8 第8肋
costal cartilage 第8肋软骨
costochondral junction 第8肋骨软骨交界
rib 9 第9肋
rib 11, costal cartilage 第11肋软骨
rib 12 第12肋
rib 13 第13肋
costal cartilage 第13肋软骨
rib cage 胸廓
rumen 瘤胃
adipose tissue 瘤胃脂肪组织
atrium 瘤胃房
caudal groove 瘤胃后沟
caudal pillar 瘤胃后柱
cranial groove 瘤胃前沟
cranial pillar 瘤胃前柱
dorsal blind sac 瘤胃背盲囊
dorsal sac 瘤胃背囊
dorsal wall 瘤胃背侧壁
left dorsal coronary groove 瘤胃左背侧冠状沟
left dorsal coronary pillar 瘤胃左背侧冠状柱
left longitudinal groove 瘤胃左纵沟
left longitudinal pillar 瘤胃左纵柱
left ventral coronary pillar 瘤胃左腹侧冠状柱
right accessory pillar 瘤胃右副柱
right dorsal coronary pillar 瘤胃右背侧冠状柱
right longitudinal pillar 瘤胃右纵柱
right ventral coronary pillar 瘤胃右腹侧冠状柱
splenic adherence 瘤胃脾脏附着部
ventral blind sac 瘤胃腹盲囊
ventral coronary groove 瘤胃腹侧冠状沟
ventral sac 瘤胃腹囊
ruminal groove, right longitudinal 瘤胃右纵沟
ruminoreticular fold 瘤网褶
ruminoreticular groove 瘤网胃沟

S

sacrocaudal articulation 荐尾关节
sacrocaudal junction 荐尾联合
sacroiliac articulation 荐髂关节
sacroiliac ligament, dorsal 荐髂背侧韧带
sacrotuberous ligament 荐结节韧带
broad 荐结节阔韧带
caudal border 荐结节韧带后缘

sacrum 荐骨
auricular surface 荐骨耳状面
body 荐骨体
median crest 荐正中脊
sacral centrum 荐骨椎体
transverse process 荐骨横线
wing 荐骨翼
salivary gland 唾液腺
scapula 肩胛骨
acromion 肩峰
caudal angle 肩胛骨后角
cranial border 肩胛骨前缘
dorsal border 肩胛骨背缘
spine 肩胛冈
scapular cartilage 肩胛软骨
scapular region 肩胛区
sclera 巩膜
scrotal region 阴囊区
scrotum 阴囊
apex 阴囊尖
dartos fascia 阴囊肉膜筋膜
dartos septum 阴囊肉膜中隔
dartos tunic 阴囊肉膜
lateral suspensory lamina 阴囊外侧悬板
medial suspensory lamina 阴囊内侧悬板
neck 阴囊颈
raphe 阴囊缝
skin 阴囊皮肤
scutiform cartilage 盾状软骨
sesamoid bones 籽骨
distal 远籽骨
proximal 近籽骨
shoulder 肩部
bones 肩胛骨
superficial features 浅层特征
surface features 表面特征
see also scapu1a 见 肩胛骨
sigmoid flexure 乙状曲
sinus 窦
coronary 冠状窦
dorsal conchal 上鼻甲窦
frontal 额窦
gland 窦腺
maxillary 上颌窦
middle conchal 中鼻甲窦
palatine 颚窦
teat 乳头窦
ventral conchal 下鼻甲窦
see also paranasal sinus 见 鼻旁窦
sinus venarum cavarum 静脉窦
skull 颅骨
small intestine 小肠
soft palate 软腭
solar canal 蹄管
spermatic cord 精索

sphincter, teat　乳头括约肌
spinal cord　脊髓
spine　脊椎
spleen　脾
splenic adherence, rumen　瘤胃脾脏附着部
sternebra, Ⅵ　第6胸骨节
sternopericardiac attachment　胸骨心包韧带
sternum　胸骨
　manubrium　胸骨柄
　xiphoid cartilage　剑状软骨
stifle joint　膝关节
　capsule　膝关节囊
　cavity　膝关节腔
　ligament　膝关节韧带
stomach　胃
stylohyoid bone　茎突舌骨
sublingual fold　舌下襞
sublingual gland　舌下腺
　monostomatic part　单口舌下腺
　polystomatic part　多口舌下腺
supraomental recess　网膜上隐窝
supraorbital foramen　眶上孔
suprarenal gland 肾上腺
　left　左肾上腺
　right　右肾上腺
supraspinous ligament　棘上韧带
surface features　表面特征
　eye　眼表面特征
　head　头表面特征
　incisor teeth　切齿表面特征
　mouth　口表面特征
suspensory ligament　悬韧带
sustentaculum tali　跟骨载距突
symphyseal tendons　联合腱
synovial bursae　滑液囊
synovial joint cavity　滑膜关节腔
synovial sheath, flexor tendons　屈肌腱滑膜鞘

T

tactile hairs　触毛
talocalcaneocentral joint　中央跟距关节
talus　距骨
tarsal bone　跗骨
　Ⅰ　第1跗骨
　Ⅱ　第2跗骨
　Ⅲ　第3跗骨
　Ⅳ　第4跗骨
　central　中央跗骨
　fused　跗骨愈合
tarsal region　跗部
tarsocrural joint　跗小腿关节
　cavity　跗小腿关节腔
tarsometatarsal joint　跗跖关节
teat　乳头
　apex　乳头尖
　caudal　后乳头
　cranial　前乳头
　duct　乳头管
　orifice　乳头小孔
　sinus　乳头窦
　sphincter　乳头括约肌
　venous circles　乳头静脉环
　wall　乳头壁
temporal bone, petrous　颞骨岩部
temporal fossa　颞窝
temporal region, superficial structures　颞部，浅层结构
temporomandibular joint　颞下颌关节
tendo calcaneus communis　跟总腱
tendon　腱
tendon sheaths　腱鞘
tensor muscle　张肌
testis　睾丸
　left　左侧睾丸
　right　右侧睾丸
thoracic structures, left lung　左肺胸腔结构
thoracic vertebrae　胸椎
thoracic viscera　胸腔器官
thoracic wall　胸壁
thoracolumbar fascia, deep　胸腰部深筋膜
thorax　胸部
　superficial features　胸部浅层特征
　surface features　胸部表面特征
thymus　胸腺
　caudal part　胸腺后部
　cervical　胸腺颈部
　cranial part　胸腺前部
　gland　胸腺
　thoracic　胸腺胸部
thymus gland　胸腺
thyrohyoid bone　甲状舌骨
thyroid cartilage　甲状软骨
　caudal cornu　甲状软骨后角
　cranial cornu　甲状软骨前角
　lamina　甲状软骨板
thyroid gland　甲状腺
　left lobe　甲状腺左叶
tibia　胫骨
　crest　胫骨嵴
　distal physis　胫骨远端生长部/胫骨远骺
　extensor sulcus　胫骨伸肌沟
　lateral condyle　胫骨外侧髁
　lateral malleolus　胫骨外侧踝
　medial malleolus　胫骨内侧踝
　tarsal bone　胫跗骨
　tuberosity　胫骨粗隆
tongue, muscles　舌肌
tonsil, palatine　腭扁桃体
trabecla septomarginalis　隔缘肉柱
trachea　气管

truncus　干
　t.bicaroticus　双颈动脉干
　t. brachiocephalicus　臂头干
　t.costocervicalis　肋颈干
　t. costovertebralis　肋椎干
　t. linguofacialis　舌面干
　t. pudendoepigastricus　阴部腹壁干
　t. pulmonalis　肺动脉干
　t. sympathicus　交感干
　t. vagalis Ⅹ *dorsalis*　迷走神经（Ⅹ）背侧干
　t. vagalis Ⅹ *ventralis*　迷走神经（Ⅹ）腹侧干
　t. vagosympathicus　迷走交感干
tuber calcis　跟结节
tuber coxae　髋结节
tuber ischiadicum　坐骨结节
　dorsal tuberosity　坐骨结节背侧粗隆
　lateral tuberosity　坐骨结节外侧粗隆
　medial tuberosity　坐骨结节内侧粗隆
　ventral tuberosity　坐骨结节腹侧粗隆
tuber sacrale　荐结节
tunica albuginea　白膜
tunica dartos　肉膜
tunica vaginalis　鞘膜
　parietal　鞘膜壁层

U

udder　乳房
　abdominal wall　乳房壁
　base　乳房基部
　collecting ducts　乳房收集管
　deep fascia　乳房深筋膜
　dorsal surface　乳房背侧面
　fascial lamellae　乳房筋膜褶
　lateral surface　乳房外侧面
　lateral suspensory lamina　乳房外侧悬板
　left caudal quarter　乳房左后四分之一
　left cranial quarter　乳房左前四分之一
　left forequarter　乳房左侧前半部
　left hindquarter　乳房左侧后半部
　medial suspensory lamina　乳房内侧悬板
　parenchyma　乳房实质
　superficial fascia　乳房浅筋膜
　transverse fascia　腹横筋膜
ulna　尺骨
　lateral styloid process　尺骨茎突
ulnar carpal bone　尺侧腕骨
umbilical cord　脐带
umbilical notch, liver　肝脐静脉切迹
umbilicus　脐
ureter　输尿管
　left　左输尿管
　right　右输尿管
urethra, pelvic　尿道骨盆部
urethral process　尿道突
urinary bladder　膀胱
　allantoic　尿囊
uterine horns　子宫角
　left　左子宫角
　right　右子宫角
uterine tube　输卵管
　infundibulum　输卵管漏斗部
　right　右输卵管
uterus　子宫
　broad ligament　子宫阔韧带

V

vagina　阴道，鞘
　see also m. rectus abdominis　见 腹直肌
vaginal process　鞘突
　cavity　鞘突腔
　orifice　鞘突孔
　peritoneal cavity　鞘突腹膜腔
vaginal ring　鞘环
vasa afferentia　输入管
vasa afferentia lymphatica　输入淋巴管
vasa efferentia lymphatica　输出淋巴管
velum abomasicum　皱胃帆
vena(e)　静脉
　v. accessoria cephalica　副头静脉
　v. alveolaris mandibularis　下颌齿槽静脉
　v. angularis oculi　眼角静脉
　v. axillaris　腋静脉
　v. azygos　奇静脉
　v. azygos dextra　右奇静脉
　v. azygos sinistra　左奇静脉
　v. brachialis　臂静脉
　v. caudalis femoris distalis　股后远静脉
　v. cava caudalis　后腔静脉
　v. cava cranialis　前腔静脉
　v. cephalica　头静脉
　v. cephalica accessoria　副头静脉
　v. cervicalis superficialis　颈浅静脉
　v. circumiflexa femoris medialis　旋股内侧静脉
　v. circumflexa humeri caudalis　旋肱后静脉
　v. circumflexa humeri cranialis　旋肱前静脉
　v. cordis caudalis　心后静脉
　v. costocervicalis　肋颈静脉
　v. digitalis dorsalis communis Ⅱ　指背侧第2总静脉
　v. digitalis dorsalis communis Ⅲ　指背侧第3总静脉
　v. digitalis dorsalis communis Ⅳ　指背侧第4总静脉
　v. digitalis dorsalis propria Ⅲ *axialis*　第3指背轴侧固有静脉
　v. digitalis dorsalis propria Ⅳ *axialis*　第4指背轴侧固有静脉
　v. digitalis palmaris communis Ⅱ　指掌侧第2总静脉
　v. digitalis palmaris communis Ⅲ　指掌侧第3总静脉
　v. digitalis palmaris communis Ⅳ　指掌侧第4总静脉
　v. digitalis palmaris propria Ⅲ *abaxialis*　第3指掌远轴侧固有静脉
　v. digitalis palmaris propria Ⅲ *axialis*　第3指掌轴侧固有静脉
　v. digitalis palmaris propria Ⅳ *abaxialis*　第4指掌远轴侧固有静脉

v. digitalis palmaris propria Ⅳ *axialis* 第4指掌轴侧固有静脉
v. digitalis plantaris communis Ⅱ 趾跖侧第2总静脉
v. digitalis plantaris communis Ⅲ 趾跖侧第3总静脉
v. digitalis plantaris communis Ⅳ 趾跖侧第4总静脉
v. digitalis plantaris propria Ⅲ *abaxialis* 第3趾跖远轴侧静脉
v. digitalis plantaris propria Ⅳ *abaxialis* 第4趾跖远轴侧静脉
v. dorsalis nasi 鼻背侧静脉
v. dorsalis penis 阴茎背侧静脉
v. epigastrica caudalis 腹壁后静脉
v. epigastrica cranialis 腹壁前静脉
v. epigastrica cranialis superficialis 腹壁前浅静脉
v. facialis 面静脉
v. faciei profunda 面深静脉
v. femoralis 股静脉
v. frontalis 额静脉
v. gastrica sinistra 胃左静脉
v. gastroepiploica sinistra 胃网膜左静脉
vv. hepaticae 肝静脉
v. iliaca externa 髂外静脉
v. iliaca interna 髂内静脉
v. intercostalis 肋间静脉
v. intercostalis dorsalis 肋间背侧静脉
v. intercostalis ventralis 肋间腹侧静脉
v. interdigitalis Ⅲ 第3指/趾间静脉
v. interossea communis 骨间总静脉
v. jugularis externa 颈外静脉
v. labialis caudalis 阴唇后静脉
v. labialis cranialis 阴唇前静脉
v. labialis maxillaris 上唇静脉
v. lienalis 脾静脉
v. linguofacialis 舌面静脉
v. mammaria 乳房静脉
v. mammaria caudalis 乳房后静脉
v. mammaria cranialis 乳房前静脉
v. maxillaris 上颌静脉
v. mediana 正中静脉
v. mesenterica caudalis 肠系膜后静脉
v. mesenterica cranialis 肠系膜前静脉
v. musculophrenica 肌膈静脉
v. nasalis dorsalis 鼻背侧静脉
v. ovarica 卵巢静脉
v. ovarica dextra 右卵巢静脉
v. phrenica cranialis 膈前静脉
v. plantaris medialis 跖内侧静脉
v. portae 门静脉
v. pudenda externa 阴部外静脉
v. pudendoepigastricus 阴部腹壁静脉
vv. pulmonales 肺静脉
v. radialis 桡静脉
v. renalis sinistra 左肾静脉
v. reticularis 网胃静脉
v. ruminalis dextra 瘤胃右静脉
v. ruminalis sinistra 瘤胃左静脉
v. saphena lateralis 外侧隐静脉
v. saphena medialis 内侧隐静脉
v. subclavia sinistra 左锁骨下静脉
v. subcutanea abdominis (milk vein) 腹皮下静脉（乳静脉）
v. sublingualis 舌下静脉
v. subscapularis 肩胛下静脉
v. supraorbitalis 眶上静脉
v. temporalis superficialis 颞浅静脉
v. testicularis 睾丸静脉
v. testicularis sinistra 左睾丸静脉
v. thoracica externa 胸廓外静脉
v. thoracica interna 胸廓内静脉
v. thoracodorsalis 胸背静脉
v. tibialis cranialis 胫前静脉
v. umbilicalis 脐静脉
ventral mediastinum 腹侧纵膈
ventricle, left 左心室
ventrolateral ala 腹外侧翼
ventromedial cutaneus nerve, twigs 腹内侧皮神经支
vertebrae 椎骨
  cervical 颈椎
    transverse process 颈椎横突
  lumbar, transverse process 腰椎横突
vertebral canal 椎管
vesicular gland 精囊腺
vesicular ligament 膀胱韧带
  lateral 膀胱侧韧带
  median 膀胱正中韧带
vestigial digits 退化指（趾）
vomer 犁骨
vomeronasal organ 犁鼻器
vulva 阴门
  ventral commissure 阴门腹侧联合

W

withers 鬐甲

X

xiphoid cartilage 剑状软骨

Z

zygomatic bone 颧骨
  zygomatic arch 颧弓
  zygomaticofrontal process 颧额突

参考文献

在本书编写过程中，我们查阅了大量的原著，但主要参考了解剖学教材。我们要特别感谢下列文献在我们制备标本和正文撰写中自始至终给予的帮助。

Aitken, I. (2007) Diseases of Sheep. Blackwell Publishing Ltd, Oxford.

Andrews, A.H., Blowey, R.W., Boyd, H., Eddy, R. (2004) Bovine Medicine, Diseases and Husbandry of Cattle. Wiley-Blackwell, Oxford.

Ashdown, R.R. (2006) Functional, developmental and clinical anatomy of the bovine penis and prepuce. CABI Reviews: Perspectives in Agriculture, Veterinary Science, Nutrition and Natural Resources 1 No: 021, 1-29.

Berg, R. (1973) Angewandte und topographische Anatomie der Haustiere. Jena; Fischer.

Bressou, C. (1978) Les ruminants. Anatomie régionale des animaux domestiques Vol. II (Montané, L., Bourdelle, E. & Bressou, C. editors). 2nd edition. Paris; Baillière.

Butterfield, R.M. & May, N.D.S. (1966) Muscles of the ox. St. Lucia; Univ. of Queensland.

Dyce, K.M. & Wensing, C.J.G. (1971) Essentials of bovine anatomy. Amsterdam, Utrecht; de Bussy, Oosthoek.

Ellenberger, W. & Baum, H. (1943) Handbuch der vergleichenden Anatomie der Haustiere. (Zietzschmann, O., Ackernecht, E. & Grau, H. editors) 18th edition. Berlin: Springer.

Field, E.J. & Harrison, R.J. (1968) Anatomical terms. Their origin and derivation. 3rd edition. Cambridge; Heffer.

Ghoshal, N.G., Koch, T. & Popesko, P. (1981) The venous drainage of the domestic animals. Philadelphia; Saunders.

Greenhough, P.R., MacCallum, F.J. & Weaver, A.D. (1981) Lameness in cattle. (Weaver, A.D., editor) 2nd edition. Bristol; Wright.

Habel, R.E. (1970) Guide to the dissection of domestic ruminants. 2nd edition. Ithaca; Habel.

Habel, R.E. (1973) Applied veterinary anatomy. Ithaca; Habel.

Harwood, D. (2006) Goat Health and Welfare. Crowood Press Ltd, Ramsbury.

Hecker, J.F. (1974) Experimental surgery of small ruminants. London; Butterworth.

McFadyean's osteology and arthrology of the domesticated animals. 4th edition. (Hughes, H.V. & Dransfield, J.W. editors) London; Baillière, Tindall, Cox.

Martin, P. & Schauder, W. (1938) Lehrbuch der Anatomie der Haustiere Bd.III Anatomie der Hauswiederkäuer. 3rd edition. Stuttgart; Schickhardt, Ebner.

Nickel, R., Schummer, A. & Seiferle, E. (1968) Lehrbuch der Anatomie der Haustiere Bd. l Bewegungsapparat. 3rd edition. Berlin, Hamburg; Parey.

Nickel, R., Schummer, A. & Seiferle, E. (1973) The viscera of the domestic animals. Translated and revised by Sack, W.O., Berlin, Hamburg; Parey.

Nickel, R., Schummer, A. & Seiferle, E. (1981) The anatomy of the domestic animals Vol. 3. The circulatory system, the skin, and the cutaneous organs of the domestic mammals. Schummer, A., Wilkins, H., Vollmerhaus, B.K., Habermehl, K.H. Translated by Siller, W.G. & Wight, P.A.L. Berlin, Hamburg; Parey.

Nickel, R., Schummer, A., & Seiferle, E. (1975) Lehrbuch der Anatomie der Haustiere Bd. IV. Nervensystem, Sinnesorgane, Endokrine Drüsen. Seiferle, E., Berlin, Hamburg; Parey.

Nomina Anatomica Veterinaria (1992) 4th edition, published by the International Committee on Veterinary Anatomical Nomenclature, World Association of Veterinary Anatomists; Gent (Belgium).

Popesko, P. (n.d.) Atlas of topographical anatomy of the domestic animals. Vols I-III. Translated by Getty, R. & Brown, J. Philadelphia; Saunders.

Radostits, O.M., Gay, C.C., Hinchcliff, K.W., Constable, P.D. (Eds) 2007 Veterinary Medicine-A Textbook of the Diseases of Cattle, Horses, Sheep, Pigs, and Goats, 10th edn. Saunders, Edinburgh.

Raghavan, D. & Kachroo, P. (1964) Anatomy of the ox. New Delhi; Indian council of agricultural research.

Rosenberger, G., Dirksen G., Grunder, H.D., Grunert, E., Krause, D. & Stober, M. (1979) Clinical examination of cattle. Translated by Mack, R., Berlin, Hamburg; Parey.

Sisson, S. & Grossman, J.D. (1953) The anatomy of the domestic animals. 4th edition, revised. Philadelphia; Saunders.

Sisson & Grossman's The anatomy of the domestic animals. Vol. I (1975). (Getty, R. editor) 5th edition. Philadelphia; Saunders.

Taylor, J.A. (1955-1970) Regional and applied anatomy of the domestic animals. Parts I-III. Edinburgh; Oliver, Boyd.

Vollmerhaus, B. & Habermehl, K.H. (n.d.) Topographical anatomical diagrams of injection technique in horses, cattle, dogs and cats. Marburg, Lahn; Hoechst, Behringwerke A.G.

Color Atlas of Veterinary Anatomy, Volume 1, The Ruminants, 2/E
Raymond R. Ashdown, Stanley H. Done, Stephen W. Barnett
ISBN-13: 9780723434139
ISBN-10: 0723434131

Authorized Simplified Chinese translation from English language edition published by the Proprietor.
ISBN-13: 978-981-272-764-0
ISBN-10: 981-272-764-7

Elsevier (Singapore) Pte Ltd.
3 Killiney Road
#08-01 Winsland House I
Singapore 239519
Tel: (65) 6349-0200
Fax: (65) 6733-1817

First Published 2010
2010 年初版